Pietsch

Kurzwellen-Amateurfunktechnik

Hans-Joachim Pietsch DJ 6 HP

Kurzwellen-Amateurfunktechnik

Ein Lehrbuch für den Newcomer - ein Handbuch für den OM

Mit 380 Abbildungen und 9 Tabellen

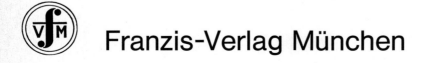 Franzis-Verlag München

CIP-Kurztitelaufnahme der Deutschen Bibliothek

Pietsch, Hans-Joachim:
Kurzwellen-Amateurfunktechnik: e. Lehrbuch für d. Newcomer, e. Handbuch für d. OM/
Hans-Joachim Pietsch. — München: Franzis-Verlag, 1979.
ISBN 3-7723-6591-4

1979

Franzis-Verlag GmbH, München

Sämtliche Rechte, besonders das Übersetzungsrecht, an Text und Bildern vorbehalten.
Fotomechanische Vervielfältigung nur mit Genehmigung des Verlages.
Jeder Nachdruck – auch auszugsweise – und jede Wiedergabe
der Abbildungen sind verboten

Druck: Franzis-Druck GmbH, Karlstraße 35, München 2.
Printed in Germany · Imprimé en Allemagne.

ISBN 3-7723-6591-4

Vorwort

Für Anke, Andreas und Renate

Innerhalb des Amateurfunks hat sich ein Generationswechsel vollzogen, durch den der OM vom Bastler seiner Station zum „Verbraucher" kommerziell gefertigter Geräte geworden ist.

Diese These mag den Oldtimer wehmütig stimmen oder gar bestürzen, aber sie ist eine Tatsache, die der technischen Notwendigkeit Rechnung getragen hat.

Die Amateurfunkbänder werden derart von kommerziellen Nachrichtendiensten bedrängt und auch gestört, daß es dem Amateur nur mit hochwertigen Geräten möglich ist, seinem Hobby nachzugehen.

Die Technologie dieser Geräte ist inzwischen soweit fortgeschritten, daß sie allein mit einem hochqualifizierten Wissen und erheblichem meßtechnischen Aufwand zu beherrschen ist.

Beides widerspricht dem „Amateurstatus", so daß nur noch sehr wenige, meist berufsmäßige Techniker, in der Lage sind, ihre Station nach dem überkommenen Amateurfunk-Verständnis vom Alu-Blech bis zum ersten QSO selbständig zu entwickeln und aufzubauen.

Der Industrie ist dieser Wandel nicht entgangen. Sie hat die Amateure mit einer Flut kommerziell gefertigter Funkgeräte überschwemmt, in der jeder Hersteller den „letzten Schrei" seines Produkts anzupreisen versteht.

Der Überblick über das Angebot ist den Amateuren völlig entglitten, da mit technischen Daten operiert wird, die von den Verbrauchern weder theoretisch noch meßtechnisch nachvollzogen werden können. Zudem sind technische Daten firmeneigener Definition nicht selten, so daß sich der Amateur letztlich nicht vor subjektiven Urteilen schützen kann.

Diesen Realitäten entsprechend findet man im vorliegenden Buch keine Baubeschreibungen, wie sie in der bisherigen Literatur als Pflichtübungen für den Autor üblich waren. Es wird vielmehr versucht, die notwendige Transparenz an den Leser heranzutragen, mit der er sich ein möglichst objektives Bild über die Amateurfunk-Technik, soweit es sich um den KW-Bereich handelt, machen kann, so daß die Wahl seiner Geräte nicht nur vom Design der Frontplatte bestimmt wird.

Das Buch soll und kann kein Grundlagenwerk der Nachrichtentechnik sein, da es allein für Funkamateure geschrieben worden ist.

Aus diesem Grunde sei darauf hingewiesen, daß die theoretischen Betrachtungen nicht immer ingenieurwissenschaftlichen Charakter haben. Sie sind nach Möglichkeit soweit reduziert worden, daß auch dem Durchschnitts-Amateur das Verständnis erhalten bleibt.

DC 9 IR, DF 1 FO, DJ 2 YE, DJ 8 BT, DL 2 BC, DL 2 KV, DL 2 RZ, DL 6 GW u. a. haben durch Ratschläge, Diskussionsbeiträge und Material geholfen, die Vielfalt der Themen auszufüllen. Mein Schwager Klaus Forth, DK 5 AF, hat die Mühe des Korrekturlesens auf sich genommen.

Braunschweig, Dezember 1977
                     Ha.-Jo. Pietsch
                             DJ 6 HP

Wichtiger Hinweis

Die in diesem Buch wiedergegebenen Schaltungen und Verfahren werden ohne Rücksicht auf die Patentlage mitgeteilt. Sie sind ausschließlich für Amateur- und Lehrzwecke bestimmt und dürfen nicht gewerblich genutzt werden.*).

Alle Schaltungen und technischen Angaben in diesem Buch wurden vom Autor mit größter Sorgfalt erarbeitet bzw. zusammengestellt und unter Einschaltung wirksamer Kontrollmaßnahmen reproduziert. Trotzdem sind Fehler nicht ganz auszuschließen. Der Verlag sieht sich deshalb gezwungen darauf hinzuweisen, daß er weder eine Garantie noch die juristische Verantwortung oder irgendeine Haftung für Folgen, die auf fehlerhafte Angaben zurückgehen, übernehmen kann. Für die Mitteilung eventueller Fehler sind Autor und Verlag jederzeit dankbar.

---

*) Bei gewerblicher Nutzung ist vorher die Genehmigung des möglichen Lizenzinhabers einzuholen

Inhalt

1	**Grundlagen der Nachrichtentechnik**	11
1.1	**Gleichstromtechnik**	11
1.11	Elektrischer Strom	11
1.12	Elektrische Spannung	12
1.13	Elektrischer Widerstand	13
1.14	Der Spannungsteiler	15
1.15	Elektrische Arbeit und Leistung	17
1.16	Leistungsanpassung	18
1.2	**Das magnetische Feld**	19
1.21	Grundbegriffe und deren Einheiten	19
1.22	Induktionsgesetz	24
1.23	Induktivität	25
1.24	Induktivität im Stromkreis	27
1.25	Transformator, Übertrager	30
1.26	Induktivität in der Hf-Technik	33
1.3	**Das elektrische Feld**	33
1.31	Charakteristik des elektrischen Feldes	33
1.32	Der Kondensator	35
1.33	Kapazität im Stromkreis	39
1.34	Kondensator-Bauformen	40
1.4	**Wechselstromtechnik**	43
1.41	Sinusförmige Wechselspannung	43
1.42	Induktivität im Wechselstromkreis	48
1.43	Kapazität im Wechselstromkreis	49
1.44	Reihenschaltung von Blind- und Wirkwiderständen	50
1.45	Reihenresonanz	52
1.46	Parallelschaltung von Blind- und Wirkwiderständen	55
1.47	Parallelresonanz	57
1.48	LC-Bandfilter	59
1.49	Steilflankige Bandfilter	61
1.491	Mechanische Filter	61
1.492	Quarzfilter	62
1.5	**Modulation**	66
1.51	Amplitudenmodulation (AM)	67
1.52	Einseitenbandmodulation (SSB)	71
1.53	Frequenzmodulation (FM)	74
1.54	Phasenmodulation (PM)	77

Inhalt

1.6	**Halbleiter**	78
1.61	Die Halbleiterdiode	80
1.62	Die Z-Diode	82
1.63	Die Kapazitätsdiode	85
1.64	Der bipolare Transistor	88
1.641	Kenndaten und Kennlinien bipolarer Transistoren	90
1.642	Grundschaltungen des bipolaren Transistors	95
1.65	Feldeffekttransistoren	99
1.651	Kenndaten und Kennlinien von Feldeffekttransistoren	102
1.652	FET-Grundschaltungen	105
1.66	Integrierte Schaltungen	107
1.7	**Kurzwellenausbreitung**	109
1.71	Abstrahlung elektromagnetischer Wellen	109
1.72	Übertragungswege elektromagnetischer Wellen	110
1.73	Die Ionosphäre als Kurzwellenreflektor	112
1.74	Schwund (Fading)	114
1.75	Ausbreitungscharakteristik der Amateur-KW-Bänder	115
1.76	Ionosphärenforschung, Funkwettervorhersage	117
2	**Die Kurzwellen-Amateurfunkstation**	122
2.1	**Geradeaus-Empfänger**	123
2.2	**Das Superhet-Empfangsprinzip**	127
2.21	Spiegelselektion, Zf-Durchschlagsfestigkeit	130
2.22	Mischung	136
2.23	Kreuzmodulation, Intermodulation	149
2.24	Rauschen, Empfängerempfindlichkeit	157
2.25	Empfänger-Dynamikbereich	162
2.26	Empfänger-Oszillator	164
2.27	Der Zf-Verstärker	166
2.28	Demodulation	168
2.29	Empfänger-Zusatzeinrichtungen	183
2.291	Q-Multiplier, T-Notch-Filter	184
2.292	Aktive Nf-CW- und Lochfilter	186
2.293	Störbegrenzer, Störaustaster	190
2.3	**Sende-Technik**	193
2.31	Der Oszillator	193
2.311	LC-Oszillatoren	196
2.312	Quarz-Oszillatoren	199
2.32	SSB-Aufbereitung	203
2.321	Die Filtermethode	204
2.322	Die Phasenmethode	210
2.323	Die „Dritte Methode"	214
2.33	Sendermischung	216
2.34	Hf-Leistungsverstärkung	219
2.341	Endstufen-Verzerrungen	220

2.342	Treiber	228
2.343	Röhren in Leistungsendstufen	230
2.344	Transistoren in Leistungsendstufen	245
2.345	Verlustleistung und Kühlung	250
2.35	Sender-Zusatzeinrichtungen (Telefonie)	254
2.351	Mikrofone	254
2.352	Sprachgesteuerte Sende-Empfangsumschaltung (VOX)	257
2.353	Dynamik-Kompression	259
2.4	**SSB-Transceiver**	**268**
2.5	**Die Antennenanlage**	**270**
2.51	Hochfrequenzleitungen	270
2.52	Antennen-Speiseleitungen	280
2.521	Die abgestimmte Speiseleitung	281
2.522	Die nichtabgestimmte Speiseleitung	283
2.53	Antennenanpassung, Symmetrierglieder	295
2.54	Anpassung zwischen Sender und Speiseleitung	301
2.55	Die Antenne	303
2.551	Der Halbwellendipol	304
2.552	Antennengewinn, Vorwärts/Rückwärts-Verhältnis	312
2.553	Antennen-Polarisation	313
2.56	Antennenpraxis	315
2.561	Gebräuchliche Halbwellendipole	315
2.562	Der Faltdipol	319
2.563	Die Langdrahtantenne	321
2.564	Multibandantennen	323
2.565	Vertikal-Antennen	327
2.566	Dreh-Richtantennen	332
2.567	Die künstliche Antenne	338

3 Sonderbetriebsarten ... 340

3.1	**Grundschaltungen der Analog-Elektronik für die Sonderbetriebsarten**	**340**
3.11	Operationsverstärker	341
3.12	Der Begrenzer	344
3.13	Der Analogaddierer	345
3.14	Der Schmitt-Trigger	347
3.15	Aktive Filter	348
3.151	Tiefpaßfilter	349
3.152	Hochpaßfilter	355
3.153	Selektivfilter	357
3.154	Universalfilter	360
3.2	**Amateur-Funkfernschreiben RTTY**	**362**
3.21	Grundlagen der Fernschreibtechnik	362
3.211	Der Fernschreibcode	362
3.212	Modulation der Fernschreibsignale	365

3.213	Drahtlose Übertragung von Fernschreibsignalen	368
3.214	Kennfrequenzen, Shift, Bandbreite und Störabstand	370
3.22	Schaltungen zum Senden und zum Empfang von RTTY	372
3.221	Empfangsschaltungen für RTTY	372
3.222	Sendeschaltungen für RTTY	378
3.23	Fernschreibgeräte	378
3.231	Die elektromechanische Fernschreibmaschine	378
3.232	Elektronische Fernschreibanlagen	384
3.3	**Schmalbandfernsehen SSTV**	**386**
3.31	Die SSTV-Norm	387
3.32	SSTV-Empfangstechnik	389
3.321	SSTV-Empfang mit Nachleuchtröhren	389
3.322	SSTV-Empfang mit Bildspeichern	395
3.33	SSTV-Aufnahmetechnik	397
3.331	Flying Spot Scanner (FSS)	397
3.332	Analoges Austastverfahren mit einer Fernsehkamera	399
3.333	Digitale Normwandlung von FSTV aus SSTV	401
3.334	Bidirektionaler Normwandler für SSTV und FSTV	403
3.34	Farb-SSTV	405
3.4	**Faksimile-Funk FAX**	**405**
3.41	Arbeitsweise von FAX-Geräten	406
3.411	FAX-Bildaufzeichnungsverfahren	406
3.412	FAX-Bildaufnahmetechnik	408
3.42	FAX-Übertragungstechnik	409
3.421	Modulationsart für FAX-Sendungen	409
3.422	Technische Daten von Bildfunkgeräten (FAX-Normen)	410
3.43	FAX als AFU-Sonderbetriebsart	412

4 Störungen und störende Beeinflussungen ... 415

4.1 Gesetzliche Bestimmungen ... 415

4.2 TVI und BCI durch Amateurfunkstellen ... 417
4.21	Übersteuerung der Eingangsstufe	418
4.22	Einstrahlung über Leitungen	419
4.23	Direkteinstrahlung	420
4.24	Störungen durch Harmonische, Nebenwellen und parasitäre Schwingungen	420
4.25	Störeinflüsse durch Antenne und Erdung	421

5 Literatur und Quellen ... 422

Sachverzeichnis ... 429

1 Grundlagen der Nachrichtentechnik

1.1 Gleichstromtechnik

1.11 Elektrischer Strom

Elektrischer Strom ist gleichbedeutend mit bewegten Ladungsträgern, so daß er nur dort fließen kann, wo Ladungsträger vorhanden und frei beweglich sind.

Stoffe, in denen diese Voraussetzungen gegeben sind, nennt man Leiter. Stoffe ohne frei bewegliche Ladungsträger sind Nichtleiter oder auch Isolatoren.

Nichtleiter gibt es allerdings nur im Idealfall, der real nicht herstellbar ist, so daß zwischen Leitern und Nichtleitern keine absolute Grenze gezogen werden kann.

Beim Strom durch einen Leiter gehen die Ladungsträger weder verloren noch werden sie gespeichert, so daß auf der einen Seite des Leiters genauso viele Ladungsträger erscheinen müssen wie auf der anderen hineingeschickt worden sind.

Die Stromstärke I ist als die Elektrizitätsmenge Q definiert, die pro Zeit t durch einen gedachten Querschnitt hindurchfließt. Hierbei ist die Elektrizitätsmenge als Menge von Ladungsträgern aufzufassen.

Mathematisch ausgedrückt heißt das:

$$I = \frac{Q}{t} \tag{1}$$

Die Einheit der Stromstärke ist nach dem französischen Physiker André Marie Ampère (1775–1836) benannt worden.

Die absolute Größe eines Ampères (A) entspricht dem Ladungstransport von $6{,}24 \cdot 10^{18}$ Elektronen je Sekunde. Da dieser rechnerisch ermittelte Wert nicht zu reproduzieren ist, gibt es in der Physik sowohl elektrochemische als auch elektromechanische Verfahren, nach denen die Stromstärke von einem Ampère bestimmt wird. Diese Definitionen sind allerdings nur für die Grundlagenphysik interessant, so daß darauf verzichtet werden kann.

Die Stromrichtung wird im Gegensatz zur Bewegungsrichtung der Elektronen in der Elektrotechnik so definiert, daß der Strom vom positiveren zum negativeren Potential fließt, also vom Plus- zum Minuspol einer angeschlossenen Batterie. Fließen die Ladungsträger nur in einer Richtung, dann spricht man von Gleichstrom. Wechselt die Stromrichtung, handelt es sich um sogenannten Wechselstrom.

Schließlich ist noch die Stromdichte von Bedeutung, die das Verhältnis zwischen der Stromstärke I und dem Querschnitt A des durchflossenen Leiters angibt:

$$S = \frac{I}{A} \quad \text{in} \quad \frac{A}{mm^2} \tag{2}$$

Die Stromdichte S muß dort berücksichtigt werden, wo Leiter bis zu ihrer Erwärmung belastet werden (Transformatoren, Motoren, Installationstechnik).

Der Vollständigkeit halber soll noch die Einheit der Elektrizitätsmenge erwähnt werden. Aus der Beziehung (1) ergibt sich:

1 Grundlagen der Nachrichtentechnik

$$Q = I \cdot t \tag{3}$$

Das Produkt aus Strom und Zeit ergibt die Einheit Ampèresekunde. Teilweise verwendet man auch Coulomb (C) als Bezeichnung (Charles Augustin de Coulomb, frz. Physiker, 1736–1806).

Beide Einheiten sind gleichwertig, also:

$$1 \text{ As} = 1 \text{ C}$$

Schließt man zurück auf die Definition der Stromstärke, dann entspricht einer As eine Ladungsträgermenge von $6{,}24 \cdot 10^{18}$ Elektronen.

1.12 Elektrische Spannung

Zwischen Ladungsträgern unterschiedlicher Ladung besteht ein sogenannter Potentialunterschied, den man auch und weit mehr gebräuchlich elektrische Spannung nennt.

Schafft man für diese Ladungsträger unterschiedlichen Potentials eine Verbindung in Form eines Leiters, dann kommt es zu einem Potentialausgleich, der auf einem natürlichen Bestreben beruht. Allein hierin findet man die Ursache für den elektrischen Strom.

Es ist also in jedem Falle ein Potentialunterschied erforderlich, damit eine Ladungsträgerbewegung und somit ein Stromfluß stattfinden kann.

Ein oft verwendetes Analogon (Vergleichsbeispiel) aus der Mechanik sind die Wasserbehälter, die in unterschiedlichen Höhen stehen.

Werden sie mit einem Schlauch verbunden, dann fließt das Wasser vom oberen in den unteren Behälter, bis die Wasseroberflächen den gleichen Stand erreicht haben.

Die Ursache für diesen Wasserfluß ist in diesem Falle der mechanische Potentialunterschied, der dem Druck der unterschiedlichen Wasserstände entspricht.

An diesem einfachen und einleuchtenden Beispiel kann man leicht erkennen, daß die Wasserflußstärke von der Größe des Druckunterschieds abhängig ist. Im nächsten Abschnitt wird dies näher zu erläutern sein.

Zum Betrieb eines jeden elektrischen Gerätes ist der Stromfluß notwendig, der nach den bisherigen Aussagen nur durch einen Vorrat von Ladungsträgern unterschiedlichen Potentials zu erzeugen ist.

Solche Stromquellen kann man auf elektromechanischem Wege durch den Betrieb von Generatoren herstellen oder aber auch auf elektrochemischem Wege durch Batterien.

Für größere Leistungen (ab 5 Watt) verwendet man den Netzanschluß als Stromversorgung, der weit wirtschaftlicher als Batterien ist. Nur dort, wo man vom Netz unabhängig sein muß, werden elektrochemische Speicher eingesetzt. Werden aber auch hier größere Leistungen benötigt, dann muß man „Bordgeneratoren" einsetzen (Fahrraddynamo, Lichtmaschine), da die Speicherung großer elektrischer Energiemengen bis heute äußerst problematisch ist.

Der italienische Physiker Alessandro Volta (1745–1827) hat sich als einer der ersten mit der Entwicklung elektrochemischer Elemente (Volta-Element) beschäftigt. Ihm zu Ehren erhielt die elektrische Spannung die Einheitsbezeichnung Volt (V).

Zur Definition von 1 V muß an dieser Stelle etwas vorgegriffen werden:

Die Spannung an einem elektrischen Leiter, der von einem Strom von 1 A durchflossen wird, beträgt 1 Volt = 1 V, wenn die in dem Leiter in Wärme umgesetzte Leistung ein Watt beträgt.

Als Symbol wird für die elektrische Spannung der Buchstabe U verwendet.

1.1 Gleichstromtechnik

1.13 Elektrischer Widerstand

Um auf das im vorigen Abschnitt erwähnte Analogon zurückzukommen, ist es einzusehen, daß sich der obere Wasserbehälter langsamer leert, wenn man in den Verbindungsschlauch Sand oder ein anderes Material schüttet, das den Wasserfluß hemmt, obwohl der Querschnitt des Schlauchs gleich bleibt. Zudem ist es einleuchtend, daß man bei einem längeren Schlauch dieser Art einen entsprechend größeren Druck aufwenden muß, um die gleiche Wassermenge pro Zeit hindurchzubekommen. Schließlich ist der Querschnitt des Schlauchs von entscheidender Bedeutung, da die Flußstärke proportional zum Querschnitt des Schlauchs ansteigt.

Vergleichbare Verhältnisse findet man beim elektrischen Leiter. Seine Leitfähigkeit ist abhängig von der Menge der freien Ladungsträger, die für jedes Leitermaterial physikalisch gegeben ist. Man bezeichnet diese Materialkonstante als spezifischen Leitwert mit dem Symbol $\varkappa$ (Kappa).

Hinzu kommt die geometrische Form des Leiters. Die Länge steht im proportionalen Verhältnis zum Leiterwiderstand, während der Querschnitt im umgekehrt proportionalen Verhältnis steht.

Die Widerstandsbestimmungsgleichung für den elektrischen Widerstand eines Leiters heißt somit:

$$R = \frac{l}{\varkappa \cdot A} \quad \text{in Ohm} \tag{4}$$

l in m

A in mm^2

$\varkappa$ in $\dfrac{m}{\Omega \cdot mm^2}$

Man hat definiert, daß ein Leiter einen elektrischen Widerstand von 1 Ohm (Ω) besitzt, wenn bei einer an ihm angelegten Spannung von 1 V durch ihn ein Strom von 1 A fließt (Ohm nach dem deutschen Physiker Georg Simon Ohm, 1789–1854).

Der Strom I, der bei einem Potentialunterschied von Ladungsträgern durch einen Leiter fließt, ist umgekehrt proportional zum Widerstand des Leiters.

Hält man den Widerstand konstant und erhöht die angelegte Spannung, vergrößert sich der Strom im proportionalen Verhältnis zur Spannungserhöhung.

Mathematisch ergibt sich hieraus das berühmte Ohmsche Gesetz:

$$I = \frac{U}{R} \quad \text{in A} \tag{5}$$

U in V

R in Ω

In den Schaltungen der elektrischen Nachrichtentechnik wird der Leitungswiderstand zumeist vernachlässigt, da man in den Geräten nur mit verhältnismäßig kurzen Leitungen zwischen den einzelnen Bauteilen arbeitet.

Dagegen werden aber Widerstände als Bauteile eingesetzt, deren Wert weit größer ist als der der Verbindungsleitungen. Sie werden als Spannungsteiler, Arbeitswiderstände, Vorwiderstände usw. verwendet.

Das Material dieser Widerstände ist so gewählt worden, daß man auf kleinen Leiterwegen Widerstandswerte bis zu mehreren MΩ (10^6 Ohm) erreicht.

1 Grundlagen der Nachrichtentechnik

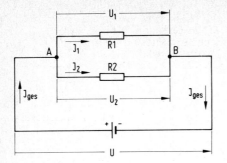

Abb. 1.131 Parallelschaltung von Widerständen

Wie später bei den praktischen Schaltungen gezeigt wird, lassen sich die Widerstandsanordnungen durchweg auf die beiden Grundformen Reihen- und Parallelschaltung vereinfachen.

In der Abb. 1.131 sind die Widerstände R 1 und R 2 parallelgeschaltet.

Am Punkt A der Schaltung wird der Strom I_{ges} in die Teilströme I_1 und I_2 aufgeteilt. Die Teilströme fließen am Punkt B wieder zum Gesamtstrom zusammen.

Die Punkte A und B werden als Knoten- oder Stromverzweigungspunkte bezeichnet. Das bedeutet für die Schaltung:

$$\Sigma I_{zu} = \Sigma I_{ab} \tag{6}$$

Die Summe aller zufließenden Ströme ist gleich der Summe aller abfließenden Ströme. Anders ausgedrückt heißt das:

Die algebraische Summe aller Ströme an einer Stromverzweigungsstelle ist Null.

$$\Sigma I_{kn} = 0 \tag{7}$$

Diese Beziehung ist das erste Kirchhoffsche Gesetz nach dem deutschen Physiker Robert Kirchhoff (1824–1887).

Nach dem *Schaltbild 1.131* liegt über den parallelgeschalteten Widerständen R 1 und R 2 die gleiche Spannung:

$$U_1 = U_2 = U \tag{8}$$

Gleichzeitig gilt nach (6):

$$I_{ges} = I_1 + I_2 \tag{9}$$

Mit dem Ohmschen Gesetz ergibt sich daraus:

$$\frac{U}{R_{ges}} = \frac{U}{R\,1} + \frac{U}{R\,2} \tag{10}$$

Teilt man diese Gleichung durch U, erhält man die Beziehung für den Gesamtwiderstand der parallelgeschalteten Widerstände:

$$\frac{1}{R_{ges}} = \frac{1}{R\,1} + \frac{1}{R\,2} \tag{11}$$

Für n parallele Widerstände lautet die allgemeine Bestimmungsgleichung des Gesamtwiderstandes:

$$\frac{1}{R_{ges}} = \frac{1}{R\,1} + \frac{1}{R\,2} + \ldots + \frac{1}{R_n} \tag{12}$$

1.1 Gleichstromtechnik

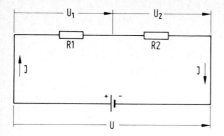

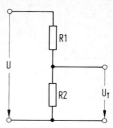

Abb. 1.141
Der unbelastete
Spannungsteiler

Abb. 1.132 Reihenschaltung von Widerständen

Für den speziellen Fall zweier paralleler Widerstände ergibt sich nach algebraischer Umrechnung aus (11):

$$R_{ges} = \frac{R1 \cdot R2}{R1 + R2} \tag{13}$$

Die *Abb. 1.132* zeigt die Reihen- oder Serienschaltung zweier Widerstände. In diesem Fall fließt durch beide Widerstände der gleiche Strom I. An den Widerständen liegen die Teilspannungen U_1 und U_2, deren Summe die Gesamtspannung U ergibt:

$$U = U_1 + U_2 \tag{14}$$

Nach dem Ohmschen Gesetz gilt aber:

$$U_1 = R1 \cdot I$$

und $U_2 = R2 \cdot I$

Nach I aufgelöst und gleichgesetzt gilt dann für die Reihenschaltung der Widerstände:

$$\frac{U_1}{U_2} = \frac{R1}{R2} \tag{15}$$

Die Teilspannungen verhalten sich demnach in der Reihenschaltung von Widerständen wie die zugehörigen Widerstände.

Will man den Gesamtwiderstand in Reihe geschalteter Widerstände ermitteln, wird in (14) das Produkt aus Strom und Widerstand nach dem Ohmschen Gesetz eingesetzt:

$$I \cdot R_{ges} = I \cdot R1 + I \cdot R2 \tag{16}$$

Teilt man diese Gleichung durch I und faßt sie gleich in die allgemeine Form, dann erhält man für den Gesamtwiderstand der Reihenschaltung von Widerständen:

$$R_{ges} = R1 + R2 + ... + R_n \tag{17}$$

Der Gesamtwiderstand einer Reihenschaltung aus Widerständen ist somit die Summe der Einzelwiderstände.

1.14 Der Spannungsteiler

Durch die Reihenschaltung von Widerständen erhält man den sogenannten Spannungsteiler nach *Abb. 1.141*.

Die Gesamtspannung U wird im Verhältnis der Widerstände R1 und R2 aufgeteilt. Nach (15) verhalten sich die Spannungen wie die zugehörigen Widerstände.

1 Grundlagen der Nachrichtentechnik

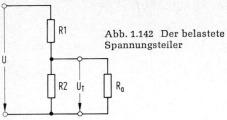

Abb. 1.142 Der belastete Spannungsteiler

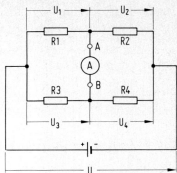

Abb. 1.143 Widerstandsbrückenschaltung

Für die Schaltung nach *Abb. 1.141* gilt dann:

$$\frac{U}{R1 + R2} = \frac{U_T}{R2}$$

Löst man diese Beziehung nach der Teilerspannung U_T auf, erhält man:

$$U_T = \frac{U \cdot R2}{R1 + R2} \qquad (18)$$

Dies gilt allerdings nur solange, wie der Belastungswiderstand von U_T weit hochohmiger ist als der Widerstand $R2$. Man spricht in diesem Falle vom unbelasteten Spannungsteiler.

Wird U_T nach *Abb. 1.142* dagegen mit einem Widerstand R_a belastet, dessen Wert in der Größenordnung von $R2$ liegt oder sogar noch geringer ist, dann muß man auch diesen bei der Berechnung von U_T berücksichtigen und für den unteren Teilerzweig die Parallelschaltung aus $R2$ und R_a einsetzen.

Nach (13) und (18) erhält man in diesem Fall:

$$U_T = \frac{U \cdot \dfrac{R2 \cdot R_a}{R2 + R_a}}{R1 + \dfrac{R2 \cdot R_a}{R2 + R_a}} \qquad (19)$$

Der Spannungsteiler ist eine der Grundschaltungen der Elektrotechnik und findet, wie später gezeigt wird, in der Nachrichtentechnik vielfältige Anwendung. Das bekannteste Beispiel ist das Potentiometer, bei dem das Verhältnis zwischen $R1$ und $R2$ stetig geändert werden kann, wodurch sich die Teilerspannung in gleicher Form variieren läßt.

Bei der Konzeption von Schaltungen ist die Spannungsteilerbelastung sorgfältig zu beachten, da sich sonst vorausberechnete Spannungswerte völlig verschieben.

Eine Sonderform der Anwendung von Spannungsteilern ist die Brückenschaltung nach *Abb. 1.143*.

Ist das Verhältnis der Spannungsteilerwiderstände gleich

$$\frac{R1}{R2} = \frac{R3}{R4}$$

ergibt sich nach (15) auch ein gleiches Spannungsverhältnis

$$\frac{U_1}{U_2} = \frac{U_3}{U_4}$$

1.1 Gleichstromtechnik

Mit der gleichen Spannung U an beiden Spannungsteilerzweigen wird dann

$U_1 = U_3$ und $U_2 = U_4$

so daß zwischen den Brückenanschlüssen A und B kein Potentialunterschied auftritt. Die Brücke ist „abgeglichen" oder in „Balance".

Als Indikator zur Null-Abstimmung der Brücke kann man zwischen A und B einen Strommesser legen, der bei richtigem Abgleich ein Minimum anzeigt.

Brückenschaltungen dieser Art werden vor allem in der Meßtechnik verwendet.

1.15 Elektrische Arbeit und Leistung

Die Begriffe Arbeit und Leistung werden in der Umgangssprache oft verwechselt oder an falscher Stelle verwendet.

Einfach ausgedrückt ist die Arbeit eine Energiemenge, die zur Verrichtung einer Aufgabe notwendig ist, wobei aber nicht festgelegt ist, in welcher Zeit sie verbraucht wird.

Wird dagegen der Verbrauch der Energie oder Arbeit pro Zeit bestimmt, dann spricht man von Leistung. So vollführt jemand beispielsweise die doppelte Leistung, wenn er die gleiche Arbeit in der halben Zeit verrichtet.

In der Elektrotechnik wird der Vorrat von Arbeit oder elektrischer Energie als das Produkt aus der vorhandenen Elektrizitätsmenge und dem zugehörigen Potentialunterschied angegeben.

Greift man auf das Beispiel der Wasserbehälter zurück, dann wird der Energievorrat größer, wenn einerseits die Wassermenge im oberen Behälter vergrößert wird und andererseits der Druck durch das Anheben des Behälters erhöht wird (hier: sogenannte potentielle Energie).

Überträgt man dieses Beispiel wiederum in die Elektrotechnik, dann ist die Arbeit W (engl. = work) proportional zur Elektrizitätsmenge Q und zum Potentialunterschied (elektrische Spannung) U:

$$W = U \cdot Q \qquad (20)$$

Oder nach (3)

$$W = U \cdot I \cdot t \qquad (21)$$

Als Einheit für die elektrische Arbeit ergibt sich aus (21) VAs.

Das Produkt VA wird meist als Watt (W) zusammengefaßt (James Watt, englischer Physiker, 1736–1819), so daß man für die elektrische Arbeit auch Ws als Einheit einsetzen kann.

Als Vergleich und zur Hilfe bei anderer Literatur seien hier die äquivalenten Einheiten der Physik angegeben:

$$1 \text{ VAs} = 1 \text{ Ws} = 1 \text{ Nm} = 1 \text{ J} = \frac{1 \text{ kg m}^2}{\text{s}^2}$$

Die Leistung P (engl. = power) ist als Arbeit pro Zeit definiert. Demnach ist die elektrische Leistung unter Verwendung von (21):

$$P = \frac{U \cdot I \cdot t}{t}$$

$$= U \cdot I \qquad (22)$$

Setzt man für U und I jeweils die Beziehung nach dem Ohmschen Gesetz ein, erhält man:

1 Grundlagen der Nachrichtentechnik

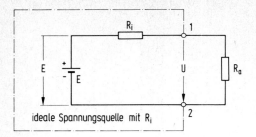

Abb. 1.161 Ersatzschaltbild einer belasteten Spannungsquelle

$$P = I^2 \cdot R \tag{23}$$

und $\quad P = \dfrac{U^2}{R} \tag{24}$

Zur Vertiefung der Erläuterungen sollen zwei Beispiele aus der Praxis dienen:
Der elektrische Haushaltszähler gibt die verbrauchte elektrische Arbeit an. Die muß bezahlt werden, egal in welcher Zeit man sie verbraucht hat.
Bestimmt man dagegen die Eingangsleistung eines Senders, dann bildet man das Produkt aus Strom und Spannung. Beträgt diese Leistung z. B. 1 kW, dann hat man in einer Stunde die Arbeit von 1 kWh verbraucht, die auf dem Zähler angezeigt wird. Die gleiche Anzeige macht der Zähler aber auch, wenn man eine 100-W-Glühlampe 10 Stunden lang eingeschaltet läßt.

1.16 Leistungsanpassung

Für die Nachrichtentechnik ist die sogenannte Leistungsanpassung von großer Bedeutung.
Hierbei will man aus einer elektrischen Energiequelle die maximal mögliche Leistung entnehmen (z. B. vom Sender auf die Antenne).
Welche Bedingungen hierzu erfüllt werden müssen, läßt sich mit der Schaltung nach *Abb. 1.161* prinzipiell erklären.
Zunächst muß man davon ausgehen, daß jede Spannungsquelle einen Innenwiderstand R_i besitzt. Dies ist einleuchtend, weil man keine Spannungsquelle herstellen kann, die einen unendlich großen Strom liefern kann. Er wird grundsätzlich durch den Innenwiderstand begrenzt.
Zur Schaltungsberechnung vereinfacht man die Spannungsquelle in einem Ersatzschaltbild zu einer idealen Spannungsquelle E ohne Innenwiderstand mit einem in Reihe geschalteten Innenwiderstand R_i. An den Klemmen 1 und 2 erscheint die reale Ausgangsspannung U.
Die Aufgabe der Leistungsanpassung besteht darin, das optimale Verhältnis zwischen dem Lastwiderstand R_a und dem Innenwiderstand R_i zu finden, bei dem die maximale Leistung in R_a umgesetzt wird.
Bei der Variation von R_a ergeben sich die beiden Grenzfälle

Leerlauf: $\quad R_a = \infty; \ I = 0; \ U = E$

Kurzschluß: $\quad R_a = 0; \ I = \dfrac{E}{R_i}; \ U = 0$

In beiden Extremfällen ist die in R_a umgesetzte Leistung gleich Null, so daß man den Wert von R_a für die Leistungsanpassung zwischen diesen Extremwerten suchen muß.

1.2 Das magnetische Feld

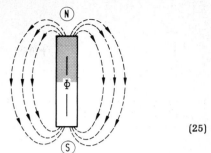

Abb. 1.211 Magnetfeld eines permanenten Stabmagneten

Nach der Spannungsteilerformel (18) ist

$$U = \frac{E \cdot R_a}{R_a + R_i} \qquad (25)$$

und nach (24) gilt für die Ausgangsleistung P_a

$$P_a = \frac{U^2}{R_a} \qquad (26)$$

Wird (25) in (26) eingesetzt, erhält man:

$$P_a = \frac{E^2 \cdot R_a}{(R_a + R_i)^2} \qquad (27)$$

Um das optimale Verhältnis zwischen R_i und R_a zu finden, bei dem R_a die maximale Leistung aufnimmt, muß (27) differenziert werden, um nach dem Nullsetzen des Differentialquotienten dP_a / dR_a das Maximum zu erhalten.

Auf diese Rechnung wird verzichtet, da sie in die höhere Mathematik hineinreicht und das Ergebnis schließlich sehr einfach ist:
Leistungsanpassung erreicht man bei

$$R_i = R_a$$

Zur maximalen Leistungsübertragung oder -aufnahme muß der Lastwiderstand somit immer gleich dem Innenwiderstand der Quelle sein.

1.2 Das magnetische Feld

1.21 Grundbegriffe und deren Einheiten

Ein Magnet besitzt bekanntlich die Fähigkeit, Eisenteile anzuziehen und festzuhalten.
   Dieses Phänomen war bereits vor unserer Zeitrechnung bekannt. Man fand den Magneteisenstein zuerst bei der Stadt Magnesia in Kleinasien, womit der heutige Name begründet wird. Seine chemische Bezeichnung ist Fe_3O_4.
   Lagert man einen Stabmagneten in seinem Schwerpunkt, dann richtet er sich in die geografische Nord-Süd-Richtung aus. Aus diesem Grunde werden die Enden eines Magneten mit Nord- und Südpol bezeichnet. Dabei ist zu beachten, daß sich gleichnamige Pole von Magneten abstoßen und ungleichnamige anziehen.
   Mit Hilfe von Eisenfeilspänen kann man zeigen, daß sich zwischen den Polen eines Magneten ein sogenanntes Magnetfeld befindet. Ähnlich dem Gravitations- oder Schwerefeld der Erde ist dieses magnetische Feld mit den menschlichen Sinnen nicht direkt wahrnehmbar.
   Das Magnetfeld wird durch Feldlinien symbolisiert, die nach *Abb. 1.211* in sich geschlossen sind und außerhalb des Magneten vom Nord- zum Südpol verlaufen, innerhalb dagegen vom Süd- zum Nordpol.

1 Grundlagen der Nachrichtentechnik

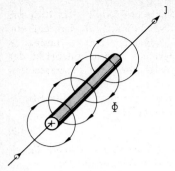

Abb. 1.212 Magnetfeld eines stromdurchflossenen Leiters

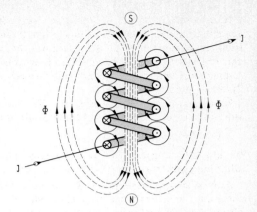

Abb. 1.213 Magnetfeld einer stromdurchflossenen Zylinderspule

Die Dichte dieser Feldlinien ist ein Maß für die Stärke des Magnetfeldes.

Die Gesamtheit der Feldlinien wird als magnetischer Fluß Φ bezeichnet. Dieser wird analog zum elektrischen Strom als „Magnetstrom" im später noch zu beschreibenden magnetischen Kreis angesehen.

Die Einheit von Φ ergibt sich aus dem Induktionsgesetz (siehe 1.22). Sie ist:

$\quad$ 1 Vs = 1 Wb (Weber)

(Weber nach dem deutschen Physiker Wilhelm Weber, 1804–1891.)

Eine andere gebräuchliche Einheit ist das „Maxwell" nach James Clerk Maxwell, englischer Physiker, 1831–1879.

Die Verknüpfung beider Einheiten ist:

$\quad$ 1 Vs = 10^8 M (Maxwell)

Die Ursache für den magnetischen Fluß Φ ist in der Modellvorstellung die sogenannte magnetische Durchflutung Θ, die im magnetischen Kreis die analoge Aufgabe der Spannungsquelle des elektrischen Stromkreises erfüllt.

Während die Natur des Dauer- oder Permanentmagneten die Durchflutung Θ mit sich bringt und zwischen den Polen das magnetische Feld aufbaut, ist Θ auch mit Hilfe des elektrischen Stroms zu erzeugen, da sich nach *Abb. 1.212* um bewegte Ladungsträger ein kreisförmiges Magnetfeld aufbaut.

Experimentell kann man dies sehr einfach am Elektronenstrahl der Fernsehbildröhre nachweisen. Wenn man vor den Bildschirm einen Magneten hält, dann wird das Bild verzerrt, da der Strahl durch die magnetische Einwirkung aus seiner vorgesehenen Bahn abgelenkt wird. Dies ist aber nur dann möglich, wenn auch der Elektronenstrahl von einem Magnetfeld umgeben ist.

Vergrößert man den Strom I, dann wird das Magnetfeld um den Leiter, durch den er fließt, ebenfalls größer. Dasselbe geschieht aber auch dann, wenn man mehrere Leiter nebeneinander mit gleicher Stromrichtung führt, da sich dann die Magnetfelder der Einzelleiter addieren.

Dies läßt sich mit einem Leiter realisieren, den man ganz einfach als Spule aufwickelt, so daß bei konstantem Strom das Magnetfeld mit zunehmender Windungszahl N stärker wird.

1.2 Das magnetische Feld

In der *Abb. 1.213* ist das Feld einer längsgeschnittenen Spule dargestellt. Die Richtung der Feldlinien und damit die des magnetischen Flusses ist so definiert worden, daß sie, wenn man den Leiter in Stromrichtung betrachtet, im Uhrzeigersinn um ihn laufen. In der *Abb. 1.213* ist dies berücksichtigt worden. Wie man daraus erkennt, entspricht das magnetische Feld einer stromdurchflossenen zylindrischen Spule dem eines permanenten Stabmagneten.

Zusammenfassend betrachtet ist die Durchflutung Θ somit proportional zur Stromstärke I und zur Windungszahl N der Spule, durch die der Strom fließt:

$$\Theta = I \cdot N \tag{28}$$

Da die Windungszahl N dimensionslos ist, genügt grundsätzlich A als Einheit für Θ, allerdings gibt man die Durchflutung auch oft in AW (Ampère-Windungen) an.

Analog zum „Wasserschlauch" und auch zum bereits beschriebenen elektrischen Widerstand hat jeder Stoff das Bestreben, sich der Flußdurchdringung Φ zu widersetzen. Aus diesem Grunde spricht man auch vom magnetischen Widerstand R_M.

Mit der Ursache Θ dem Fluß Φ und dem magnetischen Widerstand R_M findet man schließlich auch ein „Magnet-Ohmsches Gesetz":

$$\Phi = \frac{\Theta}{R_M} \tag{29}$$

Löst man diese Beziehung nach R_M auf, erhält man die Einheit für den magnetischen Widerstand:

$$R_M = \frac{\Theta}{\Phi} \text{ in } \frac{A}{Vs} \tag{30}$$

Hierbei ist:

$$\frac{A}{Vs} = \frac{1}{\Omega s} = \frac{1}{H}$$

H steht für Henry nach dem amerikanischen Physiker Joseph Henry (1797 – 1878).

Die Bestimmungsgleichung des magnetischen Widerstandes

$$R_M = \frac{l}{\mu \cdot A} \text{ in } \frac{cm \cdot A \cdot cm}{cm^2 \cdot V \cdot s} \tag{31}$$

läßt wiederum Vergleiche zur Bestimmung des elektrischen Widerstandes eines Leiters zu (4).

Danach nimmt der magnetische Widerstand mit der Länge des Flußweges l zu. Er sinkt mit zunehmendem Querschnitt des magnetischen Leiters und mit der magnetischen Leitfähigkeit, die mit dem Zungenbrecher Permeabilität bezeichnet wird.

Aus (31) ergibt sich die Maßeinheit für die Permeabilität μ:

$$\frac{Vs}{Acm} = \frac{\Omega s}{cm} = \frac{H}{cm}$$

Physikalisch läßt sich die absolute Größe der Permeabilität μ_0 des Vakuums bestimmen. Sie ist

$$\mu_0 = 4\pi \cdot 10^{-9} \frac{H}{cm}$$

oder als Zahlenwert $= 1{,}256 \cdot 10^{-8} \frac{H}{cm}$

1 Grundlagen der Nachrichtentechnik

Alle anderen Stoffe werden auf diese absolute Größe bezogen und mit ihrem relativen Wert zur Permeabilität des Vakuums angegeben. μ_r ist demnach die sogenannte relative Permeabilität eines Stoffes in bezug auf μ_0 und lediglich eine dimensionslose Verhältniszahl.

Die absolute Permeabilität eines Stoffes ist dann:

$$\mu = \mu_r \cdot \mu_0 \quad \text{in } \frac{H}{cm} \tag{32}$$

Die relative Permeabilität ist bei fast allen Stoffen etwa 1. Stoffe mit $\mu_r > 1$ nennt man paramagnetisch, die mit $\mu_r < 1$ diamagnetisch.

Eine extreme Ausnahme bilden die ferromagnetischen Stoffe (Fe, Ni, Co, Heuslersche Legierungen), bei denen μ_r zwischen 10^3 und 10^5 liegt. Ihre magnetische Leitfähigkeit ist also weit größer als die anderer Stoffe.

Im Vergleich zur elektrischen Stromdichte S (2) spricht man beim Magnetismus von der Flußdichte B in einem magnetischen Leiter. Sie ist der magnetische Fluß Φ bezogen auf den Querschnitt A des Leiters:

$$B = \frac{\Phi}{A} \quad \text{in } \frac{Vs}{cm^2} \tag{33}$$

Die gebräuchliche Einheit hierfür ist Gauß (G), benannt nach dem deutschen Mathematiker Karl Friedrich Gauß, 1777–1855:

$$\frac{1 \, Vs}{cm^2} = 10^8 \, G$$

Schließlich muß noch die magnetische Feldstärke H betrachtet werden. Sie gibt die Durchflutung Θ (magnetische Spannung) pro Länge des magnetischen Leiters an:

$$H = \frac{\Theta}{l} \quad \text{in } \frac{A}{cm} \tag{34}$$

Die Flußdichte B in einem magnetischen Leiter ist um so größer, je größer einerseits die Feldstärke H ist und andererseits die magnetische Leitfähigkeit μ.

Hieraus erhält man den Zusammenhang zwischen B und H:

$$B = \mu \cdot H \tag{35}$$

Erfahrungsgemäß sind die Begriffe der Magnetik und deren Einheiten besonders für den Praktiker äußerst verwirrend. Zur Erleichterung des Verständnisses der Verknüpfungen untereinander dient am besten der Vergleich zum elektrischen Stromkreis. In der *Abb. 1.214* sind diese Analogien noch einmal zusammengefaßt worden.

In den bisherigen Betrachtungen wurde davon ausgegangen, daß die magnetische Leitfähigkeit μ eine Materialkonstante ist, aber leider ist dies bei den ferromagnetischen Materialien, also bei den extrem guten magnetischen Leitern, nicht der Fall.

Sie haben die Eigenschaft, ihren magnetischen Widerstand mit zunehmender Flußdichte B zu erhöhen. Diese Erscheinung reicht so weit, bis B ab einer bestimmten Feldstärke H in Sättigung geht und der magnetische Fluß im Eisen trotz höherer Ampère-Windungszahl nicht mehr weiter gesteigert werden kann.

In *Abb. 1.215* ist dies in einem Diagramm für ein bestimmtes ferromagnetisches Material dargestellt worden. Solche Kennlinien über die magnetischen Eigenschaften nennt man Magnetisierungskurven. Sie sind für die Konstruktion von Transformatoren und Übertragern von besonderer Bedeutung zur Bestimmung der Größe und der Form des Eisenkerns.

1.2 Das magnetische Feld

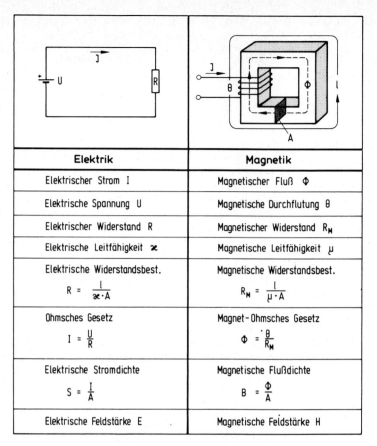

Abb. 1.214 Analogien zwischen dem elektrischen Stromkreis und dem magnetischen Kreis

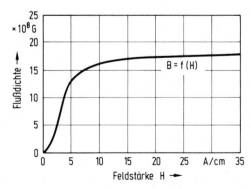

Abb. 1.215 Typische Magnetisierungskurve für ferromagnetisches Material, Flußdichte in Abhängigkeit von der Feldstärke

1 Grundlagen der Nachrichtentechnik

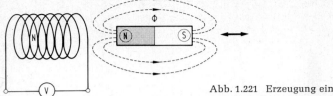

Abb. 1.221 Erzeugung einer Induktionsspannung mit einem Permanentmagnet

Nach *Abb. 1.215* nimmt die Permeabilität des Eisens mit zunehmender Flußdichte ab, da B ab einer bestimmten Feldstärke H als Waagerechte (Sättigung) verläuft.

Man kann das lineare Verhältnis zwischen B und H (35) zwar durch spezielle Legierungen bis zu einer bestimmten Grenze treiben, aber dann ist der Fluß Φ nur noch dadurch zu erhöhen, daß man den Querschnitt A des magnetischen Leiters vergrößert (größerer Eisenquerschnitt).

Hochwertige ferromagnetische Materialien lassen Flußdichten bis über $2 \cdot 10^4$ Gauß zu, ehe sie in Sättigung (in den nichtlinearen Bereich) gehen. Durchschnittliches Transformatorblech wird zwischen 10^4 und $1{,}5 \cdot 10^4$ Gauß „belastet".

Betreibt man den ferromagnetischen Leiter in seiner Sättigung (Überlastung), treten einerseits erhebliche Wärmeverluste auf (Transformator), andererseits gibt es nichtlineare Verzerrungen, die wiederum auf die Nichtlinearität von μ zurückzuführen sind (siehe auch die Diskussion bei den Transformatoren 1.25).

1.22 Induktionsgesetz

Schließt man nach *Abb. 1.221* die Enden einer Spule an einen Spannungsmesser und bewegt einen Permanentmagneten in die Spule hinein und heraus, dann mißt man eine Spannung, die im Rhythmus der Bewegung ihre Polarität wechselt.

Die so erzeugte Spannung wird größer, wenn man

    a) die Windungszahl der Spule erhöht,

    b) den Dauermagneten schneller hin- und herbewegt.

Die gemessene Spannung ist somit proportional zur Windungszahl N der Spule und zur Änderung des magnetischen Flusses Φ innerhalb der Spule pro Zeit:

$$U = N \cdot \frac{\Delta \Phi}{\Delta t} \tag{36}$$

Die Erzeugung der elektrischen Spannung durch Änderung eines Magnetfeldes innerhalb einer Spule nennt man Induktion. Die erzeugte Spannung ist die Induktionsspannung.

Die offensichtliche Ursache der Induktionsspannung ist die Änderung des Magnetfeldes um einen elektrischen Leiter oder in einer Spule.

Dieses Experiment läßt sich aber nach *Abb. 1.222* auch auf rein elektrischem Wege nachvollziehen, indem man in einer Spule ein sich änderndes Magnetfeld herstellt. Man erreicht dies durch ständiges Wechseln der Stromstärke I zwischen einem Minimum und einem Maximum.

Schließlich stellt man eine zweite Spule dicht neben die erste, so daß ein Teil des magnetischen Flusses der stromdurchflossenen Spule auch die andere durchsetzt.

Die auf elektrischem Wege hergestellte Flußänderung der sogenannten Primärspule erzeugt dann in der Sekundärspule eine Induktionsspannung, die sich wiederum mit einem Spannungsmesser nachweisen läßt.

1.2 Das magnetische Feld

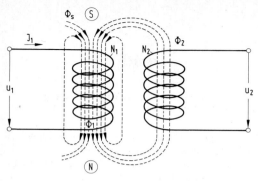

Abb. 1.222 Elektromagnetische Kopplung zweier Spulen

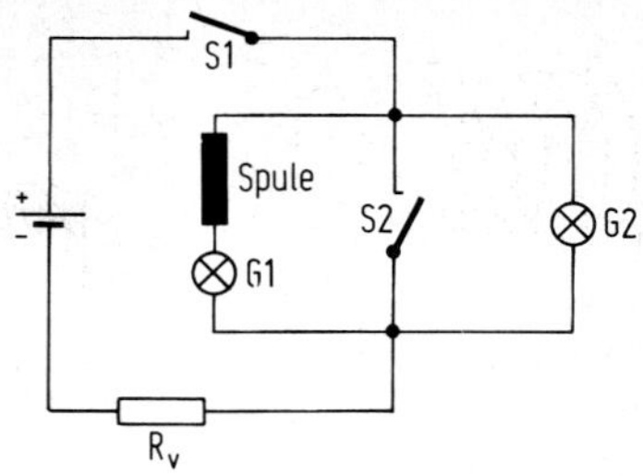

Abb. 1.231 Versuchsschaltung zum Nachweis der Gegeninduktionsspannung

Setzt man voraus, daß sich der Strom in der Primärspule gleichförmig verändert, dann ist:

$$\Delta\Phi_1 = \frac{\Delta t \cdot U_1}{N_1}$$

Ein Teil des Flusses Φ_1 durchsetzt die Sekundärspule, so daß in ihr die Spannung

$$U_2 = N_2 \cdot \frac{\Delta\Phi_2}{\Delta t}$$

induziert wird.

Da in diesem Falle nicht der gesamte Fluß Φ_1 die Sekundärspule durchsetzt, sondern neben dem Nutzfluß Φ_N auch noch ein Streufluß Φ_S verloren geht, wird bei $N_1 = N_2$ die Spannung U_2 kleiner als U_1 sein.

Bei gegebenen Verhältnissen in der Primärspule ist U_2 abhängig von

a) dem Windungsverhältnis (Übersetzungsverhältnis) $\ddot{U} = \dfrac{N_1}{N_2}$

b) der magnetischen Kopplung zwischen beiden Spulen.

Für den idealen Kopplungsfaktor $K = 1$, wenn also der gesamte Primärfluß die Sekundärspule durchsetzt, gilt:

$$\frac{U_1}{U_2} = \frac{N_1}{N_2} \tag{37}$$

und nach U_2 aufgelöst:

$$U_2 = \frac{U_1 \cdot N_2}{N_1}$$

(siehe auch: Transformatoren 1.25)

1.23 Induktivität

Wird bei der Versuchsanordnung nach *Abb. 1.231* bei offenem Schalter S 2 der Schalter S 1 geschlossen, dann leuchtet die Glühlampe G 1 später als G 2 auf.
Schließt man hiernach den Schalter S 2, erlischt G 2 sofort, während G 1 verzögert ausgeht.

1 Grundlagen der Nachrichtentechnik

Offensichtlich wird durch den Einfluß der Spule eine Spannung wirksam, die beim Einschalten dem durch sie hindurchfließenden Strom entgegenwirkt und beim Ausschalten versucht, den Stromfluß aufrecht zu erhalten.

Die Gründe hierfür finden im Induktionsgesetz (36) ihre Erklärung:
Beim Einschalten des Stromes mit S1 wird in der Spule ein magnetisches Feld aufgebaut, daß sich vom Wert Null bis zu einem Endwert ausbildet, der vom Strom, der Windungszahl und vom magnetischen Widerstand abhängig ist. Der sich ändernde magnetische Fluß beim Einschalten des Stromes induziert nach (36) eine Spannung, deren Polarität der der angelegten Spannung entgegengesetzt ist.

Schaltet man dagegen den Strom I ab, bricht das Magnetfeld der Spule zusammen, so daß die „Feldlinien" die Spulenwindungen in umgekehrter Richtung schneiden. Die durch die Spule erzeugte Induktionsspannung wechselt ihre Polarität, so daß jetzt das Bestreben besteht, den abgeschalteten Strom aufrecht zu erhalten.

Die so von der Spule erzeugte Spannung heißt Selbstinduktionsspannung. Da sie der angelegten Spannung entgegenwirkt, erhält sie ein negatives Vorzeichen:

$$U_{si} = -N \cdot \frac{\Delta \Phi}{\Delta t}$$

mit (29)
$$= -N \cdot \frac{\Delta (\Theta / R_M)}{\Delta t}$$

mit (28)
$$= -N \cdot \frac{\Delta (I \cdot N / R_M)}{\Delta t}$$

$$U_{si} = -\frac{N^2}{R_M} \cdot \frac{\Delta I}{\Delta t} \tag{38}$$

Nach (38) ist die Selbstinduktionsspannung abhängig von

a) der Änderung der Stromstärke pro Zeit $= \frac{\Delta I}{\Delta t}$

b) dem Quadrat der Windungszahl N, da N in Verbindung mit I den Fluß bestimmt und zudem Proportionalfaktor für die durch diesen Fluß erzeugte Selbstinduktionsspannung ist.

c) dem Spulenaufbau (Durchmesser, Länge, Kern und Umgebungsmaterial), der den magnetischen Widerstand bestimmt.

Sowohl die Windungszahl als auch der magnetische Widerstand sind konstante Größen der Spule. Sie bestimmen die Charakteristik dieses Bauelements.

Man bezeichnet den Quotienten aus dem Quadrat der Windungszahl und dem magnetischen Widerstand einer Spule als ihren Selbstinduktionskoeffizienten oder ihre Induktivität L:

$$\frac{N^2}{R_M} = L \text{ in } \frac{Vs}{A} \text{ oder } H \tag{39}$$

H steht für die Einheit Henry.
Hiermit wird aus (38):

$$U_{si} = -L \cdot \frac{\Delta I}{\Delta t} \tag{40}$$

Die Spule ist eines der Grundbauelemente innerhalb der Nachrichtentechnik. Wie noch zu zeigen ist, wird sie in vielfältigster Form verwendet.

1.2 Das magnetische Feld

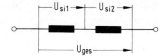

Abb. 1.232 Reihenschaltung von Induktivitäten

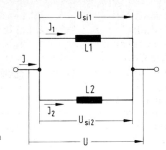

Abb. 1.233 Parallelschaltung von Induktivitäten

Schaltet man nach *Abb. 1.232* zwei Induktivitäten L_1 und L_2 in Reihe, dann gilt:

$$U_{ges} = U_{si\,1} + U_{si\,2}$$

Daraus folgt nach (40):

$$L_{ges} \cdot \frac{\Delta I}{\Delta t} = L\,1 \cdot \frac{\Delta I}{\Delta t} + L\,2 \cdot \frac{\Delta I}{\Delta t}$$

Teilt man die Gleichung durch $\frac{\Delta I}{\Delta t}$, erhält man:

$$L_{ges} = L\,1 + L\,2$$

oder auch allgemein $\quad L_{ges} = L\,1 + L\,2 + \ldots + L_n \hfill (41)$

Die Gesamtinduktivität einer Reihenschaltung aus Spulen ist somit gleich der Summe der Einzelinduktivitäten.

Bei der Parallelschaltung von Induktivitäten gilt nach *Abb. 1.233*:

$$I = I_1 + I_2$$

und $\quad U = U_{si\,1} = U_{si\,2}$

Durch Einsetzen kann man nach (40) schreiben:

$$\frac{U}{L_{ges}} = \frac{U_{si\,1}}{L\,1} + \frac{U_{si\,2}}{L\,2}$$

Teilt man die Gleichung durch die gemeinsame Spannung U, erhält man für die Gesamtinduktivität der Parallelschaltung:

$$\frac{1}{L_{ges}} = \frac{1}{L\,1} + \frac{1}{L\,2}$$

oder allgemein $\quad \dfrac{1}{L_{ges}} = \dfrac{1}{L\,1} + \dfrac{1}{L\,2} + \ldots + \dfrac{1}{L_n} \hfill (42)$

Nach (41) und (42) berechnen sich die Schaltungen von Induktivitäten wie die von Widerständen, solange die Induktivitäten nicht magnetisch miteinander verkoppelt sind, also die magnetischen Flüsse sich nicht gegenseitig beeinflussen können (K = 0).

1.24 Induktivität im Stromkreis

Schaltet man in einem Stromkreis nach *Abb. 1.241* eine Spule und einen Widerstand in Reihe, dann wird der Strom durch die Gegeninduktionsspannung der Spule nach dem Einschalten von S 1 verzögert den Endwert I_{max} erreichen. Ist der Einschaltvorgang beendet, hat der Strom den Wert

1 Grundlagen der Nachrichtentechnik

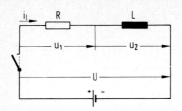

Abb. 1.241 Induktivität im Stromkreis: Einschaltvorgang

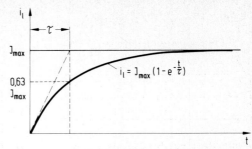

Abb. 1.242 Einschaltstrom i_L in Abhängigkeit von der Zeit t

$$I_{max} = \frac{U}{R}$$

wobei der ohmsche Widerstand der Spule vernachlässigt wird.

Die Funktion des Einschaltvorgangs läßt sich mit Hilfe der Differentialrechnung genau bestimmen. Mit ihr kann die momentane Stromstärke i_L (momentane Werte werden in der Elektrotechnik mit kleinen Buchstaben angegeben) für jeden Zeitpunkt nach dem Einschalten errechnet werden.

Auch hier wird auf die Ableitung der Beziehung verzichtet, da sie in die höhere Mathematik hineinreicht. Das Ergebnis der Rechnung ist:

$$i_L = I_{max} \left(1 - e^{-\frac{t}{\tau}}\right) \tag{43}$$

Hierbei sind:
I_{max} = Endwert der Stromstärke nach dem Einschaltvorgang
e = 2,718
t = Zeit nach dem Einschalten

Die Zahl „e" ist die Basis der natürlichen Logarithmen. Sie hat ihr Symbol nach dem Mathematiker Euler erhalten. e ist eine sogenannte transzendente Zahl, die, ähnlich π, durch eine mathematische Reihenentwicklung beliebig genau angegeben werden kann (2,718 281 828 459 . . .). Sowohl e als auch das System der natürlichen Logarithmen haben in Funktionsverläufen von natürlichen Vorgängen eine große Bedeutung.
τ ist die sogenannte Zeitkonstante:

$$\tau = \frac{L}{R} \text{ in } \frac{H}{\Omega} = s \tag{44}$$

Ein Zahlenbeispiel soll den Rechenvorgang zur Bestimmung der Stromstärke darstellen: Eine Spule von 1 H ist mit einem Widerstand von 5 Ω in Reihe geschaltet. Die angelegte Spannung beträgt 10 V.
Wie groß ist der Einschaltstrom nach 0,1 s?

$$i_L = 2 \left(1 - e^{-\frac{0,1}{0,2}}\right) \text{ A}$$
$$= 2 \left(1 - 0,61\right) \text{ A}$$
$$= 2 \cdot 0,39 \text{ A}$$
$$i_L = 0,78 \text{ A}$$

Die Einschaltstromstärke beträgt nach 0,1 s 0,78 A.

1.2 Das magnetische Feld

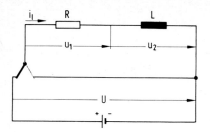

Abb. 1.243 Induktivität im Stromkreis: Abschaltvorgang

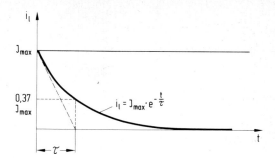

Abb. 1.244 Ausschaltstrom i_L in Abhängigkeit von der Zeit t

In *Abb. 1.242* ist der typische Verlauf des Einschaltstroms i_L in Abhängigkeit von der Zeit t dargestellt.

In der Praxis nimmt man an, daß I_{max} nach $5\,\tau$ erreicht worden ist, und damit der Einschaltvorgang beendet ist.
Theoretisch wird I_{max} nach (43) nie erreicht, da sich i_L asymptotisch dem Endwert nähert.

Einschaltvorgänge sind dort zu berücksichtigen, wo Spulen mit Rechtecksignalen angesteuert werden (Relais, Impuls-Übertrager usw.). Die Verzerrungen, die hierbei auftreten, sind allein darin begründet, daß sich Induktivitäten solchen sogenannten Sprungfunktionen durch ihre Selbstinduktion „widersetzen".

Das Pendant zum Einschaltvorgang ist der Ausschaltvorgang, zu dessen Erläuterung die *Abb. 1.243* dienen soll.

Wird der Strom durch die Reihenschaltung aus Spule und Widerstand durch das Kurzschließen beider mit S_1 abgeschaltet, ist der Strom i_L nicht sofort Null. Die Selbstinduktion der Spule läßt ihn nach der Abschaltfunktion gegen Null abklingen.
Diese Funktion lautet:

$$i_L = I_{max} \cdot e^{-\frac{t}{\tau}} \tag{45}$$

Bleibt man beim erwähnten Zahlenbeispiel, ergibt sich nach dem Ausschalten ein Strom von

$i_L = 2 \cdot 0,61\ \text{A}$

$i_L = 1,22\quad\text{A}$

Auch beim Ausschaltvorgang nimmt man an, daß er nach $5\,\tau$ beendet ist, obwohl der Reststrom für das Beispiel auch dann noch 0,013 A beträgt.
Die Abschaltfunktion ist in *Abb. 1.244* grafisch dargestellt.

In den meisten Fällen wird man den Stromkreis nach dem Abschalten nicht gleichzeitig kurzschließen, sondern einfach unterbrechen.

Fehlt aber der Kurzschluß, müßte sich der Strom sprunghaft auf Null verändern, was die Induktivität der Spule nicht zuläßt. Die starke Änderung des Stromes beim Abschalten erzeugt nach (40) eine sehr hohe Selbstinduktionsspannung in der Spule, die soweit führt, daß im Abschaltmoment sogar ein Funke an der Unterbrechungsstelle entstehen kann.

In der Autoelektrik wird dieser Effekt mit der Zündspule und dem Unterbrecher sogar ausgenutzt, wobei der Funke an den Kontakten der Zündkerze entsteht.

1 Grundlagen der Nachrichtentechnik

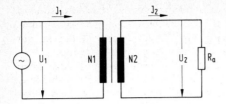

Abb. 1.251 Transformator (mit Eisenkern) als Spannungswandler

In vielen anderen Fällen ist die Funkenbildung aber auch unerwünscht und führt zu Störungen oder kann andere Bauelemente (vor allem Halbleiter) beschädigen. Durch entsprechende Beschaltung der Spule oder des Unterbrechers (Transistor, Schalter, Relaiskontakt, Morsetaste usw.) kann die Spannungsspitze gekappt oder bedämpft werden. Hierzu werden, wie später noch gezeigt wird, Dioden oder Entstörungskombinationen verwendet.

1.25 Transformator, Übertrager

Bei der Erklärung des Induktionsgesetzes wurde das Experiment der magnetisch gekoppelten Spulen beschrieben, bei dem der magnetische Fluß der einen Spule die Windungen der anderen durchdringt.

Setzt man die ideale magnetische Kopplung von K = 1 voraus, bei der der gesamte Fluß der Primärspule auch die Windungen der Sekundärspule umfaßt, gilt nach (37):

$$U_2 = \frac{U_1 \cdot N_2}{N_1} \tag{46}$$

Hiernach läßt sich durch entsprechende Wahl der Windungszahlen mit der magnetischen Spulenkopplung eine gegebene Primärspannung auf eine beliebige Sekundärspannung umwandeln oder transformieren, egal ob diese Sekundärspannung höher oder niedriger als die Primärspannung sein soll.

Voraussetzung für diese Möglichkeit der Transformation von Spannungen ist natürlich die ständige Änderung des Primärstroms, damit die Flußänderung in der Sekundärspule die Induktionsspannung erzeugen kann. Es lassen sich also nur Wechselspannungen transformieren, wie z. B. die Netzwechselspannung von 220 V.

Belastet man die Sekundärspule nach Abb. 1.251 mit einem Widerstand R_a, dann wird hierin die Leistung

$$P_2 = \frac{U_2^2}{R_a}$$

verbraucht.

Diese Leistung wird auf elektromagnetischem Wege von der Primärspule auf die Sekundärspule übertragen.

Um die Streuverluste des magnetischen Flusses möglichst gering zu halten, führt man durch beide Spulen einen geschlossenen Eisenkern, dessen magnetischer Widerstand weit geringer als der der umgebenden Luft ist, so daß praktisch dem gesamten Fluß dieser Weg durch beide Spulen vorgeschrieben wird.

Bei gegebenem Eisenquerschnitt des Transformatorkerns wird die Übertragungsleistung durch die zulässige Flußdichte B innerhalb des Kerns begrenzt.

1.2 Das magnetische Feld

Wie bereits im Abschnitt 1.21 erläutert wurde, darf ferromagnetisches Material nur bis an seine Sättigung durch den magnetischen Fluß belastet werden, da die magnetische Leitfähigkeit oberhalb der Sättigung geringer wird. Der Querschnitt des zu verwendenden Eisenkerns ist somit abhängig von der zu übertragenden Leistung.

Belastet man die Sekundärwicklung soweit, daß die Flußdichte innerhalb des ferromagnetischen Kernmaterials in die Sättigung reicht, wird der Transformator heiß, da ein Teil der zu übertragenden Leistung im Eisen verloren geht und in Wärme umgesetzt wird. Die Folge ist meist die Zerstörung der Windungsisolation, so daß der Transformator im wahrsten Sinne des Wortes verbrennt.

Geht man vom idealen Transformator im vorgeschriebenen Betriebsbereich aus, ist die aufgenommene Primärleistung gleich der abgegebenen Sekundärleistung:

$$P_1 = P_2$$

oder auch $\quad U_1 \cdot I_1 = U_2 \cdot I_2$

Mit (46) wird $\quad U_1 \cdot I_1 = \dfrac{U_1 \cdot N_2}{N_1} \cdot I_2$

Daraus erhält man nach Teilung der Gleichung durch U_1:

$$\frac{I_1}{I_2} = \frac{N_2}{N_1} \tag{47}$$

Die Ströme der Primär- und der Sekundärspule verhalten sich somit umgekehrt wie die zugehörigen Windungszahlen.

Beim realen Transformator ist der Wirkungsgrad der Leistungsübertragung natürlich kleiner als 1, da einerseits ohmsche Verluste im Spulendraht auftreten und andererseits magnetische durch Eisen- und Streuverluste.

In der Praxis kann man für Transformatoren im Bereich von 5 bis 1000 VA in erster Näherung einen linearen Anstieg des Wirkungsgrads von 0,75 bis 0,95 mit zunehmender zulässiger Übertragungsleistung annehmen.

Es wäre an dieser Stelle übertrieben, die Berechnungsgrundlagen für den Transformator herzuleiten, zumal es umfangreiche Tabellenwerke für die üblichen Normeisenkerne gibt, denen zulässige Leistung, Windungszahlen usw. leicht zu entnehmen sind. Zudem ist das Angebot der Industrie so vielfältig gestaffelt, daß man praktisch für jeden Zweck fertige Transformatoren erhält, wobei man lediglich die gewünschte Leistung und die Spannungen beim Kauf angeben muß.

Der Transformator ist auch für die Amateure zu einem Bauelement geworden, das man nicht mehr selber herstellt, wie es in früheren Zeiten üblich war. Allerdings sollte man die grundsätzliche Funktion beherrschen, um ein unangenehmes Feuerwerk vermeiden zu können.

Während der Transformator innerhalb des Stromversorgungsteils die Umspannfunktion übernimmt, hat der Übertrager, der in gleicher elektrischer und magnetischer Form arbeitet, eine andere Aufgabe.

Wie in 1.16 bereits prinzipiell dargestellt wurde, ist Leistungsanpassung zur optimalen Leistungsausbeute einer Energiequelle notwendig.

Leider ist der Widerstandswert des Verbrauchers nicht immer gleich dem des Innenwiderstands der Quelle, so daß ein Bauelement wünschenswert ist, welches in der Lage ist, Widerstandswerte zu wandeln.

Da in der Nachrichtentechnik zum großen Teil mit Wechselspannungen gearbeitet wird, kann der ursprüngliche Transformator in einfacher Weise zur Leistungsanpassung bei

1 Grundlagen der Nachrichtentechnik

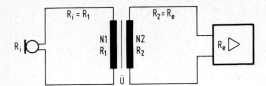

Abb. 1.252 Übertrager als Widerstandswandler (Mikrofon auf Verstärker)

unterschiedlichen Widerstandswerten verwendet werden. Er übernimmt hierbei die Funktion eines sogenannten Übertragers.

Zur Erklärung seiner Eigenschaften geht man wieder vom idealen Übertrager aus:

$$P_1 = P_2$$

oder nach (23) $\quad I_1^2 \cdot R1 = I_2^2 \cdot R2$

Nach der Umstellung der Gleichung wird:

$$\frac{R1}{R2} = \left(\frac{I_2}{I_1}\right)^2$$

Nach (47) wird $\quad \dfrac{R1}{R2} = \left(\dfrac{N_1}{N_2}\right)^2 \quad\quad (48)$

oder $\quad \dfrac{R1}{R2} = \ddot{U}^2 \quad\quad (49)$

Das Widerstandsübersetzungsverhältnis eines Übertragers (und natürlich auch eines Transformators) verhält sich wie das Quadrat seines Windungszahlen-Übersetzungsverhältnisses.

Auch diese Zusammenhänge sollen an einem Zahlenbeispiel verdeutlicht werden:

Nach *Abb. 1.252* ist der Innenwiderstand R_i eines Mikrofons 200 Ohm. Es soll an die Eingangsstufe eines nachfolgenden Niederfrequenzverstärkers angepaßt werden, dessen Eingangswiderstand R_e 10 kOhm beträgt.

Wie muß das Windungszahlen-Übersetzungsverhältnis gewählt werden?

Nach (49) gilt $\quad \ddot{U} = \sqrt{\dfrac{R1}{R2}}$

$$= \sqrt{\dfrac{0{,}2}{10}}$$

$$= \sqrt{\dfrac{1}{50}}$$

$$\ddot{U} \approx \dfrac{1}{7}$$

Der Übertrager muß ein Windungszahlen-Übersetzungsverhältnis von 1 : 7 erhalten, um Leistungsanpassung zu erreichen.

1.26 Induktivitäten in der Hf-Technik

Neben den Transformatoren, Übertragern und Drosseln als Induktivitäten der Niederfrequenztechnik, deren Werte oft mehrere Henry betragen, werden für die Hochfrequenz Induktivitäten eingesetzt, die im Bereich zwischen einigen mH und Bruchteilen von µH liegen.

Für die höheren Induktivitätswerte, wie sie bei Lang-, Mittel- und Kurzwelle üblich sind, verwendet man Spulen, die in einer oder mehreren Lagen auf einen zylindrischen Kunststoffkörper gewickelt werden. Dieser hat meist ein Innengewinde, in dem ein Eisenkern zur Variation der Induktivität verdreht werden kann.

Das Kernmaterial ist speziell für Hf-Zwecke entwickelt worden und besteht aus gesintertem Eisenpulver. Für bestimmte Frequenzbereiche sind spezielle Eisensorten notwendig, deren Grenzfrequenz vom Hersteller angegeben wird.
Spulen solcher Art findet man in allen Empfänger- und Senderaufbereitungsstufen.

Im UKW-Bereich bestehen die Spulen zunächst nur noch aus wenigen Windungen (2-m-Band), die aus versilbertem Draht freitragend gebogen werden oder sogar direkt auf das Platinenmaterial als Schnecke aufgedruckt sind.
Bei höchsten Frequenzen geht die Spulencharakteristik der Induktivitäten ganz verloren. Leiterbögen sind die letzten Reste der ursprünglichen Modellvorstellung, die schließlich in kurzen gestreckten Rohrenden und Wandungen von Hohlräumen völlig aufgegeben werden muß.

In der Sendetechnik, soweit man sie auf den Amateurfunk beschränkt, sind fast durchweg Luftspulen üblich, sobald höhere Ströme innerhalb der Treiber- und Endstufen zu erwarten sind. Eisenkerne werden hier kaum noch verwendet, da ihre magnetischen Verluste die Güte der Induktivitäten in Leistungsstufen erheblich vermindern.

Auffällig bei den Spulen in Senderendstufen ist der extrem große Querschnitt des Leiters. Der Grund hierfür ist der sogenannte Skin-Effekt (Haut-Effekt), durch den der Strom sehr hoher Frequenz an die Außenwand des Leiters gedrängt wird und demzufolge nicht mehr über den gesamten Querschnitt homogen verteilt ist.

Um die ohmschen Verluste möglichst niedrig zu halten, stellt man Spulen für sehr hohe Leistungen sogar aus Rohrmaterial her, das zusätzlich noch versilbert wird, um den Widerstand auf der stromdurchsetzten Oberfläche optimal zu reduzieren.

Neben der UKW-Technik findet man eine Abweichung der zylindrischen Spulenform bei Ringkernspulen, deren Kern wiederum aus einem gesinterten Eisenmaterial hergestellt ist. Solche Kerne werden vor allem im Kurzwellenbereich für Breitbandübertrager eingesetzt um eine möglichst verlustfreie Leistungsübertragung zu realisieren.

Spezielle Anwendung finden sie in Transistorendstufen und Antennenübertragern, wo oft schwierige Anpassungsprobleme auf diesem Wege elegant gelöst werden können.

1.3 Das elektrische Feld

1.31 Charakteristik des elektrischen Feldes

Bisher wurde vom linienförmigen Leiter gesprochen, bei dem der elektrische Strom durch einen Draht fließt. Hierin ist die Stromverteilung gleichmäßig (homogen) über den Leiterquerschnitt.

Im folgenden stelle man sich im Gegensatz hierzu eine Leiterfläche vor, wie sie z. B. ein großes Stück Blech darstellt. In *Abb. 1.311* ist ein Ausschnitt eines solchen Flächen-

1 Grundlagen der Nachrichtentechnik

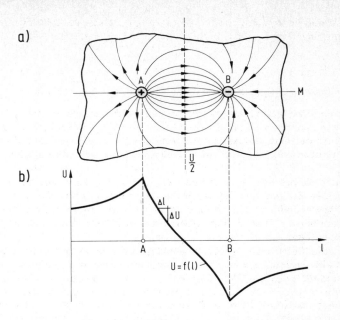

Abb. 1.311 a Stromlinienverlauf auf einem Flächenleiter, inhomogene Stromverteilung

b Potentialverlauf zwischen den Elektroden eines Flächenleiters

leiters gezeigt, auf dem mit zwei Elektroden die Anschlüsse einer Batterie punktförmig angebracht worden sind.

Von der Pluselektrode fließt der Strom in Form der eingezeichneten Stromlinien zum Minuspol. Die Stromdichte S ist hierbei inhomogen, da man sich die Fläche als eine Vielzahl parallelgeschalteter Widerstände vorstellen kann, deren Wert mit zunehmender Stromlinienlänge größer wird. Die größte Stromdichte tritt auf dem kürzesten Weg zwischen den beiden Elektroden auf.

Mit einem Spannungsmesser kann man den Potentialverlauf auf der Fläche verfolgen. Der Potentialunterschied ist dabei verhältnisgleich zur jeweiligen Länge der gedachten Stromlinien. Demzufolge findet man $\frac{U}{2}$ exakt auf der Mittelsenkrechten zwischen den beiden Elektroden.

Im Gebiet der größten Stromdichte tritt natürlich auch die größte Potentialdifferenz (Spannungsunterschied) pro Stromlinienlänge auf, da hier der Spannungsabfall am konstanten Widerstand des Flächenleiters am größten ist.

Extrem hohe Werte findet man direkt an den Elektroden, wo die Stromlinien zum Gesamtstrom auf kleinster Fläche zusammenlaufen.

Im Diagramm $U = f(l)$ ist der Spannungsverlauf auf der „Mittelstromlinie" dargestellt worden. Die Charakteristik des Diagramms (Kurvenform) gilt der Form nach für alle Stromlinien. Man muß lediglich den Abstand zwischen A und B auf die Länge der betrachteten Stromlinie dehnen.

1.3 Das elektrische Feld

Die Steilheit der Kennlinie gibt an, welche Teilspannung pro Teillänge auftritt. Diesen Quotienten aus Spannung und Länge nennt man die elektrische Feldstärke E:

$$E = \frac{\Delta U}{\Delta l} \quad \text{in} \quad \frac{V}{cm} \tag{50}$$

Die größte Feldstärke tritt demzufolge an den Elektroden A und B auf.

Man kann die Vorstellung des beschriebenen Flächenleiters in die dritte Dimension erweitern, wenn man den Flächenausschnitt nach *Abb. 1.311* in Gedanken um die Achse M rotieren läßt. An der Charakteristik der Stromlinien ändert sich dabei nichts, so daß der Spannungsverlauf in Abhängigkeit von l in gleicher Form wie beim Flächenleiter erhalten bleibt.

Punktförmige Elektroden in räumlichen Leitern findet man z. B. bei Erdern. In den vorausgegangenen Erklärungen liegt auch die Begründung dafür, warum man Erder möglichst großflächig ausbilden soll. Nur hierdurch wird die große elektrische Feldstärke in Erdernähe vermieden, so daß der Übergangswiderstand zum Leiter „Erde" gering gehalten werden kann.

Stehen sich die Elektroden A und B in einem Raumleiter mit extrem hohem Widerstand (z. B. Luft) gegenüber, dann wird zwar kein Strom mehr fließen, aber die Spannungscharakteristik zwischen den Elektroden bleibt erhalten, so daß das Feld nach *Abb. 1.311* auch für Nichtleiter mit „erstarrten" Stromlinien gilt. In diesem Falle spricht man von einem statischen Feld, weil kein Strom fließt. In der Fachsprache heißt es „elektrostatisches Feld".

Auch im elektrostatischen Feld treten die größten Feldstärken an den Elektroden auf, so daß man sie ebenfalls großflächig ausbilden muß, um Überschläge in den freien Raum zu vermeiden. So führt man Höchstspannungsleitungen als sogenannte Bündelleiter aus, um ihre Oberfläche künstlich zu vergrößern und auf diese Weise die Feldstärke an ihrer Oberfläche zu reduzieren. Anderseits muß man Stabantennen mit einer Metallkugel an der Spitze abschließen, wenn man mit ihr sehr hohe Hf-Leistungen abstrahlen will, um ein wahres Feuerwerk am Spannungsbauch der Antenne zu vermeiden (siehe Antennen).

Blitzableiter sind an ihren Enden dagegen bewußt spitz ausgeführt. Teilweise findet man auch aufgespleißte Drahtenden. Diese „Punktelektroden" konzentrieren die Feldstärke, so daß der Blitz vorzugsweise diesen Weg nach Erde wählen wird.

1.32 Der Kondensator

Legt man nach *Abb. 1.321* an zwei gegenüberliegende Elektrodenplatten, die durch eine Isolierschicht getrennt sind, eine konstante Spannung, wird man mit den Strommessern keinen Stromfluß nachweisen können.

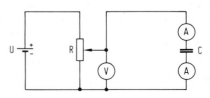

Abb. 1.321 Schaltung zum Nachweis des Verschiebestroms

1 Grundlagen der Nachrichtentechnik

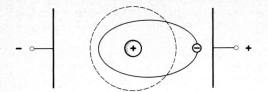

Abb. 1.322 Verschiebung der Elektronenbahn eines Dielektrikum-Atoms

Wird die Spannung allerdings mit dem Potentiometer verändert, stellt man sofort auf beiden Strommessern einen gleichen Ausschlag fest, obwohl über die Isolierschicht, die man Dielektrikum nennt, kein Strom fließen kann, da Nichtleiter nach 1.1 keine freien Ladungsträger besitzen.

Man kann elektrischen Strom aber auch mit dem Magnetfeld nachweisen, das sich um bewegte Ladungsträger bildet. Mit Hilfe dieser Meßmethode wird man feststellen, daß das magnetische Feld bei einer Spannungsänderung um das Dielektrikum genauso groß ist wie das um die beiden Zuleitungen.

Da magnetische Felder aber nur um bewegte Ladungsträger aufgebaut werden können, muß auch im Nichtleiter eine Ladungsträgerbewegung stattfinden, die der in den Zuleitungen entspricht.

Abb. 1.322 zeigt die Art dieser Bewegung, bei der sich die Elektronenbahnen der Atome des Dielektrikums in Richtung der Pluselektrode verschieben. Da die Elektronen nicht frei sind, aber trotzdem Ladungsträger bewegt (verschoben) werden, spricht man vom Verschiebestrom innerhalb des Dielektrikums.

Die Verschiebungsmenge der Elektronen ist proportional zur Fläche der Elektroden und zur angelegten Spannung und umgekehrt proportional zum Abstand, da mit konstanter Spannung bei geringerem Abstand die elektrische Feldstärke größer wird. Die Materialkonstante, die das „Verschiebungsvermögen" der Elektronen im Dielektrikum bestimmt, ist die sogenannte Dielektrizitätskonstante ε. ε ist um so größer, je größer die Anzahl der verschobenen Elektronen bei gegebener Plattenanordnung und konstanter Spannung ist.

Die Anordnung zweier gegenüberliegender Plattenelektroden, die durch das Dielektrikum getrennt sind, nennt man Kondensator. Bei angelegter Spannung fließen Ladungsträger auf die Kondensatorplatten, deren Menge den verschobenen Elektronen entspricht. Die Ladungsmenge Q auf den Platten ist vom Aufbau (Plattengröße, Abstand, Dielektrikum) des Kondensators abhängig, der hierdurch eine bestimmte Kapazität C besitzt, Ladungsträger zu speichern. Zudem wird Q aber auch von der angelegten Spannung U bestimmt, die die Größe des elektrischen Feldes zwischen den Platten festlegt:

$$Q = C \cdot U \text{ in As} \tag{51}$$

Die Kapazität C eines Kondensators erhöht sich, wenn

a) die Plattenfläche A vergrößert wird;
b) der Abstand zwischen den Platten verkleinert wird;
c) ein Dielektrikum mit größerer Dielektrizitätskonstante verwendet wird.

Mit diesen Beziehungen erhält man die Bestimmungsgleichung für die Kapazität eines Kondensators:

$$C = \varepsilon \cdot \frac{A}{l} \text{ in } \frac{As}{V} = F \tag{52}$$

1.3 Das elektrische Feld

Ein Kondensator hat demnach die Kapazität von einem Farad (F, nach dem englischen Physiker und Chemiker Michael Faraday, 1791–1867), wenn auf ihm bei einer angelegten Spannung von 1 V eine Ladung von 1 As (Coulomb) gespeichert wird.

Der Wert von einem Farad ist sehr groß. In der Praxis arbeitet man je nach Verwendungszweck mit Werten zwischen einigen mF (10^{-3} F) und wenigen pF (10^{-12} F).

Als Dielektrika werden bei Kondensatoren die unterschiedlichsten Materialien verwendet (siehe Bauformen). Analog zur Permeabilität geht man auch hier von der absoluten Dielektrizitätskonstanten ε_0 des Vakuums aus. Sie ist

$$\varepsilon_0 = 0{,}886 \cdot 10^{-13} \; \frac{As}{V \cdot cm} \; \text{oder} \; \frac{F}{cm}$$

Die Werte aller anderen Stoffe werden in Relation zu ε_0 gestellt. Die absolute Dielektrizitätskonstante beträgt danach für das jeweilige Dielektrikum:

$$\varepsilon = \varepsilon_r \cdot \varepsilon_0$$

Nachfolgend sind einige Werte für ε_r angegeben:

Tabelle 1.321 Relative Dielektrizitätskonstante ε_r für gebräuchliche Dielektrika

Vakuum	1	Phenolharz	5	Glimmer	5 ... 10
Luft	1	Porzellan	4 ... 5	Wasser, dest.	80
Öl	2 ... 3	Glas	4 ... 6	Keramik	2 ... 4000
Hartpapier	4	Aluminiumoxid	5	Seignette	500 ... 9000

Liegt eine Wechselspannung am Kondensator, wird auch der Verschiebestrom im Dielektrikum ständig seine Richtung wechseln. Hierbei geht Energie in Form von Wärme verloren. Zudem treten ohmsche Verluste auf den Zuleitungen und den „Platten" des Kondensators auf, die ebenfalls als Energieverluste zu Buche schlagen.

In einer Ersatzschaltung faßt man die Verluste des Kondensators in einem gedachten Parallelwiderstand R_p zusammen, der mit zunehmenden Verlusten kleiner wird.

Den sogenannten Verlustfaktor tan δ gibt man als Quotienten aus dem Wechselstromwiderstand X_C des Kondensators und dem angenommenen Parallelwiderstand R_p an:

$$\tan \delta = \frac{X_C}{R_p} \tag{53}$$

Wie später noch gezeigt wird, nimmt der Wechselstromwiderstand des Kondensators mit zunehmender Frequenz ab, so daß sich die Güte von C proportional zur Frequenz verschlechtert. Dies ist allerdings relativ, da man die Verluste des Kondensators in den meisten Anwendungsfällen vernachlässigen kann (siehe Bauformen).

Eine weitere wichtige Größe, die besonders in der Hf-Technik von Interesse ist, ist der Temperaturkoeffizient TK_C, der angibt, um welchen Faktor sich der Kapazitätswert pro Grad Temperaturunterschied verändert.

Je nach Dielektrikum kann TK_C positiv oder negativ sein, so daß man ihn mit Kondensatoren verschiedener Temperaturcharakteristik kompensieren kann. Bestimmte Dielektrika sind fast temperaturneutral. Sie werden speziell in der Hf- und Meßtechnik eingesetzt.

Bei der Parallelschaltung zweier Kondensatoren nach Abb. 1.323 liegen beide an der gleichen Spannung:

$$U_{C1} = U_{C2} = U$$

1 Grundlagen der Nachrichtentechnik

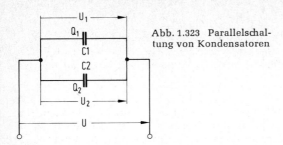

Abb. 1.323 Parallelschaltung von Kondensatoren

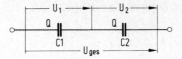

Abb. 1.324 Reihenschaltung von Kondensatoren

Für die Gesamtladung der parallelen Kondensatoren gilt:

$$Q_{ges} = Q_1 + Q_2$$

Setzt man nach (51) ein, erhält man:

$$C_{ges} \cdot U = C1 \cdot U + C2 \cdot U$$

Wird diese Gleichung durch den gemeinsamen Faktor U geteilt, bekommt man die Beziehung für die Gesamtkapazität parallelgeschalteter Einzelkapazitäten.
Allgemein ausgedrückt heißt sie:

$$C_{ges} = C1 + C2 + \ldots + C_n \qquad (54)$$

Danach ist die Gesamtkapazität parallelgeschalteter Kondensatoren gleich der Summe der Einzelkapazitäten.

In *Abb. 1.324* sind die Kondensatoren in Reihe geschaltet. Da beim Anlegen einer Spannung im gesamten Stromkreis der gleiche Leiter- und auch Verschiebestrom fließt (gleiche Ladungsträgermenge), müssen die Ladungen sowohl auf der zu errechnenden Gesamtkapazität als auch auf den Einzelkapazitäten gleich groß sein:

$$Q = Q_1 = Q_2$$

Die Gesamtspannung ist gleich der Summe der Einzelspannungen:

$$U_{ges} = U_1 + U_2$$

Setzt man auch hier nach (51) ein, wird

$$\frac{Q}{C_{ges}} = \frac{Q}{C1} + \frac{Q}{C2}$$

Wird diese Gleichung durch den gemeinsamen Faktor Q geteilt, erhält man den Kehrwert der Gesamtkapazität als Summe der Kehrwerte der Einzelkapazitäten.
Allgemein gilt danach für die Reihenschaltung von Kondensatoren:

$$\frac{1}{C_{ges}} = \frac{1}{C1} + \frac{1}{C2} + \ldots + \frac{1}{C_n} \qquad (55)$$

Für den Sonderfall zweier in Reihe geschalteter Kondensatoren erhält man nach algebraischer Umwandlung von (55):

$$C_{ges} = \frac{C1 \cdot C2}{C1 + C2} \qquad (56)$$

1.3 Das elektrische Feld

1.33 Kapazität im Stromkreis

Schaltet man in einem Stromkreis nach *Abb. 1.331* einen Kondensator und einen Widerstand in Reihe, dann ist die Kondensatorspannung im Moment des Einschaltens 0 V. Der Einschaltstrom wird im gleichen Augenblick durch den Widerstand R bestimmt und ist:

$$i_C = I_{max} = \frac{U}{R}$$

Sobald Ladungsträger auf den Kondensator geflossen sind, steigt die Spannung u_C an, so daß die Spannungsdifferenz, die die Ursache des Stroms ist, mit zunehmender Kondensatorladung geringer wird. Im Endzustand dieses Ladevorgangs des Kondensators ist der Strom Null und u_C gleich der Batteriespannung U.

In *Abb. 1.332* ist der Ladevorgang des Kondensators in Abhängigkeit von der Zeit t dargestellt, bei dem Analogien zu den Betrachtungen in 1.24 auffallend sind.

Auch hier läßt sich die Funktion nur mit Hilfe der Differentialrechnung aufstellen, worauf wiederum verzichtet wird.

Beim Ladevorgang gilt für die Spannung u_C:

$$u_C = U \cdot (1 - e^{-\frac{t}{\tau}}) \tag{57}$$

U = Spannungsendwert, der der Batteriespannung entspricht
e = 2,718
t = Zeit nach Ladebeginn

τ ist die Zeitkonstante. Sie errechnet sich für R und C aus:

$$\tau = R \cdot C \text{ in } \Omega \cdot F = s \tag{58}$$

Im gleichen Maße wie die Spannung u_C ansteigt, sinkt der Ladestrom i_C, da die Spannungsdifferenz nach (57) geringer wird.

Die resultierende Funktion des Stroms lautet:

$$i_C = I_{max} \cdot e^{-\frac{t}{\tau}} \tag{59}$$

Vergleicht man (59) mit (45), stellt man fest, daß die Funktion des Kondensatorladestroms gleich der des Ausschaltstroms einer Induktivität ist.

Wird der Kondensator nach *Abb. 1.333* über R entladen, fließt der Strom i_C in entgegengesetzter Richtung, da C die Aufgabe der Spannungsquelle übernommen hat (Abgabe der gespeicherten elektrischen Energie). Zu Anfang hat der Entladestrom seinen Maximalwert, der durch den Widerstand R bestimmt wird:

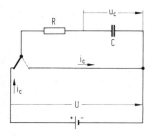

Abb. 1.331 Schaltung zum Auf- und Entladen eines Kondensators

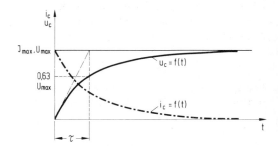

Abb. 1.332 Ladespannung u_C und Ladestrom i_C als Funktion der Zeit t

1 Grundlagen der Nachrichtentechnik

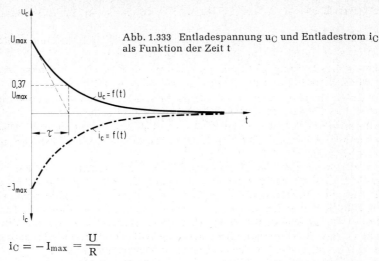

Abb. 1.333 Entladespannung u_C und Entladestrom i_C als Funktion der Zeit t

$$i_C = -I_{max} = \frac{U}{R}$$

Mit dem Abfließen der Ladungsträger sinkt die Spannung am Kondensator nach der Funktion:

$$u_C = U \cdot e^{-\frac{t}{\tau}} \tag{60}$$

Während der Strom nach

$$i_C = -I_{max} \cdot e^{-\frac{t}{\tau}} \tag{61}$$

abnimmt.

Alle Funktionen enden asymptotisch bei einem Maximal- oder Minimalwert. Die Steilheit wird jeweils durch die Zeitkonstante τ bestimmt, die mit den Werten von C und R vorgegeben ist. Wie bei den Ein- und Ausschaltfunktionen der Induktivität wird auch beim Kondensator die Beendigung des Lade- bzw. Entladevorgangs nach 5τ angenommen, zumal beide Vorgänge exakt gesehen nie beendet werden.

1.34 Kondensator-Bauformen

In der Amateurfunktechnik sind je nach Frequenzbereich Kapazitäten zwischen etwa 1 mF (10^{-3} F) und Bruchteilen eines pF (10^{-12} F) üblich.

Die Bauformen der Kondensatoren sind einerseits abhängig vom gewünschten Kapazitätswert, andererseits aber auch von der Güte bezüglich des Verlustwiderstands und des Temperaturkoeffizienten.

Bis 0,5 µF werden Kondensatoren meist als Wickel ausgeführt, wobei für die verschiedenen Spezifikationen spezielle Dielektrika verwendet werden (Papier, Kunststoff, Elektrolyt). Kleinere Kapazitätswerte sind in der Regel in mehrlagigen Schichten aufgebaut, um schließlich bei wenigen pF dem einlagigen Plattenkondensator zu entsprechen.

Für Höchstfrequenzen (UHF) weicht der Kondensator ähnlich der Induktivität vom ursprünglichen Plattenmodell ab, zumal hier kleinste Kapazitätswerte berücksichtigt werden müssen, die nur noch aus gegenüberliegenden Leitern oder aus Hohlraumwänden bestehen.

1.3 Das elektrische Feld

Handelsübliche Bauformen von Kondensatoren lassen sich in folgender Weise klassifizieren:

Papierkondensatoren sind als Wickel ausgeführt. Die leitenden Flächen sind Metallfolien, die durch ein Dielektrikum aus imprägniertem Papier getrennt sind.

Auf der Kondensatorbeschriftung gibt man die Bauform nach DIN, die Nennkapazität, die Toleranz, die Nennspannung und die Anschlußkontaktierung an.

Die Toleranz ist im allgemeinen 20 %. Die Nennspannung wird für die Spannung angegeben, die bei 40° C Umgebungstemperatur im Dauerbetrieb anliegen darf.

Papierkondensatoren werden als Koppel- und Blockkondensatoren (Abblocken = Wechselspannungsfrei machen) eingesetzt. Sie werden für Werte zwischen einigen µF und etwa 1 nF (10^{-9} F) hergestellt.

Metallpapierkondensatoren mit dem Kennzeichen MP sind ebenfalls Wickel, bei denen eine dünne Metallschicht auf das Isolierpapier aufgedampft wird. Sie haben die besondere Eigenschaft, daß Spannungsdurchschläge, die andere Kondensatortypen zerstören, lediglich ein Stück der Bedampfung an der Durchschlagstelle wegbrennen. Durch das Ausbrennen wird die Umgebung der Durchschlagstelle auf beiden Seiten metallfrei, so daß zwischen den Lagen kein Kurzschluß entsteht. Es tritt lediglich ein sehr geringer Kapazitätsverlust auf, bei dem der Kondensator aber voll einsatzfähig bleibt.

MP-Kondensatoren werden dort eingesetzt, wo große Betriebssicherheit erforderlich ist. Bei Nennspannungen bis zu mehreren kV haben sie Kapazitätswerte zwischen 0,1 und etwa 50 µF.

Kunststoffkondensatoren haben das Kennzeichen K. Das Dielektrikum besteht aus Kunststoffolie. MK-Ausführungen sind wie MP-Kondensatoren selbstheilend.

Je nach Güteanforderung werden unterschiedliche Kunststoffe verwendet. Polycarbonat-Kondensatoren (KC) werden für den Spannungsbereich von 50 bis 630 V gebaut in einem Kapazitätsbereich von 220 pF bis 1 µF. Sie finden als Block- und Koppelkondensatoren Verwendung.

Polyterephtalat-Kondensatoren (KT) haben bei Nennspannungen zwischen 100 und 400 V einen Kapazitätsbereich 1 nF bis 0,33 µF.

MKT-Kondensatoren liegen im Spannungsbereich zwischen 100 und 630 V bei Kapazitätswerten zwischen 10 nF und 10 µF. Beide Bauformen werden als Koppel- und Blockkondensatoren verwendet.

Polystyrol- oder Styroflex-Kondensatoren (KS) werden für Spannungen von 30 bis 500 V hergestellt. Ihr Kapazitätsbereich ist 1 pF bis 1 µF. Sie sind besonders verlustarm und temperaturstabil.

KS- oder MKS-Kondensatoren werden vor allem in der Meß- und Hf-Technik eingesetzt.

Es sind eine ganze Reihe weiterer Kunststoffkondensator-Typen auf dem Markt, die hier nicht alle erfaßt werden, zumal die Bauelemententwicklung ständig im Fluß ist. Höchste Güte, kleinstes Volumen, große Spannungsfestigkeit bei kleinem Preis sind Ziele, die hierbei angestrebt werden.

Keramikkondensatoren haben eine keramische Masse als Dielektrikum, die mit einem Edelmetall bedampft wird. Sie werden für Nennspannungen bis über 10 kV gebaut. Durch ihre Bauform sind sie induktionsarm und werden vor allem in der Hf-Technik verwendet. Der übliche Kapazitätsbereich liegt zwischen 0,5 pF und 470 nF.

Glimmerkondensatoren haben Glimmer als Dielektrikum, der einen sehr kleinen Verlustfaktor bei hoher Durchschlagsfestigkeit besitzt. Zudem sind sehr hohe Betriebstemperaturen zulässig.

1 Grundlagen der Nachrichtentechnik

Der Anwendungsbereich deckt sich mit dem der keramischen Kondensatoren, wobei die Güte allerdings höher ist. Glimmerkondensatoren werden für Werte bis 100 nF hergestellt.

Der Elektrolytkondensator hat eine isolierende Oxidschicht als Dielektrikum, die nur einige 10^{-3} mm dick ist.

Gegenüber den bisher betrachteten Bauformen ist der Elko, wie er kurz bezeichnet wird, gepolt und darf in seiner üblichen Ausführung nicht an Wechselspannung gelegt werden. Die positive Elektrode (Anode) besteht aus einer Aluminiumfolie, auf die auf chemischem Wege die Aluminiumoxidschicht aufgebracht ist.

Die Katode ist ein Elektrolyt, der das Dielektrikum vor direkter Berührung mit der Anschlußelektrode schützt.

Bei den meisten Bauformen dient der Metallbecher, in dem der Wickel untergebracht ist, als negative Anschlußelektrode. Heute finden Elkos mit rauher Anode die meiste Verwendung, da hierdurch die effektive Oberfläche bei gleichem Volumen des Kondensators erheblich vergrößert wird.

Elkos haben wegen ihrer extrem dünnen Isolierschicht wesentlich höhere Kapazitäten im Vergleich zu anderen Bauformen gleichen Volumens, dafür aber auch einige Nachteile, so daß sie nur für bestimmte Schaltungsdetails in der Elektrotechnik eingesetzt werden können:

a) Elkos dürfen normalerweise nur an Gleichspannung betrieben werden. Nur in Ausnahmefällen gibt es ungepolte Typen, bei denen zwei Kondensatoren mit entgegengesetzter Polung in Reihe geschaltet worden sind.

b) Elkos haben einen hohen Verlustfaktor, da ein ständiger Reststrom fließt. Aus diesem Grunde können sie während des Betriebs warm werden. Wird der Reststrom bei Überspannung unzulässig hoch, so daß die Wärme nicht mehr abgeführt werden kann, führt die innere Gasbildung zur Explosion und zur Zerstörung der umliegenden Bauteile. Man muß beim Einsatz hochkapazitiver Typen darauf achten, daß sie ein Sicherheitsventil haben (kleines Loch im Becher).

c) Elkos werden nur in sehr hohen Toleranzgrenzen geliefert (von -50 bis $+100\,{}^0/{}_0$), so daß man sich bei Schaltungen, wo der Absolutwert von Interesse ist, die Mühe der Kapazitätsmessung machen muß. Sie finden daher in der Meßtechnik und Analogelektronik kaum ihren Einsatz.

d) Bei längerer Lagerung kann der Kapazitätswert von Elkos erheblich absinken. Wird er in Betrieb genommen, regeneriert sich die Oxidschicht, so daß der ursprüngliche Kapazitätswert wieder erreicht wird.

Nach sehr langer Lagerung können Elkos unbrauchbar werden, deshalb Vorsicht beim Kauf von Sonderangeboten, zumal man dann Zeitzünder in seine Geräte einbaut.

Elkos werden meist in Stromversorgungsteilen zur Siebung eingesetzt, da hier Kapazitätstoleranzen ohne Bedenken zulässig sind. Zudem verwendet man sie als Block- und Koppelkondensatoren in Niederfrequenzschaltungen. Sie werden für Nennspannungen bis 1000 V bei Kapazitätswerten zwischen 1 und 10 000 µF gebaut.

Auf sogenannte Blitzkos sei an dieser Stelle hingewiesen, die mit einem sehr hohen Entladestrom belastet werden können. Im Amateurfunk setzt man sie mit Vorteilen in Stromversorgungsteile für Senderendstufen ein, zumal die Elektrodenanschlüsse üblicher Typen bei hoher kurzzeitiger Belastung durchbrennen können.

Eine Weiterentwicklung der Elektrolytkondensatoren sind Tantalkondensatoren. Die Anode besteht aus Tantal in Folien-, Draht- oder Sinterform, die Katode aus einem Elektrolyt oder aus Manganoxid, wobei das Tantaloxid als Dielektrikum dient. Ihre Kapazität ist nahezu unabhängig von der Temperatur und von der angelegten Spannung.

Zudem erreicht man mit dieser Bauform bei gleichem Volumen noch größere Kapazitätswerte als mit Elkos.

Sie werden bis zu Kapazitäten von 100 µF hergestellt und finden im Niederspannungsbereich (bis 50 V) ihre Anwendung als Block-, Koppel- und Siebkondensatoren.

In der Hochfrequenztechnik benötigt man Kondensatoren mit veränderbarer Kapazität. Hierzu verwendet man das eingangs beschriebene Modell der Platten, die mehrschichtig ineinander verschachtelt gegeneinander verdrehbar sind. Für niedrige Betriebsspannung dient teilweise Hartpapier oder Glimmer als Dielektrikum, meist werden aber Luftdrehkondensatoren verwendet.

In der Sendetechnik ist der Plattenabstand für Amateurfunkzwecke bis zu 2 mm groß. Bei benötigten Variationsbereichen zwischen 30 und 200 pF führt dies zu einem erheblichen Volumen. Vorteilhaft sind hier wesentlich kleinere Vakuumkondensatoren, die luftdicht in einem Glaskörper abgeschmolzen sind. Diese Typen sind natürlich wesentlich teurer.

Neben den Drehkondensatoren sind sogenannte Trimmkondensatoren zur einmaligen Einstellung der Kapazität üblich. Sie sind in unterschiedlicher Bauform zu erhalten (Luft-, Hartpapier-, Keramik-Dielektrikum) und lassen sich mit einem Schraubenzieher auf den gewünschten Kapazitätswert einstellen. Handelsübliche Kapazitätswerte liegen zwischen 10 und 150 pF, wobei die Anfangskapazität etwa 20 % des Endwertes beträgt.

1.4 Wechselstromtechnik

1.41 Sinusförmige Wechselspannung

Ändert sich eine elektrische Spannung nach Größe und Richtung in Abhängigkeit von der Zeit, dann spricht man von einer Wechselspannung.

In den meisten praktischen Fällen erfolgen diese Änderungen periodisch, d. h. daß sich die Form der Spannungsänderung ständig wiederholt. Hierbei ist die Periodendauer T als die Zeit definiert, in der eine Periode der Spannungsfunktion durchlaufen wird.

In *Abb. 1.411* sind drei verschiedene Möglichkeiten für die Erzeugung periodischer Wechselspannung und deren Spannungsverlauf dargestellt, wovon die sinusförmige Wechselspannung sowohl für die Energie- als auch für die Nachrichtentechnik die weitaus größte Bedeutung besitzt. Zum Verständnis späterer Betrachtungen soll sie hier näher untersucht werden.

Die Sinus-Funktion gehört zu den trigonometrischen oder Kreisfunktionen. Das Liniendiagramm kann man nach *Abb. 1.412* in der Form darstellen, daß man in einem Kreis einen Zeiger mit der Länge Z rotieren läßt und jeweils die Länge der Senkrechten vom Peripherie-Berührungspunkt zur waagerechten Mittellinie des Kreises in Abhängigkeit vom Drehwinkel aufträgt. Eine Zeigerumdrehung entspricht einer Periode, da die Funktion nach 360° von neuem beginnt.

Die Länge S der betrachteten Senkrechten folgt der Funktion

$$s = Z \cdot \sin \varphi$$

Sie läßt sich für jeden Winkel φ bestimmen, soweit die Länge Z bekannt ist.

Man kann einen Winkel im Gradmaß auch im sogenannten Bogenmaß ausdrücken. So sind z. B.:

$$360° \triangleq 2\pi \approx 6{,}28 \qquad 180° \triangleq \pi \approx 3{,}14 \qquad 90° \triangleq \frac{\pi}{2} \approx 1{,}57$$

1 Grundlagen der Nachrichtentechnik

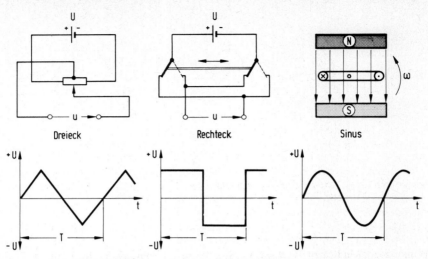

Abb. 1.411 Beispiele zur Erzeugung periodischer Wechselspannungen

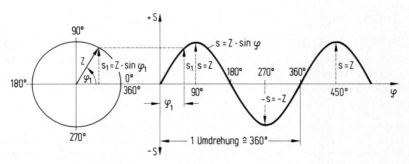

Abb. 1.412 Darstellung der Sinus-Funktion als Zeiger- und Liniendiagramm

Man erhält das Bogenmaß für einen Winkel φ°, wenn man einen Kreis mit dem Radius einer gewählten Längeneinheit zieht und dann die Umfangsstrecke des jeweils zugehörigen durchlaufenden Winkels φ mit der gleichen Längeneinheit abmißt.
Dann ist der Winkel φ° im Bogenmaß:

$$\widehat{\varphi} = \frac{2\pi}{360°} \cdot \varphi° \tag{62}$$

Rotiert der gedachte Zeiger gleichförmig, kann man analog zur Weggeschwindigkeit die Winkelgeschwindigkeit ω angeben:

$$\text{Winkelgeschwindigkeit} = \frac{\text{durchlaufener Winkelweg}}{\text{Zeit}}$$

Gibt man hierzu den Winkelweg von 2π für eine volle Umdrehung vor und mißt die zugehörige Periodendauer T, dann wird:

1.4 Wechselstromtechnik

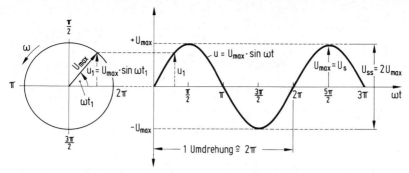

Abb. 1.413 Darstellung einer sinusförmigen Wechselspannung als Zeiger- und Liniendiagramm

$$\omega = \frac{2\pi}{T} \quad \text{in s}^{-1} \tag{63}$$

Die Winkelgeschwindigkeit ω wird in der Wechselstromtechnik auch oft mit „Kreisfrequenz" bezeichnet.

Die Anzahl der in der Sekunde durchlaufenden Perioden nennt man Frequenz f. Sie ist der Kehrwert der Periodendauer T:

$$f = \frac{1}{T} \quad \text{in Hz} = \text{s}^{-1} \tag{64}$$

Die Einheit für die Frequenz heißt im deutschsprachigen Bereich Hertz, nach dem deutschen Physiker Heinrich Hertz, 1857 – 1894. In der angelsächsischen Literatur findet man die Einheit c, die gleichbedeutend mit Hz ist (cycle = Zyklus).

Setzt man f in (63) ein, erhält man für die Winkelgeschwindigkeit:

$$\omega = 2\pi \cdot f \quad \text{in s}^{-1} \tag{65}$$

Zur Illustration der Zusammenhänge dient ein kurzes Zahlenbeispiel:
Die Frequenz der Netzwechselspannung ist 50 Hz. Nach (64) beträgt die Periodendauer 20 ms (Millisekunde = 10^{-3} s). Mit (65) kann man die Winkelgeschwindigkeit oder Kreisfrequenz errechnen:

$$\omega_N = 2\pi \cdot 50 \text{ s}^{-1}$$
$$= 314 \quad \text{s}^{-1}$$

oder auch

$$= 18\,000° \cdot \text{s}^{-1}$$

Ist die Kreisfrequenz ω bekannt, kann man den durchlaufenen Winkel φ für jede gegebene Zeit t ermitteln:

Winkelweg = Winkelgeschwindigkeit · Zeit

$$\widehat{\varphi} = \omega \cdot t \tag{66}$$

Der Ausdruck ω · t kann somit für den Winkel $\widehat{\varphi}$ eingesetzt werden, soweit die Kreisfrequenz ω und die Zeit t bekannt sind.

Setzt man statt der Größe Z den Maximalwert U_{max} einer sinusförmigen Wechselspannung als Zeiger in der nach der *Abb. 1.413* ein, erhält man im abgeleiteten Linien-

1 Grundlagen der Nachrichtentechnik

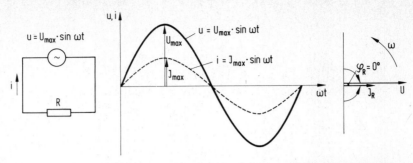

Abb. 1.414 Verlauf von Strom und Spannung beim Anschluß eines Wirkwiderstands R an eine sinusförmige Spannungsquelle, dargestellt im Linien- und Zeigerdiagramm

diagramm die Form der Spannung in Abhängigkeit vom durchlaufenden Winkel $\omega \cdot t$. Die Größe der Spannung läßt sich für jeden Zeitpunkt t bestimmen, da sie der Funktion

$$u = U_{max} \cdot \sin \omega t \qquad (67)$$

folgt.

Die Spannung U_{max} wird als maximaler positiver und negativer Betrag beim Durchlaufen einer Periode erreicht. Man nennt U_{max} auch U_s (sprich: U Spitze).

Der Potentialunterschied zwischen den beiden Extremwerten $+ U_{max}$ und $- U_{max}$ ist die doppelte Amplitude, sie wird in der Praxis oft mit U_{ss} (sprich: U Spitze Spitze) bezeichnet.

$$U_{max} = U_s$$
$$U_{ss} = 2\, U_{max} \qquad (68)$$

Legt man nach *Abb. 1.414* eine sinusförmige Wechselspannung an einen ohmschen Widerstand R, dann wird die Stromstärke I proportional zur angelegten Spannung verlaufen:

$$i = \frac{U_{max}}{R} \cdot \sin \omega t$$

$$i = I_{max} \cdot \sin \omega t \qquad (69)$$

Strom und Spannung sind am ohmschen Widerstand phasengleich, da Maxima und Minima von beiden bei gleichen Winkeln ωt durchlaufen werden.
Stellt man I ebenfalls als Zeiger dar, haben beide zur gleichen Zeit den gleichen Winkel, so daß der Phasenwinkel zwischen Strom und Spannung beim ohmschen Widerstand 0° beträgt.

In *Abb. 1.145* ist der Verlauf der in einem Wirkwiderstand umgesetzten Wechselstromleistung in bezug zur anliegenden Spannung skizziert.

Legt man (24) zur Leistungsberechnung zugrunde, ergibt die Quadrierung der Spannung die doppelte Frequenz für die Leistungsfunktion, da auch die negativen Spannungshalbwellen zu einem positiven Ergebnis führen. Für die Berechnung über den Strom nach (23) gilt natürlich das gleiche.

Die mittlere Leistung ist gleich der Hälfte der Maximalleistung P_{max}, weil man sich, wie in der Zeichnung durch Schraffierung angedeutet ist, den oberen Teil der Sinusfunktion in die Leistungslücken geklappt vorstellen kann.

1.4 Wechselstromtechnik

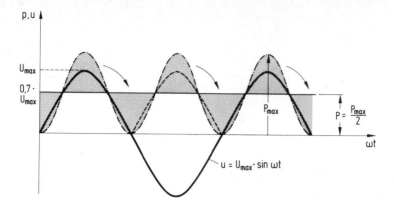

Abb. 1.415 Verlauf der Wirkleistung in R beim Anschluß an eine sinusförmige Wechselspannung

Es ist einleuchtend, daß man nicht einfach U_{max} als Spannung für die Leistungsberechnung in (24) einsetzen kann, da die Funktion periodisch zwischen 0 und U_{max} wechselt. Man muß daher U_{max} durch einen Faktor teilen, der so groß ist, daß die sich daraus ergebende mittlere Spannung (quadratischer Mittelwert) einer äquivalenten Gleichspannung entspricht, die im Widerstand einen gleichen Leistungsverbrauch hervorrufen würde.

Für sinusförmige Wechselspannung ist dieser sogenannte Effektivwert

$$U_{eff} = \frac{U_{max}}{\sqrt{2}} \tag{70}$$

Der Divisor $\sqrt{2}$ gilt natürlich auch für den Strom, zumal nach (23) die Leistungsbestimmung über den Strom ebenfalls eine quadratische Funktion ist

$$I_{eff} = \frac{I_{max}}{\sqrt{2}} \tag{71}$$

Mit dem Effektivwert gilt für die Berechnung der Wechselstromleistung:

$$P = I_{eff} \cdot U_{eff} \tag{72}$$

oder unter Verwendung von (23) und (24)

$$P = \frac{U_{eff}^2}{R} = I_{eff^2} \cdot R$$

Es sei nochmals ausdrücklich darauf hingewiesen, daß der Divisor $\sqrt{2}$ zur Effektivwertbestimmung nur für Sinus-Funktionen gilt. Für andere periodische Wechselspannungsformen, die für den Amateurfunk aber untergeordnete Bedeutung haben, hat er einen anderen Wert (Dreieck: $\sqrt{3}$, Rechteck: 1).

Niederfrequente Wechselstromleistungen (50 Hz) werden über die Strom-Spannungsmessung bestimmt. Dies ist recht einfach, zumal die üblichen Zeiger- und Digitalmeßgeräte bereits den Effektivwert anzeigen.

1 Grundlagen der Nachrichtentechnik

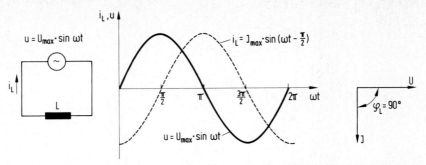

Abb. 1.421 Verlauf von Strom und Spannung beim Anschluß einer Induktivität L an eine sinusförmige Wechselspannung, dargestellt im Linien und Zeigerdiagramm

Etwas problematischer ist das Messen hochfrequenter Leistungen (z. B. Senderausgangsleistung). Hierzu wird die Spannung mit einem Oszillografen gemessen, wobei aus U_{ss} der Effektivwert ermittelt werden muß.

$$U_{eff} = \frac{U_{ss}}{2 \cdot \sqrt{2}}$$

Mit dem bekannten Verbraucherwiderstand (künstliche Antenne) läßt sich daraus die Leistung errechnen, soweit man voraussetzt, daß die Spannung Sinusform besitzt.

Wie eingangs bereits erwähnt wurde, beschränkt sich (72) allein auf Wirkleistung, die in einem ohmschen Widerstand verbraucht wird. Auf Blind- und Scheinleistungsberechnungen wird verzichtet, da sie für den Amateurfunk selten notwendig sind.

1.42 Induktivität im Wechselstromkreis

Wird nach Abb. 1.421 eine sinusförmige Wechselspannung an eine Induktivität gelegt, induziert die Spule nach (40) eine Gegeninduktionsspannung, die der angelegten Wechselspannung entgegenwirkt.

Wie bereits in 1.24 beschrieben wurde, verzögert die Selbstinduktionsspannung den Stromfluß I_L durch die Spule. Für sinusförmige Wechselspannung hat der resultierende Strom zwar auch die Form einer Sinusfunktion, doch ist er um 90° oder $\frac{\pi}{2}$ gegenüber dem Spannungsverlauf phasenverschoben, wie es im zugehörigen Liniendiagramm dargestellt ist.

Für die angelegte Spannung gilt nach 1.41:

$$u = U_{max} \cdot \sin \omega t$$

und für den zugehörigen Strom I_L unter Berücksichtigung der Verzögerung um 90°

$$i_L = I_{max} \cdot \sin \left(\omega t - \frac{\pi}{2} \right) \tag{73}$$

Der Strom I_L eilt der Spannung um 90° nach.

Stellt man diese Beziehung zwischen U und I_L im Zeigerdiagramm dar, müssen die beiden gedachten Zeiger um den Phasenverschiebungswinkel von 90° versetzt gezeichnet werden.

1.4 Wechselstromtechnik

Abb. 1.422 Lineare Abhängigkeit des induktiven Wechselstromwiderstands X_L von der Frequenz

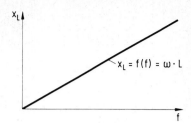

Abb. 1.431 Verlauf von Strom und Spannung beim Anschluß einer Kapazität C an eine sinusförmige Wechselspannung, dargestellt im Linien- und Zeigerdiagramm

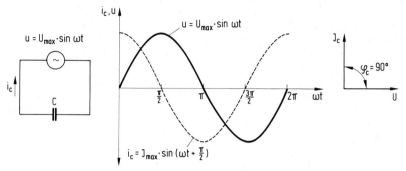

Durch die Selbstinduktionsspannung der Spule wird dem Strom I_L ein scheinbarer Widerstand entgegengesetzt, da der Strom der Spannung U nicht folgen kann. Dieser sogenannte Blindwiderstand X_L erscheint um so größer, je schneller die Stromänderung innerhalb der Induktivität ist.

Demnach wird X_L mit zunehmender Frequenz f der sinusförmigen Wechselspannung größer. Gleichzeitig erhöht sich der Blindwiderstand aber auch, wenn man die Induktivität der Spule vergrößert.

Bei sinusförmiger Wechselspannung gilt für den Blindwiderstand:

$$X_L = 2\pi \cdot f \cdot L \text{ in } \Omega \qquad (74)$$
$$ = \omega \cdot L \quad \text{ in } \Omega$$

In Abb. 1.422 ist die lineare Abhängigkeit des induktiven Blindwiderstands X_L von der Frequenz f dargestellt.

1.43 Kapazität im Wechselstromkreis

Wird ein Kondensator nach Abb. 1.431 an eine sinusförmige Wechselspannung gelegt, hat diese wiederum die Form

$$u = U_{max} \cdot \sin \omega t$$

Erinnert man sich an die Auf- und Entladevorgänge, die im Abschnitt 1.33 beschrieben worden sind, kann die Spannung am Kondensator erst dann ansteigen, wenn die notwendigen Ladungsträger in Form von I_C auf ihn geflossen sind.

Im Gegensatz zur Induktivität muß somit erst der Strom I_C fließen, damit an der Kapazität eine Spannung aufgebaut werden kann.

1 Grundlagen der Nachrichtentechnik

Untersucht man diese Zusammenhänge für sinusförmige Wechselspannnug, stellt man fest, daß der resultierende Strom I_C wiederum Sinusform besitzt, jedoch der Spannung U in der Phase um 90° voreilt. Daher wird

$$i_C = I_{max} \cdot \sin\left(\omega t + \frac{\pi}{2}\right) \tag{75}$$

Im Linien- und Zeigerdiagramm ist die Phasenverschiebung in bereits bekannter Form dargestellt, wobei der Phasenverschiebungswinkel 90° beträgt.

Bei der Betrachtung des Wechselstromwiderstands X_C einer Kapazität geht man davon aus, daß der Strom I_C mit zunehmender Frequenz f größer wird, da die Ladungsverschiebung schneller vor sich geht. X_C ist daher umgekehrt proportional zur Frequenz f. Zudem ist es einleuchtend, daß X_C mit zunehmender Kapazität C ebenfalls kleiner wird, weil der Betrag der Ladung proportional zu C steigt, so daß der zugehörige Strom ebenfalls größer wird.

Für sinusförmige Wechselspannung ist der Blindwiderstand der Kapazität

$$X_C = \frac{1}{2\pi \cdot f \cdot C} \quad \text{in } \Omega \tag{76}$$

$$= \frac{1}{\omega \cdot C} \quad \text{in } \Omega$$

Abb. 1.432 zeigt die hyperboilsche Abhängigkeit des kapazitiven Blindwiderstands X_C von der Frequenz f.

1.44 Reihenschaltung von Blind- und Wirkwiderständen

In Abb. 1.441 sind Spule L, Kondensator C und ohmscher Widerstand R in Reihe geschaltet. An einer sinusförmigen Wechselspannung fließt durch sie der gemeinsame Strom I, der in allen drei Bauteilen die gleiche Form

$$i = I_{max} \cdot \sin \omega t$$

besitzt.

Im ohmschen Widerstand R sind Strom I und Spannung U_R phasengleich, so daß U_R der Funktion

$$u_R = U_{max} \cdot \sin \omega t$$

folgt.

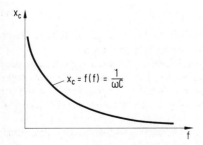

Abb. 1.432 Hyperbolische Abhängigkeit des kapazitiven Wechselstromwiderstands X_C von der Frequenz

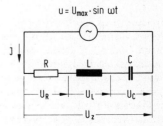

Abb. 1.441 Reihenschaltung aus R, L und C an einer sinusförmigen Wechselspannung

1.4 Wechselstromtechnik

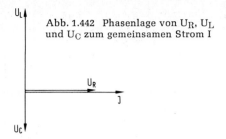

Abb. 1.442 Phasenlage von U_R, U_L und U_C zum gemeinsamen Strom I

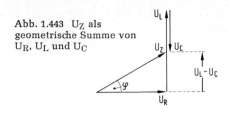

Abb. 1.443 U_Z als geometrische Summe von U_R, U_L und U_C

Mit den Ergebnissen von 1.42 besteht zwischen U_L und dem hier gemeinsamen Strom I, der gleichzeitig als I_L betrachtet werden muß, eine Phasenverschiebung von 90°, bei der die Spannung U_L dem Strom I um 90° voreilt. In diesem Falle folgt U_L in bezug auf I der Funktion

$$u_L = U_{L\,max} \cdot \sin\left(\omega t + \frac{\pi}{2}\right)$$

Umgekehrt sind die Verhältnisse an der Kapazität C. Dort eilt die Spannung U_C dem gemeinsamen Strom I um 90° nach, wie in 1.43 beschrieben wurde. U_C folgt demnach der Funktion

$$u_C = U_{C\,max} \cdot \sin\left(\omega t - \frac{\pi}{2}\right)$$

Im Zeigerdiagramm *Abb. 1.442* sind alle drei Spannungen im Phasenbezug zum gemeinsamen Strom I eingetragen.

Die Gesamtspannung U_Z erhält man, wenn alle Einzelspannungen geometrisch addiert werden. Wie sicherlich aus der Mechanik bei der Addition von Kräften unterschiedlicher Richtung bekannt ist, verbindet man hierzu das Ende des einen Spannungszeigers mit dem Anfang des nächsten (Vektoraddition). Die Strecke zwischen dem Anfang und dem Ende dieser „Zeiger-Reihenschaltung" stellt dann die Gesamtspannung U_Z nach Größe und Richtung dar *(Abb. 1.443)*.

Rechnerisch kann man die Gesamtspannung U_Z ebenfalls recht einfach ermitteln, soweit der Satz des Pythagoras bekannt ist:

$$U_Z{}^2 = U_R{}^2 + (U_L - U_C)^2$$
$$U_Z = \sqrt{U_R{}^2 + (U_L - U_C)^2} \qquad (77)$$

Aus (77) kann man natürlich auch die Beziehungen für U_R, U_L und U_C ableiten. Darauf wird aber verzichtet, da sie für die weiteren Untersuchungen unwichtig sind.

Teilt man U_R, U_L, U_C und auch U_Z durch den gemeinsamen Strom I, erhält man nach dem ohmschen Gesetz die zugehörigen Widerstände R, X_L, X_C und Z. Da die gerichteten Spannungen hierbei durch eine gemeinsame Konstante geteilt werden, bleibt die Form des Zeigerdiagramms in seiner Phasenbeziehung erhalten. Die Beträge der Widerstände sind verhältnisgleich zu den Spannungen.

In *Abb. 1.444* ist das Zeigerdiagramm und die geometrische Addition der Widerstände gezeigt.

Der Gesamtwiderstand Z wird als Scheinwiderstand bezeichnet, da er sowohl aus Blind- als auch aus Wirkkomponenten zusammengesetzt ist.

1 Grundlagen der Nachrichtentechnik

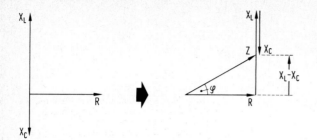

Abb. 1.444 Zeigerdiagramm und geometrische Addition von R, X_L und X_C

Rechnerisch wird Z in gleicher Form wie die Gesamtspannung U_Z ermittelt. Nach Pythagoras ist:

$$Z^2 = R^2 + (X_L - X_C)^2$$
$$Z = \sqrt{R^2 + (X_L - X_C)^2} \tag{78}$$

Den Phasenwinkel φ erhält man als gleichen Wert für die Gesamtspannung U_Z und den Gesamtwiderstand Z mit

$$\tan \varphi = \frac{U_L - U_C}{U_R}$$

oder

$$\tan \varphi = \frac{X_L - X_C}{R} \tag{79}$$

1.45 Reihenresonanz

Für das Zeigerdiagramm nach Abb. 1.444 kann man sich den Sonderfall vorstellen, bei dem X_C und X_L gleich groß sind. In diesem Falle heben sich die beiden Blindwiderstände durch ihre Gegenphasigkeit auf, so daß der Gesamtwiderstand Z nur noch durch den ohmschen Widerstand R bestimmt wird.

Die Frequenz für die die Beträge von X_L und X_C gleich sind, nennt man Resonanzfrequenz f_0. Sind die Blindwiderstände in Reihe geschaltet, spricht man von der Reihenresonanz.

f_0 kann man durch Gleichsetzen der Blindwiderstände ermitteln:

$$X_L = X_C$$

$$2\pi \cdot f_0 \cdot L = \frac{1}{2\pi \cdot f_0 \cdot C}$$

$$f_0^2 = \frac{1}{4\pi^2 \cdot L \cdot C}$$

$$f_0 = \frac{1}{2\pi \sqrt{L \cdot C}} \tag{80}$$

(80) ist die sogenannte Thomsonsche Schwingungsgleichung.

Nach (79) ist der Phasenwinkel φ für die Reihenschaltung bei f_0 0°, da sich die Blindkomponenten gegenseitig aufheben und die Schaltung rein ohmschen Charakter besitzt.

Abb. 1.451 zeigt die Abhängigkeit des Gesamtwiderstands Z einer Reihenschaltung aus R, L und C von der Frequenz f. Zunächst hat die Schaltung kapazitiven Charakter, da X_L

1.4 Wechselstromtechnik

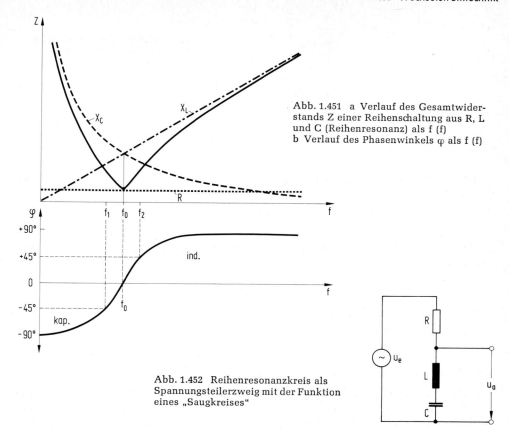

Abb. 1.451 a Verlauf des Gesamtwiderstands Z einer Reihenschaltung aus R, L und C (Reihenresonanz) als f (f)
b Verlauf des Phasenwinkels φ als f (f)

Abb. 1.452 Reihenresonanzkreis als Spannungsteilerzweig mit der Funktion eines „Saugkreises"

bei niedrigen Frequenzen kleiner als X_C ist. Bei f_0 heben sich die Blindwiderstände auf, so daß R als Rest bleibt. Oberhalb von f_0 hat die Schaltung induktiven Charakter, da hier X_L größer als X_C ist.

Die Steilheit der Funktion φ = f (f) im Wendepunkt bei f_0 wird um so größer, je kleiner der zusätzliche Reihenwiderstand R ist. Für R = 0 springt φ bei f_0 von −90° auf + 90°. Dieser Fall ist aber nicht real, zumal es keine verlustfreien Blindwiderstände gibt.

Auffällig ist die Tatsache, daß es in Resonanznähe zu einer erheblichen Spannungsüberhöhung von U_L und U_C kommen kann, die weit größer als die angelegte Spannung U_Z ist.

Dies liegt daran, daß der Strom I im Resonanzfall sein Maximum erreicht und lediglich durch den Widerstand R begrenzt wird.

U_R entspricht bei f_0 der angelegten Spannung U_Z, da sich U_L und U_C durch Gegenphasigkeit und gleiche Beträge aufheben. Ihr Betrag wird aber durch ihren Wechselstromwiderstand bei f_0 und den maximalen Strom I bestimmt, der bei kleinem R sehr groß werden kann, soweit man einen kleinen Innenwiderstand der Spannungsquelle annimmt.

Ein weiteres Zahlenbeispiel verdeutlicht die Zusammenhänge: Eine Reihenschaltung aus R = 10 Ω, C = 1 μF und L = 1 H liegt an einer Wechselspannung von 10 V. Wie groß sind f_0, I bei f_0, U_R bei f_0, U_L bei f_0 und U_C bei f_0?

1 Grundlagen der Nachrichtentechnik

Mit (80) erhält man

$$f_0 = \frac{1}{2\pi\sqrt{1 \cdot 10^{-6}}} \text{ Hz}$$

$$f_0 = \frac{10^3}{2\pi} \text{ Hz}$$

$$f_0 = 159 \text{ Hz}$$

Bei f_0 gilt:

$$X_C = X_L = 2\pi \cdot f_0 \cdot L \text{ in } \Omega$$
$$X_L = 2\pi \cdot 159 \cdot 1 \quad \Omega$$
$$X_L = 999 \quad \Omega$$

Für f_0 ist $Z = R$, so daß sich daraus der Strom I für f_0 bestimmen läßt

$$I_{f_0} = \frac{U_Z}{R}$$

$$= \frac{10}{10} \text{ A}$$

$$I_{f_0} = 1 \quad \text{A}$$

Mit I_{f_0} und den Blindwiderständen für L und C erhält man die Spannungen U_L und U_C bei der Resonanzfrequenz:

$$U_C = U_L = 1 \cdot 999 \text{ V}$$
$$= 999 \quad \text{V}$$

Das Beispiel illustriert, welche extremen Bedingungen bei der Reihenresonanz auftreten können, die u. U. bei der Wahl der Spannungsfestigkeit der Bauteile zu berücksichtigen sind. Dabei ist allgemein festzustellen, daß die Spannungsüberhöhung um so größer wird, je kleiner R ist (hohe Kapazitäts- und Induktivitätsgüte) und je größer die Beträge von X_L bzw. X_C bei f_0 sind.

In *Abb. 1.452* ist die typische Anwendnug des Reihenresonanzkreises skizziert, bei der man aus einem Frequenzspektrum ein Signal bestimmter Frequenz f_x unterdrücken will.

Die Reihenschaltung aus L und C wird so bemessen, daß sie für f_x in Resonanz ist.

Die Spannungsquelle (z. B. Antenne) liegt an einem Spannungsteiler aus R und dem Resonanzkreis. Für alle Frequenzen außer f_x ist Z weit größer als R, so daß die Ausgangsspannung u_a praktsch gleich der Eingangsspannung u_e sein wird. Nur bei der Resonanzfrequenz f_x wird Z sehr klein, wodurch u_a im Spannungsteilerverhältnis absinkt und demzufolge selektiv (frequenzabhängig) unterdrückt wird.

Z wirkt als sogenannter „Saugkreis", mit dem ein Störsignal bestimmter Frequenz ausgefiltert werden kann.

Schaltungen dieser Art findet man vor allem in der Empfängertechnik, wo sie sowohl Hf- als auch Nf-seitig (Notch-Filter) eingesetzt werden.

Bleibt man bei diesen Anwendungsbeispielen, ist es natürlich wichtig zu wissen, wie schmal der durch die Resonanzerscheinung unterdrückte Frequenzbereich ist.

Zur Normierung führt man hierzu den Begriff der Güte des Resonanzkreises ein. Sie ist um so größer, je schmaler das ausgeschnittene Frequenzband wird.

1.4 Wechselstromtechnik

Wie in der *Abb. 1.451* grafisch dargestellt ist, wird die Güte Q eines Resonanzkreises definiert als der Quotient aus der Resonanzfrequenz f_o und der Differenz der Frequenzen f_1 und f_2, die den Phasenwinkeln $-45°$ und $+45°$ zugeordnet sind.

$$Q = \frac{f_o}{f_2 - f_1} \tag{81}$$

Wie eingangs bereits erwähnt wurde, ist der Verlauf des Phasenwinkels von Z in Resonanznähe um so steiler, je geringer der Verlustwiderstand der Blindkomponenten ist. Demnach wird die Güte des Kreises um so höher, je größer die Güte der Einzelbauteile L und C ist.

f_1 und f_2 sind die sogenannten Grenzfrequenzen des Filters. Ihre Differenz wird als Bandbreite B bezeichnet, die den absoluten Betrag für das ausgeschnittene Frequenzband angibt:

$$B = f_2 - f_1$$

oder nach (81)

$$B = \frac{f_o}{Q} \tag{82}$$

Bei der Resonanzfrequenz f_o wird $Z = R$, wodurch der Gesamtstrom I_Z sein Maximum erreicht.

Verstimmt man den Kreis zur niederfrequenten Seite um den Phasenwinkel von 45°, ist der resultierende kapazitive Widerstand nach *Abb. 1.444* genauso groß wie R, wodurch Z als geometrische Summe beider um den Faktor $\sqrt{2}$ ansteigt.

Das gleiche Ergebnis erhält man für den induktiven Anteil, wenn man um 45° zur hochfrequenteren Seite verstimmt.

Der Gesamtstrom I_Z wird demnach bei der oberen und unteren Grenzfrequenz auf das 0,7fache ($=1/\sqrt{2}$) absinken.

Hieraus läßt sich eine weitere Definition der Bandbreite ableiten. Sie ist die Differenz der Frequenzen, bei denen der Resonanzstrom auf das $1/\sqrt{2}$fache abgesunken ist.

1.46 Parallelschaltung von Blind- und Wirkwiderständen

In der Schaltung nach *Abb. 1.461* liegen R, L und C parallel an der sinusförmigen Wechselspannung U. R wird auch hier als Ersatz für die ohmschen Verluste in L und C eingesetzt. Als gedachter Parallelwiderstand ist sein Wert um so größer, je höher die Güte der Blindkomponenten ist (beachte: bei der Reihenschaltung war es umgekehrt).

An allen drei Widerständen liegt nach Phase und Betrag die gleiche Spannung U, so daß sie im Zeigerdiagramm *Abb. 1.462* als Bezugsgröße verwendet werden kann.

Im Gegensatz zur Reihenschaltung haben in der Parallelschaltung die Ströme eine unterschiedliche Phasenlage zueinander. I_R ist als Wirkstrom phasengleich zu U, während I_C der Spannung um 90° voreilt und I_L um 90° nacheilt.

I_Z ist die geometrische Summe aller drei Ströme:

$$I_Z = \sqrt{I_R^2 + (I_L - I_C)^2} \tag{83}$$

Teilt man die Ströme wiederum durch die Bezugsgröße U, erhält man die Kehrwerte der Widerstände, die auch Leitwerte genannt werden:

1 Grundlagen der Nachrichtentechnik

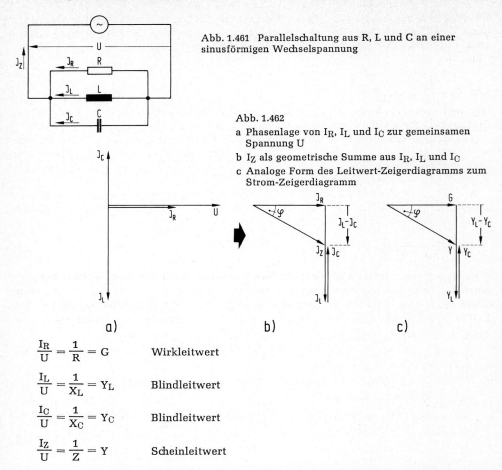

Abb. 1.461 Parallelschaltung aus R, L und C an einer sinusförmigen Wechselspannung

Abb. 1.462
a Phasenlage von I_R, I_L und I_C zur gemeinsamen Spannung U
b I_Z als geometrische Summe aus I_R, I_L und I_C
c Analoge Form des Leitwert-Zeigerdiagramms zum Strom-Zeigerdiagramm

$\frac{I_R}{U} = \frac{1}{R} = G$ Wirkleitwert

$\frac{I_L}{U} = \frac{1}{X_L} = Y_L$ Blindleitwert

$\frac{I_C}{U} = \frac{1}{X_C} = Y_C$ Blindleitwert

$\frac{I_Z}{U} = \frac{1}{Z} = Y$ Scheinleitwert

Das Leitwertzeigerdiagramm entspricht dem der Ströme, da die Beträge verhältnisgleich bleiben und die Phasenwinkel dieselben sind.

Mathematisch erhält man für den Scheinleitwert:

$$\frac{1}{Z} = \sqrt{\frac{1}{R^2} + \left(\frac{1}{X_L} - \frac{1}{X_C}\right)^2} \tag{84}$$

$$Y = \sqrt{G^2 + (Y_L - Y_C)^2}$$

Den Phasenwinkel φ von Y erhält man aus:

$$\tan \varphi = \frac{\frac{1}{X_L} - \frac{1}{X_C}}{\frac{1}{R}} \tag{85}$$

oder

$$\tan \varphi = \frac{Y_L - Y_C}{G}$$

1.4 Wechselstromtechnik

Im Gegensatz zur Reihenschaltung hat die Parallelschaltung bei tiefen Frequenzen induktiven Charakter, da I_L größer als I_C ist. Erst oberhalb der Resonanzfrequenz, die im nächsten Abschnitt behandelt wird, überwiegt I_C, wodurch die Schaltung kapazitiven Charakter erhält.

1.47 Parallelresonanz

Haben die Blindwiderstände X_L und X_C in der Parallelschaltung *Abb. 1.461* gleiche Beträge, sind die Ströme I_L und I_C ebenfalls gleich groß.

Da sie nach *Abb. 1.462* gegeneinander um 180° phasenverschoben sind, heben sie sich in diesem Falle gegenseitig auf, so daß I_Z rein ohmschen Charakter erhält, da er nur noch durch den parallelen Ersatzwiderstand bestimmt wird, der für die Verluste der Blindkomponenten eingesetzt wird.

Wie bei der Reihenresonanz erhält man die Parallelresonanzfrequenz f_0 durch Gleichsetzung der Blindwiderstände X_L und X_C, so daß für beide Schaltungen die gleiche Beziehung zur Bestimmung von f_0 gilt:

$$f_0 = \frac{1}{2\pi \cdot \sqrt{L \cdot C}} \tag{86}$$

Im Gegensatz zum Reihenresonanzkreis erreicht der Gesamtwiderstand Z der Parallelschaltung beim Stromminimum an der Resonanzfrequenz f_0 sein Maximum und wird allein durch den Widerstand R bestimmt. Demzufolge beträgt der Phasenwinkel φ bei f_0 0°.

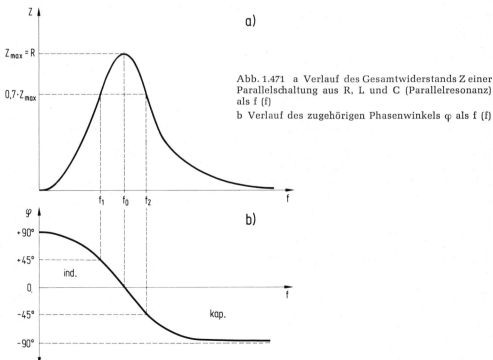

Abb. 1.471 a Verlauf des Gesamtwiderstands Z einer Parallelschaltung aus R, L und C (Parallelresonanz) als f (f)

b Verlauf des zugehörigen Phasenwinkels φ als f (f)

1 Grundlagen der Nachrichtentechnik

In Abb. 1.471 ist der Verlauf von Z in Abhängigkeit von der Frequenz dargestellt.

Bei tiefen Frequenzen wird Z durch den Blindwiderstand X_L bestimmt, so daß die Schaltung zunächst induktiven Charakter besitzt. Z erreicht seinen größten Wert bei f_0 und fällt danach gegen 0 Ω ab, da X_C bei Frequenzen über f_0 zum kleinsten und damit bestimmenden Parallelwiderstand innerhalb der Schaltung wird.

Die Funktion des Phasenwinkels $\varphi = f(f)$ ist zunächst positiv. Sie hat ihren Wendepunkt bei f_0, um dann im kapazitiven Bereich negativ zu werden.

Die Steilheit der Phasenwinkelfunktion am Wendepunkt f_0 ist wiederum ein Maß für die Güte des Resonanzkreises. Auch hier wird die Bandbreite durch die Differenz der Frequenzen f_1 und f_2 bestimmt, bei denen der Phasenwinkel φ +45° bzw. −45° beträgt. (81) und (82) behalten somit auch für die Parallelschaltung ihre Gültigkeit.

Im Gegensatz zur Reihenschaltung kommt es bei Parallelresonanz innerhalb der Schaltung zu einer Stromüberhöhung, da der Gesamtstrom I_Z als Wirkstrom durch den parallelen Verlustwiderstand weit geringer ist als die Blindströme I_L und I_C, die nach außen hin nicht in Erscheinung treten, weil sie sich gegenseitig aufheben.

Mit zunehmender Güte Q des Parallelkreises wird das Verhältnis zwischen den Blindströmen und dem äußeren I_Z höher, da I_Z mit größer werdendem R abnimmt.

Ist die Güte des Kreises bekannt, kann man den Blindstrom I_B für f_0 zwischen L und C bestimmen:

$$I_{Bf_0} = Q \cdot I_Z \tag{87}$$

Wie der Reihenresonanzkreis stellt der Parallelresonanzkreis einen frequenzabhängigen Widerstand mit einem Extremwert bei f_0 dar. Er ist in dieser Schaltung ein Maximum. Für alle anderen Frequenzen ober- und unterhalb von f_0 wird der Betrag des Gesamtwiderstands Z geringer.

Diese Eigenschaft macht den Parallelresonanzkreis zur wichtigsten passiven Schaltung (passiv = ohne Verstärkerelement) innerhalb der Nachrichtentechnik, da mit ihm die Möglichkeit gegeben ist, Signale bestimmter Frequenz aus einem Frequenzspektrum hervorzuheben (zu selektieren).

Abb. 1.472 zeigt die Grundanwendung des Parallelresonanzkreises. Er liegt über einen Serienwiderstand, der den Innenwiderstand der Quelle darstellt, an u_e (z. B. Antenne).

In dieser typischen Spannungsteilerschaltung erreicht die Ausgangsspannung u_a ihr Maximum, wenn Z den größten Wert annimmt. Man erhält ihn bei Resonanz, wobei sich f_0 durch die Wahl von L und C bestimmen läßt.

Analog zum Reihenresonanzkreis kann man aus dem Spannungsverlauf am Parallelresonanzkreis die Bandbreite der Schaltung ermitteln. Sie ist die Differenz der Frequenzen, bei denen die Resonanzspannung auf das $1/\sqrt{2}$fache abgesunken ist.

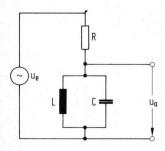

Abb. 1.472 Parallelresonanzkreis als Spannungsteilerzweig mit der Funktion als Selektionsglied für Signale bestimmter Frequenz (f_0)

1.48 LC-Bandfilter

Je höher die Güte Q eines Resonanzfilters gemacht wird, desto spitzer oder schmalbandiger wird die Resonanzkurve. Für sehr steilflankige Selektivfilter, die man zur Unterdrückung oder Dämpfung von Störsignalen auf seitlichen Frequenzen verwenden will, wird die Bandbreite so schmal, daß das Spektrum der Nutzfrequenzen, die man mit dem Filter aussieben oder selektieren will, nicht mehr vollständig übertragen werden kann.

Bedämpft man den Kreis durch Zuschalten eines Widerstandes, wird zwar die Bandbreite entsprechend größer, da man die Güte verschlechtert hat, aber gleichzeitig geht natürlich die angestrebte Steilflankigkeit der Durchlaßkurve verloren.

Es ist somit eine Filterform anzustreben, die einerseits möglichst steilflankig ist, um die Signale der störenden Seitenfrequenzen zu dämpfen, andererseits in der Nähe der Resonanzfrequenz aber ein längeres Stück konstant auf dem Maximalwert bleibt, um die notwendige Bandbreite passieren lassen zu können.

Man kann diese Filtercharakteristik durch die Reihenschaltung mehrerer Resonanzkreise hoher Güte erreichen, wobei die einzelnen Resonanzfrequenzen um den Frequenzbetrag gegeneinander verstimmt sind, der etwa der angestrebten Bandbreite entspricht.

In *Abb. 1.481* ist die Bandfiltercharakteristik für ein Zweikreisfilter entwickelt. Der resultierende Frequenzgang beider Einzelfilterkurven ergibt die gewünschte Bandfilterform.

Abb. 1.482 zeigt zwei Grundschaltungen von Bandfiltern. Das eine ist kapazitiv gekoppelt, wobei die Energie des Primärkreises über einen Kondensator auf den Sekundärkreis gelangt. Das zweite Filter ist induktiv gekoppelt, wie es bereits vom Transformator und Übertrager bekannt ist.

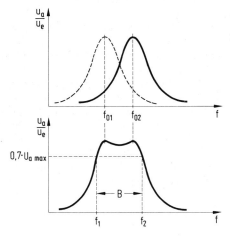

Abb. 1.481 Bandfilterkurve als Resultierende der Übertragungsfunktion zweier Einzelkreise

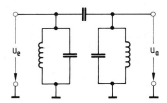 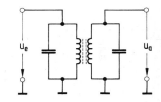

Abb. 1.482 Zweikreis-LC-Bandfilter mit kapazitiver und induktiver Kopplung

1 Grundlagen der Nachrichtentechnik

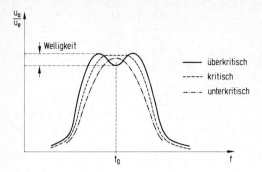

Abb. 1.483 Übertragungsfunktionen von Zweikreisfiltern bei unterschiedlichem Kopplungsfaktor

Die Übertragungskurvenform des Bandfilters ist abhängig vom Kopplungsgrad der Einzelkreise untereinander. Sind sie lose gekoppelt, spricht man von unterkritischer Kopplung. Die resultierende Bandfilterkurve entspricht dabei etwa der eines Einzelkreises mit größerer Flankensteilheit.

Wünschenswert ist im allgemeinen die sogenannte kritische Kopplung, bei der ein flaches „Kurvendach" entsteht, wodurch die zu übertragende Bandbreite mit gleicher Amplitude das Filter passieren kann.

Bei der überkritischen Kopplung laufen die beiden Kurvenmaxima auseinander, während bei der Mittenfrequenz ein Sattel entsteht, der um so tiefer wird, je fester die beiden Kreise verkoppelt werden.

Die Anzahl dieser Höcker entspricht immer der Anzahl der verwendeten Filterkreise, so daß beim Dreikreisfilter drei Maxima entstehen, wobei eines mit der Mittenfrequenz f_0 zusammenfällt.

Das Verhältnis zwischen Sattelteife und Maximum gibt die Filterwelligkeit im Durchlaßbereich an. Die Welligkeit soll im allgemeinen nicht größer als 3 dB (Dezibel = logarithmisches Verhältnismaß) sein, so daß die Sattelabsenkung nicht unter den 0,7fachen Wert der Maxima abfallen darf.

Zum Abgleich von Bandfiltern benötigt man einen sogenannten Wobbelsender als Spannungsquelle, dessen Ausgangsfrequenz bei konstanter Signalamplitude ständig über den Filterfrequenzbereich hin- und herläuft. Mit einem Oszillografen wird der Ausgangsspannungsverlauf des Filters gemessen, so daß auf dem Bildschirm die Kurvenform abgebildet werden kann. Durch Variation der Kopplung und der Resonanzfrequenz der Einzelkreise kann man mit dem nötigen Geschick die gewünschte Durchlaßkurve einstellen.

Kenndaten eines Bandfilters sind die Bandbreite, die Mittenfrequenz, die Welligkeit im Durchlaßbereich, die Durchlaßdämpfung, der Formfaktor (shape factor) und die Ein- und Ausgangsimpedanz (Ein- und Ausgangswechselstromwiderstand).

Die Bandbreite wird entweder für das 0,7fache des Kurvenmaximums (− 3 dB) oder aber auch für das 0,5fache (− 6 dB) angegeben.

Der Formfaktor gibt Aufschluß über die Flankensteilheit des Filters. Er ist der Quotient aus der Bandbreite des Filters bei 60 dB Dämpfung ($1/1000$ des Maximums) und der bei 6 dB Dämpfung.

$$\text{Formfaktor } F = \frac{B_{60\,dB}}{B_{6\,dB}} \tag{88}$$

1.4 Wechselstromtechnik

Die Durchlaßdämpfung gibt den Verlust des Filters im Durchlaßbereich an, da Filter mit passiven Bauteilen immer verlustbehaftet sind. Man kann davon ausgehen, daß die Durchlaßdämpfung etwa proportional zur Filterkreiszahl ansteigt.

Ein- und Ausgangswiderstände müssen bei Filtern bekannt sein, um sie innerhalb der Schaltung anpassen zu können. Bei Fehlanpassung kann die gesamte Übertragungscharakteristik verlorengehen, so daß das Filter wertlos wird.

An einem Beispiel sollen einige der wichtigsten Filtergrößen erläutert werden:

Ein Bandfilter hat die Mittenfrequenz von 3,5 MHz, die 3-dB-Bandbreite beträgt 28 kHz, während die 6-dB-Bandbreite mit 30 kHz angegeben ist. Es besitzt einen Formfaktor von 10 bei einer Durchlaßdämpfung von 12 dB.

Mit der Frequenz f_o und der 3-dB-Bandbreite läßt sich die Güte Q bestimmen. Sie beträgt nach (82) 125.

Aus dem Formfaktor 10 und der 6-dB-Bandbreite bekommt man die Bandbreite bei 60 dB Dämpfung. Sie ist nach (88) 300 kHz.

Schließlich läßt sich noch das Verhältnis von Eingangs- zu Ausgangsspannung bestimmen. Bei 12 dB Durchlaßdämpfung wird die Ausgangsspannung $^1/_4$ der Eingangsspannung betragen, soweit das Filter richtig angepaßt ist (Re = Ra).

LC-Bandfilter werden vor allem in der Rundfunk- und Fernsehtechnik eingesetzt. Im Amateurfunk haben sie ihre ursprüngliche Bedeutung verloren, da ihre Selektionseigenschaften den hohen Anforderungen moderner Empfänger- und Sendertechnik nicht mehr genügen.

Eine Ausnahme bilden Dreifach-Superhetempfänger, die mit einer 3. Zf von etwa 50 kHz arbeiten (siehe Empfängertechnik). In diesem niederfrequenten Bereich lassen sich auch LC-Filter mit der notwendigen Flankensteilheit aufbauen. Die Lösung muß aber als anachronistisch angesehen werden, da sie ursprünglich in Ermangelung besserer Filter in höheren Frequenzbereichen als Ausweg eingesetzt wurde.

1.49 Steilflankige Bandfilter

1.491 Mechanische Filter

Für die üblichen Aufbereitungsfrequenzen von Einseitenbandgeräten, die heute durchweg im Amateur-Kurzwellenfunk verwendet werden, reicht die Flankensteilheit und die Nebenwellendämpfung herkömmlicher LC-Bandfilter nicht aus. Hier müssen Filter wesentlich höherer Güte eingesetzt werden, deren Formfaktoren unter 2 liegen.

Zunächst wurden mechanische Filter eingesetzt, die der Vollständigkeit halber kurz beschrieben werden sollen, da sie noch in einigen kommerziellen Geräten zu finden sind.

Man stellte fest, daß bestimmte Metallkörperformen in ihrem mechanischen Resonanzverhalten auch bei höheren Frequenzen eine hohe Güte aufweisen. Diese Erscheinung wurde technologisch für mechanische Filter ausgenutzt.

Nach dem Prinzipaufbau in *Abb. 1.4911* besteht das Filter aus den mechanischen Resonatoren und den elektromechanischen Wandlern.

Die Resonatoren werden zu Schwingungen angeregt, deren Frequenz im gewünschten Durchlaßbereich des Filters liegt. Der übertragene Frequenzbereich wird durch die Form und die Anzahl der Resonatoren bestimmt. Sie bestehen aus einer Nickellegierung mit äußerst niedrigem Temperaturkoeffizienten.

Als elektromagnetische Wandler dienen Elektromagneten, deren Kerne mechanisch mit den Resonatoren verbunden sind.

1 Grundlagen der Nachrichtentechnik

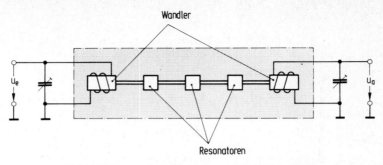

Abb. 1.4911 Prinzipaufbau eines mechanischen Filters

Durch den Eingangswechselstrom gerät der Kern im magnetischen Wechselfeld in mechanische Schwingungen. Aus dem Frequenzspektrum dieser Schwingungen werden nur die Resonanzfrequenzen der Resonatoren mit einer bestimmten Bandbreite auf den gegenüberliegenden Kern übertragen, mit dem analog zum Prinzip eines dynamischen Mikrofons innerhalb der Ausgangsspule eine Spannung induziert wird, deren Frequenzen den mechanischen Schwingungen der Resonatoren entsprechen.

Mit mechanischen Filtern lassen sich Formfaktoren unter 1,5 bei Filterfrequenzen zwischen 200 und 500 kHz erreichen. Sie haben allerdings den Nachteil, daß sie einerseits recht teuer sind und andererseits durch ihren hochpräzisen mechanischen Aufbau mechanische Erschütterungen recht übel nehmen. Für den Einsatz in transportablen Geräten sind sie deshalb auch ungeeignet (z. B. Mobil-Betrieb).

In neueren Amateurfunkgeräte-Entwicklungen findet man keine mechanischen Filter mehr, zumal die Aufbereitungsfrequenzen aus empfangstechnischen Gründen meist weit in den MHz-Bereich gelegt werden, wofür sich Filter dieser Bauart nicht herstellen lassen.

Zwar werden auf dem Markt noch Amateurfunkgeräte mit mechanischen Filtern angeboten, doch sind die Entwicklungen dieser Geräte weit mehr als 10 Jahre alt, so daß sie nicht dem Stand der Technik entsprechen.

1.492 Quarzfilter

Quarzfilter haben für die Einseitenbandtechnik im Amateurfunk erhebliche Vorteile gegenüber mechanischen Filtern, so daß sie heute fast durchweg für Amateurfunkgeräte eingesetzt werden.

Bedeutungslos blieben keramische Filter, da ihre elektrischen Eigenschaften zumindest für die SSB-Technik (SSB = single sideband = Einseitenband) nicht ausreichen.

Quarzfilter haben Formfaktoren von 1,5 und besser, so daß sie den mechanischen Filtern nicht nachstehen. Sie sind klein und erschütterungsfest, wodurch sie auch in tragbare Funkgeräte eingebaut werden können. Sie bieten den erheblichen Vorteil, daß sie bis zu Übertragungsfrequenzen von 50 MHz gebaut werden können und zudem relativ billig sind, so daß der Preis der notwendigen Filter heute keine Barriere mehr für den ohnehin vereinzelten Selbstbau von Amateurfunkgeräten ist.

Die Entwicklung der Amateur-Quarzfilter ist eng mit der der Amateurfunktechnik innerhalb der letzten 20 Jahre verbunden. Die ersten SSB-Geräte amerikanischer Herkunft waren für die deutschen Amateure praktisch unerschwinglich. Selbst die darin verwen-

1.4 Wechselstromtechnik

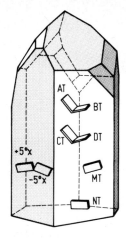

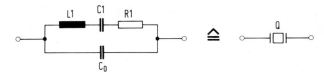

Abb. 1.4921 Unterschiedliche Schnittformen im Quarz-Einkristall

Abb. 1.4922 Ersatzschaltbild des Quarzes

deten mechanischen Filter stellten die Amateure vor erhebliche finanzielle Probleme, so daß man sich der Schwing-Quarze als steilflankige Selektionsglieder besann, wie sie bereits in Wehrmachtsgeräten eingesetzt wurden.

Aus US-Militärbeständen gab es eine große Anzahl sogenannter Channel-Quarze, die zum Selbstbau von Quarzfiltern geeignet waren. Man entwickelte sogar spezielle Technologien, um die Quarze durch Schleifen und Ätzen auf die gewünschten Frequenzen zu ziehen.

Diese Marktlücke wurde leider sehr schnell von den surplus Vertriebsfirmen erkannt. Sie erhöhten die Preise „frequenz-selektiv" bis zum Zehnfachen.

Die zunehmende Aktivität der Amateure mit SSB-Geräten bewog schließlich einige Firmen, Quarzfilter für 9 MHz herzustellen. Hierdurch wurde der Selbstbau einer SSB-Funkstation erheblich vereinfacht. Massenproduktion und vereinfachte Herstellungsverfahren führten schließlich zum „Bauelement" Quarzfilter, das heute jedem Amateur zugänglich ist.

Schwingquarze sind elektromechanische Wandler, die auf dem sogenannten piezoelektrischen Effekt basieren. Sie lassen sich mit elektrischen Feldern zu mechanischen Schwingungen anregen, wobei man die Elektroden auf den Quarzvibrator aufdampft.

Für die unterschiedlichen Quarzfrequenzbereiche gibt es bestimmte Schnittrichtungen, in denen der Vibrator aus dem Rohkristall herausgeschnitten wird. Wie in *Abb. 1.4921* skizziert ist, bezieht sich die Schnittrichtung auf die Form des Einkristallaufbaus.

Das Verhalten des Schwingquarzes im elektrischen Wechselfeld, kann man an einem Ersatzschaltbild nach *Abb. 1.4922* beschreiben. Die schwingende Masse kommt als dynamische Induktivität L_1 (im Henry-Bereich) zum Ausdruck. Als dynamische Kapazität C_1 (Bruchteile eines pF) erscheint die Elastizität des Vibrators. Mechanische Verluste, die beim Schwingen im umgebenden Medium auftreten, sind in R_1 (Bruchteile eines Ω) zusammengefaßt, während C_0 (einige pF) die statische Kapazität der aufgedampften Elektroden und Anschlüsse darstellt.

Abb. 1.4923 beschreibt den Phasenwinkel- und Wechselstromwiderstandverlauf eines Schwingquarzes in Abhängigkeit von der Frequenz. Bei tiefen Frequenzen verhält sich die Schaltung zunächst kapazitiv. Man gelangt schließlich an die Serienresonanzfrequenz f_s, bei der X_{L1} und X_{C1} gleich groß sind. Oberhalb von f_s überwiegt der induktive Anteil der Reihenschaltung. Die Parallelresonanzfrequenz f_p wird dann erreicht, wenn die

1 Grundlagen der Nachrichtentechnik

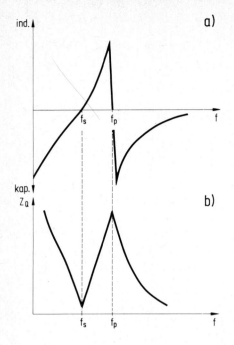

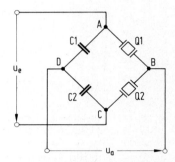

Abb. 1.4923 a) Verlauf des Phasenwinkels von Z_Q als f (f)
b) Verlauf des Wechselstromwiderstands Z_Q als f (f)

Abb. 1.4924 Wechselstrombrücke als Quarzfilter

Differenz aus X_{L1} und X_{C1} gleich X_{C0} wird. Der Phasenwinkel springt zur kapazitiven Seite zurück.

Der Abstand zwischen Serien- und Parallelresonanz ist gleich dem halben Verhältnis von C_1/C_0:

$$\frac{f_p - f_s}{f_s} = \frac{1}{2} \cdot \frac{C_1}{C_0} \approx \frac{1}{2r} \qquad (89)$$

Für Dickenschwinger bewegt sich r bei 200 für Flächenschwinger zwischen 350 und 900.

Löst man (89) nach der Parallelresonanzfrequenz auf

$$f_p = \frac{f_s}{2r} + f_s \qquad (90)$$

stellt man einerseits fest, daß f_s und f_p beim Quarz sehr dicht beieinander liegen und andererseits f_p grundsätzlich hochfrequenter als f_s ist.

Die Güte dieser „Resonanzkreise" ist extrem hoch, da die mechanischen und elektrischen Schwingungsverluste kaum ins Gewicht fallen. Q bewegt sich je nach Frequenz und Aufbau zwischen 10^4 und 10^6. Das Produkt Güte und Frequenz kann theoretisch $16 \cdot 10^{12}$ erreichen. Bei Frequenzen über 30 MHz kommt man diesem Wert sehr nahe.

Der Temperaturkoeffizient von Quarzen kann für normale Ausführungen mit $10^{-6} \cdot \text{grd}^{-1}$ angegeben werden. Er hat die Funktion einer Parabel in Abhängigkeit von der Temperatur. Der Umkehrpunkt der Parabel, bei dem der TK natürlich am günstigsten ist, ist abhängig vom Schnitt.

Die Langzeitkonstanz der Quarzfrequenz ist eine Funktion der Alterung. Diese Größe ist für den Amateurfunk von weniger großem Interesse. Speziell gealterte Quarze findet

1.4 Wechselstromtechnik

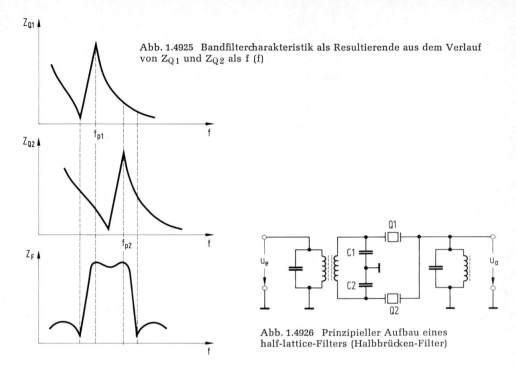

Abb. 1.4925 Bandfiltercharakteristik als Resultierende aus dem Verlauf von Z_{Q1} und Z_{Q2} als f (f)

Abb. 1.4926 Prinzipieller Aufbau eines half-lattice-Filters (Halbbrücken-Filter)

man in hochpräzisen Meßeinrichtungen, in denen die Quarze zudem noch in Thermostaten untergebracht werden.

Quarze können für Frequenzen zwischen 1 kHz und 250 MHz hergestellt werden, wobei der Hauptanwendungsbereich für den Amateurfunk zwischen 100 kHz und 50 MHz liegt:

1 bis 50 kHz	Biegeschwinger
50 bis 200 kHz	Längsschwinger
150 bis 800 kHz	Flächenschwinger
0,5 bis 20 MHz	Dickenschwinger
10 bis 250 MHz	Obertonquarze (Dickenschwinger)

Obertonquarze sind so speziell geschnitten, daß sie etwa auf Vielfachen der Grundfrequenz angeregt werden können. Sie schwingen grundsätzlich auf ungeradzahligen Vielfachen, weil sich bei geradzahligen durch die Physik der Piezoelektrizität zwischen den Elektroden keine Spannung ergibt.

Beim Aufbau eines Quarzfilters bilden die Quarze Zweige einer Wechselstrombrücke. In der Prinzipschaltung nach *Abb. 1.4924* sind die Kondensatoren C_1 und C_2 gleich groß. Die Resonanzfrequenzen beider Quarze liegen etwa um die gewünschte Bandbreite versetzt.

Außerhalb des Resonanzfrequenzbereichs sind sowohl X_{C1} und X_{C2} als auch Z_{Q1} und Z_{Q2} gleich groß, so daß an B und D die halbe Eingangsspannung u_e liegt. Die Spannungsdifferenz beider Punkte, die als Ausgangsspannung u_a erscheint, beträgt daher 0 V. Die Brücke ist in Balance.

1 Grundlagen der Nachrichtentechnik

Durch den Frequenzversatz der Quarzfrequenzen haben beide nach Abb. 1.4925 einen unterschiedlichen Verlauf von Z_Q im Resonanzfrequenzbereich, so daß die Brücke dort außer Balance gerät und sich eine Ausgangsspannung bildet.

Die richtige Wahl der Quarzfrequenzen führt zu einer Übertragungsfunktion, die einem sehr steilflankigen Bandfilter entspricht. Charakteristisch sind der flache Verlauf innerhalb des Durchlaßbereichs und die scharfen Absenkungen am unteren Teil der Flanken, die zur hoch- und niederfrequenten Seite in sogenannte Nebenhöcker auslaufen.

Abb. 1.4926 zeigt ein half-lattice-Filter (Halbbrücken-Filter), das nach dem beschriebenen Prinzip arbeitet. Um die Nebenhöcker seitlich der Flanken zu unterdrücken, kann man das Filter zu einem full-lattice-Filter erweitern, indem alle vier Brückenzweige als Quarze ausgebildet werden. Zudem bietet sich die Möglichkeit, die Filter zu kaskadieren (in Reihe schalten), wodurch die Flankensteilheit und die Nebenwellendämpfung noch weiter zu verbessern sind.

Kommerzielle Quarzfilter, die in einem umfangreichen Frequenz- und Bandbreitenspektrum angeboten werden, arbeiten in gleicher Form, so daß die Anzahl der verwendeten Quarze etwa einen Maßstab für die elektrischen Eigenschaften gibt. Allerdings ist Quantität bekanntlich nicht immer proportional zur Qualität.

Eingangs- und Ausgangswiderstände von Quarzfiltern sind relativ niederohmig (im $k\Omega$-Bereich), so daß sie sich ohne Schwierigkeiten an Transistorschaltungen anpassen lassen.

1.5 Modulation

Zur drahtlosen Nachrichtenübertragung sind den Funkamateuren seitens der Lizenzbehörde bestimmte Frequenzbänder zugeteilt worden, die im Kurzwellen- und UKW-Bereich liegen.

Da hochfrequente Signale dieser Frequenzen allein keinen Informationsinhalt besitzen, werden sie als sogenannte Trägerfrequenzen mit dem niederfrequenten Nachrichtensignal moduliert.

Nachrichten werden im Amateurfunk in Form von Sprache (Telefonie), Telegrafie (Morsen, Fernschreiben) und Bildfunk (FAX, SSTV, ATV) ausgetauscht. Dabei wird das Nachrichteninhaltssignal vom Mikrofon, der Morsetaste, der Fernschreibmaschine oder der Fernsehkamera auf das Trägerfrequenzsignal aufmoduliert und gelangt mit ihm in einer Art „Huckepack"-Funktion zum QSO-Partner.

Empfangsseitig wird das modulierte Hochfrequenzsignal zunächst soweit verstärkt, bis der Informationsinhalt im Demodulator vom Träger getrennt werden kann und schließlich am Empfängerausgang in seiner ursprünglichen Form zur Verfügung steht.

Nach den bisherigen Betrachtungen zur Wechselstromtechnik gibt es drei Parameter (charakteristische Größen der Wechselspannung), mit denen das hochfrequente Trägersignal durch ein niederfrequentes Nachrichtensignal (Information) gesteuert (moduliert) werden kann:

1. durch die Amplitude des Trägers
2. durch die Frequenz des Trägers
3. durch die Phasenlage des Trägers

Alle drei Möglichkeiten finden in der Nachrichtentechnik ihre Anwendung, wobei für den Amateurfunk allerdings nur die Amplitudenmodulation und die Frequenzmodulation von Interesse sind. Es gibt zudem eine Reihe von abgeleiteten Modulationsarten, die aber alle auf die drei Grundmodulationsarten zurückzuführen sind.

1.5 Modulation

Bis auf wenige Ausnahmen wurde bisher in der Amateurfunkliteratur auf eine mathematische Analyse der unterschiedlichen Modulationsarten verzichtet, da es einiger Mühe und eines gewissen Abstraktionsvermögens bedarf, ihr zu folgen. Aber gerade bei der Untersuchung der Modulationsarten läßt sich auch im Rahmen des Amateurfunks nicht auf ein gewisses Maß an Mathematik verzichten, um schaltungstechnische Zusammenhänge der Sende- und Empfangstechnik schlüssig erklären und auch begreifen zu können.

1.51 Amplitudenmodulation (AM)

Bei der Amplitudenmodulation wird die Amplitude U_T des Trägers mit der Frequenz ω_T (Kreisfrequenz) im Rhythmus der Frequenz des Modulationssignals ω_M (Ton) und dessen Amplitude U_M (Lautstärke) gesteuert. In *Abb. 1.511* ist dies grafisch dargestellt.

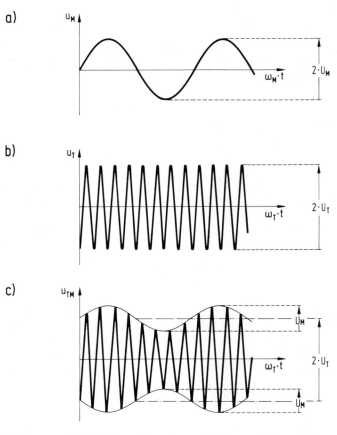

Abb. 1.511 Grafische Darstellung des amplitudenmodulierten Trägers:
a Modulationssignal: $u_M = U_M \sin \omega_M t$
b Trägersignal: $u_T = U_T \sin \omega_T t$
c Amlitudenmodulierter Träger: $u_{TM} = (U_T + U_M \sin \omega_M t) \sin \omega_T t$

1 Grundlagen der Nachrichtentechnik

Geht man nach 1.41 von sinusförmigen Wechselspannungen aus, gilt für den hochfrequenten Träger:

$$u_T = \underbrace{U_T}_{\text{Amplitude}} \cdot \underbrace{\sin \omega_T \cdot t}_{\text{Frequenz und Sinusform}} \tag{91}$$

und für die aufzumodulierende niederfrequente Information:

$$u_M = U_M \cdot \sin \omega_M \cdot t \tag{92}$$

Beim Modulationsvorgang bleibt die Trägeramplitude nicht mehr konstant, sondern wird nach der Funktion des aufmodulierten Nf-Signals verändert:

$$U_{TM} = U_T + U_M \cdot \sin \omega_M \cdot t \tag{93}$$

Für das modulierte hochfrequente Trägersignal ist daher die modulierte Amplitudenform U_{TM} einzusetzen:

$$u_{TM} = U_{TM} \cdot \sin \omega_T \cdot t \tag{94}$$

oder

$$u_{TM} = \underbrace{(U_T + U_M \cdot \sin \omega_M \cdot t)}_{\substack{\text{modulierte Amplitude} \\ \text{des Trägers}}} \cdot \underbrace{\sin \omega_T \cdot t}_{\substack{\text{Trägerfrequenz} \\ \text{und Sinusform}}}$$

(94) stellt bereits die mathematische Funktion einer amplitudenmodulierten Trägerschwingung dar.

Zur weiteren Diskussion muß man sie umformen, wozu U_T zunächst ausgeklammert wird:

$$u_{TM} = U_T \left(1 + \frac{U_M}{U_T} \cdot \sin \omega_M \cdot t\right) \cdot \sin \omega_T \cdot t \tag{95}$$

oder

$$u_{TM} = U_T (1 + m \cdot \sin \omega_M \cdot t) \sin \omega_T \cdot t \tag{96}$$

Hierbei ist

$$m = \frac{U_M}{U_T} \tag{97}$$

der sogenannte Amplitudenmodulationsgrad als Verhältnis zwischen der Modulations- und der Trägeramplitude. Der Wert von m liegt zwischen 0 und 1. Bei 0 ist keine Modulation vorhanden, während bei 1 soweit ausmoduliert wird, daß sich die Modulationshüllkurven (Verbindungslinien der Amplitudenspitzen des Trägers) nach Abb. 1.512 treffen.

Um weitere Aufschlüsse über die Charakteristik der modulierten Trägerschwingung zu erhalten, muß man (94) ausmultiplizieren. Man erhält dann:

$$u_{TM} = \underbrace{U_T \cdot \sin \omega_T \cdot t}_{\text{Träger}} + \underbrace{U_M \cdot \sin \omega_M \cdot t \cdot \sin \omega_T \cdot t}_{\text{Modulationsinhalt}} \tag{98}$$

so daß sich das ursprüngliche Trägersignal (91) konstanter Amplitude und der aufmodulierte Inhalt getrennt schreiben lassen.

1.5 Modulation

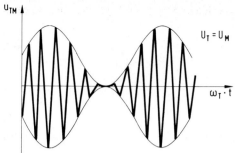

Abb. 1.512
Amplitudenmodulierter Träger mit m = 1

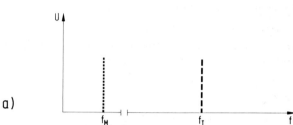

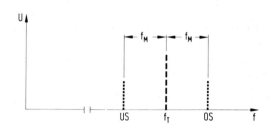

Abb. 1.513 Frequenzspektrum
bei Amplitudenmodulation
a vor der Modulation
b nach der Modulation

Für den Modulationsinhalt nach (98) wird die Multiplikationsregel zweier Sinusfunktionen verwendet:

$$\sin \omega_M t \cdot \sin \omega_T t = \frac{1}{2}\left[\cos(\omega_T - \omega_M)t - \cos(\omega_T + \omega_M)t\right]$$

Wird diese Beziehung in (98) eingesetzt, ist

$$u_{TM} = U_T \cdot \sin \omega_T t + \frac{U_M}{2}\cos(\omega_T - \omega_M)t - \frac{U_M}{2}\cos(\omega_T + \omega_M)t \qquad (99)$$

         Träger   Untere Seitenfrequ.   Obere Seitenfrequ.

In (99) ist die Funktion der amplitudenmodulierten Trägerschwingung in ihr Frequenzspektrum mit den jeweiligen Amplitudenanteilen aufgelöst worden.
Danach besteht das komplexe modulierte Trägersignal real aus drei Einzelsignalen:
1. aus dem Trägerfrequenzsignal mit der konstanten Amplitude U_T
2. aus einer Seitenfrequenz, die um die Modulationsfrequenz tiefer als der Träger liegt, wobei das Signal die halbe Modulationsamplitude besitzt.

3. aus einer zweiten Seitenfrequenz, die um die Modulationsfrequenz höher als der Träger liegt, ebenfalls mit $\frac{U_M}{2}$ als Amplitude.

$(\omega_T + \omega_M)$ und $(\omega_T - \omega_M)$ treten als symmetrisch zum Träger liegende Seitenfrequenzen völlig neu auf, während die ursprüngliche Modulationsfrequenz völlig verschwindet.
Diese Unterdrückung einzelner Frequenzen und das Auftreten neuer ist typisch für Modulationsvorgänge.

In *Abb. 1.513* ist ein Beispiel gezeigt, bei dem ein Träger von 3,6 MHz mit einem Ton von 3 kHz moduliert wird. Nach der Modulation enthält das Signal ein Spektrum von 3 Frequenzen, den Träger mit 3,6 MHz, die untere Seitenfrequenz mit 3,597 MHz und die obere mit 3,603 MHz.

Wird der Träger mit einem Nf-Band (Sprache, Musik) moduliert, entstehen sogenannte Seitenbänder, die wiederum frequenzsymmetrisch zum Träger erscheinen. Das niederfrequentere wird unteres Seitenband und das hochfrequentere oberes Seitenband genannt. Jedes dieser beiden Seitenbänder enthält in bezug zum Träger die aufmodulierte Information.

Zur ausreichenden Sprachverständlichkeit ist ein Nf-Kanal von etwa 3 kHz erforderlich. Wird dieses Spektrum auf einen Hf-Träger moduliert, hat das resultierende Hf-Spektrum die doppelte Nf-Bandbreite, so daß jeder Telefoniesender bei Amplitudenmodulation unter diesen Voraussetzungen eine Gesamtbandbreite von 6 kHz beansprucht.

Dies ist bei der überaus starken Belegung der Amateurbänder natürlich sehr unwirtschaftlich, zumal bereits eines der beiden Seitenbänder zur Informationsübertragung ausreichen würde.

Die Leistungsbilanz sieht noch ungünstiger aus, da jedes Seitenband nur die halbe Spannungsamplitude im Vergleich zum Träger besitzt, wenn man vom Idealfall der 100 %igen Modulation (m = 1) ausgeht. Demnach entfällt auf den Träger die Hälfte der abgestrahlten Hf-Leistung und auf jedes Seitenband nur ein Viertel.

Da man vor allem beim sehr störungsreichen Kurzwellenfunk mit minimaler Bandbreite von 2,5 bis 3 kHz empfängt (Telefonie), wird nur ein Seitenband der AM-Sendung aufgenommen, so daß letztlich nur 25 % der abgestrahlten Leistung effektiv beim Empfänger genutzt werden. Der Träger selber hat überhaupt keinen Informationswert, obwohl er nach (96) 50 % der Leistung für sich in Anspruch nimmt.

Diese ungünstigen Verhältnisse werden noch deutlicher, wenn man sich vorstellt, daß ein AM-Sender bei 200 W Gleichstromeingangsleistung, 50 % Wirkungsgrad und m = 1 nur 25 Watt effektive Nutzleistung abgibt, wenn man empfangsseitig mit einem schmalbandigen Filter arbeitet. Bei dieser Betrachtungsweise sinkt der Wirkungsgrad sogar auf 12,5 %.

Der Träger hat empfangsseitig nur die Aufgabe einer vom Sender mitgelieferten Demodulationshilfe (siehe 2.28). Ist er nicht vorhanden, erhält man ein völlig verzerrtes Nf-Signal am Lautsprecherausgang.

Diese Erscheinung tritt beim sogenannten selektiven Fading (siehe 1.74) auf, bei dem unter bestimmten atmosphärischen Bedingungen durch unterschiedliche Reflexion an der Ionosphäre eine solche Phasenverschiebung zwischen Teilen des Trägersignals auftritt, daß sich die Trägeramplitude am Empfangsort aufhebt.

Zudem wird der Empfang von AM-Sendungen problematisch, wenn sich neben dem zugehörigen Träger weitere Hf-Signale mit genügend großer Amplitude in einem Frequenzabstand befinden, dessen Betrag im Nf-Bereich liegt. Auch diese Signale werden mit in den Demodulationsvorgang einbezogen und bilden Differenzfrequenzen im Niederfrequenzbereich, die als sogenannte Interferenzstörungen (Pfeiftöne) sehr unangenehm sind und bis zur völligen Unverständlichkeit der Sendung führen können.

Obwohl Modulation und Demodulation bei AM schaltungstechnisch recht einfach zu realisieren sind, ist die Amplitudenmodulation in dieser Form beim Amateurfunk kaum noch zu finden, da man mit der durch die Lizenzbehörde begrenzten Senderleistung Wege gesucht und gefunden hat, die die Leistungsbilanz zwischen Gleichstromeingangsleistung und effektiver Senderausgangsleistung weit günstiger gestalten.

1.52 Einseitenbandmodulation (SSB)

In 1.51 wurde die Form des amplitudenmodulierten Trägers mit dem Ergebnis analysiert, daß bereits die Ausstrahlung eines Seitenbandes zur Nachrichtenübertragung ausreicht.

Unter dieser Bedingung wird die gesamte abgestrahlte Hf-Leistung in einem Seitenband zur Informationsübertragung genutzt.

Bei gleicher Senderbelastung erreicht man im Vergleich zur herkömmlichen Amplitudenmodulation einen vierfachen Leistungsgewinn, soweit man vom Dauerstrichbetrieb (ständige Maximalaussteuerung der Endstufe) ausgeht.

Zur SSB-Übertragung bleibt die Wahl zwischen dem oberen und dem unteren Seitenband. Mathematisch haben die beiden Seitenbänder (Seitenfrequenzen) nach (99) folgende Funktionen:

$$u_{OS} = U_M \cdot \cos(\omega_T + \omega_M) t$$
und
$$u_{US} = U_M \cdot \cos(\omega_T - \omega_M) t$$

Konstante $\frac{1}{2}$ zur Vereinfachung weggelassen

Da sich Cosinus- und Sinusfunktion nur durch eine Phasenverschiebung von 90° unterscheiden, kann man auch in der vertrauten Form schreiben:

$$u_{OS} = U_M \cdot \sin(\omega_T + \omega_M) t$$
und
$$u_{US} = U_M \cdot \sin(\omega_T - \omega_M) t$$

Setzt man statt der Kreisfrequenz ω die absolute Frequenz f ein, wird:

$$u_{OS} = U_M \cdot \sin 2\pi (f_T + f_M) t \tag{100}$$

und

$$u_{US} = U_M \cdot \sin 2\pi (f_T - f_M) t \tag{101}$$

Typisch für die Einseitenbandmodulation ist, daß die Amplitude des abgestrahlten Signals allein abhängig von der des Modulationssignals ist, so daß die abgestrahlte Leistung des Senders im Rhythmus der Lautstärke pulsiert, in der das Mikrofon besprochen wird.

Das abgestrahlte Frequenzspektrum erscheint nach *Abb. 1.521* gespiegelt am unterdrückten Träger entweder zur hochfrequenten (OS) oder zur niederfrequenten (US) Seite. Zur Demodulation des SSB-Signals muß der ursprüngliche in der Senderaufbereitung unterdrückte Träger im Empfänger als Frequenzbezug hinzugesetzt werden.

Im sogenannten Produktdetektor des Empfängers wird der Träger mit dem empfangenen Seitenband gemischt (moduliert), so daß neben anderen Modulationsprodukten auch die Differenzfrequenzen beider entstehen:

$(f_T + f_M) - f_T = + f_M$ für das obere Seitenband

1 Grundlagen der Nachrichtentechnik

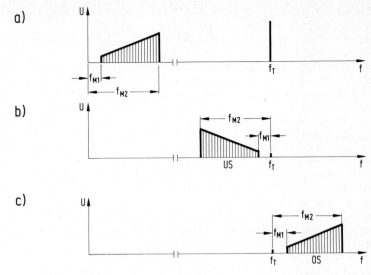

Abb. 1.521 Frequenzspektrum bei Einseitenbandmodulation
a vor der Modulation
b nach der Modulation für das untere Seitenband
c nach der Modulation für das obere Seitenband

oder

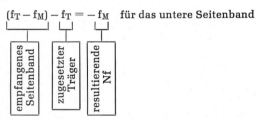

$(f_T - f_M) - f_T = -f_M$ für das untere Seitenband

Das ursprüngliche Modulationssignal läßt sich recht einfach aus dem Frequenzspektrum des Produktdetektors herausfiltern, da der folgende Nf-Verstärker hochfrequente Signale unterdrückt, während die Modulation passieren kann.

Neben der erheblich besseren Leistungsbilanz hat SSB im Vergleich zu AM noch weitere Vorteile:

Die Erscheinung des selektiven Fadings bleibt ausgeschlossen, da der zur Demodulation erforderliche Träger nicht vom Sender mitgeliefert wird, sondern empfängerseitig hinzugesetzt wird. Er kann also nicht durch die beschriebene Phasenverschiebung auf dem Übertragungsweg „verlorengehen".

Interferenzstörungen treten nur dann auf, wenn ein konstanter Träger als Störsignal im Nf-Abstand neben der Empfangsfrequenz liegt. Da aber SSB inzwischen auf den Amateurbändern allgemein üblich ist, wird eine seitlich liegende Station nicht mehr als nervtötender Sinuston empfunden, obwohl das unverständliche „Gebrabbel" des störenden Frequenznachbarn auch nicht gerade angenehm ist.

Da die abgestrahlte Leistung bei SSB nach (100) bzw. (101) im Rhythmus des Modulationssignals pulsiert, wird die Senderendstufe nur bei Nf-Ansteuerung der Modulationsstufe „aufgetastet". Wird das Mikrofon nicht besprochen, ist die abgestrahlte Leistung des Senders praktisch Null.

Die Belastung der Endstufe ist, wie später noch beschrieben wird, durch die zulässige Verlustleistung begrenzt.

Die durchschnittliche SSB-Leistung ist abhängig von der Dynamik der Sprache, die je nach Landessprache, Stimmlage und individueller Sprachform variiert. Man kann aber näherungsweise annehmen, daß die durchschnittlich abgestrahlte Leistung bei normaler Besprechung des Mikrofons nur $1/10$ bis $1/5$ der auftretenden Spitzenleistung beträgt.

Während die Belastung der Endstufe bei AM durch die konstante Trägerleistung begrenzt wird, bezieht sie sich bei SSB auf den Durchschnittswert der schwankenden Modulationsamplitude, so daß die Spitzenwerte des SSB-Signals weit größer sein können, als sie bei AM zulässig sind.

Dies ist der primäre Grund dafür, daß man in SSB-Senderendstufen oft Röhren geringer Verlustleistung findet, die aber im typischen Impulsbetrieb relativ hohe Ausgangsspitzenleistungen zulassen (siehe Endstufen).

Zwar ist der apparative Aufwand sowohl sende- als auch empfangsseitig größer als bei AM, doch haben die offensichtlichen übertragungstechnischen Vorteile von SSB zur allgemeinen Verbreitung dieser Modulationsart geführt.

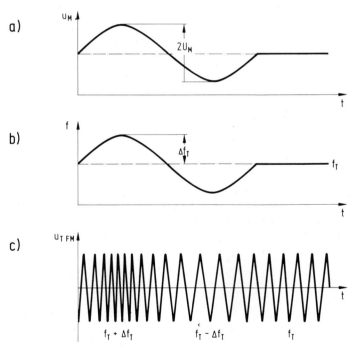

Abb. 1.531 Grafische Darstellung des Frequenzverlaufs bei FM
a niederfrequentes Modulationssignal
b Frequenzhub als Abhängige der Modulationsamplitude
c Frequenzverlauf des FM-modulierten Trägers

1 Grundlagen der Nachrichtentechnik

1.53 Frequenzmodulation (FM)

Die Frequenzmodulation ist im Kurzwellenamateurfunk ungebräuchlich, weil die erforderliche Übertragungsbandbreite bei effektiver Ausnutzung der Vorteile von FM zu groß wird. Da aber Funkfernschreib- und Schmalbandfernsehsignale FM-Charakter besitzen, soll auch diese Modulationsart prinzipiell beschrieben werden.

Der unmodulierte Träger hat nach 1.51 die Funktion:

$$u_T = U_T \cdot \sin \omega_T \cdot t$$

bzw.

$$u_T = U_T \cdot \sin 2\pi f_T \cdot t$$

Bei der Frequenzmodulation wird die mittlere Trägerfrequenz f_T nach *Abb. 1.531* um Δf_T nach der Funktion des niederfrequenten Modulationssignals geändert, wobei im Gegensatz zur AM die Trägeramplitude U_T konstant bleibt.

Der Änderungsbetrag Δf_T der Trägerfrequenz wird mit Frequenzhub bezeichnet. Er ist allein abhängig von der Amplitude des Modulationssignals, während die zeitliche Frequenzänderungsfolge durch die Modulationsfrequenz f_M gesteuert wird.

Das Verhältnis Δf_T zur Modulationsfrequenz f_M wird Modulationsindex m_F oder Phasenhub $\Delta \varphi$ genannt und ist nicht mit dem Modulationsgrad m bei AM zu verwechseln:

$$\Delta \varphi = m_F = \frac{\Delta f_T}{f_M} \tag{102}$$

oder

$$\Delta \varphi = m_F = \frac{\Delta \omega_T}{\omega_M}$$

Für das frequenzmodulierte Signal gilt die zeitliche Funktion:

$$u_{T\,FM} = \underbrace{U_T}_{\text{Trägeramplitude}} \cdot \sin \left(\underbrace{\omega_T \cdot t}_{\substack{\text{mittlere}\\ \text{Träger-}\\ \text{frequenz}}} + \underbrace{\frac{\Delta \omega_T}{\omega_M}}_{\substack{\text{Modulationsindex}\\ \text{entspricht der}\\ \text{Modulations-}\\ \text{amplitude}}} \cdot \underbrace{\sin \omega_M \cdot t}_{\substack{\text{Änderungsfolge}\\ \text{entspricht der}\\ \text{Modulations-}\\ \text{frequenz}}} \right) \tag{103}$$

Die Summe des Klammerausdrucks stellt den Phasenverlauf des frequenzmodulierten Signals dar. Hierbei ist $\omega_T \cdot t$ der Phasenwinkel, der bei konstanter Trägerfrequenz ω_T durchlaufen wird. Um diesen Mittelwert pendelt die Phase nach einer Sinusfunktion hin und her, deren Maximalwert der Phasenhub $\Delta \varphi$ (im Bogenmaß) ist.

Bei der Frequenzmodulation ist der Frequenzhub Δf_T bzw. $\Delta \omega_T$ allein eine Funktion der Modulationsamplitude und unabhängig von der Modulationsfrequenz f_M bzw. ω_M, so daß Δf_T bei gegebener Modulationsamplitude konstant bleibt. Demnach muß sich allein der Phasenhub $\Delta \varphi$ nach (102) umgekehrt proportional zur Modulationsfrequenz f_M ändern.

1.5 Modulation

Der Phasenhub beschreibt dabei den Winkelweg, um den der Trägerphasenwinkel $\omega_T \cdot t$ pendeln muß, damit der Frequenzhub Δf_T bei gegebener „Pendelfolge" f_M konstant bleibt.

In einem Zahlenbeispiel sei der Frequenzhub Δf_T 6 kHz und die Modulationsfrequenz f_M 3 kHz. Daraus ergibt sich nach (102) ein Phasenhub von $\Delta \varphi = 2$, so daß der Phasenwinkel $\omega_T \cdot t$ des Trägers nach der Modulation um 114° hin und her pendelt. Ändert man die Frequenz f_M bei konstanter Modulationsamplitude auf 1 kHz, bleibt Δf_T mit 6 kHz erhalten, aber der Phasenhub $\Delta \varphi$ wird 6, wodurch sich der Phasenauslenkungswinkel auf 344° erhöht.

Zur Bandbreitenbestimmung muß man die Funktion (103) mit Hilfe der Besselfunktionen auflösen. Dann wird:

$$\begin{aligned} u_{T\,FM} &= U_T \cdot \sin(\omega_T \cdot t + m_F \cdot \sin \omega_M \cdot t) \\ &= U_T \cdot A_0 \cdot \sin \omega_T \cdot t \\ &\quad + U_T A_1 \sin(\omega_T + \omega_M) t - U_T A_1 \sin(\omega_T - \omega_M) t \\ &\quad + U_T A_2 \sin(\omega_T + 2\omega_M) t - U_T A_2 \sin(\omega_T - 2\omega_M) t \\ &\quad + U_T A_3 \sin(\omega_T + 3\omega_M) t - U_T A_3 \sin(\omega_T - 3\omega_M) t \\ &\quad + U_T A_4 \sin(\omega_T + 4\omega_M) t - U_T A_4 \sin(\omega_T - 4\omega_M) t \end{aligned} \quad (104)$$

... usw.

Tabelle 1.531 Relative Größe der Seitenfrequenzamplituden A_1 bis A_{10} und des Trägers A_0 für die Modulationsindexe 1 bis 7

		\multicolumn{7}{c}{Modulationsindex}						
		1	2	3	4	5	6	7
Relative Größe der Seitenfrequenzamplituden	A_0	0,765	0,224	0,260	0,397	0,178	0,151	0,300
	A_1	0,440	0,577	0,334	0,066	0,328	0,277	0,005
	A_2	0,115	0,353	0,486	0,364	0,047	0,243	0,301
	A_3	0,020	0,129	0,309	0,430	0,365	0,115	0,168
	A_4		0,034	0,132	0,281	0,391	0,358	0,158
	A_5		0,016	0,043	0,132	0,261	0,362	0,348
	A_6			0,011	0,049	0,131	0,246	0,339
	A_7				0,015	0,053	0,130	0,234
	A_8					0,018	0,057	0,128
	A_9	\multicolumn{5}{l}{freie Felder für A_n unter 0,01 (1 %)}					0,021	0,059
	A_{10}							0,024

1 Grundlagen der Nachrichtentechnik

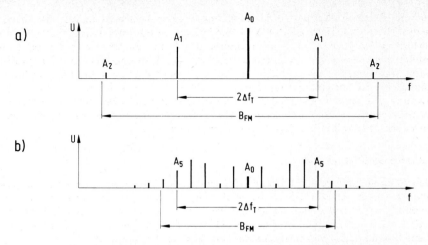

Abb. 1.532 Frequenzspektren frequenzmodulierter Trägersignale
a $m_F = 1$ $\Delta f_T = 1$ kHz $f_M = 1$ kHz
b $m_F = 5$ $\Delta f_T = 1$ kHz $f_M = 200$ Hz

Diese Reihenentwicklung läuft bis ins Unendliche, so daß die Bandbreite eines FM-Signals streng genommen unendlich groß ist. Allerdings werden die Amplituden der einzelnen Seitenfrequenzen ... $\omega_T - 2\omega_M$, $\omega_T - \omega_M$ und $\omega_T + \omega_M$, $\omega_T + 2\omega_M$ ..., die nebeneinander im Modulationsfrequenzabstand erscheinen, bei größerem Abstand vom Träger ω_T so gering, daß sie vernachlässigt werden können.

Die Amplitude wird jeweils durch den Relativfaktor A_n bestimmt, der sich aus den Besselfunktionen ergibt. In der *Tabelle 1.531* sind die Werte A_0 für den Träger und A_1 bis A_{10} für die Seitenfrequenzen bis zum Modulationsindex 7 angegeben.

Grundsätzlich läßt sich feststellen, daß das Frequenzspektrum von FM breiter ist als der doppelte Frequenzhub. Die Maximalamplituden findet man je nach Modulationsindex bei Seitenfrequenzen unterschiedlicher Ordnung. Bei niedriger Modulationsfrequenz erhält man einen hohen Modulationsindex, wodurch viele Seitenfrequenzen im engen Abstand nebeneinander liegen. Bei hoher Modulationsfrequenz wird m_F entsprechend kleiner, so daß man innerhalb der betrachteten Bandbreite wenig Seitenfrequenzen mit großem Abstand findet. In *Abb. 1.532* ist dies gezeigt. Bemerkenswert ist dabei, daß die Amplitude des Trägers nach *Tabelle 1.531* bei größerem Modulationsindex kleiner als die der Seitenfrequenzen wird, da die Trägerfrequenz beim Pendeln um den Frequenzhub dann nur kurzzeitig auftritt.

Da der Amplitudenanteil der weiter abgelegenen Seitenfrequenzen sehr gering wird (kleiner 1 %), kann man zur Bandbreitenbestimmung einen endlichen Wert in guter Näherung annehmen:

$$B_{FM} = 2\,(\Delta f_T + f_{M\,max}) \tag{105}$$

Das frequenzmodulierte Signal wird zur Demodulation auf einen frequenzabhängigen Widerstand gegeben (z. B. Flanke eines Resonanzkreises), dessen Ausgangsspannung abhängig von der Eingangssignalfrequenz ist. (siehe 2.28)

FM hat den Vorteil, daß das Modulationssignal bei genügend großem Modulationsindex nicht durch AM-Störungen beeinflußt wird, die auf dem Übertragungswege entstehen

1.5 Modulation

können, da allein die Frequenzänderungsfolge und der Frequenzhub, also die Nulldurchgänge des Wechselspannungsverlaufs, die niederfrequente Information enthalten.
Weiterhin ist FM kreuzmodulationsunempfindlich (siehe Empfangstechnik), weil die Information in der Frequenz enthalten ist und die für Kreuzmodulation verantwortlichen Kennlinienkrümmungen im Empfängereingangsteil und deren Modulationsprodukte keinen Einfluß auf die FM-Modulation haben.

Obwohl vor allem der sendeseitige Aufwand für FM sehr gering ist und die Leistungsbilanz weit besser als bei AM ausfällt, bleibt FM den UKW-Bändern vorbehalten, weil dort mit den notwendigen Bandbreiten gearbeitet werden kann.

1.54 Phasenmodulation (PM)

Für den Amateurfunk hat die Phasenmodulation keine Bedeutung, da sie nicht zugelassen ist. Weil sie aber mit der Frequenzmodulation eng verwandt ist, soll der wesentliche Unterschied zwischen PM und FM gezeigt werden, da hierüber oft Unklarheit besteht.

Im Gegensatz zur Frequenzmodulation ist bei PM nicht der Frequenzhub Δf_T für die gegebene Modulationsamplitude konstant, sondern der Phasenhub $\Delta \varphi$.

Aus diesem Grunde variiert der Frequenzhub bei PM mit unterschiedlicher Modulationsfrequenz f_M.
Nach (102) ist:

$$\Delta f_T = \Delta \varphi \cdot f_M \qquad (106)$$

so daß Δf_T linear abhängig von f_M ist, soweit man eine konstante Modulationsamplitude voraussetzt.

Moduliert man einen Träger mit einer konstanten Frequenz f_M, ist natürlich beim Empfänger nicht zu unterscheiden, ob Phasen- oder Frequenzmodulation verwendet wurde, da alle drei Größen von (106) konstant erscheinen. Man erhält meßtechnisch erst dann

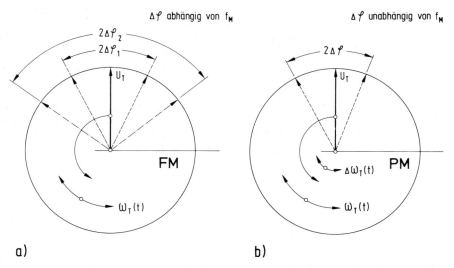

Abb. 1.541 Unterschiedlicher Phasenhubverlauf bei FM und PM
a Phasenhub $\Delta \varphi$ abhängig von f_M. Frequenzhub Δf_T konstant
b Phasenhub $\Delta \varphi$ konstant. Frequenzhub Δf_T abhängig von f_M

1 Grundlagen der Nachrichtentechnik

einen Aufschluß darüber, wenn senderseitig die Modulationsfrequenz f_M variiert wird. Ändert sich dabei der Frequenzhub, kann man auf Phasenmodulation schließen.

Analog zu den Betrachtungen in 1.53 ist die Zeitfunktion des phasenmodulierten Trägersignals:

$$u_{T\ PM} = U_T \cdot \sin(\omega_T \cdot t + \Delta\varphi \sin\omega_M \cdot t) \tag{107}$$

Darin ist $\Delta\varphi$ der konstante Maximalwinkel, um den der Phasenwinkel des Trägers $\omega_T \cdot t$ nach der Sinus-Funktion $\sin \omega_M \cdot t$ pendelt.

In Abb. 1.541 ist versucht worden, den Unterschied zwischen FM und PM am umlaufenden Zeiger des Trägers U_T darzustellen.

1.6 Halbleiter

Im modernen Amateurfunk beherrschen Halbleiter die Schaltungstechnik. Bis auf wenige ist auch den älteren Amateuren der Sprung über die Verständnisbarriere von der Röhre zum Transistor gelungen. Diese Entwicklung ist soweit fortgeschritten, daß die nachfolgende Generation kaum noch etwas mit Röhren anzufangen weiß.

Das Spektrum der Halbleiter erweitert sich stetig. Halbleiterphysikalische Nebeneffekte werden erkannt, erklärt und gezüchtet, so daß ein neues Bauelement nach dem anderen kreiert wird. Der Amateur steht vor Katalogwerken, die ihm ein unübersehbares Angebot machen, aus dem er nur schwer nach Anwendungsmöglichkeit und -notwendigkeit selektieren kann.

Integrierte Schaltungen degradieren den Inhalt langjähriger Entwicklungsprozesse zu Funktionseinheiten, von denen lediglich noch Anschlußspannung und Übertragungscharakteristik bekannt sein müssen.

Wer wirklich „in" sein will, jedenfalls suggeriert es die Halbleiterindustrie, der setzt Mikroprozessoren ein und schaltet den Lötkolben für immer ab, denn hier wird das ursprüngliche Basteln zur Schreibtischarbeit. Der Aufbau der Schaltung ist vollends uninteressant, man muß ihr nur in der richtigen Sprache sagen, was man will und sie tut ihren Dienst mit garantierter Präzision. Es ist ein Glück, daß es zumindest gegenwärtig noch erhebliche „Verständnisschwierigkeiten" zwischen Schaltungen dieser Art und den Funkamateuren gibt, denn sonst hätten sie sicherlich bald ihr Hobby wegelektronifiziert, wo dann nur noch das Aufhängen der automatisch erarbeiteten Diplome übrigbleibt.

Bleibt man auf dem Boden der Realität, dann sind für den Amateur als Anwender und Verbraucher von Halbleitern die internen physikalischen Vorgänge von sekundärem Interesse. Er muß die Bedeutung der technischen Daten verstehen, um sie in schaltungstechnische Details übertragen zu können. Hierzu genügt meist eine qualitative Funktionsbeschreibung, bei der aber nicht auf die Erklärung und den Gebrauch einfacher mathematischer Beziehungen und charakteristischer Kennlinien verzichtet werden kann. Dies gilt besonders für diejenigen unter den Funkamateuren, die ihr Interesse den Sonderbetriebsarten Fernschreiben, Schmalbandfernsehen und Faksimileübertragung zugewandt haben. Hier bietet sich ein umfangreiches Experimentierfeld der angewandten Amateurfunk-Elektronik, das mit relativ einfachen Mitteln zu erschließen ist.

Nicht zuletzt ist ein Grundwissen zur Reparatur der Sende-Empfangsanlage notwendig. Wenn man sie im allgemeinen auch nicht mehr selber baut, sollte zumindest die Fähigkeit zur Beseitigung einfacher Fehler vorhanden sein.

Zum Verständnis der Funktion von Halbleitern muß man einen Blick in die Struktur des verwendeten Materials werfen. Ausgangselemente sind Silizium (Si) oder Germanium

1.6 Halbleiter

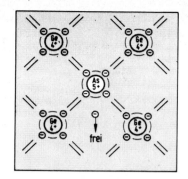

Abb. 1.601 n-Dotierung einer geschlossenen Germaniumstruktur mit einem 5-wertigen Arsen-Atom

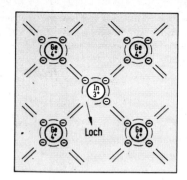

Abb. 1.602 p-Dotierung einer geschlossenen Germaniumstruktur mit einem 3-wertigen Indium-Atom

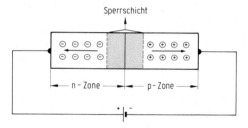

Abb. 1.603 pn-Übergang in Sperrichtung

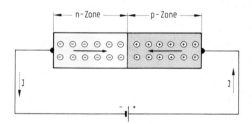

Abb. 1.604 pn-Übergang in Leitrichtung

(Ge). Durch spezielle Fertigungsverfahren kann man beide Stoffe in fast reiner Form herstellen, so daß innerhalb des Materials keine freien Ladungsträger vorhanden sind, weil sich alle Atome gegeneinander elektrisch binden. Dabei heben sich die positiven Ladungen der Kerne und die negativen Ladungen der Valenzelektronen gegeneinander auf. Man erhält nach 1.11 einen Nichtleiter.

Fügt man nach *Abb. 1.601* in diese Nichtleiterstruktur Atome ein, die ein Valenzelektron mehr besitzen als Ge bzw. Si, dann kann dieses überzählige im sonst neutralen Atomverband nicht gebunden werden und tritt als freier negativer Ladungsträger auf. Das Atomgefüge ist negativ dotiert.

Andererseits kann man aber auch nach *Abb. 1.602* Atome einfügen, die ein Elektron weniger als Si oder Ge haben. Hierdurch wird eine positive Kernladung aus der Si- bzw. Ge-Struktur nicht neutralisiert. Man erhält ein positiv dotiertes Gefüge.

Vereinfacht kann man sich vorstellen, daß sich im negativ dotierten Material freie negative Ladungsträger befinden, während es im positiv dotierten Material freie positive Ladungsträger (sogenannte Löcher) sind.

Fügt man zwei Zonen aus negativ und positiv dotiertem Material (p- und n-Zonen) nach *Abb. 1.603* schlüssig aneinander und schließt eine Spannungsquelle in der gezeigten Weise an, dann werden die negativen Ladungsträger zum Pluspol und die positiven zum Minuspol „abgesaugt", wodurch eine ladungsträgerfreie Zone entsteht. Man nennt sie Sperrschicht, weil der sogenannte pn-Übergang mangels freier Ladungsträger in diesem Falle nichtleitend wird, so daß kein Strom fließen kann.

Wechselt man die Polarität der Batterie, werden die negativen Ladungsträger durch die p-Zone hindurch vom positiven Potential der Batterie angezogen, während die positiven zum Minuspol streben (Ladungsträger unterschiedlichen Potentials ziehen sich an).

Da von der Spannungsquelle ständig neue Ladungsträger nachgeliefert werden, kommt ein Stromfluß zustande. Der pn-Übergang wird leitend.

Die Tatsache, daß der pn-Übergang in Abhängigkeit von der Polarität der angelegten Spannung leitend und nichtleitend wird, prägt die Charakteristik des Halbleiterbauelements.

1.61 Die Halbleiterdiode

Die typische Eigenschaft vom pn-Übergang ist dadurch gekennzeichnet, daß er vom Strom nur in einer Richtung durchflossen wird. Diese Charakteristik wird bei der Halbleiterdiode genutzt.

Die beiden Anschlüsse einer Diode werden mit Anode A und Katode K bezeichnet. Sie ist in Leitrichtung geschaltet, wenn die angelegte Spannung an der Anode positiver als an der Katode ist.

Das elektrische Verhalten der Halbleiterdiode läßt sich mit einer Schaltung nach Abb. 1.611 untersuchen. Man erhält eine nichtlineare Kennlinie $I_D = f(U_{AK})$, bei der der Strom I_D als Abhängige der angelegten Diodenspannung aufgetragen wird. Danach steigt der Diodenstrom bereits bei kleinen positiven Spannungen U_{AK} auf hohe Werte an. Allerdings muß zunächst die sogenannte Durchlaßspannung U_D (auch Schwellspannung oder Anlaufspannung genannt) überwunden werden. Bei Germaniumdioden, die nur noch für spezielle Zwecke eingesetzt werden, liegt U_D im Bereich zwischen 0,2 und 0,4 V, während man bei Siliziumdioden mit 0,5 bis 0,8 V rechnet.

Da auch Dioden nur bis zu einer maximalen Verlustleistung $P_{V\,max}$ belastet werden dürfen, kann man I_D nicht beliebig groß werden lassen. Für $P_{V\,max}$, die man den Datenblättern entnehmen kann, gilt:

$$I_{D\,max} = \frac{P_{V\,max}}{U_{AK}} \tag{108}$$

wobei man für U_{AK} näherungsweise U_D einsetzen kann, da sich die Durchlaßspannung auch bei größeren Strömen im zulässigen Bereich nur um 100 bis 200 mV erhöht (Silizium).

Betreibt man die Diode in Sperrichtung, fließt nur ein vernachlässigbarer kleiner Reststrom I_S, solange man mit $-U_{AK}$ im zulässigen Sperrspannungsbereich bleibt.

Überschreitet man die maximale Sperrspannung $U_{S\,max}$, „bricht" die Diode durch. Der Sperrstrom steigt dabei lawinenartig an, so daß die Sperrschicht sofort überlastet und zerstört wird, wenn kein Schutzwiderstand vorgesehen ist, der I_S begrenzt.

Die maximale Sperrspannung liegt bei Halbleiterdioden je nach Bauart zwischen 10 V und einigen kV.

Der Sperrstrom von Kleinleistungsgermaniumdioden bewegt sich im µA-Bereich, wogegen er bei Siliziumdioden im nA-Bereich liegt (10^{-9} A).

I_S verdoppelt sich etwa pro 10 Grad Temperaturerhöhung. Bei 100 Grad sind dies z. B. 2^{10}, so daß er etwa auf den 1000-fachen Wert ansteigt.

Auch die Durchlaßspannung U_D ist von der Temperatur abhängig. Sie fällt um 2 mV pro Grad Temperaturerhöhung, wodurch sich die gesamte Kennlinie mit zunehmender Temperatur in *Abb. 1.612* nach links verschiebt.

Dioden werden innerhalb der Schaltungstechnik für die verschiedensten Zwecke eingesetzt.

1.6 Halbleiter

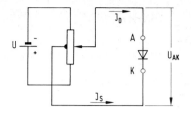

Abb. 1.611 Schaltung zur Aufnahme der Diodenkennlinie

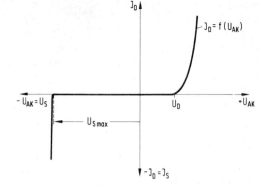

Abb. 1.612 Kennlinie von Halbleiterdioden

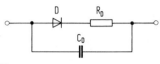

Abb. 1.613
Ersatzschaltbild einer Halbleiterdiode

Als Netzgleichrichter finden sie in jedem Stromversorgungsteil ihre Anwendung. Dabei müssen Sperrspannungen und Verlustleistung beachtet werden. Als notwendige Sperrspannung ist die doppelte Amplitude der angelegten Wechselspannung einzusetzen (U_{SS}), soweit der Gleichrichterschaltung ein Ladekondensator nachgeschaltet ist. Für die Gleichrichtung der Netzspannung muß man danach mit 630 V rechnen.

Zur Berechnung der Verlustleistung nimmt man U_D mit 0,8 V an, da zur Gleichrichtung grundsätzlich Siliziumdioden verwendet werden.

Für größere Leistungen umgibt man die Diode mit einer Kühlfläche, wodurch die Verlustwärme besser abgestrahlt werden kann.

In der Nachrichtentechnik müssen Dioden kleine, aber sehr schnell wechselnde Signale verarbeiten. Dies können sinusförmige Hochfrequenzspannungen sein oder aber auch sehr steilflankige Impulse.

Während man bei der Leistungsanwendung (Gleichrichtung in Stromversorgungsteilen) den Verlustwiderstand R_D nach dem Ersatzschaltbild der Diode in Abb. 1.613 beachten muß, gewinnt bei der Hochfrequenzanwendung die Diodenkapazität C_D an Bedeutung. Sie ist aus der Anschluß- und Sperrschichtkapazität zusammengesetzt und begrenzt die Einsatzmöglichkeit der Diode bei einer bestimmten Grenzfrequenz, an der C_D die Diode wechselspannungsmäßig kurzschließt, weil der Wechselspannungswiderstand X_{CD} kleiner als der Sperrwiderstand wird.

In den Datenblättern wird hierzu entweder die maximale Arbeitsfrequenz oder die Umschaltzeit der Diode angegeben.

Während man in der Höchstfrequenztechnik oder in sehr schnellen Schaltungen der Elektronik bestimmte physikalische Eigenschaften der Diodensperrschicht ausprägt, um extrem niedrige Schaltzeiten zu erreichen, kann man im Bereich bis 150 MHz übliche Si-Schaltdioden einsetzen. Ihre Umschaltzeiten (vom Sperren zum Leiten bzw. umgekehrt) betragen nur wenige ns (10^{-9} s).

Im allgemeinen werden heute nur noch Siliziumdioden eingesetzt, wenn man von ganz speziellen Anwendungsbereichen absieht, da sie bei gleicher Baugröße höher belastbar

1.6 Halbleiter

sind. Sie sind weniger temperaturempfindlich und der bereits erwähnte Reststrom liegt um drei Zehnerpotenzen unter dem der Germaniumdioden.

Einen Sonderfall, der auch für die Elektronik innerhalb des Amateurfunks wichtig ist, bilden die Germaniumgolddrahtdioden. Sie besitzen eine extrem kleine Durchlaßspannung, die bei 0,1 V liegt. Solche Dioden benötigt man dann, wenn sehr kleine Signale zu verarbeiten sind, die über die übliche Schwellspannung von 0,6 V der Si-Dioden nicht hinausreichen.

1.62 Die Z-Diode

Bei Halbleiterdioden steigt der Sperrstrom I_S beim Überschreiten der maximalen Sperrspannung infolge des Zener- bzw. Lawinen- (Avalanche-) Effekts steil an.

In normalen Dioden konzentriert sich dieser Sperrstrom auf einen kleinen Teil des Diodenkristallplättchens, so daß es an dieser Stelle sehr stark überhitzt und zerstört wird, obwohl die angegebene Verlustleistung der Diode bei weitem nicht überschritten worden ist.

Durch besondere Herstellungsmaßnahmen teilt sich der Sperrstrom bei Zenerdioden (auch Z-Dioden genannt) über die gesamte Kristallfläche auf. Solange hierbei die Verlustleistung in Sperrichtung nicht größer als die maximale in Durchlaßrichtung wird, kann diese Diodenart auch im steilen Sperrstrombereich betrieben werden. Zur Begrenzung des Sperrstromes schaltet man einen Schutzwiderstand mit der Z-Diode in Reihe.

Die Größe der Durchbruchspannung U_Z kann bei der Herstellung durch die Stärke der Dotierung beeinflußt werden. Bei Dioden mit Z-Spannungen unter 6 V beruht der steile Durchbruchstromanstieg auf dem Zenereffekt (halbleiterphysikalischer Vorgang), bei dem gebundene Valenzelektronen aus dem neutralen Atomgitter nach *Abb. 1.601* bzw. *Abb. 1.602* durch die hohe Feldstärke der anliegenden Sperrspannung herausgebrochen werden. In der Modellvorstellung schlagen diese dann freien Ladungsträger weitere gebundene Elektronen aus der Gitterstruktur. Dieses Freiwerden durch Stöße anderer Ladungsträger überwiegt bei Durchbruchspannungen über 6 V. Man spricht hier vom Lawinen-Effekt, da jedes freie Elektron weitere gebundene „losschlägt".

In *Abb. 1.621* sind die Kennlinien von fünf Dioden mit unterschiedlichen Z-Spannungen dargestellt. Bei Werten für U_Z um 6 V ist der Sperrstromanstieg am steilsten, da sich in diesem Gebiet Zener- und Lawinen-Effekt ergänzen.

Liegt die Z-Spannung unter 6 V, nimmt sie mit zunehmender Temperatur ab. Im Bereich des Lawinen-Effekts für U_Z über 6 V ist der Temperaturkoeffizient dagegen positiv. Hier steigt die Z-Spannung mit zunehmender Temperatur

In *Abb. 1.622* ist der Verlauf des TK von Z-Dioden dargestellt.

Für Schaltungen, die eine sehr hohe Spannungsstabilität erfordern, verwendet man Z-Dioden mit extrem geringem Temperaturkoeffizienten. Bei solchen Referenz-Dioden werden die Temperaturgänge beider Effekte (Zener-Lawine) gegeneinander kompensiert.

Z-Dioden werden ausschließlich aus Silizium für Z-Spannungen zwischen 1,3 V und mehreren 100 V hergestellt. Sie dienen hauptsächlich zur Spannungsstabilisierung, weil sich die Zenerspannung U_Z nach *Abb. 1.623* für große Sperrstromänderungen ΔI_s nur um geringe Werte ΔU_Z ändert.

Zur Stabilisierung einer schwankenden Betriebsspannung U_B wird die Z-Diode nach *Abb. 1.624* parallel zum Lastwiderstand R_L geschaltet.

Zur Dimensionierung müssen die Werte $U_{B\,min}$ und $U_{B\,max}$ bekannt sein, um die die Betriebsspannung schwankt.

1.6 Halbleiter

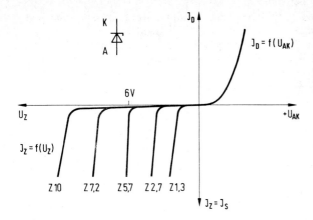

Abb. 1.621 Unterschiedliche Steilheit des Z-Stroms um $U_Z = 6$ V (qualitative Darstellung)

Abb. 1.622 Temperaturgang der Z-Spannung im Bereich von $U_Z = 6$ V

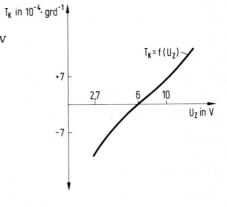

Abb. 1.623 Darstellung des differentiellen Innenwiderstandes der Z-Diode im Z-Strom-Bereich

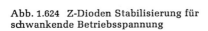

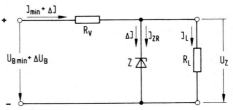

Abb. 1.624 Z-Dioden Stabilisierung für schwankende Betriebsspannung

1 Grundlagen der Nachrichtentechnik

Die zu stabilisierende Spannung U_Z kann natürlich immer nur kleiner als $U_{B\,min}$ sein. Man sollte zur Sicherheit etwa

$$U_Z = 0{,}8 \cdot U_{B\,min} \tag{109}$$

einhalten.

Damit die Diode auch bei $U_{B\,min}$ im steilen Sperrstrombereich liegt (nur dann ist U_Z näherungsweise konstant), wird ihr ein Strom vorgegeben, der sie mit 10 % ihrer maximalen Verlustleistung $P_{Z\,max}$ belastet. Dieser Ruhestrom I_{ZR} beträgt:

$$I_{ZR} = \frac{0{,}1 \cdot P_{Z\,max}}{U_Z} \tag{110}$$

Der Gesamtstrom I_{min} ist dann für $U_{B\,min}$

$$I_{min} = I_{ZR} + I_L \tag{111}$$

Mit $U_{B\,min}$ und I_{min} errechnet man den Vorwiderstand R_V, der zur Strombegrenzung dient:

$$R_V = \frac{U_{B\,min} - U_Z}{I_{min}} \tag{112}$$

Steigt die Betriebsspannung auf $U_{B\,max}$, wird der Gesamtstrom um

$$\Delta I = \frac{U_{B\,max} - U_{B\,min}}{R_V} \tag{113}$$

größer.

Da die Z-Diode diesen zusätzlichen Strom ΔI neben dem Ruhestrom I_{ZR} übernimmt, wird die Spannung U_Z auch bei schwankender Betriebsspannung U_B konstant gehalten.

ΔI darf allerdings nur so groß werden, daß die Z-Diode mit dem vorgegebenen Ruhestrom nicht überlastet wird.

$$\Delta I_{max} = \frac{P_{Z\,max}}{U_Z} - I_{ZR} \tag{114}$$

Schwankt dagegen nach *Abb. 1.625* der Lastwiderstand R_L bei gegebener Betriebsspannung U_B, ist ebenfalls eine Stabilisierung notwendig, da der Innenwiderstand der Spannungsquelle bei unterschiedlicher Stromentnahme zu einer Spannungsschwankung führt.

Zur Dimensionierung der Z-Dioden-Stabilisierung müssen die Werte $I_{L\,min}$ und $I_{L\,max}$ im Lastwiderstand R_L bekannt sein.

R_V wird für einen konstanten Gesamtstrom I berechnet, der die Summe aus $I_{L\,max}$ und dem Ruhestrom I_{ZR} nach (110) bildet:

$$I = I_{L\,max} + I_{ZR} \tag{115}$$

$$R_V = \frac{U_B - U_Z}{I_{L\,max} + I_{ZR}} \tag{116}$$

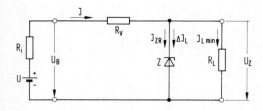

Abb. 1.625 Z-Dioden Stabilisierung für schwankende Last R_L

1.6 Halbleiter

Hier muß U_B nach (109) wiederum größer als U_Z sein.
Sinkt der Laststrom auf $I_{L\,min}$, übernimmt die Z-Diode die Laststromdifferenz

$$\Delta I_L = I_{L\,max} - I_{L\,min} \tag{117}$$

Analog zu (114) darf die Summe aus ΔI_L und I_{ZR} bei U_Z nur so groß werden, daß $P_{Z\,max}$ nicht überschritten wird.

$$\Delta I_{L\,max} = \frac{P_{Z\,max}}{U_Z} - I_{ZR} \tag{118}$$

Es ist selbstverständlich, daß der Vorwiderstand R_V für die in ihm umgesetzte Verlustleistung bemessen werden muß.

Neben den beschriebenen Stabilisierungsschaltungen, die für die Amateurfunktechnik die größere Bedeutung haben, verwendet man Z-Dioden als Spitzenspannungsbegrenzer und in unterschiedlichster Art zur konstanten Potentialverschiebung innerhalb der Elektronik.

1.63 Die Kapazitätsdiode

Wird eine Diode nach *Abb. 1.603* in Sperrichtung betrieben, ist sie mit einem Kondensator zu vergleichen, wobei die Sperrschicht das Dielektrikum bildet.

Da sich die Sperrschicht in Abhängigkeit von der Sperrspannung ändert, läßt sich die Diodenkapazität C_D durch eine angelegte Vorspannung in Sperrichtung steuern. Mit zunehmender Sperrspannung wird die Kapazität kleiner, da sich die Sperrschicht verbreitert.

In *Abb. 1.631* ist die Grundschaltung der Kapazitätsdiode zur Verstimmung eines Parallelresonanzkreises gezeigt.

L und C_P bilden die festen Schaltungselemente, mit denen der Resonanzfrequenzbereich bestimmt wird. Als zusätzlicher Parallelkondensator wird die Kapazitätsdiode D_C hinzugeschaltet. Mit ihr liegt der Trennkondensator C_S in Serie. Er hat die Aufgabe, die Katode der Diode gleichspannungsmäßig vom negativen Potential zu trennen. Der Wert von C_S muß weit größer als C_D gewählt werden, damit er in der Serienschaltung mit C_D keinen Einfluß auf die Abstimmung gewinnt (die Kapazität einer Serienschaltung von Kondensatoren ist immer kleiner als die kleinste der Einzelkapazitäten). Die Anode von D_C liegt gleichspannungsmäßig über die Induktivität L am Minuspol der Steuerspannungsquelle. Der Widerstand R_V trennt den Schwingkreis von der Steuerspannungsquelle. Er kann und muß sehr groß gewählt werden (um 100 kΩ), da einerseits praktisch kein Steuerstrom fließt, weil die Diode in Sperrichtung liegt, und andererseits die Steuerspannungsquelle den Schwingkreis stark bedämpfen und die Güte damit weit absenken würde. Der Kondensator C_B blockt die restliche Hf-Spannung vor der Spannungsquelle ab.

Kapazitätsdioden haben den erheblichen Vorteil, daß sie eine elektronische Abstimmung von Schwingkreisen gestatten.

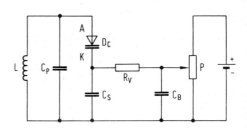

Abb. 1.631 Grundschaltung der Kapazitätsdiode zur Verstimmung eines Parallelresonanzkreises

1 Grundlagen der Nachrichtentechnik

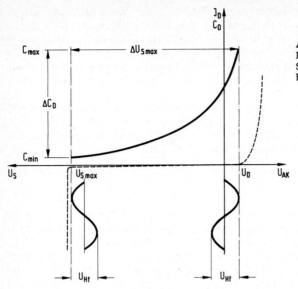

Abb. 1.632 Relativer Verlauf der Diodenkapazität als Funktion der Sperrspannung und deren Aussteuerbereich

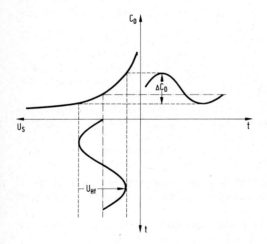

Abb. 1.633 Verstimmungsverzerrungen durch zu große Aussteuerung auf der nichtlinearen Kennlinie mit überlagerten Hf-Signalen

Abb. 1.634 Antiserienschaltung zweier Kapazitätsdioden zur Linearisierung des Kapazitätsaussteuerbereichs

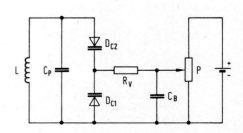

1.6 Halbleiter

Sie sind sehr klein gegenüber herkömmlichen Drehkondensatoren oder Variometern (Spulen, bei denen der Kern zur Verstimmung über einen mechanischen Antrieb verschoben wird). Vor allem wird aber der direkte mechanische Antrieb vermieden, der grundsätzlich konstruktive Schwierigkeiten mit sich bringt.

Bei der Diodenabstimmung muß lediglich die Steuerspannungsleitung zugeführt werden. Die Steuerspannungsquelle und das Abstimmpotentiometer können dabei an jeder anderen Stelle im Gerät vorgesehen werden.

Neben diesen konstruktiven Vorteilen bietet die Kapazitätsdiode allerdings auch einige anwendungstechnische Probleme, die auf ihre „Halbleiternatur" zurückzuführen sind.

In *Abb. 1.632* ist der relative Kapazitätsverlauf der Diode in Abhängigkeit von der Sperrspannung dargestellt. Er folgt der hyperbolischen Funktion

$$C_D = \frac{C_{Do}}{\left(1 + \frac{U_S}{U_D}\right)^\gamma} \tag{119}$$

Hierin ist C_{Do} der Kapazitätswert bei $U_S = 0$ V. U_D ist die Durchlaßspannung, die nach 1.61 mit etwa 0,6 V einzusetzen ist. Der Exponent γ ist eine Bauformkonstante, die zwischen 0,5 bei abrupten pn-Übergang und 0,35 bei linearem pn-Übergang variiert.

Der Aussteuerbereich der Kapazitätsdiode kann natürlich nur in ihrem Sperrgebiet liegen, also zwischen U_D und $U_{S\,max}$, da sie sonst entweder durchbricht oder ihre Gleichrichterfunktion annimmt. Hierbei ist zusätzlich zu beachten, daß die Abstimmspannung der Hf-Spannung des Schwingkreises überlagert ist. Positive und negative Spannungsspitzen des Hf-Signals dürfen nicht über die Grenzen des Aussteuerbereichs hinausreichen.

Die Hf-Signale sollten an der Kapazitätsdiode zudem möglichst klein sein, da die dadurch bedingte zusätzliche dynamische Kapazitätsaussteuerung an der nichtlinearen Kennlinie nach *Abb. 1.633* zu Verzerrungen führen kann. Dies gilt besonders für Oszillatorschaltungen (siehe Empfangs- und Sendetechnik), wo größere Spannungsamplituden auftreten können.

Um das Großsignalverhalten zu verbessern, werden zur Linearisierung zwei Kapazitätsdioden nach *Abb. 1.634* in Antiserie geschaltet. Zwar halbiert sich die Kapazität, doch es entsteht eine kleinere dynamische Verstimmung durch das anliegende Hf-Signal, wobei Kapazitätsvariationsbereich und Güte erhalten bleiben. Gleichspannungsmäßig liegen beide Dioden parallel und werden mit der gleichen Steuerspannung verstimmt.

Das Ersatzschaltbild *Abb. 1.635* gibt Aufschluß über die Kondensatorgüte der Diode.

Der Serienwiderstand R_S, der als Halbleiterbahn- und Kontaktwiderstand eingesetzt wird, liegt in seinem Wert um 1 Ω.

R_P entspricht dem Sperrwiderstand der Diode und kann mit 100 MΩ angenommen werden. Die Serieninduktivität L_S der Anschlußdrähte beträgt nur wenige nH.

L_S und R_P können für die KW-Technik vernachlässigt werden, wodurch man den frequenzabhängigen Verlustfaktor erhält:

$$\tan \delta = \frac{R_S}{X_{CD}} \tag{120}$$

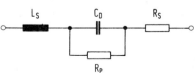

Abb. 1.635 Ersatzschaltbild einer Kapazitätsdiode im zulässigen Aussteuerbereich L_S und R_P können meist vernachlässigt werden

1 Grundlagen der Nachrichtentechnik

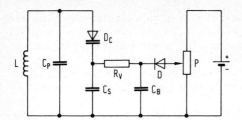

Abb. 1.636 Halbleiterdiode in der Steuerspannungszuleitung zur Kompensierung des TKs von D_C

(im Gegensatz zu (53), wo der parallele Verlustwiderstand R_P zur Bestimmung von tan δ eingesetzt wurde)

Die Güte ist der Kehrwert von tan δ:

$$Q = \frac{X_{CD}}{R_S} \tag{121}$$

Ihr Wert liegt für den Kurzwellenbereich um 10^3.

Da die Diodenkennlinie nach 1.61 um $-2\,\text{mV} \cdot \text{grd}^{-1}$ wandert, ist bei Umgebungstemperaturänderung mit einer entsprechenden Änderung von C_D zu rechnen.

Man kann diesen Temperaturgang einerseits durch zusätzliche Festkondensatoren mit entgegengesetztem TK kompensieren, andererseits aber eleganter durch eine normale Diode, die mit der Steuerspannungszuführung nach *Abb. 1.636* in Serie geschaltet wird. Da deren Schwellspannung in gleicher Form bei zunehmender Temperatur sinkt, wird der gleiche Spannungsverlust an der Kapazitätsdiode ausgeglichen.

Allerdings darf das Augenmerk nicht allein beim TK der Kapazitätsdiode bleiben, auch die Steuerspannungsquelle ist in ihrem Temperaturgang entscheidend. Die Spannung muß mit einem Referenzelement nach 1.62 stabilisiert sein. Zudem müssen verwendete Widerstände und Abstimmpotentiometer für die Ansprüche der SSB-Technik einen möglichst geringen TK besitzen (Metallfilmwiderstände, Cermet-Potentiometer o. ä.).

Während man in der Rundfunktechnik beim Einsatz von Kapazitätsdioden große Kapazitätsvariationsbereiche benötigt und zudem Gleichlaufschwierigkeiten durch die Nichtlinearität der Kennlinie entstehen, sind diese Probleme für die Amateurfunktechnik sekundärer Natur.

Die Amateurfunkbänder sind (leider) so schmal, daß die Variationsbereiche der angebotenen Kapazitätsdioden weit ausreichen und man sich sogar auf den Teil der Kennlinie beschränken kann, der weniger stark gekrümmt ist.

Gleichlaufschwierigkeiten sind für Amateurbandempfänger ebenfalls zu vernachlässigen, da fast durchweg nach dem Preselektorprinzip gearbeitet wird, bei dem der oder die Vorkreise getrennt vom Oszillator nachgestimmt werden.

Die Skalenlinearität geht allerdings verloren, doch kann man bei der digitalen Frequenzanzeige, die sich immer mehr durchsetzt, bei allen anderen Vorteilen der Kapazitätsdiode auf sie verzichten.

Die Kapazitätsdiode bleibt nach allem der Kleinsignaltechnik vorbehalten. Bei den großen Hf-Amplituden der Sendetechnik ist sie nach den aufgeführten Betrachtungen natürlich nicht einzusetzen.

1.64 Der bipolare Transistor

Der bipolare Transistor ist ein aktives Halbleiterbauelement mit drei Elektroden. Er dient zum Verstärken oder Schalten elektrischer Signale. Für den Amateur wird er in den mei-

1.6 Halbleiter

sten Fällen als linearer Verstärker verwendet, während er als Schalter in der Digital-Elektronik zu finden ist.

Man nennt ihn bipolar, weil an seiner Funktion sowohl negative als auch positive Ladungsträger (Löcher) beteiligt sind.

Wie bei den Halbleiterdioden werden Silizium- und Germanium-Transistoren gefertigt. Allerdings haben sich inzwischen Si-Transistoren durchgesetzt, während Ge-Transistoren nur für spezielle Anwendungen eingesetzt werden.

Der Transistor besteht aus drei dotierten Zonen, die entweder in pnp- oder in npn-Folge gestaffelt sind.

Nach *Abb. 1.6401* kann man sich diese Zonen als zwei gegeneinander geschaltete Dioden vorstellen, die jeweils eine gemeinsame n- bzw. p-Zone besitzen. Die ihr zugeordnete Elektrode heißt Basis (B). Die beiden anderen Elektroden haben die Namen Emitter (E) und Kollektor (C).

Dieses Ersatzschaltbild zeigt allerdings nur den grundsätzlichen Aufbau, den man mit einem Widerstandsmesser nachvollziehen kann, um sich die Durchlaß- und Sperrichtungen der jeweiligen Anordnung vergegenwärtigen zu können.

In *Abb. 1.6402* ist die prinzipielle Funktion des bipolaren Transistors an einem pnp-Typ gezeigt, wobei der Einfachheit halber allein die positiven Ladungsträger betrachtet werden.

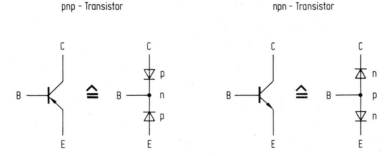

Abb. 1.6401 Diodenersatzschaltbild für pnp- und npn-Transistoren

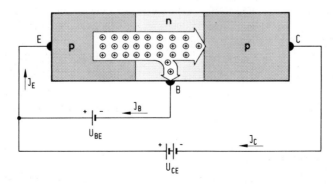

Abb. 1.6402 Prinzipielle Funktion des bipolaren Transistors (für pnp-Typ)

1 Grundlagen der Nachrichtentechnik

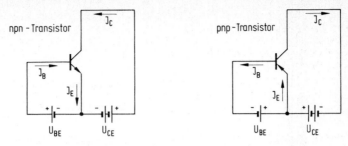

Abb. 1.6403 Polarität der Versorgungsspannungen und Stromrichtung beim npn- und pnp-Transistor

Der pn-Übergang vom Emitter zur Basis ist mit dem einer Diode in Leitrichtung zu vergleichen. Dabei gelangen die Ladungsträger durch die angelegte Emitter-Basis-Spannung U_{BE} von der Emitter- in die Basis-Zone. Auf der gegenüberliegenden Seite befindet sich eine weitere p-Zone als Kollektor mit einem Potential, das noch negativer als das der Basis gegenüber dem Emitter ist, so daß U_{CE} größer als U_{BE} ist.

Da die Basis-Zone sehr schmal gehalten wird, geraten die Ladungsträger auf ihrem Weg zur Basis-Elektrode in das stärkere elektrische Feld des Kollektors und werden zum größten Teil von ihm abgesaugt. Die Basis hat somit allein die Aufgabe, den Ladungsträgertransport vom Emitter her anzuregen, während der Kollektor durch seinen größeren Potentialunterschied zum Emitter als „lachender Dritter" das Gros der Ladungsträger übernimmt.

Man kann dieses Beispiel analog zur anderen Zonenfolge bei npn-Transistoren betrachten, bei denen Emitter und Kollektor n-dotiert sind, so daß man die Spannungsquellen zur gleichen Funktion umpolen muß.

In *Abb. 1.6403* sind beide Transistortypen in der üblichen Symbolik mit den notwendigen Versorgungsspannungen gezeigt.

Die Größe des Kollektorstroms I_C ist vom Basisstrom I_B abhängig. Da der Kollektorstrom zudem ein Vielfaches des Basisstroms ist, besitzt der Transistor eine Stromverstärkungswirkung, bei der der Kollektorstrom dem Basisstrom folgt.

Das Verhältnis von Kollektor- zu Basisstrom ist die sogenannte Stromverstärkung B des Transistors

$$B = \frac{I_C}{I_B} \tag{122}$$

Für Kleinleistungstransistoren liegt B im Bereich zwischen 100 und 300.

Nach *Abb. 1.6403* ist der Transistor jeweils der Knotenpunkt für die drei Ströme I_B, I_C und I_E. Dabei ist der Emitterstrom die Summe aus Basis- und Kollektorstrom.

$$I_E = I_B + I_C \tag{123}$$

Für große Stromverstärkung kann man den Emitterstrom etwa gleich dem Kollektorstrom setzen.

1.641 Kenndaten und Kennlinien bipolarer Transistoren

Die Erfahrungen mit den bisher betrachteten Halbleiterbauelementen haben gezeigt, daß die Abhängigkeiten zwischen den betrachteten Größen nichtlineare Funktionen sind, die

1.6 Halbleiter

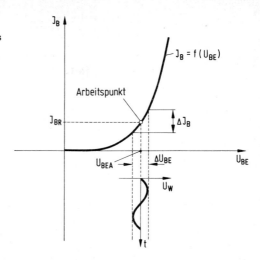

Abb. 1.6411 Eingangskennlinie eines bipolaren Transistors
Aussteuerung des Basisstroms I_B am Arbeitspunkt U_{BEA}

am einfachsten durch Kennlinien zu beschreiben sind. Dies gilt ebenso für den bipolaren Transistor, so daß auch bei diesem Bauelement Kennlinien üblich sind.

In der einfachen Betrachtung des Transistors wird die Basis, die Steuerelektrode für den Kollektorstrom, als Eingang angesehen.

Die Eingangskennlinie nach *Abb. 1.6411* gibt die Abhängigkeit des Basisstroms von der Basisspannung an.

Da die Basis-Emitter-Strecke eine in Leitrichtung betriebene Diode ist, entspricht der Kennlinienverlauf dem einer üblichen Halbleiterdiode nach *Abb. 1.612* im Durchlaßbereich.

Will man den Transistor mit einer Wechselspannung $U_W = \Delta U_{BE}$ ansteuern, muß die Basis zunächst bis zu einem Arbeitspunkt U_{BEA} vorgespannt werden, damit ein Ruhestrom I_{BR} fließt. Um diesen Arbeitspunkt wird U_{BEA} mit der überlagerten Wechselspannung ausgesteuert, so daß sich der Basisstrom entsprechend der Kennlinie $I_B = f(U_{BE})$ um ΔI_B ändert.

Die Steuerspannungsquelle U_W wird dabei mit einem Strom $I_W = \Delta I_B$ belastet, der vom Eingangswiderstand des Transistors im Arbeitspunkt abhängig ist. Er entspricht dem Kehrwert der Steigung am Arbeitspunkt und variiert durch die Nichtlinearität der Kennlinie, so daß er als differentieller Widerstand angesehen werden muß:

$$r_{BE} = \frac{\Delta U_{BE}}{\Delta I_B} \tag{124}$$

Streng genommen verläuft die Eingangskennlinie nach einem halbleiterphysikalischen Gesetz, das einer Exponentialfunktion entspricht. Diese ist für den Praktiker zwar uninteressant, doch enthält sie den Basisstrom und die sogenannte Temperaturspannung U_t als bestimmende Größen. Durch Differenzierung dieser Kennliniengleichung erhält man ihren näherungsweisen Steilheitsverlauf als Quotient aus Basisstrom und Temperaturspannung. Nimmt man davon wiederum den Kehrwert, bekommt man eine weitere sehr einfache Beziehung für den Eingangswiderstand r_{BE}:

$$r_{BE} = \frac{U_t}{I_B} \tag{125}$$

U_t liegt für 20° C bei etwa 40 mV, so daß man den Eingangswiderstand beim ermittelten Basisstrom direkt errechnen kann.

1.6 Halbleiter

Bei Kleinleistungstransistoren mit Eingangsströmen zwischen 0,001 und 0,1 mA liegt er im Bereich zwischen 40 kΩ und 400 Ω.

Während der Einfluß der Kollektorspannung U_{CE} auf die Basisspannung U_{BE} vernachlässigbar klein ist, bestimmt der Basisstrom den Verlauf des Kollektorstroms nach der Funktion der Stromverstärkung B.

Für den dynamischen Betrieb gibt man die differentielle Stromverstärkung β an, die den jeweiligen Arbeitsbedingungen des Transistors entspricht:

$$\beta = \frac{\Delta I_C}{\Delta I_B} \tag{126}$$

Man kann aber in 1. Näherung annehmen, daß β recht gut mit der Gleichstromverstärkung B übereinstimmt.

β ist einerseits vom Kollektorstrom I_C und andererseits von der Arbeitsfrequenz f, bei der der Transistor betrieben wird, abhängig.

Abb. 1.6412 zeigt den qualitativen Verlauf von β in Abhängigkeit vom Kollektorstrom. Das Maximum findet man bei Kleinleistungstransistoren zwischen 0,1 und 10 mA, wobei β-Werte zwischen 100 und 300 üblich sind.

In *Abb. 1.6413* ist β als Abhängige der Arbeitsfrequenz f dargestellt, wobei I_C als konstant angesehen wird.

β_0 ist die Stromverstärkung für tiefe Frequenzen, die oft für 1 kHz angegeben wird. Die Grenzfrequenz f_g ist als die Frequenz definiert, bei der die Stromverstärkung um 3 dB auf $0{,}707 \cdot \beta_0$ abgesunken ist.

Von dort sinkt die Stromverstärkung um 6 dB pro Oktave (jeweils auf den halben Wert bei Frequenzverdopplung) oder 20 dB pro Dekade (jeweils um den zehnfachen Wert bei Frequenzverzehnfachung).

Die Frequenz, an der β auf 1 abgesunken ist, nennt man Transitfrequenz f_T. Oberhalb von f_g ist das Produkt aus β und f gleich der Transitfrequenz (Verstärkungs-Bandbreite-Produkt = gain bandwidth product):

$$f_T = \beta \cdot f \quad (\text{für f größer } f_g) \tag{127}$$

Die Ausgangscharakteristik des Transistors stellt man im Ausgangskennlinienfeld nach *Abb. 1.6414* dar.

Hierin ist der Kollektorstrom als Abhängige der Kollektorspannung U_{CE} für unterschiedliche Basisströme aufgetragen.

An der Kurvenschar ist deutlich zu erkennen, daß der Kollektorstrom oberhalb U_{sat} kaum von einer Kollektorspannungsänderung abhängig ist, während der Basisstrom zu einer erheblichen Kennlinienverschiebung führt.

Der differentielle Ausgangswiderstand r_{CE} läßt sich zeichnerisch aus dem Kennlinienfeld ermitteln, indem man für eine Kennlinie mit gegebenem Basisstrom wiederum den Kehrwert ihrer Steigung bestimmt:

$$r_{CE} = \frac{\Delta U_{CE}}{\Delta I_C} \tag{128}$$

Da die Kennlinien bei Kleinleistungstransistoren sehr flach verlaufen (geringe Steigung), kann man auf hohe Werte von r_{CE} schließen, die zwischen 10 kΩ und mehreren 100 kΩ liegen. Die flach verlaufenden Kennlinien geben zudem eine anschauliche Bestätigung dafür, daß eine Kollektorspannungsänderung kaum Rückwirkungen auf den Kollektorstrom und die damit verbundenen Eingangsgrößen des Transistors hat. Dies ist sehr wichtig, da allein vom Eingang her gesteuert werden soll, ohne daß das verstärkte Ausgangssignal hierauf Einfluß nehmen soll.

1.6 Halbleiter

Neben dem Ausgangswiderstand kann man dem Kennlinienfeld die Stromverstärkung β für unterschiedliche Basisströme entnehmen. Hierzu muß man lediglich die Kollektorstromänderung nach (126) ins Verhältnis zum Basisstromunterschied zweier benachbarter Kennlinien setzen.

Der unterschiedliche Abstand der Kennlinien für gleichen Basisstromunterschied deutet daraufhin, daß die Stromverstärkung nicht konstant ist, sondern zu hohen und niedrigen Kollektorströmen abnimmt. Der Abstand wird in diesen Bereichen geringer (vergl. Abb. 1.6412), wenn man den Basisstromunterschied der Kennlinien konstant hält.

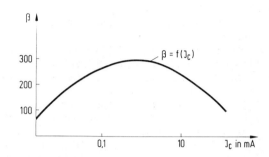

Abb. 1.6412 Abhängigkeit der Stromverstärkung vom Kollektorstrom (qualitative Darstellung)

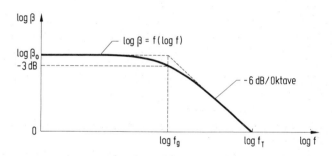

Abb. 1.6413 Abhängigkeit der Stromverstärkung von der Arbeitsfrequenz (logarithmische Darstellung)

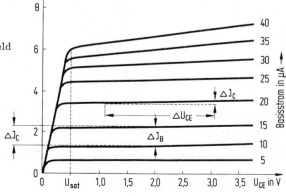

Abb. 1.6414 Ausgangskennlinienfeld des Transistors

1 Grundlagen der Nachrichtentechnik

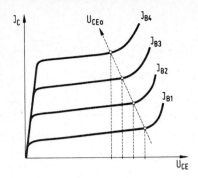

Abb. 1.6415 Qualitative Darstellung der maximalen Kollektor-Emitter-Spannung im Ausgangskennlinienfeld (U_{CE0} variiert mit I_B)

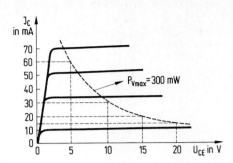

Abb. 1.6416 Verlauf der Verlustleistungsgrenze für einen Transistor mit $P_{V\,max}$ = 300 mW

Der Bereich von U_{CE} unterhalb der Sättigungsspannung U_{sat} ist für die Verwendung des Transistors als linearer Verstärker verboten, da hier die Kollektorspannung erheblichen Einfluß auf den Kollektorstrom nimmt.

In diesem Bereich werden noch nicht alle zur Verfügung stehenden Ladungsträger nach *Abb. 1.6402* in die Kollektorzone gezogen, so daß die steigende elektrische Feldstärke bei Zunahme der Kollektorspannung eine fast lineare Erhöhung des Kollektorstroms zur Folge hat.

Erst oberhalb von U_{sat} gerät der Kollektorstrom in Sättigung, bei der alle Ladungsträger zum Kollektor gelangen, so daß allein die Basis die „Kollektorstrom-Zuteilung" bestimmt.

U_{sat} beträgt je nach Kollektorstrom sowohl für Si- als auch für Ge-Transistoren zwischen 0,1 und 1 V. Wie später noch gezeigt wird, ist dieser Spannungsbereich für die Verwendung des Transistors als Schalter von Interesse.

Wichtig für den Praktiker sind die Grenzdaten, in denen er sich beim Betrieb eines Transistors bewegen muß.

U_{CE0} ist die maximale Kollektor-Emitter-Spannung. Nach *Abb. 1.6415* steigt der Kollektorstrom oberhalb von U_{CE0} steil an, weil die Kollektor-Emitter-Strecke durchbricht und zur Zerstörung des Transistors führt.

Während des Betriebs erwärmen sich die Sperrschichten des Transistors durch die im Halbleiter umgesetzte Verlustleistung

$$P_{VT} = U_{CE} \cdot I_C + U_{BE} \cdot I_B \tag{129}$$

Da in (129) die Kollektorverlustleistung

$$P_{VC} = U_{CE} \cdot I_C \tag{130}$$

weit größer als die der Basis ist, wird sie als Bezug für den zulässigen Betrieb genommen.

Transistoren werden in Normgehäuse gebaut, die ein bestimmtes Wärmeleit- und Wärmestrahlungsvermögen haben, so daß die Sperrschichttemperatur bezogen auf die Verlustleistung hiervon abhängig ist. Sie darf bei Silizium 170° C und bei Germanium 90° C nicht überschreiten.

Gute Wärmeabstrahlung über zusätzliche Kühlkörper, die mit dem Transistorgehäuse wärmeschlüssig verbunden sind, erhöht die zulässige Verlustleistung, die für die jeweilige Gehäuseform angegeben wird, um ein **Vielfaches**.

1.6 Halbleiter

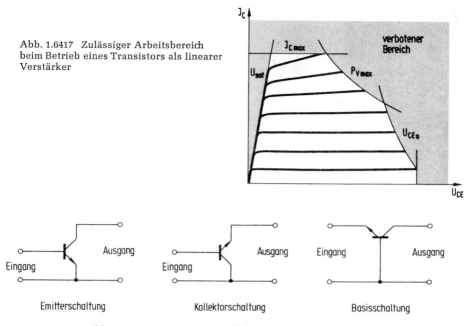

Abb. 1.6417 Zulässiger Arbeitsbereich beim Betrieb eines Transistors als linearer Verstärker

Abb. 1.6421 Transistorgrundschaltungen in ihrem Prinzip

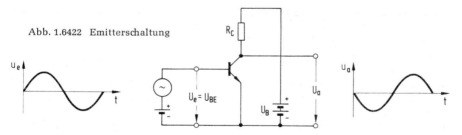

Abb. 1.6422 Emitterschaltung

In *Abb. 1.6416* ist der Verlauf der Verlustleistungsgrenze im Ausgangskennlinienfeld für einen Transistor mit $P_{V\,max} = 300$ mW gezeigt.

In *Abb. 1.6417* ist zusammenfassend dargestellt, durch welche Grenzwerte der Arbeitsbereich des Transistors für den Betrieb als linearer Verstärker eingeschränkt ist.

1.642 Grundschaltungen des bipolaren Transistors

Der bipolare Transistor ist in Emitter-, Kollektor- und Basisschaltung zu betreiben.

In *Abb. 1.6421* findet man das Prinzip dieser drei Schaltungsmöglichkeiten, die nach ihrem gemeinsamen Bezug für Ein- und Ausgang bezeichnet worden sind.

Ihre besonderen Eigenschaften werden bei der Verwendung des Transistors als aktives Bauelement für bestimmte Aufgaben genutzt und sollten deshalb auch dem Funkamateur zur Schaltungsanalyse bekannt sein.

1 Grundlagen der Nachrichtentechnik

Die Emitterschaltung nach *Abb. 1.6422* ist dadurch gekennzeichnet, daß der Emitter gemeinsamer Bezug für Ein- und Ausgang ist.

Die Eingangsspannung U_e entspricht der Basis-Emitter-Spannung U_{BE}. Nach der Eingangskennlinie aus *Abb. 1.6411* ruft eine Eingangsspannungsänderung $\Delta U_e = \Delta U_{BE}$ eine Basisstromänderung ΔI_B hervor. Sie folgt der Beziehung

$$\Delta I_B = \frac{\Delta U_e}{r_{BE}} \tag{131}$$

r_{BE} ist der Eingangswiderstand der Emitterschaltung nach (124).
Solange man mit U_{CE} im linearen Arbeitsbereich oberhalb U_{sat} bleibt, kann man annehmen, daß I_C allein durch I_B gesteuert wird, während U_{CE} ohne Einfluß ist. Mit dieser Annahme gilt:

$$\Delta I_C = \beta \cdot \Delta I_B \tag{132}$$

Ersetzt man in (132) I_B durch (131), wird

$$\Delta I_C = \beta \cdot \frac{\Delta U_e}{r_{BE}} \tag{133}$$

Die Ausgangsspannung U_a ist gleich der Differenz aus Betriebsspannung und Spannungsabfall am Kollektorwiderstand R_C:

$$U_a = U_B - I_C \cdot R_C \tag{134}$$

Die Ausgangsspannungsänderung bei der Aussteuerung des Transistors kann daher als

$$\Delta U_a = \Delta(U_B - I_C \cdot R_C)$$

geschrieben werden, oder auch als

$$\Delta U_a = -\Delta I_C \cdot R_C \tag{135}$$

weil U_B als Konstante nicht veränderbar ist.
Mit (135) und (133) erhält man die Spannungsverstärkung v_{Em} der Emitterschaltung:

$$v_{Em} = -\frac{\Delta U_a}{\Delta U_e} = \beta \cdot \frac{R_C}{r_{BE}} \tag{136}$$

Das Minus-Zeichen deutet daraufhin, daß die Emitterschaltung eine Phasendrehung von 180° zwischen Ein- und Ausgangsspannung bewirkt.

Der Ausgangswiderstand der Emitterschaltung $r_{a\,Em}$ ist die Parallelschaltung aus dem Kollektorwiderstand R_C und dem Ausgangswiderstand r_{CE} des Transistors.

Da R_C meist wesentlich kleiner als r_{CE} ist, kann man näherungsweise schreiben:

$$r_{a\,Em} \approx R_C \tag{137}$$

Schaltet man nach *Abb. 1.6423* einen Widerstand R_E in den Emitterzweig, erhält man die sogenannte stromgegengekoppelte Emitterschaltung.

Mit der Änderung der Eingangsspannung U_e ändert sich der Kollektorstrom I_C und damit auch die Emitterspannung U_E, da der Emitterstrom praktisch gleich dem Kollektorstrom ist.

Wird U_e positiv ausgesteuert, fließt mehr Kollektorstrom, so daß U_E ebenfalls positiver wird. Bei negativer Aussteuerung fließt weniger Kollektorstrom, wodurch U_E entsprechend negativer wird. Der Emitterwiderstand hat somit zur Folge, daß U_E mit der an der Basis liegenden Steuerspannung U_e potentialgleich wandert. Hierdurch wird die effektive Steuerspannung ΔU_{BE} an der Basis-Emitter-Strecke zu einem Bruchteil von ΔU_e, weil der Emitter kein festes Bezugspotential besitzt. Die mit der Eingangsspannung ΔU_e

1.6 Halbleiter

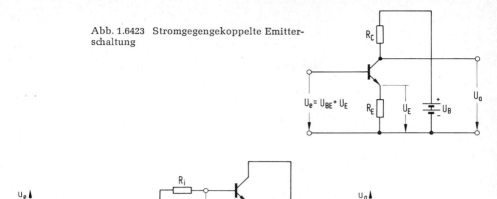

Abb. 1.6423 Stromgegengekoppelte Emitterschaltung

Abb. 1.6424 Kollektorschaltung oder Emitterfolger

mitlaufende Emitterspannungsänderung ΔU_E wirkt der Spannungsverstärkung entgegen, weil ΔU_{BE} zum großen Teil durch ΔU_E kompensiert wird.

Liegt R_E in der Größenordnung von R_C, wird $\Delta U_e \approx \Delta U_E$, da die Änderung von U_{BE} im Vergleich hierzu sehr klein ist.

Setzt man zudem voraus, daß durch R_E und R_C fast der gleiche Strom fließt, kann man für die Spannungsverstärkung der stromgegengekoppelten Emitterschaltung schreiben:

$$v_{Em\,g} = -\frac{\Delta U_a}{\Delta U_e} \approx -\frac{\Delta U_a}{\Delta U_E} = \frac{R_C}{R_E} \qquad (138)$$

Der Eingangswiderstand der Schaltung setzt sich aus dem Eingangswiderstand r_{BE} ohne Stromgegenkopplung und dem Emitterwiderstand multipliziert mit β zusammen:

$$r_{e\,Em\,g} = r_{BE} + \beta \cdot R_E \qquad (139)$$

Da das Produkt aus β und R_E meist viel größer als r_{BE} ist, kann man den Eingangswiderstand der stromgegengekoppelten Emitterschaltung wesentlich einfacher als

$$r_{e\,Em\,g} \approx \beta \cdot R_E \qquad (140)$$

angeben.

Der Ausgangswiderstand entspricht dem ohne Gegenkopplung, so daß hierfür (137) gilt.

Läßt man den Kollektorwiderstand nach *Abb. 1.6424* ganz weg und greift die Ausgangsspannung am Emitter ab, erhält man eine vollgegengekoppelte Emitterschaltung. Sie erhält den Namen Kollektorschaltung, weil der Kollektor wechselspannungsmäßiger Bezug für Ein- und Ausgang ist. Allerdings hat sich in der Praxis der Begriff Emitterfolger weit mehr durchgesetzt (als Analogon zum Katodenfolger der Röhrentechnik).

Aus der Untersuchung der stromgegengekoppelten Emitterschaltung folgt, daß die Spannungsverstärkung der Kollektorschaltung kleiner als 1 sein muß, weil ΔU_E um den geringen Betrag ΔU_{BE} kleiner als ΔU_e ist.

1 Grundlagen der Nachrichtentechnik

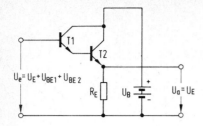

Abb. 1.6425 Emitterfolger mit einer Darlington-Schaltung aus zwei Transistoren zur Erhöhung des Eingangswiderstands

$$v_{Ko} = \frac{\Delta U_E}{\Delta U_e} \approx 1 \tag{141}$$

Da U_E als Ausgangsspannung der Eingangsspannung U_e folgt, sind beide im Gegensatz zur Emitterschaltung phasengleich.

Der Eingangswiderstand kann nach (140) übernommen werden, da die Eingangsverhältnisse entsprechend sind.

$$r_{e\,Ko} \approx \beta \cdot R_E \tag{142}$$

Der Ausgangswiderstand der Kollektorschaltung ist die Parallelschaltung aus dem Emitterwiderstand R_E und der Serienschaltung aus r_{CE} und dem Innenwiderstand R_i der Spannungsquelle dividiert durch die Stromverstärkung:

$$r_{a\,Ko} = \frac{R_E \cdot \left(\frac{r_{BE} + R_i}{\beta}\right)}{R_E + \left(\frac{r_{BE} + R_i}{\beta}\right)} \tag{143}$$

Die Kollektorschaltung wird im allgemeinen als Impedanzwandler verwendet, um den hohen Innenwiderstand einer Spannungsquelle in einen niederohmigen umzuwandeln, wobei die Spannung näherungsweise konstant bleibt.

Zwar besitzt der Emitterfolger bei dieser Eigenschaft keine Spannungsverstärkung, aber durch die Verringerung des Innenwiderstands eine erhebliche Leistungsverstärkung, deren Betrag etwa dem der Stromverstärkung des verwendeten Transistors entspricht.

Zur Anpassung sehr hochohmiger Spannungsquellen reicht die Stromverstärkung eines Transistors nicht aus. Für diesen Fall schaltet man zwei oder sogar mehrere Transistoren nach *Abb. 1.6425* in sogenannter Darlington-Schaltung hintereinander, bei der sich die Stromverstärkungen der Einzeltransistoren multiplizieren, so daß das „Widerstandsübersetzungsverhältnis" entsprechend größer wird.

Darlington-Schaltungen werden als Bauelemente mit drei Anschlüssen hergestellt, so daß man sie als Transistoren mit sehr hoher Stromverstärkung betrachten kann.

Bei der Basisschaltung nach *Abb. 1.6426* leuchtet sofort ein, daß die Stromverstärkung dieser Anordnung kleiner als 1 ist, da die Eingangssignalquelle den gesamten Emitterstrom übernehmen muß.

Die Spannungsverstärkung v_{Ba} der Basisschaltung ist gleich der der Emitterschaltung, da an der Basis-Emitter-Strecke die gleiche Eingangsspannungsänderung ΔU_e auftritt. Nur wird in diesem Falle die Basis „festgehalten", während man den Emitter durch ΔU_e steuert. Eingangs- und Ausgangssignal sind hierdurch phasengleich.

$$v_{Ba} = \frac{\Delta U_a}{\Delta U_e} \approx \beta \cdot \frac{R_C}{r_{BE}} \tag{144}$$

1.6 Halbleiter

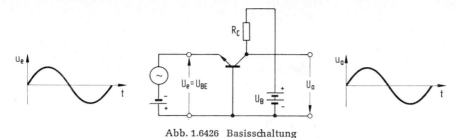

Abb. 1.6426 Basisschaltung

Der Eingangswiderstand der Basisschaltung $r_{e\,Ba}$ ist weit geringer als der der Emitterschaltung, da die Eingangsspannungsquelle neben dem Basisstrom zusätzlich den um die Stromverstärkung β größeren Kollektorstrom übernimmt.

Aus diesem Grunde ist der Eingangswiderstand der Basisschaltung um β kleiner als r_{BE} aus (124):

$$r_{e\,Ba} = \frac{r_{BE}}{\beta} \qquad (145)$$

Mit (125) gilt:

$$r_{e\,Ba} = \frac{U_t}{I_B \cdot \beta} = \frac{U_t}{I_C} \qquad (146)$$

Der Ausgangswiderstand der Basisschaltung entspricht wiederum dem der Emitterschaltung, so daß er näherungsweise mit R_C angenommen werden kann, solange r_{CE} viel größer als R_C ist.

Niedriger Eingangswiderstand und geringe Leistungsverstärkung, die etwa dem Faktor der Spannungsverstärkung entspricht, machen die Basisschaltung für übliche Verstärkungszwecke uninteressant. Ihr Anwendungsgebiet sind Verstärkerschaltungen für sehr hohe Frequenzen, da die Grenzfrequenz $f_{g\,Ba}$ der Basisschaltung um den Faktor β höher liegt als bei Emitter- und Kollektorschaltung. Der Grund hierfür ist der um β größere Steuerstrom der Basisschaltung, wodurch die Ladungsträger um diesen Faktor schneller (niederohmiger bezogen auf die Zeitkonstante) durch den Basisraum des Transistors transportiert werden.

$$f_{g\,Ba} = \beta \cdot f_{g\,Em} \qquad (147)$$

Man findet die Basisschaltung vor allem in den Eingangsstufen von UKW-Empfängern.

Zusammenfassend kann festgestellt werden, daß die Emitterschaltung die bedeutendste für die praktische Schaltungstechnik ist, da Spannungs- und Leistungsverstärkung optimale Werte erreichen. Der Kollektorschaltung bleibt die Impedanzwandlung zur Anpassung hochohmiger Quellen an niederohmige Verbraucher vorbehalten, während die Basisschaltung ihre Anwendung in der Höchstfrequenztechnik findet.

1.65 Feldeffekttransistoren

Obwohl der Feldeffekttransistor bereits seit mehr als 50 Jahren theoretisch bekannt ist (J. E. Lilienfeld, 1926), war eine praktische Ausführung aus technologischen Gründen erst zu Beginn der 60er Jahre möglich.

Von dem meist als FET bezeichneten Feldeffekttransistor gibt es zwei Haupttypen, die sich in ihrer Funktion allerdings nicht wesentlich unterscheiden:

1 Grundlagen der Nachrichtentechnik

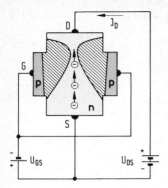

Abb. 1.6501 Prinzipielle Funktion des Sperschicht-FETs (n-Kanal-Typ)

a) Sperrschicht-Feldeffekttransistor FET
b) Metalloxidschicht-Feldeffekttransistor MOS FET

Bei beiden Feldeffekttransistor-Typen wird der durch einen dotierten Halbleiterkristall fließende Strom durch ein elektrisches Feld leistungslos gesteuert.

Im Gegensatz zum bipolaren Transistor, wie er in 1.64 beschrieben wurde, bei dem beide Ladungsträgerarten (Elektronen und Löcher) zur Funktion beitragen, ist der Feldeffekttransistor unipolar. Er arbeitet je nach Dotierung des Halbleiterkristalls nur mit Ladungsträgern einer Art: Bei n-Dotierung mit Elektronen und bei p-Dotierung mit Löchern.

Mit Abb. 1.6501 läßt sich die Funktion des Sperrschicht-FETs am Beispiel eines n-Kanal-Typs prinzipiell erklären:

An die beiden Enden eines negativ dotierten Halbleiterkristalls wird eine Spannungsquelle gelegt. Die beiden Anschlüsse nennt man Source (Quelle) und Drain (Abfluß). Dabei fließt der Elektronenstrom im Gegensatz zur technischen Stromrichtung von Source nach Drain. Der ohmsche Widerstand des dotierten Kristalls liegt im 100 Ω-Bereich.

Bringt man auf die Seiten des leitenden n-Kristalls p-Zonen auf und spannt diese gegenüber dem n-Leiter negativ vor, bilden sich am pn-Übergang nach dem Prinzip der Halbleiterdiode nichtleitende Sperrschichten, die in den n-dotierten Pfad hineinreichen.

Die p-Zonen werden mit Gate (Tor) bezeichnet, da man den leitenden n-Kanal zwischen Source und Drain mit steigender Sperrspannung am Gate zunehmend einschnüren kann, so daß der Kanalwiderstand größer wird.

Neben dem n-Kanal- gibt es den p-Kanal-Sperrschicht-FET, bei dem positive Ladungsträger den Stromfluß in der Drain-Source-Strecke übernehmen, so daß die Betriebsspannungsquellen nach Abb. 1.6502 umgepolt werden müssen.

Die n-dotierte Gate-Zone wird positiv vorgespannt, damit sich wiederum innerhalb des Kristalls eine Sperrschicht bildet, die den leitenden p-Kanal einschnürt.

Während das Gate beim Sperrschicht-FET nur bei richtiger Polung der Gate-Vorspannung durch den sperrenden pn- bzw. np-Übergang vom Drain-Soucre-Kanal getrennt ist, bringt man beim MOS FET nach Abb. 1.6503 zwischen Gate und Kanal eine dünne isolierende Siliziumoxidschicht (SiO_2). Dadurch kann das Gate sowohl mit positiver als auch mit negativer Spannung gesteuert werden, egal ob es ein n- oder p-Kanal MOS FET ist.

Sperrschicht-FETs werden als selbstleitend bezeichnet, da sie ihr Drainstrom-Maximum bei $U_{GS} = 0$ V haben.

Dieselbe Charakteristik zeigen Depletion- (Verarmungs-) MOS FETs, sie sind ebenfalls selbstleitend.

1.6 Halbleiter

Enhacement- (Anreicherungs-) MOS FETs sind dagegen selbstsperrend, so daß bei $U_{GS} = 0\,V$ kein Drainstrom fließt. Beim n-Kanal-Typ muß das Gate positiv gegenüber Source vorgespannt werden, damit der Enhacement-MOS FET leitend wird. Beim p-Kanal-Typ muß U_{GS} dagegen negativ sein.

Abb. 1.6504 zeigt die Symbole für die unterschiedlichen FET-Typen.

Der entscheidende Vorteil von FETs gegenüber bipolaren Transistoren liegt in ihrem sehr hohen Eingangswiderstand, der bei Sperrschicht-FETs bis $10^{13}\,\Omega$ und bei MOS FETs bis $10^{15}\,\Omega$ reicht. Dies ermöglicht eine praktisch leistungslose Steuerung des FET-Verstärkers.

FETs besitzen in der Hf-Technik ein besseres Großsignalverhalten als übliche Transistoren, da ihre Kennlinien bezogen auf ihre Aussteuerbarkeit länger sind.

Die Kennlinien haben zudem quadratische Form, wodurch unerwünschte Modulationsprodukte unterdrückt werden.

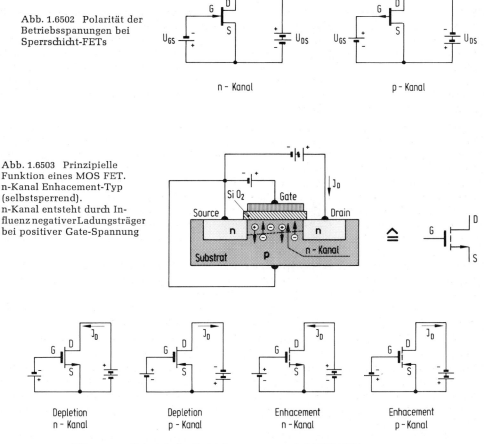

Abb. 1.6502 Polarität der Betriebsspanungen bei Sperrschicht-FETs

Abb. 1.6503 Prinzipielle Funktion eines MOS FET. n-Kanal Enhacement-Typ (selbstsperrend). n-Kanal entsteht durch Influenz negativer Ladungsträger bei positiver Gate-Spannung

Abb. 1.6504 Polarität der Betriebsspannungen bei MOS FETs

1 Grundlagen der Nachrichtentechnik

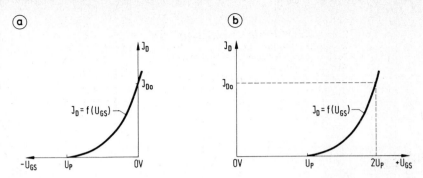

Abb. 1.6511 Eingangskennlinien von FETs bei U_{DS} = konstant
a selbstleitender FET (n-Kanal)
b selbstsperrender FET (n-Kanal)

Letztlich sind ihre Rauschzahlen kleiner als die von bipolaren Transistoren, so daß FETs in der Amateurfunktechnik vor allem in Empfängereingangsschaltungen zu finden sind.

1.651 Kenndaten und Kennlinien von Feldeffekttransistoren

Abb. 1.6511 zeigt die Eingangskennlinien von FETs, bei denen der Drainstrom I_D als Abhängige der Gate-Source-Spannung U_{GS} für eine konstante Drain-Source-Spannung U_{DS} aufgetragen wird.

Der Unterschied zwischen selbstsperrenden und selbstleitenden Typen wird deutlich erkennbar, da bei selbstsperrenden FETs für U_{GS} = 0 V kein Drainstrom fließt.

Unterhalb der sogenannten Abschnür- oder Schwellenspannung U_P (pinch-off voltage) ist der Drain-Source-Kanal bis auf wenige nA Reststrom gesperrt, so daß praktisch kein Drainstrom mehr fließt.

Wird die Schwellenspannung U_P überschritten, folgt der Drainstrom I_D der quadratischen Funktion

$$I_D = I_{Do} \left(1 - \frac{U_{GS}}{U_P}\right)^2 \tag{148}$$

Hierin ist I_{Do} der Drainstrom für U_{GS} = 0 V bei selbstleitenden FETs (Sperrschicht-FETs und Depletion-MOS FETs). Bei selbstsperrenden FETs wird I_{Do} als Drainstrom für U_{GS} = 2 U_P eingesetzt.

Analog zum bipolaren Transistor (und zur Elektronenröhre) gibt die Eingangskennlinie des FETs Aufschluß über seine Verstärkungseigenschaften.

Als Verstärkungsmaß wird beim FET die Steilheit S gewählt, die als

$$S = \frac{\Delta I_D}{\Delta U_{GS}} \tag{149}$$

definiert ist und mit der Steilheit der Kennlinie identisch ist.

Man kann S für jeden Punkt der Kennlinie bestimmen, wenn man (148) differenziert. Die Funktion der Steilheit der Eingangskennlinie ist dann

$$S = \frac{2 I_{Do}}{U_P^2} \cdot (U_{GS} - U_P) \tag{150}$$

Abb. 1.6512 Temperaturabhängigkeit der
Eingangskennlinie von FETs
Drehung um einen temperaturstabilen
Arbeitspunkt AP
(für n-Kanal-Typ, selbstleitend)

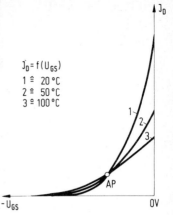

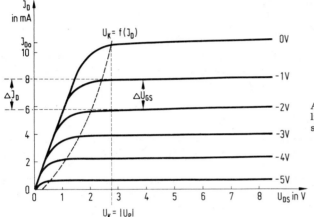

Abb. 1.6513 FET-Ausgangskennlinienfeld am Beispiel eines selbstleitenden n-Kanal-Typ

I_{Do} und U_p lassen sich durch einfache Gleichspannungsmessungen am FET bestimmen. Sperrschicht-FETs haben ihre größte Steilheit S_{max} bei $U_{GS} = 0$ V. Setzt man diese Spannung in (150) ein, erhält man

$$S_{max} = \frac{2\, I_{Do}}{U_p} \tag{151}$$

U_p muß in (151) als Betrag eingesetzt werden (ohne Vorzeichen), da S_{max} zu einem positiven Ergebnis führen muß.
Übliche Werte für die Steilheit sind 1 bis 20 mA V^{-1}. Für mA V^{-1} findet man auch mS (milli-Siemens) als Steilheitseinheit, die identisch ist.

Während die Eingangskennlinie des bipolaren Transistors mit − 2 mV grd^{-1} wandert, dreht die Eingangskennlinie des FET nach *Abb. 1.6512* um einen stabilen Arbeitspunkt. Mit zunehmender Temperatur wird die Kurve flacher und damit die Steilheit geringer.

Den temperaturstabilen Arbeitspunkt, der für Schaltungen mit hoher Stabilitätsanforderung wichtig ist, bestimmt man durch Aufnahme der Kennlinie bei mindestens drei unterschiedlichen Temperaturen (z. B. 20, 50 und 100°C).

Abb. 1.6513 zeigt das Ausgangskennlinienfeld eines selbstleitenden n-Kanal FETs.

I_D wird in Abhängigkeit von U_{DS} für unterschiedliche Gate-Spannungen U_{GS} (als Parameter) aufgetragen.

1 Grundlagen der Nachrichtentechnik

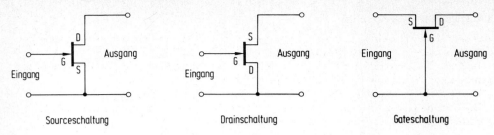

Sourceschaltung   Drainschaltung   Gateschaltung

Abb. 1.6521   FET-Grundschaltungen in ihrem Prinzip

Im sogenannten ohmschen Bereich steigt der Drainstrom mit zunehmender Drain-Source-Spannung U_{DS} steil an. Oberhalb der Kniespannung U_k geht I_D in Sättigung, so daß er auch bei steigender Drainspannung allein von der Gate-Spannung bestimmt wird, während U_{DS} kaum Einfluß besitzt.

Kniespannung U_k und pinch-off-Spannung U_p stehen in der Beziehung

$$U_k = U_{GS} - U_p \tag{152}$$

Nach (152) wird $U_k = |U_p|$, wenn man die Kennlinie für $U_{GS} = 0\,V$ betrachtet, bei der $I_D = I_{Do}$ fließt.

Der Ausgangswiderstand r_a ist wie bei bipolaren Transistoren als

$$r_a = \frac{\Delta U_{DS}}{\Delta I_D} \quad \text{definiert.} \tag{153}$$

r_a läßt sich in gleicher Form aus dem Ausgangskennlinienfeld ermitteln, wie es in *Abb. 1.6414* für bipolare Transistoren gezeigt wurde.

Die Steilheit S ergibt sich nach (149) aus dem Quotienten der Drainstromdifferenz ΔI_D und der zugehörigen Gatespannungsänderung ΔU_{GS}.

Zur linearen Verstärkung darf der FET nur innerhalb des Drainstromsättigungsbereichs ausgesteuert werden, da I_D dort unabhängig von U_{DS} ist. Das Gebiet unterhalb der Kniespannung U_k ist verboten, da hier Rückwirkungsverzerrungen durch U_{DS} auftreten.

U_k liegt je nach Typ zwischen 2 und 5 V, so daß FETs mit relativ hohen Drain-Source-Spannungen betrieben werden müssen, um einen genügend großen Aussteuerbereich zu erhalten.

Dies ist ein Nachteil gegenüber bipolaren Transistoren, da die zu U_k analoge Spannung U_{sat} mit 0,1 bis 1 V weit niedriger liegt, so daß man dort bereits mit 1,5 V Kollektorspannung auskommt, um effektive Verstärkerschaltungen aufzubauen.

Die Verlustleistung des FETs wird durch das Produkt aus Drainstrom und Drain-Source-Spannung bestimmt, da praktisch keine Gate-Leistung verbraucht wird:

$$P_{V\,FET} = U_{DS} \cdot I_D \tag{154}$$

Die maximal zulässige Verlustleistung wird für jeden Typ vom Hersteller angegeben.

Wie bipolare Transistoren sind auch FETs in ihrem Verstärkungsverhalten frequenzabhängig. Mit zunehmender Frequenz wird die Verstärkung geringer.

Dies liegt primär an der Eingangskapazität zwischen Gate und leitendem Kanal, die bei der Steuerung mit Wechselspannung umgeladen werden muß.

Zwar besitzt der FET bei der Gleichstrombetrachtung einen sehr hohen Eingangswiderstand, doch muß man bei sehr hohen Frequenzen den kapazitiven Nebenschluß der Eingangskapazität berücksichtigen.

1.652 FET-Grundschaltungen

Analog zu den Grundschaltungen bipolarer Transistoren, wie sie in 1.642 beschrieben worden sind, gibt es drei Grundschaltungen für FETs.

In Abb. 1.6521 sind sie im Prinzip dargestellt, wobei sich die Namen wiederum nach der gemeinsamen Elektrode für Ein- und Ausgang richten.

Die Sourceschaltung nach Abb. 1.6522 entspricht der Emitterschaltung.

Die Spannungsverstärkung v_{So} wird als das Verhältnis der Ausgangsspannungsänderung zur Eingangsspannungsänderung angegeben.

$$v_{So} = -\frac{\Delta U_a}{\Delta U_e} = -\frac{\Delta U_a}{\Delta U_{GS}} \tag{155}$$

Das Minus-Zeichen gibt die Phasendrehung zwischen Ein- und Ausgangsspannung an.

Eine Drainstromänderung folgt der Beziehung (149)

$$\Delta I_D = S \cdot \Delta U_{GS}$$

Hierbei ruft der Drainstrom am Drainwiderstand R_D eine Spannungsänderung ΔU_{RD} hervor:

$$\Delta U_{RD} = R_D \cdot \Delta I_D$$

und mit (149)

$$\Delta U_{RD} = R_D \cdot S \cdot \Delta U_{GS} \tag{156}$$

Für die Ausgangsspannung U_a gilt:

$$U_a = U_B - U_{RD}$$

oder

$$\Delta U_a = \Delta(U_B - U_{RD})$$

Da sich U_B als konstante Betriebsspannung nicht ändern kann, wird

$$\Delta U_a = -\Delta U_{RD}$$

Setzt man für ΔU_{RD} (156) ein, ist

$$\Delta U_a = -R_D \cdot S \cdot \Delta U_{GS} \tag{157}$$

Mit (157) kann man die Spannungsverstärkung der Sourceschaltung v_{So} auch als

$$v_{So} = S \cdot R_D \tag{158}$$

angeben. Da die Verstärkung als Verhältniszahl dimensionslos ist, muß man R_D in kΩ einsetzen, wenn die Steilheit S in mA V^{-1} angegeben ist.

Der Ausgangswiderstand der Sourceschaltung $r_{a\,So}$ ist die Parallelschaltung aus R_D und dem Innenwiderstand r_{DS} des FETs.

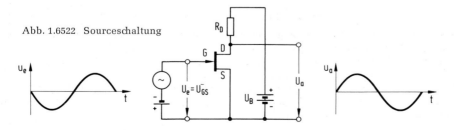

Abb. 1.6522 Sourceschaltung

1 Grundlagen der Nachrichtentechnik

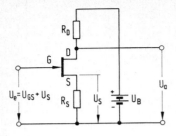

Abb. 1.6523 Stromgegengekoppelte Sourceschaltung

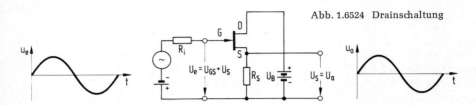

Abb. 1.6524 Drainschaltung

Da r_{DS} meist wesentlich größer als R_D ist, kann man den Ausgangswiderstand mit guter Näherung als

$$r_{a\,So} = R_D \tag{159}$$

annehmen.

Schaltet man nach Abb. 1.6523 einen Widerstand R_S zwischen Source und Masse, erhält man die stromgegengekoppelte Sourceschaltung. Die Steuerung des FETs erfolgt dann nicht mehr allein durch ΔU_e, sondern durch die Differenz $\Delta U_e - R_S \cdot \Delta I_D$.

Wie bei der stromgegengekoppelten Emitterschaltung wirkt die Sourcespannungsänderung ΔU_S der Eingangsspannungsänderung ΔU_e entgegen.

Liegt R_S in der Größenordnung von R_D, wird $\Delta U_S \approx \Delta U_e$, weil die effektive Steuerspannung ΔU_{GS} als Differenz aus $\Delta U_e - \Delta U_S$ sehr klein wird.

Da durch R_S und R_D der gleiche Strom I_D fließt, gilt für die Spannungsverstärkung der stromgegengekoppelten Sourceschaltung:

$$v_{So\,g} = -\frac{\Delta U_a}{\Delta U_e} \approx -\frac{\Delta U_a}{\Delta U_S} = \frac{R_D}{R_S} \tag{160}$$

Überbrückt man R_D nach Abb. 1.6524 und greift U_a am Sourceanschluß ab, erhält man die Drainschaltung, die auch Sourcefolger genannt wird. Sie entspricht der Kollektorschaltung eines bipolaren Transistors.

Die Spannungsverstärkung des Sourcefolgers ist kleiner als 1, da die Ausgangsspannungsänderung ΔU_S um ΔU_{GS} kleiner als ΔU_e ist.

Der Eingangswiderstand wird durch die Verstärkung des FETs um den Faktor $(1 + S \cdot R_S)$ größer als in Sourceschaltung:

$$r_{e\,Dr} = r_{GS}(1 + S \cdot R_S) \tag{161}$$

Dies ist im allgemeinen aber uninteressant, da r_{GS} bereits einen sehr großen Wert besitzt.

Der Ausgangswiderstand $r_{a\,Dr}$ des Sourcefolgers ist die Parallelschaltung aus dem Kehrwert der Steilheit im Arbeitspunkt und dem Sourcewiderstand R_S:

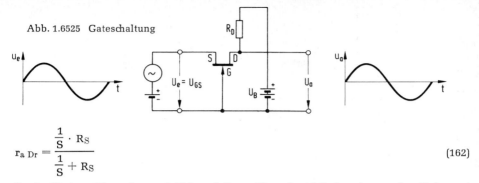

Abb. 1.6525 Gateschaltung

$$r_{a\,Dr} = \frac{\frac{1}{S} \cdot R_S}{\frac{1}{S} + R_S} \tag{162}$$

Ist die Steilheit größer als 5 mA V^{-1} und R_S größer als 1 kΩ, kann man den Kehrwert der Steilheit als Ausgangswiderstand annehmen, da er dann weit geringer als R_S ist. Typische Werte sind 50 bis 300 Ω.

Wie der Emitterfolger wird der Sourcefolger als Impedanzwandler eingesetzt.

Die Gateschaltung nach *Abb. 1.6525* ist das Analogon zur Basisschaltung bipolarer Transistoren. Sie ist praktisch nur für Empfängereingänge bei sehr hohen Frequenzen interessant, da einerseits die Grenzfrequenz weit höher als in Sourceschaltung liegt und andererseits kaum Rückwirkungen (Selbsterregung) vom Ausgang her zu erwarten sind.

Auch bei der Gateschaltung ist der Eingangswiderstand $r_{e\,Ga}$ sehr gering. Er entspricht dem Kehrwert der Steilheit im Arbeitspunkt:

$$r_{e\,Ga} = \frac{1}{S} \tag{163}$$

Der niedrige Eingangswiderstand erfordert im Gegensatz zu den beiden anderen Grundschaltungen eine erhebliche Steuerleistung.

Dagegen ist der Ausgangswiderstand der Gateschaltung etwa gleich dem Drainwiderstand R_D, da der Innenwiderstand des FETs r_{DS} weit hochohmiger ist und bei der Parallelschaltung mit R_D vernachlässigt werden kann.

In Hf-Schaltungen wird R_D durch einen Parallelschwingkreis ersetzt. Er muß ein sehr hohes LC-Verhältnis besitzen, um so mit einem hohen Resonanzwiderstand möglichst gute Leistungsanpassung an r_{DS} zu erreichen.

1.66 Integrierte Schaltungen

Die Halbleitertechnik wurde in den 60er Jahren besonders durch die Entwicklungen der Raumfahrttechnik forciert. Dort hat das oberste Gebot, mit möglichst kleinen Massen bei höchsten Beschleunigungen zuverlässig zu arbeiten, zu den Integrierten Schaltungen (IS oder engl. IC = integrated circuit) geführt.

Bei der IS wird nicht nur ein Bauelement auf dem Halbleiterkristall untergebracht, sondern eine Vielzahl von Transistoren, Dioden und Widerständen.

Die IS bildet im Gegensatz zu diskreten (einzelnen) Halbleiterbauelementen eine elektronische Funktionseinheit, von der nicht mehr der interne schaltungstechnische Aufbau bekannt ist, sondern allein die Übertragungsfunktion und die notwendigen Betriebsspannungen.

Nach den beiden Hauptgebieten der Elektronik kann man zwischen den Linearen IS der Analog-Elektronik und den Digitalen IS der Digital-Elektronik unterscheiden.

1 Grundlagen der Nachrichtentechnik

Den größten Anteil der Linearen IS haben die Operationsverstärker, deren Name aus der analogen Rechentechnik stammt (Operation = Rechenvorgang). Sie sind meist gleichstromgekoppelte Verstärker mit sehr hohem Verstärkungsfaktor, deren Übertragungsfunktion sich durch die Wahl der externen Beschaltung weitgehend variieren läßt.

Operationsverstärker sind wiederum Grundelemente für Lineare IS mit höherem Integrationsgrad. IS dieser Art können kaum noch klassifiziert werden, da das Spektrum des Angebots unübersichtlich groß geworden ist.

Man findet komplette Schaltungen für Spannungsregler, Funktionsgeneratoren, aktive Filter usw., die mit wenigen zusätzlichen Bauelementen (meist Kondensatoren) betriebsfertige Geräte darstellen. Praktisch jeder Anwenderwunsch kann bei genügend großer Abnahme zu einer neuen IS führen.

Innerhalb der angewandten Analog-Elektronik im Amateurfunk sind primär die Operationsverstärker von Interesse, da es hiervon allgemein zugängliche und vor allem preisgünstige Typen gibt. Mit einigen Grundkenntnissen lassen sich mit Operationsverstärkern äußerst nützliche Betriebshilfen für den Funkverkehr herstellen (CW-Filter, VOX-Steuerung, Dynamik-Kompressor u. ä.). Vor allem haben sich aber Operationsverstärker als aktive Bauelemente in der Schaltungstechnik der Sonderbetriebsarten RTTY, SSTV und FAX bewährt (siehe Sonderbetriebsarten).

Zudem gibt es eine ganze Reihe von Hf-IS, die Funktionsgruppen der Empfänger- und Sendertechnik bilden. Einige Firmen haben sich auf solche IS-Bausätze spezialisiert, mit denen komplette Sende-Empfänger aufgebaut werden können (abgesehen von Leistungsendstufen).

Bei den Integrierten Schaltungen der Digital-Elektronik läßt sich eine kontinuierliche Entwicklung verfolgen, die sich an den unterschiedlichen Logik-Techniken und der immer höher werdenden Integrationsdichte orientiert.

Zunächst wurden nur einfache logische Funktionen auf einem Chip (Halbleiterkristallplättchen) untergebracht.

Mit der Einführung der TTL-Technik (Transistor-Transistor-Logik) ließen sich bereits komplexere Einheiten (Zähler, Schieberegister, Umcodierer usw.) in einem Baustein zusammenfassen.

Der äußerst systematische Aufbau der TTL-Serie förderte zudem in großem Maße die Popularisierung der Digital-Elektronik, da der Spaß am logischen Denksport, der mit dem Aufbau digitaler Schaltungen verbunden ist, zu immer neuen Bastler-Ideen motivierte.

Auch die Amateurfunktechnik hat von der Entwicklung der Digital-Elektronik und den immer billiger werdenden Digitalen IS profitiert. So gehört der Digital-Zähler fast zur Standardausrüstung einer Funkstation, wodurch das Problem der absoluten Frequenzmessung gelöst worden ist.

Weiterhin haben die Betriebsarten an Bedeutung gewonnen, bei denen sich digitale Schaltungen einsetzen lassen, da sich dort dem Funkamateur ein weiteres Experimentierfeld neben der Hf-Technik eröffnet.

Die LSI-Technik (large scale integration = große Integrationsdichte) Digitaler IS hat allerdings inzwischen solche Ausmaße angenommen, daß dem Amateur die Übersicht fast entglitten ist.

Mikroprozessoren beherrschen den neueren Entwicklungsstand der Digital-Elektronik. Die Anwendung dieser Bausteine setzt erhebliche Kenntnisse der Programmiertechnik voraus, so daß hier offensichtlich eine Schwelle erreicht worden ist, an der die meisten Funkamateure „passen" müssen.

Zudem bleibt zu überlegen, an welcher Stelle sich Mikroprozessoren sinnvoll innerhalb der Amateurfunktechnik einsetzen lassen.

Zwar hat sich inzwischen ein eigenständiges Mikroprozessor-Hobby entwickelt, doch hat dies mit dem Amateurfunk nichts zu tun.

Die moderne Elektronik und damit auch die Integrierten Schaltungen sind für den Amateurfunk wertvolle technische Hilfsmittel. Sie eröffnen neue betriebstechnische Möglichkeiten, die zunächst nur den kommerziellen Funkdiensten vorbehalten waren. Zudem werden hierdurch diejenigen unter den Funkamateuren angesprochen, die mehr der Technik als dem Funkbetrieb zugeneigt sind.

Im Abschnitt 3 „Sonderbetriebsarten" wird die Anwendung Integrierter Schaltungen der Analog-Elektronik innerhalb der Amateurfunktechnik recht eingehend beschrieben.

1.7 Kurzwellenausbreitung

1.71 Abstrahlung elektromagnetischer Wellen

Werden elektrische Ladungen ungleichförmig bewegt (beschleunigt), entsteht ein elektromagnetisches Feld, das aus elektrischen und magnetischen Feldkomponenten zusammengesetzt ist, die senkrecht aufeinanderstehen. Das Feld breitet sich von der Quelle her kugelförmig mit der Lichtgeschwindigkeit $c = 3 \cdot 10^8$ ms^{-1} in den freien Raum aus.

Nach Fourier läßt sich jede ungleichförmige Bewegung in zeitlich sinusförmige Bewegungen zerlegen, die bereits in 1.41 für Wechselspannungen untersucht wurden.

Geht man danach von einer sinusförmigen Bewegung der Ladungen aus (Wechselstrom in der Antenne), wird sich das zugehörige elektromagnetische Feld auf seinem Ausbreitungsweg periodisch in seiner Stärke ändern.

Während einer Periodendauer T der Ladungsträgerbewegung legt die elektromagnetische Welle einen Weg zurück, der mit Wellenlänge λ (Lambda) bezeichnet wird. Sie läßt sich aus dem Produkt aus Lichtgeschwindigkeit und Periodendauer errechnen:

$$\lambda = c \cdot T \tag{164}$$

oder mit (64)

$$\lambda = \frac{c}{f} \tag{165}$$

Bei der Ausbreitung elektromagnetischer Wellen unterscheidet man zwischen dem Nah- und dem Fernfeld. Für die Hf-Übertragung ist allein das Fernfeld von Interesse. Es beginnt bei einer Entfernung r (Kugelradius) von 3 bis 4 λ vom Erreger (Antenne).

Charakteristisch für das Fernfeld ist die Gleichphasigkeit zwischen elektrischer und magnetischer Komponente, so daß es praktisch reine Wirkleistung enthält.

Im Nahfeld sind die Maximalkomponenten der elektrischen und der magnetischen Feldstärke um 90° phasenverschoben, wodurch es primär Blindenergie enthält.

Die Energiedichte des Fernfeldes nimmt mit $\frac{1}{r^2}$ ab, da die energiedurchsetzte Ausbreitungs-Kugeloberfläche mit r² zunimmt. Berücksichtigt man dabei, daß die Energiedichte eines Feldes proportional zum Quadrat der Feldstärke ist, nehmen elektrische und magnetische Feldstärke mit $\frac{1}{r}$ ab. Somit sinkt die Feldstärke bei doppelter Entfernung um die Hälfte.

Im Gegensatz zum Fernfeld nimmt das Nahfeld in seiner Intensität sehr schnell ab. Die magnetische Feldstärke mit $\frac{1}{r^2}$ und die elektrische sogar mit $\frac{1}{r^3}$.

1.7 Kurzwellenausbreitung

Es ist übrigens Unsinn, daß elektromagnetische Felder erst bei Ladungsbewegungen von 10 bis 15 kHz abgestrahlt werden können, wie oft in der AFU-Literatur zu lesen ist.

Einzige Bedingung zur Abstrahlung ist eine Beschleunigung der Ladungen und die ist bei jeder Frequenz größer 0 Hz gegeben. Das Erscheinungsbild elektromagnetischer Felder niederfrequenter Erreger ist bei gegebener Entfernung allerdings anders als bei hochfrequenten Erregern, weil man sich bei Signalen sehr tiefer Frequenz grundsätzlich im Nahfeldbereich befindet.

Dies trifft z. B. für 50 Hz „Sendungen" zu, die eine Wellenlänge von 6000 km haben.

1.72 Übertragungswege elektromagnetischer Wellen

Man unterscheidet zwischen zwei Wegen zur Ausbreitung elektromagnetischer Energie. Sie werden mit Bodenwellenausbreitung und Raumwellenausbreitung bezeichnet.

Bodenwellen werden von den Feldern gebildet, die sich an der Erdoberfläche fortsetzen. Sie sind für Kurzwellen und Signale höherer Frequenzen praktisch bedeutungslos, da deren hochfrequente Wechselströme kaum in die Erdoberfläche eindringen und somit nach kurzem Übertragungsweg bereits stark bedämpft werden.

Die Eindringtiefe ist ähnlich dem Skineffekt frequenzabhängig. Sie liegt bei tiefen Frequenzen im Langwellenbereich bei einigen Metern, während bei höheren Frequenzen nur noch eine sehr dünne Erdkruste vom Strom durchsetzt wird. Der resultierende Erdwiderstand wird demnach bei höheren Frequenzen bezogen auf den Übertragungsweg weit größer.

Langwellen lassen sich über die Bodenwellenausbreitung bis zu 1000 km übertragen. Da dieser Weg unabhängig von Tages- und Jahreszeit ist, erhält man ein sehr konstantes Übertragungsverhalten.

Die Bedeutung der Bodenwelle endet im Mittelwellenbereich, wo die Ausbreitung nur noch über wenige 100 km reicht.

Sehr interessant ist die Anwendung der Bodenwellenübertragung im U-Boot-Funk (vom Land zum U-Boot). Dort wird mit Signalen gearbeitet, die im Nf-Bereich liegen. Die Bodeneindringtiefe ist entsprechend größer, so daß die Übertragungsreichweiten noch um ein Vielfaches über denen der Langwellen liegen. Zudem arbeitet man mit einem Korrelationsempfangssystem, das Signale weit unter dem Rauschen auswerten kann. Dabei wird das rein zufällig verlaufende Empfangsrauschspektrum in einem hohen apparativen Aufwand nach Signalen periodischen Inhalts untersucht, die der Wahrscheinlichkeit nach Nutzinformationen sein müssen.

Neben den hochkomplizierten Empfangsgeräten ist der sendeseitige Antennenaufwand riesig. Ganze Landschaften müssen mit einem Erdnetz ausgelegt werden, da eine optimale Abstrahlung minimale Strahlungsgebilde mit $\frac{\lambda}{4}$ bis $\frac{\lambda}{2}$ Ausdehnung erfordern.

Bei 10 kHz sind das immerhin 15 km für $\frac{\lambda}{2}$.

Bei der Raumwellenausbreitung wird die elektromagnetische Energie (oder das energiehaltige Feld) unter verschiedensten Winkeln in die Atmosphäre abgestrahlt, deren elektrische Beschaffenheit für die weitere Energieausbreitung verantwortlich ist.

Die Ausbreitung der Kurzwellen über große Entfernungen bei relativ kleinen Sendeleistungen ist auf ihre Reflexion an der Ionosphäre zurückzuführen, deren Aufbau kurz beschrieben werden soll:

Die Erdatmosphäre ist in großen Höhen einer intensiven ultravioletten Sonneneinstrahlung ausgesetzt. Die UV-Strahlung ist dermaßen energiereich, daß aus den Gasatomen

1.7 Kurzwellenausbreitung

und -molekülen der Hochatmosphäre Elektronen herausgeschlagen werden und Gasionen entstehen.

Während die Luft gewöhnlich ein Nichtleiter ist, wird sie in der ionisierten Form zum Leiter, dessen Leitfähigkeit vom Ionisationsgrad abhängt.

In sehr großen Höhen ist die Sonneneinstrahlung zwar sehr hoch, doch ist die Gasdichte noch so gering, daß die Ionisationsdichte ebenfalls klein bleibt.

Erst mit abnehmender Höhe nimmt die Ionendichte und damit die Leitfähigkeit zu, da die Gasdichte größer wird, während die UV-Strahlung zunächst nur wenig bedämpft ist. Die Schichten der Atmosphäre, die sehr stark ionisiert werden, heißen Ionosphäre.

Dringt die UV-Strahlung weiter in die Atmosphäre ein, wird sie in den dichteren Gasschichten zunehmend absorbiet, so daß schließlich kaum noch eine Ionenbildung möglich ist.

Schichten maximaler Ionisation findet man in verschiedenen Höhen der Atmosphäre, da sie kein einheitliches Gas darstellt.

Die F2-Schicht ist die höchste der Ionosphäre zwischen 300 und 500 km. In ihr werden Sauerstoff-, Wasserstoff- und Heliumatome ionisiert.

Zwischen 200 und 300 km Höhe befindet sich die F1-Schicht, die sich bei starker UV-Einstrahlung von der F2-Schicht abtrennt. Sie enthält vornehmlich Stickstoffionen.

Die E-Schicht folgt zwischen 100 und 200 km mit ionisierten Sauerstoffmolekülen.

Die niedrigste Schicht der Ionosphäre ist die D-Schicht in einer Höhe von 50 bis 80 km. Sie bildet sich nur zur Tageszeit, während sie bei Nacht durch Rekombination der Atome und der Moleküle wieder völlig verschwindet.

Die Struktur der Ionosphäre verändert sich ständig in ihrer Schichtenhöhe und Ionisationsdichte, so daß sie nicht als statisches Gebilde angesehen werden kann.

Dies liegt an der ständig variierenden Sonneneinstrahlung, die als Ursache der Ionisierung der Hochatmosphäre astronomischen Gesetzen unterworfen ist.

Sie unterliegt drei Hauptzyklen, die die Beschaffenheit der Ionosphäre und damit die der Raumwellenausbreitung entscheidend beeinflussen:

Der Tageszyklus hat die kürzeste Periodendauer, bei dem der Ionisationsgrad während der Nachtstunden zurückgeht.

Während die D-Schicht völlig verschwindet, ist die Rekombination in den höheren Schichten träger, so daß zumindest die F-Schicht in der Zeit ohne Sonneneinstrahlung erhalten bleibt.

Der Jahreszyklus ist durch die unterschiedliche Sonneneinstrahlung während der Winter- und Sommerzeit gekennzeichnet. Im Sommer ist die Ionisierung weit intensiver, wodurch sich vor allem die absorbierende D-Schicht tagsüber ausbilden kann (starke Mittagsdämpfung).

Der Sonnenfleckenzyklus wird durch die solare Aktivität bestimmt. Bereits um 1600 hat man mit den ersten Fernrohren schwarze Flecken auf der sonst hellen „Scheibe" der Sonne entdeckt und die Anzahl dieser Flecken seit 1749 fast lückenlos für jedes Jahr bestimmt.

Als Maß für diese Erscheinung dient die Sonnenfleckenrelativzahl R, die sich zwischen 0 und knapp 200 bewegt.

R ändert sich von Jahr zu Jahr, wobei man im Mittel alle 11,3 Jahre ein Maximum beobachtet hat. Diese statistisch errechnete Periodendauer des Sonnenfleckenzyklus unterliegt aber einer maximal beobachteten Schwankung von -4 und $+6$ Jahren.

Vom Minimum zum Maximum dauert es im Mittel 4,6 Jahre, während das mittlere Intervall vom Maximum zum Minimum 6,7 Jahre dauert.

Sonnenflecken haben eine Lebensdauer von wenigen Stunden bis zu zwei Monaten. Die Bewegung und periodische Wiederkehr von Sonnenflecken auf der Sonne lassen auf

1 Grundlagen der Nachrichtentechnik

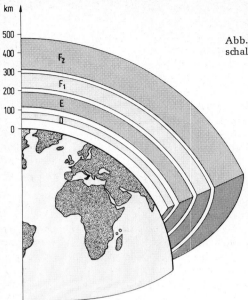

Abb. 1.731 Die Ionosphäre als mehrschichtige Kugelschale über der Erde (als Ausschnitt skizziert)

deren Eigenrotation schließen. Die Sonne dreht sich in 27 Tagen einmal um ihre Achse.

Sonnenflecken entstehen etwa bei 30° N und 30° S solarer Breite. Die Fleckenzonen bewegen sich zum Sonnenäquator hin, wobei R stetig zunimmt.

Bei 16° N und 16° S erreicht R das Maximum, um dann bis zu den Breiten 8° N und 8° S auf 0 abzusinken, wo die Sonnenfleckenproduktion aufhört.

Gleichzeitig entstehen aber wieder neue, die bei den Breiten um 30° erscheinen. Dieser Zeitpunkt entspricht dann dem Sonnenfleckenminimum.

Im Sonnenfleckenmaximum steigt die Einstrahlung kurzwelliger Sonnenenergie in die Hochatmosphäre erheblich an, wodurch der Ionisationsgrad der Ionosphäre wesentlich erhöht wird.

Dies hat wiederum entscheidende Einflüsse auf die Fernausbreitung der Kurzwellensignale (siehe hierzu *Abb. 1.763* bis *1.765*).

1.73 Die Ionosphäre als Kurzwellenreflektor

Da ein großer Teil des Amateurfunkverkehrs sicherlich noch eine ganze Weile über das klassische Medium der Kurzwellen abgewickelt wird, sollten dem Amateur die Ausbreitungsbedingungen für die unterschiedlichen Frequenzbereiche bekannt sein, um gezielte Empfangsgebiete mit einiger Sicherheit erreichen zu können.

Nach den Ausführungen in 1.72 kann man sich die Ionosphäre als mehrschichtige Kugelschale um die Erdoberfläche vorstellen, wie es in *Abb. 1.731* skizziert worden ist.

Zur Überbrückung großer Entfernungen werden Kurzwellen von der Sendeantenne je nach Frequenz unter einem bestimmten Winkel abgestrahlt. An der Ionosphäre reflektiert, gelangen sie zurück zur Erde, so daß eine große Sprung-Strecke überwunden wird. Ein solcher Reflexionssprung kann mehrere Male wiederholt werden, wobei die Sendeenergie zwischen Erde und Ionosphäre hin und her gespiegelt wird.

1.7 Kurzwellenausbreitung

Die Reflexion der Kurzwellen geschieht primär an der F2-Schicht, die als höchste der Ionosphäre die größten Sprungweiten ermöglicht.

Innerhalb der Ionosphäre findet eine Brechung der elektromagnetischen Wellen statt, wie sie etwa aus der Optik bekannt ist, wenn ein Lichtstrahl durch optisch unterschiedlich dichte Stoffe gelangt.

Unter einem bestimmten Einfallswinkel führt die stetige Brechung der Strahlrichtung zu einer Totalreflexion.

Der Einfallswinkel, der zur Reflexion elektromagnetischer Wellen an der Ionosphäre notwendig ist, ist frequenzabhängig. Er muß um so flacher eingestellt werden, je höher man die Übertragungsfrequenz wählt.

Die obere Grenzfrequenz ist dann erreicht, wenn das Signal tangential zur Erdoberfläche abgestrahlt werden muß, um gerade noch an der Ionosphäre reflektiert zu werden.

Bei noch höheren Frequenzen wandert das elektromagnetische Feld in den freien Raum, da es die Ionosphäre durchdringt und nicht mehr zurückgeworfen wird.

Der oberen Grenzfrequenz steht die untere Grenzfrequenz des Frequenzbandes gegenüber, das durch die Ionosphäre reflektiert wird.

Die Reflexionsbegrenzung tiefer Frequenzen ist durch den Energieverlust des elektromagnetischen Feldes innerhalb der Ionosphäre gegeben. Der Energieverlust (Dämpfung) nimmt mit abnehmender Frequenz zu, so daß schließlich bei der unteren Grenzfrequenz die gesamte Strahlungsenergie des Senders von der Ionosphäre absorbiert wird.

Für die Dämpfung der längeren Kurzwellen (80 m-Band) ist vor allem die D-Schicht mit ihrer sehr hohen Gasdichte verantwortlich. Die ausgeprägte Tagesdämpfung ist auf diese Schicht der Ionosphäre zurückzuführen.

Im Winter ist sie wesentlich schwächer ionisiert, so daß ein Vielfaches der Sendeenergie von der F2-Schicht reflektiert werden kann, die gegenüber der D-Schicht einen verschwindend geringen Dämpfungsgrad besitzt. Aus diesem Grunde sind z. B. im Winter auch im 80 m-Band DX-Verbindungen möglich.

Untere Grenzfrequenz (LUF = lowest usable frequency) und obere Grenzfrequenz (MUF = maximum usable frequency) sind durch die beschriebene Natur der Ionosphäre weder zeitliche noch örtliche Konstanten. Sie variieren in direkter Abhängigkeit zur Ionosphärenbeschaffenheit.

Starke, spontane Abweichungen vom zyklischen Strukturverhalten der Ionosphäre, die zu unvorhersehbaren Übertragungsbedingungen der Radiowellen führen, werden mit ionosphärischen Störungen bezeichnet.

Eine Abweichung vom üblichen Zustand der E-Schicht ist die sogenannte sporadische E-Schicht (E_s-Schicht). Bei dieser Erscheinung nimmt die Elektronendichte in einem schmalen Höhenbereich der E-Schicht bis zum 25fachen gegenüber dem Normalzustand zu. Die Ausdehnung einer solchen E_s-Schicht reicht von einigen km bis zu 1000 km. Sie tritt vor allem bei Tage und im Sommer auf, allerdings ist sie auch in Winternächten keine Seltenheit.

Die Ursache der E_s-Schicht ist nicht bekannt, doch vermutet man, daß Änderungen des sogenannten ionosphärischen Windes zu ihrer Entstehung beitragen.

Eine andere Störung der Ionosphäre wird durch die sogenannten Nordlichtpartikel (engl.: auroral particles) ausgelöst. Sie gelangen innerhalb von 1 bis 2 Tagen von der Sonne zur Erde und dringen längs der neutralen Schicht der Magnetosphäre in die Polarlichtzonen ein.

Mit ihrer Energie erregen sie die atmosphärischen Gase durch Stoß zum Leuchten an (Nordlicht). Zudem erwärmen sie das F-Gebiet der umliegenden Ionosphäre, wodurch es sich ausdehnt und die Elektronendichte abnimmt. Andererseits wird aber die Elektronendichte der E-Schicht erhöht, wodurch Reflexionen von Signalen im UKW-Bereich möglich werden (UKW-Überreichweiten).

1 Grundlagen der Nachrichtentechnik

Die sogenannte Polarkappen-Absorption wird durch sehr energiereiche Korpuskeln der Sonne verursacht, deren Ursprung noch unbekannt ist.

Sie gelangen innerhalb einer Stunde von der Sonne zur Erde und finden ihren leichtesten Weg in die Erdatmosphäre, wo das Magnetfeld vertikal zur Erdoberfläche gerichtet ist (an den Polen). Die hierdurch ausgelöste zusätzliche Ionisation führt zu einer starken Dämpfung der Kurzwellen im Polarkappenbereich (PCA = polar cap absorption).

Die schnellsten dieser Ladungsträger benötigen nur 15 Minuten bis zur Erde. Ihr Energieinhalt ist so hoch, daß sie auch in die Atmosphäre niederer Breiten eindringen und zur Dämpfung durch erhöhte Ionisation beitragen. Solche solare Ultrastrahlung tritt aber nur sehr selten auf. Seit ihrer Entdeckung im Jahre 1946 ist sie nur einige Male beobachtet worden, während die PCA im Sonnenfleckenmaximum häufig erscheint.

Die bekannteste ionosphärische Störung ist der „Mögel-Dellinger-Effekt". Er wird in 1.74 näher beschrieben.

1.74 Schwund (Fading)

Auch während der normalen Ausbreitungsbedingungen der Raumwelle (wenn das Band „offen" ist) ist die Feldstärke am Empfangsort nicht konstant, da sich die Ionisationsdichte und die Höhe der Ionosphäre ständig ändern.

Beim Empfänger äußert sich dies als fortlaufendes Ansteigen und Abfallen der Eingangsspannung, das als Schwund oder Fading typisch für den Kurzwellenempfang ist.

Je nach Ursache unterscheidet man zwischen Absorptionsschwund, Interferenzschwund und Polarisationsschwund.

Beim Absorptionsschwund schwankt die Raumwellenübertragung über sehr große Bandbreiten, wobei die Sendeenergie periodisch in den unteren Schichten der Ionosphäre absorbiert wird.

Durch spontane Zunahme der solaren UV-Strahlung ist der Absorptionsschwund teilweise so ausgeprägt, daß ganze Kurzwellenbereiche für den Funkverkehr ausfallen. Man spricht dabei vom „Mögel-Dellinger-Effekt" (engl.: SID = sudden ionospheric disturbance), der von Mögel 1931 entdeckt und von Dellinger 1935 näher erforscht wurde.

Die Dauer dieses „black out" schwankt zwischen wenigen Minuten und mehreren Stunden. Der Effekt tritt nur auf der Tagesseite auf, wobei er im Sonnenfleckenmaximum häufiger als im -minimum erscheint.

Die Ursache ist eine chromosphärische Eruption, bei der die solare Emission zunimmt. Durch die damit verbundene stärkere Röntgenstrahlung werden die E- und D-Schicht zusätzlich ionisiert, was eine erhebliche Zunahme der Dämpfung der Kurzwellen bewirkt, die bis zum totalen Reflexionsausfall führt.

Der Interferenz- oder Selektivschwund ist auf die unterschiedlichen Ausbreitungswege der Raumwellen zurückzuführen.

Am Empfangsort haben die Teilkomponenten des reflektierten Feldes eine Phasendifferenz, die zur Anhebung oder auch zur Kompensation der Feldstärke führen kann. Im Gegensatz zum Absorptionsschwund wird beim Selektivschwund nur eine relativ schmale Bandbreite von 50 Hz bis zu einigen 100 Hz betroffen, wobei dieses „Loch" über den Übertragungsbereich langsam hinwegwandert.

Beim Polarisationsschwund dreht sich die Polarisationsebene des elektromagnetischen Feldes, die von der Form der Sendeantenne abhängt, durch Unregelmäßigkeiten der Ionosphäre oder durch Hindernisse (hohe Gebäude, Hochspannungsleitungen o. ä.) in Antennennähe. Da die Polarisationsebene der Empfangsantenne konstant ist, schwankt die resultierende Empfangsspannung mit der Periodendauer der auftretenden Felddrehung am Empfangsort (vergl. 2.553).

Um den Schwund durch die Empfängerregelung ausgleichen zu können (soweit die Nutzfeldstärke nicht völlig verschwindet), müssen Tiefe, Wiederholungsrate und Dauer bekannt sein.

Die Schwunddauer schwankt zwischen wenigen Millisekunden und einigen Sekunden, wenn man vom Mögel-Dellinger-Effekt absieht. Die Wiederholungsrate beträgt 10 bis 20 Feldstärkeschwankungen pro Minute, wobei Feldstärkeeinbrüche bis zu 80 dB auftreten.

Mit diesen Daten kann man auf Feldstärkeänderungen schließen, die zwar im Mittel etwa 3,5 dB s^{-1} betragen, aber bis 100 dB s^{-1} ansteigen können.

Um dem Schwund effektvoll entgegenwirken zu können, sollten moderne KW-Empfänger einen Regelumfang von 100 dB besitzen, bei dem das Ausgangssignal auf ± 3 dB ausgeregelt wird. Die Regelgeschwindigkeit ist im allgemeinen einstellbar, sie sollte bei maximal 50 dB s^{-1} liegen.

Auch der beste KW-Empfänger kann den Schwund nicht ausregeln, wenn er bis zur Nutzfeldstärke Null hinunterreicht.

Beim Absorptionsschwund gibt es daher keine Maßnahmen, die den Empfang verbessern können, da die Sendeenergie bereits innerhalb der Ionosphäre verlorengeht. Dagegen kann man Schwundererscheinungen, die durch Interferenz oder Drehung der Polarisationsebene entstehen, durch Diversityempfang (Mehrfachempfang) zum Teil ausgleichen.

Hierbei wird dieselbe Nachricht entweder über mehrere Sender bzw. Funkkanäle abgestrahlt oder mit mehreren Empfängern aufgenommen. Empfangsseitig wird dann das beste Signal ausgewertet und dem Ausgang zugeführt.

In der kommerziellen Praxis wird meist mit Zweifach-Empfangsanlagen gearbeitet. Neben den Frequenz-, Polarisations- und Winkeldiversityverfahren hat sich besonders Raumdiversity bewährt, bei dem mit einem oder zwei Empfängern an zwei räumlich voneinander getrennten Antennen gearbeitet wird.

Der Abstand der Antennen soll 2 bis 5 λ betragen. Kleinere Abstände sind wirkungslos und größere bringen keine wesentliche Verbesserung.

Statistische Messungen haben ergeben, daß die Empfangsausfallzeit beim Zweifach-Raumdiversityempfang bis auf $\frac{1}{25}$ von der beim Einfachempfang zurückgeht.

Für den Amateurfunk ist Raumdiversity sicherlich zu aufwendig, zumal den meisten Amateuren kaum der notwendige Platz zur Verfügung steht. Ein Polarisationsdiversityempfang ist dagegen denkbar, da hierbei lediglich zwei Antennen um 90° gegeneinander verdreht werden müssen, während der Abstand unkritisch ist. Die Ergebnisse sind allerdings nicht so effektvoll wie bei Raumdiversity.

Frequenzdiversity wird beim Amateurfunkfernschreiben bereits in einem kleinen Frequenzabstand praktiziert (meist 170 Hz), obwohl diese Tatsache empfangsseitig in den wenigsten Fällen ausgenutzt wird.

Letztlich ist der Verlust einiger Zeichen oder Worte im Amateurfunk nicht so kritisch wie in den oft verschlüsselten Nachrichten der kommerziellen Dienste, da in Klartext gearbeitet wird und plausible Korrekturen sehr einfach vorgenommen werden können.

1.75 Ausbreitungscharakteristik der Amateur-KW-Bänder

Die Signale der DX-Bänder (10 m, 15 m und 20 m) werden durchweg an der F2-Schicht reflektiert. Mit ihrer relativ kurzen Wellenlänge reichen sie in den variablen Bereich der MUF hinein.

1 Grundlagen der Nachrichtentechnik

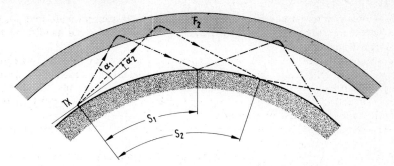

Abb. 1.751 Die Ionosphäre als Reflektor der Kurzwellen:
Große Sprungentfernung bei flacher Abstrahlung

Das 10-m-Band ist für den DX-Verkehr praktisch nur während der Sonnenfleckenmaxima für 2 bis 3 Jahre brauchbar. In der übrigen Zeit ist es „tot", da die Ionisation zu schwach zur Reflexion der hochfrequenten Signale ist. Es sind dann nur Verbindungen über quasi-optische Entfernungen möglich, die bis zu 30 km reichen.

Liegt die MUF höher als 30 MHz, so daß das 10-m-Band „offen" ist, sind über Tageslichtstrecken weiteste DX-Verbindungen mit kleinsten Leistungen möglich, da die Sprungentfernung einerseits groß ist (flacher Einfall- bzw. Abstrahlwinkel), während andererseits die Energieabsorption gering bleibt.

Außerhalb der Sonnenfleckenmaxima findet man nur sporadische Bandöffnungen im Sommer, die auf Unregelmäßigkeiten der E-Schicht zurückgeführt werden. Sie ermöglichen Verbindungen über 500 bis 1000 km.

Die Ausbreitungsbedingungen des 10-m-Bandes sind übrigens auf die des CB-Funks (11-m-Band) zu übertragen. Man sollte bei guten 10-m-Bedingungen einmal einen „Blick" zum CB-Funk werfen. In dem zu erwartenden Signal-Chaos kann man u. U. Kinder beobachten, die in Übersee mit Handfunksprechern kleinster Leistung spielen.

Eine zunächst recht merkwürdige Erscheinung ist die beim Betrieb auf den DX-Bändern zu beobachtende Tote Zone. Man kann zwar Stationen in vielen 1000 km Entfernung hören und sprechen, doch die „Nachbarschaft" auf dem eigenen Erdteil ist nicht zu erreichen, obwohl man die weiter entfernten Stationen mit ihr sprechen hört. Der Grund hierfür ist in der Reflexionsabschattung nach *Abb. 1.751* zu finden, die etwa in der Größenordnung der Sprungentfernung liegt.

Im 15-m-Band sind fast nur Verbindungen über Tageslichtstrecken möglich, wo der Ionisationsgrad genügend groß ist und die MUF über 22 MHz hinausreicht. Mit dem Sonnenuntergang bleibt aber im allgemeinen nur noch das atmosphärische Rauschen übrig. Das Band hat allerdings wie die übrigen Kurzwellenbänder den Vorteil, daß es während des gesamten Sonnenfleckenzyklus, wenn auch teilweise eingeschränkt, brauchbar ist.

Die Sprungentfernung ist geringer als im 10-m-Band. Allerdings kann man auch hier bei guten Bedingungen mit relativ kleinen Leistungen größte Funkstrecken überbrücken.

Das 20-m-Band ist das ganze Jahr hindurch für DX-Verbindungen geeignet. Es ist das betriebssicherste Band für große Entfernungen.

Im Sommer sind die Nachtstrecken, im Winter die Tagesstrecken günstig, um weite Empfangsziele zu erreichen.

1.7 Kurzwellenausbreitung

In den Winternächten ist das 20-m-Band tot, da die Ionisation zu weit absinkt. Dagegen wird die Dämpfung während der Sommertage groß, weil bereits die gasdichteren Schichten ionisiert werden.

Wegen seiner Betriebssicherheit ist das 20-m-Band sehr dicht mit Amateurfunkstationen belegt, so daß mit einem erheblichen Störpegel gerechnet werden muß. Zudem sind die Dämpfungsverluste in der Ionosphäre merklich größer als im 15- und vor allem im 10-m-Band, so daß die Strahlungsleistung weit größer sein muß, um gleiche Feldstärken in entsprechender Entfernung zu erreichen.

Das sehr schmale 40-m-Band eignet sich sowohl für kurze als auch für größte Entfernungen.

DX-Verkehr ist am besten in den Nacht- und Dämmerungsstunden möglich, da die Dämpfung durch die tieferen Schichten der Ionosphäre bei Tageslicht zu groß ist.

Die LUF wird meist durch die D-Schicht bestimmt, die bei Nacht durch die Rekombination völlig verschwindet. Hierdurch sinkt die LUF bei Nacht auf ein Minimum.

Leider sind im 40-m-Band sehr starke Rundfunksender, die den Amateurfunkverkehr sehr erschweren. Man benötigt Empfänger mit besonders guten Großsignaleigenschaften, bei denen Kreuzmodulationsstörungen auf ein Minimum reduziert werden können.

Die Eigenschaften des 80-m-Bandes werden, wie bereits in 1.73 angedeutet wurde, primär durch die D-Schicht beeinflußt. Sobald diese Schicht einen bestimmten Ionisationsgrad erreicht hat, wird sämtliche Energie dieser relativ langen Kurzwellen absorbiert, so daß der Empfang nur in unmittelbarer Nähe durch Direktstrahlung möglich ist.

An Sommertagen kann das Band durch diese Mittagsdämpfung der D-Schicht fast völlig tot sein. Nur mit sehr großen Ausgangsleistungen lassen sich dann noch Entfernungen von 100 bis 200 km überbrücken.

Lange Winternächte ermöglichen dagegen durch die fehlende D-Schicht auch im 80-m-Band DX-Verbindungen. Allerdings müssen die Strahlungsleistungen sehr groß sein, da der Reflexionswinkel für diese Frequenzen an der F2-Schicht kleiner als bei den kürzeren Wellen ist, so daß mehr Sprünge erforderlich werden, um gleiche Entfernungen zu erreichen. Zudem sind die Dämpfungsverluste wesentlich größer als bei höheren Frequenzen, wie es bereits in 1.73 erläutert wurde.

Im allgemeinen ist das 80-m-Band für den Regionalverkehr mit einem Radius von 500 bis 1000 km geeignet. Die besten Betriebszeiten findet man am späten Vormittag und am frühen Nachmittag, also jeweils am Rande der Mittagsdämpfung.

In den späten Abendstunden ist der Störpegel inzwischen so unerträglich (besonders in den Wintermonaten), daß man nur mit stärksten Leistungen und sehr guten Antennen Erfolg hat, weil das Band dann völlig überbelegt ist.

Das 160-m-Band (nur für Inhaber der B-Lizenz auf Antrag bei der zuständigen OPD) zeigt noch ausgeprägtere Abhängigkeit von der D-Schicht als das 80-m-Band. Die weiteren Verbindungen erreicht man in Winternächten, wobei im Sonnenfleckenminimum DX-Strecken zu überbrücken sind.

Auffallend ist die bereits ausgeprägte Bodenwellenausbreitung, die einige 100 km weit reicht, da das 160-m-Band Mittelwelleneigenschaften nahekommt (Grenzwellenbereich). Mit der Bodenwelle erreicht man über begrenzte Entfernungen konstante Übertragungsbedingungen, die unabhängig von ionosphärischen Unregelmäßigkeiten sind.

1.76 Ionosphärenforschung, Funkwettervorhersage

Die Ionosphärenforschung ist ein Bereich der Geophysik, der sich mit den Eigenschaften dieser Schicht der Erdatmosphäre befaßt.

1 Grundlagen der Nachrichtentechnik

Auf der Erde gibt es eine ganze Anzahl von Ionosphärenstationen, die mit großem apparativen Aufwand Beobachtungen der Ionosphäre anstellen. Sie tauschen untereinander die Ergebnisse langer und aufwendiger Meßreihen aus, um mit diesem Material Gesetzmäßigkeiten herausfinden, die eine Vorhersage der Ionosphärenstruktur und damit der Übertragung elektromagnetischer Wellen im KW-Bereich ermöglichen.

In Deutschland ist es das Institut für Ionosphärenforschung im Max-Planck-Institut für Aeronomie in Lindau am Harz. In diesem „Mekka" der KW-Funkamateure wird seit mehr als 30 Jahren an den Fragen, die die Ionosphäre aufgibt, gearbeitet. Der Leiter dieses Instituts war bis vor wenigen Jahren mein verehrter ehemaliger Chef, Prof. Dr. Walter Dieminger, DL 6 DS, einer der großen „oldtimer" des Amateurfunks.

Das elektrische Verhalten der Ionosphäre wird vom Boden aus mit reflektierten Radiowellen untersucht.

Die sogenannte Ionosonde ist ein Sendeempfangssystem, das synchron über das gesamte Kurzwellengebiet stetig „durchgedreht" wird.

Die senkrecht gegen die Ionosphäre abgestrahlte Sendeenergie wird reflektiert und wieder empfangen. Die Laufzeit vom Sender über die Ionosphäre zum Empfänger gibt einerseits Aufschluß über die Höhe der reflektierenden Schicht. Andererseits zeigt die Stärke der reflektierten Energie in Abhängigkeit von der veränderten Frequenz den Bereich, der zur KW-Übertragung brauchbar ist.

Die sogenannten Ionogramme in *Abb. 1.761* und *1.762* sind Meßprotokolle, die mit dem Empfänger der Ionosonde photografisch registriert worden sind. f_oF_2 ist die obere Grenzfrequenz, die bei Nacht wesentlich geringer als bei Tage ist. Die relativ niedrige Grenzfrequenz ist auf die senkrechte Strahlung gegen die Ionosphäre zurückzuführen. Sie nimmt mit flacher werdendem Abstrahlwinkel zu, wodurch im Sonnenfleckenmaximum Reflexionen bis über den Kurzwellenbereich hinaus möglich sind.

Nordlichterscheinungen werden mit optischen Geräten festgehalten (Nordlichtkamera, Spektralphotometer) und im Vergleich zu anderen Erscheinungen der Ionosphäre untersucht.

Schließlich werden die riesigen Ströme (100 Mio. A) innerhalb der Ionosphäre mit Magnetometern registriert. Sie führen zu erheblichen Unregelmäßigkeiten im Magnetfeld der Erde.

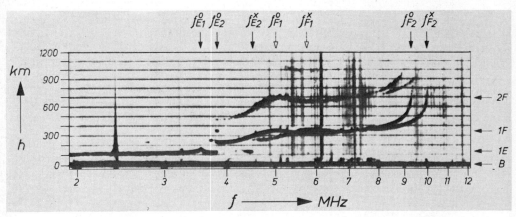

Abb. 1.761 Tagesionogramm aufgenommen mit der Ionosonde in Lindau/Harz
E-Schicht Reflexion bis 3,8 MHz
Grenzfrequenz foF2 bei 9,3 MHz (senkrechte Strahlung)
(2F = Mehrfachreflexion zwischen Erde und Ionosphäre)

1.7 Kurzwellenausbreitung

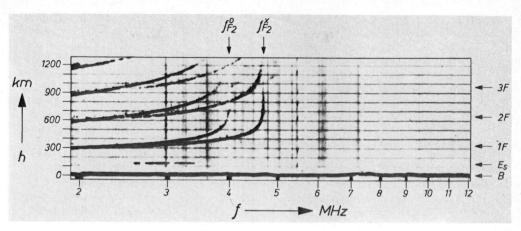

Abb. 1.762 Nachtionogramm aufgenommen mit der Ionosonde in Lindau/Harz
Von 2,6 bis 3,5 MHz Reflexionen an der sporadischen E-Schicht (E_S)
Grenzfrequenz foF2 bei 4 MHz (senkrechte Strahlung)
(2F und 3F = Mehrfachreflexionen zwischen Erde und Ionosphäre)

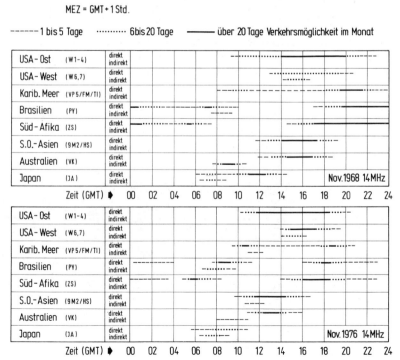

Abb. 1.763 Vergleich der Übertragungsbedingungen des 20-m-Bandes im Sonnenfleckenmaximum und im Sonnenfleckenminimum

1 Grundlagen der Nachrichtentechnik

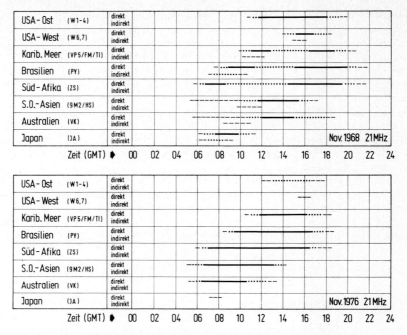

Abb. 1.764 Vergleich der Übertragungsbedingungen des 15-m-Bandes im Sonnenfleckenmaximum und im Sonnenfleckenminimum

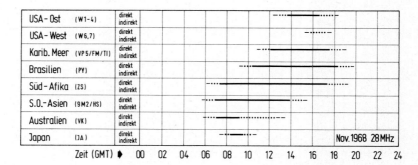

Abb. 1.765 Typische Fernübertragungsbedingungen im 10-m-Band während des Sonnenfleckenmaximums

1.7 Kurzwellenausbreitung

Diese Magnetstürme rühren von starken Emissionen der Sonne her, die zu einer beträchtlichen Zunahme der Ionisation der unteren Ionosphäre führen.

Alle diese Vorgänge stehen im direkten Zusammenhang mit der solaren Tätigkeit, so daß deren Beobachtung eng mit der Ionosphärenforschung zusammenhängt.

Aus dem umfangreichen Forschungsgebiet der Ionosphärenphysik ist die Funkwettervorhersage für den Funkamateur (und für den kommerziellen KW-Funkverkehr) von besonderem Interesse. Sie gibt ihm an, auf welchen Frequenzen und zu welcher Tageszeit ein Zielgebiet mit einiger Sicherheit auf dem Funkwege erreicht werden kann.

Seit vielen Jahren gehören die Funkwetterprognosen „Fernausbreitung" von DJ 2 BC, OM Dr. Lange-Hesse, aus Lindau zum regelmäßigen Inhalt des DL-QTC bzw. cq-DL. Für die DX-Fans unter den Funkamateuren ist diese Information ein unentbehrliches Mittel zur effektiven Betriebstechnik.

Die *Abb. 1.763* und *1.764* zeigen interessante Vergleiche zwischen den Ausbreitungsbedingungen im Sonnenfleckenmaximum (1968) und im Minimum (1976) für das 20- (14 MHz) und 15-m-Band (21 MHz).

Für das 10-m-Band (28 MHz) sind nur die Fernausbreitungsangaben für das Maximum dargestellt, da im Sonnenfleckenminimum kein DX-Verkehr auf diesen Frequenzen möglich ist.

2 Die Kurzwellen-Amateurfunkstation

Die Amateurfunkstation besteht aus den drei „Grundbausteinen" Empfänger, Sender und Antenne.

Bei den heute handelsüblichen KW-Amateurgeräten sind Sender und Empfänger für die fünf Amateur-Kurzwellenbänder 80, 40, 20, 15 und 10 m umschaltbar, so daß für den gesamten KW-Bereich jeweils nur ein Gerät notwendig ist.

In den meisten Fällen läßt sich zudem das 160-m-Band nachrüsten, wobei lediglich in zusätzlicher Quarz für den Sender- bzw. Empfängermischer nachgesteckt werden muß.

Groß ist das Angebot der Transceiver (Sendeempfänger), bei denen Sender und Empfänger in einem Gehäuse untergebracht sind und einige Baugruppen sowohl für den Sende- als auch für den Empfangsbetrieb ausgenutzt werden.

Transceiver sind finanziell, technisch und platzmäßig die optimale Lösung für den üblichen Amateurfunkverkehr, was durch den großen Erfolg dieser Gerätekonzeption bestätigt wird. Allerdings gibt es eine Reihe von Gelegenheiten, bei denen getrennte Geräte aus betriebstechnischen Günden von Vorteil sein können.

Hochwertige Amateurfunkgeräte sind heute allein eine Frage des Geldbeutels.

Da sich aber inzwischen eine ganze Anzahl von Firmen um die Käufergunst bewirbt, kommt der Konkurrenzkampf den Amateuren zugute, so daß die Preise über das gesamte Angebot recht ausgeglichen sind, wenn man gleiche Qualität als Maßstab nimmt. Allerdings gilt auch für den Amateurfunk die Devise, daß das Besondere schon immer etwas teurer war.

Es ist unter diesem Gesichtspunkt sicherlich ein Glück für den Amateurfunk, daß der materielle Wert der verwendeten Station in den wenigsten Fällen an dem Signal zu erkennen ist, das auf den Amateurbändern zu hören ist. Obwohl auch hierbei einige, allerdings wenige, meinen, ihre „Vorfahrtsrechte" von der Feldstärke des Signals oder der unzulässigen Verlustleistung des Senders ableiten zu müssen.

In dieser „Materialschlacht" um freie Frequenzen wird oft das entscheidende Glied der Kette, die Antenne, vergessen.
Die Antenne bereitet den Funkamateuren das größte Problem, da sie gegen alle Firmenversprechungen in ihrer optimal funktionsfähigen Form eben doch nicht zu kaufen ist.

Die Wahl der Antennenart, die Höhe, die Richtung, die Erdung, die Zuleitung, die Anpassung usw. sind umstrittene Parameter einer Antennenanlage, um die bei den Funkamateuren diskutiert wird, wie es die Angler um Haken und passenden Köder tun.

Daß die Antenne der beste Hf-Verstärker ist, gilt als alte Amateurfunker-Weisheit. Doch leider sind heute viele OMs „Wohnblock- und Reihenhaus-geschädigt", wo ein exclusives AFU-Antennengebilde nicht nur den nächsten Umweltschützer auf die Barrikaden ruft.

In solchen Wohngegenden müssen „maßgeschneiderte" Antennen eingesetzt werden, die einen Kompromiß zwischen Effektivität und räumlichen Möglichkeiten darstellen. Beam und Mast „von der Stange" bieten beim ausreichenden Platz keine Probleme — es soll aber auch Amateure geben, die mit der Dachrinne das DXCC erreicht haben.

Die Möglichkeit des Kaufs einer Funkstation befreit den Amateur allerdings nicht davon, über die technische Konzeption seiner Geräte Bescheid zu wissen, zumal er allein den Betrieb seiner Anlage zu verantworten hat.

2.1 Geradeaus-Empfänger

Die Lizenzbehörde fordert aus diesem Grunde zu Recht umfangreiche Kenntnisse der Sende- und Empfangstechnik, um die Fähigkeit zum technischen Betrieb einer Funkstation zu garantieren.

Letztlich ist es auch im Interesse des Funkamateurs, sich vom oft zitierten Status des „Steckdosen-Amateurs" zu befreien. Nur dann kann er eine begründete Wahl für seine Geräte treffen, selbst Reparaturen durchführen und eigene technische Ideen an seiner Anlage realisieren.

2.1 Geradeaus-Empfänger

In der *Abb. 2.11 a* ist die einfachste Schaltung eines Empfängers für Radiosignale gezeigt.

Die Antenne A ist die Hochfrequenzspannungsquelle mit dem gedachten Innenwiderstand (als Ersatzschaltungselement) R_A. Mit dem Arbeitswiderstand R bildet R_A einen Spannungsteiler. Ist R groß gegenüber R_A, erhält man an R fast die gesamte Antennenspannung U_A.

Für amplitudenmodulierte Sender (z. B. Mittelwellen-Rundfunk) kann man die Hf-Spannung bei genügend großer Amplitude mit der Diode D gleichrichten (AM-Demodulation durch Spitzengleichrichtung). Die restlichen Hf-Anteile werden nach D über den Kondensator C nach Masse abgeleitet, so daß am Hörer H die in der Hüllkurve enthaltene niederfrequente Modulation aufzunehmen ist.

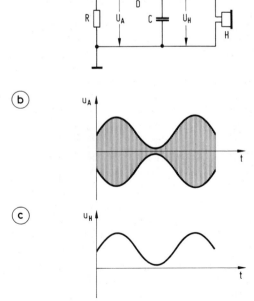

Abb. 2.11
a Detektorempfänger für nichtselektiven Empfang
b Amplitudenmoduliertes Hf-Signal am Empfängereingang
c Modulationsinhalt der Hüllkurve nach der Demodulation durch Spitzenwertgleichrichtung

2 Die Kurzwellen-Amateurfunkstation

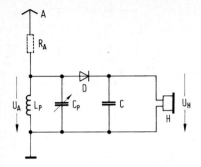

Abb. 2.12 Frequenzselektiver Detektorempfänger
Selektion durch einen Parallelresonanzkreis als
Spannungsteilerelement

Benutzt man ein beliebiges Stück Draht (10 bis 20 m lang) als Antenne, erhält man an R Hf-Spannungen, die in ihrem Spektrum den gesamten aufgenommenen Radiowellenbereich überstreichen, so daß U_A ein großes „Durcheinander" von Signalen verschiedenster Trägerfrequenzen bildet.

Die beschriebene Schaltung funktioniert also nur dann, wenn ein besonders starker Sender in der Nähe ist (Lokalsender), dessen Signalamplitude an der Antenne Werte erreicht, die weit größer sind als die der übrigen Sender des gesamten Spektrums.

Dieser sogenannte Detektorempfänger hat somit in seiner einfachsten Form den Nachteil, daß er nicht selektiv für eine bestimmte Frequenz arbeitet, sondern nur die Signale mit der größten Feldstärke auswertet.

Ersetzt man den Arbeitswiderstand nach *Abb. 2.12* durch einen Parallelresonanzkreis (siehe 1.47), erhält man in Verbindung mit R_A einen frequenzabhängigen Spannungsteiler am Empfängereingang. U_A wird für die Frequenz am größten, bei der die Parallelschaltung aus L_p und C_p in Resonanz ist.

Durch diese Schaltungsverbesserung wird der Detektorempfänger bereits frequenzselektiv, wodurch aus dem Antennenspannungsspektrum Signale bestimmter Frequenz gewählt werden können.

Der Empfangsfrequenzbereich wird durch die Induktivität L_p und den Variationsbereich des Drehkondensators C_p bestimmt.

Ein Detektorempfänger der beschriebenen Art ist natürlich nur für sehr starke AM-Signale von Sendern in unmittelbarer Nähe brauchbar. Er stammt in seiner Konzeption aus der Anfangszeit der Empfängertechnik in der drahtlosen Nachrichtenübertragung, als noch keine aktiven Bauelemente zur Verstärkung der teilweise im µV-Bereich liegenden Empfängereingangsspannungen zur Verfügung standen.

Verfolgt man die Entwicklung weiter, dann bringt die Schaltung nach *Abb. 2.13* bereits entscheidende Vorteile.

Die Eingangsspannung wird für den gewünschten Sender mit dem Parallelschwingkreis aus C_{p1} und L_{p1} selektiert. Der nachgeschaltete Feldeffekttransistor verstärkt das Eingangssignal frequenzselektiv, da der Drainwiderstand ebenfalls als Resonanzkreis für die gleiche Frequenz wie der Eingangskreis ausgeführt ist. Beide Kreise müssen möglichst im Gleichlauf abgestimmt werden, damit sie über den gesamten Variationsbereich jeweils die gleiche Resonanzfrequenz besitzen. Nur bei der „Deckung" beider Resonanzkurven, die den Gleichlauf erfordert, ist eine optimale Verstärkung und Selektivität zu erwarten.

Dem Hf-Verstärker folgt der AM-Demodulator mit der bereits bekannten Diode als Spitzenwertgleichrichter. Dem Demodulator ist schließlich ein weiterer Transistor nachgeschaltet, der die recht schwache Nf-Leistung nach der Demodulation soweit verstärken soll, daß ein ausreichender Kopfhörerempfang möglich ist.

2.1 Geradeaus-Empfänger

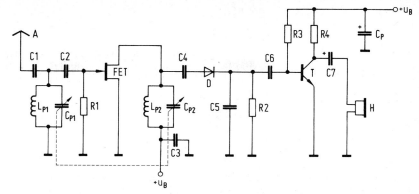

Abb. 2.13 Zweikreis-Geradeausempfänger mit Hf- und Nf-Verstärkerstufe

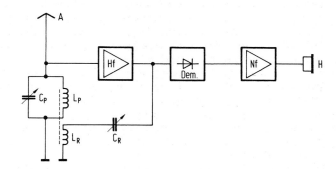

Abb. 2.14 Prinzip des Rückkopplungsempfängers — Schwingkreisentdämpfung durch Kompensation der Verlustenergie (induktive Mitkopplung)

Die Selektivität dieser Empfangsschaltung wird durch die beiden aufeinander folgenden Resonanzkreise gesteigert, da sich die Flankensteilheit der resultierenden Resonanzkurve durch die Reihenschaltung erhöht.

Für die Ansprüche, die heute auf Kurzwellenfrequenzen gestellt werden, ist allerdings auch solch ein Zweikreisempfänger völlig unzureichend und hat nur noch experimentellen Wert, um die Entwicklung der Empfängertechnik zu illustrieren.

Die Bandbreite der Empfängerschaltungen ist direkt abhängig von der Güte der verwendeten Selektionskreise. Neben den Eigenverlusten des Kondensators und der Induktivität wird der jeweilige Kreis zusätzlich durch die angeschlossenen Schaltungselemente bedämpft, so daß die resultierende Güte noch geringer und damit die Selektivität schlechter wird.

Man ist bereits zu Beginn der Verwendung von aktiven Bauelementen (Elektronenröhren) in der Empfängertechnik auf die Idee gekommen, die Schwingkreisverluste durch eine Teilrückführung des verstärkten Signals zu kompensieren, um auf diese Weise einen virtuell verlustfreien Eingangskreis mit extrem hoher Güte zu erhalten.

In Abb. 2.14 ist dieses Verfahren in einer Blockschaltung dargestellt. Dem Eingangskreis ist wiederum ein Hf-Verstäker nachgeschaltet, von dessen Ausgang der zur Entdämpfung notwendige Energieanteil auf den Eingang rückgekoppelt wird.

2 Die Kurzwellen-Amateurfunkstation

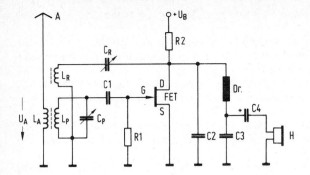

Abb. 2.15
Rückkopplungs-Audionempfänger (0V0) mit einem Sperrschicht-FET Schwingkreisentdämpfung durch induktive Mitkopplung über L_R

Die Rückkopplung muß phasengleich sein, so daß bei der Verwendung einer Source- bzw. Emitterschaltung (früher Katodenbasisschaltung) für den Hf-Verstärker eine zusätzliche Phasendrehung von 180° notwendig wird. Hierdurch erreicht man eine Gesamtdrehung von 360°, die dann wieder der Phasengleichheit entspricht.

Auf den ersten Blick scheint die Schwingkreisentdämpfung das Ei des Columbus in der Empfängertechnik zu sein, zumal die so erreichte Güte ein äußerstes Maß an Schmalbandigkeit garantiert. Doch bei aller Genialität der Idee birgt die Schaltung einige Schwächen, die erläutert werden sollen, um darzustellen, warum die Empfängertechnik nicht bei der Rückkopplungsschaltung stehengeblieben ist:

Die Einstellung des richtigen Rückkopplungsgrads ist äußerst kritisch, da jegliche Veränderung der Versorgungsspannung, der Empfangsfrequenz oder der Antennenkopplung den dynamischen Arbeitsbereich des Verstärkers verschiebt, wodurch die Schaltung entweder schwingt (Kopplungsgrad zu hoch) oder unempfindlicher wird (Kopplungsgrad zu klein).

Eine Verbesserung schafft eine Hf-Vorstufe, die als Puffer zwischen den rückgekoppelten Kreis und die Antenne geschaltet wird, wodurch die Schaltung beim Antennenwechsel oder bei Veränderung der Antennenkopplung stabiler bleibt.

Allerdings ist man nicht davon befreit, den Rückkopplungsgrad bei Veränderung der anderen Parameter (Bandwechsel, Frequenzwechsel usw.) ständig nachzustellen.

Die sehr große Schmalbandigkeit bei richtig dosierter Rückkopplung hat zur Folge, daß die Schaltung nur für Telegrafie brauchbar ist, da der Empfangskanal für Telefonie nicht ausreicht. Zudem wird die Frequenzeinstellung äußerst kritisch, weil mit zunehmender Schmalbandigkeit erhebliche Anforderungen an die Frequenzkonstanz gestellt werden müssen, um ein ständiges Nachstimmen zu verhindern.

Die Rückkopplungsschaltung war lange Zeit die übliche KW-Empfängerkonzeption der Funkamateure, da vor allem die mit recht einfachen Mitteln erreichbare Schmalbandigkeit den Ansprüchen der OMs entgegenkam, die fast ausschließlich in Morse-Telegrafie arbeiteten.

Man entwickelte eine ganze Reihe von Schaltungsvarianten, von denen das Rückkopplungsaudion (lat. audire = hören) die wohl verbreitetste war.

In Abb. 2.15 ist ein Schaltungsbeispiel mit einem FET gegeben. Die Rückkopplung erfolgt induktiv, wobei der Rückkopplungsgrad mit C_R eingestellt werden kann. Der Wickelsinn von L_R muß so gewählt werden, daß eine Mitkopplung (im Gegensatz zur Gegenkopplung) erfolgt, wodurch die Energie phasengleich in den Eingangsschwingkreis induziert wird.

Beim Audion wird der Rückkopplungsverstärker gleichzeitig als Demodulator (für AM) verwendet.

Die Demodulation erfolgt dabei an der Gate-Source-Strecke, die wie eine Diode wirkt. Der Gate-Ableitwiderstand R1, der auch parallel zu C1 liegen kann, bildet den Belastungswiderstand der Diodenstrecke. C1 wirkt als Ladekondensator.

Die an R1 entstehende gleichgerichtete Nf-Spannung wird im FET neben der Hf-Spannung verstärkt. Sie gelangt über das Hf-Siebglied aus C2, Dr und C3 und den Koppelkondensator C4 an den Hörer.

Das Audion wurde fast immer mit einer Hf-Vorstufe betrieben, um neben der notwendigen Antennenentkopplung zu verhindern, daß Sendeenergie beim „Überziehen" der Rückkopplung abgestrahlt wurde.

Allerdings hat es auch einige ganz „Verwegene" gegeben, die das Audion gleichzeitig als Sender benutzt haben. Diese „Urform" des Transceivers gehört allerdings bereits der Historie an.

In der Kurzbeschreibung der Amateurfunkstation, die zwischen Funkpartnern im allgemeinen ausgetauscht wird, erhielt das Audion den Kennbuchstaben V. Ein Audionempfänger ohne weitere Hf- oder Nf-Stufen hatte die Bezeichnung 0 V 0. Besaß er dagegen eine Hf-Vorstufe und sogar noch einen nachgeschalteten Nf-Verstärker, konnte man ihn kurz als 1 V 1 beschreiben.

Die zunehmende Bedeutung der Telefonie im Funkverkehr und das immer stärker werdende Störspektrum stellte die Empfängertechnik bald vor das Problem, Geräte mit steilflankigen Durchlaßkurven zu bauen, die zudem die Mindestbandbreite eines Telefoniekanals haben mußten.

Zwar konnte man die Flankensteilheit bei der notwendigen Bandbreite durch zusätzliche abgestimmte Hf-Vorstufen erhöhen, doch stellte sich hierbei das Problem des bereits erwähnten Gleichlaufs ein, da alle Hf-Stufen in ihrer Resonanzfrequenz möglichst synchron abgestimmt werden müssen, um optimale Empfangsergebnisse zu erhalten.

Amateure brachten es im Selbstbau bis zu zwei Hf-Vorstufen, die mit dem nachgeschalteten Audion bereits drei Gleichlaufkreise erfordern. Erweiterungen scheiterten sowohl am mechanischen als auch am elektrischen Abgleich.

Eine bewundernswerte Konstruktion war der Wehrmachtsempfänger LO 6 K 39. Er besaß sechs Hf-Vorstufen, die nicht nur für einen, sondern für eine ganze Anzahl umschaltbarer Empfangsbereiche in Einknopfabstimmung im Gleichlauf waren.

Die Selektion und Empfindlichkeit des beschriebenen Empfängerprinzips ist in erster Näherung eine Funktion der Anzahl der abgestimmten Kreise und der Gleichlaufqualität.

Man spricht vom „Geradeausempfänger", weil die Empfangsfrequenz vom Antenneneingang bis zum Demodulator beibehalten wird. Hierdurch erreicht man sehr bald eine Grenze, an der sich ein Gleichlauf aller Kreise kaum noch realisieren läßt, da der Abgleichaufwand und die Anforderungen an Bauelementetoleranzen sowie mechanische Präzision einfach zu groß werden. Der Preis für hochwertige Empfänger dieser Art würde exponentiell mit der Anzahl der Kreise ansteigen.

2.2 Das Superhet-Empfangsprinzip

In den 50er Jahren nahm die Aktivität der Funkamateure und leider vor allem auch die der kommerziellen Stationen dermaßen zu, daß man besonders auf den Kurzwellenbändern in Frequenznot geriet.

Abhilfe waren einerseits Modulationsarten mit kleineren Bandbreiten als die bis dahin übliche AM besaß, andererseits aber auch Empfänger mit extrem hoher Selektivität, um

2 Die Kurzwellen-Amateurfunkstation

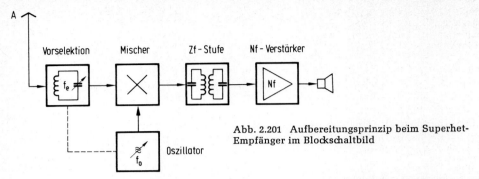

Abb. 2.201 Aufbereitungsprinzip beim Superhet-Empfänger im Blockschaltbild

einen störungsfreien Empfang bei unmittelbarer Frequenznachbarschaft anderer Sender zu gestatten.

Filter, die solchen hohen Selektionsanforderungen genügen, lassen sich aber nur für feste Frequenzen herstellen, so daß man vom Geradeaus-Empfängerprinzip abgehen mußte, das eine Durchstimmung aller Selektionskreise über den gesamten Empfangsbereich erfordert.

Beim Superhet-Empfänger (superheterodyn = durch fremde Hilfe) bedient man sich des Modulations- oder Mischeffekts, der teilweise bereits in 1.51 und 1.52 angesprochen wurde, um Filter mit frequenzkonstantem Durchlaßbereich einsetzen zu können.

Mit Abb. 2.201 läßt sich das Aufbereitungsprinzip des Superhets beschreiben.

Das Antennensignal U_{fe} mit der Empfangsfrequenz f_e gelangt über den Eingangsselektionskreis an die Mischstufe. Dieser Mischstufe wird gleichzeitig ein zweites Hf-Signal U_{fo} zugeführt, das im Empfänger selber erzeugt wird. Der Hf-Generator hierfür ist der sogenannte Oszillator, ein Sender sehr geringer Leistung, die nur geräteintern benötigt wird.

Als Mischer dienen Bauelemente mit nichtlinearer Kennlinie (Diode, Transistor, FET, Elektronenröhre), mit denen beide Signale verknüpft (gemischt) werden.

Je nach Funktion der Kennlinie entstehen im Mischer Signale neuer Frequenzen als Vielfache und deren Kombinationen der Eingangsfrequenzen f_e und f_o. Sie lassen sich am Mischerausgang selektieren, wobei das Summen- und das Differenzfrequenzsignal ($f_o + f_e$ und $f_o - f_e$) mit der größten Amplitude erscheinen sollen.

Zur Selektion des Differenzfrequenzsignals muß der Schwingkreis oder das Filter am Mischerausgang auf ($f_o - f_e$) abgestimmt werden.

Verändert man anschließend die Empfangsfrequenz f_e um Δf auf ($f_e + \Delta f$) und die Oszillatorfrequenz f_o um den gleichen Betrag auf ($f_o + \Delta f$), bleibt die Differenzfrequenz am Mischerausgang konstant, da sich der Frequenzunterschied zwischen beiden Signalen bei gleicher Verstimmung um Δf nicht verändert:

$$(f_o + \Delta f) - (f_e + \Delta f) = f_o + \Delta f - f_e - \Delta f \qquad (166))$$
$$(\text{für } f_o > f_e) \qquad = f_o - f_e$$

Der Oszillator hat somit allein die Aufgabe, die Differenzfrequenz am Mischerausgang konstant zu halten, so daß er grundsätzlich um die gleiche Frequenz verstimmt werden muß, um die die Empfangsfrequenz verändert wird (Abb. 2.202 a).

Die Frequenz des Mischer-Ausgangssignals wird mit Zwischenfrequenz (kurz: Zf) bezeichnet. Bei richtigem „Gleichlauf" zwischen Empfängereingang und Oszillator bleibt die Zf konstant, obwohl die Empfangsfrequenz variiert wird.

2.2 Das Superhet-Empfangsprinzip

Abb. 2.202 a) Zf als Eingangssignaldifferenzfrequenz für $f_o > f_e$ Empfangs- und Oszillatorfrequenzvariation im Gleichlauf

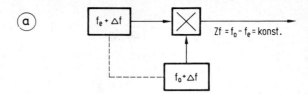

b) Zf als Eingangssignaldifferenzfrequenz für $f_e > f_o$ Empfangs- und Oszillatorfrequenzvariation im Gleichlauf

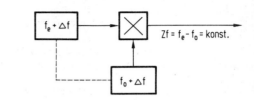

c) Zf als Eingangssignalsummenfrequenz für $f_e > f_o$ oder $f_o > f_e$ Empfangs- und Oszillatorfrequenzvariation gegenläufig

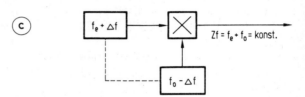

Hierdurch kann man im Zf-Bereich des Superhet-Empfängers die eingangs geforderte Selektion mit festabgestimmten Filtern realisieren.

In einem Zahlenbeispiel sei der Empfangsbereich 3,5 bis 3,8 MHz (80-m-Band). Bei einer gewählten Zf von 2 MHz müßte der Oszillator von 5,5 bis 5,8 MHz laufen.

Allerdings gibt es als zweite Lösung auch die Möglichkeit, den Oszillatorfrequenzbereich unter den Empfangsfrequenzbereich zu legen, wobei f_o von 1,5 bis 1,8 MHz verstimmt werden müßte. Dies ändert nichts an der Tatsache, daß der Mischer die Differenzfrequenz beider Signale bildet, so daß die Zf nach wie vor 2 MHz beträgt (Abb. 2.202 b). Analog zu (166) gilt für $f_e > f_o$:

$$(f_e + \Delta f) - (f_o + \Delta f) = f_e + \Delta f - f_o - \Delta f \qquad (167)$$
$$= f_e - f_o$$

Neben der Differenzfrequenz läßt sich natürlich auch die Summenfrequenz als Zf bilden. Da die Summe als Zf ebenfalls konstant bleiben soll, muß die Oszillatorfrequenzänderung gegenläufig zur Empfangsfrequenzänderung sein:

$$(f_o + \Delta f) + (f_e - \Delta f) = f_o + \Delta f + f_e - \Delta f \qquad (168)$$
$$= f_o + f_e$$

Bleibt man beim Zahlenbeispiel im Empfangsbereich von 3,5 bis 3,8 MHz und wählt eine Zf von 9 MHz, dann muß der Oszillator von 5,5 bis 5,2 MHz laufen, um am Mischerausgang die konstante Zf zu erhalten (Abb. 2.202 c).

2 Die Kurzwellen-Amateurfunkstation

Die Wahl der Zf und die Frequenzlage des Oszillators zur Empfangsfrequenz ist von konstruktiven und elektrischen Forderungen und Gegebenheiten abhängig, die im weiteren diskutiert werden.

Grundsätzlich ist aber festzustellen, daß das Superhet-Empfangsprinzip durch die konstante Zwischenfrequenz den Einsatz von festabgestimmten Filtern gestattet, die nach Formfaktor, Bandbreite und Mittenfrequenz den Notwendigkeiten des Kurzwellenempfangs genügen.

Der Zf-Stufe, die einerseits die beschriebene Selektionsaufgabe zu erfüllen hat, andererseits aber auch die sehr geringen Hf-Spannungen des Eingangs auf ein „handliches" Maß verstärkt, folgt der Demodulator.

In seiner einfachsten Form ist er für AM eine Diode mit einem nachgeschalteten RC-Glied zur Hf-Siebung.

Für die heute üblichen Modulationsarten im Amateurfunk sind die Demodulationsschaltungen allerdings nicht mehr ganz so simpel, so daß sie im einzelnen beschrieben werden müssen.

Der Nf-Verstärker bietet keinerlei technische Probleme. Mit ihm wird das demodulierte Nf-Signal soweit verstärkt, daß es mit ausreichender Zimmerlautstärke im Lautsprecher zu hören ist.

Mit modernen Bauelementen der Elektronik lassen sich auch im Nf-Bereich des Empfängers hochwertige Selektionsfilter aufbauen. Entwicklungsgrundlagen und Schaltungsbeschreibungen sind in den Abschnitten 2.29 und 3.1 zu finden.

2.21 Spiegelselektion, Zf-Durchschlagsfestigkeit

Im Zahlenbeispiel von 2.2 wird der Oszillator von 5,5 bis 5,8 MHz variiert, wodurch der Empfangsbereich bei einer Zf von 2 MHz zwischen 3,5 und 3,8 MHz liegt.

Dieser Empfangsbereich ist allerdings nicht eindeutig, da auch das Band von 7,5 bis 7,8 MHz bei der Mischung mit dem Oszillatorsignal zu einer Zf von 2 MHz führt.

Vor dem Mischer ist somit unbedingt eine Hf-Selektion für den gewünschten Empfangsbereich f_e notwendig, um zu verhindern, daß der nach Abb. 2.211a an der Oszillatorfrequenz f_o um die Zf gespiegelte Frequenzbereich f_s gleichzeitig empfangen wird.
Allgemein gilt für

$$Zf < f_e < f_o \text{ und } Zf = f_o - f_e \tag{169}$$

$$f_s = f_e + 2\,Zf$$

$$= f_o + Zf$$

Der Spiegelfrequenzempfang bei f_s ist nicht nur für die Frequenzbedingungen nach (169) zu berücksichtigen, sondern für alle anderen Größenverhältnisse zwischen Zf, f_o und f_e ebenfalls.

Im folgenden sind die Kombinationsmöglichkeiten in allgemeiner Form aufgeführt, wobei jeweils ein spezielles Zahlenbeispiel für $f_e = 3{,}5$ MHz zum Verständnis beitragen soll.

Für $Zf < f_o < f_e$ und $Zf = f_e - f_o$ wird: (170)

$$f_s = f_e - 2\,Zf$$

$$= f_o - Zf$$

Beispiel: Bei $f_e = 3{,}5$ MHz, $f_o = 3$ MHz und einer Zf von 0,5 MHz wird die Spiegelfrequenz $f_s = 2{,}5$ MHz (Abb. 2.211 b).

2.2 Das Superhet-Empfangsprinzip

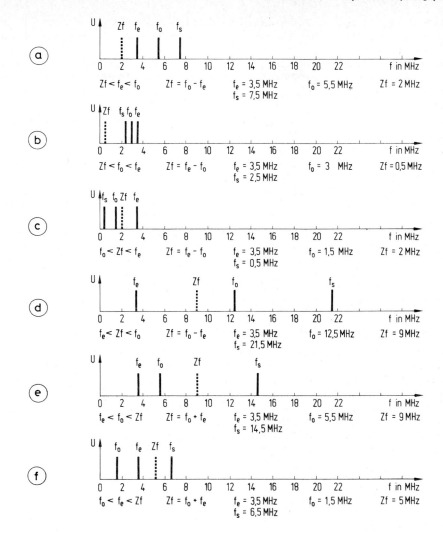

Abb. 2.211 Lage der Spiegelfrequenz bei den unterschiedlichen Größenverhältnissen zwischen f_e, f_o und Zf (dargestellt am speziellen Beispiel für $f_e = 3,5$ MHz)

Für $f_o < Zf < f_e$ und $Zf = f_e - f_o$ wird: (171)

$$f_s = f_e - 2 f_o$$
$$= Zf - f_o$$

Beispiel: Bei $f_e = 3,5$ MHz, $f_o = 1,5$ MHz und einer Zf von 2 MHz wird die Spiegelfrequenz $f_s = 0,5$ MHz (Abb. 2.211 c).

Für $f_e < Zf < f_o$ und $Zf = f_o - f_e$ wird: (172)

$$f_s = f_e + 2\,Zf$$
$$= f_o + Zf$$

Beispiel: Bei $f_e = 3,5$ MHz, $f_o = 12,5$ MHz und einer Zf von 9 MHz wird die Spiegelfrequenz $f_s = 21,5$ MHz (Abb. 2.211 d).

Für $f_e < f_o < Zf$ und $Zf = f_o + f_e$ wird: (173)

$$f_s = f_e + 2\,f_o$$
$$= Zf + f_o$$

Beispiel: Bei $f_e = 3,5$ MHz, $f_o = 5,5$ MHz und einer Zf von 9 MHz wird die Spiegelfrequenz $f_s = 14,5$ MHz (Abb. 2.211 e).

Für $f_o < f_e < Zf$ und $Zf = f_o + f_e$ wird: (174)

$$f_s = f_e + 2\,f_o$$
$$= Zf + f_o$$

Beispiel: Bei $f_e = 3,5$ MHz, $f_o = 1,5$ MHz und einer Zf von 5 MHz wird die Spiegelfrequenz $f_s = 6,5$ MHz (Abb. 2.211 f).

Aus der Grafik der sechs unterschiedlichen Aufbereitungsmethoden ist die nach Abb. 2.211 d offensichtlich die optimale aus der Sicht der Spiegelfrequenzsicherheit, da der Abstand zwischen Empfangs- und Spiegelfrequenz am größten ist.

Bei der Konzeption oder beim Kauf eines Kurzwellen-Empfängers muß man entscheiden, ob man das Kurzwellenband durchgehend empfangen oder sich mit den Amateurfrequenzbereichen zufrieden geben will.

In der professionellen Empfängertechnik legt man die Zf in der Tat höher als die höchste Empfangsfrequenz, wobei der Oszillator dann noch über der Zf schwingt ($f_e < Zf < f_o$).

Diese Aufbereitung gestattet eine lückenlose Überstreichung des KW-Bandes bei bestmöglicher Spiegelselektion. Zudem erhält man eine hohe Zf-Durchschlagsfestigkeit, da der Zf-Bereich in ein wenig belegtes Band außerhalb des Empfangsbereichs fällt.

Abb. 2.212 zeigt das Blockschaltbild eines solchen Empfängers, der sich heute auch mit Amateurmitteln realisieren läßt.

Zur Vorselektion dient ein Tiefpaßfilter, das alle Signale oberhalb 30 MHz, der höchsten Empfangsfrequenz, sperrt.

Wünscht man einen durchgehenden Empfangsbereich von 1,5 bis 30 MHz und legt die Zf auf 40 MHz, dann muß der Oszillator (in Teilbereichen umschaltbar) von 41,5 bis 70 MHz durchgestimmt werden. Der hieraus resultierende Spiegelfrequenzbereich liegt bei dieser Aufbereitung zwischen 81,5 und 110 MHz, bei dem das Tiefpaßfilter am Eingang Dämpfungswerte von mehr als 80 dB besitzt.

Im Handel sind Quarzfilter um 40 MHz mit Bandbreiten um 10 kHz zu einem erträglichen Preis zu kaufen.

Da die hohe Zwischenfrequenz allein die Aufgabe der Spiegelfrequenzdämpfung übernehmen soll, reicht die Bandbreite solcher Filter an dieser Stelle vollkommen aus.

Zur schmalbandigen Selektion und zur eigentlichen Signalverstärkung wird die 1. hohe Zf nach dem Doppelsuperhetverfahren auf eine 2. niederfrequentere heruntergemischt, wofür sich schmalbandige Quarzfilter zur SSB- und Telegrafie-Selektion preisgünstig bauen lassen. 9 MHz ist ein üblicher Zwischenfrequenzbereich, da es hierfür ein breites Angebot von Quarzfiltern für Amateurfunkzwecke gibt.

2.2 Das Superhet-Empfangsprinzip

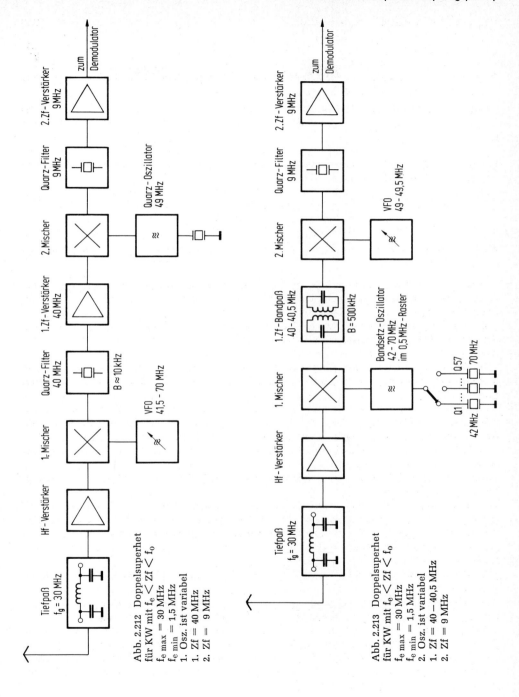

Abb. 2.212 Doppelsuperhet für KW mit $f_e < Zf < f_o$
$f_{e\,max} = 30$ MHz
$f_{e\,min} = 1,5$ MHz
1. Osz. ist variabel
1. Zf = 40 MHz
2. Zf = 9 MHz

Abb. 2.213 Doppelsuperhet für KW mit $f_e < Zf < f_o$
$f_{e\,max} = 30$ MHz
$f_{e\,min} = 1,5$ MHz
2. Osz. ist variabel
1. Zf = 40 – 40,5 MHz
2. Zf = 9 MHz

Ein ähnlicher Aufbereitungsweg ist in *Abb. 2.213* gezeigt. Er besitzt nicht ganz die elektrischen Eigenschaften wie die vorher beschriebene Lösung, da das 1. Zf-Filter als Bandpaß ausgeführt ist.

Der gesamte Empfangsbereich wird in Einzelbereiche von 0,5 MHz aufgeteilt, die mit dem Bandsetzoszillator von 1,5 bis 30 MHz im Raster vorgewählt werden können und auf einen Zf-Variationsbereich von 40 bis 40,5 MHz umgesetzt werden.

Der 2. Oszillator ist um 0,5 MHz stetig variabel (VFO = variable frequency oscillator), so daß mit ihm das jeweils vorgewählte Band überstrichen werden kann. Er wird von 49 bis 49,5 MHz verstimmt, wodurch sich eine 2. Zf von 9 MHz ergibt.

Zwischen dem 1. und dem 2. Mischer liegt in diesem Falle ein LC-Filter, das als Bandpaß für die notwendige Bandbreite von 500 kHz abgestimmt wird. Eine Gleichlaufverstimmung dieses Filters mit dem VFO lohnt nicht, da in diesem Frequenzbereich kaum wesentlich höhere Güten als 80 (0,5 MHz bei 40 MHz) mit LC-Filtern zu erreichen sind.

Die Lösung mit einem möglichst schmalbandigen Quarzfilter in der 1. Zf nach *Abb. 2.212* ist sicherlich vorzuziehen, da hierbei Spiegelfrequenzdämpfung und Zf-Durchschlagsfestigkeit durch die bessere Selektion zwischen dem 1. und dem 2. Mischer entsprechend höher sind.

Es wäre zu wünschen, daß die Hersteller von Amateurfunkgeräten das Konzept der hohen 1. Zf übernehmen, doch leider überwiegen bei der Produktion solcher „Hobbyartikel" nach wie vor wirtschaftliche Gründe, die billige Amateurbandempfänger anderer Konzeption fordern.

Es gibt eine ganze Reihe verschiedener (vor allem firmenspezifischer) Amateurempfänger-Aufbereitungsprinzipien, die zum Teil ihren Ursprung in recht alten Entwicklungen haben und nicht mehr dem Stand der Technik entsprechen.

Doppel- oder sogar Dreifachsuperhet-Empfänger, deren 1. Zf im KW-Bereich liegt, müssen als nicht zeitgemäß angesehen werden. Solche überkommenen Entwicklungen stammen aus einer Zeit in der z. B. 9-MHz-Quarzfilter für den Amateurempfängerbau finanziell undenkbar waren. Damals mußte man auf 500 oder 50 kHz in zwei oder drei Schritten heruntermischen, um dort preisgünstigere Filter hoher Selektion verwenden zu können.

Soweit man sich aber heute auf einen Amateurbandempfänger beschränkt, dessen Zf innerhalb des KW-Bandes liegt (1. Zf kleiner als 30 MHz), bietet sich der Einfachsuperhet als beste Lösung an.

Zwar erreicht man hiermit nicht die Werte für Spiegelfrequenzdämpfung und Zf-Durchschlagsfestigkeit, wie es mit einer 1. Zf über 30 MHz gelingt, doch bietet der Empfänger mit Einfachmischung in jedem Falle Vorteile gegenüber dem Mehrfachsuperhet (kreuzmodulationsfester, weniger unerwünschte Mischprodukte).

Abb. 2.214 zeigt das Blockschaltbild eines Einfachsuperhets mit einer Zf von 9 MHz.

Bei einem Empfangsbereich von 1,5 bis 30 MHz muß der von 8,5 bis 9,5 MHz ausgeschlossen werden, da er zu dicht an der Zf liegt.

Der Oszillator ist von 10,5 bis 39 MHz in 500-kHz-Schritten variabel. Hierzu wird ein Mischer-VFO (Super-VFO) verwendet, dessen Bandsetz-Oszillator in 500-kHz-Bereichen von 16 bis 44 MHz gerastert ist. Dieses Quarzsignal wird mit einem VFO gemischt, der von 5 bis 5,5 MHz stetig variabel ist. Das Differenzfrequenzsignal beider ergibt das eigentliche Oszillatorsignal von 10,5 bis 39 MHz für den Zf-Mischer (der Sperrbereich ausgenommen).

Bei Eingangsfrequenzen unter 8,5 MHz erhält man mit $f_e < Zf < f_o$ Spiegelfrequenzverhältnisse, die dem Beispiel nach *Abb. 2.211 d* entsprechen.

Oberhalb von 9,5 MHz gilt $Zf < f_e < f_o$, wodurch ebenfalls eine recht gute Spiegelfrequenzdämpfung möglich ist ($f_s = f_e + 2 Zf$).

2.2 Das Superhet-Empfangsprinzip

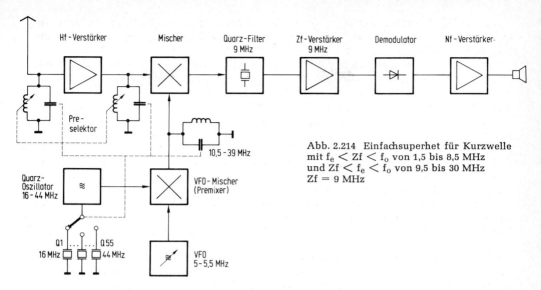

Abb. 2.214 Einfachsuperhet für Kurzwelle mit $f_e < Zf < f_o$ von 1,5 bis 8,5 MHz und $Zf < f_e < f_o$ von 9,5 bis 30 MHz $Zf = 9$ MHz

Die Zf-Durchschlagsfestigkeit ist allerdings besonders für Empfangsfrequenzen um den Sperrbereich von 8,5 bis 9,5 MHz sehr schlecht. Man verbessert sie durch Serienresonanzkreise, die als Zf-Fallen parallel zum Empfängereingang geschaltet werden.

Beim gegebenen Aufbereitungsprinzip ist die Hf-Vorstufe für die Qualität der Spiegelselektion und der Zf-Durchschlagsfestigkeit verantwortlich.

Die Kreise der Vorstufe werden bei fast allen Empfängern dieser Art getrennt vom VFO abgestimmt. Man spricht hier vom Preselektor (Vorselektor), mit dem die Vorkreise möglichst genau auf Resonanz abgestimmt werden, um optimale Empfangsverhältnisse zu schaffen. Man findet oft eine induktive Verstimmung (mit einem Mehrfachvariometer), die einen sehr großen Variationsbereich ermöglicht. Die Verstimmung mit Kapazitätsdioden bietet allerdings erhebliche konstruktive Vorteile.

Eine Ausnahme bilden reine Amateurband-Empfänger, die nur für die schmalen Amateurfrequenzbänder brauchbar sind. Hier sind festabgestimmte Bandpässe im Eingang, die eine sogenannte „Einknopfabstimmung" mit dem VFO über das vorher gewählte Amateurband ermöglichen. Allerdings muß man beim Kauf oder Bau eines solchen Gerätes bedenken, daß jegliche Empfangsfrequenzerweiterung durch wahlweises Zuschalten von Bereichsquarzen unmöglich ist, soweit die Bandpässe optimal abgeglichen sind.

Spiegelfrequenzdämpfung und Zf-Durchschlagsfestigkeit sind nach den vorausgegangenen Betrachtungen direkt abhängig vom Aufbereitungsprinzip des Empfängers.

Je höher das Verhältnis zwischen f_s und f_e ist, um so größer wird die Spiegel-Dämpfung sein, soweit man gleiche Eingangsselektionsmittel voraussetzt.

Gleiches gilt für die Zf-Durchschlagsfestigkeit, wofür ein möglichst großes Verhältnis zwischen Zf und f_e anzustreben ist und die Vorselektion in Verbindung damit für eine hohe Durchlaßdämpfung der Zf vor dem Mischer sorgen muß.

Beide Empfänger-Daten werden als logarithmische Verhältniswerte angegeben.

Man vergleicht hierzu die notwendige Eingangsspannung des unerwünschten Signals (f_s oder Zf), die das gleiche Ausgangssignal am Empfänger hervorruft, wie eine definierte Eingangsspanung (z. B. 1 μV) der eingestellten Empfangsfrequenz.

Muß man beispielsweise ein Signal der Zf mit 10 mV an den Empfängereingang legen, um ausgangsseitig die gleiche Feldstärkeanzeige zu erhalten wie für 1 µV bei der eingestellten Empfangsfrequenz, dann beträgt die Zf-Durchschlagsfestigkeit (oder Zf-Dämpfung der Vorstufen) für den gemessenen Empfangsbereich 80 dB (= 10^4).

Sowohl die Spiegelfrequenzdämpfung als auch die Zf-Durchschlagsfestigkeit sind von der Eingangsfrequenz abhängig, da sich die Verhältnisse von f_e, f_o und Zf bei der Variation von f_e und f_o für jeden Empfangsbereich ändern.

Für einen Amateurempfänger müssen die Werte demnach zumindest für jedes Band (160, 80, 40, 20, 15 und 10 m) angegeben werden, zumal der schlechteste davon ein Maß für die Qualität ist.

2.22 Mischung

Bei der Mischung werden zwei Signale unterschiedlicher Frequenzen miteinander verknüpft.

Am Mischerausgang erscheinen je nach der Übertragungsfunktion Vielfache, sowie Summen und Differenzen der Vielfachen der Eingangssignalfrequenzen.

Man unterscheidet zwischen additiven und multiplikativen Mischschaltungen.

Beim additiven Mischer werden nach *Abb. 2.221* die beiden Eingangssignale direkt zusammengeführt, so daß sie sich zunächst überlagern.

Das überlagerte Signal, in dem noch keine neuen Frequenzen vorhanden sind, gelangt an den Mischer, einem Bauelement mit nichtlinearer Kennlinie (Diode, Transistor, FET). Nur die nichtlineare Kennlinienform (n-ten Grades) vermag aus den überlagerten Eingangssignalen im Mischer neue Frequenzen zu erzeugen.

Bei der multiplikativen Mischung wird der Mischer von zwei „parallelen" Eingangssignalen verschiedener Frequenz gesteuert. Die Signale werden getrennten Steuerelektroden des Mischers zugeführt.

Während die Kennlinie des additiven Mischers ihre Form beibehält, wird sie bei der multiplikativen Mischung in ihrer Steilheit durch eines der beiden zu mischenden Signale gesteuert, so daß die Verstärkung des einen Eingangssignals nach *Abb. 2.222* durch das andere beeinflußt wird.

Im Gegensatz zum additiven Mischer kann die steuerbare Kennlinie beim multiplikativen Mischer linear verlaufen, da die Steilheitsveränderung durch das zweite Eingangssignal geschieht. Allerdings besitzen alle Kennlinien Nichtlinearitäten, so daß diese Tatsache nur theoretischer Natur ist.

Beim Mischer mit einem Dual-Gate MOS FET nach *Abb. 2.222* wird die Steilheit über G_2 gesteuert. In der Grafik ist U_{G_2} als Parameter eingezeichnet worden, wodurch die unterschiedliche Steilheit zum Ausdruck kommt.

Die Steilheitsänderung durch die Steuerung von G_2 mit dem zweiten Eingangssignal bestimmt den Verlauf der Ausgangsamplitude.

Durch die Nichtlinearität der Mischerkennlinie entsteht beim additiven Mischvorgang eine ganze Reihe von Frequenzen.

Zur Analyse dieser Mischprodukte muß die Übertragungsfunktion des Mischers bekannt sein, die sich durch den Verlauf der Kennlinie beschreiben läßt.

Allgemein besteht die Kennlinie in ihrer nichtlinearen Form aus linearen, quadratischen, kubischen und Anteilen höherer Ordnung (Polynom). In der Mathematik schreibt man hierfür:

$$i = a\,u_e + b\,u_e^2 + c\,u_e^3 + \ldots + \alpha\,u_e^n \tag{175}$$

2.2 Das Superhet-Empfangsprinzip

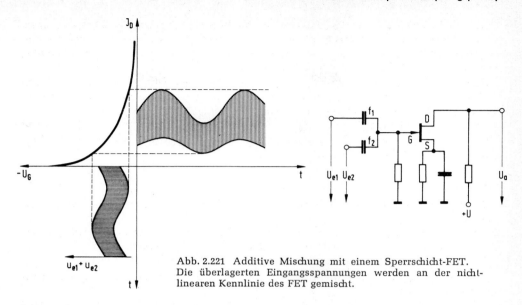

Abb. 2.221 Additive Mischung mit einem Sperrschicht-FET.
Die überlagerten Eingangsspannungen werden an der nichtlinearen Kennlinie des FET gemischt.

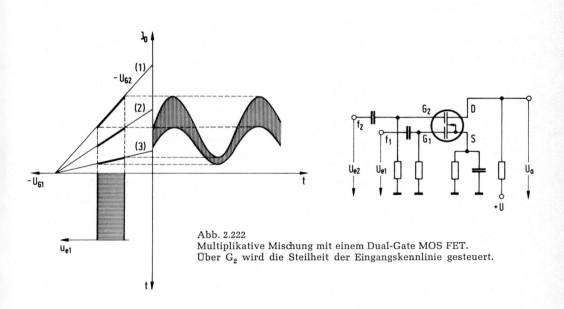

Abb. 2.222
Multiplikative Mischung mit einem Dual-Gate MOS FET.
Über G_2 wird die Steilheit der Eingangskennlinie gesteuert.

2 Die Kurzwellen-Amateurfunkstation

u_e ist die überlagerte Eingangsspannung, die die Summe aus den beiden zu mischenden Eingangssignalen unterschiedlicher Frequenz darstellt:

$$u_e = A \sin \omega_1 t + B \sin \omega_2 t \tag{176}$$

mit $\quad u_{e_1} = A \sin \omega_1 t$

und $\quad u_{e_2} = B \sin \omega_2 t$

Setzt man (176) in (175) ein, erhält man den Kennlinienverlauf in seiner recht komplexen mathematischen Beschreibung.

Beschränkt man sich bei einer exemplarischen Untersuchung auf die ersten drei Glieder von (175), wird:

$$i = a A \sin \omega_1 t + a B \sin \omega_2 t \quad \text{— linearer Teil} \tag{177}$$

$$\left.\begin{array}{l} + b A^2 \sin^2 \omega_1 t + b B^2 \sin^2 \omega_2 t \\ + 2 b A B \sin \omega_1 t \cdot \sin \omega_2 t \end{array}\right\} \text{— quadratischer Teil}$$

$$\left.\begin{array}{l} + c A^3 \sin^3 \omega_1 t + 3 c A^2 B \sin^2 \omega_1 t \cdot \sin \omega_2 t \\ + 3 c A B^2 \sin \omega_1 t \cdot \sin^2 \omega_2 t + c B^3 \sin^3 \omega_2 t \end{array}\right\} \text{— kubischer Teil}$$

Aus dieser bis zum kubischen Glied „vereinfachten" Beziehung lassen sich die Frequenzen bestimmen, die bei der Mischung der überlagerten Eingangssignale an der beschriebenen Kennlinie entstehen.

Hierzu müssen die Sinusfunktionen der einzelnen Glieder in (177) mit Hilfe der sogenannten Additionstheoreme aufgelöst werden.

Auf diese Rechnung wird allerdings verzichtet, zumal nur von Interesse ist, welche Frequenzen am Mischerausgang erscheinen.

Neben den beiden Grundfrequenzen ω_1 und ω_2, die im linearen Teil enthalten sind, erscheint ein umfangreiches Spektrum weiterer Harmonischer und Mischprodukte:

$$\begin{array}{ll} \sin^2 \omega_1 t & \text{erzeugt } 2 \omega_1 \\ \sin^2 \omega_2 t & \text{erzeugt } 2 \omega_2 \\ \sin \omega_1 t \cdot \sin \omega_2 t & \text{erzeugt } (\omega_1 + \omega_2) \text{ und } (\omega_1 - \omega_2) \\ \sin^3 \omega_1 t & \text{erzeugt } 3 \omega_1 \text{ und } \omega_1 \\ \sin^3 \omega_2 t & \text{erzeugt } 3 \omega_2 \text{ und } \omega_2 \\ \sin^2 \omega_1 t \cdot \sin \omega_2 t & \text{erzeugt } (2 \omega_1 + \omega_2) \text{ und } (2 \omega_1 - \omega_2) \\ \sin^2 \omega_2 t \cdot \sin \omega_1 t & \text{erzeugt } (\omega_1 + 2 \omega_2) \text{ und } (\omega_1 - 2 \omega_2) \end{array} \tag{178}$$

Als Mischprodukte findet man hierbei
$(\omega_1 \pm \omega_2)$ aus dem quadratischen Glied (2. Ordnung)
und
$(2 \omega_1 \pm \omega_2)$ und $(\omega_1 \pm 2 \omega_2)$ aus dem kubischen Glied (3. Ordnung).
Diese Mischprodukte kann man in der Form

$$(p \cdot \omega_1 \pm q \cdot \omega_2) \tag{179}$$

schreiben, wobei p und q ganze Zahlen sind. Die Summe aus p und q gibt die Ordnung der Mischprodukte an.

Bei einer Kennlinie, die maximal kubische Anteile enthält, kann p + q natürlich nur 3 werden.

2.2 Das Superhet-Empfangsprinzip

Bei einer Kennlinie n-ten Grades wird p + q maximal n, wobei zur Bestimmung aller Mischprodukte alle Permutationen (Kombinationsmöglichkeiten) berücksichtigt werden müssen.

Für n = 4 erhält man am Mischerausgang folgende Frequenzen:

$\omega_1, 2\omega_1, 3\omega_1, 4\omega_1$
$\omega_2, 2\omega_2, 3\omega_2, 4\omega_2$ Grundfrequenzen und Harmonische

$(\omega_1 \pm \omega_2)$ Mischprodukte 2. Grades

$(2\omega_1 \pm \omega_2), (\omega_1 \pm 2\omega_2)$ 3. Grades

$(3\omega_1 \pm \omega_2), (2\omega_1 \pm 2\omega_2), (\omega_1 \pm 3\omega_2)$ 4. Grades

Man kann sich leicht vorstellen, welch eine hohe Anzahl von Mischfrequenzen entsteht, wenn man alle Permutationen bei einer Kennlinie höherer (z. B. der 15.) Ordnung untersuchen will.

Für den Mischvorgang sind nach 2.2 allein die Summe oder die Differenz der beiden Eingangssignalfrequenzen f_1 und f_2 gewünscht. Alle anderen Frequenzen, die beim Mischen entstehen und am Ausgang mit unterschiedlicher Amplitude erscheinen, sind unerwünscht und müssen nach Möglichkeit durch Selektionsmittel unterdrückt werden.

$(\omega_1 \pm \omega_2)$ bzw. $(f_1 \pm f_2)$ entstehen aus dem Produkt von $\sin \omega_1 t \cdot \sin \omega_2 t$. Dieses Produkt wird am quadratischen Teil der Kennlinie gebildet, an dem die Eingangsspannung u_e quadriert wird:

$$u_e^2 = (A \sin \omega_1 t + B \sin \omega_2 t)^2 \qquad (180)$$

Zum Ausmultiplizieren wendet man die binomische Formel

$$(a + b)^2 = a^2 + 2ab + b^2 \qquad (181)$$

an, so daß man für (180)

$$u_e^2 = A^2 \sin^2 \omega_1 t + \underline{2AB \sin \omega_1 t \cdot \sin \omega_2 t} + B^2 \sin^2 \omega_2 t \qquad (182)$$

erhält.

In diesem Ausdruck findet man das gewünschte Produkt für die Mischung. Nur allein aus diesem Grunde soll die Kennlinie des Mischers möglichst quadratische Form haben, damit das quadratische Glied und damit das Produkt der Eingangssignale am Ausgang den maximal möglichen Amplitudenanteil erhält.

Alle anderen Anteile höherer Ordnung sind für den Mischvorgang überflüssig und stören sogar im ungünstigsten Fall, wenn man sie nicht eliminieren kann.

Der multiplikative Mischer ist im Idealfall ein reiner Multiplizierer, in dem das Produkt der Eingangssignale gebildet wird. In Abb. 2.223 ist dies symbolisch dargestellt.

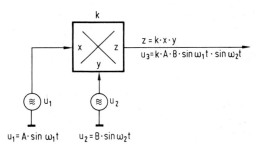

Abb. 2.223 Multiplikative Mischung mit einem Analog-Multiplizierer

Die Übertragungsfunktion für den Mischer ist:

$$z = k \cdot x \cdot y \tag{183}$$

Hierin ist k eine Konstante, mit dem das Produkt aus x und y zusätzlich multipliziert wird. Bei Verstärkung ist k größer als 1 bei Dämpfung kleiner als 1.

Setzt man in (183) die Eingangsspannungen ein, ist

$$u_a = k \cdot A \sin \omega_1 t \cdot B \sin \omega_2 t \tag{184}$$

$$= k \cdot A B \sin \omega_1 t \cdot \sin \omega_2 t$$

$$= U_{a\,max} \sin \omega_1 t \cdot \sin \omega_2 t$$

Hierin ist allein das Produkt der Sinusfunktionen enthalten, aus dem sich nach der Multiplikationsregel nur die Frequenzen $(\omega_1 \pm \omega_2)$ bzw. $(f_1 \pm f_2)$ ergeben.

Dies wäre der Idealfall der Mischung, da alle anderen unerwünschten und teilweise störenden Mischprodukte und Harmonische erst gar nicht erzeugt werden.

Leider ist dieser Fall bei den üblichen multiplikativen Mischern nicht realistisch.

Die Eingangskennlinien beider Steuerelektroden sind nichtlinear, so daß hierdurch Harmonische der Grundfrequenzen entstehen, die ebenfalls miteinander multipliziert werden.

Außerdem steht die Steilheitssteuerung durch die zweite Elektrode nicht im proportionalen Verhältnis zur Steuerspannung, sondern entspricht wiederum dem nichtlinearen Kennlinienverlauf, wodurch unerwünschte Mischprodukte entstehen.

Der ideale multiplikative Mischer wäre ein Analogmultiplizierer, den es in der Tat gibt. Allerdings ist der Frequenzbereich solcher Schaltungen eingeschränkt, so daß sie kaum für Mischzwecke der beschriebenen Form eingesetzt werden können.

Vergleicht man die additive und die multiplikative Mischung, lassen sich für beide Schaltungsarten Vor- und Nachteile angeben.

Die multiplikative Mischung wurde vor allem in der Röhrentechnik mit Hexoden, Heptoden und Oktoden (ECH 81, EK 90 bzw. 6BE6 usw.) angewandt. In schaltungsähnlicher Form läßt sie sich in der Halbleitertechnik mit dem Dual-Gate MOS FET durchführen.

Betreibt man den multiplikativen Mischer im möglich linearen Bereich der Kennlinien, lassen sich die unerwünschten Mischprodukte bis zu einem Minimum reduzieren.

Ein großer Vorzug ist die Entkopplung der beiden Eingangssignale durch die Ansteuerung getrennter Steuerelektroden. Hierdurch vermeidet man das bei additiven Mischstufen mögliche Mitziehen der Oszillatorfrequenz durch die Verstimmung der Vorkreise.

Der wesentliche Nachteil der multiplikativen Mischung ist das durch die Stromverteilung erzeugte hohe Rauschen, das besonders für sehr hohe Empfangsfrequenzen ungünstig ist, da es die Empfängerempfindlichkeit reduziert.

Zudem ist die Mischverstärkung geringer als bei der additiven Mischung.

Bei der additiven Mischung kann man davon ausgehen, daß ihr Rauschen kleiner als das der multiplikativen Mischung ist, aber etwa um den Faktor 2 bis 3 größer als das eines Geradeaus-Verstärkers. Außerdem ist die erreichbare Mischverstärkung etwa $1/3$ der Verstärkung eines Signals gleichbleibender Frequenz.

Eine charakteristische Angabe des Mischers ist seine Mischsteilheit S_c. Je höher sie ist, um so größer ist die erreichbare Mischverstärkung.

S_c ist das Verhältnis des Zf-Ausgangswechselstroms i_{Zf} zur Hf-Eingangswechselspannung $u_{e\,Hf}$:

$$S_c = \frac{i_{Zf}}{u_{e\,Hf}} \quad \text{in} \frac{mA}{V} \tag{185}$$

2.2 Das Superhet-Empfangsprinzip

Die Mischsteilheit wird einerseits durch die Kennlinien der Mischerbauelemente bestimmt und steht andererseits in einer starken Abhängigkeit zur Amplitude des Oszillators.
Bei optimaler Dimensionierung einer Mischstufe und günstig gewählter Oszillatorspannungsamplitude beträgt S_c etwa $1/3$ der Steilheit für Geradeaus-Betrieb.

Bei der Konzeption eines Superhet-Empfängers muß man darauf achten, daß sogenannte unerwünschte Mischprodukte möglichst nicht in den Empfangsbereich fallen.

Oft läßt sich dies nicht vermeiden, vor allem bei Geräten, deren Zwischenfrequenz innerhalb des KW-Bereiches liegt. Man sollte dann aber in der Lage sein, die unerwünschten Mischprodukte zu erkennen und ihre Ursache zu analysieren. Oft läßt sich eine Verbesserung durch Veränderung des Mischerarbeitspunktes erreichen.

Unerwünschte Mischprodukte erscheinen immer dann, wenn in einem gegebenen Empfangsbereich die Summen (bei Summenmischung) oder die Differenzen (bei Differenzmischung) zweier Frequenzen und ihrer Harmonischen zusammenfallen (Koinzidenzen ergeben).

Sowohl bei der Differenz- als auch bei der Summenmischung erhält man jeweils zwei Beziehungen für unerwünschte Mischprodukte (UM), deren Ergebnisse mit der Zf zusammenfallen (koinzident sind).

Für Differenzmischung:

$$UM_{D_1} = (L - 1) \cdot A - (K - 1) \cdot B \qquad (186)$$

$$UM_{D_2} = (K + 1) \cdot B - (L + 1) \cdot A \qquad (187)$$

Für Summenmischung:

$$UM_{S_1} = (L + 1) \cdot A - (K - 1) \cdot B \qquad (188)$$

$$UM_{S_2} = (K + 1) \cdot B - (L - 1) \cdot A \qquad (189)$$

Hierin sind A und B die beiden Eingangsfrequenzen des Mischers (f_e und f_o) in ihrer 1. Harmonischen (Grundwelle), wobei für A immer die tiefere der beiden Frequenzen einzusetzen ist, so daß $A < B$ gilt.

Die unerwünschten Mischprodukte treten immer dann auf, wenn K/L gleich dem Verhältnis A/B ist und dabei K und L ganze Zahlen sind.

In einem Zahlenbeispiel sei $A = 1$ MHz und $B = 5$ MHz. Die zugehörige Zf beträgt bei Differenzmischung $(B - A)$ 4 MHz.

Das Verhältnis von L/K muß nach den gegebenen Frequenzen jeweils 1:5 sein.

Für das Beispiel gilt dann:

$A = 1$ MHz $\qquad B = 5$ MHz

$K_1 = 1 \qquad L_1 = 5$

$K_2 = 2 \qquad L_2 = 10$

$K_3 = 3 \qquad L_3 = 15$

$\qquad$ usw.

$K_n = n \qquad L_n = 5n$

Setzt man die Verhältniszahlen von L und K in (186) ein, erhält man für die ersten drei Möglichkeiten (K_1 bis K_3 bzw. L_1 bis L_3):

$$UM_{D_{11}} = 4 \cdot 1 \text{ MHz} - 0 \cdot 5 \text{ MHz} = 4 \text{ MHz}$$

$$= 4 A \qquad\qquad\qquad\qquad\qquad\text{(4. Ordnung)}$$

2 Die Kurzwellen-Amateurfunkstation

$$UM_{D12} = 9 \cdot 1 \text{ MHz} - 1 \cdot 5 \text{ MHz} = 4 \text{ MHz}$$
$$= 9A - B \qquad (10.\ \text{Ordnung})$$
$$UM_{D13} = 14 \cdot 1 \text{ MHz} - 2 \cdot 5 \text{ MHz} = 4 \text{ MHz}$$
$$= 14A - 2B \qquad (16.\ \text{Ordnung})$$

Für L und K in (187) wird:

$$UM_{D21} = 2 \cdot 5 \text{ MHz} - 6 \cdot 1 \text{ MHz} = 4 \text{ MHz}$$
$$= 2B - 6A \qquad (8.\ \text{Ordnung})$$
$$UM_{D22} = 3 \cdot 5 \text{ MHz} - 11 \cdot 1 \text{ MHz} = 4 \text{ MHz}$$
$$= 3B - 11A \qquad (14.\ \text{Ordnung})$$
$$UM_{D23} = 4 \cdot 5 \text{ MHz} - 16 \cdot 1 \text{ MHz} = 4 \text{ MHz}$$
$$= 4B - 16A \qquad (20.\ \text{Ordnung})$$

Beide Beispiele kann man bis K_n/L_n fortsetzen. Das Ergebnis des jeweiligen Mischprodukts hat nach (179) die Form

$$p \cdot A - q \cdot B$$

oder

$$q \cdot B - p \cdot A$$

wobei $p + q$ die Ordnung des Mischprodukts angibt.

Das gleiche Zahlenbeispiel läßt sich für Summenmischung $(A + B)$ durchrechnen, bei der die Zf 6 MHz wird.

L und K in (188) eingesetzt ergibt:

$$UM_{S11} = 6A \qquad (6.\ \text{Ordnung})$$
$$UM_{S12} = 11A - B \qquad (12.\ \text{Ordnung})$$
$$UM_{S13} = 16A - 2B \qquad (18.\ \text{Ordnung})$$

und in (189):

$$UM_{S21} = 2B - 4A \qquad (6.\ \text{Ordnung})$$
$$UM_{S22} = 3B - 9A \qquad (12.\ \text{Ordnung})$$
$$UM_{S23} = 4B - 14A \qquad (18.\ \text{Ordnung})$$

Im allgemeinen sind unerwünschte Mischprodukte 10. Ordnung bereits so gering in ihrer Amplitude, daß sie kaum noch stören und daher vernachlässigt werden können.

Man muß allerdings um ihre Existenz wissen, da falsche Arbeitspunkte an den Hf-Vorstufen und vor allem am Mischer sowie ein stark oberwellenhaltiger Oszillator auch Störungen höherer Ordnung ermöglichen.

Im betrachteten Zahlenbeispiel wurde von einem Empfangskanal (Festfrequenz) ausgegangen. Beim Kurzwellenbetrieb im Amateurfunk beschränkt sich der Empfang (und das Senden) aber nicht nur auf einzelne Festfrequenzen, wie es beim UKW-Relaisbetrieb üblich ist, sondern man muß bei der Analyse der möglichen störenden Mischprodukte Empfangsfrequenzbänder berücksichtigen, die dem jeweiligen Amateurfunkband entsprechen.

2.2 Das Superhet-Empfangsprinzip

Da die unerwünschten Mischprodukte nach den Gesetzen (186) bis (189) auftreten, lassen sie sich in allgemeiner Form in Abhängigkeit vom Verhältnis A/B der beiden Eingangsfrequenzen bestimmen (A < B).

In den *Tabellen 2.221* und *2.222* sind alle möglichen störenden Mischprodukte für Differenz- und Summenmischung bis zur 15. Ordnung aufgeführt, so daß lediglich das Frequenzaufbereitungssystem des Empfängers bekannt sein muß, um mögliche „Selbststörer" ermitteln zu können.

Man errechnet zunächst den Verhältnisbereich von A_a/B_a bis A_e/B_e mit einer Genauigkeit von drei Stellen hinter dem Komma. Er wird aus den Quotienten der Anfangs- und Endfrequenz des Empfangsbereichs und den zugehörigen Oszillatorfrequenzen bestimmt.

A_a/B_a und A_e/B_e bilden die Grenzen in der Verhältnisspalte der Tabellen, zwischen denen man die auftretenden unerwünschten Mischprodukte bis zur 15. Ordnung aufsuchen kann.

In einem Zahlenbeispiel zum Gebrauch der Tabellen sei der Empfangsbereich 14,0 bis 14,5 MHz (20-m-Band) bei einer Zf von 9 MHz, so daß der Oszillator bei Differenzmischung (B − A) von 5 bis 5,5 MHz variiert werden muß.

Für den Bandanfang beträgt das Verhältnis

$$V_a = \frac{A_a}{B_a} = \frac{5}{14} = 0{,}357$$

und für das Bandende

$$V_e = \frac{A_e}{B_e} = \frac{5{,}5}{14{,}5} = 0{,}379$$

Innerhalb des Verhältnisbereichs von 0,357 bis 0,379 findet man in der *Tabelle 2.221* störende Mischprodukte 9. und 13.Ordnung bei 0,364 und 0,375.

Zur Bestimmung der genauen Frequenzen, bei denen die Störungen auftreten können, dienen bei Differenzmischung die Beziehungen:

$$B_D = \frac{Zf}{1-V} \qquad (190)$$

und

$$A_D = V \cdot B_D \qquad (191)$$

Für das Verhältnis $V_1 = 0{,}364$ wird

$$B_{D_1} = \frac{9\,\text{MHz}}{1-0{,}364}$$

$$= 14{,}151\,\text{MHz}$$

$$A_{D_1} = 0{,}364 \cdot 14{,}151\,\text{MHz}$$

$$= 5{,}151\,\text{MHz}$$

und für $V_2 = 0{,}375$ wird

$$B_{D_2} = \frac{9\,\text{MHz}}{1-0{,}375}$$

$$= 14{,}4\,\text{MHz}$$

$$A_{D_2} = 0{,}375 \cdot 14{,}4\,\text{MHz}$$

$$= 5{,}4\,\text{MHz}$$

Tabelle 2.221 Tabelle zur Bestimmung der Koinzidenzen der Differenzen zweier Frequenzen A und B und ihrer Harmonischen bis zu Mischprodukten 15. Ordnung.
(Differenzmischung: B–A, B>A)

A:B	1	2	3	4	5	6	7	8	9	10	11	12	13	14	15
0,000	B	B–A	B±2A	B±3A	B±4A	B±5A	B±6A	B±7A	B±8A	B±9A	B±10A	B±11A	B±12A	B±13A	B±14A
0,063															15A
0,067														14A	
0,072													13A		
0,077												12A			
0,083											11A				2B–13A
0,091										10A				2B–12A	
0,100									9A				2B–11A		
0,111								8A				2B–10A			
0,125							7A				2B–9A				
0,133															14A–B
0,143						6A				2B–8A				13A–B	
0,154													12A–B		
0,167					5A				2B–7A			11A–B			
0,182											10A–B				3B–12A
0,200				4A				2B–6A		9A–B				3B–11A	
0,214															13A–2B
0,222									8A–B				3B–10A		
0,231															12A–2B
0,250			3A				2B–5A	7A–B				3B–9A	11A–2B		
0,273												10A–2B			
0,286							6A–B				3B–8A				
0,300											9A–2B				4B–11A
0,308														12A–3B	
0,333		2A				2B–4A / 5A–B				3B–7A / 8A–2B				4B–10A / 11A–4B	
0,364												10A–3B			
0,375								7A–2B				4B–9A			
0,400					4A–B				3B–6A				9A–3B		
0,416															11A–4B
0,429							6A–2B				4B–8A				
0,445										8A–3B					5B–10A
0,455													10A–4B		
0,500	A			3A–B	2B–3A		5A–2B	3B–5A		7A–3B	4B–7A		9A–4B	5B–9A	
0,545															10A–5B
0,555													8A–4B		
0,571									6A–3B				8B–5A		
0,600						4A–2B				4B–6A				9A–5B	
0,625											7A–4B		5B–8A		6B–9A
0,667			2A–B				3B–4A	5A–3B				5B–7A	8A–5B		
0,700															9A–6B
0,715										6A–4B				6B–8A	
0,750					3A–2B				4B–5A			7A–5B			
0,778														8A–6B	
0,800							4A–3B				5B–6A				
0,833									5A–4B				6B–7A		
0,858											6A–5B				7B–8A
0,875													7A–6B		
1,000		B–A		2B–2A		3B–3A		4B–4A		5B–5A		6B–6A		7B–7A	

Tabelle 2.222 Tabelle zur Bestimmung der Koinzidenzen zwischen der Summe zweier Frequenzen A und B und den Differenzen ihrer Harmonischen bis zu Mischprodukten 15. Ordnung. (Summenmischung: $A + B$, $B > A$)

A:B	1	2	3	4	5	6	7	8	9	10	11	12	13	14	15
0,000	B	B–A	B±2A	B±3A	B±4A	B±5A	B±6A	B±7A	B±8A	B±9A	B±10A	B±11A	B±12A	B±13A	B±14A
0,072															2B–13A 15A
0,077														2B–12A 14A	
0,083													2B–11A 13A		
0,091												2B–10A 12A			
0,100											2B–9A 11A				
0,111										2B–8A 10A					
0,125								2B–7A 9A							
0,143							2B–6A 8A								
0,154														3B–12A 14A–B	
0,167						2B–5A 7A							3B–11A 13A–B		
0,182												3B–10A 12A–B			
0,200					2B–4A 6A						3B–9A 11A–B				
0,222										3B–8A 10A–B					
0,250				2B–3A 5A					3B–7A 9A–B						4B–11A 13A–2B
0,273													4B–10A 12A–2B		
0,286								3B–6A 8A–B							
0,300												4B–9A 11A–2B			
0,333			2B–2A 4A				3B–5A 7A–B					4B–8A 10A–2B			
0,364														5B–10A 12A–3B	
0,375										4B–7A 9A–2B					
0,400						3B–4A 6A–B								5B–9A 11A–3B	
0,429										4B–6A 8A–2B					
0,445												5B–8A 10A–3B			
0,500		2B–A 3A			3B–3A 5A–B			4B–5A 7A–2B			5B–7A 9A–3B			6B–9A 11A–4B	
0,555													6B–8A 10A–4B		
0,571										5B–6A 8A–3B					
0,600							4B–4A 6A–2B								
0,625													6B–7A 9A–4B		
0,667				3B–2A 4A–B					5B–5A 7A–3B					7B–8A 10A–5B	
0,715												6B–6A 8A–4B			
0,750						4B–3A 5A–2B								7B–7A 9A–5B	
0,800								5B–4A 6A–3B							
0,833										6B–5A 7A–4B					
0,858													7B–6A 8A–5B		
0,875														8B–7A 9A–6B	
1.000		2B 2A	3B–A 3A–B	4B–2A 4A–2B	5B–3A 3A–5B		6B–4A 6A–4B			7B–5A 7A–5B			8B–6A 8A–6B		

145

2 Die Kurzwellen-Amateurfunkstation

14,151 und 14,4 MHz sind somit die Empfangsfrequenzen, auf denen bei der gegebenen Frequenzaufbereitung unerwünschte Mischprodukte auftreten können.

Unter normalen Bedingungen sind Störungen 13. Ordnung allerdings unwahrscheinlich, da sie zu energieschwach sind.

Selbst eine Fehlempfangsstelle 9. Ordnung aus dem 10-m-Band bei 14,4 MHz (2 B = 28,8 MHz) durch Mischung mit der 7. Harmonischen des Oszillators (7 A) wäre ein Zufall, da die Vorselektion des Empfängers nur das Signal eines starken Ortssenders passieren lassen würde.

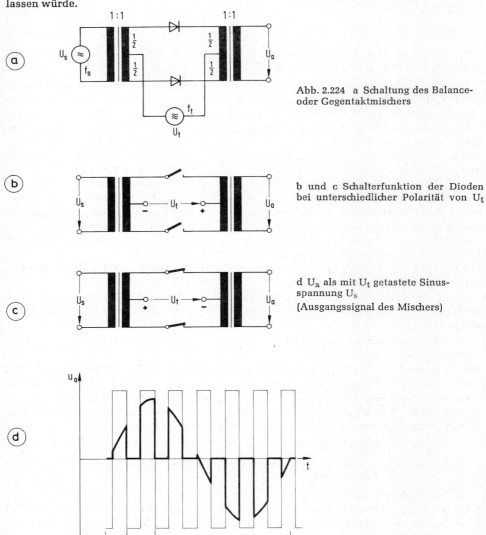

Abb. 2.224 a Schaltung des Balance- oder Gegentaktmischers

b und c Schalterfunktion der Dioden bei unterschiedlicher Polarität von U_t

d U_a als mit U_t getastete Sinusspannung U_s (Ausgangssignal des Mischers)

2.2 Das Superhet-Empfangsprinzip

Der Gebrauch der *Tabelle 2.222* für die Summenmischung ist analog zu dem der *Tabelle 2.221* für Differenzmischung.

Man errechnet ebenfalls den Verhältnisbereich zwischen den Grenzen A_a/B_a und A_e/B_e und entnimmt der Tabelle die zwischenliegenden Verhältnisse, die zu unerwünschten Mischprodukten führen können.

Die diesen Verhältnissen zugeordneten Frequenzen erhält man aus:

$$B_S = \frac{Zf}{1+V} \qquad (192)$$

$$A_S = V \cdot B_S \qquad (193)$$

(191) und (193) sind identisch, da das Verhältnis A/B für Summen- und Differenzmischung in gleicher Form gebildet wurde (A < B).

Im Frequenzspektrum des Mischerausgangssignals erscheinen neben den Mischprodukten beider Eingangsfrequenzen ($p\omega_1 \pm q\omega_2$) unterschiedlicher Ordnung jeweils auch ihre Grundwelle und deren Oberwellen (ω_1, $2\omega_1$, $3\omega_1$ ... und ω_2, $2\omega_2$, $3\omega_2$ ...).

Mit speziellen Mischerschaltungen lassen sich die Eingangsfrequenzen und ihre Oberwellen neben anderen Mischprodukten im Ausgangsspektrum unterdrücken. Diese Mischer werden vor allem zur Frequenzumsetzung in der kommerziellen Trägerfrequenztechnik und im Amateurfunk als Modulatoren in der SSB-Signalaufbereitung benötigt.

Abb. 2.224 a zeigt den Gegentakt- oder Balancemischer (-modulator). Das Signal der Eingangsfrequenz f_s wird im Rhythmus von f_t getastet. Dabei übernehmen die Dioden eine Schalterfunktion. Sie werden immer dann durchgeschaltet (leitend), wenn an der Anode das positivere Potential von U_t liegt *(Abb. 2.224 b–d)*. Ist die Amplitude des Schaltersignals U_t groß gegenüber der Schwellspannung der Dioden, entspricht dies der Steuerung der Dioden mit einem quasi Rechtecksignal der Frequenz f_t.

Hierduch wird im Mischer das Produkt aus der sinusförmigen Spannung U_s mit der Frequenz f_s und dem Rechtecksignal U_t mit der Frequenz f_t gebildet.

Mathematisch läßt sich zeigen, daß bei dieser Multiplikation die Frequenz f_t des Schaltersignals und ihre Oberwellen im ausgangsseitigen Frequenzspektrum kompensiert werden (vergl. 2.321).

Nach *Abb. 2.225 a* kann man den Gegentaktmischer durch zwei weitere Dioden zum Ringmischer (-modulator) erweitern.

Hierdurch wird die Schaltung für das Eingangssignal U_s in beiden Amplitudenrichtungen von U_t leitend, wodurch sich ein höherer Wirkungsgrad einstellt *(Abb. 2.225 c bis 2.225 e)*.

Im Ausgangsfrequenzspektrum ist neben der Schaltfrequenz f_t nun auch noch die Signalfrequenz f_s (und deren Oberwellen) kompensiert. Bei sorgfältiger Symmetrierung enthält das Spektrum nur noch auswertbare Signale der Frequenzen

$$f_t \pm f_s, \; f_t \pm 3\,f_s \text{ und } 3\,f_t \pm f_s$$

alle anderen Mischprodukte sind so energieschwach, daß sie vernachlässigt werden können (soweit eine Nachselektion erfolgt).

Für den Mischvorgang sind hieraus $f_t \pm f_s$ von Interesse.

$f_t \pm 3\,f_s$ können zu Verzerrungen führen, wenn f_s als Niederfrequenz auf f_t aufmoduliert wird, da dann die 3. Harmonische in den Nutzkanal fällt.

Die sorgfältige Wahl der Eingangssignalamplituden ermöglicht aber einen Verzerrungsgrad, der durchaus vertreten werden kann.

2 Die Kurzwellen-Amateurfunkstation

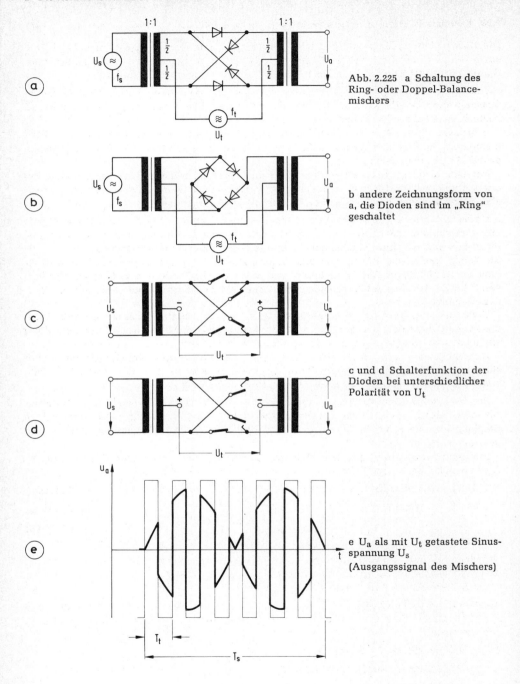

Abb. 2.225 a Schaltung des Ring- oder Doppel-Balancemischers

b andere Zeichnungsform von a, die Dioden sind im „Ring" geschaltet

c und d Schalterfunktion der Dioden bei unterschiedlicher Polarität von U_t

e U_a als mit U_t getastete Sinusspannung U_s (Ausgangssignal des Mischers)

2.23 Kreuzmodulation, Intermodulation

Die Kurzwellenempfängergüte wird heute in erster Linie durch das Großsignalverhalten eines Gerätes bestimmt, da die Erzielung von Stabilität, Selektivität und ausreichender Empfängerempfindlichkeit kaum noch Probleme im Empfängerbau darstellen.

Unter dem Großsignalverhalten eines Empfängers versteht man die störende Beeinflussung eines relativ kleinen Nutzsignals am Empfängereingang durch frequenzbenachbarte Signale sehr hoher Feldstärke.

Störungen dieser Art entstehen durch Nichtlinearitäten höherer Ordnung von Bauelementen im Empfängereingang, an denen es zu Verzerrungen der Empfangssignale großer Amplituden kommt.

Mit dem Großsignalverhalten sind die Begriffe Kreuzmodulation und Intermodulation eng verbunden, die sich zwar eindeutig definieren und mathematisch beschreiben lassen, aber oft verwechselt und in ihrer Erscheinung falsch gedeutet werden.

Unter Kreuzmodulation versteht man die Amplitudenmodulation des Nutzsendersignals mit dem Modulationsinhalt eines amplitudenmodulierten Nachbarsenders an der nichtlinearen Kennlinie eines Bauelements im Empfängereingang (Vorstufe, Mischer). Sie äußert sich in der Weise, daß man beim Durchstimmen des Empfängers in AM-Stellung auf CW-Trägern die Modulation von starken AM-Sendern der Frequenznachbarschaft hört, oder aber auf AM-Sendern ein Gemisch von Modulationen verschiedener Sender erscheint.

Während sich die Kreuzmodulation bei CW- und SSB-Empfang nicht so störend bemerkbar macht, tritt sie besonders auf AM-Sendungen auf (z. B. im CB-Funk), da diese einen konstanten Träger besitzen, der moduliert werden kann.

Zur Kreuzmodulation muß also immer auf der eingestellten Empfangsfrequenz ein Nutzsignal vorhanden sein, damit die Störung auftreten kann. Wird das Nutzsignal abgeschaltet, verschwindet auch die Kreuzmodulationserscheinung.

Bei der sogenannten Intermodulation mischen sich die Signale zweier starker Nachbarsender an nichtlinearen Elementen des Empfängereingangs. Ihr Mischprodukt fällt auf die Empfangsfrequenz, so daß diese gestört wird, egal ob dort ein Nutzsignal empfangen wird oder die Frequenz frei ist.

Intermodulationsstörungen entstehen aus Mischprodukten ungerader Ordnung (3., 5., 7., 9. usw.), bei denen die Differenz aus p und q (siehe 179) 1 ergeben muß:

a) $2 f_1 - f_2$ und $2 f_2 - f_1$ (3. Ordnung)

b) $3 f_1 - 2 f_2$ und $3 f_2 - 2 f_1$ (5. Ordnung)

c) $4 f_1 - 3 f_2$ und $4 f_2 - 3 f_1$ (7. Ordnung)

usw.

Nur dann fällt das Mischprodukt und die Nähe der ursprünglichen Frequenzen f_1 und f_2, die dicht neben der Empfangsfrequenz liegen.

Ein Zahlenbeispiel macht es deutlich:

Im 40-m-Band befinden sich zwei starke Signale auf den Frequenzen $f_1 = 7,020$ MHz und $f_2 = 7,000$ MHz, die am nichtlinearen Eingang eines Empfängers Intermodulationsstörungen erzeugen.

Für a) ergeben sich die Produkte 3. Ordnung:

$2 \cdot 7,020$ MHz $- 7,000$ MHz $= 7,040$ MHz

$2 \cdot 7,000$ MHz $- 7,020$ MHz $= 6,980$ MHz

2 Die Kurzwellen-Amateurfunkstation

Für b) die Produkte 5. Ordnung:

$3 \cdot 7{,}020 \text{ MHz} - 2 \cdot 7{,}000 \text{ MHz} = 7{,}060 \text{ MHz}$

$3 \cdot 7{,}000 \text{ MHz} - 2 \cdot 7{,}020 \text{ MHz} = 6{,}960 \text{ MHz}$

Für c) die Produkte 7. Ordnung:

$4 \cdot 7{,}020 \text{ MHz} - 3 \cdot 7{,}000 \text{ MHz} = 7{,}080 \text{ MHz}$

$4 \cdot 7{,}000 \text{ MHz} - 3 \cdot 7{,}020 \text{ MHz} = 6{,}940 \text{ MHz}$

Die Intermodulationsprodukte treten somit nach Abb. 2.231 um Vielfache des Abstands $\Delta f = f_1 - f_2$ ($f_1 > f_2$) beiderseits neben den erzeugenden Signalfrequenzen auf, wobei sich das Spektrum mit der Ordnung der Mischprodukte ausweitet. Der Energieinhalt der Spektralanteile ist abhängig von der Nichtlinearität des erzeugenden Bauteils.

Sind eine ganze Reihe benachbarter starker Sender vorhanden (f_1 bis f_n), wie es in der Nähe oder in einem Rundfunkband zu erwarten ist (z. B 40-m-Band), wird der Empfangsbereich bei schlechtem Großsignalverhalten des Empfangsgeräts völlig unbrauchbar, da er durch das vielfältige Intermodulationsspektrum völlig überdeckt wird.

Kreuzmodulation und Intermodulation sind nach den bisherigen Betrachtungen keine Spezialerscheinungen bei Superhetempfängern (die allerdings durchweg verwendet werden), sondern können genauso bei Geradeausempfängern entstehen.

Allerdings ist der Mischer eines Superhetempfängers besonders gefährdet, da er eine Aufgabe besitzt, die der Erzeugung der unerwünschten Störungen entgegenkommt.

Zur mathematischen Untersuchung von Kreuz- und Intermodulation geht man wie bei der additiven Mischung davon aus, daß die beiden Eingangssignale der Frequenzen f_1 und f_2

$$u_{e1} = A \cos \omega_1 t \text{ und } u_{e2} = B \cos \omega_2 t \qquad (194)$$

an einer nichtlinearen Kennlinie der Polynomform nach (175) im Empfängereingang miteinander verknüpft werden.

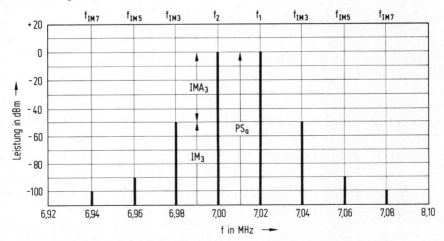

Abb. 2.231 Intermodulationsspektrum am Ausgang eines Verstärkers im Frequenzbereich von 7 MHz
Intermodulationsabstand IMA_3 = 50 dB
Sollsignalausgangsleistung PS_a = 0 dBm
Intermodulationsleistung IM_3 = − 50 dBm

2.2 Das Superhet-Empfangsprinzip

Zur einfacheren Rechnung ist der periodische Verlauf beider Signale in (194) als Cosinusfunktion gegeben, die sich lediglich durch eine Phasenverschiebung von 90° von der bisher verwendeten Sinusfunktion unterscheidet. A und B sind die Amplituden beider Signale, die sich als Funktion des Nf-Modulationsinhalts (AM) ändern.

Die Überlagerung beider Eingangssignale ergibt zunächst

$$u_e = u_{e_1} + u_{e_2}$$
$$= A \cos \omega_1 t + B \cos \omega_2 t \tag{195}$$

Bei der folgenden Mischung gelangt die Summe u_e beider Eingangssignale an den unerwünschten Polynomverlauf der Kennlinie eines Bauelements im Empfängereingang (Diode, Transistor, FET, Elektronenröhre), so daß man mathematisch (195) in (175) einsetzen muß.

Analog zu (177) erhält man:

$$\begin{aligned} i = \; & a\,(A \cos \omega_1 t + B \cos \omega_2 t) \\ & + b\,(A \cos \omega_1 t + B \cos \omega_2 t)^2 \\ & + c\,(A \cos \omega_1 t + B \cos \omega_2 t)^3 \\ & + d\,(\quad\quad\quad)^4 \\ & + e\,(\quad \text{usw.} \quad)^5 \end{aligned} \tag{196}$$

Zur Vereinfachung wird die weitere Rechnung nach dem kubischen Glied abgebrochen, zumal hierin die energiereichsten Störanteile enthalten sind.

(196) wird nach den Binomischen Formeln und den Additionstheoremen ausmultipliziert, so daß man das komplexe Ergebnis nach den bei der Mischung entstandenen Frequenzen und deren Amplituden ordnen kann:

$$i = b\left(\frac{A^2}{2} + \frac{B^2}{2}\right) \longrightarrow \text{Niederfrequenz} \tag{197}$$

$$+ \left(aA + \frac{3}{4}cA^3 + \boxed{\frac{3}{2}cAB^2}\right) \cdot \cos \omega_1 t$$

$$+ \left(aB + \frac{3}{4}cB^3 + \boxed{\frac{3}{2}cA^2B}\right) \cdot \cos \omega_2 t \longrightarrow \text{Grundwellen}$$

$$\boxed{\text{Kreuzmodulation}}$$

$$+ \frac{1}{2}bA^2 \cdot \cos 2\omega_1 t + \frac{1}{2}bB^2 \cdot \cos 2\omega_2 t \longrightarrow \text{1. Oberwelle}$$

$$+ \frac{1}{4}cA^3 \cdot \cos 3\omega_1 t + \frac{1}{4}cB^3 \cdot \cos 3\omega_2 t \longrightarrow \text{2. Oberwelle}$$

$$+ bAB \cdot [\cos(\omega_1 + \omega_2)t + \cos(\omega_1 - \omega_2)t] \longrightarrow \text{Mischprodukte 2. Ordnung}$$

$$+ \frac{3}{4}cA^2B \cdot [\cos(2\omega_1 + \omega_2)t + \cos(\boxed{2\omega_1 - \omega_2})t]$$

$$+ \frac{3}{4}cAB^2 \cdot [\cos(2\omega_2 + \omega_1)t + \cos(\boxed{2\omega_2 - \omega_1})t] \longrightarrow \text{Mischprodukte 3. Ordnung}$$

$$\boxed{\text{Intermodulation}}$$

2 Die Kurzwellen-Amateurfunkstation

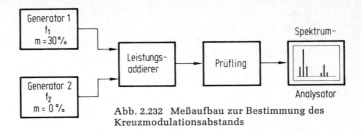

Abb. 2.232 Meßaufbau zur Bestimmung des Kreuzmodulationsabstands

Nach der eingangs gegebenen Definition ist die Kreuzmodulation dort zu suchen, wo beim unerwünschten Mischvorgang der beiden beteiligten Signale die Modulation des einen auf das andere übernommen wird.

In (197) findet man im 3. Summanden der Amplitude der Grundwellen die Modulation der jeweils anderen Schwingung in quadratischer Form als B^2 bei ω_1 und A^2 bei ω_2.

Die Konstante c deutet darauf hin, daß diese Kreuzmodulation auf den kubischen Anteil der Kennlinie zurückzuführen ist. Der Kreuzmodulationsgrad ist dabei abhängig vom Quadrat der Amplitude des Störsenders.

Intermodulationsprodukte sind nach (197) ebenfalls nur auf die Mischprodukte 3. Ordnung (und höherer Ordnung) zurückzuführen, die dem kubischen Anteil einer Kennlinie „angelastet" werden müssen.

Die Stärke der Intermodulationsstörungen ist vom Quadrat der Amplitude des einen und linear von der Amplitude des anderen Nachbarsenders abhängig.

Zur Messung des Kreuzmodulationsabstands benötigt man zwei Hf-Signalgeneratoren, von denen einer 30 % amplitudenmodulierbar sein muß.

Nach Abb. 2.232 werden beide Signale in einem Leistungsaddierer zusammengefaßt (linear addiert = überlagert) und dem Eingang des Prüflings (Empfänger) zugeführt.

Der Empfänger wird auf die Frequenz des unmodulierten Hf-Trägers kleinerer Leistung (etwa − 50 dBm) abgestimmt, der den Nutzsender simuliert.

Im Abstand von rund 30 kHz simuliert der amplitudenmodulierte Hf-Generator das Störsignal, das zur Kreuzmodulation führt.

Die Leistung des Störgenerators wird solange gesteigert, bis der ursprünglich unmodulierte Träger am Ausgang des Prüflings mit 1 % der Störsendermodulation moduliert wird.

Das Verhältnis der hierzu notwendigen Störsenderleistung zu der des abgestimmten Nutzsenders stellt den Kreuzmodulationsabstand dar, der in dB angegeben wird.

Das Meßverfahren erfordert einen aufwendigen Meßpark hoher Präzision, da das Frequenzspektrum des modulierten Meßsenders frei von zusätzlichen Modulationsseitenbändern sein muß und ausgangsseitig (vom Prüfling) selektive Modulationsgradmessungen im 1 %-Bereich vorgenommen werden müssen.

Weit einfacher ist die Messung des Intermodulationsabstands, weil hierzu lediglich zwei unmodulierte Hf-Signale erforderlich sind und die Intermodulationsprodukte nicht auf Modulationsgrad untersucht werden müssen.

Da Kreuzmodulation und Intermodulation nach (197) auf gleiche nichtlineare Verzerrungen (primär 3. Ordnung) zurückzuführen sind und Intermodulation für CW und SSB weit störender als Kreuzmodulation ist, kann man sich auf die Angabe oder die Messung des Intermodulationsverhaltens eines Empfängers beschränken.

Ein schlechter Intermodulationsabstand läßt gleichzeitig auf schlechte Kreuzmodulationsfestigkeit schließen, da die Ursache beider die gleiche ist.

2.2 Das Superhet-Empfangsprinzip

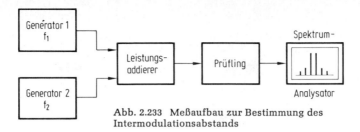

Abb. 2.233 Meßaufbau zur Bestimmung des Intermodulationsabstands

Während zur einwandfreien Kreuzmodulationsmessung ein Spektrumanalysator notwendig ist, kann man die Intermodulationsprodukte auch mit einem selektiven Spannungsmesser bestimmen, der im einfachsten Fall das geeichte S-Meter des zu prüfenden Empfängers ist.

Beide „Störsignale" der Frequenzen f_1 und f_2 werden nach Abb. 2.233 wiederum zur Entkopplung in einem Leistungsaddierer zusammengefaßt und gelangen von dort an den Eingang des Prüflings. Den Frequenzabstand von f_1 und f_2 wählt man ebenfalls mit etwa 20 kHz.

Am Ausgang des Prüflings mißt man die Leistung der Intermodulationsprodukte, wobei man sich im allgemeinen auf die 3. Ordnung beschränkt, deren Frequenzen sich aus den Eingangsfrequenzen leicht errechnen lassen ($2 f_1 - f_2$ und $2 f_2 - f_1$).

Der Intermodulationsabstand ist das Verhältnis der Leistung der Eingangssignale auf auf ihren Sollfrequenzen f_1 und f_2 gemessen am Ausgang des Prüflings zur Leistung der Intermodulationsprodukte bei $2 f_1 - f_2$ und $2 f_2 - f_1$.

Der absolut gemessene Wert des Intermodulationsabstands für Eingangssignale bestimmter Leistung ist allerdings keine Konstante, da sich die Intermodulationsprodukte (3. Ordnung) im logarithmischen Maß um den Faktor 3 der Störsignalzunahme erhöhen.

Mißt man z. B. bei einer gegebenen Eingangsleistung der beiden Störsignale einen Intermodulationsabstand von 60 dB und erhöht die Eingangsleistung um 10 dB, dann schrumpft der Abstand auf 40 dB zusammen.

In umgekehrter Richtung — bei Eingangsleistungsverminderung um 10 dB — erhöht sich der Intermodulationsabstand IMA auf 80 dB.

In Abb. 2.234 sind die Ausgangsleistung der Sollsignale PS_a (durch die die Intermodulationsprodukte entstehen) für einen Leistungsverstärkungsfaktor $v_p = 20$ dB des Prüflings und die zugehörige Intermodulationsleistung IM_3 (3. Ordnung) in Abhängigkeit von der Eingangsleistung PS_e dargestellt.

Durch die 3-fache Steilheit der Intermodulationskennlinie gegenüber der Kennlinie des verstärkten Sollsignals PS_a schneiden sich beide. Der obere Teil der Kennlinien (gestrichelt) wird hierzu linear extrapoliert (in gleicher Richtung verlängert), da der Verstärkungsfaktor v_p ab einer bestimmten Eingangsleistung in Sättigung geht. Dieser sogenannte Zustopfeffekt wird in Abb. 2.234 ab $PS_a = 0$ dBm angedeutet. (Vergl. 2.24)

Der Schnittpunkt der Kennlinien wird Output Interception Point IP_0 oder Ausgangs Intercept Punkt genannt.

IP_0 stellt eine charakteristische Größe für das Intermodulationsverhalten eines Verstärkers oder Mischers (z. B. im Empfängereingang) dar, da man mit diesem Wert auf den Intermodulationsabstand schließen kann, soweit der Leistungsverstärkungsfaktor v_p des untersuchten Prüflings bekannt ist.

2 Die Kurzwellen-Amateurfunkstation

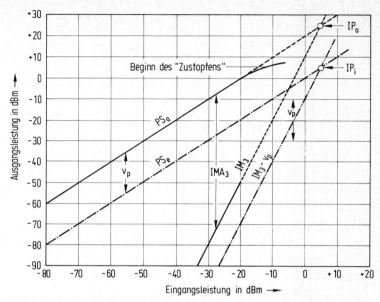

Abb. 2.234 Zeichnerische Darstellung des Input Interception Point IP_i und Output Interception Point IP_0

In diesem speziellen Beispiel:

$v_p = $ 20 dB	$PS_a = $ Ausgangsleistung auf der Sollfrequenz	$IM_3 - v_p = $ Ausgangs-intermodulationsleistung 3. Ordnung bezogen auf den Eingang (Leistungsverstärkung der Stufe subtrahiert)
$IP_0 = +25$ dBm	$PS_e = $ Eingangsleistung	
$IP_i = +5$ dBm	$IM_3 = $ Leistung des Intermodulationssignals 3. Ordnung am Ausgang	

Für den Intermodulationsabstand IMA_3 gilt die Beziehung:

$$IMA_3 = (IP_0 - PS_a) \cdot 2 \text{ in db} \tag{198}$$

Hierin müssen der Ausgangs Intercept Punkt IP_0 und die Sollausgangsleistung PS_a in dBm eingesetzt werden.

Nach (198) ist der Intermodulationsabstand gleich der doppelten Differenz von IP_0 und PS_a — oder anders ausgedrückt:
Eine Sollsignalausgangsleistung PS_a von „x" dB unter IP_0 führt zu Intermodulationsprodukten 3. Ordnung, die $2 \cdot$ „x" dB unter PS_a liegen.

So ist z.B. bei einem IP_0 von + 20 dBm und einer Sollausgangsleistung PS_a von − 10 dBm ($\triangleq$ „x" = 30 dB) mit einer Kreuzmodulationsleistung IM_3 von − 70 dBm zu rechnen.

IMA_3 wird dann nach (198):

$$IMA_3 = [+20 \text{ dBm} - (-10 \text{ dBm})] \cdot 2$$
$$= 60 \text{ dB}$$

Der Ausgangs Intercept Punkt IP_0 hat den Nachteil, daß zur Bestimmung des Intermodulationsabstands die Leistungsverstärkung der untersuchten Stufe bekannt sein muß, da v_p in IP_0 eingeht.

2.2 Das Superhet-Empfangsprinzip

Wesentlich eindeutiger ist dagegen die Angabe des Input Interception Point IP_i, bei dem das Intermodulationsverhalten auf den Eingang des Prüflings (Verstärker, Mischer) bezogen wird, um so sämtliche anderen Parameter (Leistungsverstärkung, Frequenzaufbereitung usw.), die auf den Intercept Punkt Einfluß nehmen können, auszuschließen.

Mit IP_i kann man direkt auf das Intermodulationsverhalten der zu prüfenden Schaltung bei unterschiedlichen Eingangsleistungen PS_e schließen, ohne jegliche anderen Daten zu besitzen.

Zur zeichnerischen Bestimmung von IP_i in Abb. 2.234 verschiebt man die Kennlinien der Ausgangsleistung PS_a und der ausgangsseitigen Intermodulationsleistung IM_3 um den Leistungsverstärkungsfaktor v_p der untersuchten Schaltung (hier 20 dB), so daß man den Schnittpunkt für die Kennlinien der Eingangsleistung PS_e und der auf den Eingang bezogenen Intermodulationsleistung $(IM_3 - v_p)$ erhält (Strich – Punkt – Linien).

Dieser Schnittpunkt ist der Eingangs Intercept Punkt IP_i.

Meßtechnisch erhält man den IP_i eines Prüflings mit

$$IP_i = 0{,}5\, IMA_3 + PS_e \text{ in dBm} \qquad (199)$$

Hierin ist IMA_3 der am Ausgang des Prüflings gemessene Intermodulationsabstand 3. Ordnung:

$$IMA_3 = PS_a - IM_3 \text{ in dB} \qquad (200)$$
$$= \text{Ausgangsleistung} - \text{Intermodulationsleistung}$$

während PS_e die zugehörige Eingangsleistung der Signale darstellt, die die Intermodulationsstörungen verursachen.

$$PS_e = PS_a - v_p \qquad (201)$$

PS_a und PS_e in dBm, v_p in dB

Aus (199) ergibt sich der Intermodulationsabstand IMA_3 bei gegebenem Eingangs Intercept Punkt IP_i für Eingangsleistungen PS_e variabler Größe:

$$IMA_3 = (IP_i - PS_e) \cdot 2 \text{ in dB} \qquad (202)$$

In einem Zahlenbeispiel sei IP_i für den Eingang eines Empfängers mit + 20 dBm angegeben. Bei maximalen Eingangssignalleistungen PS_e von 0 dBm (Rundfunksender im KW-Bereich) besitzt der Empfänger einen Intermodulationsabstand IMA_3 von 40 dB.

Sehr wissenswert ist der Zusammenhang zwischen IP_0 und IP_i. Man erhält ihn durch die Gleichsetzung von (198) und (202):

$$(IP_0 - PS_a) \cdot 2 = (IP_i - PS_e) \cdot 2$$
$$IP_0 = IP_i + (PS_a - PS_e)$$

mit (201) $\quad IP_0 = IP_i + v_p \qquad (203)$

Aus (203) erkennt man, daß der Ausgangs Intercept Punkt IP_0 um die Leistungsverstärkung v_p der untersuchten Stufe über dem Eingangs Intercept Punkt IP_i liegt. Ohne die Angabe von v_p ist somit der Wert von IP_0 unbrauchbar, da er sich sonst nicht auf den Eingang normieren läßt.

Zur Beurteilung des Intermodulationsverhaltens genügt nach den hier dargelegten Aussagen nicht allein die Angabe eines Wertes für den Intermodulationsabstand. Die zugehörige Eingangsleistung PS_e muß unbedingt bekannt sein, um den IP_i nach (199) errechnen zu können.

2 Die Kurzwellen-Amateurfunkstation

Weiterhin sollte man bei der Angabe des Intercept Punktes in Datenblättern sehr kritisch sein und grundsätzlich auf den Wert für den IP_i achten, der jegliche Datenmanipulation ausschließt (soweit er richtig gemessen wurde und ehrlich angegeben ist).

IP_o allein ist manipulierbar, da er mit der entsprechenden Leistungsverstärkung auf jeden Wert hochgetrieben werden kann. Nur in Verbindung mit v_p läßt sich mit (203) der zugehörige IP_i errechnen, der einen objektiven Vergleich mit anderen Empfängereingängen gestattet.

IP_i Werte größer als $+ 25$ dBm sind als sehr gut zu betrachten. Sie erfordern eine besondere „Züchtung" des Vorverstärkers und des „verzerrungsfreudigen" Mischers.

Bleibt schließlich die Frage, wie man den Intermodulationsabstand bei der Frequenznachbarschaft starker Störsender verbessern kann, wenn der IP_i des verwendeten Empfängers festliegt.

Hierzu macht man sich die Aussage von (202) zunutze, wonach IMA_3 um das Doppelte der Eingangssignalverminderung zunimmt.

Vor den Empfänger wird einfach ein Abschwächer (Dämpfungsglied) geschaltet, der die Eingangsleistung PS_e der Antenne in unterschiedlichen Stufen wählbar dämpft. In *Abb. 2.235* ist ein Beispiel für eine Abschwächerschaltung gegeben, die ein- und ausgangsseitig mit 50 Ω abzuschließen ist.

Befindet man sich in einem Frequenzbereich sehr starker Sender, die zu störenden Intermodulationsprodukten (und auch Kreuzmodulationsprodukten) führen, kann man IMA_3 (und auch den Kreuzmodulationsabstand) durch die Dämpfung des Abschwächers nach (202) jeweils um den doppelten Abschwächungsbetrag verbessern.

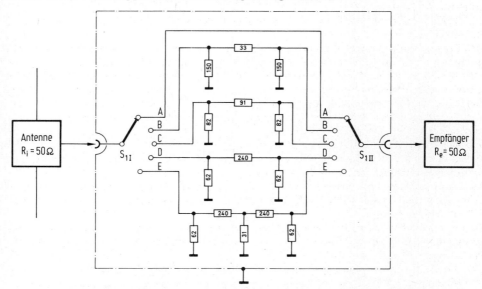

Abb. 2.235 Schaltbarer Empfänger-Eingangssignal-Abschwächer zur Verbesserung des Großsignalverhaltens für 50 Ohm-Anpassung. Alle Widerstände in Ohm.

Schalterstellungen: A = 0 dB
B = 6 dB
C = 12 dB
D = 20 dB
E = 40 dB

2.2 Das Superhet-Empfangsprinzip

Arbeitet man z. B in einem Bereich von PS_e, dem ein Intermodulationsabstand von 30 dB entspricht, dann erreicht man bei einer Dämpfung von 20 dB einen verbesserten Intermodulationsabstand von 30 dB + 2 · 20 dB = 70 dB!

Abschwächer sind somit ein nützlicher Zusatz für den Empfängereingang, wobei natürlich zu beachten ist, daß man nur soweit abschwächen darf, wie das Nutzsignal nach der Dämpfung noch einwandfrei über der neuen Empfängerempfindlichkeitsgrenze liegt.

Die Abwärtsregelung des Empfänger-Hf-Eingangs (Hf-Gain) ist in keinem Falle ein Ersatz für den linear arbeitenden Abschwächer, da hierbei der Arbeitspunkt der Verstärkerelemente weiter in den nichtlinearen Bereich geschoben wird, so daß der Intermodulationsabstand sogar noch schlechter werden kann.

2.24 Rauschen, Empfängerempfindlichkeit

Stimmt man den Empfänger auf eine freie Frequenz ab, hört man bei voller Nf- und Hf-Verstärkung im Kopfhörer oder Lautsprecher ein Rauschen, das akustisch an einen Wasserfall erinnert.

Diese Erscheinung rührt von kleinsten Wechselspannungen her, die durch die nichtgleichförmige Bewegung von Ladungsträgern beim Stromfluß durch aktive und passive Bauelemente entstehen.

Das Frequenzspektrum reicht je nach Rauschquelle von der Frequenz Null bis nahezu Unendlich, also über den gesamten Bereich der technischen Frequenzen.

Wegen ihrer typischen Eigenschaften unterscheidet man zwischen einer Reihe spezifischer Rauschquellen:

1. *Widerstandsrauschen* entsteht in jedem ohmschen Widerstand. Es wird auch „Weißes Rauschen" genannt.
Das Frequenzspektrum erstreckt sich über den gesamten meßbaren Frequenzbereich, wobei die Energieverteilung pro Hz Bandbreite in allen Frequenzbereichen gleich ist.

2. *Kreisrauschen* entsteht am Wirkwiderstand eines Schwingkreises in Resonanz. Im Mittel- und Langwellenbereich muß man mit Parallelresonanzwiderständen von 100 bis 300 kΩ rechnen, während im KW-Bereich Werte von 10 bis 50 kΩ einzusetzen sind.

3. Das *Antennenrauschen* setzt sich aus dem Rauschen des Strahlungs- und des Verlustwiderstands der Antenne und dem sogenannten „galaktischen" Rauschen zusammen, das von der Antenne aus dem Raum empfangen wird.
Diese kosmische Rauscheinstrahlung ist auf atmosphärische Störungen zurückzuführen, die frequenzabhängig sind.
Im Lang- und Mittelwellenbereich muß man mit starken Prasselstörungen unterschiedlicher Amplitude rechnen, die bei höheren Frequenzen zu einem gleichförmigen „Wasserfall"-Rauschen werden.
Da die atmosphärischen Störungen mit dem Quadrat der Wellenlänge zunehmen, ist das Antennenrauschen im LW-Bereich um einige Größenordnungen stärker als im KW- und vor allem im UKW-Gebiet.

4. *Transistorrauschen* ist auf halbleiterphysikalische Vorgänge zurückzuführen. Es hängt in besonderem Maße vom Frequenzbereich, vom Kollektorstrom und auch vom Innenwiderstand der Signalquelle ab.
Zwischen 1 kHz und der Grenzfrequenz f_g ist das Rauschmaß konstant (Weißes Rauschen). Dagegen nimmt es von 1 kHz zur Gleichspannung hin um 10 dB pro Dekade zu, während es ab f_g mit 20 dB pro Dekade zu höheren Frequenzen steigt.
Sperrschicht-FETs rauschen weit weniger als bipolare Transistoren. Dies macht sich besonders bei größeren Generatorinnenwiderständen bemerkbar. Qualitativ entspricht die

2 Die Kurzwellen-Amateurfunkstation

Abhängigkeit des Rauschens aber der des bipolaren Transistors. Bei MOS FETs steigt das Rauschen bereits unterhalb 100 kHz stark an. Es erreicht bei niedrigen Frequenzen den 10- bis 100-fachen Wert des Rauschens vom Sperrschicht-FET, so daß man MOS FETs selten für die Nf-Technik einsetzt.

Zur mathematischen Untersuchung eignet sich das Weiße Rauschen am besten, da die Rauschleistung P_r eines ohmschen Widerstands homogen über das gesamte Frequenzspektrum verteilt ist. Sie verhält sich proportional zur Bandbreite B.

Die Rauschleistung ist zudem abhängig von der absoluten Temperatur T_0 in °K (Kelvin, 0°C = 273°K, 0°K = −273°C), da die mit der Temperatur zunehmende Molekularbewegung im Leiter zu einem ungleichförmigeren Ladungsträgertransport (Stromfluß) führt.

Der Widerstandswert selber geht nicht in die Beziehung für die Rauschleistung P_r ein:

$$P_r = 4 \cdot k \cdot T_0 \cdot B \text{ in W} \tag{204}$$

Hierin ist k die Boltzmann-Konstante, die die Größe von P_r je Grad und Hertz charakterisiert. Sie besitzt den Wert:

$$k = 1{,}38 \cdot 10^{-23} \frac{W}{°K \cdot Hz}$$

$$= 1{,}38 \cdot 10^{-23} \frac{Ws}{°K}$$

Für die Zimmertemperatur von 20°C erhält man aus (204) die Zahlenwertgleichung:

$$P_{rz} = 1{,}62 \cdot 10^{-20} \cdot B \; \frac{W}{Hz} \tag{205}$$

Aus der Rauschleistung P_r läßt sich nach (24) die Rauschspannung U_{ro} ableiten, die der im rauschenden Widerstand R_r gedachte Generator nach *Abb. 2.241* erzeugt:

$$U_{ro}^2 = P_r \cdot R_r$$
$$= 4 \cdot k \cdot T_0 \cdot B \cdot R_r$$
$$U_{ro} = 2 \cdot \sqrt{k \cdot T_0 \cdot B \cdot R_r} \text{ in V} \tag{206}$$

Setzt man auch in (206) die übliche Zimmertemperatur ein, erhält man für

$$U_{roz} = 1{,}28 \cdot 10^{-10} \cdot \sqrt{R_r \cdot B} \; V \tag{207}$$

Hierin sind R in Ω und B in Hz einzusetzen.

Bei der Betrachtung der sogenannten Grenzempfindlichkeit eines Empfängers geht man davon aus, daß er ideal rauschfrei ist. Das Rauschen entsteht allein im Fußpunktwiderstand der Antenne, der mit dem Rauschgeneratorinnenwiderstand R_r in *Abb. 2.241* gleichzusetzen ist.

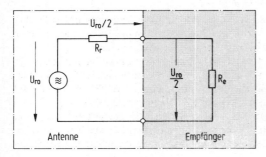

Abb. 2.241 Anpassung zwischen Antennenfußpunktwiderstand und Empfängereingangswiderstand:

R_e erhält die Rauschleistung $P_{re} = k \cdot T_0 \cdot B$

2.2 Das Superhet-Empfangsprinzip

Wird der Empfänger wie üblich an die Antenne angepaßt, ist R_r nach 1.16 gleich dem Eingangswiderstand R_e des Empfängers, so daß man am Empfängereingang die Rauschspannung

$$U_{re} = \frac{U_{ro}}{2} = \sqrt{k \cdot T_0 \cdot B \cdot R_r} \qquad (208)$$

mit (206) erhält.

Die zugehörige Rauschleistung P_{re}, die bei Anpassung auf den Empfängereingangswiderstand übertragen wird, ist

$$P_{re} = \frac{U_{re}^2}{R_e}$$

$$= \frac{k \cdot T_0 \cdot B \cdot R_r}{R_e}$$

oder unter der Anpassungsvoraussetzung mit $R_r = R_e$

$$P_{re} = k \cdot T_0 \cdot B \qquad (209)$$

Bei Anpassung an einen Generator (Antenne) wird dem Eingangswiderstand R_e des Empfängers somit grundsätzlich die Rauschleistung P_{re} eingeprägt, so daß auch eine ideal rauschfreie Empfängerschaltung (die es nebenbei gesagt nicht gibt) am Ausgang rauschen muß.

Die Grenzempfindlichkeit des idealen Empfängers wird durch dieses nicht vermeidbare Rauschen des Generators gegeben. Sie ist definiert als die Eingangsnutzleistung P_{gr} je Hertz Bandbreite, die am Empfängerausgang die gleiche Signalleistung erzeugt wie das Rauschen des vorgeschalteten Generators. Demnach muß P_{gr} gleich der Eingangsrauschleistung P_{re} pro Hertz sein:

$$P_{gr} = k \cdot T_0 \; \frac{W}{Hz} \qquad (210)$$

Nach (210) muß dem Eingangswiderstand R_e des ideal rauschfreien Empfängers eine Leistung von 1 k · T_0 pro Hertz zugeführt werden, damit am Ausgang Nutz- und Rauschleistung gleich groß sind.

Bei Zimmertemperatur beträgt die Grenzempfindlichkeit

$$P_{grz} = 4{,}1 \cdot 10^{-21} \; \frac{W}{Hz} \qquad (211)$$

Die Grenzempfindlichkeit ist ein physikalisch gegebener Wert, der sich nur durch die Absenkung der Temperatur T_0 verbessern läßt. Dies wird allerdings nur in der kommerziellen Technik durch Kühlung mit flüssigen Gasen praktiziert.

Die Betrachtung des ideal rauschfreien Empfängers ist natürlich nicht realistisch, zumal auch seine Widerstände und Halbleiter rauschen. Dieses Empfängereigenrauschen überlagert sich dem, das durch die Grenzempfindlichkeit vorgegeben ist.

Zur Charakterisierung des Empfängereigenrauschens gibt man dessen Rauschleistungsvielfaches in n · k T_0 gegenüber der Grenzempfindlichkeitsrauschleistung P_{gr} an. Man meint damit, daß am Empfängereingang eine Nutzleistung von n · k T_0 notwendig ist, damit das Nutzsignal am Ausgang genauso groß wie das Rauschen wird.

Die Rauschzahl „n" ist dabei das Maß für das Eigenrauschen. Sie bewegt sich bei guten Empfängern (für den UKW-Bereich) zwischen 2 und 5. Bei der Angabe der Rauschzahl in Datenblättern der Herstellerfirmen muß man sehr vorsichtig sein, da hier sehr oft in die

2 Die Kurzwellen-Amateurfunkstation

eigene Tasche geschwindelt wird. Eine Kontrolle ist leider mit Amateurmitteln kaum möglich.

Das Rauschmaß F ist die Angabe der Rauschzahl n im logarithmischen Maß:

$$F = 10 \cdot \log n \quad \text{in dB} \tag{212}$$

Einen Vergleich zwischen n und F zeigt die folgende Tabelle:

Rauschzahl n	1	2	4	8	10	16	20	40
Rauschmaß F in dB	0	3	6	9	10	12	13	16

Aus der angegebenen Rauschzahl eines Empfängers kann man sich die Eingangssignalleistung errechnen, die für die spezifische Grenzempfindlichkeit des Gerätes dem Eingangswiderstand R_e angeboten werden muß:

$$P_{grs} = n \cdot k \cdot T_0 \cdot B \quad \text{in W} \tag{213}$$

Nach (213) benötigt man für eine Empfangsbandbreite von 3 kHz bei einer Rauschzahl des Empfängers von n = 4 und 20°C eine Eingangsleistung von

$$P_{grs} = 4 \cdot 1{,}38 \cdot 10^{-23} \cdot 293 \cdot 3 \cdot 10^3 \text{ W}$$
$$= 4{,}85 \cdot 10^{-17} \text{ W}$$

oder am Eingangswiderstand R_e von 50 Ω eine Spannung von

$$U_e = \sqrt{P_{grs} \cdot 50\,\Omega} \quad \text{V}$$
$$= 0{,}049 \quad \mu V$$

um am Ausgang des Empfängers ein Signal- zu Rauschleistungsverhältnis von 1 zu bekommen (Rauschabstand = 0 dB).

Für den Rauschabstand gibt es in der Empfängertechnik unterschiedliche Definitionen, die z. T. auf den verschiedenen Meßmethoden beruhen.

Das Signal-Rauschverhältnis S/N (N = noise = Störleistung) gibt lediglich das Verhältnis zwischen der Nutzsignal- und der Rauschleistung an. Es wird in dB ausgedrückt:

$$\frac{S}{N} \text{ in db} = 10 \log \frac{\text{Signalleistung}}{\text{Rauschleistung}} \tag{214}$$

Sinnvoller ist die Angabe des Verhältnisses S + N / N, da sich beim praktischen Messen das Nutzsignal nicht aus dem Rauschen selektieren läßt, sondern beide zusammen ausgewertet werden:

$$\frac{S + N}{N} \text{ in dB} = 10 \log \frac{\text{Signal- + Rauschleistung}}{\text{Rauschleistung}} \tag{215}$$

Die exakteste Methode ist die „SINAD"-Beurteilung. Sie steht für „Signal, Noise and Distortion". Hierbei wird das Verhältnis

$$\frac{S + N + D}{N + D} \text{ in dB} = 10 \log \frac{\text{Signal- + Rausch- + Verzerrungsleistung}}{\text{Rausch- + Verzerrungsleistung}} \tag{216}$$

gebildet.

Zur Bestimmung des SINAD-Verhältnisses wird das Nf-Ausgangsgemisch eines Empfängers einmal direkt gemessen und zum anderen über ein schmalbandiges Notchfilter, das auf die Signalfrequenz (z. B. 1000 Hz) abgestimmt ist.

Hierdurch erhält man einerseits die Summe aus Grundwellen-, Oberwellen- und Rauschsignal und andererseits nur das Oberwellen- und das Rauschsignal, da das Grundwellensignal im Notchfilter stark gedämpft wird.

2.2 Das Superhet-Empfangsprinzip

Zur einwandfreien Verständlichkeit einer Information am Nf-Ausgang eines Empfängers muß das Nutzsignal um ein Vielfaches größer als das Rauschen (bzw. Verzerrungen + Rauschen) sein. Erfahrungswerte sind in der folgenden Aufstellung zusammengefaßt worden:

Signalleistung / Rauschleistung	Signalspannung / Rauschspannung	Rauschabstand in dB	Empfindlichkeits- beurteilung
1	1	0	Grenzempfindlichkeit CW wahrnehmbar
4	2	6	Sprache wahrnehmbar CW möglich
10	3,16	10	untere Sprachverständlichkeit
100	10	20	gute Sprachverständlichkeit

In den KW-Empfängerdaten erscheint im allgemeinen die sogenannte Betriebsempfindlichkeit. Sie bezieht sich auf die untere Sprachverständlichkeitsgrenze, die bei 10 dB Rauschabstand erreicht wird.

Man gibt die hierzu notwendige Nutzeingangsspannung für einen definierten Eingangswiderstand und eine festgelegte Bandbreite an. Werte von 0,3 bis 0,5 µV bei $R_e = 50\,\Omega$ und $B = 3$ kHz sind üblich. Dies entspricht einer Rauschzahl um $n = 40$ oder dem Rauschmaß $F = 16$ dB.

Bei diesen Angaben ist die hohe Rauschzahl der KW-Empfänger auffällig gegenüber den sehr rauscharmen UKW-Schaltungen. Der Grund ist darin zu finden, daß der bei den UKW-Empfängerdaten oft zu beobachtende „Rauschzahl-Fetischismus" für Kurzwelle unsinnig ist, weil das kosmische Rauschen der Antenne um ein Vielfaches über dem Weißen Rauschen des Fußpunktwiderstands liegt.

Bis zum 10-m-Band muß man mit kosmischen Rauschleistungen von 50 k T_0 pro Hz rechnen, so daß ein KW-Empfänger mit einer Rauschzahl von $n = 30$ völlig ausreichend ist, da die Eigenrauschleistung bereits unter der der Antenne liegt.

Das hohe Antennenrauschen nutzt übrigens fast jeder KW-Amateur zur Resonanzabstimmung der Empfängervorkreise (Preselektorabstimmung). Zur optimalen Empfindlichkeit muß auf maximales Rauschen (Antennenrauschen) abgestimmt werden. Umgekehrt ist das deutliche Ansteigen des Rauschens bei Resonanzabstimmung ein Kriterium für die ausreichende Empfängerempfindlichkeit, da dann das Eigenrauschen unter dem der Antenne liegt.

Um eine Rauschleistungsberechnung nach den Beziehungen (204) oder bei Anpassung nach (209) zu ermöglichen, die für das Weiße Rauschen mit stetiger Energieverteilung gelten, muß man bei anderen Rauschquellen den Faktor T_0 variabel machen. Man spricht von der sogenannten Rauschtemperatur einer Rauschquelle.

Ist das Rauschen der Quelle im betrachteten Frequenzbereich z. B. um den Faktor 10 größer, dann ordnet man der Quelle einfach eine 10fache Rauschtemperatur zu ($T_0 \cdot 10$), so daß die Rechnung nach (204) bzw. (209) wieder stimmt. Das Vielfache der Rauschtemperatur macht dabei die gleiche Aussage wie die Rauschzahl n. So entspricht die Rauschtemperatur von 2930°K bei Zimmertemperatur einer Rauschzahl von 10.

Während die Antennenrauschtemperatur im Kurzwellenbereich unterhalb von 10 MHz je nach atmosphärischen Bedingungen zwischen 5 und $10 \cdot 10^4$ °K ($n \approx 150$ bis 300) beträgt, sinkt sie bis 30 MHz auf etwa 1 bis $2 \cdot 10^4$ °K ab ($n \approx 30$ bis 60).

2 Die Kurzwellen-Amateurfunkstation

Zum UKW-Gebiet (höher als 100 MHz) hin fällt das kosmische Rauschen so stark ab, daß es neben dem Weißen Rauschen des Antennenfußpunktwiderstands vernachlässigt werden kann. Aus diesem Grund versucht man dort, Empfänger nahe der theoretischen Grenzempfindlichkeit zu bauen.

Bei 1 GHz rechnet man nur noch mit einer Rauschtemperatur von 5 bis 10°K, so daß das das kosmische Rauschen praktisch nicht mehr existent ist.

Eine völlig andere Beeinflussung der Empfängerempfindlichkeit neben der des Rauschens ist das sogenannte Zustopfen durch starke Sender auf Nachbarfrequenzen (nicht zu verwechseln mit der Kreuzmodulation).

Zur Messung dieses Effekts benötigt man wiederum zwei Meßsender, deren Signale über einen Leistungsaddierer zusammengefaßt werden.

Einer der beiden Meßsender wird auf die Empfangsfrequenz abgestimmt, wobei man die Leistung so einstellt, daß das Ausgangssignal deutlich über dem Rauschen ist (S+N/N = 10 dB).

Der unmodulierte zweite Meßsender liegt in seiner Frequenz etwa 20 kHz neben der Empfangsfrequenz. Man erhöht seine Leistung solange, bis die Nf-Ausgangsleistung des Sollsignals beim Empfänger um 3 dB (oder auch 1 dB, je nach Definition der Messung) abgefallen ist.

Die zugehörige Störeingangsleistung gibt an, um wieviel dB sie bei gegebener Bandbreite über dem Grundrauschen des Empfängers liegen darf (Grenzempfindlichkeit des Empfängers), ehe der Zustopfeffekt einsetzt.

Andererseits kann man aber auch die absolute Störeingangsleistung für eine bestimmte Bandbreite angeben, bei der der Zustopfeffekt für den gemessenen Empfänger beginnt.

Ein anderes Meßverfahren zur Bestimmung des Zustopfeffekts schreibt ein Eingangsnutzsignal vor, daß einem SINAD-Verhältnis von 20 dB entspricht.

Die Störleistung des zweiten Meßsenders ist dann soweit zu erhöhen, bis das SINAD-Verhältnis um 6 dB auf 14 dB abfällt. Bei definierter Bandbreite ist dann die zugehörige Störleistung unter Hinweis auf das angewandte Meßverfahren wiederum ein Maß für den Einsatz des Zustopfens.

2.25 Empfänger-Dynamikbereich

Nach den vorangegangenen Aussagen zu Empfängereingangsstufen sind Schaltungen anzustreben, die Eingangssignale vom Pegel der Grenzempfindlichkeit P_{grs} bis zu möglichst großen Leistungen linear verarbeiten, um störende nichtlineare Verzerrungen zu vermeiden.

Der Bereich, in dem dies gewährleistet ist, wird Dynamikbereich des Empfängers bezeichnet.

Er beginnt bei der Grenzempfindlichkeit des Empfängers, die durch seine Rauschzahl und Bandbreite vorgegeben ist, und soll bis zu Großsignalen von mehreren 100 mV reichen (100 mV an 50 Ω = 0,2 mW = − 7 dBm ≙ S 9 + 60 für 100 µV ≙ S 9).

Während die Empfängerempfindlichkeit für Kurzwellen heute bereits mit relativ einfachen Mitteln bis an die natürliche Grenze der hohen Antennenrauschtemperatur getrieben werden kann, bereiten das Großsignalverhalten oder der ausreichend große Dynamikbereich eines Empfängers nach wie vor entwicklungstechnische Probleme.

Durchschnittsempfänger für Kurzwelle haben einen Dynamikbereich von etwa 80 dB. Nur hochwertige kommerzielle Schaltungen reichen an Werte von 130 bis 140 dB heran (bei 2,5 kHz Bandbreite).

2.2 Das Superhet-Empfangsprinzip

Zur rechnerischen Bestimmung des Dynamikbereichs eines Empfängers müssen der Eingangs Intercept Punkt IP_i, die Rauschzahl n und die Empfangsbandbreite B bekannt sein.

Laut Definition reicht der Dynamikbereich eines Empfängers von seiner spezifischen Grenzempfindlichkeit P_{grs} (213) bis zu dem Wert der Eingangsleistung PS_e, den zwei Störsignale besitzen müssen, um am Ausgang genau soviel Intermodulationsleistung IM_3 zu erzeugen, wie Eigenrauschleistung entsteht (Eigenrauschleistung = Intermodulationsleistung).

Man befindet sich demnach solange im Dynamikbereich, wie die nichtlinearen Verzerrungen des Empfängers nicht größer als sein eigenes Rauschen werden.

Zur Berechnung der oberen Grenze des Dynamikbereichs werden Rausch- und Intermodulationsleistung auf den Eingang bezogen, um dadurch die spezifischen Eigenschaften (Verstärkung) des Empfängers auszuklammern. Anschließend werden beide Werte gleichgesetzt, wie es die Definition vorschreibt.

Die Eingangsrauschleistung, die der spezifischen Grenzempfindlichkeitsleistung P_{grs} des Empfängers entspricht, läßt sich mit (213) bestimmen.

Die auf den Eingang bezogene Intermodulationsleistung ist die des Ausgangs vermindert um den Verstärkungsfaktor der untersuchten Schaltung:

$$IM_{e3} = IM_3 - v_p \quad \text{in dBm} \tag{217}$$

Nach (200) ist der Intermodulationsabstand die Differenz aus Sollausgangsleistung PS_a und Intermodulationsleistung IM_3 am Ausgang.

Bezieht man beide auf den Eingang, wird:

$$IMA_3 = (PS_a - v_p) - (IM_3 - v_p) \quad \text{in dB}$$

$$= PS_e - IM_{e3} \quad \text{in dB} \tag{218}$$

Wird (218) in (199) eingesetzt, erhält man:

$$IP_i = 0{,}5 \, (PS_e - IM_{e3}) + PS_e \quad \text{in dBm} \tag{219}$$

und $IM_{e3} = 3 \, PS_e - 2 \, IP_i$ in dBm $\tag{220}$

Nach der Gleichsetzung von (213) und (220)

$$P_{grs} = IM_{e3}$$

$$P_{grs} = 3 \, PS_e - 2 \, IP_i \tag{221}$$

kann man (221) nach PS_e auflösen:

$$PS_{e\,(dyn)} = \frac{P_{grs} + 2\,IP_i}{3} \quad \text{in dBm} \tag{222}$$

worin $PS_{e\,(dyn)}$ nach Definition die Empfängereingangsleistung zweier Sender ist, die am Ausgang ein Intermodulationsprodukt IM_3 erzeugen, das gleich der Rauschleistung ist.

Die Differenz zwischen $PS_{e\,(dyn)}$ und P_{grs} stellt den Dynamikbereich des Empfängers dar:

$$EP_{dyn} = PS_{e(dyn)} - P_{grs} \quad \text{in dB} \tag{223}$$

Setzt man (222) in (223) ein, erhält man die sehr einfache Beziehung für den Dynamikbereich:

$$EP_{dyn} = \frac{P_{grs} + 2\,IP_i}{3} - P_{grs}$$

$$EP_{dyn} = \frac{2}{3}\,(IP_i - P_{grs}) \quad \text{in dB} \tag{224}$$

2 Die Kurzwellen-Amateurfunkstation

Danach ist der Empfängereingangsleistungs-Dynamikbereich $^2/_3$ der Differenz aus Eingangs Intercept Punkt und Eingangsrauschleistung.

Ein Zahlenbeispiel vertieft die Zusammenhänge:
Ein Empfänger habe einen IP_i von $+$ 20 dBm und eine Rauschzahl n von 20. Wie groß ist der Dynamikbereich EP_{dyn} für eine Bandbreite von 2,5 kHz?

Während IP_i bereits in dBm gegeben ist, muß P_{grs} erst errechnet werden:
Mit (213) wird

$$P_{grs} = 20 \cdot 1{,}38 \cdot 10^{-23} \cdot 293 \cdot 2500 \quad W$$
$$= 2 \cdot 10^{-13} \quad mW$$
$$= -127 \; dBm$$

Dann ist

$$EP_{dyn} = \frac{2}{3} [20 \; dBm - (-127 \; dBm)]$$
$$= 98 \quad dB$$

Der Dynamikbereich des Empfängers beträgt 98 dB.

2.26 Empfänger-Oszillator

Nach 2.2 und 2.21 ist der Oszillator das frequenzbestimmende Glied in der Aufbereitungskette des Superhet-Empfängers. Während die Oszillatorfunktion (Schwingungsbedingungen, Schaltungen usw.) im Rahmen der Sende-Technik in 2.31 näher beschrieben wird, soll hier auf die Empfänger-spezifischen Forderungen an den Oszillator eingegangen werden.

Die primäre Bedingung für den Oszillator eines brauchbaren Empfängers ist eine ausreichende Frequenzstabilität. Sie ist für SSB und Telegrafie, den auf den KW-Bändern üblichen Betriebsarten, von größter Bedeutung.

Setzt man ein frequenzkonstantes Sendersignal voraus, geht der absolute Betrag, um den der Empfänger-Oszillator von seiner eingestellten Frequenz driftet, in die Tonhöhe des Nf-Signals ein.

Beim Morse-Telegrafiebetrieb (CW) wird der durch die Empfängerabstimmung eingestellte Nf-Ton je nach Frequenzdrift-Richtung höher oder tiefer.

Bei einem breitbandigen Empfänger läßt sich dies für den Funker in bestimmten Grenzen ($\pm$ 300 Hz) ertragen, da er sich der variablen Tonhöhe anpassen kann.

Allerdings wird im üblichen CW-Betrieb mit sehr schmalbandigen Filtern (B = 100 bis 200 Hz) gearbeitet, da nur dann die Vorteile der Morse-Telegrafie (höhere Grenzempfindlichkeit, größerer Störabstand gegenüber Nachbarsendern) ausgenutzt werden können.

Unter diesen Bedingungen darf der Oszillator unter keinen Umständen mehr als die Hälfte der Filterbandbreite von seiner eingestellten Sollfrequenz laufen, da der Empfänger sonst nachgestimmt werden muß.

Noch höher sind die Anforderungen an die Frequenzstabilität von Empfängern, die für die Sonderbetriebsarten RTTY, SSTV und FAX eingesetzt werden sollen. Die Signale dieser Betriebsarten werden Nf-seitig ausgewertet, wobei Nf-Töne bestimmter Frequenz Synchron- und Bezugssignale für die jeweilig nachgeschaltete Elektronik sind. Eine Frequenzdrift um mehr als 50 Hz führt meist zum Ausfall der Informationsübertragung, so daß man auch hier den Empfänger nachstimmen muß.

In der kommerziellen Nachrichtentechnik führt man den Empfänger in einer Regelschleife auf die Frequenz des Senders nach. Diese automatische Frequenznachstellung ist

2.2 Das Superhet-Empfangsprinzip

wegen des großen Aufwands für den Amateur (z. Zt. noch) zu aufwendig, so daß man entweder einen ausreichend frequenzstabilen Empfänger benutzt, oder aber die Hand ständig am Abstimmknopf behalten muß.

Beim SSB-Betrieb führt eine Frequenzdrift des Oszillators von 200 bis 300 Hz Nf-seitig bereits zu einer solchen Modulationsveränderung, daß die Sprache unverständlich wird, weil das gesamte übertragene Sprachfrequenzband um diesen Frequenzbetrag zur höher- bzw. niederfrequenteren Seite verschoben wird.

Die Frequenzstabilität des Oszillators ist von der Güte seiner Bauelemente bezogen auf deren Temperaturkoeffizienten T_k, Spannungskoeffizienten U_k und Langzeitkoeffizienten L_k abhängig. Hinzu kommen mechanische Parameter (Skalentrieb, Untersetzungsgetriebe, Zahnradverspannungen usw.), die besonders bei der Wiederfindgenauigkeit und absoluten Frequenzeinstellung von Bedeutung sind.

Die technischen Daten zur Frequenzstabilität von Amateurempfängern (und -sendern) werden von den Herstellerfirmen meist sehr unklar formuliert, wobei oft nur gesagt wird, daß das betreffende Gerät „nach dem Erwärmen nur noch um x Hz läuft".

Solche Angaben sind natürlich wertlos, da sie keine verbindlichen Verpflichtungen für den Hersteller darstellen und hierauf keine Garantieansprüche erhoben werden können. Der frühere Slogan „Gebaut wie ein Schlachtschiff und steht wie ein Gebirge" zieht im Zeitalter der integrierten Halbleiterschaltungen auch nicht mehr.

Eindeutig läßt sich die Frequenzstabilität des Oszillators nur mit den Daten T_k, U_k und L_k bestimmen:

a) Temperaturkoeffizient $T_k = \dfrac{\Delta f}{f_0 \cdot \Delta \vartheta}$ in grd^{-1} (225)

Hierin ist Δf die Frequenzdrift, f_0 die Oszillatorfrequenz und $\Delta \vartheta$ der Temperaturbereich.

Ändert sich in einem zugehörenden Zahlenbeispiel die Umgebungstemperatur eines Oszillators mit $T_k = -2 \cdot 10^{-5} \text{ grd}^{-1}$ von 20 bis 25 °C bei $f_0 = 5$ MHz ist die zu erwartende Frequenzdrift Δf nach (225):

$$\Delta f = T_k \cdot f_0 \cdot \Delta \vartheta \quad \text{in Hz} \tag{226}$$
$$= -2 \cdot 10^{-5} \cdot 5 \cdot 10^6 \cdot 5 \text{ Hz}$$
$$= -500 \text{ Hz}$$

Um einen möglichst geringen T_k zu erhalten, muß die Oszillatorschaltung temperaturkompensiert werden. Das erreicht man mit Kondensatoren, die ihrerseits unterschiedliche Temperaturgänge besitzen. Sie werden zu solchen Kombinationen zusammengeschaltet, daß der Gesamt-T_k des Oszillators einen möglichst geringen Wert erreicht.

Die sorgfältige Kompensation ist eine langwierige meßtechnische Arbeit, die zudem einen recht aufwendigen Meßplatz erfordert, so daß Empfänger mit extremer Frequenzstabilität zwangsläufig teuer werden.

Für den Amateurfunkbetrieb (SSB, CW, RTTY) reicht ein T_k aus, der bei gegebener Oszillatorfrequenz f_0 zu einer Frequenzdrift Δf von 20 bis 50 Hz pro Grad führt.

b) Spannungskoeffizient $U_k = \dfrac{\Delta f}{f_0 \cdot \Delta U_v}$ in V^{-1} (227)

mit ΔU_v als Änderung der Versorgungsspannung.

U_k ist gegenüber dem T_k ein unkritischer Wert, da er mit relativ einfachen Mitteln verbessert werden kann.

2 Die Kurzwellen-Amateurfunkstation

Stellt man fest, daß der Oszillator bei der Änderung der Versorgungsspannung eines Empfängers (oder Senders) extrem driftet, sorgt man für eine getrennte Stabilisierung seiner Betriebsspannung.

Hierzu kann man integrierte Spannungsregler einsetzen, die selbst einen recht guten Temperaturgang für ihren Ausgangsspannungsverlauf haben. Für besonders sensible Oszillatorschaltungen muß man Referenzelemente (temperaturkompensierte Z-Dioden) verwenden, die speziell für hochstabile Spannungsquellen entwickelt worden sind.

Durch die getrennte Stabilisierung der Oszillatorspannung darf Δf bei Batteriegeräten bezogen auf die Gerätebetriebsspannung (12 V) höchstens 50 Hz pro V sein. Bei Netzgeräten (220 V) sollte man Werte von 5 bis 10 Hz pro Volt anstreben.

c) Der Langzeitkoeffizient L_k ist für Amateure schlecht überprüfbar, weil hierzu die Umgebungstemperatur und die Versorgungsspannung für lange Zeiträume konstant gehalten werden müssen. Die Langzeitkonstanz ist für den Amateur allerdings auch von sekundärem Interesse, da kaum über mehrere Wochen die gleiche Frequenz benutzt wird. Zudem kommen die Einflüsse des Temperaturkoeffizienten bei den üblichen Amateurfunkgeräten weit mehr zum Ausdruck als der L_k, da sie im Gegensatz zu kommerziellen Anlagen nicht in klimatisierten Räumen betrieben werden.

Neben der Frequenzstabilität sind Amplitudenkonstanz, Verzerrungsfreiheit und Abstimmlinearität (Eichung) weitere wichtige Eigenschaften, die ein Oszillator besitzen soll. Amplitudenkonstanz ist erforderlich, damit der Mischer über den gesamten Abstimmbereich unter gleichen Pegelbedingungen arbeitet.

Die Verzerrungsfreiheit des Oszillatorsignals ist erforderlich, um die Amplituden von unerwünschten Mischprodukten (besonders Eigenpfeifstellen) möglichst gering zu halten.

Die Abstimmlinearität des Oszillators erreicht man durch Variometerverstimmung oder einen entsprechenden frequenzlinearen Plattenschnitt des Drehkondensators. Bei Kapazitätsdiodenabstimmung muß man in den linaren Bereich gehen, der durch die Funktion der variablen Abstimmspannung korrigiert wird.

Die Ablesegenauigkeit soll besser als 1 kHz innerhalb zweier 100 kHz Eichpunkte sein. Die Wiederfindgenauigkeit nach dem Umschalten auf ein anderes Band soll den gleichen Anforderungen genügen.

2.27 Der Zf-Verstärker

Das Mischerausgangssignal wird dem Zwischenfrequenz-Verstärker zugeführt, wo es für die Demodulation aufbereitet wird.

Während die Hf-Stufen, der Mischer und der Oszillator die Aufgabe haben, das gesamte gewünschte Empfangsfrequenzspektrum in eine Frequenzlage (die Zwischenfrequenz) zu bringen, übernimmt der Zf-Verstärker die eigentliche Aufbereitung des Nutzsignals.

Die drei Hauptaufgaben des Zf-Verstärkers sind:

a) Verstärkung des Nutzsignals bis zu einem Pegel, der zur einwandfreien Demodulation notwendig ist.

b) Regelung des Nutzsignals auf einen Ausgangspegel, der bei rund 100 dB Eingangssignal-Dynamik nur um maximal 3 dB schwankt.

c) Steilflankige Selektion des Nutzsignals zur Unterdrückung der Störungen durch Nachbarsender.

Die notwendige Verstärkung der Zf-Stufe ist vom Aufbereitungsprinzip des Empfängers abhängig.

2.2 Das Superhet-Empfangsprinzip

Geht man davon aus, daß das kleinste Eingangssignal 0,2 µV für 10 dB Rauschabstand beträgt und die Spannungsverstärkung der Hf-Stufe und des Mischers bis zum Eingang des Zf-Verstärkers rund 20 bis 30 dB ist, muß man am Eingang der Zf-Stufe mit einem minimalen Pegel von 5 µV (an 50 Ω) rechnen.

Zur Demodulation benötigt man je nach Empfindlichkeit des nachgeschalteten Nf-Verstärkers Amplituden im Bereich von 100 mV, so daß mit dem gegebenen Eingangspegel Spannungsverstärkungen von rund 100 dB innerhalb der Zf-Stufe üblich sind.

Setzt man voraus, daß das Signal am Ausgang des Zf-Verstärkers auf Pegelschwankungen von maximal 3 dB ausgeregelt werden soll, kann man bei der vorgegebenen Dynamik der Eingangssignale den notwendigen Regelumfang eines Kurzwellenempfängers abschätzen.

Die auszuregelnden Pegelschwankungen durch die Schwunderscheinungen betragen nach 1.74 maximal 100 dB. Neben dieser Dynamik muß man mit Nutzsignalunterschieden rechnen, die von der Grenzempfindlichkeit ($\approx$ 0,2 µV an 50 Ω) bis zu Großsignalen ($\approx$ 100 mV an 50 Ω $\triangleq$ S 9 + 60 dB) reichen, so daß man hier ebenfalls Pegeländerungen von 100 bis 110 dB annehmen muß.

Um diesen Gegebenheiten gerecht zu werden, sollte der Regelumfang eines brauchbaren KW-Empfängers rund 100 dB betragen. Neben diesem absoluten Wert der Regeldynamik ist die Regelcharakteristik von entscheidender Bedeutung. Im allgemeinen wird das Verhältnis der Anstiegs- und Abfallzeitkonstanten für SSB mit 1 : 10 bis 1 : 100 bemessen, wobei die Anstiegszeitkonstante für den Regeleinsatz etwa 5 bis 10 ms beträgt.

Die Regelung der Hf-Vorstufe oder sogar des Mischers neben der des Zf-Verstärkers ist meist mit einer Zunahme der nichtlinearen Verzerrungen innerhalb der Eingangsstufen verbunden.

Wie bereits in 2.23 erläutert wurde, sollte man Großsignale besser mit einem schaltbaren Abschwächer dämpfen, da hierdurch der Intermodulationsabstand erhöht wird.

Neben diesen üblichen Widerstandsabschwächern ist auch der Einsatz eines Pin-Diodenreglers möglich. Hierzu werden Silizium-Dioden verwendet, die durch einen speziellen Herstellungsprozeß so langsam in ihrer Schaltgeschwindigkeit sind, daß sie sich oberhalb einer Grenzfrequenz wie ohmsche (lineare) Widerstände verhalten. Ihr Widerstand läßt sich durch einen eingeprägten Diodenstrom verändern, so daß sich mit Pin-Dioden elektronisch regelbare Abschwächer bauen lassen. Bezieht man sie in den Regelkreis ein, erreicht man eine nahezu verzerrungsfreie Vorstufenregelung von 30 bis 40 dB.

Die Regelspannung, die am Ausgang des Zf-Verstärkers gewonnen wird und den Verstärkungsfaktor der geregelten Stufen bestimmt, wird gleichzeitig zur Feldstärkeanzeige durch das S-Meter verwendet.

Die in der KW-Betriebstechnik übliche Angabe der Feldstärke in S-Stufen bezieht sich auf den Wert von S 9, der einer Eingangsspannung von 100 µV an 50 Ω am Empfängereingang entspricht. Der Abstand der S-Stufen untereinander beträgt 6 dB:

S-Stufe	1	2	3	4	5	6	7	8	9
U_e in µV an 50 Ω	0,37	0,75	1,5	3,1	6,2	12,5	25	50	100

Höhere Eingangsspannungen U_e als 100 µV gibt man in dB über S 9 an. Die Skala endet üblicherweise bei S 9 + 60 dB (100 mV).

Mit der S-Meter-Anzeige wird in der AFU-Betriebstechnik recht viel Unsinn getrieben, obwohl sie lediglich ein Maß für die Eingangsspannung am Empfänger ist.

Antennenart, Antennenzuleitung, Standort usw. bleiben hierbei völlig ausgeklammert und unberücksichtigt, so daß man lediglich ein relatives Urteil darüber abgeben kann, welcher Sender bei einem Vergleich am Empfängereingang die größere Leistung abgibt. Objektive Messungen sind nur zwischen zwei Stationen möglich, von denen eine z. B. die Leistung erhöht oder die Antenne wechselt, um die Auswirkungen mit der S-Meter-Anzeige der Gegenstation beurteilen zu können.

Die S-Meter-Eichung ist bei vielen Geräte-Fabrikaten ein reiner Zufall und kann von der Definition um ganze S-Stufen abweichen. Dies ist allerdings auch völlig unwichtig, solange man der Differenz von 6 dB zwischen zwei S-Stufen möglichst nahekommt. Nur hiermit sind brauchbare Relativmessungen durchführbar.

Völliger Unsinn ist es allerdings, wenn man versucht, den S-Stufen neben den absoluten Eingangsspannungsangaben in µV an 50 Ω verbale Lautstärkeeindrücke zuzuordnen, wie das sehr oft in der AFU-Literatur (und in Prüfungsfragen) zu finden ist.

Wenn man die S-Meter-Anzeige aus der Empfängerregelung ableitet, die eine Eingangssignaldynamik von rund 100 dB auf 3 dB ausregeln soll, dann darf es am Ausgang keine Lautstärkeunterschiede zwischen „genügend hörbar" und „sehr gute Zimmerlautstärke" geben.

Solche Angaben (und Publikationen) sind Relikte aus einer Zeit, als die Empfängergüte noch in Röhrenzahl und Gesamtverstärkung gemessen wurde.

Die steilflankige Selektion innerhalb des Zf-Verstärkers erreicht man durch spezielle Filter. Im allgemeinen werden Quarzfilter (siehe 1.492) verwendet, die sich bis zu Frequenzen von 50 MHz herstellen lassen.

Typische Zwischenfrequenzen für AFU-Geräte liegen allerdings in den Bereichen von 6, 9 und 10,7 MHz. Für diese Frequenzen wird ein umfangreiches Quarzfilter-Programm angeboten mit Bandbreiten von 20 kHz bis 150 Hz.

In vielen KW-Empfängern läßt sich die Zf-Bandbreite variieren, wofür verschiedene Filter umgeschaltet werden können (meist als Zusatz lieferbar). Übliche Werte sind 2,5 kHz für SSB und SSTV sowie 500 Hz und 150 Hz für RTTY und CW.

Der Formfaktor der Filter liegt je nach Güte (und Preis) zwischen 1,2 und 1,5, so daß sie äußerst steilflankig sind.

Neben Quarzfiltern findet man in älteren Empfängerkonstruktionen noch mechanische Filter für Zwischenfrequenzen um 500 kHz. In neueren Entwicklungen ist man allerdings von der niedrigen Zf (schlechte Spiegelfrequenzdämpfung) und auch von den mechanischen Filtern (stoßempfindlich) abgekommen, zumal der Trend zu sehr hohen Zwischenfrequenzen geht, bei denen sich keine mechanischen Filter mehr bauen lassen.

2.28 Demodulation

Vom Ausgang des Zwischenfrequenz-Verstärkers gelangt das selektierte und verstärkte modulierte Hf-Signal an den Demodulator.

Dort wird die aufmodulierte Nf-Information vom Träger getrennt (AM) bzw. aus der hochfrequenten in die niederfrequente Lage zurückgemischt (SSB).

Beim amplitudenmodulierten Hf-Signal enthält die Hüllkurve als gedachte Verbindung der Amplitudenspitzen des Trägers nach (93) die aufmodulierte Nf.

Um diese Information vom Träger zu trennen, wird das Hf-Signal in einer sehr einfachen Schaltung nach Abb. 2.281 gleichgerichtet. Dabei kappt man vom Träger je nach Diodenrichtung die negativen oder positiven Amplitudenspitzen. Die Hüllkurve der verbleibenden Amplitudenspitzen stellt den Modulationsinhalt dar.

Dem Gleichrichter wird ein RC-Glied nachgeschaltet, dessen Zeitkonstante so bemessen ist, daß sie länger als die Periodendauer der Träger-Schwingung ist, aber auch viel kürzer als die der höchsten Modulationsfrequenz. Hierdurch bildet sich die Hüllkurve und damit die Modulationsspannung U_M ab.

2.2 Das Superhet-Empfangsprinzip

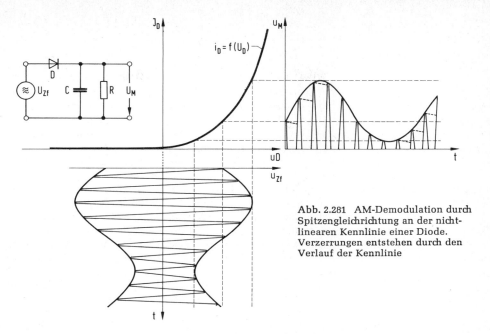

Abb. 2.281 AM-Demodulation durch Spitzengleichrichtung an der nichtlinearen Kennlinie einer Diode. Verzerrungen entstehen durch den Verlauf der Kennlinie

Die nichtlineare Kennlinie der Diode führt zwangsläufig zu Demodulationsverzerrungen, die vom gewählten Arbeitspunkt abhängen. Es sind Intermodulationsprodukte, die sich aus dem eingangsseitigen Frequenzspektrum bilden.

Während zur Mischung der quadratische Teil einer Kennlinie erwünscht ist, um das Produkt zweier Signale zu bilden, sucht man zur AM-Demodulation den möglichst (teil-) linearen Bereich, um den Verzerrungsgrad gering zu halten.

Die Nachteile der AM wurden bereits in 1.51 mathematisch illustriert. Sie bestehen sendeseitig vor allem darin, daß der Wirkungsgrad zwischen Gleichstromeingangsleistung und nutzbarer Hf-Ausgangsleistung im günstigsten Fall rund 12 bis 15 % beträgt.

Den Hauptteil der Hf-Energie (bei m = 1 die Hälfte) übernimmt der Träger, der keinen Informationsinhalt besitzt. Seine Existenz führt lediglich zu einer sehr einfachen Demodulationsschaltung.

Der Wirkungsgrad eines SSB-Senders ist weit besser als der eines AM-Senders, allerdings ist der sende- und empfangsseitige schaltungstechnische Aufwand entsprechend größer.

Nach 1.52 kann man sich das SSB-Signal als das in die Hochfrequenzlage gemischte Modulationsfrequenzspektrum vorstellen. Bei dem zugehörigen sendeseitigen Mischvorgang (Modulation) der Hf-Trägerfrequenz ω_T mit dem Modulationsfrequenzband ω_M entstehen die beiden Produkte $\omega_T + \omega_M$ (oberes Seitenband) und $\omega_T - \omega_M$ (unteres Seitenband).

ω_T und ω_M selber werden durch die Eigenschaft des Mischers (Ringmodulator) kompensiert (Träger- und Nf-Unterdrückung).

Da beide Seitenbänder die gleiche Information ω_M enthalten, wird eins in der Sendesignalaufbereitung herausgefiltert, während man allein das andere mit der gesamten verfügbaren Sendeenergie abstrahlt.

Beide Seitenbänder unterscheiden sich nach Abb. 1.521 nur dadurch, daß sie durch den Mischvorgang spiegelsymmetrisch zu ω_T dem ursprünglichen Träger liegen. Das untere

2 Die Kurzwellen-Amateurfunkstation

Seitenband befindet sich dabei in Kehrlage (höhere Nf ≙ niedriger Hf), das obere Seitenband ist in Regellage (höhere Nf ≙ höherer Hf).

Mathematisch kann man die beiden Seitenbänder nach 1.52 beschreiben:

Oberes Seitenband $\quad u_{OS} = U_M \cdot \cos(\omega_T + \omega_M) t \quad$ (228)

Unteres Seitenband $\quad u_{US} = U_M \cdot \cos(\omega_T - \omega_M) t \quad$ (229)

Um aus diesen Signalen die niederfrequente Information ω_M zu lösen (demodulieren), muß man auch empfangsseitig eine Mischung vornehmen, um das Modulationsfrequenzspektrum aus der Hf-Lage, die zur Übertragung innerhalb eines der Amateurfunkbänder notwendig war, wieder in die hörbare Nf-Lage zurückzusetzen.

Hierzu bildet man das Produkt aus dem empfangenen Seitenband und einem im Empfänger erzeugten Signal mit der Frequenz ω_T.

Im SSB-Demodulator muß demnach der Träger zugesetzt werden, der bei AM vom Sender bereits mitgeliefert wird. Der Frequenzbezug zwischen dem empfangenen Seitenband und dem im Empfänger als Demodulationshilfe zugesetzten Träger stimmt nur dann, wenn die Frequenz des zugesetzten Trägers der des im Sender unterdrückten entspricht.

Der SSB-Demodulationsmischer wird Produktdetektor genannt, weil das Mischen einer Produktbildung gleichkommt.

Untersucht man die Demodulation der Einseitenbandsendung, erhält man als Ausgangssignal u_P des Produktdetektors:

$$u_{P\,OS} = \underbrace{U_M \cdot \cos(\omega_T + \omega_M) t}_{\text{empfangenes oberes Seitenband}} \cdot \underbrace{U_T \cdot \cos \omega_T t}_{\text{zugesetzter Träger}} \quad (230)$$

Mit dem Additionstheorem zur Multiplikation zweier Cosinus-Funktionen erhält man aus (230):

$$u_{P\,OS} = \underbrace{\frac{U_M \cdot U_T}{2} \cdot \cos \omega_M t}_{\text{demoduliertes SSB-Signal}} + \frac{U_M \cdot U_T}{2} \cdot \cos(2\omega_T + \omega_M) t \quad (231)$$

Nach (231) enthält das Mischprodukt am Ausgang des Produktdetektors neben der Hf-Schwingung mit der Frequenz $2\omega_T + \omega_M$ die Modulationsfrequenz ω_M.

Setzt man statt des oberen das untere Seitenband in (230) ein, erhält man ein gleichwertiges Demodulatorausgangssignal:

$$u_{P\,US} = \frac{U_M \cdot U_T}{2} \cdot \cos \omega_M t + \frac{U_M \cdot U_T}{2} \cdot \cos(2\omega_T - \omega_M) t \quad (232)$$

Es unterscheidet sich lediglich in der Frequenz des Hf-Mischprodukts, so daß sich beide Seitenbänder mit dem gleichen Trägerzusatz demodulieren lassen.

Da der Nf-Verstärker dem Produktdetektor direkt nachgeschaltet ist, wird dort nur noch das niederfrequente Modulationssignal berücksichtigt, während das hochfrequente Mischprodukt nicht mehr erscheint.

Obwohl der Produktdetektor primär zum Empfang von SSB- und (wie noch gezeigt wird) Telegrafie-Signalen gedacht ist, kann man mit ihm auch AM-Sendungen in gleicher Qualität demodulieren, soweit der Träger des empfangenen Senders frequenzstabil genug ist.

2.2 Das Superhet-Empfangsprinzip

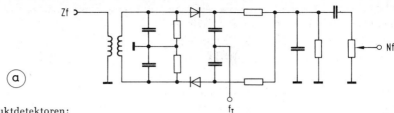

Abb. 2.282 Produktdetektoren:
a) Balancemischer

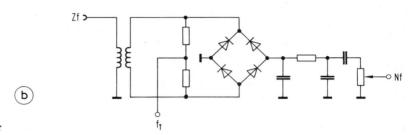

b) Ringmischer

c) Multiplikativer Mischer mit zwei FETs

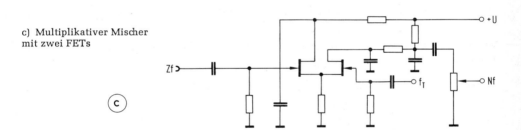

Man stimmt hierzu den AM-Träger auf Schwebungsnull mit dem zugesetzten Produktdetektor-Träger ab, wobei selbstverständlich nur ein Seitenband der AM-Sendung ausgewertet wird, weil das andere außerhalb des Filterdurchlaßbereichs liegt.

Bei sorgfältiger Abstimmung ist zunächst kein Unterschied zu einer SSB-Sendung zu hören. Der Unterschied kommt erst zum Ausdruck, wenn man den Empfänger verstimmt, da sich dann das Interferenzpfeifen (niederfrequente Differenzfrequenz) zwischen dem empfangenen AM-Träger und dem zugesetzten Träger des Produktdetektors bildet.

In Abb. 2.282 sind typische Produktdetektorschaltungen gezeigt, die nach den theoretischen Untersuchungen den bereits behandelten Mischerschaltungen entsprechen, so daß kein Kommentar notwendig ist. Der Unterschied besteht lediglich im Ausgang für niederfrequente Signale.

Beim praktischen Empfang von SSB-Sendungen wird das schmalbandige Filter im Zf-Teil sinnvollerweise zur Selektion beider Seitenbänder verwendet.

Durch die notwendige Umschaltung der Frequenz des zuzusetzenden Trägers im Produktdetektor von einer Filterflanke auf die andere ändert sich die Empfangsfrequenzan-

2 Die Kurzwellen-Amateurfunkstation

zeige um den Frequenzbetrag der Filterbandbreite bzw. der Differenz der beiden Zusatzträgerfrequenzen.

In Abb. 2.283 ist zur Erläuterung dieses Problems die Frequenzaufbereitung eines SSB-Empfängers für das untere Seitenband im 80-m-Band dargestellt.

Das verwendete Zf-Filter besitzt eine Mittenfrequenz von 9,000 MHz. Bei 3 kHz Bandbreite reicht der Durchlaßbereich von 8,9985 bis 9,0015 MHz.

Das empfangene untere Seitenband reicht von 3,700 bis 3,697 MHz. Der sendeseitig unterdrückte Träger liegt hierbei auf $f_T = 3{,}700$ MHz, der Bezugsfrequenz für das in die Hf-Lage versetzte Modulationsband, so daß die Empfängereichung diese Frequenz anzeigt.

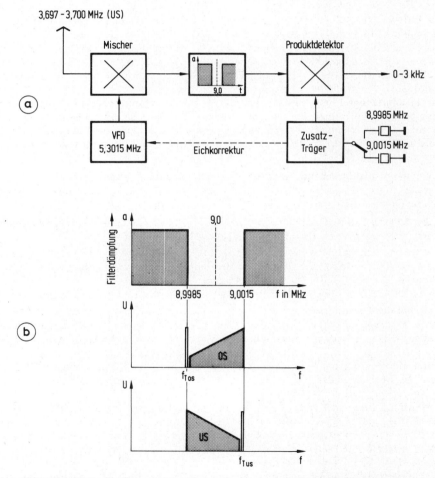

Abb. 2.283 Seitenbandumschaltung beim Empfang von SSB-Telefonie-Sendungen

a Beispiel der Frequenzaufbereitung zum Empfang des unteren Seitenbands im 80-m-Band

b Umschaltung des empfangenen Seitenbands als Funktion des Filterdurchlaßbereichs und der Zusatzträgerfrequenz f_T

2.2 Das Superhet-Empfangsprinzip

Der Oszillator muß demnach auf 5,3015 MHz abgestimmt werden, damit das empfangene Seitenband genau in den Filterdurchlaßbereich fällt (5,3015 MHz + 3,697 MHz = 8,9985 MHz und 5,3015 MHz + 3,700 MHz = 9,0015 MHz).

Der zur Demodulation im Produktdetektor zuzusetzende Träger muß auf 9,0015 MHz schwingen, also auf der Frequenz des Filterdurchlaßbereichs, auf der der unterdrückte Träger des Empfangssignals liegt, damit das selektierte untere Seitenband in Regellage am Nf-Ausgang erscheint.

Schaltet man den Sender vom unteren auf das obere Seitenband um und legt dabei die Trägerfrequenz f_T auf 3,697 MHz, also 3 kHz (Filterbandbreite bzw. Differenz der beiden Zusatzträgerfrequenzen) tiefer, bleibt der Empfangskanal von 3,697 bis 3,700 MHz erhalten.

Der Unterschied zur Sendung im unteren Seitenband besteht lediglich darin, daß sich das im oberen Seitenband übertragene Modulationsband in Regellage befindet.

Das Signal passiert in gleicher Weise den Zf-Filterbereich von 8,9985 bis 9,0015 MHz. Um aber in diesem Falle die richtige Nf-Lage des demodulierten Signals zu bekommen, muß der Produktdetektor-Oszillator (Zusatzträger) von 9,0015 auf 8,9985 MHz umgeschaltet werden.

Da die Empfängereichung jeweils auf die Frequenz des unterdrückten Trägers f_T vom Sender bezogen wird, liegt sie nach der Umschaltung auf das obere Seitenband um die Differenz der beiden Zusatzträgerfrequenzen von 3 kHz zu hoch, weil die Skala des Empfängers nach wie vor 3,700 MHz anzeigt, während nur der Trägeroszillator des Produktdetektors umgeschaltet wurde.

Aus dem Beispiel lassen sich folgende allgemeine Regeln ableiten:

a) Zur Demodulation des oberen Seitenbands muß die Zusatzträgerfrequenz des Produktdetektors auf der niederfrequenten Flanke des Zf-Filters liegen.

b) Zur Demodulation des unteren Seitenbands muß die Zusatzträgerfrequenz des Produktdetektors auf der hochfrequenten Flanke des Zf-Filters liegen.

c) Wird mit einem frequenzkonstanten Zf-Filter gearbeitet (meist Quarzfilter), ändert sich die Empfängereichung bei Seitenbandumschaltung um die Differenzfrequenz der beiden Zusatzträgeroszillatoren im Produktdetektor.

Die Skaleneichung kann somit nur in einer Seitenbandstellung vorgenommen werden. Soll sie bei der Umschaltung auf das andere Seitenband ebenfalls stimmen, muß die Frequenz des variablen Empfängeroszillators (VFO) gegenläufig um die Differenzfrequenz der Zusatzträgeroszillatoren verschoben werden, ohne die Eichung (Skalenanzeige) zu verändern.

Man kann dies durch die Zu- bzw. Abschaltung einer Parallelkapazität im VFO erreichen, oder durch eine mit der Seitenbandumschaltung gekoppelte Potentialänderung an einer Kapazitätsdiode im VFO.

Eine echte Seitenbandumschaltung, bei der die Empfängereichung erhalten bleibt, erreicht man nur durch den Einsatz zweier Filter, die nach *Abb. 2.284* für jedes Seitenband umgeschaltet werden, während die Zusatzträgerfrequenz konstant bleibt. Die Durchlaßbereiche dieser Filter liegen jeweils seitlich zur Frequenz des Zusatzträgers, so daß die Seitenbandwahl nur vom Einschalten des zugeordneten Filters abhängt. Für das obere Seitenband wird das hochfrequentere Filter und für das untere Seitenband das niederfrequentere Filter eingesetzt.

Die Filterumschaltung kann man vermeiden, wenn sich der Filterdurchlaßbereich stetig um 3 kHz verschieben läßt. Für einen geforderten Formfaktor von 1,2 bis 1,5 ist dies nur mit LC-Filtern im Bereich von 50 bis 100 kHz zu realisieren. Zudem erfordert dieses

2 Die Kurzwellen-Amateurfunkstation

sogenannte „passband-tuning" (engl.: Durchlaßbereichsabstimmung) -Verfahren die Mehrfachmischung im Empfängeraufbereitungssystem (Mehrfachsuperhet), was nach den Erkenntnissen von 2.21 bis 2.23 große Nachteile besitzt, die durch diesen funktionellen Vorteil nicht kompensiert werden können.

All diese zunächst verwirrende Theorie zur SSB-Demodulation scheint sinnlos zu sein, wenn man beim Empfang nicht weiß, auf welchem Seitenband der aufgenommene Sender seine Modulation abstrahlt.

Um diesen Zweifel auszuschließen, hat man vereinbart, alle Sendungen unterhalb 10 MHz im unteren und alle oberhalb 10 MHz im oberen Seitenband zu übertragen.

Für den geübten Betriebstechniker ist es allerdings eine Sache von Sekunden, festzustellen mit welchem Seitenband die Gegenstation arbeitet.

Morse-Telegrafiesignale (CW) wurden ursprünglich durch das Ein- und Ausschalten des Sender-Trägers erzeugt. Hierzu tastete man entweder den Senderoszillator oder eine der direkt dem Oszillator folgenden Stufen. Reine Telegrafisten im Amateurfunk praktizieren das teilweise heute noch mit einfachen Selbstbausendern.

Bei den inzwischen durchweg verbreiteten SSB-Amateurfunkgeräten ist diese einfache Oszillatortastung nicht mehr zu finden, da man hiermit den getasteten Träger simulieren kann, ohne den recht sensiblen Oszillator selber schalten zu müssen.

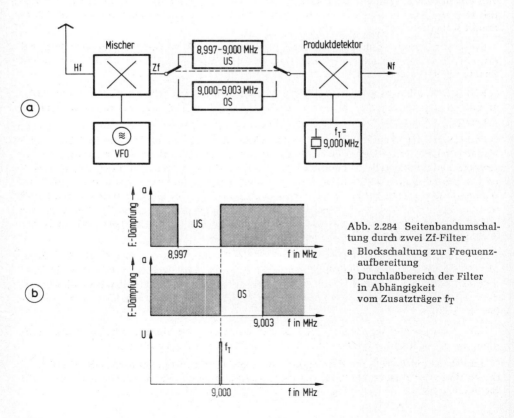

Abb. 2.284 Seitenbandumschaltung durch zwei Zf-Filter
a Blockschaltung zur Frequenzaufbereitung
b Durchlaßbereich der Filter in Abhängigkeit vom Zusatzträger f_T

2.2 Das Superhet-Empfangsprinzip

Abb. 2.285 Empfang von Morse-Telegrafiesignalen mit SSB-Geräten:
Frequenzablage des Zusatzträgers vom Filterdurchlaßbereich $\approx$ 1 kHz

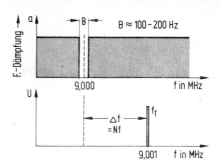

Dem Mikrofoneingang wird hierzu ein im Rhythmus der Telegrafiezeichen getasteter Nf-Ton zugeführt. Da der SSB-Sender nur dann ein Hf-Signal erzeugt, wenn Nf-Ansteuerung vorhanden ist ($U_M > 0$), folgt das Senderausgangssignal dem Rhythmus der Tontastung. Zudem wird der Ton als Modulationssignal in bekannter Weise in die Hf-Lage gemischt und erscheint als getastetes Signal konstanter Frequenz neben dem nicht mehr wahrnehmbaren unterdrückten Träger, so daß man Hf-seitig keinen Unterschied zu einem Sender mit getastetem Träger feststellen kann.

Logischerweise kann demnach jeder getastete Träger, wie auch immer er erzeugt wurde, von einem SSB-Empfänger als getasteter Nf-Ton in Hf-Lage aufgefaßt werden und natürlich auch als solcher nach dem SSB-Demodulationsverfahren in seine Nf-Lage zurückgemischt werden.

Die angenehmste Tonhöhe zur akustischen Aufnahme von Telegrafiesignalen liegt bei etwa 1000 Hz, so daß man die Mittenfrequenz des Telegrafie-Zf-Filters 1 kHz neben die Zusatzträgerfrequenz legt (Abb. 2.285).

Fällt der empfangene getastete Träger in den Durchlaßbereich des Filters, dann bildet er mit der Zusatzträgerfrequenz eine Differenz von 1000 Hz, die nach der Mischung am Ausgang des Produktdetektors zu hören ist.

Es besteht somit keinerlei Unterschied zwischen der Demodulation eines SSB-Telefoniesignals und der einer Telegrafiesendung. Selbstverständlich ist es bei Telegrafie egal, in welcher Seitenbandstellung empfangen wird, da ein Ton konstanter Frequenz in Regel- und Kehrlage gleich bleibt. Allerdings muß man bei der Eichung darauf achten, daß die Sende- bzw. Empfangsfrequenz auf den real ausgestrahlten Träger bezogen wird und nicht auf einen virtuellen unterdrückten. Die Telegrafiesendung eines SSB-Senders, der auf 3,500 MHz abgestimmt ist und mit einem 1 kHz Ton im oberen Seitenband strahlt, hat demnach die Sendefrequenz von 3,501 kHz.

Sendungen der Sonderbetriebsarten RTTY, SSTV und FAX werden in gleicher Form wie SSB-Telefonie empfangen und demoduliert. Da sie im Gegensatz zu CW nicht konstanter Frequenz sind, muß wie bei Telefonie auf das richtige Seitenband geachtet werden, um das Nutzsignal am Nf-Ausgang in Regellage zu erhalten (siehe auch Sonderbetriebsarten).

Zum Verständnis der Demodulationsschaltungen für FM-Signale muß man sich noch einmal die in 1.53 theoretisch beschriebene Signalform vor Augen führen.

Danach ist die Lautstärke des Modulationsinhalts im Frequenzhub enthalten, während die Nf durch die Anzahl der Frequenzwechsel (Änderung der Nulldurchgangszahl pro Zeit) bestimmt wird.

2 Die Kurzwellen-Amateurfunkstation

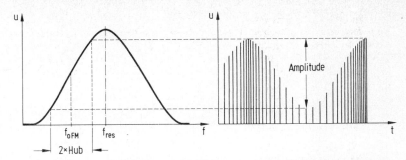

Abb. 2.286 FM-Demodulation an der Flanke eines Parallelschwingkreises
Frequenz-Spannungs-Wandlung durch einen frequenzabhängigen Widerstand

Es gibt zwei verschiedene Verfahren, die Information vom FM-Träger zu trennen.

Beim ersten wird die FM zunächst in AM umgewandelt und anschließend mit einem üblichen AM-Demodulator gleichgerichtet. Schaltungen dieser Art sind in den unterschiedlichsten Variationen als Flanken-, Differenz-, Phasen- und Verhältnis-Diskriminatoren bekannt.

Beim anderen Verfahren werden die Nulldurchgänge des frequenzmodulierten Signals in kurze Impulse gleicher Größe umgewandelt. Summiert man diese Pulse in einer Integrationsschaltung mit vorgegebener Entladezeitkonstante auf, erhält man am Ausgang der Schaltung ebenfalls das Abbild des Modulationsinhalts. FM-Demodulatoren, die nach diesem Prinzip arbeiten, nennt man Zähldiskriminatoren. Sie haben den Vorteil, daß sie ohne Induktivitäten arbeiten und jeglicher Abgleich unnötig wird.

Bleibt man zunächst beim ersten Demodulationsverfahren, findet man nach *Abb. 2.286* im Parallelresonanzkreis den einfachsten Diskriminator, wenn man die Mittenfrequenz des FM-Signals auf eine Flanke der Durchlaßkurve abstimmt.

Die sich um den Hub im Rhythmus des Nf-Inhalts ändernde Frequenz bildet an der Flanke des Kreises, die einen frequenzabhängigen Widerstand darstellt, ein AM-Signal, das im nachfolgenden AM-Gleichrichter demoduliert werden kann.

Eine Verbesserung gegenüber dieser einfachen Schaltung ist der Gegentakt-Flankendiskriminator oder Differenz-Diskriminator nach *Abb. 2.287*, bei dem die Kurven zweier Resonanzkreise gegeneinander geschaltet werden, um auf diese Weise die ausnutzbare Diskriminatorkennlinie gleichzeitig zu erweitern und zu linearisieren.

Flanken- und Differenzdiskriminatoren werden allerdings nur noch für spezielle Anwendungsgebiete eingesetzt, da der Abgleich der Schwingkreise aufwendig und kritisch ist.

Der sogenannte Phasendiskriminator nach *Abb. 2.288 a* unterscheidet sich von der Schaltung des Differenzdiskriminators dadurch, daß die beiden gegeneinander verstimmten Sekundärschwingkreise durch einen Schwingkreis mit Mittelanzapfung ersetzt worden sind, der wie der Primärkreis auf die Mittenfrequenz (Trägerfrequenz) des frequenzmodulierten Signals abgestimmt ist.

Beim Phasendiskriminator vergleicht man zur Demodulation des FM-Signals eine aus dem Empfangssignal abgeleitete phasenverschobene Spannung mit einer dem Empfangssignal phasengleichen Spannung.

Um die Funktion der Schaltung verstehen zu können, müssen die Grundlagen aus 1.47 bekannt sein. Danach ist der Resonanzwiderstand eines Schwingkreises ein rein ohmscher, bei dem Strom und Spannung in Phase liegen, während sich die Blindanteile des Kondensators und der Spule kompensieren.

2.2 Das Superhet-Empfangsprinzip

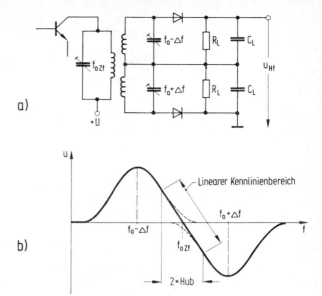

Abb. 2.287
a Schaltung des Differenz- oder Gegentakt-Diskriminators
b Verlängerung der Diskriminatorkennlinie durch das Gegeneinanderschalten zweier Parallelschwingkreise

Wird der Kreis gegenüber seiner Resonanzfrequenz verstimmt oder weicht die Frequenz der eingekoppelten Wechselspannung von der abgestimmten Resonanzfrequenz ab, wirkt er nach Abb. 1.471 mit abnehmender Frequenz als induktiver und mit zunehmender Frequenz als kapazitiver Scheinwiderstand.

In der Schaltung des Phasendiskriminators gelangt das FM-Signal auf zwei verschiedenen Wegen in den Sekundärkreis. Einerseits durch die induktive Kopplung der beiden Schwingkreisspulen und andererseits durch die kapazitive Kopplung an die Mittenanzapfung der Sekundärspule.

Die induktiv in den Sekundärschwingkreis eingekoppelte Energie ruft dort eine Phasenverschiebung der Sekundärspannung U_s von 90° gegenüber der Primärspannung hervor, soweit die Frequenz des übertragenen FM-Signals gleich der Resonanzfrequenz beider Kreise ist. Dies entspricht dem nichtmodulierten, frequenzkonstanten Träger.

Die kapazitiv eingekoppelte Spannungskomponente U_C ist dagegen immer in Phase mit der Primärspannung U_p, so daß sie bei der Resonanzfrequenz, also im nichtmodulierten Fall des FM-Signals, gegenüber U_s ebenfalls um 90° phasenverschoben ist.

Über den Dioden D 1 und D 2 liegt nach Abb. 2.288 b bei Resonanz durch die Teilung der Sekundärspule jeweils die Hälfte der Sekundärspannung U_s geometrisch addiert mit der kapazitiv eingekoppelten Spannung U_C.

Beide Spannungen U_{D1} und U_{D2} erzeugen bei Resonanz nach der jeweiligen Gleichrichtung gleichgroße aber entgegengesetzte Spannungskomponenten U_{C1} und U_{C2}, deren Summe sich am Ausgang kompensiert, so daß erwartungsgemäß kein Nf-Signal entsteht.

Weicht die Frequenz des FM-Signals bei Modulation um den Betrag des Hubs von der Resonanzfrequenz ab, verändert sich der Phasenwinkel φ (bei Resonanz 90°) zwischen Primärspannung U_p und der induktiv eingekoppelten Sekundärspannung U_s.
Die kapazitiv eingekoppelte Spannungskomponente U_C bleibt dagegen weiterhin phasentreu (gleichphasig) zur Primärspannung.

2 Die Kurzwellen-Amateurfunkstation

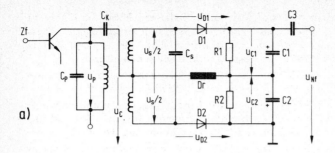

Abb. 2.288 a Schaltung des Phasendiskriminators

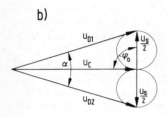

b Spannungszeigerdiagramm für $f_{Zf} = f_o$

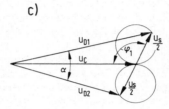

c Spannungszeigerdiagramm für $f_{Zf} > f_o$

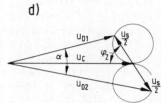

d Spannungszeigerdiagramm für $f_{Zf} < f_o$

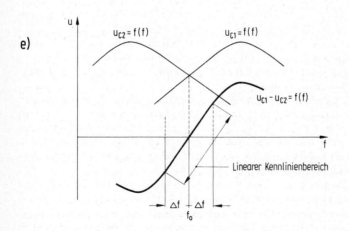

e U_{C1}, U_{C2} und $U_{C1} - U_{C2}$ als Abhängige von der Signalfrequenz
Bildung der Diskriminatorkennlinie

2.2 Das Superhet-Empfangsprinzip

Je nach Änderung der Signalfrequenz zur höher- oder niederfrequenten Seite neigt sich der Phasenwinkel φ zwischen U_s und U_c zu kapazitiven oder induktiven Werten. Daraus ergeben sich nach den *Abb. 2.288 c und d* unterschiedliche Beträge für U_{D1} und U_{D2}, wodurch sich U_{C1} und U_{C2} nach *Abb. 2.288 e* am Ausgang nicht mehr kompensieren.

Bei loser induktiver Kopplung ist U_s klein gegenüber U_c, so daß α ebenfalls sehr klein wird. U_{D1} und U_{D2} sind unter diesen Voraussetzungen nahezu phasengleich.

Ist zudem der Frequenzhub Δ f klein gegenüber der Bandbreite des Bandfilters aus Primär- und Sekundärkreis, stehen die gleichgerichteten Spannungen U_{C1} und U_{C2} und deren Differenz in einem nahezu linearen Verhältnis zur Frequenzänderung des FM-Signals.

Da diese Änderung nach der Definition der Frequenzmodulation dem Informationsinhalt entspricht, enthält die aus U_{C1} und U_{C2} zusammengesetzte Ausgangsspannung ($U_{C1} - U_{C2}$) die aufmodulierte Niederfrequenz.

In *Abb. 2.288 e* ist diese Abhängigkeit der Spannungen U_{C1} und U_{C2} und deren Differenz von der Frequenz f grafisch dargestellt, wobei die Kurve für die Differenz beider Spannungen die bereits bekannte typische S-förmige Diskriminator-Kennlinie bildet. Zur verzerrungsfreien Demodulation darf der doppelte Hub des FM-Signals gerade den linearen Bereich der Kennlinie überdecken.

Der Phasendiskriminator ist weit einfacher abzugleichen als Flankendiskriminatoren, da beide Filterkreise lediglich auf die Resonanzfrequenz (Zf-Mittenfrequenz) abzustimmen sind. Dabei ist allerdings auf die notwendige Bandbreite zu achten, die etwa den vierfachen Wert des maximalen Hubs besitzen soll, damit die Schaltung im linearen Bereich arbeitet.

Die bisher beschriebenen Diskriminatorschaltungen benötigen einen vorgeschalteten Begrenzer, der das Zf-Signal auf einer konstanten Amplitude hält, da eingangsseitige Amplitudenschwankungen zu Verzerrungen des demodulierten Signals führen.

Der sogenannte Ratiodetektor oder Verhältnisdiskriminator nach *Abb. 2.289 a* erfüllt in bestimmten Grenzen neben der FM-Demodulation auch die Aufgabe der Begrenzung, um die erwähnten Verzerrungen durch überlagerte AM-Anteile zu vermeiden.

Der wesentliche Unterschied zum Phasendiskriminator besteht darin, daß die Dioden D 1 und D 2 gegenpolig zum Sekundärschwingkreis geschaltet sind, so daß man über den Widerständen R1 und R2 gleichgerichtete Summenspannung aus den bereits bekannten Diodenspannungen U_{D1} und U_{D2} erhält.

Der zu den Widerständen parallelgeschaltete Kondensator C_3 relativ hoher Kapazität (5 bis 10 µF) hält die Summenspannung U_{C3} (auch Richtspannung genannt) auf einem konstanten Mittelwert, der der Amplitude des Zf-Signals entspricht. Die Zeitkonstante wird in Verbindung mit R 1 und R 2 so gewählt, daß sie wesentlich länger als die Periodendauer der niedrigsten Modulationsfrequenz ist. U_{C3} wird daher nur durch sehr niederfrequente (kleiner als 5 Hz) Feldstärkeänderungen beeinflußt.

Der geerdete Spannungsteilerpunkt zwischen R 1 und R 2 befindet sich auf der Potentialmitte von U_{C3}, da die Widerstände gleiche Werte besitzen.

R 3 ist der Arbeitswiderstand, an dem die Nf-Ausgangsspannung auftritt. C 4 bildet den Ladekondensator, um nach der Spitzenwertgleichrichtung das Nf-Signal aus der Hüllkurve zu erhalten (siehe AM-Demodulation und *Abb. 2.281),* da auch beim Ratiodetektor die FM zunächst in AM umgewandelt wird, um erst dann die bekannte AM-Gleichrichtung vorzunehmen.

In *Abb. 2.289 b* ist die Schaltung des Ratiodetektors zum besseren Verständnis der Funktion etwas umgezeichnet worden.

2 Die Kurzwellen-Amateurfunkstation

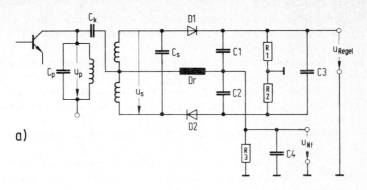

a)

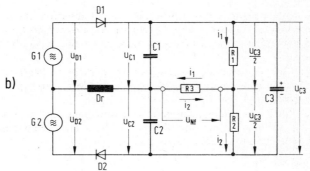

b)

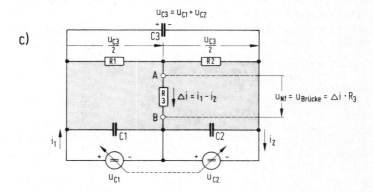

c)

Abb. 2.289
a Schaltung eines Ratiodetektors oder Verhältnisdiskriminators
b Darstellung der Strom- und Spannungsverhältnisse am Ratiodetektor
c Vereinfachte Darstellung des Ratiodetektors als Brückenschaltung. Das Verhältnis zwischen U_{C1} und U_{C2} bestimmt die Ausgangsspannung U_{Nf}

2.2 Das Superhet-Empfangsprinzip

Die symbolischen Wechselspannungsgeneratoren G1 und G2 bilden die Quellen für die resultierenden Eingangsspannungen U_{D1} und U_{D2} nach den Abb. 2.288 b bis d. Diese Zeigerdiagramme gelten auch für den Ratiodetektor.

Der Stromkreis für i_1 führt über den Pfad D1, R1, R3 und Dr, während i_2 in umgekehrter Richtung über Dr, R3, R2 und D2 fließt.

Sind beide Ströme i_1 und i_2 gleich groß, heben sich die resultierenden Spannungskomponenten $i_1 \cdot R3$ und $i_2 \cdot R3$ am Arbeitswiderstand R3 auf, so daß keine Nf-Spannung ensteht.

Dieser Fall tritt bekanntlich bei Resonanz (keine Modulation) auf, wenn $U_{D1} = U_{D2}$ bzw. $U_{C1} = U_{C2}$ sind.

Nach Abb. 2.289 c liegt R3 in einer Brückenschaltung (siehe 1.14 und Abb. 1.143). Bei Resonanz ist die Brücke abgeglichen, da zwischen den Punkten A und B kein Potentialunterschied entsteht.

Sobald sich die Eingangsfrequenz des FM-Signals bei Modulation ändert, steigt eine der beiden Diodenspannungen U_D, während die andere im gleichen Maße abnimmt. Die Summe $U_{D1} + U_{D2}$ bleibt aber nach den Zeigerdiagrammdarstellungen der Abb. 2.289 c und d konstant.

Die gleichgerichtete Summenspannung U_{C3} behält demnach ihren Wert auch dann bei, wenn sich die Eingangsfrequenz um den Modulationshub ändert. Der Punkt A liegt nach wie vor auf dem Mittenpotential von U_{C3}.

Dagegen verschieben sich die gleichgerichteten Teilspannungen U_{C1} und U_{C2} analog zu den Beträgen von U_{D1} und U_{D2}, so daß die Brücke bei Modulation außer Balance gerät und zwischen A und B eine Spannungsdifferenz entsteht:

$$U_{R3} = \frac{U_{C1} - U_{C2}}{2}$$

Ist die Richtspannung U_{C3} in einem zugehörigen Zahlenbeispiel 1 V, liegt der Widerstandsteilerpunkt A auf dem relativen Potential von 0,5 V.

Durch eine Frequenzverstimmung sei $U_{C1} = 0,7$ V und U_{C2} demzufolge 0,3 V, wodurch B auf 0,3 V liegt.

Die Spannungsdifferenz zwischen A und B beträgt dann:

$$U_{R3} = \frac{0,7\text{ V} - 0,3\text{ V}}{2}$$
$$= 0,2\text{ V}$$

Der Name Verhältnisdiskriminator rührt aus dem differierenden Verhältnis zwischen U_{D1} und U_{D2} bzw. U_{C1} und U_{C2} für frequenzmodulierte Signale, aus dem die Brückendifferenzspannung und damit die Nf-Ausgangsspannung U_{R3} entsteht.

Stellt man U_{C1} und U_{C2} in Abhängigkeit von der Frequenz dar, erhält man das gleiche Ergebnis wie beim Phasendiskriminator nach Abb. 2.288 e. Der Unterschied besteht lediglich darin, daß die S-förmige Diskriminatorkennlinie nur halb so steil ist, da U_{R3} nach der oben angegebenen Beziehung nur die Hälfte der Differenz aus U_{C1} und U_{C2} beträgt.

Zum Verständnis der Begrenzerwirkung des Ratiodetektors muß man erkennen, daß der Sekundärkreis Hf-mäßig allein durch die Reihenschaltung der Dioden-Innenwiderstände belastet wird.

C1 und C2 bzw. C3 bilden einen Hf-Kurzschluß, während der Hf-Weg über die Drossel blockiert ist, wodurch die Dioden in Serienschaltung parallel zum Schwingkreis liegen.

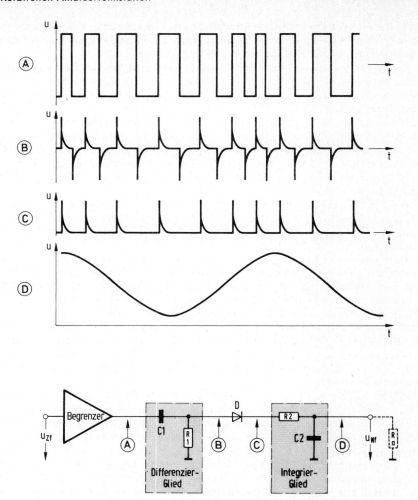

Abb. 2.2810 Die prinzipielle Funktion des Zähldiskriminators

Nach 1.61 und *Abb. 1.612* ist der Innenwiderstand der Halbleiterdiode in Leitrichtung spannungsabhängig. Mit zunehmender Spannung wird er geringer, mit kleiner werdender Spannung steigt er an.

Diese nichtlineare Widerstandscharakteristik der Diode führt in folgender Weise zu einer Begrenzung des Zf-Signals im Ratiodetektor:

Mit zunehmender Spannung U_s im Sekundärschwingkreis fließt ein größerer Diodenstrom, da der Diodenwiderstand geringer wird. Hierdurch wird der Kreis aber höher belastet, so daß die Güte und damit die Resonanzüberhöhung geringer werden. Die Schwingkreisspannung sinkt ab.

Bei kleinerer Eingangsspannung geht der Diodenstrom zurück, so daß die Innenwiderstände im Wert ansteigen. Gleichzeitig steigt mit der geringeren Belastung aber auch die Güte und die Resonanzüberhöhung, so daß die Spannung U_s größer wird.

2.2 Das Superhet-Empfangsprinzip

Ist die Ansteuerspannung des Zf-Verstärkers ausreichend groß, stellt sie sich auch bei Amplitudenschwankungen durch die Begrenzerwirkung der Dioden am Sekundärkreis des Ratiodetektors auf einen näherungsweise konstanten Wert ein.

Der Ratiodetektor ist die übliche Schaltung zur Demodulation von frequenzmodulierten Signalen, zumal sie die wirtschaftlichste ist. Man findet den Ratiodetektor in den unterschiedlichsten Schaltungsvariationen, die aber alle auf das beschriebene Funktionsprinzip zurückzuführen sind.

Der Zähldiskriminator vermeidet den Umweg über die Umwandlung der FM in ein AM-Signal. Nach der Prinzipschaltung in *Abb. 2.2810* wird das FM-Signal zunächst begrenzt. Durch seine hohe Verstärkung kappt der Begrenzer die Amplitudenspitzen der ansteuernden Zf-Spannung, so daß man am Ausgang ein nahezu rechteckförmiges Signal erhält. Dabei bleibt der Modulationsinhalt natürlich erhalten, weil er allein durch die Folge der Nulldurchgänge bestimmt wird.

In einem nachfolgenden Differenzierglied aus R 1 und C 1 werden die steilen Rechteckflanken in Nadelimpulse gleicher Größe (Fläche) gewandelt. Eine Seite der Impulse kappt man mit einer nachgeschalteten Diode, so daß im Beispiel nur noch die positiven Anteile erhalten bleiben.

Mit dem Integrierglied aus R 2 und C 2 werden die Impulse aufsummiert, deren Anzahl pro Zeit dem Informationsinhalt des eingangsseitigen FM-Signals entspricht.

Durch den Lastwiderstand R_a entlädt sich der Kondensator C 2 mit einer bestimmten Zeitkonstante, die so gewählt wird, daß sich in Abhängigkeit von der Ladeimpulsfolge und -breite am Ausgang die Modulationsspannung bildet.

Zähldiskriminatoren werden im Amateurfunk vor allem in Elektronikschaltungen der Sonderbetriebsarten verwendet, mit denen das frequenzmodulierte Nf-Subcarrier-Signal demoduliert wird. Sie bieten den großen Vorteil, daß man keine Induktivitäten benötigt (auch in Hf-Schaltungen) und die Demodulationskennlinie beliebig lang und linear bemessen werden kann.

Der Abgleich besteht allein in der richtigen Bemessung der Differenzier- und Integrierglieder, die von der Trägerfrequenz und der erzeugten Impulsbreite abhängig ist.

Allerdings ist zu bemerken, daß der Demodulationswirkungsgrad nur dann ausreichend ist, wenn der Frequenzhub im Vergleich zur Trägerfrequenz relativ hoch ist. Für die erwähnten Subcarriersignale der Sonderbetriebsarten ist dies in idealer Weise gegeben. Bei der Demodulation von Hf-Signalen benötigt man im allgemeinen eine recht niedrige Zf, um einen sinnvollen Wirkungsgrad der Schaltung zu erreichen (z. B. Zf = 500 kHz, Hub = 75 kHz). Für Schmalband-FM-Sendungen mit einem Modulationsindex von 1 bis 3 und Zwischenfrequenzen um 10 MHz sind Zähldiskriminatoren unüblich, da die Nf-Ausbeute zu gering wird. Hier bringt der Ratiodetektor mit seiner steilen Resonanzkennlinie bessere Ergebnisse.

Zähldiskriminatoren gibt es ebenfalls in den unterschiedlichsten Schaltungsvarianten, die teilweise Bausteine der Digitalelektronik enthalten. Sie arbeiten aber alle nach dem erläuterten Prinzip, wonach aus der Nulldurchgangsfolge des begrenzten Eingangssignals, die im linearen Verhältnis zum Modulationsinhalt steht, eine Impulsfolge abgeleitet wird, die zur Nachbildung der Nf-Information mit einer bestimmten Zeitkonstante aufsummiert wird.

2.29 Empfänger-Zusatzeinrichtungen

Neben der üblichen Signalaufbereitung gibt es in der Empfängertechnik Schaltungstricks und Zusatzgeräte, die vor allem der höheren Selektion für den Telegrafieempfang und der Störunterdrückung dienen sollen.

2 Die Kurzwellen-Amateurfunkstation

Man kann diese Schaltungen in zwei Gruppen klassifizieren, von denen die eine im Zf- und die andere im Nf-Bereich ihre Anwendung findet.

Zf-Schaltungen dieser Art sind in den meisten Fällen gerätespezifisch, so daß sie sich nur selten in Empfänger anderer Fabrikate einbauen lassen, soweit sie zu den Extras eines bestimmten Herstellers gehören (z. B. Störaustaster, Stationsmonitor usw.).

Allerdings verlieren die typischen Zf-Schaltungen, die man in LC-Technik in älteren Amateurempfängern als Q-Multiplier und T-Notch-Filter findet, an Bedeutung, da sie sich nur bei niedrigen Zwischenfrequenzen mit ausreichender Selektivität realisieren lassen.

Bei hohen Zwischenfrequenzen, wie sie in modernen Empfängerkonzeptionen üblich sind, erreicht man die schmalbandige Selektion durch entsprechende Quarzfilter oder durch aktive Nf-Filter, die sich vor allem in den letzten Jahren in der Schaltungstechnik mit Operationsverstärkern durchgesetzt haben.

Nf-Schaltungen haben den großen Vorteil, daß sie Geräten jeden Typs nachgeschaltet werden können. Zudem ist kein Eingriff in die „Innereien" des Empfängers notwendig, der bei Amateuren oft zu unerwünschten Sekundäreffekten führt.

Mit neuen Empfängerentwicklungen werden besonders auf dem Amateurfunkmarkt immer wieder Schaltungsneuheiten mit mehr oder weniger großem Nutzen kreiert.

Diese Form der Werbung mit dem technischen Non Plus Ultra sollte man äußerst kritisch betrachten und nach Möglichkeit entsprechende Testberichte in den Fachzeitschriften abwarten. Die Effektivität solcher Extras ist oft sehr umstritten, zumal sie meist auf dem subjektiven Urteil der Hersteller basiert.

2.291 Q-Multiplier, T-Notch-Filter

Der sogenannte Q-Multiplier ist ein durch Mitkopplnug entdämpfter Parallelschwingkreis, wie er bereits aus der Geradeausempfänger-Technik bekannt ist.

Dabei werden die ohmschen Verluste des Schwingkreises durch einen nachgeschalteten Verstärker kompensiert, wodurch man eine relativ hohe Güte erreicht (vergl.: 2.1 und *Abb. 2.14*).

Schaltet man einen so entdämpften Parallelschwingkreis nach *Abb. 2.2911 a* vom Mischerausgang nach Masse, wird der nachfolgende Zf-Durchlaßbereich nach *Abb. 2.2911 b* durch den Parallelschluß des Kreises hoher Güte entsprechend schmalbandig. Hierdurch läßt sich ein relativ breitbandiger Zf-Kanal, der für Telefonie bemessen ist, für den Telegrafiebetrieb (CW) einengen.

Wird der Kreis dagegen nach *Abb. 2.2912 a* in Serie mit dem Zf-Pfad gelegt, bildet er an seiner Resonanzstelle ein Loch im Zf-Durchlaßbereich, da er dort sehr hochohmig wird. Bei ausreichender Güte Q lassen sich mit dieser Lochfilter-Schaltung störende Interferenzträger oder Telegrafiesignale (Sinusstörer konstanter Frequenz) beim Empfang von Telefoniesendungen unterdrücken.

Da man Filterbandbreiten von 100 bis 200 Hz benötigt, um wirkungsvolle CW- oder Loch- (Notch-) Filtereffekte zu erreichen, läßt sich der Q-Multiplier nur bis zu Zwischenfrequenzen von 500 kHz einsetzen.

Bei höheren Zwischenfrequenzen müßte man die ohnehin kritische Mitkopplung bis nahe an den Schwingungseinsatz (Überkompensation) treiben, um die zur ausreichenden Selektion notwendige Kreisgüte zu erreichen. Dies ist bei der äußerst sensiblen Abstimmung eines Q-Multipliers nicht möglich, da die Schaltung dann instabil arbeitet.

Das T-Notch-Filter ist nach *Abb. 2.2913* ein rein passives Lochfilter zur Unterdrückung von schmalbandigen Störsignalen. Es arbeitet analog zum Q-Multiplier, nur wird hier auf die aktive Entdämpfung des Kreises verzichtet.

2.2 Das Superhet-Empfangsprinzip

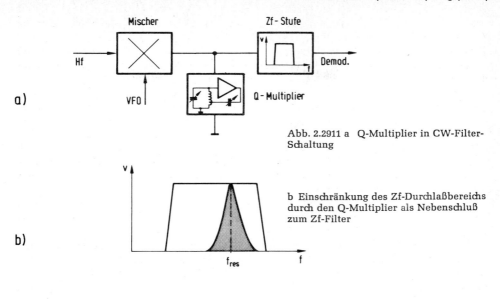

a)

b)

Abb. 2.2911 a Q-Multiplier in CW-Filter-Schaltung

b Einschränkung des Zf-Durchlaßbereichs durch den Q-Multiplier als Nebenschluß zum Zf-Filter

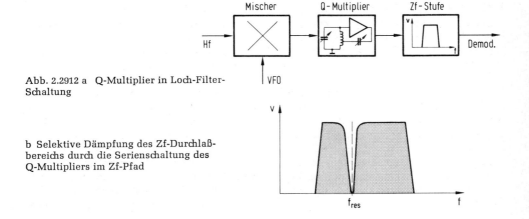

Abb. 2.2912 a Q-Multiplier in Loch-Filter-Schaltung

b Selektive Dämpfung des Zf-Durchlaßbereichs durch die Serienschaltung des Q-Multipliers im Zf-Pfad

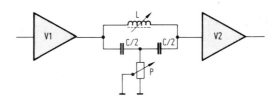

Abb. 2.2913 Das T-Notch-Filter: Ein passives Lochfilter durch Serienschaltung eines Parallelschwingkreises im Zf-Pfad

2 Die Kurzwellen-Amateurfunkstation

Das Filter ist wiederum ein mit dem Zf-Pfad in Serie geschalteter Parallelschwingkreis, dessen Güte die maximale Unterdrückungstiefe (Dämpfung) und Bandbreite des „Loches" bestimmt.

Mit dem Potentiometer, das von der Mitte des unterteilten Parallelkondensators nach Masse liegt, kann die Güte des Kreises variiert werden, so daß man damit die Bandbreite und die Dämpfung des Filters verändern kann.

Die Frequenzvariation über den Zf-Durchlaßbereich erreicht man durch die Verstimmung der Induktivität, indem der Spulenkern mehr oder weniger tief in den Spulenkörper eingeschoben wird (Variometerverstimmung). Es besteht allerdings auch die Möglichkeit, parallel zur Spule einen Drehkondensator zur Abstimmung zu schalten.

Das T-Notch-Filter, das seinen Namen der T-förmigen Schaltungsdarstellung verdankt, ist allerdings nur für Zwischenfrequenzen bis maximal 100 kHz brauchbar, da sonst die Güte des Parallelschwingkreises nicht ausreicht.

2.292 Aktive Nf-CW- und Lochfilter

Die moderne Schaltungstechnik der Analogelektronik mit Operationsverstärkern erlaubt den Bau von hochwertigen aktiven Selektionsfiltern im Nf-Bereich, die vor allem als CW- und Lochfilter jedem Empfänger am Nf-Ausgang nachgeschaltet werden können.

Der Aufbau solcher Filter ist völlig unkritisch, zumal neben dem handelsüblichen Operationsverstärker, der nicht mehr als ein herkömmlicher Kleinleistungstransistor kostet, nur Widerstände und Kondensatoren als Bauelemente notwendig sind.
Induktivitäten, die vor allem in der Nf-Technik unhandlich, voluminös und schwierig herstellbar sind, werden in der Schaltungstechnik der aktiven Filter völlig vermieden.

Resonanzfrequenz, Güte und Abstimmungsvariationsbereich lassen sich durch die Werte der externen Bauelemente des Operationsverstärkers bestimmen, die man aus den gegebenen Beziehungen für die geforderten Daten des Filters errechnen kann.

Mit 3.15 ist den aktiven Filtern in diesem Buch ein ganzes Kapitel gewidmet, da sie neben ihrer Funktion als CW- und Lochfilter vor allem in den analogelektronischen Schaltungen zur Aufbereitung der demodulierten RTTY-, SSTV- und FAX-Subcarrier-Signale (siehe Sonderbetriebsarten) von großer Bedeutung sind.

Abb. 2.2921 zeigt die Schaltung eines sogenannten mehrfach-gegengekoppelten aktiven Selektivfilters, das sich besonders zur Verwendung als Nf-CW-Filter eignet.
Das Filter läßt sich mit dem Potentiometer R 3 stetig in seiner Frequenz durchstimmen, wobei die Selektionsbandbreite durch die Dimensionierung der Bauelemente gewählt wird.

Die Bandbreite bleibt über den gesamten Durchstimmbereich konstant, da die Charakteristik dieses Filters darin besteht, die Güte proportional zur Resonanzfrequenz zu verändern.
Die Übertragungsverstärkung der Schaltung wird durch das Verhältnis der Widerstände R 1 und R 2 bestimmt, soweit R 1 wesentlich größer als R 3 ist.

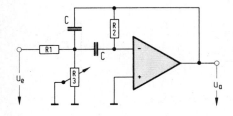

Abb. 2.2921
Aktives Selektivfilter mit Mehrfachgegenkopplung

2.2 Das Superhet-Empfangsprinzip

Das Filter läßt sich mit folgenden Beziehungen dimensionieren:

Resonanzfrequenz $\quad f_o = \dfrac{1}{2 \cdot \pi \cdot C} \sqrt{\dfrac{1}{R_2} \cdot \dfrac{1}{R_3}} \quad$ (233)

Verstärkung bei $f_o \quad v_{fo} = \dfrac{R_2}{2 \cdot R_1} \quad$ (234)

Güte $\quad Q = \dfrac{f_o}{B} = R_2 \cdot C \cdot f_o \cdot \pi \quad$ (235)

Abb. 2.2922 zeigt ein dimensioniertes Filter der beschriebenen Art, dessen Verstärkung bei f_o 0 dB bzw. 1 ist.

a)

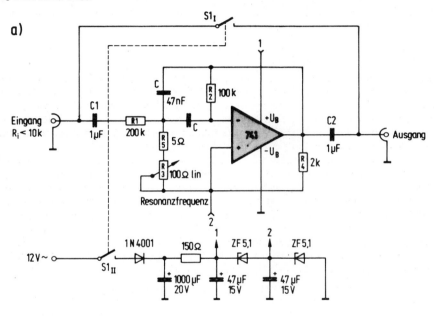

b)

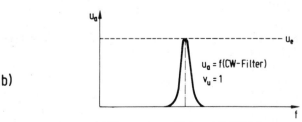

Abb. 2.2922 a Aktives Nf-CW-Filter
Frequenzvariationsbereich = 800 bis 2000 Hz
Bandbreite = 70 Hz
Übertragungsverstärkung = 1
b Übertragungscharakteristik des CW-Filters

2 Die Kurzwellen-Amateurfunkstation

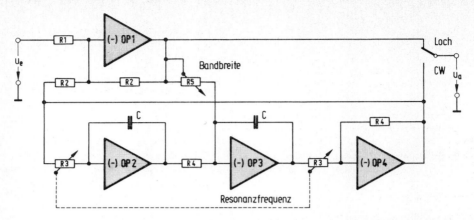

Abb. 2.2923 Programmierte Schwingungsdifferentialgleichung 2. Ordnung als CW-Lochfilter

Die Bandbreite beträgt nach (235) etwa 70 Hz und der Durchstimmbereich mit dem 100 Ω-Potentiometer liegt zwischen 800 und 2000 Hz.

C 1 und C 2 trennen das Filter galvanisch von der Schaltung des Stationsempfängers und müssen entsprechende Spannungsfestigkeit haben.

R 5 soll lediglich verhindern, daß der Gesamtbetrag von R 3 zu klein wird, da die Schaltung sonst zum Schwingen neigt. Aus dem gleichen Grunde wird sie am Ausgang mit 2 kΩ vorbelastet.

Die Stromversorgung gewinnt man aus einem Kleintransformator für 12 V (bei älteren Empfängern aus der Heizspannung der Röhren) oder direkt aus der Gleichspannungsquelle des Empfängers, wodurch die Gleichrichterdiode und der große Ladekondensator überflüssig werden.

Eingangs- und Ausgangsspannung dürfen bei den gegebenen Betriebsspannungen nicht größer als 6 V_{ss} werden. Höhere Amplituden führen zu Verzerrungen der Filtercharakteristik.

Die maximale Verlustleistung des 741 beträgt 0,3 W, so daß sich die Schaltung nur für Kopfhörerbetrieb eignet. Man kann das Filter aber auch vor den Nf-Verstärker des Empfängers schalten, wodurch man dessen Ausgangsleistung erhält.

Mit dem doppelpoligen Umschalter S 1 läßt sich das Filter überbrücken, wobei gleichzeitig die Stromversorgung abgeschaltet wird.

Die Schaltung nach Abb. 2.2923 gehört zu den sogenannten Universalfiltern. Sie stammt aus der analogen Rechentechnik und bildet mit den vier Operationsverstärkern eine Schwingungsdifferentialgleichung 2. Ordnung nach.

Je nach Wahl der Ausgänge kann die Schaltung als Lochfilter, Selektivfilter, Hochpaß 2. Ordnung oder Tiefpaß 2. Ordnung verwendet werden.

Mit dem Doppel- (Tandem-) Potentiometer R 3 wird die Resonanzfrequenz des Filters stetig verstimmt. R 5 läßt eine hiervon unabhängige Änderung der Güte bzw. Bandbreite zu. Benutzt man das Filter gleichzeitig als CW- und Lochfilter durch Umschaltung der Ausgänge von OP 4 und OP 1, gelten eingestellte Resonanzfrequenz und Güte für beide Betriebsarten.

Dies erleichtert besonders das Abstimmen des „Lochs" auf den Störer, was mit anderen schmalbandigen Schaltungen sehr schwierig ist. In diesem Falle stimmt man den Störer

2.2 Das Superhet-Empfangsprinzip

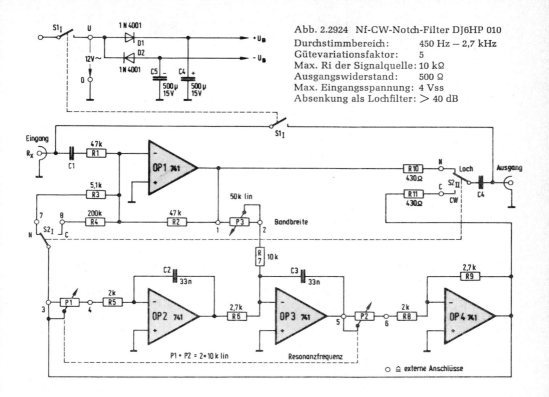

Abb. 2.2924 Nf-CW-Notch-Filter DJ6HP 010
Durchstimmbereich: 450 Hz – 2,7 kHz
Gütevariationsfaktor: 5
Max. Ri der Signalquelle: 10 kΩ
Ausgangswiderstand: 500 Ω
Max. Eingangsspannung: 4 Vss
Absenkung als Lochfilter: > 40 dB

zunächst in Stellung „CW" auf Maximum ab. Anschließend wird auf den Ausgang von OP 1 gewechselt, so daß der Störer dann automatisch auf der maximalen Dämpfungsstelle liegt.

Für das Filter gelten folgende Dimensionierungsformeln:

Resonanzfrequenz: $$f_0 = \frac{1}{2\pi \cdot R3 \cdot C}$$ (236)

Übertragungsverstärkung bei Resonanz als CW-Filter bzw. der nicht bedämpften Frequenzen in Lochfilter-Schaltung:

$$v_0 = \frac{R2}{R1}$$ (237)

Güte: $$Q = \frac{R5}{R4}$$ (238)

In *Abb. 2.2924* ist das Universalfilter für Amateurfunkzwecke dimensioniert worden. Die Schaltung ist unter der Bezeichnung „CW-Notch-Filter DJ6HP 010" bekannt.

C1 dient zur Gleichspannungstrennung der Signalquelle. Soweit man das Filter zwischen die Nf-Treiber und -Endstufe eines Röhrenempfängers legen will, muß der Kondensator eine entsprechend hohe Spannungsfestigkeit haben. Der Betrag von C1 ist in Abhängigkeit vom Innenwiderstand der Signalquelle zu wählen, der nicht größer als

2 Die Kurzwellen-Amateurfunkstation

10 kΩ sein sollte. Für C4 gilt dasselbe. Der zu überstreichende Frequenzbereich des Filters wird durch die Kombination aus P1, R5, C2 und P2, R8, C3 bestimmt.

Man kann das Frequenzvariationsverhältnis nicht zu hoch treiben, da die Ausgangssignalamplitude im CW-Filter-Betrieb bei konstantem Eingangssignal mit zunehmender Resonanzfrequenz zunimmt. In der gegebenen Schaltung ist die Verstärkungszunahme kleiner als 3 dB innerhalb des Variationsbereichs von 450 Hz bis 2,7 kHz.

Der Variationsfaktor der Filtergüte beträgt mit P3 etwa 5. Nach den Betriebserfahrungen hat sich dieser Wert als optimal erwiesen.

Auffallend ist die zusätzliche Umschaltung von R3 und R4 im Gegensatz zur allgemeinen Darstellung des Universalfilters nach *Abb. 2.2923*. Der Grund hierfür ist in der Abweichnug des realen Operationsverstärkers vom idealen zu finden, für den die Beziehungen (236) bis (238) gelten. Um die Filtercharakteristik nach Möglichkeit zu idealisieren, mußte die Schaltung durch zusätzliche Dämpfung bzw. Entdämpfung modifiziert werden, was durch die Widerstände erreicht wird.

Die jeweils am Ausgang liegenden Widerstände R10 und R11 verhindern die Schwingneigung des Filters, die bei Blindanteilen des Eingangswiderstands der zu steuernden Stufe auftreten kann.

Man kann die Betriebsartenumschaltung mit Kippschaltern vornehmen, allerdings ist ein Drehschalter mit drei Stellungen eleganter, zumal man dann nur einen Schalter benötigt. Mit der dritten Schalterstellung wird das Filter überbrückt.

Das Filter bedarf wie die beschriebene CW-Filter-Schaltung keines Abgleichs. Hält man die vorgeschriebenen Werte der Bauelemente ein, lassen sich die gegebenen technischen Daten sehr gut reproduzieren.

2.293 *Störbegrenzer, Störaustaster*

Die in 2.291 und 2.292 beschriebenen Lochfilter zur Störsignalunterdrückung eignen sich nur für frequenzselektive Sinusstörer.

Völlig anderer Art sind Impulsstörungen, die durch atmosphärische Entladungen (QRN), Schaltvorgänge mit hoher Energie im Netz oder Zündfunken entstehen.

Das typische Erscheinungsbild dieser Störungen ist ihre kurze Impulsdauer bei sehr hoher Amplitude.

Das Störfrequenzspektrum ist nicht selektiv sondern reicht vom Niederfrequenz- bis zum UKW-Bereich und ist natürlich nicht mit Lochfiltern oder ähnlichen Mitteln zu unterdrücken.

Am Empfängerausgang äußern sich Impulsstörungen als unangenehmes Krachen, das beim Kopfhörerempfang durch die kurzzeitigen Amplitudenspitzen bis zum stechenden „akustischen" Schmerz führen kann.

Ein primärer Schutz gegen Störungen solcher Art ist eine Empfängerregelung mit möglichst großem Dynamikbereich und schneller Anstiegszeitkonstante. Ihre Wirksamkeit ist allerdings dann begrenzt, wenn Eingangssignalspitzen von einigen Volt (bei Gewitter) oder sehr starke Netzstörungen auftreten.

Die einfachste Schaltungsmaßnahme, die überlauten Amplitudenspitzen zu kappen, ist ein Begrenzer nach *Abb. 2.2931* aus zwei antiparallel geschalteten Dioden, wie er auch aus der Telefontechnik bekannt ist.

Je nach Wahl der Diodentypen bleibt die maximale Nf-Amplitude auf den Wert der Schwellspannung beschränkt, da sie oberhalb dieser Spannung (Ge $\approx$ 0,3 V, Si $\approx$ 0,6 V) niederohmig werden und zum Hörer einen Kurzschluß bilden.

2.2 Das Superhet-Empfangsprinzip

Abb. 2.2931 Impulsstörbegrenzer durch Antiparallelschaltung zweier Dioden – Begrenzungsamplitude entspricht der Schwellspannung der Dioden

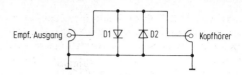

Abb. 2.2932 Impulsstörbegrenzer durch Antiparallelschaltung zweier Dioden – Begrenzungseinsatz läßt sich mit dem Potentiometer P einstellen.

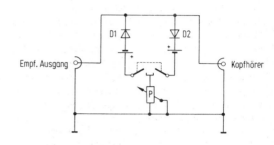

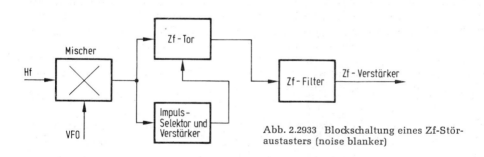

Abb. 2.2933 Blockschaltung eines Zf-Störaustasters (noise blanker)

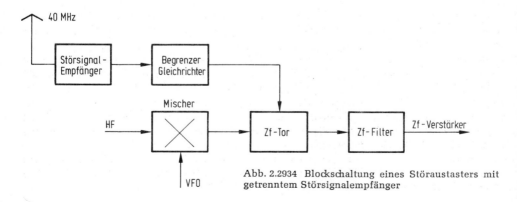

Abb. 2.2934 Blockschaltung eines Störaustasters mit getrenntem Störsignalempfänger

Nach Abb. 2.2932 kann man die Schaltung dadurch verbessern, daß man die Dioden mit einer Batterie unterschiedlich vorspannt, wodurch sich der Einsatz der Begrenzung mit dem Potentiometer variieren läßt. Mit dieser Schaltung lassen sich unterschiedliche Lautstärkegrenzen einstellen.

Es gibt noch eine Reihe weiterer Störbegrenzerschaltungen, die sich z. T. in den Zf-Pfad einschleifen lassen, so daß sie lautstärkeunabhängig arbeiten. Sie bieten aber alle nur einen Schutz, der die Impulsstörungen nicht lauter werden läßt als das Nutzsignal.

Zudem wird die kurzzeitige Taubheit verhindert, die nach sehr lauten Impulsgeräuschen auftritt und mit einer physiologisch vorgegebenen Zeitkonstante abklingt.

Eine echte Störunterdrückung erreicht man nur mit Impulsstöraustastern, die entweder in der Zf-Aufbereitung liegen oder über einen eigenen Empfangskanal geführt werden.

In Abb. 2.2933 ist das Blockschaltbild für einen Zf-Störaustaster dargestellt. Nach dem Mischer wird ein Teil des Zf-Signals einem Impulsverstärker zugeführt, der steilflankige Signale analysiert, die wesentlich größer als das zu erwartende Nutzsignal sind.

Die selektierten und verstärkten Impulse werden gleichgerichtet und blockieren für den Moment des Erscheinens den Zf-Verstärker.

Während der eingangsseitigen Impulsstörungen treten dann zwar kurzzeitige Lücken im Nutzsignal auf, die aber nur noch einen geringen Störeffekt haben.

Die Schwierigkeit dieser Schaltung besteht im Unterscheiden zwischen Nutz- und Störsignalen. Dies führt besonders bei SSB-Sendungen zu „Selektions"-Problemen, wenn die Störamplitude nicht viel größer als die der Einseitenbandsendung ist. Die Schaltung versagt natürlich völlig, wenn Stör- und Nutzsignal gleich stark sind.

Um auch für diesen Fall eine ausreichende Störunterdrückung zu erreichen, muß man zu einer sehr aufwendigen Methode greifen, die in Amateurfunkempfängern bisher kaum zu finden ist. Sie basiert auf dem Grundgedanken, daß das Störimpulsspektrum wegen seiner Breitbandigkeit im kaum benutzten Frequenzband um 40 MHz praktisch mit dem des Kurzwellenbereichs identisch sein muß.

Nach Abb. 2.2934 wird ein völlig getrennter Empfänger für eine Frequenz um 40 MHz aufgebaut, auf der am Empfangsort kein Nutzsignal zu erwarten ist.

Alle empfangenen Impulse werden als Störsignale gewertet, die aller Wahrscheinlichkeit nach auch gleichzeitig das aufgenommene Nutzsignal im Kurzwellenbereich stören.

Die im Störsignalempfänger aufbereiteten Impulse blockieren wie beim beschriebenen Zf-Störaustaster ein Zf-Tor, wodurch wiederum Empfangslücken für die jeweilige Impulsdauer entstehen.

Dieser Störaustaster versagt nur dann, wenn Störungen im Kurzwellenbereich kein vergleichbares Signalspektrum im Störempfangskanal liefern. Dies ist allerdings nur recht selten der Fall.

Zudem ist die Wirksamkeit von der Impulsfrequenz abhängig. Bei hohen Impulsfolgefrequenzen wird das Nutzsignal dermaßen „perforiert", daß schließlich die Verständlichkeit leidet.

Einen Störaustaster (engl. noise blanker) kann man mit dem notwendigen Sachverstand in jeden Empfänger nachträglich einbauen. Er muß direkt nach dem Mischer eingeschleift werden, da Laufzeitverzerrungen des nachfolgenden hochselektiven Filters die saubere Störaustastung erschweren würden.

Eine detaillierte Schaltungsbeschreibung ist an dieser Stelle allerdings nicht sinnvoll, weil zumindest die Zf-Torschaltung für jedes Empfängerfabrikat speziell zugeschnitten sein muß.

Grundsätzlich wird man bei der Abschätzung der Wirtschaftlichkeit von Entstörschaltungen in der Empfängertechnik den Sinusstörunterdrückern (Lochfilter) die Priorität geben, da ihr Einsatz weit öfter notwendig ist als der des Impulsstöraustasters. Zudem sind die technischen Auflagen inzwischen so gehalten, daß es nur noch wenig Impulsstörsignalquellen gibt. Atmosphärische Störungen lassen sich natürlich nicht durch administrative Maßnahmen verhindern und bereiten dem Funkverkehr nach wie vor Schwierigkeiten, nur sollte jeder Funkamateur beim nahenden Gewitter die Station abschalten und die Antenne erden, wodurch dieses Problem automatisch gelöst ist.

2.3 Sende-Technik

Das Ziel eines jeden Funkamateurs oder dessen, der es werden will, ist der Betrieb einer eigenen Sendeanlage, um am Funkverkehr teilnehmen zu können.

Mit dem aktiven Funkbetrieb wird allerdings auch eine Grenze überschritten, die eine Reihe beachtenswerter Konsequenzen mit sich bringt und ebensoviele Pflichten auferlegt.

Der Sendebetrieb mit einer Amateurfunkstation ist nur gestattet, wenn derjenige, der die Anlage bedient und das abgestrahlte Hf-Signal in irgendeiner Form moduliert, eine gültige Amateurfunklizenz für die benutzte Sendefrequenz besitzt.
Zudem muß diese personengebundene Lizenz für den Standort gelten, wo sich die Funkstelle befindet.

Die Sende-Empfangs-Genehmigung wird auf Widerruf von der jeweiligen staatlichen Nachrichtenbehörde erteilt, die sich hierfür im allgemeinen eine fachliche Prüfung des Antragstellers vorbehält.

In dieser Prüfung sind in der Bundesrepublik Deutschland wie auch in den meisten anderen Staaten, die Amateurfunklizenzen erteilen, Grundlagen der AFU-Technik, sowie ausreichende Kenntnisse der Funkbetriebstechnik und des jeweils gültigen Amateurfunkgesetzes nachzuweisen. (Hierbei sind die der Deutschen Bundespost nachzuweisenden betriebstechnischen Voraussetzungen äußerst zweifelhaft und deren Prüfung paradox, da vor der Lizenzierung auch unter fachlicher Aufsicht keinerlei Sendebetriebspraxis gestattet ist. Das Funkbetriebsverhalten „jungfräulicher" Amateure gibt leider oft genug Zeugnis hierfür.)

Als Träger des Nachrichtenmonopols hat die jeweils zuständige nationale Behörde die Aufsichtspflicht über den Funkverkehr der Inhaber ihrer erteilten Lizenzen.
Diese Aufgaben übernehmen die Funküberwachung und der Störungsmeßdienst.

Allerdings ist dem Funkamateur mit dem AFU-Gesetz auferlegt worden, seine Station nach dem Stand der Technik zu gestalten (DVO § 12). Um dieser Forderung gerecht zu werden, muß er vor allem mit der Technik und der sachgemäßen Bedienung seiner Sendeanlage vertraut sein, da hiermit sonst andere Funkdienste in gefährlicher Weise gestört werden können (DVO § 16).

2.31 Der Oszillator

In *Abb. 2.311* ist die Funktions-Blockschaltung des Oszillators skizziert. Er besteht aus dem Verstärker und dem Rückkopplungsglied (Mitkopplung).

Die Eingangsspannung u_e erfährt im nachgeschalteten Verstärker die Spannungsverstärkung v. Bei üblichen Oszillatorschaltungen ist das Eingangssignal am Ausgang um 180° phasengedreht (Emitterschaltung). Die Phasendrehung drückt man symbolisch durch ein Minuszeichen aus. Am Verstärkerausgang erscheint die um v verstärkte Eingangsspannung:

$$u_a = -v \cdot u_e \tag{239}$$

2 Die Kurzwellen-Amateurfunkstation

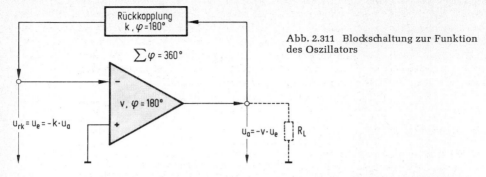

Abb. 2.311 Blockschaltung zur Funktion des Oszillators

Über das Rückkopplungsglied muß der Teil der Energie zurückgeführt werden, der zur Selbsterregung notwendig ist. Dabei gibt der Rückkopplungsfaktor k das Verhältnis zwischen rückgekoppelter Spannung u_{rk} und Ausgangsspannung u_a an.
Zudem wird das Signal im Rückkopplungsglied um 180° in der Phase gedreht, damit es phasengleich am Eingang erscheint:

$$u_{rk} = -k \cdot u_a \qquad (240)$$

Eine Selbsterregung der Schaltung kann logischerweise nur dann zustande kommen, wenn die rückgeführte Spannung u_{rk} gleich oder größer als die Eingangsspannung u_e ist, da sie dann auf dem Weg über Verstärker und Rückkopplungsglied jeweils soweit regeneriert wird, daß sie sich selbst erhalten kann.
Danach läßt sich die Bedingung für die Selbsterregung als

$$u_{rk} \geq u_e \qquad (241)$$

beschreiben.

Setzt man hierin (239) und 240) ein, erhält man:

$$-k \cdot u_a \geq -\frac{u_a}{v} \qquad (242)$$

Teilt man beide Seiten von (242) durch $-u_a$, wird:

$$k \geq \frac{1}{v}$$

oder

$$k \cdot v \geq 1 \qquad (243)$$

Hiernach muß das Produkt aus Verstärkungs- und Rückkopplungsfaktor mindestens 1 sein, um bei phasentreuer Rückkopplung (Mitkopplung) eine Selbsterregung zu ermöglichen.

Zur sogenannten Schwingungsanfachung oder zum Anschwingen des Oszillators muß das Produkt $k \cdot v$ größer als 1 sein. Nur dann kann die aus dem breitbandigen Eigenrauschen der Schaltung selektierte Eingangsspannung auf den gewünschten Ausgangspegel von u_a verstärkt werden.

Die Rückkopplung darf allerdings nicht zu fest sein, da sonst erhebliche Verzerrungen auftreten (soweit man sinusförmige Signale erzeugen will). Zudem verschlechtert sich die Frequenzstabilität des Oszillators, weil der frequenzbestimmende Schwingkreis stärker bedämpft und damit breitbandiger wird. Die Rückkopplungsbedingungen sind dann nicht allein für die Resonanzfrequenz erfüllt.

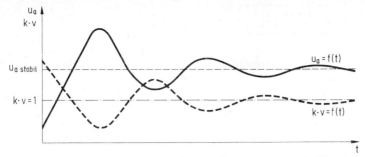

Abb. 2.312 Grafische Darstellung des Anschwingens eines Oszillators. Die Ausgangsspannung u_a wird auf einen stabilen Wert geregelt, bei dem das Produkt $k \cdot v = 1$ ist.

Bei der Dimensionierung einer Oszillatorschaltung bemißt man $k \cdot v$ mit etwa 2 bis 3, so daß die Ausgangsspannung u_a nach dem Schwingungseinsatz zunächst sehr schnell ansteigt.

Sobald sie so groß wird, daß der Verstärker in die Begrenzung gerät, sinkt der Verstärkungsfaktor v, wodurch $k \cdot v$ kleiner als 1 wird und u_a wieder absinkt (gedämpfte Schwingung).

Nach Abb. 2.312 pendelt sich das Ausgangssignal bei einem bestimmten Arbeitspunkt im Bereich des Begrenzungseinsatzes des Verstärkers auf eine konstante Amplitude ein, für die das Produkt $k \cdot v$ den Wert 1 zur Schwingungserhaltung annimmt.

Wird der Oszillator zusätzlich belastet, sinkt die Ausgangsamplitude, da sich die Schaltung in einen Bereich zurückregelt, in dem die Verstärkung v größer ist, so daß neben der Rückkopplung auch die zusätzliche Last verkraftet werden kann.

Bei zu großer Last reißt die Schwingung ab, da die Bedingung $k \cdot v = 1$ nicht mehr vom Verstärker erfüllt werden kann.

Zur Schwingungserzeugung vorgegebener Frequenzen schaltet man ein frequenzbestimmendes Glied in den Rückkopplungszweig, mit dem die notwendige Phasendrehung und der Rückkopplungsfaktor selektiv hergestellt werden. Für frequenzvariable Oszillatoren ist es im allgemeinen ein Resonanzschwingkreis, während man für Festfrequenzen Quarze bevorzugt, die bei hoher Güte äußerst frequenzstabil sind.

Die frequenzselektive Rückkopplung läßt sich aber auch durch RC-Kombinationen realisieren, die vor allem bei Nf-Oszillatoren üblich sind, um die dort unhandlichen Schwingkreisinduktivitäten zu vermeiden.

Die notwendige Phasendrehung von 180° erreicht man durch Reihen- oder Brückenschaltung der RC-Glieder (Phasenschieberoszillator bzw. Wien-Robinson-Oszillator).

Die technischen Anforderungen, die an den Sender-Oszillator gestellt werden müssen, sind die gleichen wie sie in 2.26 für den Empfänger-Oszillator beschrieben wurden.

Sender- und Empfänger-Oszillator sind in der modernen AFU-Schaltungstechnik gleich und daher auch gegeneinander austauschbar.

In handelsüblichen Geräten lassen sich sowohl Sender- als auch Empfänger-Oszillator im sogenannten Transceive-Betrieb gleichzeitig zum Senden und Empfangen verwenden.

Während in 2.26 die betrieblichen Anforderungen an Oszillatorschaltungen erläutert wurden, sollen im Rahmen der Sende-Technik schaltungstechnische Merkmale beschrieben werden.

2 Die Kurzwellen-Amateurfunkstation

2.311 LC-Oszillatoren

Die klassische LC-Oszillatorschaltung ist die nach Meißner in *Abb. 2.3111*. Sie wurde bereits 1913 von Alexander Meißner beschrieben.

Kennzeichnend ist die induktive Rückkopplung über einen Transformator, der aus Schwingkreisspule und Einkoppelspule gebildet wird.

Die in der Emitterschaltung notwendige Phasendrehung von 180° erhält man durch den umgekehrten Wickelsinn der Einkoppelspule gegenüber dem der Schwingkreisspule. In der Praxis wickelt man beide Spulen im gleichen Sinn, während man anschließend beim Einlöten Anfang und Ende der einen vertauscht.

Der Meißner-Oszillator war vor allem in Röhren-Audionschaltungen gebräuchlich, allerdings hat er inzwischen an Bedeutung verloren, da der Aufwand von zwei Spulen, deren Kopplungsfaktor einstellbar sein muß, recht groß ist.

Der Hartley-Oszillator, dessen Schaltungsvarianten in den *Abb. 2.3112 bis 2.3114* angegeben worden sind, ist eine vereinfachte Meißner-Schaltung.

Er wird ebenfalls induktiv zurückgekoppelt, wofür man aber statt einer getrennten Einkoppelspule einfach einen Teil der Schwingkreisspule durch Anzapfung verwendet.

Da die Spule an drei Anschlüssen mit der übrigen Oszillatorschaltung verbunden ist, spricht man auch vom induktiven Dreipunktoszillator. Diese Bezeichnung ist als Unterscheidungsmerkmal natürlich wesentlich aufschlußreicher.

Durch die Integration der ursprünglichen Einkoppelspule in die Schwingkreisspule erhält man sehr genaue Phasenverhältnisse am Anzapfungspunkt, die bei ungenügendem induktiven Schluß in der Meißner-Schaltung verschoben sein können. Aus diesem Grunde ist der Hartley-Oszillator auch für höhere Frequenzen brauchbarer als der nach Meißner.

Am Beispiel des Hartley-Oszillators wird in den *Abb. 2.3112 bis 2.3114* gezeigt, daß sich jeder schaltungstypische Oszillator in jeder Grundschaltung von Transistoren bzw. FETs aufbauen läßt. Hierbei ist lediglich auf die Phasenbedingungen (Eingang und Ausgang in Phase) und auf den notwendigen Rückkopplungsfaktor ($k \cdot v > 1$) zu achten, damit die Schwingung angefacht und erhalten werden kann.

In allen Schaltungsvariationen erscheint hierzu die für den induktiven Dreipunktoszillator typische angezapfte Schwingkreisspule, bei der das Verhältnis zwischen Gesamtwindungszahl und Teilwindungszahl bis zur Anzapfung den Kopplungsfaktor bestimmt.

Das Pendant zum induktiven ist der kapazitive Dreipunktoszillator, der den „Erfindernamen" Colpitts-Oszillator trägt. Anstelle des induktiven übernimmt hier ein kapazitiver

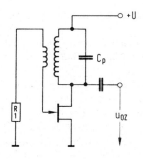

Abb. 2.3111 Meißner-Oszillator
Rückkopplung und Phasendrehung durch einen Transformator

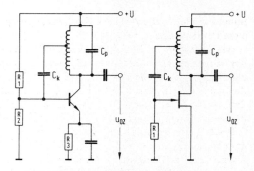

Abb. 2.3112 Hartley-Oszillator
(Induktiver Dreipunkt) in Emitter- bzw. Sourceschaltung

2.3 Sende-Technik

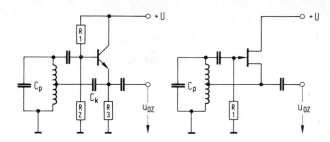

Abb. 2.3113 Hartley-Oszillator (Induktiver Dreipunkt) in Kollektor- bzw. Drainschaltung

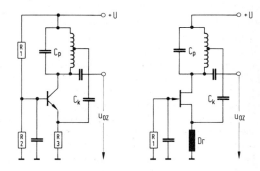

Abb. 2.3114 Hartley-Oszillator (Induktiver Dreipunkt) in Basis- bzw. Gateschaltung

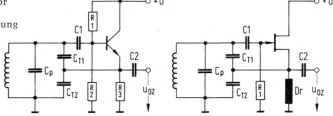

Abb. 2.3115 Colpitts-Oszillator (Kapazitiver Dreipunkt) in Kollektor- bzw. Drainschaltung

Spannungsteiler die Aufgabe der Mitkopplung. In *Abb. 2.3115* ist die zugehörige Kollektor- bzw. Drainschaltung gezeigt.

Der Colpitts-Oszillator hat den großen Vorteil, daß sich der Rückkopplungsgrad sehr einfach durch die Variation des Spannungsteilers einstellen läßt, weshalb man ihn auch dem Hartley vorzieht (zumindest in der AFU-Selbstbaupraxis).

Zu beachten ist, daß der Spannungsteiler natürlich in den Schwingkreis eingeht. Trotzdem versucht man, die Teilerkapazitäten möglichst groß zu machen, um damit die Einflüsse der Eingangskapazitäten des nachfolgenden Verstärkers zu kompensieren.

Um bei der Verstimmung das Teilerverhältnis und damit den Kopplungsfaktor nicht zu ändern, wird eine zusätzliche Parallelkapazität zur Frequenzvariation verwendet.

Der Colpitts-Oszillator ist mit seinen Varianten die am meisten verwendete Schaltung, da sie am einfachsten aufzubauen und für eine stabile Signalerzeugung abzugleichen ist.

Die bekannteste Variante ist der sogenannte Clapp-Oszillator. Der Unterschied zum Colpitts ist allein der, daß die Abstimmkapazität nach *Abb. 2.3116* in Serie mit der Kreis-

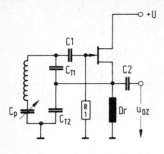

Abb. 2.3116 Clapp-Oszillator
(Kapazitiver Dreipunkt)
Verstimmung durch serielle
Kapazität zur Spule

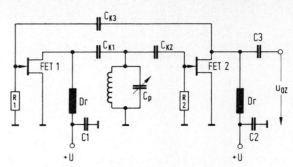

Abb. 2.3117 Franklin-Oszillator.
Kapazitive Rückkopplung. Phasendrehung durch zwei
in Reihe liegende Verstärker in Source-Schaltung.

induktivität liegt. Hierdurch kann man das LC-Verhältnis des Schwingkreises relativ hoch treiben (hoher Resonanzwiderstand durch große Induktivität und kleine Kapazität, vergl. Quarz), wodurch man eine hohe Kreisgüte erreicht.

Der Clapp-Oszillator scheint zumindest für die Verwendung im Amateurfunk die optimale Lösung für eine frequenzvariable Oszillatorschaltung (VFO) zu sein. Allerdings ist der Frequenzvariationsbereich durch die kapazitive Serienabstimmung relativ klein. Für größere Variationsfaktoren als 1,3 muß man auf die übliche Colpitts-Schaltung zurückgreifen.

Neben dem Clapp-Oszillator gibt es weitere Varianten, die sich allerdings nur durch die unterschiedliche Dimensionierung der einzelnen Komponenten unterscheiden. Letztlich bleibt aber das Prinzip des kapazitiven Dreipunkts erhalten, auch wenn die Namen der Erfinder noch so exotisch sind.

Auch der kapazitive Dreipunktoszillator läßt sich in allen drei Grundschaltungen realisieren. Nach den Beispielen für die induktive Dreipunktschaltung wäre es allerdings müßig, alle Varianten noch einmal aufzuführen.

Während Meißner-, Hartley- und Colpitts-Oszillatoren und alle ihre Varianten die Phasendrehung durch passive Bauelemente erreichen, benutzt man beim Franklin-Oszillator hierzu eine Reihenschaltung zweier um 180° phasendrehender Verstärker.
In Abb. 2.3117 sind dies zwei Sourceschaltungen, die durch die Kondensatoren C_{k1}, C_{k2} und C_{k3} miteinander gekoppelt sind.

Obwohl der Aufwand zweier aktiver Bauelemente und der zugehörigen Teile relativ groß ist, gestattet der hohe Verstärkungsfaktor der Schaltung eine äußerst lose Ankopplung des frequenzbestimmenden Kreises an die Verstärkerstufen.
Hierdurch ist der Schwingkreis weitgehend unbeeinflußt durch dynamische Vorgänge innerhalb der Transistoren. Zudem läßt sich das LC-Verhältnis hoch wählen, um die erwünschte hohe Güte zu erreichen.

Neben dieser Sonderform des LC-Oszillators soll eine letzte nicht unerwähnt bleiben, die sehr oft als unerwünscht gilt. Gemeint ist der Huth-Kühn-Oszillator, dessen Schwingneigung nach der Prinzipschaltung in Abb. 2.3118 auf den Kapazitäten zwischen Ein- und Ausgangskreis einer Verstärkerstufe basiert.

Huth-Kühn-Schwingungen können immer dann entstehen, wenn eine Verstärkerstufe ein- und ausgangsseitig auf die gleiche Frequenz abgestimmt ist, so daß im Grunde alle frequenzlinearen Stufen „gefährdet" sind. Dies trifft zwar primär für die UKW-Tech-

2.3 Sende-Technik

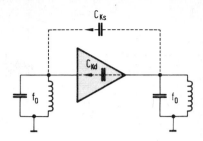

Abb. 2.3118 Prinzipschaltung zur Erzeugung von Huth-Kühn-Schwingungen. Mitkopplung über dynamische Kapazität des Verstärkers und Schaltungskapazitäten.

nik zu, doch ist man in der Sendetechnik im KW-Bereich ebenfalls auf besondere Schaltungsmaßnahmen angewiesen, um Huth-Kühn-Schwingungen zu vermeiden (siehe Endstufen).

LC-Oszillatoren werden zur frequenzvariablen Schwingungserzeugung eingesetzt (VFO). Der Temperaturkoeffizient läßt sich mit Amateurmitteln bis etwa $1 \cdot 10^{-5}$ grd^{-1} abgleichen. Bei einer Betriebsfrequenz von 10 MHz entspricht dies einem Frequenzgang von 100 Hz pro Grad.

Zum Schutz gegen schnelle Temperaturänderungen kann man die VFO-Schaltung in einem dickwandigen Metallgehäuse aus Hartaluminium oder Messing unterbringen, das eine möglichst große Wärmekapazität besitzt.

Hierdurch stellt sich der Metallkörper auf die durchschnittliche Umgebungstemperatur ein. Ändert sie sich um einige Grad, folgt der wärmeträge Metallblock sehr langsam, so daß man die Frequenz recht einfach nachstimmen kann.

Dieser sogenannte kalte Thermostat wurde besonders in der Röhrentechnik angewandt, wobei man die Röhrenheizung des VFOs eingeschaltet ließ, um den Metallblock des Gehäuses auf konstanter Temperatur zu halten.

VFOs in kommerziell gefertigten Amateurfunkgeräten sollte man nur dann in ihrem Temperaturgang „verbessern", wenn die notwendigen Meßgeräte vorhanden sind. Hierzu gehören ein Klimaschrank und ein hochwertiger Zähler. Beide findet man nur in entsprechend ausgerüsteten Labors.

Springt der VFO in seiner Frequenz um einige 100 Hz, ist dies kein Fehler, der auf den Temperaturkoeffizienten zurückzuführen ist. Es liegt entweder an der schlechten Skalenmechanik oder an dem Referenzelement für die Spannungsregelung. Bei Kapazitätsdiodenabstimmung kann auch das Potentiometer zur Frequenzvariation fehlerhaft sein.

Der beste Weg zur Abschaffung eines Übels in einem verschlossenen VFO ist in jedem Fall die Rücksendung des Gerätes an die Vertriebsfirma oder die Anforderung eines Austausch-VFOs. Dabei wartet man erst die Zusendung des Austauschteils ab, um dann das fehlerhafte einzusenden (sonst tritt der gleiche Fehler doppelt auf).

2.312 Quarz-Oszillatoren

Festfrequenzsignale erzeugt man mit Quarzoszillatoren, deren Temperaturgang mit etwa $1 \cdot 10^{-6}$ grd^{-1} ohne besondere Schaltungsmaßnahmen um den Faktor 10 geringer als der von LC-Oszillatoren ist.

Aus den grundlegenden Erläuterungen in 1.492 geht hervor, daß der Schwingquarz sowohl einen Serien- als auch einen Parallelresonanzkreis nachbildet, deren Güte mit 10^4 bis 10^6 extrem hoch ist.

Beide Resonanzeigenschaften werden in Oszillatorschaltungen genutzt, in denen der Schwingquarz das frequenzbestimmende Glied ist.

2 Die Kurzwellen-Amateurfunkstation

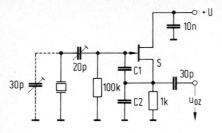

Abb. 2.3121
Quarz-Colpitts-Oszillator in Drainschaltung
Quarz in Parallelresonanz

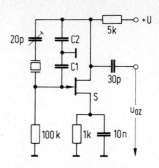

Abb. 2.3122 Quarz-Colpitts-Oszillator
in Sourceschaltung
Quarz in Parallelresonanz

In der Schaltung nach *Abb. 2.3121* ersetzt der Quarz in einem Colpitts-Oszillator in Drainschaltung den Parallelschwingkreis. Je nach Spezifikation läßt er sich durch eine Parallel- oder Serienkapazität bis zu $\pm\ 0{,}5 \cdot 10^{-3}$ von seiner Nennfrequenz verstimmen (ziehen).

In *Abb. 2.3122* findet man die analoge Schaltung mit Source als Bezugselektrode. Allerdings hat die Drainschaltung Vorzüge durch ihre niederohmige Auskopplung.

Die Eigenschaften der oft unerwünschten Huth-Kühn-Schwingungserzeugung nutzt man in der Pierce-Oszillatorschaltung nach *Abb. 2.3123 a* aus, in der der Quarz ebenfalls die Stelle eines Parallelresonanzkreises übernimmt.

Nach dem Ersatzschaltbild in *Abb. 2.3123 b* gelangt die rückzukoppelnde Energie über die Drain-Gate-Kapazität an den Eingang des FET.

Der Parallelresonanzkreis im Drainzweig der Schaltung läßt sich neben der Grundfrequenz auch auf Harmonische der Grundwelle des Quarzes abstimmen, so daß man in diesem Oszillator auch Obertonquarze schwingen lassen kann.

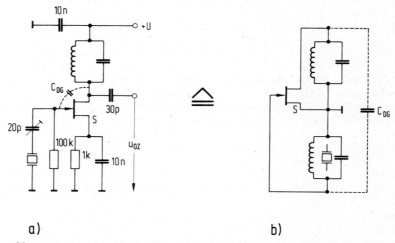

a)   b)

Abb. 2.3123 a Pierce-Oszillator. Quarz in Parallelresonanz
b Ersatzschaltbild für den Pierce-Oszillator. Rückkopplung über Drain-Gate-Kapazität

2.3 Sende-Technik

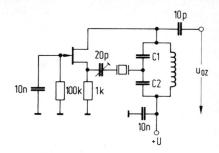

Abb. 2.3124 Quarz-Colpitts-Oszillator in Gateschaltung
Der Quarz liegt als Serienresonanzkreis im Rückkopplungszweig

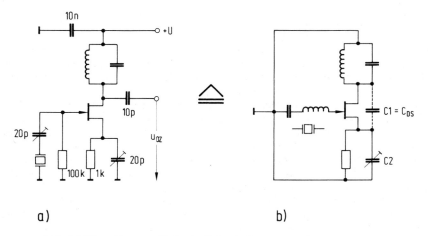

a) b)

Abb. 2.3125 a Quarzoszillator in Gateschaltung.
Das Gate liegt bei der Serienresonanz des Quarzes in Masse.
b Ersatzschaltbild: Der Spannungsteiler aus der inneren Drain-Source-Kapazität C_{DS} und C_2 sorgt für die notwendige Rückkopplung.

Reicht die innere Rückführkapazität C_{DG} nicht aus, kann mit einem externen Kondensator „nachgeholfen" werden.

Selbstverständlich gibt es eine Unzahl von Schaltungsvarianten für Quarzoszillatoren, die aber grundsätzlich auf den Resonanzeigenschaften des Quarzes basieren.

Während er in den ersten drei Schaltungsbeispielen einen Parallelresonanzkreis ersetzt, wird der Quarz bei der Erregung in Serienresonanz jeweils in den Rückkopplungszweig gelegt.

Abb. 2.3124 zeigt einen Quarz-Colpitts-Oszillator in Gateschaltung, in der der Quarz die Mitkopplung vom Anzapfungspunkt des kapazitiven Spannungsteilers auf Source übernimmt.

Nur bei seiner Serienresonanzfrequenz bildet der Quarz einen sehr niederohmigen Widerstand, so daß die erzeugte Schwingung dort „einrastet".

Auch der Oszillator nach *Abb. 2.3125 a* arbeitet in Gateschaltung. Allerdings nur bei der Serienresonanzfrequenz des Quarzes, denn nur dann liegt das Gate niederohmig an Masse. Die Rückkopplungsenergie zur Schwingungserzeugung gelangt über den Spannungsteiler aus der Drain-Source-Kapazität C_{DS} und C_2 an Source, wie man im Ersatzschaltbild nach Abb. 2.3125 b vergleichen kann.

Da die Schwingungsbedingungen nur bei der niederohmigen (Hf-Betrachtung) Verbindung von Gate nach Masse gegeben sind, wird die Frequenz des Oszillators durch die Serienresonanzfrequenz des Quarzes bestimmt.

Beide Schaltungen für die Schwingungserzeugung des Quarzes in Serienresonanz lassen sich auch als Obertonoszillatoren verwenden, wobei der LC-Kreis auf die Obertonfrequenz abgestimmt werden muß.

Beim Betrieb des Quarzes in Serienresonanz ist bei höheren Frequenzen darauf zu achten, daß der Resonanzwiderstand des Quarzes niedriger bleibt als der kapazitive Blindwiderstand der Halterungskapazität.

Ist die Halterungskapazität zu groß, bildet sie einen niederohmigen Nebenschluß zum Serienresonanzkreis, so daß der Oszillator u. U. auf der Frequenz des LC-Kreises schwingt, der nur in der Nähe der Quarzfrequenz liegt.

Bei hohen Frequenzen (> 30 MHz) muß die Halterungskapazität mit einer Parallelinduktivität von einigen µH kompensiert werden, so daß beide eine Parallelresonanzstelle in der Nähe der Sollfrequenz bilden.

Zur Untersuchung der Schaltung nach unerwünschten Schwingungen zieht man den Quarz aus der Fassung und bildet den Halter durch einen Kondensator nach. Sind in diesem Falle Schwingungen zu beobachten, muß kompensiert werden.

Bei der Herstellung wird der Quarz auf seine Nennfrequenz geschliffen, wobei man eine sogenannte Bürdekapazität zuschaltet, die die späteren Verdrahtungs- und Transistorkapazitäten der Oszillatorschaltung ersetzen soll.

Die Bürdekapazität wird größer als die zu erwartenden Kapazitäten gewählt, so daß dem Quarz im Betrieb die Kapazitätsdifferenz zur Bürde hinzugeschaltet werden muß.

Um die genaue Frequenz des Quarzes im Oszillator zu erhalten, muß er in den meisten Fällen um einen bestimmten Frequenzbetrag gezogen werden. Dies erreicht man durch eine kapazitive Korrektur.

Legt man hierzu einen Kondensator in Serie mit dem Quarz, erhöht sich die Serienresonanzfrequenz, wobei sie sich der Parallelresonanzfrequenz nähert, die konstant bleibt.

Beim Parallelschalten eines Kondensators wird die Parallelresonanzfrequenz niedriger. Sie nähert sich der Serienresonanzfrequenz, die ihrerseits in diesem Falle erhalten bleibt.

Nur selten wird eine Induktivität zum Ziehen des Quarzes verwendet. Sie bewirkt beim Einsetzen statt der Kapazität das umgekehrte Frequenzverhalten des Quarzes. Die Serienresonanzfrequenz wird niedriger bzw. die Parallelresonanzfrequenz höher.

Im allgemeinen werden die Grundwellenquarze in Parallelresonanz erregt. Dies gilt nach 1.492 bis zu Frequenzen von 20 MHz. Obertonquarze schwingen dagegen meist in Serienresonanz bis zu Frequenzen um 200 MHz (7. Harmonische).

Bei der Konzeption eines Quarzoszillators muß man einen Transistor bzw. FET wählen, dessen Transitfrequenz mindestens um das 10-fache höher als die Schwingfrequenz des Quarzes ist, damit die Schaltung sicher anschwingt.

Bei hohen Frequenzen zieht man die Basis- bzw. Gateschaltung vor, da hiermit eine entsprechend höhere Grenzfrequenz erreicht wird.

Nach der Festlegung der Schaltung muß der Quarz bestellt werden. Zu seiner Spezifikation gehören:

1. Angabe der Quarzfrequenz
2. Oberwellen- oder Grundwellenquarz
3. Angabe der Frequenztoleranz. Für den Amateurfunk reicht im allgemeinen die einfachste im Angebot (z. B. $100 \cdot 10^{-6}$).

2.3 Sende-Technik

4. Betrieb des Quarzes in Parallel- oder Serienresonanz
5. Bürdekapazität des Quarzes. Sie wird meist mit 30 pF angegeben.
6. Quarzhalter: Hierzu muß neben der Haltergröße entschieden werden, ob der Quarz gesteckt oder gelötet werden soll.
7. Temperaturgang des Quarzes: In den meisten Fällen reicht der einfachste TK aus. Gealterte Quarze mit einem qualifizierten TK benötigt man nur für hochwertige Zeitbasisschaltungen.

Zur Bestellung eines Quarzes fordert man die Datenblätter der Hersteller- bzw. Vertriebsfirma an. Darin sind die technischen Daten tabellarisch aufgeführt oder in Bestellnummern codiert, so daß sich die Bestellung sehr einfach formulieren läßt. Man wird auch feststellen, daß man nicht allzuviele Variationsmöglichkeiten in Halter, Schnitt und Schwingungsart besitzt, zumal die Quarze für bestimmte Frequenzbereiche bereits vorgegebene Spezifikationen besitzen.

Quarzoszillatoren findet man beim SSB-Sender im Trägeroszillator und im Sendermischer.

In der bereits abgehandelten Empfängertechnik werden sie als Bandsetzoszillator und Trägerzusatzoszillator eingesetzt. Neben diesen Standardanwendungen findet man Quarzoszillatoren immer dort, wo man hochkonstante Festfrequenzsignale benötigt.

2.32 SSB-Aufbereitung

Die Einseitenbandmodulation wurde bereits in 1.52 theoretisch untersucht und dabei aus der Amplitudenmodulation abgeleitet. Die Demodulation von SSB-Signalen ist in 2.28 beschrieben worden.

Die offensichtlichen Vorteile der Einseitenbandmodulation, die sich durch einen hohen Wirkungsgrad und eine geringe Übertragungsbandbreite auszeichnen, haben dazu geführt, daß im Kurzwellenamateurfunk nur noch diese Modulationsart üblich ist.

Bis auf ganz wenige Ausnahmen gehört der SSB-Sender neben dem Einseitenbandempfänger zur Standardausstattung einer KW-Amateurfunkstation, so daß man sich innerhalb der Sendetechnik allein auf die Beschreibung der Aufbereitung dieser Modulationsart beschränken kann.

Die Amplitudenmodulation hat zumindest im KW-Amateurfunk nur noch theoretische Bedeutung, während die Frequenzmodulation auf den UKW-Kanalfunk beschränkt ist (teils als Relikt der Umstellung des Taxifunks und des ÖbL vom 50 kHz- auf das 20 kHz-Raster).

Die Möglichkeit der Einseitenbandmodulation und deren erhebliche Vorteile sind schon seit der theoretischen Beschreibung der AM bekannt (vor 1915).

Bereits 1923 erhielt der Amerikaner John R. Carson ein Patent für ein Doppelseitenband-Sende-Empfangssystem, das schon damals aus den typischen Bausteinen bestand, zu denen der Balancemodulator im Sender und der Produktdetektor im Empfänger gehören.

Die Einseitenbandmodulation wurde zunächst in der Trägerfrequenztechnik angewandt, durch die man in einem Frequenzbereich von 15 bis 100 kHz mehrere Telefongespräche mit einem Kabel übertragen konnte.

Das gleiche Verfahren ist noch heute gebräuchlich, allerdings in perfektionierter Form. Über einen sogenannten Hohlleiter der Höchstfrequenztechnik kann man mehrere Tausend Gespräche gleichzeitig führen.

2 Die Kurzwellen-Amateurfunkstation

Bereits im 2. Weltkrieg wurden SSB-Sendungen für militärische Zwecke im Kurzwellenbereich übertragen. Die ersten Amateurversuche in dieser Modulationsart führten Amerikaner Ende der 40er Jahre durch.

Die deutschen Amateurfunker begannen um 1960 mit der SSB-Technik. Zunächst nur zögernd, weil die kommerziell gefertigten US-Geräte zu teuer waren und der Selbstbau von SSB-Geräten umfangreiche technische Vorkenntnisse erfordert, die derzeit nur wenige Amateure auf diesem Gebiet besaßen.

Die „SSB-Welle" brach in dem Moment über (West-) Europa herein, als einige clevere Geschäftsleute die Marktlücke erkannten und sich vor allem auf die durchschnittlichen finanziellen Möglichkeiten der europäischen Funkamateure einstellten. Neben dem Billigangebot von Bausätzen eroberten Geräte aus dem Niedriglohn-Land Japan den AFU-Markt.

Die Umstellung von AM auf SSB vollzog sich bis 1970 praktisch vollständig, so daß man heute kein AM-Signal mehr hört.

Der Siegeszug der SSB-Technik ging einher mit dem der Halbleiter. Grundlegende Entwicklungen wurden zwar noch in der Röhrentechnik gemacht (und werden sogar noch heute „nach dem Stand der Technik" von einigen Firmen verkauft) aber dann in die „Halbleiterei" transferiert.

Für viele der älteren Funkamateure stellten sich die Halbleiter als Verständnisbarriere entgegen, wodurch der Trend zum Kauf einer Funkstation zuungunsten des Selbstbaus zunahm. Inzwischen gibt es kaum noch selbstgebaute KW-Stationen. Design, Mechanik und elektronische Raffinessen, wie sie heute im Konkurrenzkampf der Hersteller angeboten werden, lassen sich nicht mehr an Mutters Küchentisch nachvollziehen. Vergleichbare Selbstbaugeräte entstehen nur noch im „2. Programm" eines qualifizierten Entwicklungslabors.

All die technischen Extras und Neuigkeiten, die ständig zum Kauf einer neuen Station animieren sollen, ändern allerdings nichts an der Charakteristik von SSB-Signalen und deren Aufbereitungsprinzip, das sich als grundlegende Technik nicht verändert hat.

Bei der Aufbereitung des SSB-Signals muß der Träger und eines der beiden Seitenbänder unterdrückt werden. Es gibt unterschiedliche technische Wege, diese Aufgabe zu lösen, die sich aber auf zwei Grundprinzipien reduzieren lassen.

Das eine ist die Phasenmethode mit ihren Varianten, bei der Träger und Seitenband durch gegensinnige Phasenlage von Teilkomponenten der Signale bei gleicher Amplitude kompensiert werden.

Das andere Prinzip ist die Filtermethode, bei der der Träger zwar auch durch eine Balancemischung kompensiert wird, das unerwünschte Seitenband aber durch ein steilflankiges Filter unterdrückt wird.

Die Filtermethode hat sich als die praktikablere und auch technisch bessere erwiesen, so daß sie heute durchweg angewandt wird.

Die Phasenmethode und die von ihr abgeleitete sogenannte „3. Methode" haben zumindest im Amateurfunk kaum noch eine Bedeutung und werden hier nur der Vollständigkeit halber beschrieben.

Bei einem schwierigen Abgleich der Schaltungskomponenten sind Träger- und Seitenbandunterdrückung schlechter und vor allem auch instabiler als beim Filterverfahren.

2.321 Die Filtermethode

Abb. 2.3211 zeigt das Blockschaltbild für die Aufbereitung des SSB-Signals nach der Filtermethode. Im Trägergenerator, der als Quarzoszillator aufgebaut wird, erzeugt man das Trägerfrequenzsignal, das dem Balance- bzw. Ringmischer zugeführt wird. An dessen zweiten Eingang liegt das aufzumodulierende Nf-Signal.

2.3 Sende-Technik

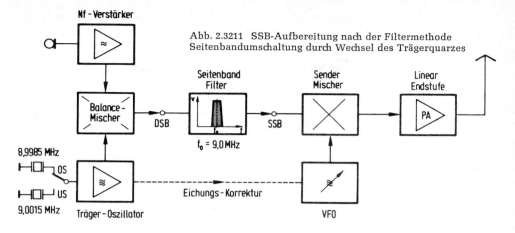

Abb. 2.3211 SSB-Aufbereitung nach der Filtermethode
Seitenbandumschaltung durch Wechsel des Trägerquarzes

Träger und Nf werden miteinander gemischt, wobei die Charakteristik der Balance- bzw. Ringmischung ausgenutzt wird, durch die das Trägersignal im ausgangsseitigen Mischprodukt nicht mehr enthalten ist (siehe auch 2.22 sowie die *Abb. 2.224 und 2.225*).

Am Ausgang des Mischers erhält man ein DSB- (Doppelseitenband-) Signal, das einer AM-Sendung ohne Träger entspricht.

Der Durchlaßbereich des nachfolgenden Seitenbandfilters von 3 kHz wird so gelegt, daß nur eines der beiden Seitenbänder passieren kann, während das andere um die Dämpfung des Filters unterdrückt wird. Durch dieses „Abschneiden" eines Seitenbands erhält man am Ausgang des Seitenbandfilters bereits das fertige SSB-Signal.

Da die Frequenz des so aufbereiteten Signals fest ist und zudem meist nicht im Amateurfrequenzbereich liegt, wird es im einfachsten Fall im Sendermischer mit dem VFO in das vorgesehene Band umgesetzt, um dann in der nachfolgenden Leistungsendstufe auf die gewünschte Ausgangsleistung verstärkt zu werden.

Geht man wie bei den Betrachtungen zur SSB-Demodulation in 2.28 von einem Filter mit der Mittenfrequenz von beispielsweise 9,000 MHz und den Grenzfrequenzen 8,9985 und 9,0015 MHz aus, dann muß der Trägeroszillator auf 9,0015 MHz schwingen, um das untere Seitenband durch das Filter passieren zu lassen. Schwingt der Oszillator dagegen auf 8,9985 MHz, fällt das obere Seitenband in den Filterdurchlaßbereich.

Analog zur SSB-Empfängeraufbereitung ändert sich die Frequenzeichung bei der Umschaltung der Seitenbänder um die Differenz der Trägerquarzfrequenzen. Eine Korrektur der Eichung läßt sich nur durch eine entsprechende Verstimmung des VFOs erreichen. Der technisch einfachere aber auch aufwendigere Weg zur Erhaltung der Frequenzeichung ist nach *Abb. 2.3212* die von der Demodulation bereits bekannte Umschaltung der Seitenbandfilter, die bei konstanter Trägerfrequenz um 3 kHz versetzt werden. Alle anderen Schaltungsmerkmale bleiben die gleichen.

Während Quarzoszillatoren in 2.312 und Quarzfilter in 1.492 bereits eingehend beschrieben worden sind, muß dem Balance- bzw. Ringmischer neben den Ausführungen in 2.22 zum Verständnis der Trägerunterdrückung noch einige Aufmerksamkeit geschenkt werden.

In *Abb. 2.3213* ist die übliche Schaltung eines Ringmischers gezeigt, wie er zur Trägerunterdrückung in der SSB-Technik verwendet wird.

2 Die Kurzwellen-Amateurfunkstation

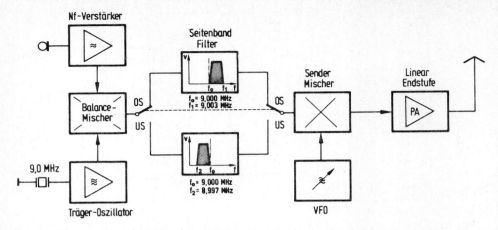

Abb. 2.3212 SSB-Aufbereitung nach der Filtermethode
Seitenbandumschaltung durch Wechsel des Filters

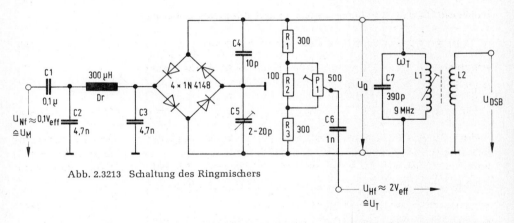

Abb. 2.3213 Schaltung des Ringmischers

Die prinzipielle Arbeitsweise des Diodenquartetts ist bereits in *Abb. 2.225* analysiert worden. Danach wird das Nf-Signal niedriger Amplitude im Rhythmus der Hf-Schwingung auf den Ausgang durchgeschaltet.

Da die Amplitude des Hf-Signals weit größer als die der aufzumodulierenden Nf ist, besitzt das „getastete" Modulationssignal nahezu senkrechte Flanken, wobei die Tastfrequenz der des steuernden Trägers entspricht.

In der mathematischen Beschreibung der Schaltung hat das aufzumodulierende Nf-Signal die bereits bekannte Form:

$$u_M = U_M \cdot \cos \omega_M \cdot t$$

während das steuernde Trägersignal der Funktion

$$u_T = U_T \cdot \cos \omega_T \cdot t$$

folgt.

2.3 Sende-Technik

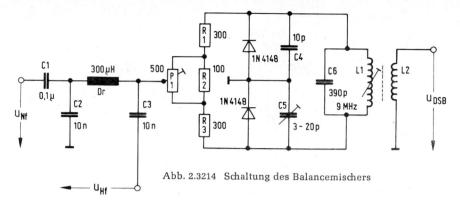

Abb. 2.3214 Schaltung des Balancemischers

Für $u_T \gg u_M$ kann das Ausgangssignal u_Q des Diodenquartetts nach den *Abb. 2.225e* bzw. *2.3216* als Produkt aus der Modulationsspannung u_M und einer Rechteckschwingung $r(t)$ angegeben werden:

$$u_Q = U_M \cdot \cos \omega_M \cdot t \cdot r(t) \qquad (244)$$

wobei $r(t)$ die Trägerfrequenz ω_T besitzt und sich nach Fourier als

$$r(t) = \frac{4 \cdot A}{\pi} \cdot (\cos \omega_T \cdot t - \tfrac{1}{3} \cos 3\omega_T \cdot t + \tfrac{1}{5} \cos 5\omega_T \cdot t - + \ldots) \qquad (245)$$

schreiben läßt. Hierin ist A die Amplitude der Rechteckschwingung.

Setzt man (245) in (244) ein, wird

$$u_Q = U_M \cdot \cos \omega_M \cdot t \cdot \frac{4 \cdot A}{\pi} (\cos \omega_T \cdot t - \tfrac{1}{3} \cos \omega_T \cdot t + - \ldots) \qquad (246)$$

Wird der Schaltung nach *Abb. 2.3213* ein Selektionskreis oder ein Filter mit der Resonanzfrequenz ω_T nachgesetzt, werden alle Oberwellen von ω_T im ausgangsseitigen Signal u_{DSB} unterdrückt, wodurch die rechteckige Umtastung nach *Abb. 2.3217* abgerundet wird.

In u_{DSB} erscheint nur noch die Grundschwingung des Trägers:

$$u_{DSB} = k \cdot U_M \cdot A \cdot \cos \omega_M \cdot t \cdot \cos \omega_T \cdot t \qquad (247)$$

Hierin ist k lediglich eine Konstante, die die Verluste der Modulationsspannung innerhalb des Ringmischers angibt.

Multipliziert man (247) nach dem Additionstheorem für zwei Cosinus-Funktionen aus, erhält man:

$$u_{DSB} = \underbrace{\frac{k \cdot U_M \cdot A}{2} \cdot \cos (\omega_T + \omega_M) \cdot t}_{\text{Oberes Seitenband}} + \underbrace{\frac{k \cdot U_M \cdot A}{2} \cdot \cos (\omega_T - \omega_M) \cdot t}_{\text{Unteres Seitenband}} \qquad (248)$$

Das Ausgangssignal u_{DSB} enthält nach (248) nur die beiden Seitenbänder, während der Träger nicht mehr erscheint. Wird dem Ringmischer keine Nf zugeführt, ist $U_M = 0$, so daß am Ausgang kein Signal auftritt.

Ein Trägerrest, der um 40 bis 60 dB unter dem Doppelseitenbandsignal bei Nf-Ansteuerung liegt, ist auf Unsymmetrien und Übersprechen der Schaltung zurückzuführen.

2 Die Kurzwellen-Amateurfunkstation

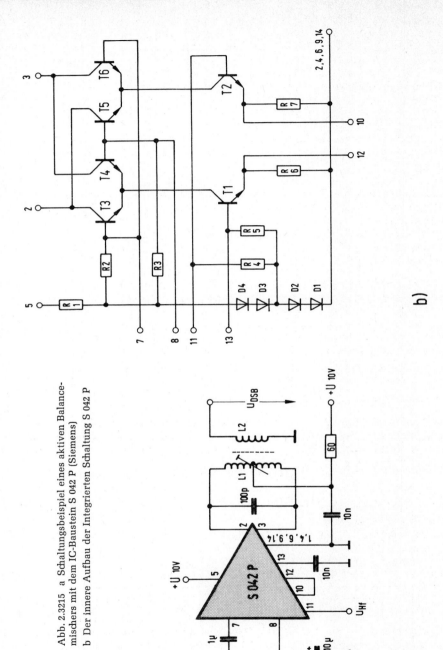

Abb. 2.3215 a Schaltungsbeispiel eines aktiven Balancemischers mit dem IC-Baustein S 042 P (Siemens)
b Der innere Aufbau der integrierten Schaltung S 042 P

2.3 Sende-Technik

Zum Abgleich des Ringmischers schließt man an die Ankoppelspule L2 einen Spannungsmesser oder einen Oszillografen an und stellt P1 und C5 im Wechsel so ein, daß man ohne Nf-Ansteuerung für u_{DSB} ein Spannungsminimum erhält.

Der Balancemischer nach *Abb. 2.3214* arbeitet analog zum Ringmischer. Da in seinem Ausgangssignal nach *Abb. 2.224d* die zweite Halbwelle fehlt, ist der Wirkungsgrad geringer. Ansonsten ist die Schaltung der des Ringmischers ebenbürtig und hat den Vorteil, daß man lediglich zwei Dioden mit möglichst gleicher Kennlinie benötigt.

Neben den beschriebenen Diodenmischern, die primär eingesetzt werden, lassen sich auch aktive Bauelemente zur Balancemischung verwenden.

In *Abb. 2.3215a* ist ein Balancemischer mit dem integrierten Baustein S 042 P von Siemens gezeigt.

Nach *Abb. 2.3215b* ist es ein an den Ausgängen kreuzgekoppelter Doppel-Differenzverstärker, bei dem die sonst als Konstantstromquellen arbeitenden Transistoren T1 und T2 durch die Verbindung der Anschlüsse 10 und 12 zu einem weiteren Differenzverstärker geschaltet werden.

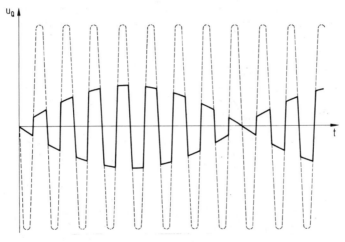

Abb. 2.3216 Im Rhythmus der Trägerfrequenz geschaltete Modulationsspannung am Ausgang des Diodenquartetts im Ringmischer (ohne ausgangsseitige Selektion)

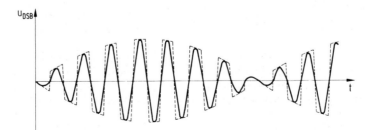

Abb. 2.3217 Ausgangssignal des Ringmischers nach der Selektion durch ein Filter, das auf die Grundfrequenz des steuernden Trägersignals abgestimmt ist.

2 Die Kurzwellen-Amateurfunkstation

Das an 11 eingespeiste Trägersignal erscheint gegenphasig an den Emittern von T 3, T 4 und T 5, T 6, so daß es sich an deren kreuzgekoppelten Kollektoren kompensiert.

Der auf die Trägergrundschwingung abgestimmte Ausgangsschwingkreis unterdrückt die Oberwellen in gleicher Form, wie es bei den passiven Diodenmischern geschieht.

Zur Vervollständigung der Betrachtungen von Balancemischern sei noch auf eine Elektronenröhre hingewiesen, die 1962 auf dem Markt erschien und speziell als Leistungsmischer entwickelt worden war. Gemeint ist die sogenannte Beam Deflection Power Tetrode 7360.

Die Röhre hat sich allerdings in keiner Form durchsetzen können, weil sie in einer Zeit erschien, als der Wechsel zur Halbleitertechnik bereits in vollem Gange war.

Zudem wurde bei Versuchen bald festgestellt, daß die Stabilität der Trägerunterdrückung im Röhrenbalancemischer relativ unstabil im Vergleich zu Halbleiterdiodenmischern ist, weil Schwankungen der Heiz- und der Anodenspannung und unterschiedliche Alterung der Röhrensysteme zu Unsymmetrien der Schaltungen führen, die bei passiven Bauelementen nicht auftreten.

Das Angebot von neuentwickelten Geräten mit der 7360 als letztem Schrei der Technik muß demnach 20 Jahre nach ihrem Erscheinen als Scharlatanerie gewertet werden.

2.322 Die Phasenmethode

Zu Beginn der SSB-Technik waren kommerziell gefertigte steilflankige Seitenbandfilter sehr teuer, so daß sich Funkamateure Filter solcher Art selber bauten, oder aber versuchten, das SSB-Signal nach einer Methode aufzubereiten, bei der das Filter nicht notwendig ist.

Bei der sogenannten Phasenmethode wird für das unerwünschte Seitenband die Tatsache ausgenutzt, daß sich zwei Signale gleicher Amplitude mit 180° Phasenverschiebung zu Null kompensieren.

In Abb. 2.3221 ist das Prinzip der SSB-Aufbereitung nach der Phasenmethode im Blockschaltbild gezeigt.

Im Nf-Verstärker wird das Mikrofonsignal in üblicher Weise auf den notwendigen Pegel verstärkt. Ihm ist ein Phasendifferenzglied nachgeschaltet, an dessen beiden Ausgängen das Nf-Sprachband von 300 Hz bis 2500 Hz mit einer Phasendifferenz von 90° erscheint.

Diese Phasendifferenz muß bei gleicher Ausgangsamplitude über das gesamte Nf-Band um möglichst besser als 1° eingehalten werden.

Die beiden Nf-Signale des Phasendifferenzglieds werden jeweils einem der beiden Balancemischer zugeführt. Als Steuersignal erhalten beide Mischer den im Quarzoszillator erzeugten Träger, wobei wiederum für eine Phasendifferenz von 90° zwischen den Mischern gesorgt wird.

Bei der Balancemischung entstehen am Ausgang eines jeden Mischers zwei Seitenbänder. Je zwei gleiche (z. B. die oberen) liegen in Phase, während die anderen beiden (die unteren) um 180° gegeneinander verschoben sind.

Addiert man die Mischerausgangssignale (also die Mischprodukte), kompensieren sich die gegeneinander phasenverschobenen Seitenbänder, während die phasengleichen sich in der Amplitude ergänzen. Am Ausgang erhält man ein Einseitenbandsignal.

Zur Umschaltung des Seitenbands muß man die Seitenbandpaare der Mischer statt addieren subtrahieren, wodurch sich die gegenphasigen Seitenbänder addieren, während die gleichphasigen in diesem Falle kompensiert werden.

2.3 Sende-Technik

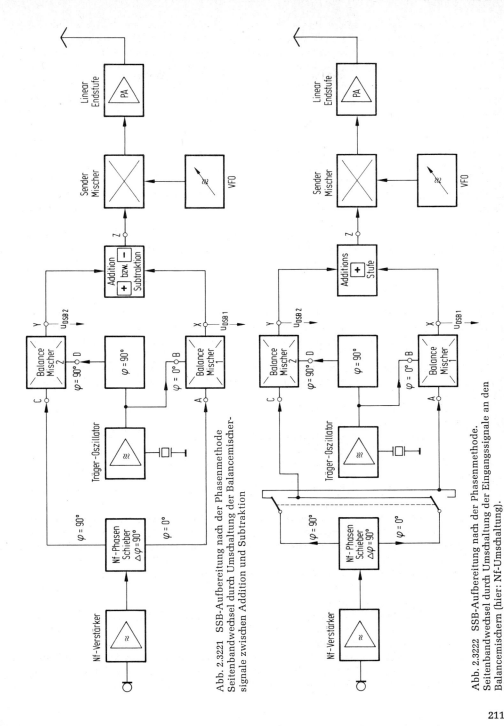

Abb. 2.3221 SSB-Aufbereitung nach der Phasenmethode. Seitenbandwechsel durch Umschaltung der Balancemischersignale zwischen Addition und Subtraktion

Abb. 2.3222 SSB-Aufbereitung nach der Phasenmethode. Seitenbandwechsel durch Umschaltung der Eingangssignale an den Balancemischern (hier: Nf-Umschaltung).

2 Die Kurzwellen-Amateurfunkstation

Der Additions- bzw. Subtraktionsstufe folgt wie bei der Filtermethode die übliche Weiterverarbeitung des SSB-Signals über den Sendermischer mit dem VFO. Je nach gewünschter Sendeleistung werden ein Treiber und eine Linearendstufe nachgeschaltet.

Zur mathematischen Beschreibung der Phasenmethode geht man von den Eingangssignalspannungen der Balancemischer an den Punkten A bis D aus:

$$A : u_{M1} = U_M \cdot \cos \omega_M \cdot t \qquad (249)$$

$$B : u_{T1} = U_T \cdot \cos \omega_T \cdot t \qquad (250)$$

$$C : u_{M2} = U_M \cdot \cos (\omega_M \cdot t + 90°) \qquad (251)$$

$$D : u_{T2} = U_T \cdot \cos (\omega_T \cdot t + 90°) \qquad (252)$$

Nach den Erläuterungen zum Balancemischer in 2.321 erhält man für die Ausgänge X und Y die Mischprodukte u_{DSB1} und u_{DSB2}:

Für X gilt:

$$u_{DSB1} = \underbrace{k \cdot U_M \cos (\omega_T + \omega_M) \cdot t}_{\text{Oberes Seitenband 1}} + \underbrace{k \cdot U_M \cos (\omega_T - \omega_M) \cdot t}_{\text{Unteres Seitenband 1}} \qquad (253)$$

und für Y:

$$u_{DSB2} = k \cdot U_M \cos (\omega_T \cdot t + 90° + \omega_M \cdot t + 90°) +$$
$$k \cdot U_M \cos (\omega_T \cdot t + 90° - \omega_M \cdot t - 90°) \qquad (254)$$
$$= \underbrace{k \cdot U_M \cos [(\omega_T + \omega_M) \cdot t + 180°]}_{\text{Oberes Seitenband 2}} +$$
$$\underbrace{k \cdot U_M \cos (\omega_T - \omega_M) \cdot t}_{\text{Unteres Seitenband 2}}$$

Bildet man die (geometrische) Summe aus (253) und (254) erhält man das Ausgangssignal der Additionsstufe an Z:

$$u_{DSB1} + u_{DSB2} = \underbrace{2 \cdot k \cdot U_M \cdot \cos (\omega_T - \omega_M) \cdot t}_{\text{2 x Unteres Seitenband}} \qquad (255)$$

Die oberen Seitenbänder heben sich durch die Phasenverschiebung von 180° auf.

Bei der Subtraktion der Mischerausgangssignale u_{DSB1} und u_{DSB2} kompensieren sich dagegen die beiden gleichphasigen Seitenbänder, so daß man am Ausgang Z das obere Seitenband mit der doppelten Amplitude erhält:

$$u_{DSB1} - u_{DSB2} = \underbrace{2 \cdot k \cdot U_M \cdot \cos (\omega_T + \omega_M) \cdot t}_{\text{2 x Oberes Seitenband}} \qquad (256)$$

Die Subtraktion der Mischprodukte erreicht man durch das Zwischenschalten eines Inverters (Verstärker mit $v = -1$) zwischen einen der Balancemischer und die Additionsstufe.

Neben der ausgangsseitigen Umschaltung von Addition auf Subtraktion kann man zum Wechsel der Seitenbänder den praktikableren Weg wählen, bei dem nach *Abb. 2.3222* die Additionsstufe beibehalten wird und dafür die Eingangssignale der Balancemischer vertauscht werden. Hierzu ist lediglich ein doppelpoliger Umschalter notwendig.

2.3 Sende-Technik

Wechselt man z. B. die Nf-Ansteuerung an C und A, wird:

$$u_{DSB1} = \underline{k \cdot U_M \cdot \cos[(\omega_T + \omega_M) \cdot t + 90°]} + \boxed{\text{Oberes Seitenband 1}} \qquad (257)$$
$$\underline{k \cdot U_M \cdot \cos[(\omega_T - \omega_M) \cdot t - 90°]} \quad \boxed{\text{Unteres Seitenband 1}}$$

und

$$u_{DSB2} = \underline{k \cdot U_M \cdot \cos[(\omega_T + \omega_M) \cdot t + 90°]} + \boxed{\text{Oberes Seitenband 2}} \qquad (258)$$
$$\underline{k \cdot U_M \cdot \cos[(\omega_T - \omega_M) \cdot t + 90°]} \quad \boxed{\text{Unteres Seitenband 2}}$$

Durch das Vertauschen der Nf-Anschlüsse heben sich im Gegensatz zu (255) die unteren Seitenbänder bei der ausgangsseitigen Addition auf. Addiert man (257) und (258) wird:

$$u_{DSB1} + u_{DSB2} = \underline{2 \cdot k \cdot U_M \cdot \cos[(\omega_T + \omega_M) \cdot t + 90°]} \qquad (259)$$
$$\boxed{2 \times \text{Oberes Seitenband}}$$

Man erhält das obere Seitenband mit der doppelten Amplitude. Der Phasenwinkel von 90° hat beim Ausgangssignal keine Bedeutung mehr.

Der Seitenbandwechsel läßt sich natürlich genauso durch das Vertauschen der Trägersignale an B und D vornehmen. Auf den Rechenweg wird verzichtet, da er analog zu (257) bis (259) ist.

Der Abgleich einer SSB-Aufbereitung nach der Phasenmethode ist wesentlich aufwendiger als bei der Filtermethode. Zunächst sind zwei Balancemischer auf maximale Trägerunterdrückung einzustellen, deren Ausgangsamplituden bei Nf-Ansteuerung zudem sehr genau übereinstimmen müssen.

Weichen die Amplituden der Mischprodukte u_{DSB1} und u_{DSB2} mehr als 1% voneinander ab, wird die Seitenbandunterdrückung bereits schlechter als 40 dB.

Als weiterer Parameter geht der Fehler des Nf-Phasenschiebers in die Seitenbandunterdrückung ein. Der Phasenschieber bietet die schwierigsten Probleme bei der Phasenmethode, da die Phasendifferenz von 90° sehr genau eingehalten werden muß, andererseits aber das gesamte zu übertragende Nf-Frequenzband (500 Hz bis 2500 Hz) um diesen Winkel exakt differieren soll.

Die Seitenbandunterdrückung Su läßt sich in Abhängigkeit vom Phasenfehler δ des Phasenschiebers angeben als:

$$S_u = 20 \cdot \log \frac{1}{\tan \frac{\delta}{2}} \quad \text{in dB} \qquad (260)$$

Für einen Phasenfehler δ von nur 1° über den gesamten Nf-Sprachkanal gegenüber der Solldifferenz von 90° erhält man nach (260):

$$S_u = 20 \cdot \log \frac{1}{\tan \frac{1°}{2}} \quad \text{dB}$$
$$= 41{,}2 \text{ dB}$$

Phasenfehler von $< 1°$ lassen sich im Nf-Phasenschieber kaum über längere Zeit halten, da die recht komplexe Schaltung thermisch empfindlich ist.

Realistische Werte der Seitenbandunterdrückung liegen bei der Phasenmethode bei 20 bis 30 dB, während 40 dB bei der Filtermethode üblich sind.

2 Die Kurzwellen-Amateurfunkstation

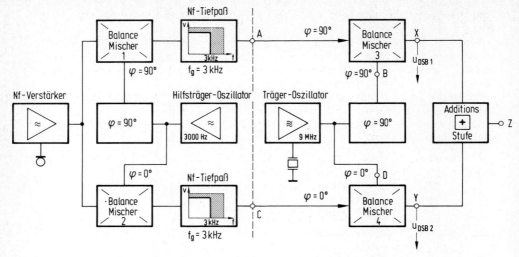

Abb. 2.3231 SSB-Aufbereitung nach der Dritten Methode

Im Gegensatz zum Nf-Phasenschieber birgt der Träger-Phasenschieber keine Probleme, da er nur für eine Festfrequenz abgestimmt werden muß, so daß die Schaltung weit einfacher ist.

Der aufwendige Abgleich und die relativ schlechte Langzeitkonstanz der Seitenbandunterdrückung haben die Phasenmethode aus der AFU-SSB-Technik verdrängt.

2.323 Die „Dritte Methode"

Eine Variante der Phasenmethode ist die sogenannte „Dritte Methode" zur Aufbereitung von SSB-Signalen, die am Blockschaltbild Abb. 2.3231 erläutert werden soll.

Sie unterscheidet sich lediglich im Nf-Teil von der Phasenmethode. Statt des Nf-Phasenschiebers, der erhebliche Probleme bei der exakten Phasendrehung von 90° stellt, wird eine SSB-Subcarrieraufbereitung (Unterträger-) für die notwendige Nf-Phasendifferenz von 90° eingesetzt. Mit ihr werden die Schwierigkeiten zum Teil umgangen.

Mit der detaillierten Signaldarstellung der Abb. 2.3232 a bis d kann man die Signalaufbereitung der Dritten Methode verfolgen:

Der Nf-Verstärker sorgt für den notwendigen Pegel der Mikrofonspannung an den Balancemischern 1 und 2. Das Nf-Sprachband soll möglichst auf einen schmalen Bereich von etwa 0,5 bis 2,5 kHz eingeschränkt sein.

Die Steuereingänge erhalten nach Abb. 2.3232a jeweils das Signal eines Nf-Hilfsträgers (Subcarrier, hier z. B. 3 kHz), der am Balancemischer 1 um 90° in der Phase gedreht ist.

An den Ausgängen der Mischer 1 und 2 erhält man die Hilfsträger-DSB-Signale nach Abb. 2.3232b, von denen jeweils das obere Seitenband in einem nachgeschalteten Nf-Tiefpaßfilter (analog zur Filtermethode) abgeschnitten wird.

Beide Subcarrier-SSB-Signale befinden sich in Kehrlage und besitzen die gewünschte Phasendrehung von 90°.

Nach den Punkten A und C in Abb. 2.3231 arbeitet die Schaltung nach der bekannten Phasenmethode. Der Unterschied besteht lediglich darin, daß die um 90° phasenverschobenen Nf-Bänder bei der Dritten Methode in Kehrlage an die Balancemischer 3 und 4 gelangen.

Deren Mischprodukte, die DSB-Signale u_{DSB1} und u_{DSB2} nach *Abb. 2.3232c*, addiert man, so daß sich am Ausgang Z eines der Seitenbänder durch die entstandene Phasenverschiebung von 180° zu seinem Pendant des anderen Mischers aufhebt, während sich die beiden anderen Seitenbänder nach *Abb. 2.3232d* ergänzen.

Die Umschaltung der Seitenbänder nimmt man in gleicher Weise vor, wie sie bei der Phasenmethode beschrieben und mathematisch abgeleitet wurde.

Im Anschluß an diese Aufbereitung folgen die Sendermischung und die Leistungsverstärkung in bekannter Form.

Obwohl man bei der Dritten Methode den kritischen Sprachband-Phasenschieber vermeidet, sind der Aufwand und auch der Abgleich der Schaltung erheblich.

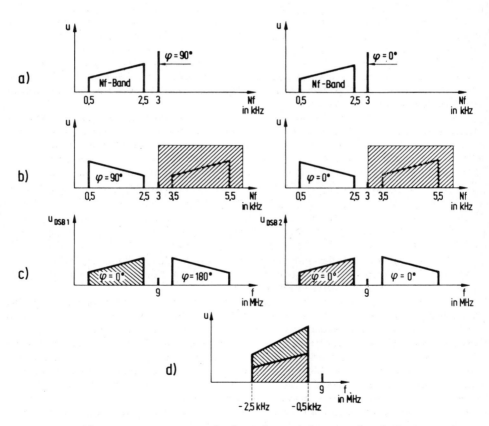

Abb. 2.3232 a Eingangssignale der Balancemischer 1 und 2; b Ausgangssignale der Tiefpaßfilter; c Ausgangssignale der Balancemischer 3 und 4; d SSB-Signal nach der Addition von u_{DSB1} und u_{DSB2}.

2 Die Kurzwellen-Amateurfunkstation

Es müssen ganze vier Balancemischer auf maximale Trägerunterdrückung abgestimmt werden, zudem sollen die Signalamplituden übereinstimmen und die Festfrequenzphasenschieber exakte Drehwinkel von 90° liefern.

Die Dritte Methode ist eine Alternative zur Phasenmethode. Sie wurde aber erst bekannt, als Seitenbandfilter bereits zu einem erträglichen Preis zu erwerben waren, so daß sie ebenfalls nur selten in der AFU-Technik (in Selbstbaugeräten) angewandt wurde.

2.33 Sendermischung

Üblicherweise wird das SSB-Signal nicht auf der Betriebsfrequenz (im jeweiligen Amateurfunkband) aufbereitet. Man wählt hierzu Frequenzen, für die passende und preisgünstige Seitenbandfilter auf dem Markt sind (z. B. 9 MHz) und sich zudem eine relativ einfache Umsetzung auf die verschiedenen KW-Amateurfunkbänder anbietet.

Die ursprüngliche Festlegung der AFU-Kurzwellenbänder war so getroffen worden, daß alle Frequenzen mit einem Oszillator durch Vervielfachung erreicht werden konnten.

Begonnen beim 80-m-Band bilden alle Kurzwellenbänder ganzzahlige Vielfache von 3,5 MHz. In *Abb. 2.331* ist die typische Frequenzaufbereitung gezeigt, wie sie bis zum Beginn der SSB-Technik üblich war. Ein Frequenzwechsel hatte eine umfangreiche Abstimmarbeit zur Folge, zumal alle Vervielfacherstufen auf Resonanz nachgestimmt werden mußten. Zudem war der richtige Arbeitspunkt der Röhren einzuhalten, um im quadratischen oder kubischen Teil der Kennlinie die Frequenzvervielfachung zu erreichen.

Ein großer Fortschritt waren die Bandfiltersender als letzte Generation in der AM-Technik. Hier wurde die Frequenznachstimmung durch Filter vermieden, deren Bandbreite den Amateurbändern entsprach.

Im Gegensatz zu AM- und FM-Sendungen läßt sich das SSB-Signal nicht vervielfachen, weil es nach 1.52 und 2.28 als das in die Hf-Lage versetzte Nf-Sprachband anzusehen ist.

Würde man z. B. ein Einseitenband-Signal, das im 80-m-Band den Frequenzkanal 3600 kHz bis 3602,5 kHz (2,5 kHz Bandbreite) belegt, in das 20-m-Band durch zwei Verdoppler vervierfachen, hätte man dort für die gleiche Sendung eine Kanalbreite von 10 kHz, die von 14400 kHz bis 14410 kHz liegen würde. Da bei diesem Verfahren das gesamte Seitenband vervielfacht wird, eignet es sich offensichtlich nicht zur Erfassung aller KW-Amateurbänder für die SSB-Modulation.

Zur Umsetzung des aufbereiteten SSB-Signals in die AFU-Bänder bleibt allein das Mischen, da hierbei das Seitenband in seiner Bandbreite und in seinem Inhalt erhalten wird. Dies liegt am entscheidenden Unterschied zur Vervielfachung, der darin besteht, daß beim Mischen die Differenzen und Summen zwischen den Eingangssignalen gebildet werden, während man bei der Vervielfachung Produkte mit einer ganzen Zahl bildet.

Die Anforderungen an den Sendermischer sind zunächst die gleichen, wie sie bereits für den Empfängermischer in 2.22 beschrieben worden sind.

Für den Sendermischer steht die Verzerrungsfreiheit im Vordergrund, um Modulationsverzerrungen und unerwünschte Mischprodukte zu vermeiden. Man muß dabei immer davon ausgehen, daß das aufmodulierte Signal durch die gesamte Aufbereitung „hindurchschleppt" wird und somit jegliche Nichtlinearitäten innerhalb des Senders die Modulationsqualität verschlechtern.

Die besten Ergebnisse erhält man mit Gegentakt- bzw. Balance- und Ringmischern, da mit diesen Schaltungen (bei richtig bemessenen Eingangssignalamplituden) die Verzerrungen und Nebenausstrahlungen auf einem Minimum gehalten werden. Diodenmischer haben den Vorteil, daß sie einfach aufzubauen und abzustimmen sind. Nachteilig ist die Mischdämpfung, so daß meist eine zusätzliche Verstärkerstufe nachgeschaltet werden muß.

2.3 Sende-Technik

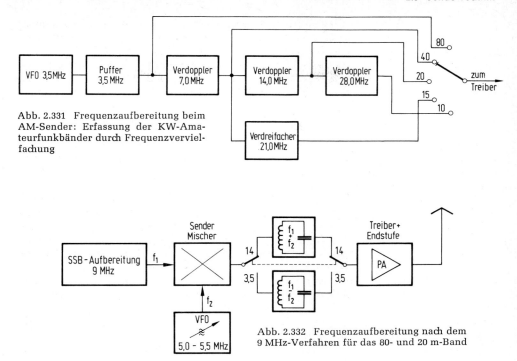

Abb. 2.331 Frequenzaufbereitung beim AM-Sender: Erfassung der KW-Amateurfunkbänder durch Frequenzvervielfachung

Abb. 2.332 Frequenzaufbereitung nach dem 9 MHz-Verfahren für das 80- und 20 m-Band

Im Gegensatz zu symmetrischen Mischerschaltungen ist beim Eintaktmischer die nachfolgende Selektionskreisumschaltung wesentlich einfacher, da die Kreise einseitig an Masse gelegt werden können.

Dies bietet für die allgemein verbreitete Einknopfabstimmung der frequenzselektiven Stufen einschließlich des Treibers konstruktive Vorteile, die man oft den elektrischen anderer Mischerschaltungen vorzieht.

Abb. 2.332 zeigt die klassische SSB-Frequenzaufbereitung nach dem 9 MHz-Verfahren für das 80- und 20-m-Band, wie es bei sehr vielen Selbstbaugeräten und in einfachen kommerziell gefertigten Anlagen angewandt wurde.

Das auf 9 MHz erzeugte SSB-Signal wird im Sendermischer mit einem VFO-Frequenzbereich von 5 bis 5,5 MHz gemischt. Je nach Wahl der Mischerselektion am Ausgang erhält man als Mischprodukt 4,0 bis 3,5 MHz ($f_1 - f_2$) oder 14,0 bis 14,5 MHz ($f_1 + f_2$). Hierdurch erreicht man mit einem Mischvorgang und dem VFO die beiden funkverkehrsreichsten und -sichersten AFU-Bänder für Nah- und DX-Verbindungen.

Die Einfachheit des Verfahrens wird natürlich mit Kompromissen erkauft. So erfaßt man einerseits nur zwei (wenn auch die wichtigsten) der fünf Amateurfunk-Kurzwellenbänder, und andererseits ist der Frequenzvariationsbereich des VFOs für die beiden Bänder gegenläufig. Während das 80-m-Band von 3,5 bis 3,8 MHz mit dem VFO-Bereich 5,5 bis 5,2 MHz überstrichen wird, muß der Oszillator für das 20-m-Band von 14,0 bis 14,35 MHz in umgekehrter Richtung von 5,0 bis 5,35 MHz verstimmt werden. Letzteres ist allerdings nur ein Schönheitsfehler auf der Skala, der weiter keine technische Bedeutung besitzt.

2 Die Kurzwellen-Amateurfunkstation

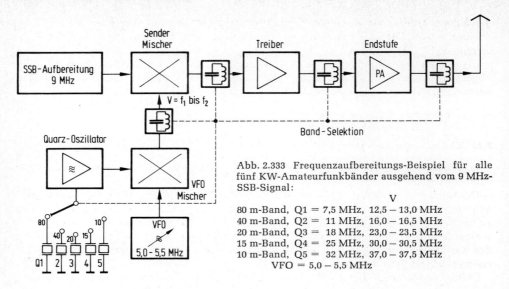

Abb. 2.333 Frequenzaufbereitungs-Beispiel für alle fünf KW-Amateurfunkbänder ausgehend vom 9 MHz-SSB-Signal:

$$V$$
80 m-Band, Q1 = 7,5 MHz, 12,5 – 13,0 MHz
40 m-Band, Q2 = 11 MHz, 16,0 – 16,5 MHz
20 m-Band, Q3 = 18 MHz, 23,0 – 23,5 MHz
15 m-Band, Q4 = 25 MHz, 30,0 – 30,5 MHz
10 m-Band, Q5 = 32 MHz, 37,0 – 37,5 MHz
VFO = 5,0 – 5,5 MHz

Die Frequenzaufbereitung kommerziell gefertigter Allband-Amateurfunksender für Kurzwellen ist wie beim Empfänger firmenspezifisch. Es gibt eine ganze Reihe unterschiedlicher Konzepte, deren detaillierte Diskussion zu weit führen würde. Allerdings kann man davon ausgehen, daß man bei den meisten Sendern mit SSB-Signalen arbeitet, die nach der Filtermethode im Frequenzbereich zwischen 5 und 10 MHz erzeugt werden.

In *Abb. 2.333* ist ein Beispiel gegeben, an dem man die prinzipielle Konzeption der Frequenzaufbereitung eines SSB-Senders für alle fünf Kurzwellenbänder verfolgen kann. Auch hier wird von einem 9 MHz-SSB-Signal ausgegangen, das mit einem VFO-Bereich von jeweils 0,5 MHz gemischt wird.

Der VFO selber läßt sich nach wie vor von 5,0 bis 5,5 MHz verstimmen. Dieser Frequenzbereich wird im VFO-Mischer (premixer) für jedes Band mit einer quarzstabilisierten Festfrequenz auf den notwendigen Bereich umgesetzt, um hiermit im Sendermischer mit dem 9 MHz-Signal auf das zugeordnete Kurzwellenband zu gelangen.

Die Quarzfrequenzen sind im Beispiel so gesetzt worden, daß die VFO-Frequenz für den Anfang aller fünf Bänder (niedrigste Frequenz) bei 5,0 MHz liegt. Hierdurch bleibt die Skaleneichung in gleicher Richtung von 0 bis 500 kHz erhalten, wozu beim Bandwechsel lediglich die Anfangsfrequenz addiert werden muß.

Das 10-m-Band ist mit einer Breite von 1,7 MHz bei einer möglichen Frequenzvariation von 0,5 MHz nur mit 4 um 0,5 MHz versetzten Quarzen zu erreichen (32, 32,5, 33 und 33,5 MHz). Bei vielen Sendern (und Empfängern) wird nur der Bereich von 28,5 bis 29,0 MHz serienmäßig mit einem Quarz bestückt. Die restlichen Quarze sind in vorgesehenen Schalterstellungen als „Extras" nachzustecken, um den gesamten Bereich des 10 m-Bands belegen zu können.

Zur Bandselektion müssen der Quarzoszillator und die Selektionsstufen des premixers, des Sender-Mischers, des Treibers und der Endstufe umgeschaltet werden. Meist sind hierzu bis zum Treiber zwei „Knöpfe" zu bedienen, der eine als Schalter für die Quarz- und Schwingkreisumschaltung und der andere zur Resonanznachstimmung innerhalb des gewählten Bandes mit einem Mehrfach-Drehkondensator bzw. -Variometer oder einer entsprechenden Kapazitätsdiodenschaltung (eventuell auch Breitbandkopplung ohne Nachstimmung).

Die Endstufe wird, wie noch gezeigt wird, in herkömmlichen Schaltungen getrennt abgestimmt. Nur bei transistorisierten Breitbandschaltungen und richtiger Antennenanpassung ist das Nachstimmen zu sparen.

2.34 Hf-Leistungsverstärkung

Am Ausgang des Sendermischers erhält man das SSB-Signal für das jeweils selektierte Amateurfunkband.

Die Mischerausgangsleistung ist relativ klein, da an den Eingängen mit geringen Signalamplituden gearbeitet wird, um die Verzerrungen des Mischprodukts möglichst gering zu halten.

Dem Mischer folgt im allgemeinen ein sogenannter Treiber (Leistungsvorverstärker), der das Mischerausgangssignal soweit verstärkt, daß es zur Aussteuerung der Senderendstufe ausreicht.

Übliche Senderendstufen moderner Kurzwellen-Sender und -Transceiver (Sendeempfänger) im Amateurfunk sind für Leistungen von 100 bis 200 W ausgelegt.

Dies ist etwa die Leistung, die man mit der Steuerleistung eines zwischengeschalteten Treibers über den gesamten Kurzwellenbereich erreichen kann. Zudem genügt sie für den normalen Amateurfunkbetrieb, um mit guten Antennen bei durchschnittlichen Ausbreitungsbedingungen mit der ganzen Welt in Funkverbindung kommen zu können.

Weiterhin sind moderne Geräte so ausgelegt, daß sie neben dem 220 V-Netz auch an Batterien betrieben werden können. Für Leistungen um 200 W entspricht dies bei einer Spannung von 12 V einem Strom von rund 20 A, der bei laufendem Motor und intermittierendem Betrieb gerade noch einer Autobatterie von rund 40 Ah zuzumuten ist.

Treiber und Endstufe werden in diesem Leistungsbereich sowohl in Röhren- als auch in Transistortechnik hergestellt, deren Vor- und Nachteile für den jeweiligen Verwendungszweck abzuwägen sind.

Bei der Wahl der Endstufenart muß man sich neben finanziellen Aspekten nach der Betriebsart richten, für die das Gerät primär verwendet werden soll.

Für den überwiegenden Funkverkehr in SSB-Telefonie lassen sich speziell für den intermittierenden Betrieb entwickelte Röhren und Transistoren einsetzen, die für die ständig pulsierende SSB-Modulation sehr gut geeignet sind und vielfältig angewendet werden.

Für den Dauerstrichbetrieb, der z. B. in SSTV und RTTY notwendig ist, braucht man dagegen aktive Bauelemente, die nicht für kurzzeitige Spitzenbelastung ausgelegt sind, sondern über längere Zeit eine konstante Leistung abgeben können.

Neben der Betriebsart ist natürlich auch der Einsatzort des Senders für die Wahl der Endstufe von Interesse.

Man wird sowohl für den Mobil- als auch für den Portabelbetrieb Geräte mit möglichst kleinen Abmessungen und kleinem Gewicht vorziehen, die zudem noch stoßunempfindlich sind. Diese Forderungen können nur mit volltransistorisierten Schaltungen erfüllt werden.

Linearendstufen hoher Leistung für mehr als 500 W werden dem Sender oder Transceiver als getrennte Geräte nachgeschaltet. Ihre Funktion beschränkt sich allein auf die lineare Verstärkung des Ausgangssignals des vorgeschalteten Senders.

2 Die Kurzwellen-Amateurfunkstation

Die Verstärkerelemente solcher Hochleistungsendstufen sind in der Amateurfunktechnik nach wie vor eine Domäne der Röhrentechnik, da Transistoren dieser Leistungsklasse für Funkamateure kaum erschwinglich sind. Sie werden allerdings auch nur dort eingesetzt, wo Wartungsfreiheit, geringes Gewicht und Erschütterungsfestigkeit von großer Bedeutung sind (militärische Anwendungen, Flugfunk).

Linearendstufen hoher Leistung werden meist in Gitterbasisschaltung aufgebaut. Sie besitzt den großen Vorteil, daß sie sehr unempfindlich gegen Selbsterregung ist, weil durch das „kalte" Gitter die unerwünschten Huth-Kühn-Schwingungen vermieden werden.

Bei der Gitterbasisschaltung wird die Steuerleistung des vorgeschalteten Senders auf den Verbraucher (Antenne) durchgereicht, wobei man je nach Röhre einen Leistungsverstärkungsfaktor von 10 bis 15 (rund 12 dB = 2 S-Stufen) erreichen kann.

Oft werden sogar zwei oder mehrere Röhren parallelgeschaltet, wodurch sich die Gesamtsteilheit entsprechend vervielfacht und die mögliche Ausgangsleistung erhöht wird.

2.341 Endstufen-Verzerrungen

Zur Beurteilung einer Linearendstufe sind eine Reihe von Daten erforderlich. Sie beziehen sich auf die notwendige Steuerleistung, die Ausgangsleistung und auf die Verzerrungen, die die Verstärkerstufe produziert.

Die Ausgangsleistung von SSB-Sendern und -Verstärkerschaltungen wird durchweg in PEP (peak envelope power = Spitzen-Hüllkurvenleistung) angegeben.

Unter PEP versteht man die Leistung, die bei Vollaussteuerung der Endstufe abgegeben wird.

Bei normaler Besprechung des Mikrofons wird die Vollaussteuerung nur in den Modulationsspitzen erreicht, die bei besonders akzentuierten Vokalen und Konsonanten auftreten. Die menschliche Sprache hat eine Dynamik bis zu 40 dB. Bei einer entsprechenden Schwankung der Ausgangsleistung des SSB-Senders beträgt die Durchschnittsleistung nur $1/10$ bis $1/5$ der möglichen Maximalleistung (PEP).

Hierin ist auch der Grund zu finden, daß man relativ hohe PEP-Angaben für Endstufen findet, die oft nur einen Bruchteil davon im Dauerstrichbetrieb abgeben können.

Zur Einhaltung einer vorgegebenen Linearität dürfen die Modulationsspitzen einen bestimmten Leistungswert (eben den als PEP angegebenen) nicht überschreiten. Wird die Endstufe weiter ausgesteuert, geraten die Röhren bzw. Transistoren in den nichtlinearen Arbeitsbereich, wodurch erhebliche nichtlineare Verzerrungen und damit Störungen entstehen.

Um die Übersteuerung der Endstufe weitgehend zu vermeiden, findet man bei den meisten Sendern eine Regelschaltung zur Begrenzung der Ausgangsleistung auf einen maximal zulässigen Betrag (ALC = automatic level control). Bei zu „üppiger" Aussteuerung wird eine in Abhängigkeit von der Ausgangsleistung gewonnene Gleichspannung zur Abwärtsregelung des Treibers oder einer Vorstufe zurückgeführt.

Neben dieser Regelung sind Hf-Gegenkopplungsschaltungen zur Linearisierung üblich, um die ausgangsseitigen Verzerrungen auf ein möglichst geringes Maß zu beschränken.

Bei eingeschalteter Regelung (ALC) läßt sich die Ausgangsleistung in PEP sehr einfach und annähernd genau messen. Hierzu wird der Sender mit einer künstlichen Antenne (dummy load) belastet, deren Widerstand R_L 50 oder 60 Ohm beträgt. Anschließend wird der Sender mit einem Sinuston bis zum Einsatz der ALC (Regelspannung erscheint bzw. die Ausgangsleistung steigt kaum noch an) durchgesteuert, wodurch man den PEP-Wert erreicht.

Mit einem Oszilloskop oder einem Hf-Spannungsmesser bestimmt man die effektive Ausgangsspannung am Lastwiderstand, womit sich die abgegebene Leistung nach (24) errechnen läßt:

$$P_{PEP} = \frac{U_{eff}^2}{R_L} \qquad (261)$$

Bei Endstufen, die nur für reinen SSB-Telefonie-Betrieb ausgelegt sind, muß man bei dieser Messung vorsichtig sein, da die PEP-Leistung nur kurzfristig (10 bis 20 Sekunden) aufgebracht werden kann.

Mit der beschriebenen Eintonaussteuerung kann man zwar auf die maximale Ausgangsleistung der Endstufe schließen, doch bleibt verborgen, welche Verzerrungsprodukte neben dem Sollsignal erzeugt werden.

Wie bei allen aktiven Bauelementen ist die Kennlinie des Endverstärkers natürlich auch mit Nichtlinearitäten behaftet, die zwangsläufig beim Betrieb über den notwendigen Aussteuerbereich zu Verzerrungsprodukten führen.

Verzerrungen dieser Art lassen sich nicht verhindern, da sich kein ideal linearer Verstärker bauen läßt. Man kann sie aber in einem Maß halten, daß die Frequenznachbarn durch die unerwünschten Nebenprodukte der Sendung nicht gestört werden. Dies erreicht man nur durch den Betrieb innerhalb des zulässigen Arbeitsbereichs der Kennlinie des Endverstärkers, soweit bereits in den Vorstufen mit der notwendigen Linearität gearbeitet wurde.

Weitere Voraussetzungen sind die richtige Abstimmung der Endstufe und die genaue Anpassung der Antenne, so daß die erzeugte Hf-Leistung an den Verbraucher (Antenne) abgegeben werden kann.

Nichtlineare Verzerrungen, die durch Übersteuerung oder sehr weite Aussteuerung einer Kennlinie (mit Polynomverlauf) entstehen, wurden bereits in 2.23 für Empfängereingangsstufen sehr eingehend beschrieben. Die in der Endstufe entstehenden unerwünschten Mischprodukte sind gleicher Natur und folgen den gleichen physikalischen Gesetzen.

Die Verzerrungsfreiheit einer Linearendstufe wird nach dem Abstand (in dB) ihrer Intermodulationsprodukte vom Sollsignal bemessen.

Bekanntlich können nur dann Intermodulationssignale als unerwünschte Mischprodukte auftreten, wenn mindestens zwei Signale unterschiedlicher Frequenz an der zu untersuchenden Kennlinie verarbeitet werden.

Bei einer SSB-Sendung ist das gesamte Spektrum des niederfrequenten Sprachbandes, das in die Hf-Lage versetzt worden ist, zu berücksichtigen, so daß sich bei gegebener Nichtlinearität der Endstufe ein Vielfaches dieser Bandbreite als Intermodulationsstörung bilden kann.

Zur eindeutigen Messung der Intermodulation einer Endstufe moduliert man den Sender mit zwei Sinustönen, die innerhalb des Sprachbandes liegen und beispielsweise die Frequenzen 1 und 2 kHz besitzen.

Die Summe beider Nf-Töne wird als sogenanntes Zweitonsignal innerhalb der SSB-Aufbereitung des Senders in die Hf-Lage des gewählten Kurzwellenbandes gesetzt. Dort erscheinen beide Töne nach *Abb. 2.3411* als Hf-Signale mit den Frequenzen f_1 und f_2, deren Frequenzabstand von 1 kHz dem der ursprünglichen Nf-Töne entspricht.

Nimmt man eine Sendefrequenz von 3,7 MHz an, bei der das untere Seitenband abgestrahlt wird, erhält man für f_1 3699 kHz ($\triangleq$ 1 kHz) und für f_2 3698 kHz ($\triangleq$ 2 kHz).

Von den am Polynomverlauf der Kennlinie entstehenden unerwünschten Mischprodukten sind wie in der Empfängertechnik nur die störend, die in die Nähe der Soll-

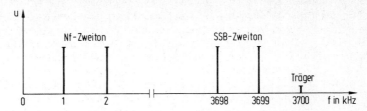

Abb. 2.3411 Umsetzung des Nf-Zweitonsignals in die Hf-Lage
Die Differenzfrequenz beider Töne bleibt erhalten.

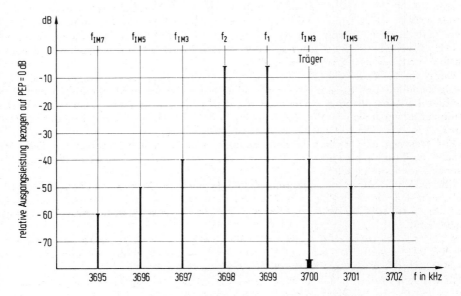

Abb. 2.3412 Intermodulationsspektrum eines SSB-Zweitons
bis zu den Mischprodukten 7. Ordnung.
Die Leistungen der Signale bei f_1 und f_2 liegen 6 dB unter PEP.

frequenz fallen. Alle anderen werden durch den Ausgangsselektionskreis und die abgestimmte Antenne unterdrückt.

Analog zu 2.23 sind es Intermodulationsprodukte ungerader Ordnung, deren Differenz aus p und q (179) 1 ergibt:

3. Ordnung: $2 f_1 - f_2 = 7398$ kHz $- 3698$ kHz $= 3700$ kHz

$2 f_2 - f_1 = 7396$ kHz $- 3699$ kHz $= 3697$ kHz

5. Ordnung: $3 f_1 - 2 f_2 = 11097$ kHz $- 7396$ kHz $= 3701$ kHz

$3 f_2 - 2 f_1 = 11094$ kHz $- 7398$ kHz $= 3696$ kHz

7. Ordnung: $4 f_1 - 3 f_2 = 14796$ kHz $- 11094$ kHz $= 3702$ kHz

$4 f_2 - 3 f_1 = 14792$ kHz $- 11097$ kHz $= 3695$ kHz

usw.

2.3 Sende-Technik

In *Abb. 2.3412* ist das am Senderausgang entstehende Intermodulationsspektrum für das berechnete Zweitonsignal dargestellt (vergl. auch *Abb. 2.231*). Die gewählten Absenkungen für die Mischprodukte unterschiedlicher Ordnung sind übliche Durchschnittswerte.

Berücksichtigt man, daß die höchsten Frequenzen des SSB-Sprachkanals bis 3 kHz reichen, läßt sich die real belegte Bandbreite einer SSB-Sendung bestimmen.

Nimmt man dabei an, daß die Intermodulationsprodukte 7. Ordnung eines übersteuerten oder schlecht abgestimmten Senders nur um 40 dB unterdrückt werden (bei sogenannten „Zündkerzen-Endstufen" nicht selten), dann belegt eine solche Sendung bei einer Empfangsfeldstärke von S 9 + 30 dB (ebenfalls nicht selten) einen Kanal von 7 x 3 kHz = 21 kHz, an dessen Grenzen noch Störungen mit nahezu S 8 auftreten.

Man erkennt aus diesem simplen Zahlenbeispiel, wie wichtig eine ausreichende Linearität gerade bei Endstufen sehr hoher Leistung ist. Die Ansprüche sollten hier besonders heraufgesetzt werden, um die Sendungen auf den üblichen Übertragungskanal von 3 kHz zu beschränken, da sonst schwache Stationen auf den angrenzenden Frequenzen im Intermodulationsspektrum „untergehen".

Gegen solche Störungen, die als sogenannte Splatter bekannt sind, gibt es empfangsseitig keine Abhilfe, da sich das breitbandige Störspektrum nicht selektieren und unterdrücken läßt. Man kann den Verursacher lediglich bitten, die Steuerleistung seiner Endstufe zurückzunehmen, damit seine Sendung auf eine angemessene Bandbreite beschränkt wird.

Zur Messung der Intermodulationsprodukte benötigt man im einfachsten Fall einen schmalbandigen Empfänger, mit dem sich die Mischprodukte unterschiedlicher Ordnung sauber selektieren lassen.

Um exakte Meßwerte zu erhalten, muß entweder die Feldstärkeeichung sehr genau sein, oder man schaltet einen Eichteiler vor den Empfänger und bezieht alle Messungen auf eine feste Feldstärkeanzeige, wobei der Eichteiler entsprechend verstellt und abgelesen wird.

Nach den Angaben in 2.23 soll daß Meßsignal am Empfängereingang so gering wie möglich sein, damit man auch wirklich nur die vom Sender erzeugten Intermodulationsprodukte mißt und nicht auf die des Empfängers „hereinfällt".

In der kommerziellen Meßtechnik verwendet man einen Spektrumanalysator zur Bestimmung der unerwünschten Nebenprodukte des Senders.

Als Meßprotokoll läßt sich das Schirmbild fotografieren oder mit einem XY-Schreiber zeichnen. Man erhält ein in dB geeichtes Spektrum in Abhängigkeit von der Frequenz, das dem in *Abb. 2.3412* qualitativ dargestellten entspricht.

Zur Deutung von Intermodulationsspektren und zur Wertung von Firmendaten, die zur Unterdrückung oder zum Abstand von Intermodulationsprodukten bezogen auf das Sollsignal angegeben werden, müssen einige grundlegende Leistungszusammenhänge innerhalb der Endstufe erläutert werden.

Dies ist besonders deshalb wichtig, weil einige Hersteller den Intermodulationsabstand ihrer Senderausgangssignale auf die PEP beziehen, womit sie ihre Geräte schlichtweg „per Definition" um 6 dB verbessern.

Steuert man einen SSB-Sender schwach mit einem Sinuston mit der Spannung U_{Nf1} an, erhält man ausgangsseitig die Hochfrequenzspannung U_{Hf1} mit konstanter Amplitude.

Ist U_{Hf1} der Spitzenspannungswert des sinusförmigen Eintonsignals, beträgt die Effektivleistung

$$P_{1\,eff} = \frac{(U_{Hf1\,eff})^2}{R} \tag{262}$$

worin R der Wirkwiderstand der Antenne oder einer Dummy Load ist.

2 Die Kurzwellen-Amateurfunkstation

Addiert man einen zweiten Sinuston mit der Spannung U_{Nf2} zum ursprünglichen Nf-Einton-Signal mit gleicher Amplitude, erhält man die Summe zweier sinusförmiger Wechselspannungen gleicher Amplitude aber unterschiedlicher Frequenz (Überlagerung im Gegensatz zur Mischung).

Im ausgangsseitigen Spektrum des SSB-Senders erscheint der zweite Ton in der Hf-Lage nach Abb. 2.3411 im Abstand der Nf-Differenz neben dem Hf-Signal des ersten Tons.

Die Effektivleistung des zweiten Tons ist natürlich gleich der ersten nach (262):

$$P_{2\,eff} = \frac{(U_{Hf2\,eff})^2}{R} \qquad (263)$$

Die Gesamteffektivleistung $P_{12\,eff}$, die die Endstufe produziert, erhält man über die Summe der beiden Effektivspannungen $U_{Hf1\,eff}$ und $U_{Hf2\,eff}$. Effektivspannungen sinusförmiger Signale unterschiedlicher Frequenz müssen allerdings geometrisch addiert werden.

$$U_{Hf12\,eff} = \sqrt{U_{Hf1\,eff}^2 + U_{Hf2\,eff}^2} \qquad (264)$$

Da beide Spannungen die gleiche Amplitude besitzen, läßt sich schreiben:

$$U_{Hf1\,eff} = U_{Hf2\,eff} = U_{Hf\,eff} \qquad (265)$$

Mit (265) in (264) wird:

$$U_{Hf12\,eff} = \sqrt{2 \cdot U_{Hf\,eff}^2}$$
$$= \sqrt{2} \cdot U_{Hf\,eff} \qquad (266)$$

Mit der Gesamteffektivspannung erhält man die Gesamteffektivleistung:

$$P_{12\,eff} = \frac{(\sqrt{2} \cdot U_{Hf\,eff})^2}{R}$$
$$= \frac{2 \cdot (U_{Hf\,eff})^2}{R} \qquad (267)$$

Nach (267) ist die Gesamteffektivleistung des Zweitonsignals doppelt so groß wie die des Eintonsignals.

Dieses Ergebnis deckt sich mit der Aussage zu (263), wonach $P_{2\,eff}$ gleich $P_{1\,eff}$ ist, weil der SSB-Sender bei Zweitonaussteuerung auf den Frequenzen f_1 und f_2 zwei getrennte Signale mit gleicher Leistung abgibt (siehe Spektrum).

Völlig anders sieht es bei der Untersuchung der Spitzen-Hüllkurvenleistung (PEP) aus:

Bei der Eintonaussteuerung ist die abgegebene PEP gleich der Effektivleistung $P_{1\,eff}$, weil die ausgangsseitige Hüllkurve konstant ist.

Addiert man den zweiten Ton, entsteht ein Schwebungssignal nach Abb. 2.3413, das in den Hüllkurvenspitzen (Schwebungsmaxima) durch die Überlagerung die doppelte Amplitude der Einzelspannungen besitzt.

Für die Summe der Ausgangsspitzenspannungen gilt im Hüllkurvenmaximum

$$U_{Hf12} = U_{Hf1} + U_{Hf2} \qquad (268)$$

Da die Amplituden beider Signale gleich sind, wird aus (268):

$$U_{Hf12} = 2 \cdot U_{Hf} \qquad (269)$$

2.3 Sende-Technik

Abb. 2.3413 Oszillogramm des Ausgangssignals beim Zweiton-Linearitätstest:
Endstufe im richtigen Arbeitspunkt und im zulässigen Aussteuerbereich
Nf-Töne besitzen gleiche Amplitude

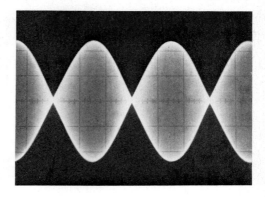

Bildet man mit (269) die Gesamt-Spitzen-Hüllkurvenleistung des Zweitonsignals wird

$$P_{PEP12} = \frac{(U_{Hf12\,eff})^2}{R}$$

$$= \frac{(2 \cdot U_{Hf\,eff})^2}{R}$$

$$P_{PEP12} = \frac{4 \cdot (U_{Hf\,eff})^2}{R} \tag{270}$$

Die Spitzen-Hüllkurvenleistung des Zweitonsignals ist demnach um das Vierfache größer als die des Eintonsignals, während die Gesamteffektivleistung nach (267) nur doppelt so groß wird.

Erhöht man das Nf-Signal am Sendereingang soweit, daß die Endstufe bereits mit dem Eintonsignal bis an den Einsatz der ALC (Endstufenregelung) ausgesteuert wird, erhält man am Ausgang die maximale Leistung, die durch eine größere Nf-Amplitude am Eingang nicht mehr zu steigern ist. Sie ist für den Fall der Eintonaussteuerung gleichzeitig maximale Effektivleistung und maximale PEP.

Wird auch hier ein zweiter Ton gleicher Amplitude aber unterschiedlicher Frequenz zum Nf-Einton addiert, steigen zwar die Amplitudenmaxima der resultierenden Nf-Schwebung auf den doppelten Eintonbetrag, doch ist eine ausgangsseitige Leistungserhöhung durch die Begrenzung der ALC nicht möglich. Sie spricht auf die maximal zulässige Hüllkurvenleistung PEP_{max} (durch Verzerrungsgrad und Verlustleistung bestimmt) der Endstufe an, die bereits mit dem Eintonsignal erreicht worden war, und regelt das Steuersignal des Treibers soweit herunter, daß die Spitzen-Hüllkurvenleistung des Zweitonsignals gleich PEP_{max} wird.

Nach den vorausgegangenen Betrachtungen ist die Effektivleistung des Zweitonsignals gleich der Hälfte der PEP, während sie beim Eintonsignal der PEP entspricht.

Da sich die Endstufenregelung allein auf PEP_{max} bezieht, sinkt demzufolge die Effektivleistung einer „ausgefahrenen" Endstufe beim Wechsel von Einton- auf Zweitonaussteuerung auf die Hälfte.

Auf jedes der beiden Einzelsignale bei f_1 und f_2 fällt dabei nur noch $1/4$ der Eintoneffektivleistung bzw. der PEP_{max}, so daß sie um 6 dB unter PEP_{max} liegen.

Der Rückgang der Effektivleistung ist am Eingangsgleichstrom der Endstufe zu beobachten, der bei konstanter Betriebsspannung bei der Zweitonaussteuerung auf den 0,7fachen Wert abfällt.

2 Die Kurzwellen-Amateurfunkstation

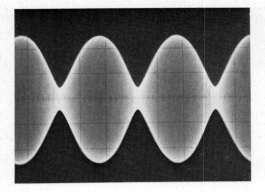

Abb. 2.3414 Oszillogramm des Ausgangssignals beim Zweiton-Linearitätstest: Endstufe im zulässigen Aussteuerbereich Nf-Töne besitzen ungleiche Amplitude

Bei der Definition des Intermodulationsabstands, der nur mit einem Zweitonsignal gemessen werden kann, muß man logischerweise das Intermodulationsprodukt (im allgemeinen das 3. Ordnung) zum Sollsignal ins (logarithmische) Verhältnis setzen.

Da das Sollsignal bei f_1 und f_2 nur jeweils $1/4$ von PEP_{max} der Endstufe beträgt, ist die Angabe des Intermodulationsabstands bezogen auf PEP_{max} die bereits zu Anfang erwähnte „6 dB-Frisur".

Eine sinnvolle Beziehung für die Angabe des Intermodulationsabstands für Produkte n-ter Ordnung ist

$$IMA_n = 10 \log \frac{PEP_{max}}{P_{IMn}} - 6 \text{ dB} \quad \text{in dB} \tag{271}$$

oder auch

$$IMA_n = 10 \log \frac{P_{12\,eff}}{2 \cdot P_{IMn}} \quad \text{in dB} \tag{272}$$

worin IMA_n der Intermodulationsabstand für das Produkt n-ter Ordnung ist und P_{IMn} die entsprechende Leistung des Intermodulationsprodukts.

Bei den üblichen Verzerrungsangaben beschränkt man sich im allgemeinen auf den Abstand der Intermodulationsprodukte 3. Ordnung (third order distortion), da sie am stärksten auftreten. Verzerrungen höherer Ordnung sind normalerweise geringer.

Für Endstufen mit einer PEP-Ausgangsleistung um 100 W ist ein IMA_3 von rund 35 bis 40 dB anzustreben. Bei höheren Ausgangsleistungen sollte der Abstand um den Verstärkungsfaktor größer sein (bei 1000 W 10 dB mehr), da die effektiven Intermodulationsstörungen bei gegebenem Abstand zum Sollsignal bei größerer Ausgangsleistung natürlich im gleichen Verhältnis größer werden.

Neben der Aufnahme des Intermodulationsspektrums, die einen recht umfangreichen Meßaufbau erfordert, läßt sich die Linearität der Endstufe auch nach dem Oszillogramm des Zweitonausgangssignals relativ gut beurteilen.

Hierzu müssen beide Nf-Töne nach wie vor die gleiche Amplitude besitzen. Sie werden als überlagertes Signal, wie bereits beschrieben, dem Mikrofoneingang des Senders zugeführt.

Absolute Werte sind mit dieser Meßmethode allerdings nicht anzugeben.

Die Oszillogramme der *Abb. 2.3413* bis *Abb. 2.3416* zeigen das Zweitonausgangssignal für verschiedene Betriebsbedingungen der Endstufe.

2.3 Sende-Technik

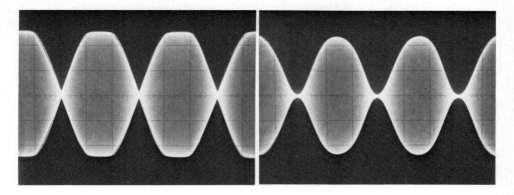

Abb. 2.3415 Oszillogramm des Ausgangssignals beim Zweiton-Linearitätstest:
Übersteuerung der Endstufe über den zulässigen Aussteuerbereich, dadurch Einsatz der Begrenzung
Nf-Töne besitzen gleiche Amplitude

Abb. 2.3416 Oszillogramm des Ausgangssignals beim Zweiton-Linearitätstest:
Endstufe im falschen Arbeitspunkt (Anodenruhestrom zu gering bzw. Kollektorruhestrom zu gering)
Nf-Töne besitzen gleiche Amplitude

Abb. 2.3413 ist das Oszillogramm für eine im richtigen Arbeitspunkt betriebene Endstufe innerhalb des zulässigen Aussteuerbereichs bei Zweitonaussteuerung. Typisch sind die abgerundeten Amplitudenmaxima und die exakt X-förmigen Schnittpunkte der symmetrischen Hüllkurve.

Das Oszillogramm nach *Abb. 2.3414* deutet darauf hin, daß die Amplituden der beiden Nf-Töne nicht gleich sind, wodurch sich die Hüllkurven nicht schneiden.

Die deutliche Übersteuerung der Endstufe ist *Abb. 2.3415* zu entnehmen, da die Hüllkurvenmaxima bereits in der Verstärkerbegrenzung liegen.

Auf einen falschen Arbeitspunkt (zu negative Gitterspannung bei Röhren bzw. zu kleiner Anodenruhestrom) deutet das Oszillogramm nach *Abb. 2.3416* hin.

Zwar treffen sich die Hüllkurvenminima, was auf gleiche Amplituden der Nf-Töne schließen läßt, doch sind sie im Gegensatz zu *Abb. 2.3413* abgerundet.

Neben der übersteuerten nichtlinearen Kennlinie des Endverstärkers, die die Hauptquelle von senderseitigen Verzerrungsprodukten ist, können auch andere Faktoren zu unerwünschten Nebenausstrahlungen führen.

Aufmerksame Beachtung ist der richtigen Anpassung der Endstufe an die Antenne zu schenken.

Die dem Netz entnommene Leistung soll als Hf-Wirkleistung an die Antenne weitergegeben werden. Dies ist nur dann möglich, wenn die Endstufe an die Antenne angepaßt ist und der Verbraucher (die Antenne) für die Sendeleistung einen Wirkwiderstand darstellt, zumal nur in einem reellen Widerstand, den die Antenne in Resonanz darstellt, Wirkleistung verbraucht werden kann.

Ist der Ausgangsschwingkreis der Endstufe (meist π-Filter als gleichzeitiges Transformationsglied) nicht auf Resonanz abgestimmt und besitzt die Widerstandstransformation zur Anpassung des Verstärkerinnenwiderstands an den Antennenwiderstand nicht das richtige Übersetzungsverhältnis, erhält man Blindleistungskomponenten, die zu unerwünschten Phasendifferenzen zwischen Steuer- und Ausgangskreis führen. Das Resultat sind Verzerrungen durch Fehlanpassung und Fehlabstimmung.

Breitbandendstufen haben keine Möglichkeit zur Korrektur der Antennenanpassung mit Hilfe des bei Röhrenschaltungen obligatorischen π-Filters, so daß man zur optimalen Leistungsabgabe bei solchen Geräten besonders auf die exakt abgestimmte Antenne achten muß. Ein nachgeschaltetes Antennenanpaßgerät (Matchbox) kann die Korrektur zwar übernehmen, doch sollte man dann gleich auf die „abstimmfreie" Endstufe verzichten, da ein zusätzliches Gerät mehr Platz und Geld kostet.

Bei Endstufen in Katodenbasisschaltung bzw. Emitterbasisschaltung besteht die Gefahr des wilden (unkontrollierten) Schwingens, das entweder über die innere (dynamische) Kapazität des Verstärkerelements (Anode-Gitter bzw. Kollektor-Basis) nach Huth-Kühn entsteht oder aber nach Franklin bei schlechter Abschirmung über mehrere Verstärkerstufen.

Endstufen, die „satt" schwingen, kann man schnell erkennen und Abhilfe durch Neutralisation schaffen. Allerdings ist der Schwingungseinsatz in vielen Fällen auf einen bestimmten Aussteuerbereich beschränkt, wodurch die Störung nicht sofort bemerkt und behoben werden kann. Die Folge ist ein breitbandiges Signal mit verzerrter Modulation.

Endstufenverzerrungen, gleich welcher Art, sind eine der übelsten Störungsformen, da sie, wie bereits erwähnt, empfängerseitig nicht zu unterdrücken sind.

SSB ist als schmalbandige Modulationsart mit hohem Wirkungsgrad mit der Notwendigkeit eingeführt worden, der Übervölkerung der KW-Bänder entgegenzutreten. Daher ist es einerseits eine Rücksichtslosigkeit gegenüber dem Frequenznachbarn, der Senderendstufe mehr Leistung entnehmen zu wollen, als ihr im Rahmen zulässiger Verzerrungen zugemutet werden kann. Andererseits zeugt es von einer fachlichen Unwissenheit, da die vermeintlich zusätzlich gewonnene Ausgangsleistung nicht dem Sollsignal zugute kommt, sondern in das wesentlich breitere Intermodulationsspektrum „gepumpt" wird.

Der Endstufenleistungsmesser zeigt sicherlich mehr an, doch muß man berücksichtigen, daß auch Störprodukte Energie fordern.

2.342 Treiber

Da der Sendermischer im allgemeinen nicht die notwendige Steuerleistung (oder Steuerspannung) für die Endstufe aufbringen kann, schaltet man den sogenannten Treiber als Vorverstärker zwischen.

Als selektiver Verstärker unterdrückt er gleichzeitig unerwünschte Mischprodukte des Sendermischers, die sonst direkt an den Eingang der Endstufe gelangen würden. Der Treiber bietet sich zudem als Regelstufe an, mit der die Ansteuerung der Endstufe über die Regelschleife der ALC im Maß zulässiger Verzerrungen gehalten wird.

In der Schaltungstechnik muß man zwischen Transistortreibern und immer noch gebräuchlichen Röhrentreibern unterscheiden. Der höhere Innenwiderstand von Röhren vereinfacht das selektive Koppelnetzwerk zwischen Treiberausgangs- und Endstufensteuerkreis.

Man verwendet in Röhrentreibern fast durchweg Pentoden, da sie im Gegensatz zu Trioden bei geschicktem Aufbau ohne Neutralisation betrieben werden können, die zusätzlichen Schaltungsaufwand erfordert.

Die einfachste Kopplung zwischen Treiber und Endstufe ist nach *Abb. 2.3421* ein Parallelschwingkreis im Ausgang des Treibers, der kapazitiv an das Gitter der Endstufe (in Katodenbasisschaltung) angekoppelt wird.

2.3 Sende-Technik

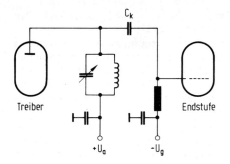

Abb. 2.3421 Selektive Kopplung zwischen Treiber und Endstufe durch einen Parallelschwingkreis

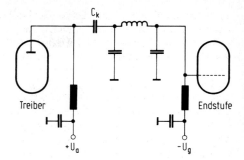

Abb. 2.3422 Selektive Kopplung zwischen Treiber und Endstufe durch ein π-Filter

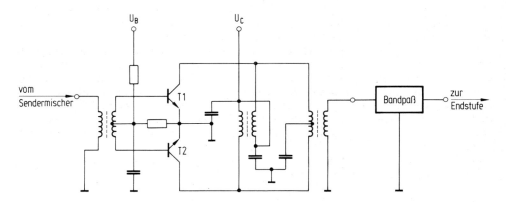

Abb. 2.3423 Transistortreiberstufe als Breitbandverstärker
Nachselektion durch einen Bandpaß

Wesentlich besser ist allerdings die π-Filter-Kopplung nach Abb. 2.3422, da sie einerseits eine Anpassung zwischen beiden Stufen gestattet und andererseits Oberschwingungen durch die Tiefpaßcharakteristik des π-Netzwerks unterdrückt werden.

Die Kopplung zwischen Transistortreiber und -endstufe ist schaltungstechnisch schwieriger zu lösen als zwischen Röhrenstufen, da der Ausgangswiderstand des Treibers und der Eingangswiderstand der Endstufe weit niederohmiger sind (im Bereich von einigen Ohm).

Man umgeht diese Schwierigkeit, indem man zwischen Treiber und Endstufe Breitbandübertrager für den gesamten KW-Frequenzbereich von 3 bis 30 MHz schaltet. Dies vereinfacht die Kopplung natürlich erheblich, da jegliche Umschaltung und Nachstimmung zwischen Treiber und PA (power amplifier = Leistungsverstärker) umgangen werden.

Allerdings verzichtet man damit auf die Unterdrückung der unerwünschten Mischprodukte durch die fehlende Selektion zwischen beiden Stufen, was zwangsläufig zu höheren Verzerrungsprodukten am Endstufeneingang führt.

Durch den Aufbau von Gegentaktverstärkern nach Abb. 2.3423 lassen sich die Verzerrungsprodukte allerdings reduzieren, da sich bei gleicher Übertragungscharakteristik der symmetrisch zusammengeschalteten Einzelverstärker die geradzahligen Komponenten der beiden Kennlinienfunktionen kompensieren, wodurch die geradzahligen Harmonischen (2ω, 4ω, 6ω usw.) und geradzahligen Mischprodukte unterdrückt werden (vergl. 2.343).

Allerdings muß man den Breitbandverstärkern festabgestimmte Bandpaßfilter für die einzelnen AFU-Bänder nachsetzen, die beim Frequenzwechsel zwischen den einzelnen Bändern umgeschaltet werden.
Mit ihnen erreicht man weitgehend die notwendige Unterdrückung von Störprodukten der verbleibenden ungeradzahligen Kennlinienkomponenten. Da die Amateurfunkbänder relativ schmalbandig sind, ist eine Nachstimmung der Bandpässe nicht notwendig.

2.343 Röhren in Leistungsendstufen

Im Leistungsbereich bis etwa 200 W werden neben den inzwischen zunehmend verwendeten Transistoren nach wie vor Röhren eingesetzt. Linearendstufen, die als Nachsetzer konzipiert sind und bei rund 100 W notwendiger Steuerleistung etwa 1 kW Ausgangsleistung produzieren, werden in Amateurfunkgeräten praktisch ausschließlich mit speziellen Röhren bestückt.

Der Einsatz von Röhren hat für die Amateurfunktechnik fast nur noch finanzielle Gründe, da leistungsvergleichbare Transistorendstufen gegenwärtig noch um den Faktor 2 bis 3 teurer als Röhrenendstufen sind.

Nach den bisherigen Preisentwicklungen auf dem Halbleitermarkt ist allerdings zu erwarten, daß Röhren bald nur noch in Linearendstufen sehr hoher Leistung zu finden sein werden.

Röhrenverstärker werden (wie auch Transistorverstärker) in verschiedene Klassen eingeteilt, die je nach Lage des Arbeitspunkts auf der Eingangskennlinie die Bezeichnung A, B oder C erhalten.

Bei Verstärkern der Klasse A liegt der Arbeitspunkt nach Abb. 2.3431a auf der Mitte der Kennlinie, so daß während der gesamten Periode der Eingangssteuerspannung ein Anodenstrom fließt. Der sogenannte Stromflußwinkel beträgt 360°.

Beim B-Betrieb liegt der Arbeitspunkt nach Abb. 2.3431b im unteren Knick der Eingangskennlinie, wodurch der Stromflußwinkel bei voller Aussteuerung des Verstärkers nur noch wenig über 180° liegt. Der Anodenstrom fließt dann praktisch nur noch während der positiven Halbwellen der Gittersteuerspannung.

Schließlich liegt der Arbeitspunkt im C-Betrieb nach Abb. 2.3431c soweit in der negativen Gittervorspannung, daß der Winkel kleiner als 180° wird. Dies bedeutet gleichzeitig, daß nur bei einem Steuersignal ein Anodenstrom fließt, während die Röhre im Ruhebetrieb durch die hohe Vorspannung gesperrt bleibt.

Aus dem Kennlinienverlauf bezogen auf den jeweiligen Arbeitspunkt kann man erkennen, daß der A-Verstärker offensichtlich mit den geringsten Verzerrungen arbeitet, da seine Aussteuerung auf den teillinearen Bereich der Kennlinie beschränkt bleibt. Die Wahl dieses Arbeitspunkts hat allerdings den Nachteil, daß der Wirkungsgrad eines solchen Verstärkers sehr schlecht ist, da ein hoher Anodenruhestrom fließt. Man erreicht Werte von höchstens 40%.

Beim B-Verstärker liegt der Wirkungsgrad um 70%, weil der Anodenruhestrom wesentlich geringer ist. Allerdings sind die Verzerrungsprodukte erheblich höher als beim A-Verstärker, da ein großer Teil des Stromflußwinkels in den extrem nichtlinearen Bereich der Kennlinie fällt.

Noch höhere Verzerrungsprodukte erhält man beim C-Betrieb, wobei der Wirkungsgrad allerdings mit 80 % ebenfalls recht hoch ausfällt, da der Anodenruhestrom völlig unterdrückt wird. C-Verstärker wurden vor allem für Telegrafie- und AM-Sender (teils in Gegentaktschaltung) eingesetzt, wobei man die hochfrequenten Verzerrungsprodukte

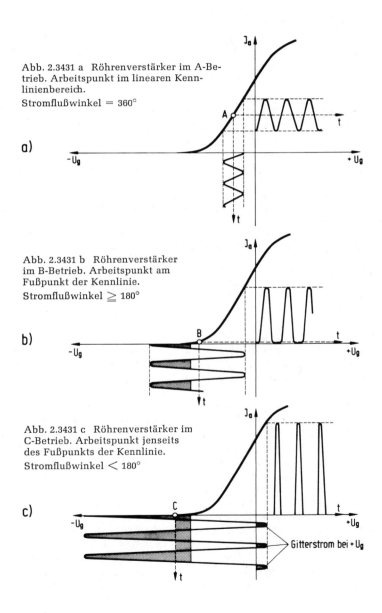

Abb. 2.3431 a Röhrenverstärker im A-Betrieb. Arbeitspunkt im linearen Kennlinienbereich.
Stromflußwinkel = 360°

Abb. 2.3431 b Röhrenverstärker im B-Betrieb. Arbeitspunkt am Fußpunkt der Kennlinie.
Stromflußwinkel $\geq$ 180°

Abb. 2.3431 c Röhrenverstärker im C-Betrieb. Arbeitspunkt jenseits des Fußpunkts der Kennlinie.
Stromflußwinkel < 180°

d)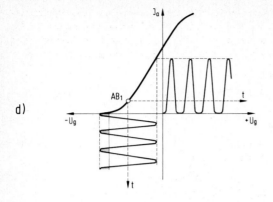

Abb. 2.3431 d Röhrenverstärker im AB_1-Betrieb.
Arbeitspunkt im unteren Kennlinienknick.
Aussteuerung bleibt auf den Bereich von $-U_g$ beschränkt – kein Gitterstrom.
Stromflußwinkel $> 180°$

e)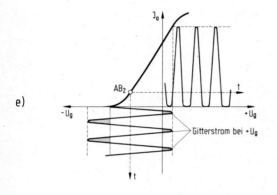

Abb. 2.3431 e Röhrenverstärker im AB_2-Betrieb.
Arbeitspunkt im unteren Kennlinienknick.
Aussteuerung bis in den Gitterstrombereich
Stromflußwinkel $> 180°$

(Oberschwingungen) durch den ausgangsseitigen Selektionskreis herausfiltert. Daß in dieser Betriebsart natürlich auch sehr hohe Intermodulationsstörungen entstehen, läßt sich vom Aussteuerbereich der Kennlinie ableiten, dessen teillineares Stück nur für einige 10 Grad des Stromflußwinkels durchlaufen wird.

In Frequenzvervielfacherschaltungen legt man den Arbeitspunkt gezielt in den C-Bereich, um aus dem ausgangsseitigen Verzerrungsspektrum die gewünschte Oberschwingung mit einem entsprechend abgestimmten Selektionskreis herausfiltern zu können.

Da es vor allem bei SSB-Endstufen (nur solche werden für den KW-Amateurfunk noch gebaut) auf die Linearität der Verstärkerübertragungsfunktion ankommt, daneben aber auch ein hoher Wirkungsgrad wünschenswert ist, muß man bei der Wahl des Arbeitspunkts einen Kompromiß zwischen A- und B-Betrieb schließen.

Moderne Linearendstufen arbeiten meist in einem Zwischenbereich als AB-Verstärker. Hierbei hält man die Intermodulationsprodukte in einem erträglichen Maß, während der Wirkungsgrad zwischen 50 und 60 % liegt.

Man unterscheidet zwischen AB 1- und AB 2-Betrieb. Der Index 1 gibt nach *Abb. 2.3431d* an, daß das Gitter niemals positiv gegenüber der Katode wird, so daß kein Gitterstrom fließt. Die Endstufe wird demnach leistungslos nur durch die Eingangsspannung gesteuert.

Im Gegensatz hierzu erkennt man am Index 2, daß die Röhre bis in den Gitterstrom gesteuert wird, wodurch man mehr Ausgangsleistung aber auch mehr Verzerrungen er-

2.3 Sende-Technik

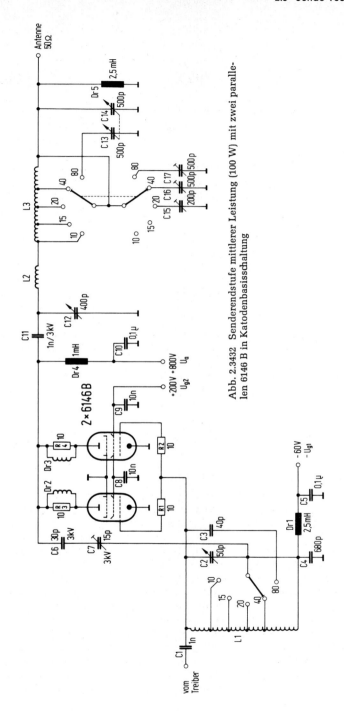

Abb. 2.3432 Senderendstufe mittlerer Leistung (100 W) mit zwei parallelen 6146 B in Katodenbasisschaltung

hält (Abb. 2.3431e). Zudem bedeutet die Gitterstromsteuerung, daß vom Treiber eine Steuerleistung aufgebracht werden muß, die man bei Röhrenverstärkern sonst kaum findet (abgesehen von der Gitterbasisschaltung). Der Treiber muß daher für den AB 2-Betrieb so konzipiert werden, daß er ein verzerrungsfreies Ausgangssignal für eine erheblich schwankende Last liefern kann. Sie ist außerhalb der Gitterstromphasen sehr hochohmig, während sie beim Einsatz des Gitterstroms entsprechend niederohmig wird.

In handelsübliche SSB-Sender (oder -Transceiver) integrierte Röhrenendstufen werden im Gegensatz zu getrennten Leistungsnachsetzern höherer Leistung meist in Katodenbasisschaltung aufgebaut, um die notwendige Treiberleistung möglichst gering zu halten.

Die klassische SSB-Endstufe in Röhrentechnik für eine Ausgangsleistung von etwa 100 W PEP ist nach Abb. 2.3432 mit zwei parallelgeschalteten 6146 B bestückt. Die speziell für SSB-Sender entwickelte Röhre besitzt den Vorteil, daß sie bereits ohne Gitterstrom voll durchgesteuert werden kann und so im AB 1-Betrieb eine ausreichende Ausgangsleistung liefert.

Die Parallelschaltung von Senderöhren hat sowohl Vor- als auch Nachteile.

Die Vorteile bestehen darin, daß sich die Steilheit des Verstärkers und seine Ausgangsleistung mit der Anzahl der Röhren vervielfachen. Eine vergleichbare Röhre ist in den meisten Fällen wesentlich teurer.

Durch die Parallelschaltung summieren sich allerdings auch die Röhrenkapazitäten, wodurch die obere Grenzfrequenz des Verstärkers reduziert wird. Im 10-m-Band kann dies bereits zu einer Ausgangsleistungsverminderung führen.

Zudem begünstigt die größere Gitter-Anoden-Kapazität C_{g1a} den Einsatz von Huth-Kühn-Schwingungen, so daß sie durch eine Neutralisationsschaltung kompensiert werden muß.

Wird die Hf-Energie nach Abb. 2.3433a über ein π-Filter ausgekoppelt, schaltet man den Neutralisationskondensator C_N zwischen die Anode der Endröhre und das sogenannte kalte Ende des Gitterschwingkreises, das über C_M wechselstrommäßig an Masse liegt.

Zur Kompensation muß das Verhältnis des kapazitiven Spannungsteilers aus C_N und C_M gleich dem aus der Gitter-Anoden- und Gitter-Katoden-Kapazität sein:

$$\text{Neutralisationsbedingung} = \frac{C_N}{C_M} = \frac{C_{g1a}}{C_{g1k}} \qquad (273)$$

Ist diese Bedingung gegeben, wird die über C_{g1a} zurückgekoppelte Hf-Spannung gegenphasig über C_N an den Gitterschwingkreis geführt, wodurch sich die Summe der rückgeführten Spannungsbeträge aufhebt und die Selbsterregung der Endstufe unterdrückt wird.

Die notwendigen Neutralisationsbedingungen sind auch dann gegeben, wenn man nach Abb. 2.3433b den Neutralisationskondensator C_N zwischen das Gitter der Endröhre und das Ende des Ausgangskreises legt.

Auch für diese Schaltung gilt die Beziehung nach (273). Sie ist allerdings selten zu finden (nur in Treiberstufen), da man in Röhrenendstufen durchweg die π-Filter-Auskopplung verwendet, die neben der Anpassung zwischen Endverstärker und Antenne als Tiefpaßfilter für Verzerrungsprodukte (Oberwellen) wirkt.

Schwingt die Endstufe (in Katodenbasisschaltung) oder wird eine Endstufenröhre ausgewechselt, muß man die Neutralisation nachstellen. Hierzu benötigt man einen Hf-Spannungsmesser (Transistorvoltmeter mit Hf-Tastkopf oder Oszillograf), der lose über eine Einkoppelschleife oder wenige pF mit der Endstufenanode gekoppelt wird.

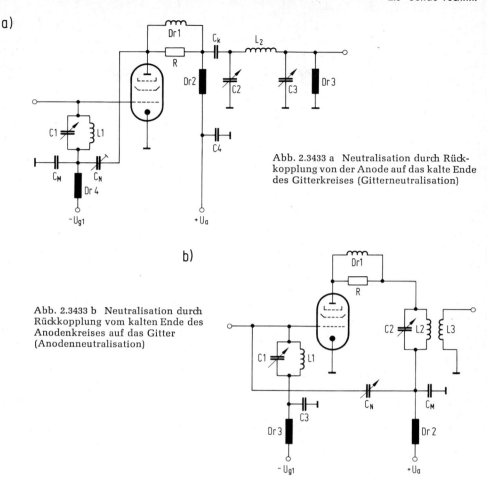

Abb. 2.3433 a Neutralisation durch Rückkopplung von der Anode auf das kalte Ende des Gitterkreises (Gitterneutralisation)

Abb. 2.3433 b Neutralisation durch Rückkopplung vom kalten Ende des Anodenkreises auf das Gitter (Anodenneutralisation)

Anoden- und Schirmgitterspannungen der Endstufe werden am Stromversorgungsteil abgeklemmt, während man den Sender auf das frequenzhöchste Band schaltet und in üblicher Weise abstimmt. Die am Hf-Spannungsmesser angezeigte Spannung erreicht beim Abstimmvorgang einen relativen Maximalwert. Zur optimalen Neutralisation wird C_N anschließend so eingestellt, daß die kapazitiv auf die Anode durchgekoppelte Hf-Spannung einen Minimalwert erreicht.

Die gleiche Prozedur gilt auch für den Treiber, soweit dort in der Schaltung eine Neutralisation vorgesehen ist. Dabei werden dann die Spannungen für Treiber und Endstufe abgeschaltet, während die Hf-Spannung an der Treiberanode als Indikator für die Einstellung verwendet wird.

In fast allen Röhrenendstufen wird das π-Filter als selektives Kopplungs- und Anpassungsglied zwischen Verstärker und Antenne geschaltet.

Die Möglichkeit wurde zuerst von Collins 1929 beschrieben, wobei das Collinsfilter in der Originalschaltung nach *Abb. 2.3434a* einem Parallelschwingkreis am Ausgang der

2 Die Kurzwellen-Amateurfunkstation

a)

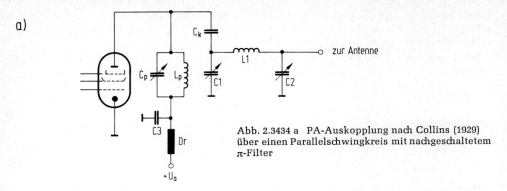

Abb. 2.3434 a PA-Auskopplung nach Collins (1929) über einen Parallelschwingkreis mit nachgeschaltetem π-Filter

b)

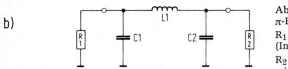

Abb. 2.3434 b Ersatzschaltbild für die π-Filter-Auskopplung
R_1 = Verstärkerimpedanz (Innenwiderstand der Quelle)
R_2 = Antennenimpedanz (Verbraucherwiderstand)

Röhrenendstufe nachgesetzt wurde. Es hatte allein die Aufgabe, die in Resonanz befindliche Antenne, die einen Wirkwiderstand darstellt, an den Wirkwiderstand des auf Resonanz abgestimmten Anodenschwingkreises anzupassen.

Diese Schaltungsanordnung wurde bald so reduziert, daß der ursprüngliche Parallelschwingkreis völlig wegfiel, so daß das Collins- oder auch π-Filter sowohl die Selektionsals auch die Anpassungsaufgabe übernehmen mußte.

Voraussetzung für das einwandfreie Arbeiten der π-Filterkopplung ist die richtige Dimensionierung der drei Bauelemente bezogen auf die Impedanzen der Senderöhre und der Antenne. Im Ersatzschaltbild nach *Abb. 2.3434b* ist der Innenwiderstand der Signalquelle (Senderöhre) mit R 1 und der Verbraucherwiderstand (Antenne) mit R 2 angegeben.

Eine optimale Bestimmung von C 1, C 2 und L 1 läßt sich natürlich nur durchführen, wenn R 1 und R 2 als ohmsche Festwiderstände erscheinen. Dies ist in der Praxis leider nicht der Fall, weil der Innenwiderstand der Senderöhren besonders bei SSB ständig mit der Aussteuerung wechselt, so daß er nur als mittlerer Wert angegeben werden kann.

Außerdem wird man kaum eine Antenne finden, die am Senderausgang über die Zuleitung für die abgestimmte Sendefrequenz eine rein ohmsche Last mit dem theoretischen Wert von 50 oder 75 Ohm darstellt. Wie so oft in der Hf-Technik, muß man Dimensionierungskompromisse finden, die den optimalen Werten möglichst nahe kommen.

Bei der Ermittlung des Innenwiderstands der Quelle geht man davon aus, daß an der Röhre bei gegebenem Durchschnittsanodenstrom die halbe Anodenspannung anliegt:

$$R_i = R\,1 = \frac{U_a}{2 \cdot I_a} \tag{274}$$

Für die Kreisgüte wird ein Erfahrungswert von 10 bis 15 eingesetzt, um einerseits die notwendige Selektion und die Unterdrückung der Oberschwingungen zu erhalten, andererseits aber den Resonanzstrom, der aus dem Produkt Güte Q und Anodengleichstrom

2.3 Sende-Technik

gebildet wird, mit zu hoch angesetzten Güten nicht zu groß werden zu lassen, weil damit erhebliche Verluste im Schwingkreis verbunden sind. Q = 12 ist ein in der Literatur verbreiteter Wert.

Mit gegebener Güte läßt sich der kapazitive Widerstand X_{C1} des anodenseitigen Kondensators (nach ARRL-Handbuch) berechnen:

$$X_{C1} = \frac{R\,1}{Q} \tag{275}$$

Den Blindwiderstand X_{C2} des antennenseitigen Kondensators C 2 erhält man aus:

$$X_{C2} = R\,2 \cdot \frac{1}{\sqrt{\dfrac{Q^2 \cdot R\,2}{R\,1} - 1}} \tag{276}$$

während sich der induktive Widerstand X_{L1} der Spule L 1 mit

$$X_{L1} = X_{C1} \left(1 + \frac{R\,2}{Q \cdot X_{C2}}\right) \tag{277}$$

errechnen läßt.

Die drei Bestimmungsgleichungen (275) bis (277) gelten mit guter Näherung für $R\,1 > R\,2$ und $Q > 10$.

In einem Zahlenbeispiel sei die Anodenspannung einer Endstufe 800 V bei einem Anodenstrom von 200 mA. Die Güte des π-Filters wird mit 12 vorgegeben, und die Antenne besitzt einen Fußpunktwiderstand von 60 Ohm.

Nach (274) wird R 1 als Innenwiderstand der Quelle:

$$R\,1 = \frac{800}{2 \cdot 0{,}2}\,\Omega$$
$$= 2000\,\Omega$$

Der Blindwiderstand des anodenseitigen Kondensators ist nach (275)

$$X_{C1} = \frac{2000}{12}\,\Omega$$
$$= 166{,}7\,\Omega$$

X_{C2} wird nach (276)

$$X_{C2} = 60 \cdot \frac{1}{\sqrt{\dfrac{144 \cdot 60}{2000} - 1}}\,\Omega$$
$$= 33\,\Omega$$

Schließlich erhält man den Blindwiderstand der Spule mit (277)

$$X_{L1} = 166{,}7 \cdot \left(1 + \frac{60}{12 \cdot 33}\right)\,\Omega$$
$$= 192\,\Omega$$

Mit (74) und (76) lassen sich die absoluten Werte der Spule und der Kondensatoren für das jeweilige Amateurfunkband errechnen.

Für das Zahlenbeispiel sind es im 80-m-Band bei 3,7 MHz für C 1 = 258 pF, C 2 = 1303 pF und L 1 = 8,26 µH.

2 Die Kurzwellen-Amateurfunkstation

Tabelle 2.3431 Werte von $C1$ in pF, $C2$ in pF und $L1$ in µH eines π-Filters für $Q = 12$ und $R2 = 50$ Ohm bei unterschiedlichen Verstärkerimpedanzen $R1$ (Vergleiche Abb. 2.3434 b) für die KW-AFU-Bänder

	$R1\ \Omega$		500	1000	1500	2000	2500	3000
	$X_{C1}\ \Omega$		41,7	83,3	125	166,7	208,3	250
C_1 in pF	AFU-Band	3,5 MHz	1090	545	363	273	218	182
		3,8 „	1004	502	335	251	201	167
		7,0 „	545	273	182	136	109	91
		7,1 „	538	269	179	135	108	90
		14,0 „	273	137	91	68	55	46
		14,35 „	266	133	87	67	53	44
		21,0 „	182	91	61	46	36	30
		21,45 „	178	89	59	45	35	29
		28,0 „	136	68	45	34	27	23
		29,7 „	129	65	43	32	26	22
	$X_{C2}\ \Omega$		13,7	20,1	25,7	31,0	36,5	42,3
C_2 in pF	AFU-Band	3,5 MHz	3319	2262	1769	1466	1245	1075
		3,8 „	3057	2084	1630	1351	1148	990
		7,0 „	1660	1132	885	734	623	538
		7,1 „	1636	1115	872	723	614	530
		14,0 „	829	565	442	366	311	268
		14,35 „	810	552	432	358	304	262
		21,0 „	553	377	295	244	208	179
		21,45 „	542	369	289	240	204	176
		28,0 „	415	283	221	183	156	134
		29,7 „	391	267	208	173	147	127
	$X_{L1}\ \Omega$		54,4	100,6	145,3	189,1	232,1	274,6
L_1 in µH	AFU-Band	3,5 MHz	2,47	4,57	6,60	8,59	10,54	12,47
		3,8 „	2,28	4,22	6,09	7,93	9,73	11,51
		7,0 „	1,24	2,29	3,31	4,31	5,29	6,26
		7,1 „	1,22	2,26	3,26	4,24	5,21	6,16
		14,0 „	0,62	1,15	1,66	2,16	2,65	3,13
		14,35 „	0,60	1,11	1,60	2,09	2,56	3,03
		21,0 „	0,41	0,76	1,10	1,43	1,75	2,07
		21,45 „	0,40	0,74	1,07	1,40	1,71	2,02
		28,0 „	0,31	0,57	0,83	1,08	1,32	1,56
		29,7 „	0,29	0,54	0,77	1,01	1,24	1,46

2.3 Sende-Technik

In der *Tabelle 2.3431* sind C 1, C 2 und L 1 für Verstärkerimpedanzen R 1 zwischen 500 und 3000 Ohm bei einem Verbraucherwiderstand von 50 Ohm und einer Güte Q von 12 nach den Beziehungen (275) bis (277) sowie (74) und (75) errechnet worden. Mit diesen Werten hat man einen Anhaltspunkt zur Dimensionierung einer Endstufenauskopplung.

In fast allen kommerziell gefertigten AFU-Sendern wird die Spule L 1 des π-Filters nur einmal pro Band geschaltet. Die Fehlanpassung, die dadurch an den Bandenden entsteht, wird durch die Kondensatorverstimmung von C 1 und C 2 „ausgeglichen", obwohl eine Spulenumschaltung (zumindest für 80 und 10 m) ratsamer wäre.

Eine Rollspulenabstimmung ist die optimale Lösung. Leider sind diese Aggregate so teuer, daß sie nur als Armee-Schrott Eingang in die AFU-Technik finden.

Weit schlimmer (durch die entstehenden Verzerrungen) ist die Fehlanpassung von Senderendstufen, die bei geringer Leistung abgestimmt werden.

Von einigen Herstellern wird zur Endstufen-Abstimmung „zur Schonung" der Endröhren die sogenannte Tune-Stellung empfohlen, wobei der Sender mit reduzierter Leistung an die Antenne angepaßt wird. Anschließend wird auf die volle Ausgangsleistung geschaltet.

Dieses Verfahren ist nach den vorausgegangenen Untersuchungen natürlich totaler Unsinn, weil die Verstärkerimpedanz bei kleiner Leistung wesentlich höher als bei großer ist (Faktor 2 bis 4), so daß man zur richtigen Anpassung eine völlig andere Einstellung der π-Filter-Komponenten vornehmen muß. Dies ist aber nicht möglich, weil nur ein Induktivitätswert pro Band vorgesehen ist.

Der sogenannte Vorabgleich der Endstufe ist letztlich ein technischer Klimmzug für „hochgezüchtete" Endstufen, die die im Datenblatt angegebene maximale PEP nicht im Dauerstrich (und auch nicht für den Moment der Endstufenabstimmung) abgeben können. Um der Zerstörung der Röhren durch ungeschicktes oder langwieriges Abstimmen der Endstufe vorzubeugen, reduziert man einfach die Leistung.

Nach diesem Vorabgleich muß man unbedingt einen zweiten sorgfältigen Abgleich bei voller Leistung vornehmen, um zumindest im Rahmen der gegebenen Variationsmöglichkeiten des Filters eine optimale Anpassung zwischen Verstärker und Antenne zu realisieren. Vergleicht man hierzu die Werte von z. B. 1000 und 2000 Ohm der sich durch Leistungserhöhung ändernden Ausgangsimpedanz R 1 des Verstärkers (Faktor 2), dann stellt man fest, daß die Kreiskomponenten teilweise um mehr als 100 % verändert werden müssen, woran der Unsinn dieser Prozedur sichtbar wird.

Neben der Parallelschaltung von Röhren zur Erhöhung der Ausgangsleistung mit dem gleichen Röhrentyp besteht die Möglichkeit der Gegentaktschaltung nach *Abb. 2.3435a*, die in der angelsächsischen Literatur zur Illustration mit „push – pull" (drücken – ziehen) bezeichnet wird.

Beide Gitter werden durch die symmetrische Einkopplung im Gegentakt mit 180° phasenverschobenen Signalen gleicher Amplitude gesteuert. Ein Nachteil ist hierbei, daß im Gegensatz zur Eintaktsteuerung bei Parallelschaltung die doppelte Steuerspannung notwendig ist ($2 \times u_g$).

Am Ausgang werden die Signale beider Röhren wieder gegenphasig zusammengefügt, wodurch man die Differenz beider Anodenströme bildet.

Dies bedingt eine symmetrische Abstimmung des Ausgangsparallelschwingkreises, weshalb man meist aus konstruktiven Gründen auf eine abgestimmte (selektive) Gegentaktschaltung verzichtet.

Der große Vorteil der Gegentaktendstufe ist die Unterdrückung der geradzahligen Harmonischen und Mischprodukte, weil sich die geradzahligen Komponenten der Übertragungsfunktion eines Gegentaktverstärkers herausheben.

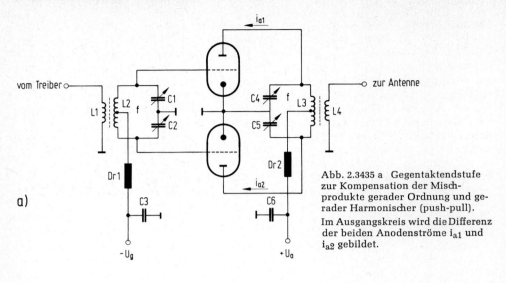

Abb. 2.3435 a Gegentaktendstufe zur Kompensation der Mischprodukte gerader Ordnung und gerader Harmonischer (push-pull). Im Ausgangskreis wird die Differenz der beiden Anodenströme i_{a1} und i_{a2} gebildet.

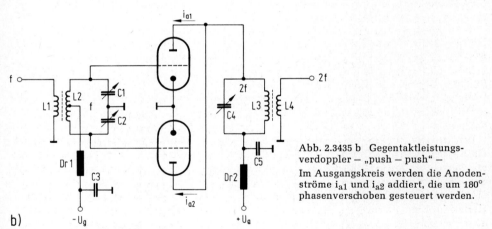

Abb. 2.3435 b Gegentaktleistungsverdoppler – „push – push" – Im Ausgangskreis werden die Anodenströme i_{a1} und i_{a2} addiert, die um 180° phasenverschoben gesteuert werden.

Hierdurch werden die nichtlinearen Verzerrungen der geradzahligen Polynomanteile der Kennlinien allein durch die Schaltungsanordnung bis zu 40 dB gegenüber dem Eintaktverstärker gedämpft.

Da Intermodulationsstörungen Mischprodukte ungerader Ordnung sind, fallen sie leider nicht heraus und bleiben auch beim Gegentaktverstärker nach wie vor zu berücksichtigen.

Zur mathematischen Beschreibung des Gegentaktverstärkers geht man davon aus, daß am Ausgang die Differenz beider Anodenströme i_{a1} und i_{a2} gebildet wird:

$$\Delta i_a = i_{a1} - i_{a2} \tag{278}$$

2.3 Sende-Technik

Die Ströme folgen den Übertragungsfunktionen der Einzelverstärker:

$$i_{a1} = f(u_{g1}) \tag{279}$$

$$i_{a2} = f(u_{g2}) \tag{280}$$

Da die Steuerspannungen bei gleicher Amplitude lediglich um 180° phasenverschoben sind, kann man schreiben:

$$u_{g2} = -u_{g1} \tag{281}$$

Setzt man (281) in (280) ein und (280) sowie (279) in (278) wird:

$$\Delta i_a = f(u_{g1}) - f(-u_{g1}) \tag{282}$$

Der Funktionsverlauf von i_a in Abhängigkeit von u_g ist nach (175):

$$i_a = a\,u_g + b\,u_g^2 + c\,u_g^3 + d\,u_g^4 + \ldots \alpha\,u_g^n \tag{283}$$

Setzt man diesen Verlauf in (282) ein, wird die Differenz der Anodenströme der Gegentaktendstufe in Abhängigkeit von der Steuerspannung:

$$\Delta i_a = (a\,u_{g1} + b\,u_{g1}^2 + c\,u_{g1}^3 + d\,u_{g1}^4 + \ldots) \tag{284}$$
$$- (-a\,u_{g1} + b\,u_{g1}^2 - c\,u_{g1}^3 + d\,u_{g1}^4 - + \ldots)$$

Löst man die Klammern auf und bildet man die Differenz, wird:

$$\Delta i_a = 2a\,u_{g1} + 2c\,u_{g1}^3 + 2e\,u_{g1}^5 + \ldots \tag{285}$$

worin die geraden Polynomanteile nach den vorausgegangenen Ausführungen erwartungsgemäß fehlen.

Setzt man das Steuersignal nach (195) in (285) ein und vollzieht die umfangreiche Rechnung analog zu (196) und (197), wird man feststellen, daß die geraden Harmonischen (oder ungeraden Oberschwingungen) und die geraden Mischprodukte nicht mehr erscheinen.

Wie noch zu zeigen ist, werden Gegentaktschaltungen zunehmend für transistorisierte Breitbandsenderendstufen verwendet.

Das Pendant zum Gegentaktverstärker ist übrigens der Gegentaktverdoppler, der im Angelsächsischen sinnigerweise mit „push — push" bezeichnet wird. Bei ihm bildet man die Summe der Anodenströme i_{a1} und i_{a2}, wodurch die ungeraden Polynomanteile aus der Übertragungsfunktion herausfallen (Abb. 2.3435 b). Man könnte auf die Idee kommen, damit einen Verstärker gefunden zu haben, der keine Intermodulationsstörungen produziert, da Mischprodukte ungerader Ordnung nicht mehr erscheinen. — Das ist zwar richtig, aber leider ist im Ausgangsspektrum auch das Signal der Grundfrequenz kompensiert, weil 1 ebenfalls eine ungerade Zahl ist, so daß sich die „push-push"-Schaltung nur zur geradzahligen Frequenzvervielfachung eignet. Für Leistungsverstärker im hier behandelten Sinn besitzt sie keine Bedeutung.

Linearendstufen (Leistungsnachsetzer) für Ausgangsleistungen um 1 kW PEP werden durchweg in Gitterbasisschaltung (engl.: grounded grid = geerdetes Gitter) betrieben, wenn man von den „umstrittenen" Endstufen mit mehreren parallelgeschalteten Zeilenendröhren absieht.

In Abb. 2.3436 ist die Schaltung einer Gitterbasis-Senderendstufe prinzipiell gezeigt. Sie hat den erheblichen Vorteil, daß es mit ihr im Kurzwellenbereich keinerlei Neutralisationsprobleme gibt, weil das Gitter „kalt" an Masse liegt, wodurch es eine Abschirmung innerhalb der Röhre zwischen Katodeneingangskreis und Anodenausgangskreis darstellt. Nachteilig ist lediglich die Tatsache, daß der Eingangswiderstand des Gitterbasisverstärkers sehr niederohmig ist (vergl.: Basisschaltung von Transistoren in 1.642), so daß

2 Die Kurzwellen-Amateurfunkstation

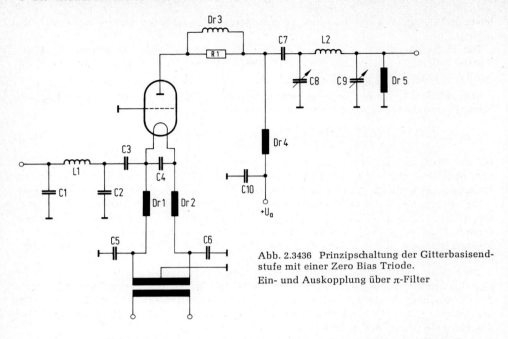

Abb. 2.3436 Prinzipschaltung der Gitterbasisendstufe mit einer Zero Bias Triode.
Ein- und Auskopplung über π-Filter

eine relativ hohe Treiberleistung zur Durchsteuerung notwendig wird. Man rechnet mit einem Leistungsverstärkungsfaktor von 10, der im logarithmischen Maß einer Verstärkung von 10 dB entspricht.

Da gängige Amateurfunksender eine Ausgangsleistung um 100 W liefern, gibt es für den (US-)Amateurmarkt Standardendröhren die speziell für Gitterbasisverstärker entwickelt sind und eine entsprechende Ausgangsleistung von 1 kW liefern. Dabei ist zu beachten, daß die Treiberleistung nicht als Verlustleistung in Wärme umgesetzt sondern durch die Endstufe auf den Verbraucher „durchgereicht" wird.

Während man ursprünglich Pentoden und Tetroden in Gitterbasisendstufen verwendet hat, setzt man in modernen Schaltungen Trioden ein, deren Systeme durch entsprechende geometrische Anordnung der Elektroden so konstruiert worden sind, daß das Gitter im optimalen Arbeitspunkt direkt auf Masse gelegt werden kann (zero bias triode).

Trioden produzieren einerseits weniger Intermodulationsstörungen, da ihr Kennlinienverlauf einen geringeren Anteil von ungeraden Polynomkomponenten besitzt, andererseits benötigt man für die gleiche Ausgangsleistung in Gitterbasisschaltung weniger Treiberleistung als mit Pentoden oder Tetroden.

Zudem gestaltet sich die Stromversorgung sehr einfach, die sich bei Trioden allein auf die Anodengleichspannung und die Heizwechselspannung beschränkt.

Die Einkopplung des Treibersignals in die Katode erfolgt wie die Auskopplung an der Anode über ein π-Filter. Im Gegensatz zum Anodenkreis bemißt man den Katodenkreis für eine sehr geringe Güte (Q = 2 bis 4), so daß er ohne Nachstimmung für jedes Band nur einmal umgeschaltet werden muß.

Anfangs hat man auf diese abgestimmte Einkopplung der Einfachheit halber verzichtet und in die Katodenleitung lediglich eine Hf-Drossel als Arbeitswiderstand gelegt. Es stellte sich aber heraus, daß man ohne den abgestimmten Einkoppelkreis rund 20% mehr Treiberleistung benötigt und der Intermodulationsabstand des Ausgangssignals um etwa 5 dB geringer ist.

Der Eingangswiderstand der Gitterbasisschaltung bewegt sich bei Röhren mit einer Anodenverlustleistung zwischen 500 und 1000 W im Bereich von 60 bis 300 Ohm (1 × 3-500 Z ≈ 250 Ω, 2 × 3-500 Z parallel ≈ 120 Ω, 1 × 3-1000 Z ≈ 65 Ω).

Man erhält den Wert des Eingangswiderstands der Gitterbasisschaltung (neben den Herstellerangaben) näherungsweise aus der Beziehung:

$$Z_k = \frac{(\text{max. Eingangseffektivspannung})^2}{2 \times \text{Treiberleistung}} \qquad (286)$$

Mit dem Ausgangswiderstand des Treibers (meist 50 Ohm), der angenommenen Güte und dem nach (286) ermittelten Eingangswiderstand des Gitterbasisverstärkers läßt sich das Einkoppel-π-Filter nach (275) bis (277) bemessen.

Die oft praktizierte Parallelschaltung zweier Senderöhren in Gitterbasisschaltung statt des Einsatzes einer Röhre mit äquivalenter Anodenverlustleistung hat nur finanzielle Gründe. Dabei ist zu bemerken, daß eine einzelne Röhre im Ausgangssignal einen höheren Intermodulationsabstand liefert, da die Kennlinien zweier Röhren niemals identisch sein können.

Die meisten Senderöhren mit einer Anodenverlustleistung von mehr als 250 W besitzen eine direkte Heizung, so daß Hf-Drosseln in der Heizleitung notwendig werden, weil die Hf-Impedanz des Heiztransformators zu gering ist. Allerdings ist dies auch teilweise bei indirekt geheizten Senderöhren in Gitterbasisschaltung notwendig, wenn die Katoden-Heizfaden-Kapazität zu groß ist.

In *Abb. 2.3437* ist eine andere Einkopplungsschaltung für direkt geheizte Röhren in Gitterbasisendstufen gezeigt. Hier liegt ein Parallelschwingkreis an der Katode der Röhre,

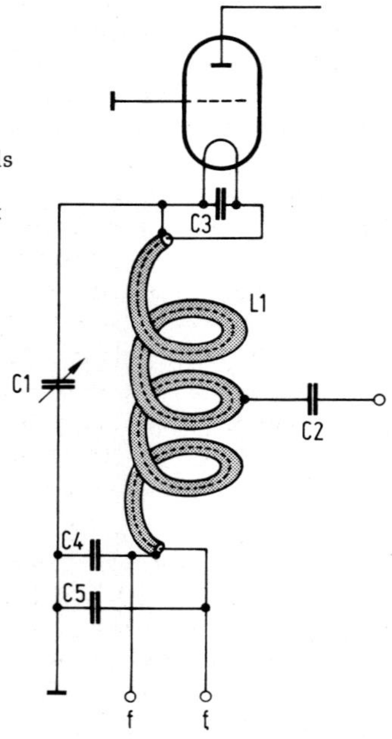

Abb. 2.3437 Einspeisung des Steuersignals über einen Parallelschwingkreis in der Heizleitung einer Gitterbasisendstufe mit direkt geheizter Röhre

dessen Spule gleichzeitig als Hin- und Rückleitung für die Heizung dient. Die Spule ist als Rohr mit isoliertem Innenleiter ausgeführt, wodurch das Hf-Potential gleichmäßig über die Katode verteilt wird und ein Hf-Kurzschluß über die Heizleitung vermieden wird.

Gitterbasisverstärker mit Zero-Bias-Trioden ziehen über den gesamten Aussteuerbereich Gitterstrom, der für die jeweilige Röhre in den Datenblättern angegeben wird. Er darf unter keinen Umständen über den Maximalwert hinausreichen, weil damit die Gitterverlustleistung überschritten und die Röhre zerstört wird.

Gefährlich ist in diesem Zusammenhang die oft praktizierte Rücknahme der Anodenspannung zur Abstimmung der Endstufe oder für den CW- (RTTY-) Betrieb. Wie bereits erwähnt, ändert sich hierdurch die Ausgangsimpedanz der Röhre, so daß man eine Fehlanpassung an den Verbraucher erreicht (soweit die Anpassung mit der höheren Spannung optimal war). Notwendigerweise benötigt man mehr Treiberleistung, wodurch der Gitterstrom in die Nähe seines Maximalwerts geraten kann. Nur eine geringe Verstimmung kann bei zu hoher Ansteuerung in diesem Falle zur Zerstörung der Röhre führen.

Ausgangsseitig unterscheidet sich die Gitterbasisendstufe nicht von Verstärkern in Katodenbasisschaltung, so daß das π-Filter in gleicher Form dimensioniert wird.

Die in *Abb.* 2.3436 am Antennenausgang liegende Drossel Dr 5 hat lediglich zwei Schutzaufgaben. Sie soll einerseits statische Aufladungen der Antenne nach Masse ableiten und andererseits verhindern, daß die Anodenspannung beim eventuellen Durchschlag des Koppelkondensators C 7 an die Antenne gelangt. In diesem Falle wird die Sicherung durch den Gleichstromkurzschluß nach Masse ausgelöst.

Hf-Leistungsverstärker mit Zeilenendröhren haben den Beinamen „Zündkerzenendstufen" erhalten, weil sie allein für den SSB-Impulsbetrieb brauchbar sind, wobei die verwendeten Röhren meist bis an ihre Grenzwerte belastet werden.

Endstufen dieser Art sind bereits seit dem Beignn der SSB-Amateurfunktechnik in Deutschland bekannt. Der Entwicklung folgend wurden die Röhrentypen PL 36, PL 500, PL 504 und PL 509 eingesetzt.

Während man sich zunächst mit zwei parallelen Röhren dieser Art in Katodenbasisschaltung begnügte, gingen die Versuche später bis zu sechs parallelgeschalteten PL 509, in die mehr als 2 kW Gleichstromeingangsleistung in den Aussteuerspitzen gepumpt wurde. Bei einer Anodenverlustleistung von 30 W pro Röhre ist dies ein Betrieb, der den Vorrat von mindestens zwei neuen Röhrensätzen bedingt.

Nach den vorausgegangenen Erläuterungen zum Problem der Intermodulationsstörungen von Senderendstufen sind solche Verstärker in der Tat eine Zumutung für die Mitbenutzer des jeweiligen Amateurfunkbands, zumal hier alle die Voraussetzungen vernachlässigt werden müssen, die zur Linearität notwendig sind. So treten erhebliche Neutralisationsprobleme auf, da sich die ohnehin hohe Gitter-Anoden-Kapazität um die Zahl der parallelgeschalteten Röhren vervielfacht. Zudem müssen die Röhren praktisch im C-Betrieb arbeiten, um einen hohen Wirkungsgrad zu erreichen.

Im B- oder gar AB-Betrieb würden die Röhren bereits mit dem Anodenruhestrom überlastet werden.

Neben Amateurpublikationen solcher Endstufen, die beim mehr oder weniger gelungenen Nachbau zu erheblichen Störungen führen können, haben auch einige kommerzielle Hersteller versucht, das Kilowatt-Limit auf diesem „billigen" Wege zu überschreiten. Auch diese Geräte haben sich nicht durchsetzen können, weil sie zwar im SSB-Betrieb eine hohe Spitzenleistung ermöglichen, doch bei anderen Betriebsarten wie CW, RTTY und SSTV auf 20 bis 30 % der angegebenen PEP zurückgeschaltet werden müssen.

2.3 Sende-Technik

Eine Reduzierung der Ausgangsleistung um den Faktor 3 bis 4 bei konstanten Abstimmelementen (π-Filter) führt zu einer völligen Fehlanpassung des Verstärkers an die Antenne, so daß Endstufen mit Zeilenendröhren neben den anderen aufgeführten Gründen nach dem Stand der Technik zumindest sehr bedenklich sind.

2.344 Transistoren in Leistungsendstufen

Linearendstufen mit Transistoren unterliegen den gleichen Anforderungen wie entsprechende Röhrenverstärker: Man möchte einen möglichst hohen Wirkungsgrad erreichen und dabei ein Hf-Signal mit vertretbarem Intermodulationsabstand produzieren.

Wie bei Röhrenschaltungen sind beide Forderungen auch bei Transistorendstufen gegenläufig, so daß man Dimensionierungskompromisse eingehen muß.

Sender mit Transistorendstufen lassen sich mit Vorteil dort einsetzen, wo lediglich Bordnetze mit niedriger Batteriespannung zur Verfügung stehen (Auto, Boot) und wo es zudem auf eine extrem hohe Erschütterungsfestigkeit ankommt. In beiden Fällen sind Transistoren den Röhren weit überlegen, obwohl sie bei gleicher Leistungsabgabe teurer sind, so daß sie für diese speziellen Einsatzorte zunehmend Verwendung finden.

Inzwischen ist eine ganze Reihe kommerziell gefertigter Amateurfunksender mit Transistorendstufen auf dem Markt, deren Aufbau relativ identisch ist. Man verwendet durchweg Gegentaktschaltungen, um so nach den vorausgegangenen Untersuchungen bereits von der Konzeption her einen erheblichen Teil von nichtlinearen Verzerrungsprodukten zu kompensieren (Mischprodukte gerader Ordnung und geradzahlige Harmonische). Zudem reduziert man bei der Gegentaktanordnung die effektiv erscheinenden (dynamischen) Transistorkapazitäten, wodurch der Schwingneigung von Geradeausverstärkern entgegengewirkt wird. Allerdings sind Transistorschaltungen um ein Vielfaches niederohmiger als Röhrenverstärker vergleichbarer Leistung, wodurch die auftretenden Rückkoppelspannungen weit geringer sind und die Schwingfreudigkeit entsprechend reduziert ist.

Um eine möglichst hohe Leistungsverstärkung zu erhalten, werden Endstufentransistoren in Emitterschaltung betrieben. Man klassifiziert Transistorverstärker ebenfalls nach der Lage ihres Arbeitspunkts auf der Eingangskennlinie, die durch die Abhängigkeit des Kollektorstroms von der Basis-Emitter-Spannung charakterisiert wird ($I_c = f(U_{BE})$, vergl. Abb. 1.6411). Auch beim Transistor spricht man vom A-Betrieb, wenn der Arbeitspunkt im linearen Teil der Eingangskennlinie liegt und sich die Aussteuerung auf diesen Bereich beschränkt. Der wesentliche Unterschied zu Röhren besteht allerdings darin, daß Transistoren grundsätzlich eine Steuerleistung benötigen, wobei der Eingangswiderstand von Transistorendstufen nur bei einigen Ohm liegt.

Wie bei Röhren-Linearendstufen beschränkt sich der Aufbau von SSB-Transistorendstufen auf AB- und B-Verstärker, um so den notwendigen Verzerrungsabstand zu erhalten. Dabei ist zu bemerken, daß Transistorverstärker bei der entsprechenden Arbeitspunktwahl mit einem schlechteren Wirkungsgrad als Röhren arbeiten, soweit man einen gleichen Intermodulationsabstand des Ausgangssignals als Bezug nimmt.

Die Stromverstärkung von Endstufentransistoren für Linearverstärker muß über einen weiten Aussteuerbereich nach Möglichkeit konstant sein. Wird der Verstärker soweit ausgesteuert, daß β in den Kollektorstromspitzen zurückgeht (vergl. Abb. 1.6412), führt dies zwangsläufig zu unerwünschten Verzerrungen. Die notwendige Kollektorstromaussteuerungsgrenze beim Sättigungseinsatz der Stromverstärkung führt dazu, daß die Ausgangsleistung einer Endstufe im etwa gleichen Verhältnis zurückgeht wie die angelegte Betriebsspannung, wenn man von einem gegebenen Verzerrungsabstand ausgeht. Allein hierin ist

2 Die Kurzwellen-Amateurfunkstation

der Grund dafür zu finden, daß man für Endstufen sehr hoher Leistung eine Betriebsspannung von 28 V benötigt.

Ein spezielles Problem bei Transistorleistungsverstärkern ist die Arbeitspunkteinhaltung. Für den AB- bzw. B-Betrieb muß der Arbeitspunkt im Knick bzw. am Fußpunkt der Eingangskennlinie liegen, wodurch noch ein bestimmter Kollektorstrom ohne Ansteuerung durch den Treiber fließt.

Verstärker hoher Leistung haben naturgemäß eine entsprechend hohe Verlustleistungsentwicklung, die in Form von Wärme abgeführt werden muß, weil mit einem Wirkungsgrad zwischen 40 und 60 % gearbeitet wird.

Nach den Aussagen in 1.61 fällt die Diodenschwellspannung und damit auch die Basis-Emitter-Spannung eines Transistors um 2 mV grd^{-1}. Demzufolge wandert die Transistoreingangskennlinie nach *Abb. 1.6411* mit zunehmender Temperatur nach links. Für einen vorgegebenen und stabilisierten Arbeitspunkt bedeutet dies eine Zunahme des Kollektorstroms mit steigender Transistortemperatur. Der ansteigende Strom hat eine weitere Temperaturerhöhung zur Folge, so daß die wechselseitige Aufschaukelung zur thermischen Zerstörung des Transistors führt (engl.: thermal runaway = thermisches Weglaufen).

Um dieses Weglaufen des Arbeitspunktes zu hohen Kollektorströmen zu verhindern, muß die Basisvorspannung, die den Arbeitspunkt festlegt, im gleichen Maß reduziert werden, wie die Basis-Emitter-Spannung des Transistors durch den Temperatureinfluß zurückläuft.

Die einfachste, aber oft praktizierte Lösung ist in *Abb. 2.3441* gezeigt. Die Diodenspannung U_D dient hierbei als Basisvorspannung. Sie läßt sich durch die Wahl des Diodenstroms in bestimmten Grenzen variieren, wobei die Diode praktisch die Funktion einer Z-Diode für sehr kleine Spannungen übernimmt.

Um den Arbeitspunkt der Transistoren für einen vorgegebenen Kollektorruhestrom zu halten, wird die Diode möglichst temperaturschlüssig mit den Transistoren verbunden. Man befestigt sie hierzu auf dem notwendigen Kühlkörper nahe der Transistoren. Mit der Erwärmung der Transistoren verschiebt sich dann auch die Diodenkennlinie zu kleineren Spannungen, wodurch die Basisvorspannung automatisch abgesenkt wird, so daß der Kollektorruhestrom auch bei höherer Gehäusetemperatur seinen festgelegten Wert beibehält.

Neben dieser relativ einfachen Arbeitspunktstabilisierung gibt es natürlich eine Reihe wesentlich aufwendigerer Schaltungen, die in firmenspezifischen Entwicklungen eingesetzt werden. Es würde hier zu weit führen, solche Varianten im Detail zu untersuchen.

Im Gegensatz zu Röhrenverstärkern werden Transistorleistungsendstufen meist als Breitbandverstärker aufgebaut, wenn man mit ihnen alle KW-Amateurfunkbänder überstreichen will. Die selektive Verstärkung eines jeden Bandes wäre bei den sehr niedrigen Transistorimpedanzen schaltungstechnisch weit aufwendiger als der Einsatz von Breitbandübertragern für den Bereich von 3 bis 30 MHz. Die notwendige Bandselektion erfolgt am Ausgang durch das Nachschalten von entsprechenden Bandpaßfiltern, die Verzerrungen (Harmonische) außerhalb ihres Durchlaßbereichs dämpfen.

Diese Schaltungstechnik hat den betriebstechnischen Vorteil, daß die Endstufe nicht mehr abgestimmt werden muß, weil die Bandbreite des festabgestimmten Bandpasses jeweils der des Amateurfunkbands entspricht.

Solche Vorteile müssen wie immer bezahlt werden. Bei Transistorendstufen dieser Technik mit einem schlechteren Wirkungsgrad und mit der Bedingung, exakt abgestimmte Antennen an den Senderausgang anschließen zu müssen, die die gleiche Impedanz wie der Sender besitzen. Ist dies nicht möglich, muß ein Anpaßgerät zwischengeschaltet werden.

2.3 Sende-Technik

In *Abb. 2.3442 a* ist der typische Aufbau einer Transistorleistungsendstufe im Prinzip gezeigt. Hier sind zwei Gegentaktverstärker im Gegentakt verkoppelt, wodurch man etwa die 4-fache Leistung des Einzelverstärkers (– Transistors) erreicht.

Der Übertrager Ü 1 teilt die Treiberleistung symmetrisch und phasengedreht auf beide Gegentaktverstärker (power splitter). Ü 2 und Ü 3 sorgen für die gegenphasige Ansteuerung von T 1 und T 2 bzw. T 3 und T 4. Am Ausgang übernimmt man die Einzelleistungen mit Ü 4 und Ü 5 und faßt sie mit Ü 6 zusammen (power combiner).

Abb. 2.3442 b zeigt die gleiche Schaltung in detaillierter Form. Dem Eingangsübertrager ist ein Netzwerk aus R 1, C 1, L 1 und C 2 vorgeschaltet. Es besitzt die Aufgabe, den höheren Übertragungsfrequenzbereich anzuheben, da dort die Leistungsverstärkung des nachfolgenden Gegentaktverstärkers abnimmt. Auf diese Weise erreicht man eine fast konstante Leistungsverstärkung über eine Dekade (3 bis 30 MHz).

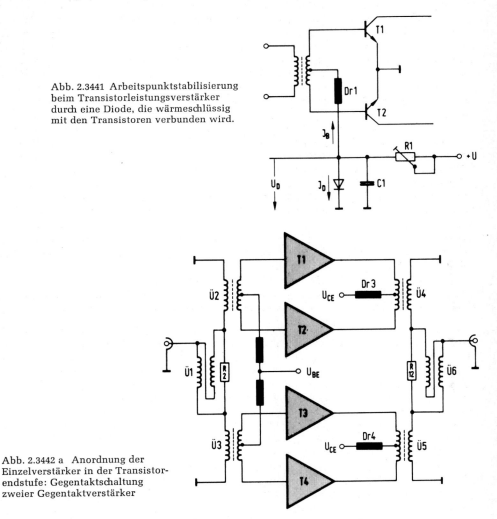

Abb. 2.3441 Arbeitspunktstabilisierung beim Transistorleistungsverstärker durch eine Diode, die wärmeschlüssig mit den Transistoren verbunden wird.

Abb. 2.3442 a Anordnung der Einzelverstärker in der Transistorendstufe: Gegentaktschaltung zweier Gegentaktverstärker

2 Die Kurzwellen-Amateurfunkstation

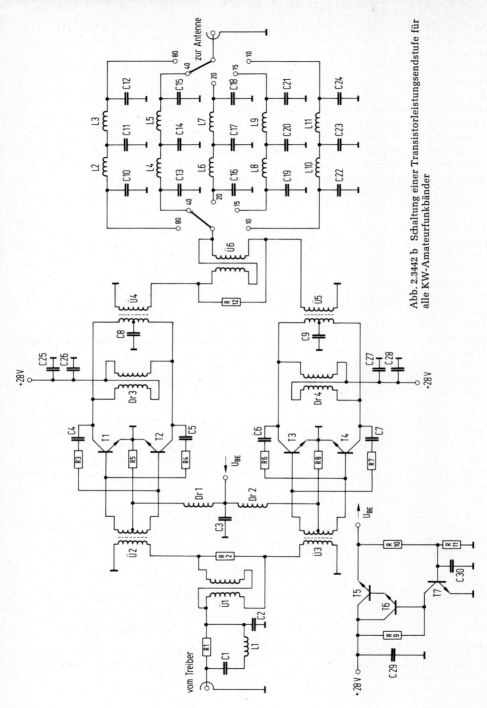

Abb. 2.3442 b Schaltung einer Transistorleistungsendstufe für alle KW-Amateurfunkbänder

248

2.3 Sende-Technik

Die Arbeitspunktstabilisierung übernimmt hier die Schaltung aus T 5, T 6 und T 7, wobei T 7 der Temperaturfühler ist, der wärmeschlüssig mit den Verstärkertransistoren verbunden werden muß.

Die Gleichstromzuführung erfolgt über die Symmetrierdrosseln Dr 3 und Dr 4, wodurch man von Ü 4 und Ü 5 die Gleichstromkomponenten fernhält.

Die Ausgangsfilter werden so dimensioniert, daß die Senderausgangsimpedanz auf eine Antennenimpedanz von 50 oder 60 Ohm transformiert wird.

Zur Reduzierung der nichtlinearen Verzerrungen einer Transistorendstufe wird neben der Gegentaktschaltungsform in den meisten Fällen eine Gegenkopplung vorgesehen, die den Intermodulationsabstand bis zu 6 dB verbessern kann.

Im Schaltungsbeispiel wird die Endstufe kapazitiv über die Kondensatoren C 4 bis C 7 gegengekoppelt. In anderen Schaltungen findet man eine induktive Gegenkopplung, wobei die notwendige Energie mit einer zusätzlichen Schleife vom Ausgangsübertrager abgenommen wird.

Wie bei Röhrenschaltungen wird auch die Transistorendstufe durch die ALC vor Übersteuerung geschützt, um Verzerrungsprodukte durch den Betrieb im Sättigungsbereich des Verstärkers zu verhindern. Man stellt die ALC (werksseitig) für die zulässige Ausgangsspitzenleistung (PEP) bei einem Mindestintermodulationsabstand ein.

Neben der Wahl geeigneter Schaltungen, dem Arbeitspunkt und dem Einsatz spezieller HF-Leistungstransistoren hängt der Intermodulationsabstand zum großen Teil von der Ausgangsleistung bezogen auf die PEP ab.

Läßt man für die maximale PEP einen Wert von 30 dB zu, steigt der Abstand bei der halben PEP auf rund 35 dB, während er bis zu Leistungen von $^1/_{10}$ PEP auf 25 dB abfällt.

Bei kleinen Leistungen ist dies allerdings unkritisch, weil sich die effektive Störleistung am Senderausgang nicht erhöht. Will man auch bei kleinen Leistungen mit der gegebenen Endstufe einen hohen Intermodulationsabstand erreichen, muß man den Arbeitspunkt zum A-Betrieb hin verschieben.

Bei Transistorendstufen sollte man sich hüten, die ALC abzuschalten, um so höhere Ausgangsleistungsspitzen zu erreichen. Da die Temperaturzeitkonstante von Transistoren im µs-Bereich liegt, folgt die Verlustwärme diesen unzulässigen Überlastspitzen ohne Verzögerung und kann zur thermischen Zerstörung des Verstärkers führen. Dies steht im Gegensatz zum Verhalten von Röhren, deren Anoden sich mit einer relativ langen Zeitkonstante bis zur Rotglut erwärmen und normalerweise nicht unmittelbar von Spitzenüberlastungen zerstört werden können.

Sobald eine Leistungsendstufe fehlangepaßt wird, geht der Wirkungsgrad der Schaltung erheblich zurück, wodurch die Verlustleistung zu unzulässig hohen Werten ansteigen kann. Auch für diesen Fall müssen im Gegensatz zu Röhrenverstärkern bei Transistorendstufen schnelle Schutzschaltungen eine thermische Zerstörung des Leistungsverstärkers verhindern. Man setzt hierzu einen Stehwellenindikator (Reflektometer) an den Ausgang des Senders, mit dem das Vor-Rückwärtsverhältnis des Hf-Energietransports zum Verbraucher (Antenne) überwacht wird. Sobald das Stehwellenverhältnis bei Fehlanpassung unzulässig hohe Werte erreicht, liefert die Schaltung eine Regelspannung, mit der die Ansteuerung der Endstufe reduziert wird, so daß sie keinen Schaden nehmen kann.

Röhrenendstufen mittlerer Leistung werden sicherlich in absehbarer Zukunft zum großen Teil durch Transistorschaltungen ersetzt. Hierdurch ändert sich zwar die Technologie der Verstärker, doch bleiben die gegenläufigen Ziele – hoher Wirkungsgrad bei großem Intermodulationsabstand – erhalten.

2 Die Kurzwellen-Amateurfunkstation

Man kann in beiden Technologien ausreichende Intermodulationsabstände einhalten, wobei der Wirkungsgrad von Transistorschaltungen zumindest gegenwärtig noch hinter dem von Röhren-PA-Stufen liegt.

Es wäre Unsinn, Röhren- oder Transistorendstufen als besser oder schlechter zu bezeichnen, weil man mit entsprechendem Schaltungsaufwand in beiden Technologien gleiche elektrische Werte erreichen kann.

Entscheidungshilfen zur Wahl der einen oder anderen Schaltungstechnik sind allein Anwendungszweck, Einsatzort und finanzieller Aufwand.

2.345 Verlustleistung und Kühlung

Hf-Leistungsverstärker im AB- und B-Betrieb besitzen einen Wirkungsgrad, der je nach Anpassung und Abstimmung der Schaltung zwischen 40 und 60 % liegt.

Bei Ausgangsleistungen bis zu 1 kW müssen demnach Verlustleistungen in Form von Wärme abgeführt werden, die sonst ein üblicher Haushaltsheizlüfter erzeugt. Hinzu muß die Heizleistung gerechnet werden, die sich bei Röhren dieser Größenordnung um 50 bis 100 Watt bewegt.

Bei kleineren Röhrenendstufen (bis 150 W) reicht meist die Wärmeabstrahlung ohne zusätzliche Maßnahmen zur ausreichenden Kühlung, wenn die Endröhren an einem geeigneten Ort des Sender-Chassis mit ausreichender Luftzufuhr vorgesehen werden. Von Vorteil sind Kühlluftlöcher um den Röhrensockel nach Abb. 2.3451, um so eine Kaminwirkung von der Chassisunterseite am Röhrenkörper entlang zum Abdeckblech zu erhalten.

Strahlungsgekühlte Röhren höherer Leistung benötigen einen forcierten Luftzug am Glaskörper (z. B. 3 – 500 Z) oder durch den mit der Röhre verbundenen lamellierten Anodenkühlring (z. B. 8877), damit die erzeugte Wärmeenergie ausreichend abgeführt werden kann.

Nach Abb. 2.3452 wird die Kühlluft im Chassisunterteil mit einem Ventilator ausreichender Kapazität (Maßeinheit $m^3 \cdot s^{-1}$) angesaugt. Da das Chassisunterteil mit Ausnahme des Ventilatoreinlasses luftdicht ist, tritt die angesaugte Luft am Röhrensockel aus und wird durch ein zusätzliches Glasrohr (bei Glaskolbenröhren) am Röhrenkolben entlang zum Abdeckblech hinausgedrückt.

Bei vielen Amateurfunksendern wird auf die forcierte Kühlung aus finanziellen Gründen verzichtet, obwohl sie in den meisten Fällen bei strahlungsgekühlten Röhren notwendig wäre. Einerseits werden hierdurch die Endröhren geschont und andererseits schützt man die umliegenden Bauteile (vor allem Kondensatoren) vor der sonst ständig extrem hohen Umgebungstemperatur, durch die sie Schaden nehmen können.

Der nachträgliche Einbau eines Ventilators ist bei praktisch allen Geräten möglich, nur sollte man ihn sinnvoll anbringen, damit er auch von Nutzen ist. Einfaches Hineinblasen

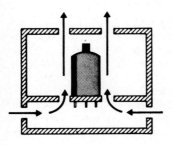

Abb. 2.3451 Strahlungskühlung der Endröhren durch Kaminwirkung

2.3 Sende-Technik

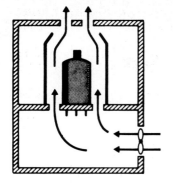

Abb. 2.3452 Forcierte Strahlungskühlung mit einem Lüfter und Luftkonzentration durch ein Glasrohr um den Röhrenkolben

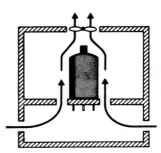

Abb. 2.3453 Beispiel für die Anordnung eines nachträglich eingebauten Lüfters zur forcierten Strahlungskühlung

in die Endstufe mit einem Tischventilator wirbelt mehr Staub auf, als es die notwendige Kühlung bringt.

Da die Chassisunterseite bei diesen Geräten in den meisten Fällen nicht luftdicht abgeschlossen ist, setzt man den Ventilator (Radiallüfter) direkt über die Endröhre und sieht um den Sockel die bereits bekannten Luftdurchführungen vor. Der Ventilator muß in diesem Fall saugen, um die aufsteigende warme Luft zu beschleunigen.

Gehäusedeckel und Seiten müssen in jedem Fall frei sein, um eine hindernislose Luftzirkulation zu ermöglichen.

Bei der Ventilatorkühlung ist das Lüftergeräusch nicht zu vermeiden, obwohl es in den neueren Geräten auf einem relativ niedrigen Pegel gehalten wird. Es gibt aber eine Reihe sensibler Funkamateure, die auch dieses Ventilatorrauschen stört und die aus diesem Grunde Endstufenröhren mit sogenannter Leitungskühlung (engl.: conduction cooling) bevorzugen.

Diese speziellen Keramikröhren (z. B. 8873) besitzen Isolierschichten aus Berylliumoxid, das einen besonders hohen Wärmeleitwert hat. Die Röhren werden mit einer vorgesehenen Wärmeableitfläche ihrer Anode mit einem Kühlkörper wärmeschlüssig verbunden, der die auftretende Verlustwärme (lautlos) abstrahlt.

Der Kühlkörper, der sich meist an der Rückseite des Gerätes befindet, muß eine bestimmte Abstrahlfläche besitzen, die vom Hersteller angegeben wird. Die Abstrahlfläche bestimmt den Wärmewiderstand zwischen der Röhre und der Umgebungsluft. Er muß so gering sein, daß die maximale Anodentemperatur nicht überschritten wird.

Da Transistoren bei gleicher Verlustleistung gegenüber Röhren eine sehr kleine Oberfläche besitzen, kann man die entstehende Wärmeenergie nicht durch die eigene Gehäuse-Strahlungskühlung abführen, weil der Wärmewiderstand zur Umgebungsluft zu groß ist.

Transistoren hoher Leistung werden grundsätzlich über entsprechende Kühlkörper leitungsgekühlt. Die Gehäuse haben bereits Gewindebolzen oder Verschraubungslaschen, um einen möglichst hohen Wärmeleitwert (geringen Wärmewiderstand) zum Kühlkörper zu erhalten.

Der Wärmewiderstand $R\vartheta_{ges}$ von der Transistorsperrschicht als Wärmequelle zur umgebenden Luft ist gleich dem Verhältnis aus der Differenz der maximalen Sperrschichttemperatur T_j und der zulässigen Umgebungslufttemperatur T_u zur abzugebenden Verlustleistung (Wärmeleistung) P_V:

$$R\vartheta_{ges} = \frac{T_j - T_u}{P_V} \quad \text{in grd} \cdot W^{-1} \tag{287}$$

Ist die Verlustleistung einer Endstufe 100 W, die maximale Sperrschichttemperatur vom Hersteller mit 200°C angegeben und die zulässige Umgebungslufttemperatur 60°C, wird der Gesamtwärmewiderstand mit (287):

$$R\vartheta_{ges} = \frac{200°C - 60°C}{100 W}$$

$$= 1{,}4 \text{ grd } W^{-1}$$

Der Gesamtwärmewiderstand $R\vartheta_{ges}$ von der Sperrschicht zur Umgebungsluft setzt sich aus der „Reihenschaltung" von Einzelwärmewiderständen zusammen:

a) dem Wärmewiderstand $R\vartheta_{SG}$ zwischen Sperrschicht und Transistorgehäuse,
b) dem Wärmewiderstand $R\vartheta_{GK}$ zwischen Transistorgehäuse und Kühlkörper
c) und dem Wärmewiderstand $R\vartheta_{KL}$ zwischen dem Kühlkörper und der Umgebnugsluft.

Analog zur Reihenschaltung von elektrischen Widerständen kann man für die Reihenschaltung der Wärmewiderstände schreiben:

$$R\vartheta_{ges} = R\vartheta_{SG} + R\vartheta_{GK} + R\vartheta_{KL} \tag{288}$$

$R\vartheta_{SG}$ wird für jeden Leistungstransistor in den Datenblättern vom Hersteller angegeben. Für Transistoren der Leistungsklasse um 200 W bewegt sich $R\vartheta_{SG}$ zwischen 0,5 und 1,0 grd W^{-1}.

$R\vartheta_{GK}$ ist vom Wärmeschluß zwischen dem Transistorgehäuse und dem Kühlkörper abhängig. Muß man eine Glimmerscheibe zur Isolation zwischenlegen, beträgt der Wert für Transistoren dieser Größenordnung 0,1 bis 0,3 grd W^{-1}.

Ist die Isolation nicht notwendig, kann man den Wärmeschluß mit Wärmeleitpaste verbessern. Der Wärmewiderstand wird dann etwa 0,05 grd W^{-1}, so daß er praktisch vernachlässigt werden kann.

Mit diesen Angaben kann man den Wärmewiderstand $R\vartheta_{KL}$ zwischen der Umgebungsluft und dem Kühlkörper, der letztlich die Kühlfläche bestimmt, aus (288) ermitteln:

$$R\vartheta_{KL} = R\vartheta_{ges} - R\vartheta_{SG} - R\vartheta_{GK} \tag{289}$$

Für die angenommenen Werte $R\vartheta_{SG} = 0{,}6$ grd W^{-1} und $R\vartheta_{GK} = 0{,}2$ grd W^{-1} erhält man den Wärmewiderstand, den die Kühlfläche zur Umgebungsluft bilden muß:

$$R\vartheta_{KL} = 1{,}4 - 0{,}6 - 0{,}2 \text{ grd } W^{-1}$$

$$= 0{,}6 \text{ grd } W^{-1}$$

Die für diesen Widerstand notwendige Kühlfläche A_K erhält man aus der Beziehung:

$$A_K = \frac{1}{\alpha \cdot R\vartheta_{KL}} \quad \text{in cm}^2 \tag{290}$$

Hierin ist α die Wärmeaustauschkonstante. Sie wird jeweils für zwei Medien angegeben, zwischen denen ein Wärmeübergang stattfindet.

Für ruhende Luft und Kupferblech bewegt sich α um 1,5 $\frac{\text{grd}}{\text{mW cm}^2}$.

2.3 Sende-Technik

Setzt man diesen Wert in (290) ein, wird:

$$A_K = \frac{1}{1{,}5 \cdot 0{,}6 \cdot 10^{-3}} \text{ cm}^2$$

$$= 1111 \text{ cm}^2$$

Diese Fläche ist relativ groß, so daß man handelsübliche Kühlkörper durch Rippen in ihrer Flächenausdehnung verkleinert, wobei die effektive Oberfläche erhalten bleibt.

Kühlkörper werden im Handel unter Angabe ihres Wärmewiderstands angeboten, so daß man sich die Flächenberechnung im allgemeinen ersparen kann.

Bei gegebenem Profil wird der Wärmewiderstand oft pro Länge angegeben, so daß man sich den notwendigen Wert, der im umgekehrt proportionalen Verhältnis zur Fläche steht, einfach absägen kann.

Im Amateurfunkbetrieb ist die Sendeleistung begrenzt. Diese Begrenzung wird von den jeweiligen nationalen Lizenzbehörden unterschiedlich definiert. Hierzu läßt sich die maximale Ausgangsleistung, die maximale Gleichstromeingangsleistung oder aber die maximale Verlustleistung der Senderendstufe vorschreiben.

Im deutschen Amateurfunkgesetz wird die maximale Anodenverlustleistung bzw. Kollektorverlustleistung als Begrenzung angegeben. Sie beträgt bei der A-Lizenz 50 W und bei der nachfolgenden B-Lizenz 150 W, wobei man sich von Seiten der Lizenzbehörde auf die jeweiligen Herstellerdaten bezieht.

Seit der Einführung der SSB-Technik, die einen möglichst linearen Endstufenbetrieb erfordert, wird seitens der Amateure heftig an dieser Handhabung der Leistungsbegrenzung Kritik geübt, da sie zur Entwicklung von Senderendstufen mit extrem hoher Spitzenleistung verleitet, bei der die verwendeten Verstärker bedenklich nahe an ihre Grenzbetriebsdaten gesteuert werden und so erhebliche nichtlineare Verzerrungen produzieren.

Der Einsatz von Zeilenendröhren basiert fast ausschließlich (neben der geringen Anodenspannung) auf der unglücklichen Verlustleistungsbestimmung, die man auf diese Weise mit steilsten Impulsröhren zu umgehen versucht. Hier ist der in der einschlägigen Literatur zu findende Vergleich mit der Hubraumversteuerung völlig angebracht, die zu hochtourigen, lauten, wenig umweltfreundlichen und schnell verschleißenden Motoren führt.

Bei Transistoren (die bei der Gesetzgebung noch nicht bekannt waren) gestaltet sich die Verlustleistungsangabe noch widersinniger, da deren Gesamtverlustleistung P_{tot} von den Herstellern für eine Gehäusetemperatur von 25°C angegeben wird. Bei der üblichen von Amateuren praktizierten Leitungskühlung über Kühlflächen kann diese Gehäusetemperatur niemals eingehalten werden. Man muß in jedem Falle mit Werten um 100°C rechnen. Mit dieser Gehäusetemperatur sinkt die mögliche Verlustleistung des Transistors auf einen Bruchteil der offiziellen Daten, so daß man mit Transistoren in der üblichen Kühltechnik niemals die Senderausgangsleistungen erreichen kann, die mit Röhren äquivalenter Anodenverlustleistung erzeugt werden.

Die Verlustleistungsbestimmung ist nach alledem ein Anachronismus aus der AM-Zeit, zu der der Transistor als Sendeleistungsverstärker noch nicht bekannt war.

Bei der Amplitudenmodulation von Senderendstufen konnte die PA-Röhre ohne nennenswerte Intermodulationverzerrungen im C-Betrieb arbeiten, so daß bei einem zu erwartenden Wirkungsgrad die mögliche Ausgangsleistung (im Dauerstrich) mit der Anodenverlustleistungsangabe festgelegt war.

Im Zeitalter der SSB-Modulation ist dagegen eine direkte Limitierung der Ausgangsleistung (PEP) das erstrebenswerte Ziel, um eindeutige Verhältnisse zu schaffen.

2 Die Kurzwellen-Amateurfunkstation

Damit würde man zwar den Weg zu „dickeren" Röhren freigeben (soweit man die gegenwärtig erreichbaren Ausgangsleistungen zugrunde legt). Letztlich ist aber die damit zu erwartende Verzerrungsfreiheit der Hf-Signale von größerem Interesse.

Schließlich müßte man die Röhren- und Transistortabellen der Kontrollorgane durch PEP-Messer und künstliche Antennen austauschen. — Doch würde dadurch die Peinlichkeit der Fertigung von Spezialsenderöhren für den deutschen Amateurfunkmarkt mit tiefgestapeltem Typenaufdruck nicht auch noch auf die Hf-Leistungstransistorproduktion übergreifen müssen.

2.35 Sender — Zusatzeinrichtungen (Telefonie)

2.351 Mikrofone

Für den Telefoniebetrieb ist ein Mikrofon zur Umwandlung der Schallwellen der menschlichen Sprache (mechanische Bewegung der Luftmoleküle) in ein analoges elektrisches Signal notwendig.

Hochwertige Studiomikrofone zeichnen sich besonders durch ihren linearen Frequenzgang aus. Hierunter versteht man eine möglichst konstante Amplitude des elektrischen Nf-Ausgangssignals für eine konstante Eingangsschalldruckamplitude über den gesamten Niederfrequenzbereich von 20 Hz bis 20 kHz.

Für die vielfältigen Anwendungszwecke gibt es Mikrofone mit unterschiedlicher Richtcharakteristik. Bei kugelförmiger Charakteristik ist die Empfindlichkeit nach allen Seiten gleich. Sehr verbreitet sind Mikrofone mit nierenförmiger Charakteristik, bei der die Empfindlichkeit in einer Richtung besonders ausgeprägt ist. Solche Richtmikrofone setzt man zur Dämpfung von störenden Umweltgeräuschen ein oder aber auch zur Unterdrückung von akustischer Rückkopplung bei Beschallungsanlagen.

Für den Amateurfunk gibt es spezielle Mikrofone, die einen ausgeprägten Frequenzgang für den Sprachbereich besitzen, wodurch eine höhere Silbenverständlichkeit erreicht wird.

Dieser Frequenzgang läßt sich allerdings auch durch das Nachschalten von speziell dimensionierten Nf-Filtern nachbilden, um auf diese Weise mit einem relativ billigen Mikrofon die gleiche Frequenzcharakteristik zu erreichen, wie sie eine sehr teure Spezialausführung besitzt.

Neben Richtcharakteristik und Frequenzgang ist die Ausgangsimpedanz und die Ausgangsleistung (Empfindlichkeit) des Mikrofons von Interesse.

Bei niederohmigen Ausführungen bewegt sich der Innenwiderstand zwischen 100 Ω und 1 kΩ, während hochohmige eine Impedanz von 20 bis 50 kΩ besitzen.

Die Empfindlichkeit eines Mikrofons wird in mV pro µbar mit dem zugehörigen Innenwiderstand angegeben. Bei gleicher Empfindlichkeit aber unterschiedlicher Impedanz ist die Ausgangsspannung des Mikrofons höherer Impedanz um die Quadratwurzel des Widerstandsverhältnisses größer. So liefert beispielsweise ein Mikrofon mit einer Impedanz von 50 kΩ die 10fache Spannungsamplitude von einem mit 500 Ω, soweit die Empfindlichkeit gleich ist.

Die elektromechanischen Wandler von Mikrofonen basieren auf unterschiedlichen Prinzipien.

Ursprünglich verwendete man fast ausschließlich Kohlemikrofone, bei denen Kohlegranulat durch eine Membran im Rhythmus der Sprache zusammengedrückt wird, wodurch sich der Widerstand dieser Anordnung als Abbild der Sprache verändert.

2.3 Sende-Technik

Kohlemikrofone müssen in einen Gleichstromkreis gelegt werden, dessen Strom durch den veränderlichen Kohlewiderstand gesteuert wird. Das auf diese Weise gewonnene elektrische Nf-Signal ist gegenüber anderen Mikrofonverfahren relativ groß. Aus diesem Grund findet man Kohlemikrofone noch heute in Telefonen, wodurch sonst notwendige Verstärker eingespart werden können. Der mäßige Frequenzgang kann vernachlässigt werden, weil die Bandbreite ohnehin auf den Nf-Bereich von 300 bis 3000 Hz eingeschränkt wird.

Lange Jahre hindurch waren Kristallmikrofone von den Funkamateuren bevorzugt, da ihr Frequenzgang bei den höherfrequenteren Sprachanteilen ausgeprägt ist.

Bei Kristallmikrofonen wird der piezoelektrische Effekt genutzt, der bereits vom Schwingquarz her bekannt ist, wobei mechanische Kräfte an bestimmten Materialien elektrische Spannungen erzeugen. Verwendetes Material war zunächst Rochellesalz-Kristall, womit man zwar eine hohe Empfindlichkeit erreicht, doch ist es sehr erschütterungsempfindlich und nimmt bei extremen klimatischen Bedingungen Schaden.

Barium-Titanat und Blei-Zirkonium-Titanat haben sich in sogenannten Keramikmikrofonen als „handhabungsfreundlicher" erwiesen, obwohl sie etwas unempfindlicher sind. Dies läßt sich aber durch eine entsprechende Nf-Verstärkung im Sender ausgleichen.

Dynamischen Mikrofonen liegt das Induktionsprinzip zugrunde. Eine sehr leichte Spule ist mit der Membran verbunden, die in das Feld eines Permanentmagneten eintaucht. Die induzierte elektrische Spannung ist wiederum das Analogon des Schalldrucks, der auf die Membran auftrifft.

Billigste (und gute) dynamische Mikrofone für den Amateurfunk sind Telefonhörkapseln, die es in verschiedenen Empfindlichkeitsklassen gibt. Sie können direkt als Mikrofonkapseln eingesetzt werden, da die elektromechanische Energiewandlung umkehrbar (reversibel) ist. In gleicher Form arbeiten auch teilweise Sprechfunkgeräte, bei denen das dynamische Lautsprechersystem gleichzeitig als Mikrofon verwendet wird.

Als Weiterentwicklung des ursprünglichen Kondensatormikrofons ist das Elektretmikrofon bekannt.

Beim sogenannten Elektret handelt es sich um das kapazitive Analogon zum Permanentmagneten. Ein bestimmtes Gemisch aus Wachsen und Harzen läßt man unter einer Spannung von einigen kV erkalten. Anschließend läßt sich an diesem Gebilde eine permanente elektrische Ladung messen, wodurch ein aufgeladener Kondensator nachgebildet wird.

Bringt man das Elektret in eine Membranmechanik, ändert sich die permanente Spannung im Rhythmus des auftreffenden Schalldrucks, da die Elektretkapazität bei konstanter Ladung durch den Membrandruck mechanisch beeinflußt wird.

Das Elektret selber besitzt naturgemäß eine sehr hohe Impedanz, so daß für eine niederohmigere Last ein Wandler in Form eines FETs nachgeschaltet werden muß, wofür eine Spannungsquelle notwendig ist.

Während Mikrofone dieser Art zunächst äußerst empfindlich gegen Erschütterungen und Feuchtigkeit waren, hat man inzwischen Technologien gefunden, die das Elektretmikrofon zu einer Alternative zu anderen Schallwandlersystemen macht.

Zur Anpassung des Mikrofons an den Nf-Eingang des Senders müssen beide Impedanzen (Mikrofonausgang und Nf-Eingang des Senders) bekannt sein.

Bei den meisten AFU-Sendern ist der vorgesehene Mikrofoneingang hochohmig bei einer Impedanz von etwa 50 kΩ, so daß man ein entsprechendes Mikrofon wählen sollte.

Ist die Ausgangsspannung des Mikrofons zu gering, obwohl die Impedanzen übereinstimmen, muß man einen Vorverstärker zwischenschalten, um den oft spärlich dimensio-

2 Die Kurzwellen-Amateurfunkstation

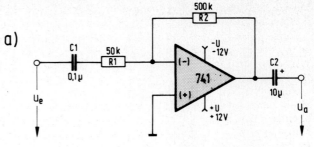

Abb. 2.3511 a Nf-Verstärker mit dem Operationsverstärker 741 (bipolare Stromversorgung)
Verstärkungsfaktor = 20 dB

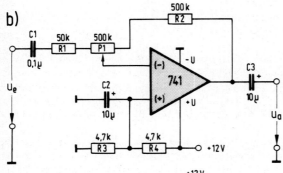

Abb. 2.3511 b Nf-Verstärker mit dem Operationsverstärker 741 (unipolare Stromversorgung)
Verstärkungsfaktor = 0 bis 26 dB

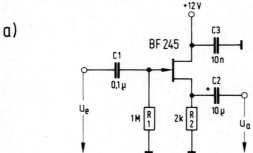

Abb. 2.3512 a Impedanzwandler mit einem selbstleitenden n-Kanal-FET
Eingangswiderstand = 1 MΩ
Ausgangswiderstand < 2 kΩ

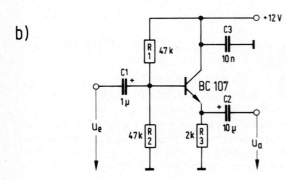

Abb. 2.3512 b Impedanzwandler mit einem bipolaren npn-Transistor
Eingangswiderstand ≈ 20 kΩ
Ausgangswiderstand < 2 kΩ

nierten Nf-Verstärker des Senders ausreichend durchsteuern zu können. In den *Abb. 2.3511 a* und *2.3511 b* sind Beispiele mit dem Operationsverstärker 741 gegeben.

Liefert ein niederohmiges Mikrofon genügend Nf-Spannung für den hochohmigen Eingang des Senders, wird der Mikrofonausgang mit seiner Impedanz durch einen ohmschen Widerstand abgeschlossen, um so den angegebenen Frequenzgang zu erhalten, der nur für die niederohmige Last gilt.

Hochohmige Mikrofone sollte man ebenfalls mit dem angegebenen Innenwiderstand abschließen und einen Impedanzwandler nachsetzen, soweit eine wesentlich niederohmigere Last gesteuert werden muß. Nur auf diese Weise kann man unliebsame Resonanzen im Frequenzgang des Mikrofons vermeiden.

In den *Abb. 2.3512 a* und *2.3512 b* sind Schaltungsbeispiele für Impedanzwandler angegeben.

Wird die Modulation der eigenen Sendung massiv kritisiert und diese Kritik auch von anderen QSO-Partnern bestätigt, kann ein defektes Mikrofon der Grund sein, wenn Hf-seitige Verzerrungsquellen auszuschließen sind.

Die Prüfung der Mikrofonkapsel ist schwierig. Denkbar ist ein sinusförmiges akustisches Testsignal, das man mit einem Tongenerator und einer nachgeschalteten guten Lautsprecherbox über den Sprachfrequenzbereich variiert, wobei das Ausgangssignal des Mikrofons oszillografisch nach Verzerrungen untersucht werden kann.

Der indirekte Weg ist sicherlich einfacher: Man wechselt zum Vergleich das Mikrofon.

2.352 Sprachgesteuerte Sende-Empfangsumschaltung (VOX)

Die sogenannte Voice-Control (VOX) ist eine elektronische Sende-Empfangsumschaltung, die durch die modulierende Nf gesteuert wird.

Der betriebstechnische Vorteil der VOX zeichnet sich dadurch aus, daß man auf einen mechanischen Umschalter verzichten kann und so beide Hände beim Telefonie-Funkverkehr frei hat.

Schaltungstechnisch zweigt man einen Teil des Nf-Signals vom Mikrofonverstärker zur Steuerung eines Sende-Empfangsrelais-Stromkreises ab. Der Schaltverstärker für den Relaisstrom wird mit einer vorgegebenen Signalamplitude getriggert, wobei die Einschaltzeitkonstante im Millisekundenbereich liegen soll. Im Gegensatz hierzu bemißt man die Abschaltzeitkonstante für eine Länge von 0,5 bis 4 Sekunden.

Sobald das Mikrofon besprochen wird, schaltet das Relais bereits mit dem Anfang der ersten Silbe auf „Senden". Durch den ständigen Sprachfluß bleibt der Schaltverstärker in dieser (instabilen) Stellung.

In der folgenden Sprachpause fällt der Schaltverstärker nach der eingestellten Abschaltzeitkonstante in seine stabile Lage „Empfang" zurück.

Zum nachträglichen Einbau ist in *Abb. 2.3521* eine einfache VOX-Schaltung gezeigt, die natürlich auch für andere Sprachsteuerzwecke verwendet werden kann. Als Schaltverstärker wird ein retriggerbarer monostabiler Multivibrator 74122 aus der Digitaltechnik „mißbraucht".

Der Ausgang Pin 8 liegt im stabilen Zustand auf 0 V, wodurch der Transistor T 1 gesperrt ist und sich das Umschaltrelais in Stellung „Empfang" befindet.

Wird der Eingang Pin 3 vom Mikrofonverstärker über die Triggerschwelle $+2$ V (log. 1) gesteuert, schaltet der Ausgang für eine mit P1 einstellbare Dauer auf etwa $+4$ V, so daß der Relaisstromkreis über T 1 geschlossen wird. Bei fortgesetztem Besprechen des Mikrofons wird der Multivibrator ständig nachgetriggert, wodurch das Relais in der Stellung „Senden" gehalten bleibt.

2 Die Kurzwellen-Amateurfunkstation

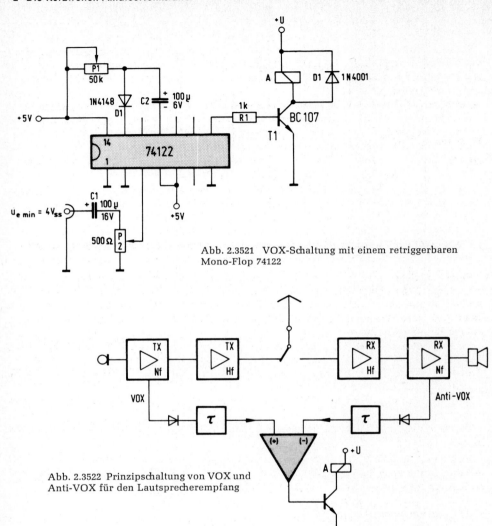

Abb. 2.3521 VOX-Schaltung mit einem retriggerbaren Mono-Flop 74122

Abb. 2.3522 Prinzipschaltung von VOX und Anti-VOX für den Lautsprecherempfang

Unterbricht man den Sprachfluß, bleibt die notwendige Nachtriggerung aus, so daß das Relais nach der mit P 1 vorgegebenen Zeit auf „Empfang" schaltet.

Reicht die Steuerspannung des Mikrofonverstärkers nicht für den relativ niederohmigen Eingang des 74122 zum Triggern aus, kann man einen Verstärker nach Abb. 2.3511 zwischenschalten.

Soll die VOX auch mit eingeschaltetem Lautsprecher betrieben werden, muß man verhindern, daß auch das Lautsprechersignal die Umschaltautomatik über das Mikrofon auf „Senden" setzt. Hierzu führt man nach Abb. 2.3522 einen Teil des Empfänger-Nf-Signals an den Schaltverstärker, der in diesem Falle einen Differenzeingang besitzen muß.

2.3 Sende-Technik

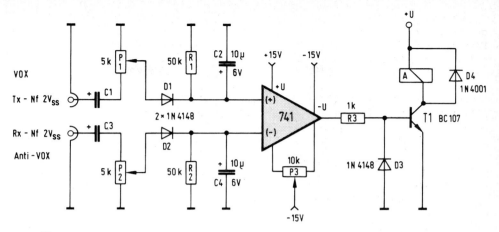

Abb. 2.3523 VOX und Anti-VOX mit einem 741 als Differenzschaltverstärker (Komparator)

Beide Eingänge wirken bei gleichen Eingangssignalamplituden gegeneinander, so daß man durch diese elektrische Gegenkopplung mit der sogenannten Anti-VOX (oder auch Anti-Trip) das akustisch vom Mikrofon übernommene Lautsprechersignal kompensieren kann. Auf diese Weise bleibt der Schaltverstärker trotz des eingeschalteten Lautsprechers auf der Empfangsstellung.

Im Beispiel nach *Abb. 2.3523* übernimmt der Operationsverstärker 741 die Aufgabe des Differenzschaltverstärkers (Komparator). Die Empfindlichkeitsschwellen von VOX und Anti-VOX werden durch P1 und P2 eingestellt, während R1 und C2 bzw. R2 und C4 die jeweilige Abfallzeitkonstante bestimmen.

Zur Variation der Abfalldauer können die Widerstände R1 und R2 durch Potentiometer ersetzt werden.

Der ausgangsseitige Schalttransistor im Relaisstromkreis hat die gleiche Funktion wie in *Abb. 2.3521*.

VOX und Anti-VOX zur sprachgesteuerten Sende-Empfangsumschaltung sind in den meisten kommerziellen AFU-Kurzwellengeräten zu finden. Die technische Lösung entspricht durchweg dem Prinzip nach *Abb. 2.3522*.

2.353 Dynamik-Kompression

Die Dynamik der menschlichen Sprache erreicht je nach Stimmlage, Sprachinhalt, Landessprache und zugehörigem Temperament Werte über 40 dB. Demzufolge kann man bei SSB-Telefoniesendungen mit einer Durchschnittsleistung rechnen, die nur bei 10 bis 20 % der angegebenen Spitzenhüllkurvenleistung (PEP) liegt.

Durch eine Dynamikkompression kann die mittlere Senderleistung auf 60 bis 70 % der PEP gesteigert werden, wodurch unter Beachtung der Aussteuergrenzen und Leistungsreserven des Senders eine höhere Durchschnittsfeldstärke und eine Verbesserung der Silbenverständlichkeit am Empfangsort erreicht wird.

Die Dynamikkompression ist allerdings nur dann zulässig, wenn die Senderendstufe die dadurch erhöhte Verlustleistung bewältigen kann. Steigt die durchschnittliche Ausgangsleistung beispielsweise um den Faktor 4, muß auch eine um den gleichen Wert höhere Verlustleistung abgeführt werden können.

2 Die Kurzwellen-Amateurfunkstation

Neben dieser Notwendigkeit ist beim Einschalten des Kompressors eine Nachstimmung der Endstufe erforderlich, da deren Impedanz mit erhöhter Ausgangsleistung absinkt. Dies ist bei den meisten Geräten gar nicht möglich, weil die Variation des Ausgangsfilters nicht ausreicht. Verzerrungen sind demnach nicht zu vermeiden.

Letztlich muß die Stromversorgung des Senders, die erhöhte Gleichstromeingangsleistung liefern können. In den seltensten Fällen wird aber der Hersteller das Stromversorgungsteil für ein Vielfaches der normalen Durchschnittsleistung dimensionieren (nicht umsonst wird die PEP statt der möglichen Effektivleistung angegeben), so daß auch hier ein Limit für den Kompressionsgrad zu finden ist. Eine überhöhte Last führt zu unstabilen Spannungen und damit zu nichtlinearen Verzerrungen des Ausgangssignals.

Grundsätzlich kann die Spitzenfeldstärke durch die Kompression nicht gesteigert werden, da die vorgegebene PEP einer Endstufe in keinem Falle überschritten werden kann und darf, um den Intermodulationsabstand in der vorgeschriebenen Grenze zu halten. An dieser Stelle sei auf die Halbwahrheit in Angeboten kommerzieller Hersteller von Dynamikkompressoren hingewiesen, worin oft erreichbare Feldstärkeerhöhungen von 6 bis 10 dB propagiert werden.

Eine angehobene S-Meter-Anzeige erhält man nur bei langer Regelzeitkonstante des Empfängers um den Wert der Durchschnittsleistungserhöhung. Bei kurzer Regelzeitkonstante muß der S-Meter-Spitzenwert mit und ohne Kompression gleich bleiben, da die PEP des Senders nicht überschritten werden darf. Sendeseitig läßt sich diese Tatsache analog beobachten: Der Durchschnittsanodenstrom (-kollektorstrom) wird bei der Kompression um ein Vielfaches höher, während der Spitzenstrom gleich bleibt.

Innerhalb der Amateurfunktechnik werden eine ganze Reihe von Wegen zur Kompression der Ausgangssignaldynamik mit mehr oder weniger großem Erfolg begangen:

Eine gut funktionierende ALC ist bereits eine Dynamikkompressorschaltung, durch die die ausgeprägten Steuersignalspitzen auf den zulässigen Pegel zurückgeregelt werden, so daß das Ausgangssignal auf eine bestimmte Amplitude nivelliert wird.

Beim Endstufenclipping wird die Senderendstufe durch zu hohe Ansteuerung bis in die durch die Röhren- bzw. Transistordaten gegebene Begrenzung gesteuert (vergl. Abb. 2.3415).

Diese Methode, die oft durch das Abschalten der ALC versucht wird, um die Ausgangsspitzenleistung zu erhöhen, ist ebenso zweifelhaft wie unsinnig. Zwar wird vom (nichtselektiven) Meßgerät eine höhere Ausgangsleistung angezeigt, doch besteht sie zum großen Teil aus Verzerrungen. Die Intermodulationsprodukte werden unzulässig hoch, so daß mit dem breitbandigen Signal keinerlei Feldstärkeerhöhung im Nutzkanal erreicht wird.

Bei der Dynamikkompression in der Hf-Aufbereitung wird die Dynamik der Hüllkurve des SSB-Signals nach Abb. 2.3531 mit einem nachgeschalteten Begrenzer reduziert. Dem Begrenzer muß ein weiteres Seitenbandfilter folgen, um die an der nichtlinearen Begrenzerkennlinie entstandenen Oberschwingungen zu unterdrücken, die weit außerhalb des Filterdurchlaßbereichs liegen.

Neben diesen Oberschwingungen entstehen natürlich auch Intermodulationsprodukte ungerader Ordnung, die im Gegensatz zu den Oberschwingungen zum Teil in den Filterdurchlaßbereich fallen und so zwangsläufig zu unerwünschten Verzerrungen führen. Es ist also falsch, wie oft in der AFU-Literatur zu lesen ist, das Dynamikkompressoren, die nach dem Hf-Begrenzerverfahren arbeiten, keine Verzerrungen produzieren.

Zwar werden die entstehenden Oberschwingungen durch das dem Begrenzer nachgeschaltete Seitenbandfilter bedämpft, die in den Sprachkanal fallenden Intermodulationsanteile lassen sich aber in keinem Falle vermeiden oder unterdrücken.

2.3 Sende-Technik

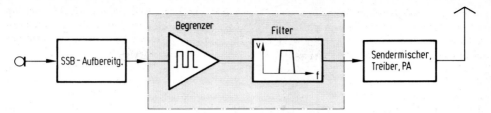

Abb. 2.3531 Dynamikkompression nach der Hf-Methode durch Begrenzung innerhalb der Hf-Signalaufbereitung (Geräteeingriff notwendig)

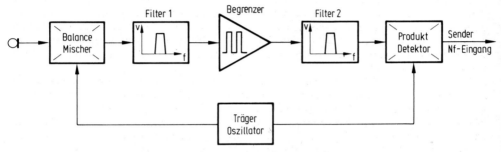

Abb. 2.3532 Dynamikkompression nach der Hf-Methode durch Auf- und Abbereitung eines begrenzten SSB-Signals (kein Geräteeingriff notwendig)

Die Hf-Dynamikkompression läßt sich nur durch einen nachträglichen Eingriff in die SSB-Aufbereitung einbauen.
Scheut man diesen Eingriff, kann man das Hf-Verfahren auch nach der Blockschaltung in Abb. 2.3532 anwenden, wonach eine Anzahl kommerziell gefertigter Geräte arbeitet.

Ein SSB-Signal wird in üblicher Form aufbereitet und im nachgeschalteten Begrenzer in der Dynamik komprimiert. Dem zweiten Seitenbandfilter folgt ein Produktdetektor, mit dem man am Ausgang der Schaltung das komprimierte Nf-Signal erhält, womit der Mikrofoneingang des Senders gesteuert wird.

Der Aufwand für die Auf- und Abbereitung des SSB-Signals ist bei diesem Verfahren hoch, zumal zwei Seitenbandfilter notwendig sind. Geräte dieser Art müssen aus diesem Grunde relativ teuer sein.

Beim Niederfrequenz-Kompressor wird die Dynamik der Mikrofonspannung bereits innerhalb des Modulationsverstärkers vor der SSB-Aufbereitung komprimiert. Man kann dies durch Regel- oder durch Begrenzerstufen realisieren.

Regelverstärker erfordern einen erheblichen elektronischen Aufwand, da die Bemessung und Einhaltung der Zeitkonstanten kritisch und mit Kompromissen verbunden sind. Mit einfachen, amateurüblichen Meßmitteln ist die Nachbausicherheit solcher Schaltungen nicht gegeben.

Begrenzerverstärker haben den Nachteil, daß sie erhebliche Verzerrungsprodukte erzeugen (analog zum Hf-Begrenzer), die einerseits die Natürlichkeit der individuellen Sprachcharakteristik verfälschen und andererseits die Silbenverständlichkeit reduzieren.

Als Nachteil gegenüber der Hf-Begrenzung fallen neben den Intermodulationsprodukten auch die Oberschwingungen zum Teil in den Nf-Kanal, wodurch der Verzerrungsgrad entsprechend höher wird.

Reine Begrenzerverstärker erfordern im Nf-Bereich in ihrer Grundschaltung einen geringen Aufwand und sind einfach nachzubauen. Mit erheblichen Verzerrungsprodukten bringen sie aber bei einer Steigerung der Senderleistung keine Verbesserung der Verständlichkeit, so daß sie wertlos sind.

Beim Einsatz von geeigneten Filtern vor und nach dem Nf-Begrenzer läßt sich ein Teil der Verzerrungen unterdrücken und so die Silbenverständlichkeit der komprimierten Modulation verbessern. Die Sprachcharakteristik bleibt dabei durch die geringe Dynamik und die notwendigen Frequenzgangkorrekturen verfälscht. Dies ist allerdings uninteressant, solange es um reine Informationsübertragung geht.

Verzichtet man auf die individuelle Charakteristik der Sprache, sind Frequenzen von etwa 300 Hz bis 2,5 kHz zur Verständlichkeit notwendig. Die höchste Wertigkeit erhält der Bereich von 900 bis 1500 Hz. Frequenzen über 2,5 kHz akzentuieren primär die Zischlaute von Konsonanten. Sie sind nicht notwendig.

Bei einer Energiebilanz über das Frequenzspektrum der Sprache fällt auf, daß die Frequenzen von etwa 200 bis 700 Hz einen besonders hohen Anteil besitzen. Er liegt bis zu 20 dB über dem der Frequenzen oberhalb 1 kHz. Allerdings kann man nachweisen, daß Frequenzen unter 700 Hz vornehmlich für die Sprachcharakteristik von Bedeutung sind.

Soweit der Begrenzer symmetrisch arbeitet, werden Mischprodukte ungerader Ordnung den größten Betrag der unerwünschten Energieanteile ausmachen. Wird dem Begrenzer ein Tiefpaßfilter mit einer Grenzfrequenz von etwa 2,5 kHz nachgeschaltet, können neben den Intermodulationsprodukten auch noch die 3. Harmonischen der Grundfrequenzen bis 800 Hz das Filter passieren. Hierin liegt der entscheidende Nachteil des Nf-Dynamikbegrenzers, der sich aber durch eine Absenkung der tiefen Frequenzen vor der Begrenzerstufe um ein entscheidendes Maß reduzieren läßt.

Zudem werden durch die Preemphasis der tiefen Frequenzen die Netzbrummeinstreuungen während der Sprachpausen erheblich vermindert, die bei vielen anderen Schaltungen ähnlicher Art stark störend zu hören sind.

Verwendet man geeignete Eingangsfilter, dann läßt sich die Verständlichkeit dadurch erhöhen, daß man neben der Absenkung der tiefen Frequenzen den Frequenzbereich um 1,2 kHz anhebt, wodurch er vom nachfolgenden Begrenzer bevorzugt wird.

Das dem Begrenzer nachgeschaltete Tiefpaßfilter soll nach der vorgegebenen Grenzfrequenz möglichst steilflankig abfallen, um den Nf-Kanal schmalbandig zu halten und die verbliebenen Oberschwingungsanteile oberhalb der Grenzfrequenz wirkungsvoll zu dämpfen.

Die durch die recht tief liegende Grenzfrequenz von 2,5 kHz vernachlässigten Konsonanten werden dadurch akzentuiert, daß die Frequenzen um 2,2 kHz im Ausgangsfilter angehoben werden.

Als Begrenzer bieten sich Operationsverstärker an, deren Leerlaufverstärkung bei 100 dB liegt. Betreibt man sie mit völlig offenem Gegenkopplungszweig, ist der Rauschanteil am Ausgang erheblich, da sämtliche Hintergrundgeräusche bis in die Begrenzung verstärkt werden. Durch eine entsprechende Beschaltung wird der Verstärkungsfaktor verringert. Zudem läßt sich der ausgangsseitige Verzerrungssignalanteil dadurch vermindern, daß man in den Gegenkopplungszweig antiparallel geschaltete Halbleiterdioden legt. Bis zu ihrer Schwellspannung bleibt der Verstärkungsfaktor durch den parallelliegenden ohmschen Widerstand konstant, während er darüber in einem durch die Diodenkennlinien bestimmten logarithmischen Verlauf abnimmt.

Demnach ist der Begrenzungsgrad eine Funktion der Signalamplitude am Begrenzereingang.

2.3 Sende-Technik

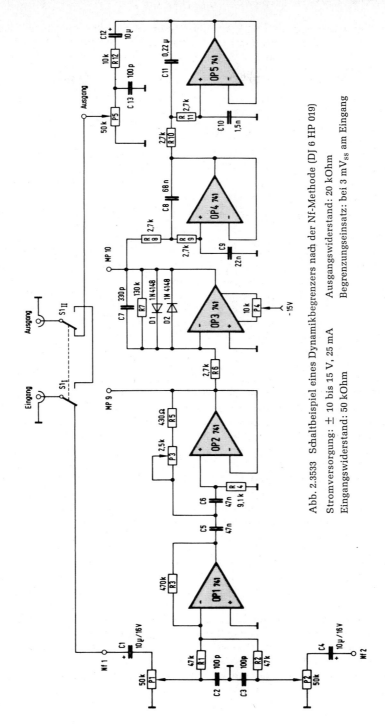

Abb. 2.3533 Schaltbeispiel eines Dynamikbegrenzers nach der Nf-Methode (DJ 6 HP 019)

Stromversorgung: ± 10 bis 15 V, 25 mA
Eingangswiderstand: 50 kOhm
Ausgangswiderstand: 20 kOhm
Begrenzungseinsatz: bei 3 mV$_{ss}$ am Eingang

In *Abb. 2.3533* ist die erprobte Schaltung eines Nf-Dynamikbegrenzers nach den vorausgegangenen Überlegungen konzipiert worden, die mit relativ wenig Aufwand sicher nachzubauen ist.

Die Nf-Spannung gelangt über C1, P1 und R1 an den invertierenden Eingang von OP1. Der Verstärkungsfaktor von OP1 ist etwa 10. Die Aussteuerung wird mit P1 eingestellt. Ein zweiter Eingang über C4, P2 und R2 erlaubt die Parallelschaltung einer zweiten Nf-Quelle. C2 und C3 dienen zur Hf-Abblockung.

OP2 stellt in der Beschaltung mit C5, C6, R4, R5 und P3 ein aktives Hochpaßfilter dar. Mit diesem Filter werden die Frequenzen unterhalb von 800 Hz in ihrer Spannungsamplitude abgesenkt. Die Grenzfrequenz kann mit P3 verändert werden, um so die individuelle Frequenzlage der Sprache berücksichtigen zu können. Der Frequenzbereich von 1 bis 1,5 kHz ist zur Verbesserung der Verständlichkeit angehoben worden.

Im Bereich der konstanten Verstärkung hat der Begrenzer OP3 einen Verstärkungsfaktor von 50. Erreicht die Ausgangsamplitude einen Wert von etwa 1,2 V_{ss}, nimmt die Verstärkung als Funktion der Diodenkennlinien in Abhängigkeit von der Eingangsspannung ab. Hierdurch ergibt sich nach dem Begrenzungseinsatz ein nahezu logarithmischer Verlauf der Verstärkung dieser Stufe. Der Begrenzungseinsatz erfolgt bei 25 mV_{ss} am Begrenzereingang. C_7 im Rückkopplungszweig unterdrückt störende Rauschsignale hoher Frequenz, während mit P4 die Symmetrie des Begrenzerausgangssignals eingestellt wird. OP4 und OP5 bilden ein aktives Tiefpaßfilter 4. Ordnung. Die Grenzfrequenz liegt bei 2,5 kHz. Bei 3,5 kHz hat dieses Filter eine Dämpfung von 40 dB.

Zum Abgleich der Begrenzersymmetrie wird das Eingangssignal (von einem Tongenerator) so eingestellt, daß OP3 gerade in die Begrenzung gesteuert wird, wodurch die Ausgangsamplitudenspitzen leicht abgeflacht erscheinen. Mit P4 wird das Ausgangssignal auf symmetrische Begrenzung eingestellt.

Mit den Eingangspotentiometern P1 bzw. P2 wird der Begrenzungsgrad eingestellt. Dabei sollte der Ausgang von OP3 (MP 10) bei leisem Besprechen des Mikrofons gerade in die Begrenzung gesteuert werden. P5 wird anschließend so eingestellt, daß der Sender bei der üblichen Nf-Verstärkung gerade durchgesteuert wird.

Die richtige Sprachfrequenzlage wählt man mit P3, wozu man die Gelegenheit besitzen sollte, sich selber abhören zu können.

Ein völlig anderes Verfahren zur Reduzierung der Sprachdynamik ist die analytische Methode, bei der davon ausgegangen wird, daß die Sprache analog zu einem amplitudenmodulierten Signal das Produkt aus zwei zeitabhängigen Nf-Funktionen ist. Grafisch ist dies in *Abb. 2.3534* gezeigt, wo der Träger durch den Sprachfrequenzanteil von 300 bis 3000 Hz dargestellt wird, während die Hüllkurve durch die Dynamik der Sprache gebildet wird, die sich bis zu einer Frequenz von 100 Hz ändert.

Vereinfacht kann man diesen Zusammenhang als

Sprache = Sprachfrequenzanteil × Dynamik

oder

$$SP = SF \cdot DY \tag{291}$$

beschreiben.

Mit diesem Wissen um das Produkt aus Frequenzinhalt und aufmodulierter Dynamik, die den Sprachenergieinhalt bestimmt, wird das Mikrofonsignal im analytischen Dynamikverdichter nach der Blockschaltung *Abb. 2.3535* zunächst auf einen praktikablen Spannungspegel verstärkt.

Dem Vorverstärker folgt ein Präzisionsdoppelweggleichrichter, an dessen Ausgang die negativen Halbwellen des Nf-Signals zur positiven Seite „geklappt" erscheinen.

Die Umwandlung in rein positive Amplitudenanteile ist für den nachgeschalteten Logarithmierer notwendig, an dessen Ausgang das Sprachsignal nach (291) die Form

$$\ln SP = \ln (SF \cdot DY) \tag{292}$$

annimmt.

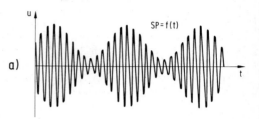

Abb. 2.3534 Zur analytischen Betrachtung des (elektrischen) Sprachsignals:
a) Sprache = Dynamik × Sprachfrequenzanteile
b) Der Verlauf der aufmodulierten Dynamik
c) Das Sprachfrequenzsignal ohne Dynamik als „Träger"

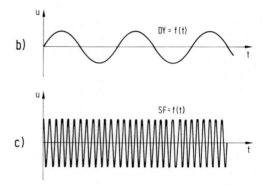

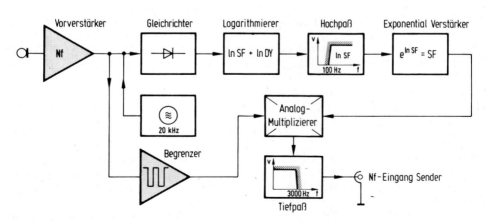

Abb. 2.3535 Blockschaltung des analytischen Dynamikkompressors

2 Die Kurzwellen-Amateurfunkstation

Nach dem mathematischen Gesetz

$$\ln (a \cdot b) = \ln a + \ln b \tag{293}$$

ist dieses Ausgangssignal gleich der Summe aus dem logarithmierten Sprachfrequenzanteil und dem logarithmierten Dynamikverlauf:

$$\ln SP = \ln SF + \ln DY \tag{294}$$

Diese Summe läßt sich durch ein Hochpaßfilter nach Frequenzanteilen trennen. Die untere Grenzfrequenz wird so gelegt, daß die Sprachinhaltsfrequenzen passieren können, während die ursprünglichen Hüllkurvenanteile der Dynamik unterdrückt werden. Am Filterausgang erscheint dann nur noch der logarithmierte Sprachfrequenzanteil ln SF.

Im folgenden Exponentialverstärker wird ln SF nach der Funktion

$$e^{\ln SF} = SF \tag{295}$$

wieder in ein lineares Signal zurückgewandelt.

Da nur positive Spannungen logarithmiert werden konnten, besteht das Ausgangssignal des Exponentialverstärkers ebenfalls nur aus positiven Nf-Wechselspannungshalbwellen, die wegen der fehlenden Dynamik gleiche Amplituden besitzen.

Um die ursprüngliche bipolare Wechselspannungsform zurückzugewinnen, werden die positiven Signalhalbwellen des Exponentialverstärkers im Analogmultiplizierer mit einem bipolaren Rechtecksignal multipliziert.

Da beide Signale gleicher Frequenz sind, weil sie von der gleichen Nf-Quelle (Mikrofon) gesteuert werden, erhält man am Ausgang den gewünschten bipolaren Sprachfrequenzverlauf konstanter Amplitude.

Mit einem nachgeschalteten Tiefpaßfilter werden alle Frequenzanteile oberhalb von 3 kHz abgeschnitten, da sie für die Sprachübertragung nicht notwendig sind.

Die zugehörige Schaltung nach *Abb. 2.3536* ist dem ARRL-Handbuch entnommen worden. Als Vorverstärker dient OP 1. Mit P 1 läßt sich der für unterschiedliche Mikrofonempfindlichkeit notwendige Verstärkungsfaktor einstellen.

OP 2 und OP 3 bilden den Präzisionsvollweggleichrichter für positive Ausgangsspannungen, da der Logarithmus nur für positive Werte gebildet werden kann.

Im nachfolgenden Logarithmierer aus OP 4 und OP 5 sollten die Dioden D 3 und D 4 nach Möglichkeit gepaart sein (ausgesuchte 1N4148 oder 1N914).

OP 6 ist ein aktives Hochpaßfilter 2. Ordnung (Butterworth) mit einer dimensionierten Grenzfrequenz von 50 Hz.

Der anschließende Exponentialverstärker aus OP 7 und OP 8 benötigt wiederum D 5 und D 6 als gepaarte Dioden, um eine möglichst exakte exponentielle Übertragungsfunktion zu erhalten.

OP 9 ist für eine Verstärkung von 1000 beschaltet, wobei die Ausgangsspannung durch D 7 und D 8 zusätzlich geclippt wird und als Rechteckspannung dem Multiplizierer zugeführt wird.

OP 10 ist dem Multiplizierer als Puffer nachgeschaltet, während OP 11 als Tiefpaß mit einer Grenzfrequenz von 3 kHz arbeitet. OP 12 dient lediglich als Mithörverstärker.

Alle Dynamikkompressoren haben die Eigenschaft, daß Hintergrundgeräusche und der eingekoppelte Brumm in den Sprachpausen einen unangenehm hohen Pegel erreichen.

Zur „Maskierung" dieser prinzipbedingten Störungen erzeugt man mit OP 13 ein 20 kHz-Signal, das außerhalb des Hörbereichs liegt, und koppelt es nach dem Vorverstärker ein. Der Pegel wird mit P_2 so hoch eingestellt, daß die Hintergrundsignale überdeckt werden.

Zum Abgleich der Schaltung wird der Schleifer von P 2 zunächst auf Masse gedreht.

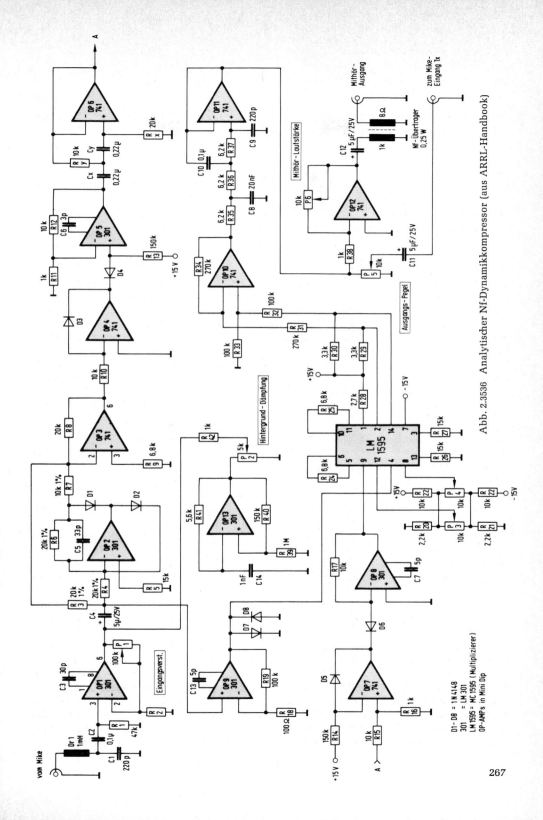

Abb. 2.3536 Analytischer Nf-Dynamikkompressor (aus ARRL-Handbook)

2 Die Kurzwellen-Amateurfunkstation

P 1 stellt man so ein, daß die Sprachamplitudenspitzen am Ausgang von OP 1 gerade noch nicht begrenzt werden.

Anschließend wird ein sinusförmiges Tongeneratorsignal von 1 kHz am Eingang der Schaltung eingekoppelt, dessen Pegel am Generator so eingestellt wird, daß am Ausgang von OP 1 20 V_{ss} gemessen werden.

Am Ausgang von OP 11 kontrolliert man die Sinusform, die sich mit P 3 und P 4 des Multiplizierers auf geringste Verzerrungen korrigieren läßt.

Der Störpegel der Hintergrundgeräusche wird nach Bedarf durch „Aufdrehen" von P 2 mit dem 20 kHz-Signal überdeckt.

Der Kompressionsgrad der Dynamik wird durch die Grenzfrequenz des Hochpaßfilters bestimmt. Man hat festgestellt, daß mit 50 Hz als untere Grenzfrequenz f_{gu} ein optimaler Wert erreicht wird. Höhere oder tiefere Grenzfrequenzen lassen sich mit

$$f_{gu} = \frac{1}{2\pi\sqrt{R_x \cdot R_y \cdot C_x \cdot C_y}} \tag{296}$$

und $C_x = C_y$ sowie $R_x = 2 R_y$ dimensionieren, soweit mit anderen Grenzfrequenzen experimentiert werden soll.

Der analytische Dynamikkompressor produziert im Idealfall keinerlei Verzerrungen, da alle nichtlinearen Funktionen innerhalb der Schaltung wieder linearisiert werden.

Diesen Vorteil können weder Nf- noch Hf-Kompressoren der herkömmlichen Bauart bieten.

Da sich die Aufbereitung zudem allein im Nf-Bereich abspielt, macht der Nachbau keine Schwierigkeiten, soweit man die Toleranzen der Bauteile beachtet.

2.4 SSB-Transceiver

Der Begriff „Transceiver" ist eine Wortkombination aus Transmitter (= Sender) und Receiver (= Empfänger) und wird auch im deutschen Amateurfunk-Sprachgebrauch meist für Sende-Empfänger verwendet.

In der Amateurfunktechnik entstanden Transceiver bereits zu Beginn der SSB-Technik, wobei die Hauptgründe dieser Integration beider Gerätefunktionen zunächst in der doppelten Ausnutzung des teuren Seitenbandfilters und des gleichen VFOs in der Gewißheit der Übereinstimmung von Sende- und Empfangsfrequenz lagen.

Die hohen Frequenzstabilitätsanforderungen an den SSB-Betrieb waren neben der Beschaffung des Seitenbandfilters ein relativ großes konstruktives und elektrisches Problem, weil VFO-Schaltungen mit Röhren weit schwieriger zu kompensieren sind als solche mit Transistoren. Erschütterungsempfindlichkeit, Erwärmung durch die Katodenheizung, Systemalterung usw. sind röhrentypische Parameter, die in der nachfolgenden Halbleitertechnik vergessen werden konnten, wodurch der Aufbau von frequenzstabilen variablen Oszillatoren wesentlich einfacher geworden ist.

Man hat aus der anfänglichen Notlösung „Transceiver", die bei den vorausgegangenen AM-Anlagen im Amateurfunk unüblich war, inzwischen eine Tugend gemacht. Die Mehrzahl der KW-Amateurfunkstationen ist mit Sende-Empfangsgeräten ausgerüstet, — ein Trend, der nicht nur dem Diktat des Marktes folgt, sondern auch eine Reihe von Vorteilen bietet:

Die Betriebstechnik gestaltet sich einfach, weil man für beide Gerätefunktionen den gleichen VFO verwendet. Auf diese Weise liegt man sowohl beim Senden als auch beim Empfang auf der gleichen Frequenz.

2.4 SSB-Transceiver

Zwar hat man diese Transceive-Schaltung inzwischen auch für getrennte Sende- und Empfangsgeräte, wobei wahlweise der Sender- oder der Empfänger-VFO für beide Geräte verwendet wird, doch muß man beim Bandwechsel beide Geräte umschalten und nachstimmen, während sich diese Prozedur beim Transceiver auf ein Gerät beschränkt.

Der finanzielle Aufwand für einen Transceiver ist um etwa 30 % geringer als der für elektrisch gleichwertige getrennte Geräte, da Baugruppen (VFO, Filter, Mischer, Quarze, Stromversorgung u.a.) doppelt ausgenutzt werden können.

Durch diese Mehrfachausnutzung benötigt ein Transceiver in der Regel auch nur den halben Platz einer Station mit getrennten Geräten, so daß sich Transceiver als kompakte Mobil-, Urlaubs- und Fielddaystationen anbieten.

Breitbandige Transistorendstufen, wie sie bereits beschrieben worden sind, ermöglichen die auf den VFO beschränkte Einknopfabstimmung der gesamten Station. Nur beim Wechsel des Bands muß man einen zusätzlichen Schalter bedienen, der die Frequenzaufbereitung und die Treiber- sowie Endstufen-Bandpaßfilter umschaltet. Hinzu kommt natürlich in jedem Fall die Umschaltung der Antenne, soweit nicht eine Multibandausführung verwendet wird.

Neben diesen beachtlichen Vorteilen schränkt das Transceiverprinzip allerdings auch einige Betriebsmöglichkeiten ein. Eine direkte Signalüberwachung ist nicht möglich, da man bei gemeinsamer Ausnutzung von Baugruppen die eigene Sendung nicht über den gesamten Aufbereitungsweg des Empfängers mithören kann.

Der gleichzeitige Betrieb des Senders und des Empfängers auf unterschiedlichen AFU-Bändern ist ebenfalls nicht möglich. Dieser sogenannte Duplex-Betrieb, der das Gegensprechen gestattet, ist auf KW allerdings unüblich.

Die schaltungstechnische Konzeption von Transceivern ist wesentlich komplexer als die von diskreten Sende- und Empfangsgeräten, wodurch die Reparatur für den Funkamateur und seinen meist bescheidenen Meßpark schwieriger ist.

Bei getrennten Geräten läßt sich das eine oft als Kontrolle für das andere verwenden.

Seitens der Hersteller hat man inzwischen versucht, einige Transceiver-„Handicaps" zu egalisieren.

So kann man praktisch an jeden kommerziell gefertigten AFU-Transceiver einen zweiten, getrennt lieferbaren VFO anschließen, um einen größeren Frequenzversatz zwischen Sende- und Empfangsfrequenz zu erreichen.

Dieser zweite VFO erlaubt allerdings nicht den Betrieb auf verschiedenen Bändern.
Für einen Frequenzversatz des Empfängers um einige kHz von der Sendefrequenz, ohne dabei die Sendefrequenz zu verändern, sorgt die Clarifier- bzw. RIT-Schaltung (RIT = receiver independent tuning = unabhängige Empfängerverstimmung), soweit man keinen zweiten VFO besitzt.

Diese Einrichtung ist recht praktikabel, um eine ständige Verstimmung des VFOs zu vermeiden, wenn die Gegenstation nicht exakt auf der eigenen Sendefrequenz liegt, zumal man auf diese Weise mit jeder Sende-Empfangsumschaltung um die Differenzfrequenz beider Sender wandern würde.

Es wäre an dieser Stelle müßig, die diversen Aufbereitungsprinzipien von Transceivern der unterschiedlichen Hersteller zu diskutieren, weil sie zu vielfältig und zudem firmenspezifisch sind.

Grundsätzlich gelten für den Transceiver in seinen beiden Funktionen die gleichen Betrachtungen und Definitionen, wie sie für Empfänger und Sender in 2.2 und 2.3 beschrieben wurden, so daß sich eine detaillierte Untersuchung erübrigt.

2.5 Die Antennenanlage

2.51 Hochfrequenzleitungen

In den meisten Fällen sind Antenne und Sender räumlich getrennt, so daß die abzustrahlende Hochfrequenzenergie zunächst zur Antenne transportiert werden muß. Dies geschieht über die Antennenspeiseleitung, deren Eigenschaften hier näher untersucht werden sollen.

Zum Transport elektrischer Energie werden im allgemeinen Leitungen verwendet. Bekannt sind sie von der Hochspannungsüberlandleitung bis zum einfachen Klingeldraht.
Die elektrische Leitung besteht aus zwei parallel geführten Drähten als Hin- und Rückleiter, die zwischen der Energiequelle und dem Verbraucher liegen.

Solange nur Gleichstrom oder niederfrequenter Wechselstrom (50 Hz) in Leitungen dieser Art fließt, muß praktisch nur auf die notwendige Isolation und auf einen geringen ohmschen Verlustwiderstand geachtet werden, damit der Energietransport ohne weitere Probleme vonstatten gehen kann.

Da Leitungslängen im Wechselstromnetz üblicherweise wesentlich kürzer als eine Wellenlänge λ der relativ niedrigen Betriebsfrequenz von 50 Hz (λ = 6000 km) sind, spricht man von elektrisch kurzen Leitungen.

Nach (165) wird die Wellenlänge λ mit zunehmender Frequenz kürzer, so daß man bereits im Kurzwellenbereich zu Antennenspeiseleitungen kommt, die länger als λ sind.
In diesem Falle handelt es sich um sogenannte elektrisch lange Leitungen, bei denen der Einfluß des ohmschen Verlustwiderstands gegenüber dem der Leitungsblindkomponenten in den Hintergrund tritt.

In *Abb. 2.511 a* ist das Ersatzschaltbild eines Leitungsstücks mit gegebener Einheitslänge gezeigt.
R 1 und R 2 bilden den ohmschen Widerstand der beiden Leiter, während R 3 als Isolationswiderstand zwischen den Leitern angenommen wird.

Neben diesen reellen Komponenten wirken die parallelliegenden Drahtstücke als Kapazität, die nach (51) eine elektrische Ladung speichern kann.
Gleichzeitig bilden die Leiterstücke jeweils eine Induktivität. Ein Strom, der durch den Leiter fließt, baut um ihn nach *Abb. 1.212* ein konzentrisches Magnetfeld auf, dessen Energie beim Zusammenbrechen des Feldes an den Leiter zurückgegeben wird.

Das Ersatzschaltbild gilt für ein Leitungsstück beliebiger Einheitslänge. Reiht man solche Stücke aneinander, kommt man zur Leitungsdarstellung nach *Abb. 2.511 b*. Diese allgemeine Darstellungsweise kann man allerdings noch vereinfachen, wenn man die ohmschen Verluste zunächst vernachlässigt und die Leitungsinduktivität mit ihrem doppelten Wert pro Einheitslänge auf einen der beiden Leiter konzentriert (*Abb. 2.511 c*).

Nimmt man in einem Gedankenexperiment an, daß die Leitung nach *Abb. 2.511 d* unendlich lang ist und schaltet an den Leitungsanfang eine Stromquelle mit der Spannung U, werden zunächst der Teilkondensator C 1 und dann nacheinander die folgenden bis C ∞ aufgeladen.

Die Ladung erfolgt allerdings nicht augenblicklich, weil die „Zuleitungen" der Kondensatoren mit Induktivitäten belegt sind, die dem Stromfluß durch die Gegeninduktionsspannung entgegenwirken.
Die fortlaufende Ladung der Leitungskapazitäten bis C∞ führt zu einem andauernden Strom konstanter Größe, da C∞ nie von den Ladungsträgern erreicht werden kann.

2.5 Die Antennenanlage

a)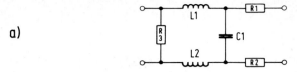

Abb. 2.511 a Ersatzschaltung für ein Leitungsstück (Einheitslänge)

b)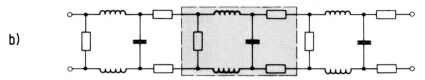

Abb. 2.511 b Ersatzschaltung einer Leitung in allgemeiner Form

c)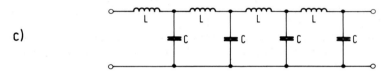

Abb. 2.511 c Vereinfachte Ersatzschaltung einer Leitung. Ohmsche Verluste sind vernachlässigt

d)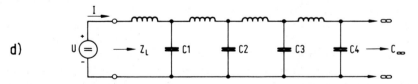

Abb. 2.511 d Eine unendlich lange Leitung verhält sich wie ein ohmscher Widerstand mit dem Wert des Wellenwiderstands

e)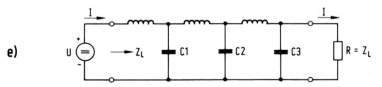

Abb. 2.511 e Nachbildung einer unendlich langen Leitung durch Abschluß einer endlich langen Leitung mit dem Wellenwiderstand Z_L

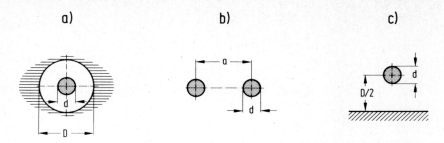

Abb. 2.512 a Konzentrische Leitung — Koaxialkabel
b Paralleldrahtleitung — twin-lead; c Eindrahtleitung über leitender Erde

Bei gegebener Eingangsspannung U und gemessenem Leiterstrom I läßt sich der sogenannte Wellenwiderstand Z_L der unendlich langen Leitung mit dem Ohmschen Gesetz bestimmen:

$$Z_L = \frac{\text{Eingangsspannung U}}{\text{Leiterstrom I}} \tag{307}$$

Demnach kann man die unendlich lange Leitung sehr einfach durch einen ohmschen Widerstand simulieren, dessen Wert R dem Wellenwiderstand Z_L der Leitung entspricht.

Weiterhin läßt sich ein endliches Leitungsstück nach *Abb. 2.511 e* als unendlich lange Leitung nachbilden, wenn man es am Ende mit dem Wellenwiderstand Z_L in Form eines reellen Widerstands abschließt.

Neben der Strom-Spannungsmessung von Z_L nach (307), die nicht praktikabel ist, weil unendlich lange Leitungen unrealistisch sind, kann man den Wellenwiderstand nach dem geometrischen Aufbau und der relativen Dielektrizitätskonstanten der Leitung bestimmen, wodurch Leitungsinduktivität und -kapazität pro Länge festliegen.

Allgemein ausgedrückt ist der Wellenwiderstand einer Leitung gleich der Quadratwurzel des Quotienten aus Leitungsinduktivität und Leitungskapazität pro Länge:

$$Z_L = \sqrt{\frac{L}{C}} \tag{308}$$

Aus den Bestimmungsgleichungen für L und C der unterschiedlichen Leitungsformen nach *Abb. 2.512 a* bis *2.512 c* ergeben sich die Beziehungen für die zugehörigen Wellenwiderstände:

Konzentrische Leitung (Koax)

$$Z_L = \frac{60}{\varepsilon_r} \ln \frac{D}{d} \tag{309}$$

Paralleldrahtleitung (twin-lead)

$$Z_L = \frac{120}{\varepsilon_r} \ln \frac{2a}{d} \tag{310}$$

Eindrahtleitung über leitender Erde

$$Z_L = \frac{60}{\varepsilon_r} \operatorname{ar cosh} \frac{D}{d} \tag{311}$$

Bei Luftisolation zwischen den Leitern wird $\varepsilon_r = 1$.

2.5 Die Antennenanlage

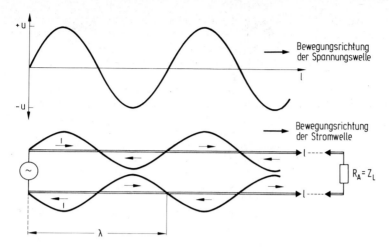

Abb. 2.513 Strom- und Spannungsverteilung auf einer unendlich langen bzw. mit Z_L abgeschlossenen Leitung zu einem fixierten Zeitpunkt

Der Wellenwiderstand Z_L jeder Leitung ist rein reell und unabhängig von ihrer Länge und der Frequenz des zu übertragenden Signals.

Legt man statt der Gleichspannung eine Wechselspannung an den Eingang der unendlich langen Leitung, fließt ein Wechselstrom in sie hinein, dessen Richtung sich mit der wechselnden Polarität der Spannung ändert.

Da Z_L reell ist, liegen Strom und Spannung auf der Leitung in Phase.

Betrachtet man die Strom- und Spannungsverteilung auf der Leitung nach Abb. 2.513 für einen fixierten Zeitpunkt, erhält man bei sinusförmiger Eingangsspannung einen entsprechenden sinusförmigen Verlauf des Stroms und der Spannung auf der Leitung, wobei sich eine Periode über eine Wellenlänge erstreckt.

Mit der periodischen Änderung der Eingangsspannung ändert sich auch der Amplitudenverlauf des Stroms und der Spannung an jeder betrachteten Stelle der Leitung.

Demnach kann man sich den Strom-Spannungsverlauf auf der Leitung als eine von der Spannungsquelle ausgelöste Wellenformation vorstellen, die mit Lichtgeschwindigkeit zum Leitungsende hinstrebt.

Die Länge einer solchen Wanderwelle ist gleich der Lichtgeschwindigkeit geteilt durch die Frequenz der Eingangswechselspannung, so daß sie λ entspricht.

Mißt man den Strom- und Spannungsverlauf an verschiedenen Stellen der Leitung, erhält man mit einem Zeigerinstrument überall den gleichen Wert, da das Instrument den sich periodisch ändernden Verlauf (der vorbeiwandernden Wellen) mittelt.

Schließt man eine endliche Leitung mit ihrem Wellenwiderstand Z_L ab, erhält man nach den bereits vorausgegangenen Betrachtungen entsprechende Verhältnisse, die durch die gleichmäßige Strom- und Spannungsverteilung auf der Leitung und die nur in einer Richtung zum Abschlußwiderstand (Verbraucher, Antenne) hinlaufenden Wanderwellen gekennzeichnet sind.

Im Abschlußwiderstand R_A wird die gesamte auf der Leitung übertragene Energie aufgenommen und verbraucht, soweit man die ohmschen Leitungsverluste vernachlässigt.

2 Die Kurzwellen-Amateurfunkstation

Ist der Abschlußwiderstand nicht gleich dem Wellenwiderstand Z_L der Leitung, werden die zum Leitungsende hinlaufenden Wellen mehr oder weniger stark reflektiert, so daß ein Teil der zu übertragenden Energie auf der Leitung zurückwandert.

Zur Untersuchung solcher Fehlanpassungen betrachtet man im allgemeinen die beiden Extremwerte für $R_A > Z_L$ und $R_A < Z_L$, wozu die Leitung einerseits offen bleibt, so daß $R_A = \infty$ wird, während sie andererseits kurzgeschlossen wird, wodurch man $R_A = 0$ erhält. In beiden Extremfällen wird die gesamte Energie vom Leitungsende reflektiert.

Bleibt die Leitung am Ende offen, sind die Verhältnisse im Augenblick des Einschaltens der Spannungsquelle die gleichen wie bei der mit Z_L abgeschlossenen Leitung. Strom- und Spannungswellen laufen phasengleich bis zum offenen Ende der Leitung. Dort kann der Strom nicht mehr weiterfließen, so daß das magnetische Feld um den Leiter zusammenbricht und dabei eine Spannung induziert, die wie ein zweiter Generator am Leitungsende wirkt, von dem als Folge eine Strom- und eine Spannungswelle zum Anfang der Leitung zurückfließen.

Man spricht in diesem Fall von Reflexion, wobei zwischen hin- und rücklaufenden Wellen bzw. hin- und rücklaufender Energie unterschieden wird.

Da der Strom am Leitungsende zu Null wird, während die Spannung ein Maximum erreicht, sind beide nach der Reflexion um 90° gegeneinander phasenverschoben.

Hin- und rücklaufende Wellen besitzen die gleiche Wellenlänge und bewegen sich mit gleicher Geschwindigkeit (Lichtgeschwindigkeit), wodurch es auf der Leitung zu einer Überlagerung beider kommt. Sie ist dadurch gekennzeichnet, daß man im $\lambda/2$-Abstand vom Leitungsende Nullstellen und Maxima des Stroms und der Spannung auf der Leitung messen kann.

In *Abb. 2.514 a* ist dies für die offene Leitung dargestellt. Die Stromnullstelle und das Spannungsmaximum (positiv oder negativ) sind am offenen Ende mit $R_A = \infty$ festgelegt, so daß sich weitere Nullstellen und Maxima jeweils im $\lambda/2$-Abstand zum Leitungsanfang hin ergeben.

Die Strom- und Spannungspolarität an den Maxima wechselt während einer halben Periodendauer (T/2) der Signalfrequenz vom positiven zum negativen Maximum bzw. umgekehrt. In der durchgezogenen und gestrichelten Darstellung ist dies für zwei Zeitmomente mit einem Abstand von T/2 gezeigt.

Obwohl hin- und rücklaufende Wellen sich mit Lichtgeschwindigkeit entlang der Leitung bewegen, „stehen" die zu messenden Nullstellen und Maxima auf der Leitung, da sie sich aus der Überlagerung der mit gleicher Geschwindigkeit gegeneinander laufenden Wellen gleicher Wellenlänge ergeben.

Im Gegensatz zur abgeschlossenen Leitung, wo der zu messende Strom- und Spannungsverlauf über die gesamte Leitung hinweg konstant ist, findet man bei der nicht abgeschlossenen Leitung scheinbar stehende Wellen.

Prüft man den Stehwellenverlauf entlang der Leitung mit einem Effektivwertmesser, findet man nur positive Maxima, weil es keine negative Effektivwertanzeige gibt. In *Abb. 2.514* ist dies angedeutet.

Im Sprachgebrauch der Hf-Technik nennt man die aufeinanderfolgenden Maxima „Bäuche", während die dazwischenliegenden Nullstellen mit „Knoten" bezeichnet werden.

Demnach erhält man am Ende einer offenen Leitung einen Stromknoten und einen Spannungsbauch.

Wird die Leitung nach *Abb. 2.514 b* am Ende kurzgeschlossen, erhält man dort zwangsläufig einen Strombauch und einen Spannungsknoten, wobei ebenfalls die gesamte Energie reflektiert wird, so daß sich wiederum Stehwellen durch den hin- und rücklaufenden Energietransport bilden.

2.5 Die Antennenanlage

a)

Abb. 2.514 a
Hf-Leitung mit offenem Ende

Stromverlauf auf einem Leiter zu zwei Zeitmomenten mit T/2 Zeitabstand (Stromstehwelle)

Verlauf der Stromstehwelle auf einem Leiter mit einem Effektivwertmesser gemessen

Spannungsverlauf zwischen den Leitern zu zwei Zeitmomenten mit T/2 Zeitabstand (Spannungsstehwelle)

Verlauf der Spannungsstehwelle zwischen den Leitern mit einem Effektivwertmesser gemessen

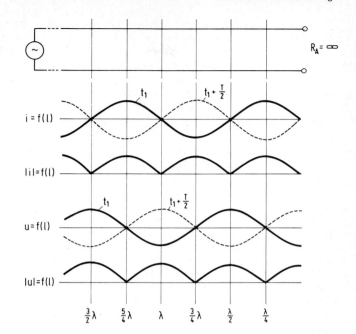

b)

Abb. 2.514 b Hf-Leitung mit kurzgeschlossenem Ende

Stromverlauf auf einem Leiter zu zwei Zeitmomenten mit T/2 Zeitabstand (Stromstehwelle)

Verlauf der Stromstehwelle auf einem Leiter mit einem Effektivwertmesser gemessen

Spannungsverlauf zwischen den Leitern zu zwei Zeitmomenten mit T/2 Zeitabstand (Spannungsstehwelle)

Verlauf der Spannungsstehwelle zwischen den Leitern mit einem Effektivwertmesser gemessen

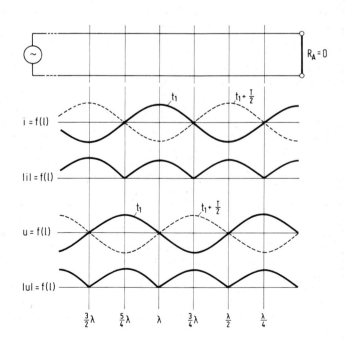

Beim Vergleich der *Abb. 2.514 a* und *2.514 b* findet man auf beiden Leitungen die gleichen Strom- und Spannungsverhältnisse, wenn man den Stehwellenverlauf in gleiche Phasenlage bringt. Dies erreicht man dann, wenn man die kurzgeschlossene Leitung oder die offene um λ/4 länger oder kürzer als die andere macht.

Demnach verhält sich (wie noch gezeigt wird) eine kurzgeschlossene λ/4-Leitung, wie eine λ/2 offene, oder eine λ/4 offene wie eine λ/2 kurzgeschlossene Leitung, wenn man sie am Anfang mit gleicher Impedanz einspeist.

Die kapazitive Kopplung ist hochohmig und entspricht einer Einspeisung im Spannungsbauch (vergl. *Abb. 2.515 a),* während die induktive Kopplung niederohmig ist und einer Einspeisung im Strombauch (vergl. *Abb. 2.515 b)* entspricht.

Eingangs wurde bereits erläutert, daß auf einer Leitung mit stehenden Wellen die Energie des Generators vor- und zurückfließt, wobei sie durch den wechselseitigen Auf- und Abbau der elektrischen und magnetischen Felder der Leitungskapazitäten und -induktivitäten transportiert wird.

Wäre die Leitung, wie bisher betrachtet, frei von ohmschen Verlusten, könnte man den Generator am Anfang abklemmen, wonach die einmal eingekoppelte Energie ständig zwischen den beiden Leitungsenden hin- und herwandern würde, so daß eine ungedämpfte Schwingung zustande käme.

Real besitzt natürlich jede Leitung einen ohmschen Verlustanteil, der den beschriebenen Schwingungseinsatz auf der Leitung dämpft.

Die Leitung verhält sich demnach analog zu einem Schwingkreis, wenn man ihre Länge auf einen ganzzahligen Wert von λ/4 bemißt. Man bezeichnet solche Leitungen als Resonanzleitungen oder abgestimmte Leitungen. In der UKW-Technik werden sie als sogenannte Lecherleitungen (teils in Strip-Line-Technik) als Resonanzkreise verwendet.

In *Abb. 2.515 a* und *2.515 b* ist der Impedanzverlauf und der damit verknüpfte Verlauf des Phasenwinkels φ von offenen und kurzgeschlossenen Leitungen unterschiedlicher Einkopplung beispielhaft für eine Länge von λ gezeigt.

Man sieht, daß Reihen- und Parallelresonanz im Wechsel im λ/4-Abstand auf der Leitung auftreten, so daß der Phasenwinkel an diesen Stellen 0° wird. Parallelresonanz ist durch einen Stromknoten und Serienresonanz durch einen Strombauch gekennzeichnet. Zwischen den Resonanzstellen wechselt die Leitungsimpedanz zwischen induktivem und kapazitivem Charakter.

Das Resonanzverhalten (Serie- oder Parallelresonanz) der Leitung ist von der nieder- oder hochohmigen Einkopplung, vom offenen oder kurzgeschlossenen Leitungsende und vom gerad- oder ungeradzahligen Vielfachen ihrer λ/4-Teilstücke abhängig.

Genauso wie ein Reihenschwingkreis möglichst niederohmig und ein Parallelschwingkreis sehr hochohmig gespeist werden sollen, muß auch die Resonanzleitung, je nach ihrer gewünschten Resonanzform, hoch- oder niederohmig eingekoppelt werden.

Zur optimalen Einspeisung und Abstimmung wird bei offener Leitung mit der Länge eines ungeraden Vielfachen von λ/4 oder bei kurzgeschlossener Leitung mit der Länge eines geraden Vielfachen von λ/4 induktiv (niederohmig im Strombauch) eingekoppelt. Bei offener Leitung mit der Länge eines geradzahligen Vielfachen von λ/4 oder kurzgeschlossener Leitung mit der Länge eines ungeradzahligen Vielfachen von λ/4 muß dagegen kapazitiv (hochohmig im Spannungsbauch) eingekoppelt werden.

Mathematisch ausgedrückt heißt das für induktive Kopplung mit offenem Leitungsende oder für kapazitive Kopplung mit kurzgeschlossenem Leitungsende

$$l_{res} = (2n+1) \cdot \frac{\lambda}{4} \tag{312}$$

für $n = 0$ bis ∞

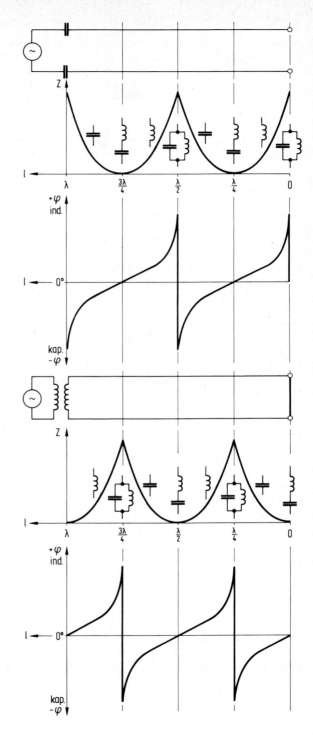

Abb. 2.515 a hochohmig (kapazitiv im Spannungsbauch) eingekoppelte Leitung mit λ-Länge und offenem Ende

Verlauf von Z in Abhängigkeit von der Leitungslänge vom offenen Ende her betrachtet (Symbole zur Andeutung der Impedanzcharakteristik an den jeweiligen Stellen)

Verlauf der Phasenwinkels φ auf der Leitung in Abhängikeit von der Leitungslänge vom offenen Ende her betrachtet

Abb. 2.515 b niederohmig (induktiv im Strombauch) eingekoppelte Leitung mit φ-Länge und kurzgeschlossenem Ende

Verlauf von Z in Abhängigkeit von der Leitungslänge vom kurzgeschlossenen Ende her betrachtet (Symbole zur Andeutung der Impedanzcharakteristik an den jeweiligen Stellen)

Verlauf den Phasenwinkels φ auf der Leitung in Abhängigkeit von der Leitungslänge vom kurzgeschlossenen Ende her betrachtet

2 Die Kurzwellen-Amateurfunkstation

und für induktive Kopplung mit kurzgeschlossenem Leitungsende oder kapazitive Kopplung mit offenem Leitungsende

$$l_{res} = 2n \cdot \frac{\lambda}{4} \tag{313}$$

Für $n = 1$ bis ∞

Nach (312) lassen sich bereits beide Resonanzen mit einer $\lambda/4$-Leitung nachbilden, wenn man für $n = 0$ einsetzt.

In *Abb. 2.516* sind die Schaltungsmöglichkeiten der $\lambda/4$-Leitung gezeigt, mit der beide Blindkomponenten und beide Resonanzformen simuliert werden können.

In *Abb. 2.517 a* ist der Impedanzverlauf auf einer $\lambda/4$-Leitung gezeigt (vergl. *Abb. 2.515 b*), der von hohen Werten am offenen Ende zum kurzgeschlossenen hin auf Null Ohm abfällt. Durch diese stetige Änderung zwischen zwei Extremwerten kann man die kurzgeschlossene $\lambda/4$-Leitung als Impedanzwandler oder Leitungstransformator verwenden.

In *Abb. 2.517 b* ist dies an einem Beispiel gezeigt, wo eine Leitung mit $Z_{L1} = 300\,\Omega$ an eine zweite mit $Z_{L2} = 60\,\Omega$ angepaßt wird. Auf der $\lambda/4$-Leitung müssen hierzu die beiden Impedanzwerte abgegriffen werden, deren hochohmiger Wert zum offenen Leitungsende hin liegt.

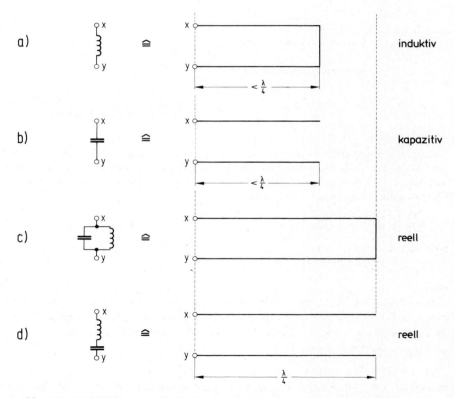

Abb. 2.516 Nachbildung von Wechselstromwiderständen mit einer $\lambda/4$-Leitung

2.5 Die Antennenanlage

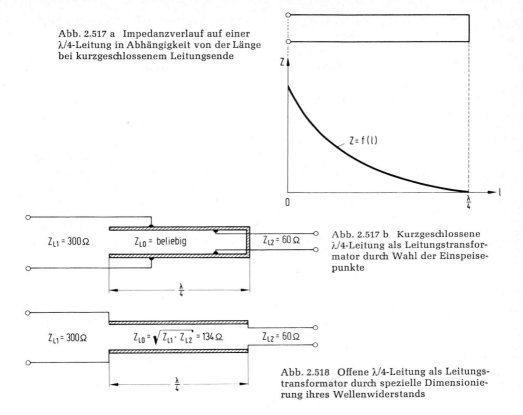

Abb. 2.517 a Impedanzverlauf auf einer λ/4-Leitung in Abhängigkeit von der Länge bei kurzgeschlossenem Leitungsende

Abb. 2.517 b Kurzgeschlossene λ/4-Leitung als Leitungstransformator durch Wahl der Einspeisepunkte

Abb. 2.518 Offene λ/4-Leitung als Leitungstransformator durch spezielle Dimensionierung ihres Wellenwiderstands

Eine andere oft praktizierte Art der Leitungstransformation ist in Abb. 2.518 zu finden. Dort liegt eine λ/4-Leitung mit dem Wellenwiderstand Z_{L0} zwischen zwei anderen Leitungen mit Z_{L1} und Z_{L2}. Unter der Voraussetzung der abgestimmten λ/4-Leitung für die Frequenz des zu übertragenden Signals gilt:

$$\frac{Z_{L1}}{Z_{L0}} = \frac{Z_{L0}}{Z_{L2}} \tag{314}$$

woraus sich

$$Z_{L0} = \sqrt{Z_{L1} \cdot Z_{L2}} \tag{315}$$

ergibt.

Der Wellenwiderstand dieser λ/4-Leitung muß demnach das geometrische Mittel (Quadratwurzel aus dem Produkt) der zu transformierenden Wellenwiderstände besitzen. Im Zahlenbeispiel wird der Wellenwiderstand der Transformatorleitung:

$$Z_{L0} = \sqrt{300 \cdot 60} \ \Omega$$
$$= 134 \ \Omega$$

so daß ein λ/4-Leitungsstück mit einem Wellenwiderstand von 134 Ω zwischen die 300 Ω- und die 60 Ω-Leitung gelegt werden muß.

2 Die Kurzwellen-Amateurfunkstation

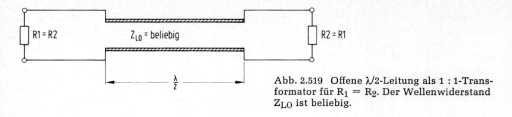

Abb. 2.519 Offene $\lambda/2$-Leitung als 1 : 1-Transformator für $R_1 = R_2$. Der Wellenwiderstand Z_{LO} ist beliebig.

Die Arbeitsweise dieser Transformation beruht darauf, daß zwar an beiden Wellenwiderstands-Stoßstellen (im Beispiel von 300 Ω auf 134 Ω und von 134 Ω auf 60 Ω) ein Teil der Energie reflektiert wird, wodurch Stehwellen entstehen. Bei $\lambda/4$-Länge der Transformationsleitung und richtiger Wahl ihres Wellenwiderstands nach (315) kompensieren sich aber diese Reflexionen, so daß man einen Übergang ohne Stehwellenbildung erhält.

Schließlich sei in diesem Rahmen noch die $\lambda/2$-Leitung erwähnt, die ihre Eingangsimpedanz am Ausgang wiederholt, wie man im Vergleich mit der *Abb. 2.515* sehen kann. Sie wirkt demnach als 1:1-Transformator abgestimmter Länge.

Besteht die Aufgabe darin, eine Hf-Quelle mit einem Verbraucher anzupassen, die beide gleiche Ausgangs- bzw. Eingangswiderstände besitzen, kann man sie mit einer $\lambda/2$-Leitung oder Vielfachen davon verbinden – ungeachtet des Wellenwiderstands dieser Leitung *(Abb. 2.519)*.

Neben den beschriebenen Aufgaben als Energieleiter, Resonanzfilter und Leitungstransformator erfüllen Hf-Leitungen noch eine Reihe weiterer als Phasenschieber, Symmetrierglieder und Filter, wobei diese Funktionen besonders in der Höchstfrequenztechnik genutzt werden, weil die Leitungen dort zu einer „handlichen" Länge zusammenschrumpfen.

Soweit diese Anwendungen für den Kurzwellenbereich von Interesse sind, findet man sie in den nachfolgenden detaillierten Abschnitten zur Antennentechnik.

2.52 Antennen-Speiseleitungen

Die Hochfrequenzenergie des Senders wird über eine Speiseleitung zur Antenne geführt. Zur optimalen Übertragung müssen die Systeme Sender, Leitung und Antenne leistungsangepaßt sein.

Man unterscheidet zwischen zwei Speiseleitungsarten:

1. der „abgestimmten" Speiseleitung mit frequenzabhängiger Länge und beliebigem Wellenwiderstand Z_L, bei der die gesamte Leitung als Leitungstransformator wirkt,

2. und der „nichtabgestimmten" Speiseleitung mit beliebiger Länge aber definiertem Wellenwiderstand Z_L, bei der die Senderimpedanz und die Antennenimpedanz Z_L entsprechen müssen, wodurch eine unendlich lange Leitung simuliert wird.

Beide Leitungsarten besitzen konstruktive und elektrische Vor- und Nachteile, die bei den verschiedenen Funkdiensten genutzt bzw. vermieden werden.

Im Amateurfunk wird fast durchweg die nichtabgestimmte Speiseleitung angewandt, weil die unkritische Länge das Problem der Leitungsverlegung vereinfacht. Zudem spielt hier auch das Diktat des Marktes eine Rolle, der fast ausschließlich Sender mit unsymmetrischem und niederohmigem Ausgang zwischen 30 und 100 Ω anbietet, so daß nichtabgestimmte Koaxialleitungen, die zu einer Dipolantenne gleicher Impedanz führen, die einfachste Lösung des Hf-Energietransports sind.

2.5 Die Antennenanlage

Nur bei einigen Spezialantennen muß man abgestimmte Zuleitungen verwenden, um dasselbe Antennengebilde gleichzeitig für mehrere AFU-Bänder ausnutzen zu können.

In der kommerziellen KW-Technik sind dagegen abgestimmte Antennenzuleitungen üblich, die dort wegen ihrer höheren Verlustfreiheit eingesetzt werden, da man die Parameter der elektrischen Eigenschaften frei wählen kann, weil der Wellenwiderstand der abgestimmten Zuleitung beliebig ist. Das Unterbringungsproblem der Zuleitung, das sich im Amateurfunk oft aus optischen Gründen stellt, kennt man in der kommerziellen Technik natürlich nicht.

2.521 Die abgestimmte Speiseleitung

Die Arbeitsweise der abgestimmten Speiseleitung wurde bereits prinzipiell beim $\lambda/2$-Leitungstransformator erwähnt (vergl. Abb. 2.519), der dadurch gekennzeichnet ist, daß sich die Leitungsimpedanz im Abstand von $\lambda/2$ und deren Vielfachen wiederholt.

Wird hiernach die Antennenzuleitung mit der gleichen Impedanz am Sender eingekoppelt, wie sie als Antennenfußpunktwiderstand (oder Antenneneingangswiderstand) zu finden ist, kann man den Wellenwiderstand der Zuleitung außer acht lassen.

Die $\lambda/2$-Leitung wirkt in ihrer gesamten Länge, die auch ein Vielfaches von $\lambda/2$ betragen kann, als 1:1-Leitungstransformator, dessen Übertragungsverluste allein durch die ohmschen Verluste der beiden Leiter bestimmt werden.

Man unterscheidet bei solchen abgestimmten Leitungen zwischen Spannungs- und Stromkopplung am Sender und an der Antenne. Dies bezieht sich auf die jeweilige Impedanz, die bei Spannungskopplung (im Spannungsbauch bzw. im Stromknoten) hochohmig ist, während sie bei Stromkopplung (im Strombauch bzw. Spannungsknoten) niederohmig ist.

Wie noch bei der Behandlung der Antenne gezeigt wird, besitzt sie über ihre Länge (wie eine abgestimmte Leitung) eine sich stetig ändernde Impedanz.

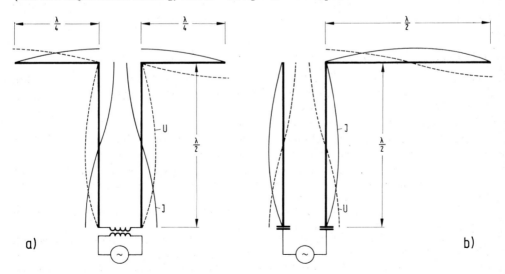

Abb. 2.5211 $\lambda/2$-Leitungstransformator als abgestimmte Speiseleitung
a Sender und Antenne sind niederohmig gekoppelt
b Sender und Antenne sind hochohmig gekoppelt

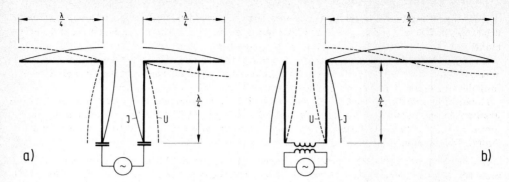

Abb. 2.5212   λ/4-Leitungstransformator als abgestimmte Speiseleitung bei unterschiedlicher Impedanz des Ein- und Ausgangswiderstands
a Sender hochohmig und Antenne niederohmig gekoppelt
b Sender niederomhig und Antenne hochohmig gekoppelt

Will man nach *Abb. 2.5211 a* an der Stelle ihres niederohmigen Fußpunktwiderstands (Strombauch) einkoppeln, muß auch die Auskopplung am Sender niederohmig sein, soweit man eine λ/2-Leitung zur Speisung verwendet.

Umgekehrt müssen nach *Abb. 2.5211 b* beide Impedanzen hochohmig sein, wenn die Antenne im hochohmigen Spannungsbauch eingekoppelt werden soll.

Bei abgestimmten Speiseleitungen ist man allerdings nicht allein auf Längen von λ/2 und deren Vielfachen beschränkt, die oft schwierig unterzubringen sind.

Wird beispielsweise am Sender im Spannungsbauch (hochohmig) eingekoppelt und liegt der Einkopplungspunkt der Antenne im Strombauch (niederohmig), kann man nach *Abb. 2.5212 a* ein λ/4-Stück als abgestimmte Speiseleitung verwenden.

Analoge Verhältnisse erhält man, wenn umgekehrt nach *Abb. 2.5212 b* die Auskopplung am Sender niederohmig und die Einkopplung an der Antenne hochohmig ist.

Die Arbeitsweise der abgestimmten λ/4-Speiseleitung entspricht dem Leitungstransformator, der mit den *Abb. 2.517 a* und *2.517 b* in 2.51 beschrieben wurde.

Das offene Ende der dort betrachteten λ/4-Leitung findet man hier an der hochohmigen Koppelstelle im Spannungsbauch, während das kurzgeschlossene dem niederohmigen Koppelpunkt im Strombauch entspricht.

Allgemein ausgedrückt muß eine abgestimmte Speiseleitung bei gleicher Sender- und Antennenimpedanz λ/2-Länge oder deren ganzzahlige Vielfache besitzen:

$$l = n \cdot \frac{\lambda}{2} \qquad (316)$$

für n = 1 bis ∞

Findet die Ein- bzw. Auskopplung auf der einen Seite der Leitung im Strombauch (niederohmig) und auf der anderen Seite im Spannungsbauch (hochohmig) statt, muß die Länge der abgestimmten Speiseleitung λ/4 oder ein ungerades Vielfaches davon betragen:

$$l = (2n + 1) \cdot \frac{\lambda}{4} \qquad (317)$$

für n = 0 bis ∞

2.5 Die Antennenanlage

Auf abgestimmten Speiseleitungen entstehen Stehwellen nach den *Abb. 2.5211* und *2.5212* (soweit man vom Sonderfall Wellenwiderstand Z_L = Antennenwiderstand Z_A absieht).

Strom und Spannung verlaufen auf den parallelliegenden Einzelleitern mit entgegengesetzter Polarität, so daß sich deren hochfrequente Felder kompensieren und eine Strahlung der abgestimmten Speiseleitung verhindert wird.

Neben den relativ geringen Leitungsverlusten einer entsprechend dimensionierten abgestimmten Speiseleitung hat sie den Vorteil, daß man mit ihr eine (abgestimmte) Antenne nicht nur in ihrer Grundwelle, sondern auch in ihren Oberwellen erregen kann. Anhand der Zeppelin-Antenne wird dies noch im Detail erläutert.

Bei der praktischen Ausführung von abgestimmten Paralleldraht-Speiseleitungen wählt man für höhere Leistungen ($>$ 100 W) einen Leiterabstand von 10 bis 15 cm. Der Abstand soll einerseits nicht zu gering sein, um dielektrische Verluste und Isolationsverluste zu vermeiden. Andererseits darf er aber auch nicht zu groß werden, damit sich die Felder beider Leiter ausreichend kompensieren können, um so Strahlungsverluste zu verhindern. Eine solche im AFU-Slang genannte „Hühnerleiter" wird mit Keramik- oder Kunststoffspreizen entspechender Länge alle 30 bis 50 cm auf Abstand gehalten. Die Bestimmung des Wellenwiderstands (soweit notwendig) erfolgt nach (310).

Für kleinere Leistungen läßt sich auch UKW-Bandkabel oder besser Schlauchkabel (Z_L = 240 Ω) verwenden und in Notfällen kann man sogar Stegleitung einsetzen, die allerdings nicht gerade für Hf-Transport entwickelt wurde ($Z_L \approx 100$ Ω).

Mit diesen Leitungsarten sind die Verluste natürlich höher als mit der klassischen Hühnerleiter, besonders dann, wenn sie durch Regen, Schnee oder Tau feucht werden oder mit der Zeit stark verschmutzen und auswittern.

Um Strahlungsverluste durch Unsymmetrien auf der abgestimmten Paralleldraht-Leitung zu vermeiden, führt man sie in möglichst weitem Abstand von Metallkörpern (Dachrinne, Fensterrahmen, Balkongeländer usw.) zur Antenne. Eine frei hängende Leitung besitzt die besten Eigenschaften.

Zudem muß die Leitungseinspeisung am Sender natürlich auch symmetrisch erfolgen, wofür eine zusätzliche Symmetrierschaltung nach dem üblichen unsymmetrischen π-Filter-Ausgang notwendig sein wird.

Letztlich muß bei der Bemessung der Speiseleitungslänge der Verkürzungsfaktor berücksichtigt werden, soweit man kunststoffisolierte Leitungen verwendet, bei denen Laufzeiten auftreten, wodurch die Wellenausbreitung entlang der Leiter nicht ganz mit Lichtgeschwindigkeit abläuft.

Der Verkürzungsfaktor beträgt bei Flachbandkabel und Schlauchkabel etwa 0,8, so daß man die aus (316) bzw. (317) bemessene Länge hiermit noch multiplizieren muß.

2.522 Die nichtabgestimmte Speiseleitung

Der Begriff „nichtabgestimmt" bezieht sich auf die Leitungslänge, die im Gegensatz zur abgestimmten Speiseleitung beliebig lang sein kann und in keinem bestimmten Verhältnis zur Wellenlänge λ stehen muß.

In der angelsächsischen Literatur wird besser von der „angepaßten" Speiseleitung (matched transmission line) gesprochen, einer Bezeichnung, die die Funktion der Leitung weit besser beschreibt.

Zum Verständnis der Arbeitsweise der angepaßten Speiseleitung muß man auf die Erkenntnisse zurückgreifen, die im Zusammenhang mit der unendlich langen Leitung in 2.51 gewonnen wurden.

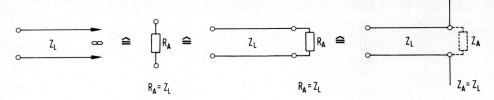

Abb. 2.5221 Ersatzschaltungen für eine unendlich lange Leitung

Hiernach läßt sich eine unendlich lange Leitung durch einen ohmschen Widerstand R_A nachbilden, der den Wert Z_L des Wellenwiderstands besitzt, oder aber durch ein endlich langes Leitungsstück, das ebenfalls mit $R_A = Z_L$ abgeschlossen ist.

Da der Eingangswiderstand Z_A einer abgestimmten Antenne (im Resonanzbetrieb) reell ist, kann man den ohmschen Abschlußwiderstand R_A nach *Abb. 2.5221* durch Z_A ersetzen, wenn der Wellenwiderstand der Leitung gleich dem Antenneneingangswiderstand ist.

Zur maximalen Leistungsübertragung zwischen Sender und Antenne muß der Innenwiderstand des Senders mit dem Wellenwiderstand der Speiseleitung und dem Antenneneingangswiderstand übereinstimmen, um so Leistungsanpassung zu erreichen.

In *Abb. 2.5222* ist das Ersatzschaltbild für dieses Antennenspeisesystem gezeigt, das der *Abb. 1.161* entspricht.

Im Gegensatz zur abgestimmten Speiseleitung findet man auf der angepaßten Speiseleitung keine Stehwellen, da die fortschreitenden Strom- und Spannungswellen nach *Abb. 2.513* phasengleich dem Abschlußwiderstand zustreben, wo die Sende-Energie ohne Reflexion übernommen wird.

Die Stehwellenfreiheit ist demnach ein Maß für die Anpassung dieser Speiseleitung an die Antenne. Eine Leitung ohne Stehwellenanteile ist ideal angepaßt.

Dies mag zunächst zu Verwirrungen führen, zumal die abgestimmte Speiseleitung gerade durch Stehwellen gekennzeichnet ist. Der entscheidende Unterschied besteht aber darin, daß sie über ihre vorgeschriebene Länge als Leitungstransformator und somit als abgeschlossene Einheit anzusehen ist, während die angepaßte Leitung bei beliebiger Länge mit vorgegebenem Z_L im Anpassungssystem Sender, Leitung und Antenne integriert ist.

Ist der Abschlußwiderstand R_A oder der Antenneneingangswiderstand Z_A größer oder kleiner als Z_L, wird ein Teil der Energie vom Leitungsende reflektiert. Das Extremverhalten für $R_A = 0$ und $R_A = \infty$ wurde in 2.51 (für die abgestimmte Länge) detailliert untersucht.

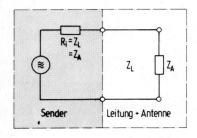

Abb. 2.5222 Anpassungssystem aus Sender, Speiseleitung und Antenne mit $R_i = Z_L = Z_A$ (Ersatzschaltung)

2.5 Die Antennenanlage

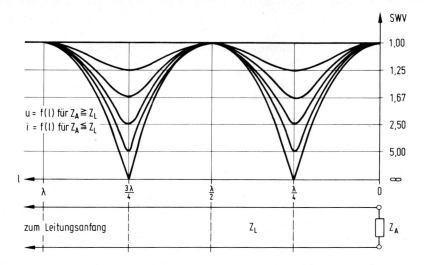

Abb. 2.5223 Stehwellenverlauf auf einer Speiseleitung mit unterschiedlichem Reflexionsfaktor; vom Leitungsende her betrachtet
Für $Z_A \geqq Z_L$: Stehwellenverlauf der Spannung
Für $Z_A \leqq Z_L$: Stehwellenverlauf des Stroms

In *Abb.* 2.5223 sind die Stehwellen (vom Leitungsende her betrachtet) für unterschiedliche Reflexionsgrade dargestellt.

Ist $Z_A = Z_L$ (Anpassung), findet keine Reflexion statt, so daß auf der Leitung konstante Spannung und konstanter Strom gemessen werden.

Wird Z_A größer als Z_L ($Z_A > Z_L$), nähert man sich dem Verhalten der offenen Leitung, wo am Leitungsende ein Spannungsbauch auftritt. Die *Abb.* 2.5223 zeigt für diesen Fall den Stehwellenverlauf der Spannung für unterschiedliche Werte von Z_A zwischen $Z_A = Z_L$ und $Z_A = \infty$.

Ist Z_A dagegen kleiner als Z_L ($Z_A < Z_L$), entspricht dies einer Näherung zur kurzgeschlossenen Leitung, bei der der Strombauch am Leitungsende auftritt, so daß die in *Abb.* 2.5223 gezeichneten Stehwellen bei unterschiedlichen Werten von Z_A zwischen $Z_A = Z_L$ und $Z_A = 0$ den Stromverlauf auf der Leitung zeigen.

Als Maß für den Anteil von Stehwellen auf einer nichtabgestimmten Speiseleitung, das gleichzeitig eine Aussage über die Fehlanpassung zwischen Speiseleitung und Antennenwiderstand macht, ist das Stehwellenverhältnis (Abkürzung: SWV; engl.: standing wave ratio = SWR) in der AFU-Technik üblich.

Das SWV ist definiert als das Verhältnis zwischen den Maximal- und Minimalwerten vom Strom bzw. von der Spannung auf der Leitung:

$$\text{SWV} = \frac{U_{max}}{U_{min}} \qquad (318)$$

$$= \frac{I_{max}}{I_{min}}$$

2 Die Kurzwellen-Amateurfunkstation

Man kann das Stehwellenverhältnis auch als Verhältnis zwischen dem Wellenwiderstand der Speiseleitung und dem Abschluß- bzw. Antenneneingangswiderstand angeben, wobei der jeweils größere Widerstand im Zähler stehen muß:

$$\text{SWV} = \frac{Z_A}{Z_L} \text{ für } Z_A > Z_L \tag{319}$$

$$\text{SWV} = \frac{Z_L}{Z_A} \text{ für } Z_A < Z_L \tag{320}$$

Für exakte Anpassung ($Z_A = Z_L$) ist das Stehwellenverhältnis 1, während es bei Totalreflexion unendlich groß wird.

Zur Bestimmung der reflektierten Leistung muß man den sogenannten Reflexionsfaktor p einführen:

$$p_{(U,I)} = \frac{\text{SWV} - 1}{\text{SWV} + 1} \tag{321}$$

Er gibt an, welcher Teil der Spannung bzw. des Stroms vom Leitungsende durch Fehlanpassung reflektiert wird.

Man kann den Reflexionsfaktor auch in Prozent ausdrücken, wenn man (321) mit 100 multipliziert:

$$p_{(U,I)}\% = \frac{\text{SWV} - 1}{\text{SWV} + 1} \cdot 100 \% \tag{322}$$

Im allgemeinen interessiert aber der Anteil der reflektierten Leistung, um die Verluste durch die Fehlanpassung am Leitungsende zu bestimmen.

Da die Leistung bei gegebenem Widerstand im quadratischen Verhältnis zu Strom und Spannung steht, wird der Leistungsreflexionsfaktor in Prozent:

$$p_{(P)}\% = \left(\frac{\text{SWV} - 1}{\text{SWV} + 1}\right)^2 \cdot 100 \% \tag{323}$$

Gelangt in einem Zahlenbeispiel eine Leistung von 100 W ans Speiseleitungsende, wo ein Stehwellenverhältnis von 3 gemessen wird, werden nach (323) 25 W reflektiert:

$$p_{(P)}\% = \left(\frac{3 - 1}{3 + 1}\right)^2 \cdot 100 \%$$

$$= 25 \%$$

$$\triangleq 25 \text{ W}$$

Will man umgekehrt das Stehwellenverhältnis aus dem Leistungsreflexionsfaktor bestimmen, muß (323) nach dem SWV aufgelöst werden. Nach algebraischer Umwandlung erhält man:

$$\text{SWV} = \frac{\sqrt{p_{(P)}\%} + 10}{10 - \sqrt{p_{(P)}\%}} \tag{324}$$

Wird danach beispielsweise vom Antenneneingangswiderstand 36 % der angebotenen Leistung reflektiert, entspricht dies einem Stehwellenverhältnis

$$\text{SWV} = \frac{6 + 10}{10 - 6}$$

$$= 4$$

2.5 Die Antennenanlage

Bisher wurde davon ausgegangen, daß die nichtabgestimmte Speiseleitung frei von Verlusten sei, obwohl sie in jedem Fall einen ohmschen Widerstand besitzt und Isolationsverluste auftreten. Zudem strahlt jede Hf-Leitung in einem gewissen Maße, wodurch ebenfalls Hf-Energie verloren geht, die für die Antenne bestimmt war.

Die Leitungsverluste stehen im logarithmischen Verhältnis zur Leitungslänge. Sie werden im allgemeinen in dB pro Länge (100 Meter oder 100 Fuß) angegeben, wobei die Frequenz des zu übertragenden Signals von Bedeutung ist, da die Verluste mit steigender Frequenz zunehmen.

Durch die Leitungsverluste gelangt auch bei der exakt angepaßten Leitung nicht die gesamte Sende-Energie an die Antenne.

Weiterhin wird auch die reflektierte Leistung einer nichtangepaßten Antenne gedämpft, so daß sie nicht vollständig zurück zum Leitungsanfang (Sender) gelangt.

Diese Tatsache ist besonders bei der Messung des Stehwellenverhältnisses zu beachten, zumal das Stehwellenmeßgerät bei den meisten Amateurfunkstationen direkt am Senderausgang in die Speiseleitung eingeschleift wird.

Bei den beschriebenen Speiseleitungsverlusten führt dies zwangsläufig zu falschen Messungen, die eine bessere Anpassung vortäuschen, als sie real am Antenneneinspeisepunkt (-fußpunkt) besteht, da die reflektierte Leistung, die am Leitungsanfang zur Senderausgangsleistung ins Verhältnis gesetzt wird, bereits auf zwei Leitungsstrecken (hin mit der gesamten Senderleistung und zurück als Reflexionsleistung) gedämpft wurde.

Ein realistisches Zahlenbeispiel macht diese Zusammenhänge wiederum deutlich:

Die vom Sender abgegebene Hf-Leistung P_1 betrage 100 W. Sie wird mit einer Leitungsdämpfung a_L von 2 dB zum Antenneneinspeisepunkt transportiert. Dort wird ein Stehwellenverhältnis von 3 gemessen.

Zu bestimmen ist die fehlerhafte Messung des Stehwellenverhältnisses am Senderausgang.

Um die an der Antenne noch „eintreffende" Leistung P_2 zu errechnen, geht man von der logarithmischen Beziehung der Leitungsdämpfung a_L aus:

$$a_L = 10 \log \frac{P_1}{P_2} \quad \text{in dB} \tag{325}$$

Sie wird nach der Leistung P_2 am Leitungsende (Antenne) durch Potenzieren zur Basis 10 aufgelöst:

$$P_2 = \frac{P_1}{10^{\frac{a_L}{10}}} \quad \text{in W} \tag{326}$$

Für $a_L = 2$ dB wird

$$P_2 = \frac{100 \text{ W}}{1{,}584}$$

$$= 63{,}13 \text{ W}$$

Der Leistungsreflexionsfaktor für ein SWV von 3 beträgt nach (323) 25 %, so daß von der Antenne 15,8 W reflektiert werden. Diese Reflexionsleistung wird auf dem Weg zum Leitungsanfang (Sender) aber wiederum um 2 dB gedämpft, so daß dort nach (326) nur noch

$$P_2 = \frac{15{,}8 \text{ W}}{1{,}584}$$

$$= 10 \text{ W}$$

eintreffen.

2 Die Kurzwellen-Amateurfunkstation

Das am Senderausgang eingeschleifte Stehwellenmeßgerät sieht demnach eine hinlaufende (zur Antenne) Leistung von 100 W und eine rücklaufende (reflektierte) von nur 10 W und zeigt nach (324) mit $p_{(P)} \% = 10$ ein Stehwellenverhältnis von

$$SWV = \frac{3,16 + 10}{10 - 3,16}$$
$$= 1,9 \quad \text{an.}$$

Das Beispiel illustriert, welche Fehler möglich sind, wenn man das Stehwellenverhältnis am Senderausgang mißt.

Der Anzeigefehler wird um so größer, je höher die Speiseleitungsverluste sind. In Abb. 2.5224 sind SWV-Abweichungen zwischen Senderausgang und Antenneneinspeisepunkt für unterschiedliche Leitungsdämpfung a_L grafisch dargestellt.

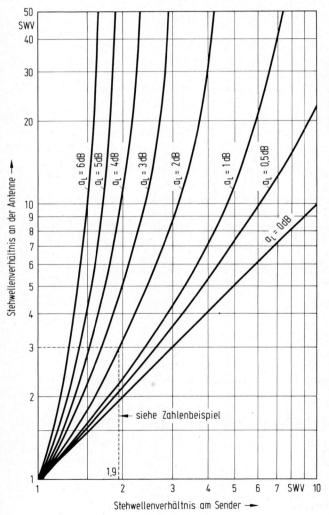

Abb. 2.5224 Abweichung des Stehwellenverhältnisses zwischen Senderausgang und Antenneneinspeisepunkt bei unterschiedlicher Speiseleitungsdämpfung a_L

2.5 Die Antennenanlage

Man sollte demnach zur eindeutigen Beurteilung der Antennenanpassung an die Speiseleitung versuchen, das Stehwellenverhältnis an der Antenneneinspeisung zu messen, da nur dort der richtige Wert angezeigt werden kann.

Ist dies technisch nicht möglich, muß die Dämpfung der Speiseleitung abgeschätzt werden, um damit auf das SWV an der Antenne schließen zu können.

In keinem Falle darf man sich durch ideale SWV-Angaben und auch Demonstrationen von SWV-Messungen an Antennen täuschen lassen, wenn das Meßgerät nicht unmittelbar an die Antenne geschaltet worden ist. Ein zwischengeschaltetes Dämpfungsglied oder ein schlechtes Speisekabel frisieren jede Antennenform bei unsachgemäßer Meßanordnung zum sauber angepaßten Resonanzstrahler.

Die Speiseleitungsverluste sind am geringsten, wenn die Leitung mit $Z_A = Z_L$ an die Antenne angepaßt ist, so daß ein Stehwellenverhältnis von 1 herrscht.

Sie steigen mit dem Stehwellenverhältnis an, weil Strom und Spannung auf der Leitung höhere Werte erreichen, so daß die ohmschen Verluste und die Isolationsverluste neben den Strahlungsverlusten zunehmen.

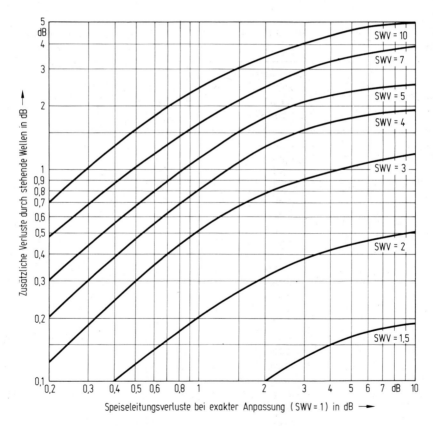

Abb. 2.5225 Darstellung des Anstiegs der Speiseleitungsverluste mit zunehmendem Stehwellenverhältnis in dB

2 Die Kurzwellen-Amateurfunkstation

In Abb. 2.5225 sind die Abhängigkeiten grafisch dargestellt. In der Waagerechten findet man die Leitungsverluste für ein Stehwellenverhältnis von 1 aufgetragen, die vom Leitungstyp, von der Länge und von der Betriebsfrequenz abhängig sind.

Als Parameter sind Kennlinien für die unterschiedlichen Stehwellenverhältnisse (am Antenneneinspeisepunkt gemessen!) bis SWV = 10 eingezeichnet, die in Verbindung mit der senkrechten Koordinate das Ablesen der zusätzlichen Leitungsverluste durch die Fehlanpassung gestatten.

In einem Beispiel habe die Speiseleitung eine Dämpfung von 2 dB, wobei an der Antenne ein Stehwellenverhältnis von 3 gemessen wird. Nach Abb. 2.5225 betragen die zusätzlichen Verluste durch diese Fehlanpassung der Leitung 0,8 dB, so daß man mit Speiseleitungsverlusten von 2,8 dB rechnen muß.

Bis zu einem Stehwellenverhältnis von 2 und Leitungsverlusten von 10 dB bleiben die zusätzlichen Verluste unter 0,5 dB, so daß man diese Fehlanpassung der Antenne ohne Bedenken zulassen kann, da sich ein Unterschied von 0,5 dB empfangsseitig kaum feststellen läßt.

Im allgemeinen sind die notwendigen Antennenzuleitungen bei Amateurfunkstationen rund 20 bis 30 m lang, wobei aus finanziellen Gründen oft das einfachste Kabel vom Typ

Tabelle 2.5221 Die wichtigsten Daten von in der AFU-Technik gebräuchlichen Koaxialkabeln (RG-Typen)

Kabeltyp	Wellenwiderstand Z in Ω	Dämpfung pro 100 m in dB bei 30 MHz	Kapazität pF pro m	Außendurchmesser in mm	Innenleiter-Durchmesser in mm	max. Leistung in Watt
RG − 5/U	52,5	4,87	94	8,5	1,3	1000
RG − 6/U	76	4,60	66	8,5	0,72	1000
RG − 8/U	52	3,30	97	10	7 × 0,7	1720
RG − 8A/U	52	3,30	97	10	7 × 0,7	1720
RG − 11/U	75	3,91	67	10	7 × 0,4	1400
RG − 11A/U	75	3,91	67	10	7 × 0,4	1400
RG − 13/U	74	3,73	68	11	7 × 0,4	1500
RG − 14/U	52	2,43	97	14	2,4	2800
RG − 17/U	52	1,39	97	22	4,8	5600
RG − 19/U	52	1,09	97	28,5	6,35	7200
RG − 55/U	53,5	7,56	94	5,3	0,8	580
RG − 58/U	53,5	7,56	94	5	0,8	580
RG − 58A/U	50	8,32	100	5	19 × 0,18	550
RG − 58B/U	53,5	7,56	94	5	0,8	580
RG − 58C/U	50	8,32	100	5	19 × 0,18	550
RG − 59/U	73	6,25	69	6,2	0,65	720
RG − 59A/U	73	6,25	68	6,2	0,65	720
RG − 59B/U	75	6,25	68	6,2	0,6	720
RG − 62/U	93	4,86	46	6,2	0,65	850
RG − 63/U	125	3,65	34,5	10,3	0,65	750
RG − 71/U	93	4,86	46	6,3	0,65	850
RG − 213/U	50	3,56	100	10,3	7 × 0,76	1850

RG 58/U verwendet wird, so daß man im 10-m-Band mit 2 dB Leitungsverlusten rechnen muß.
Dies entspricht bei exakter Anpassung einem Leistungsverlust von 37 %. Bei einer durchaus realistischen Antennenfehlanpassung mit einem SWV von 4 werden die Gesamtverluste der Leitung 3 dB (50 %), so daß man bei der Planung einer Antennenanlage bereits die Speiseleitung so dimensionieren sollte, daß dem Sender nicht schon aus dem Grunde eine Endstufe nachgeschaltet werden muß, um die Verluste der Antennenzuleitung zu kompensieren.

In der *Tabelle 2.5221* sind die Daten von unterschiedlichen Koaxialkabeltypen zusammengefaßt worden. In *Abb. 2.5226* ist die Leitungsdämpfung von einigen Typen für jeweils 100 m Länge in Abhängigkeit von der Frequenz dargestellt.

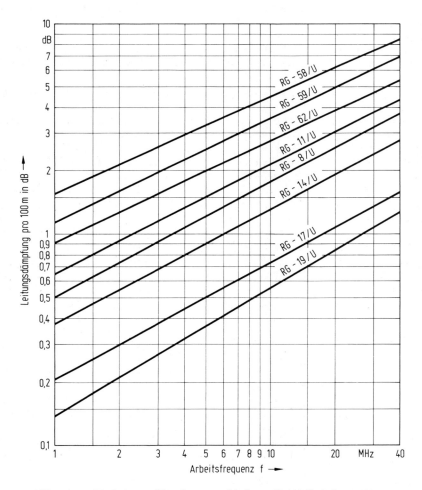

Abb. 2.5226 Die Leitungsdämpfung verschiedener Koaxialkabel pro 100 m in Abhängigkeit von der Arbeitsfrequenz

2 Die Kurzwellen-Amateurfunkstation

Zur Bestimmung der Kabeldämpfung müssen der Typ und die Länge bekannt sein. Man entnimmt den Dämpfungswert für die Arbeitsfrequenz aus dem Diagramm, multipliziert ihn mit der Kabellänge (in Meter) und dividiert das Produkt durch 100.

Hiernach besitzt z. B. ein 25 m langes Koaxialkabel vom Typ RG-59/U bei einer Frequenz von 15 MHz eine Dämpfung von 1,1 dB (soweit die Antenne exakt angepaßt ist).

Obwohl die als „Hühnerleiter" aufgebaute Paralleldrahtspeiseleitung im Vergleich zu üblichen Koaxialkabeln bessere elektrische Eigenschaften besitzt, wird sie heute nur noch für spezielle Antennengebilde verwendet, weil die Verlegung und die Anpassung an den Sender bei unsymmetrischem 50 Ω-Ausgang mit einer Reihe von Problemen verbunden sind. In der AFU-Technik wird praktisch durchweg Koaxialkabel als Speiseleitung eingesetzt, das bei genormtem Wellenwiderstand witterungsbeständig ist und sich völlig problemlos und unauffällig verlegen läßt.

Da der Funkamateur auch heute noch (im Gegensatz zum Sender und zum Empfänger) seine Antennenanlage meist selber aufbaut, bleibt ihm die Wahl der Speiseleitung überlassen, wobei mit zunehmender Arbeitsfrequenz und längerer Antennenzuleitung hochwertigere Kabeltypen verwendet werden müssen. Zudem ist auch die zu übertragende Leistung von Bedeutung, da sich der Innenleiter bei hohen Strömen und knapper Dimensionierung erheblich erwärmen kann und die Isolation jeweils nur für eine begrenzte Hf-Spannung bemessen ist.

Der Aufbau von Koaxialkabeln ist äußerst vielfältig. Die in der AFU-Technik üblichen Kabeltypen besitzen meist Vollkunststoffisolation zwischen Mantel (Außenleiter) und Seele (Innenleiter), wodurch sie mechanisch sehr robust sind. Die elektrischen Verluste sind allerdings größer als die von Kabeln mit Schaumstoffisolation oder gar Luft bzw. Schutzgasdielektrikum. Allerdings sind diese Kabel wesentlich empfindlicher gegen mechanische Einflüsse und zum Teil erheblich teurer.

Der Mantel einfacher Kabel besteht in den meisten Fällen aus einem Kupferdrahtgeflecht, während die Seele als einadriger Kupferdraht oder seltener als Litze ausgeführt ist.

Der Außenleiter ist mit einem zusätzlichen Kunststoffmantel umgeben, wodurch das Kabel gegen Witterungseinflüsse geschützt wird.

Zur Messung des Stehwellenverhältnisses verwendet man in den meisten Fällen sogenannte Reflektometer, deren Schaltungsprinzip in *Abb. 2.5227* gezeigt ist.

Zwischen dem Mantel (M) und der Seele (S) eines koaxialen Meßleitungsstücks, das den Wellenwiderstand der Speiseleitung besitzt, werden zwei Richtkoppelschleifen L1 und L2 eingefügt, die sowohl induktiv als auch kapazitiv mit der „heißen" Seele gekoppelt sind.

Eine der Schleifen ist zur relativen Messung der zur Antenne hinlaufenden Leistung die andere zur Messung der reflektierten Leistung vorgesehen, wobei beide symmetrisch aufgebaut sind.

Bei exakt abgeschlossener Speiseleitung tritt keine Reflexion auf. Der Schleifenabschlußwiderstand R1 muß so gewählt werden (um 100 Ω), daß in diesem Falle der Spannungsmesser bei der Reflexionsmessung keinen Ausschlag zeigt (rückwärts).

Zum Abgleichen von R2 vertauscht man unter den gleichen Bedingungen die Anschlüsse „Sender" und „Antenne". Bei symmetrischem Aufbau der Schaltung wird $R2 = R1$.

Das Reflektometer legt man in die Antennenspeiseleitung. Wie bereits erwähnt, ist der meßtechnisch richtige Platz direkt am Einspeisepunkt der Antenne. Dies ist allerdings selten realisierbar, da die Antenne möglichst hoch über Grund sein soll, so daß ihr Einspeisepunkt an unzugänglicher Stelle liegt.

2.5 Die Antennenanlage

Abb. 2.5227 Reflektometerschaltung

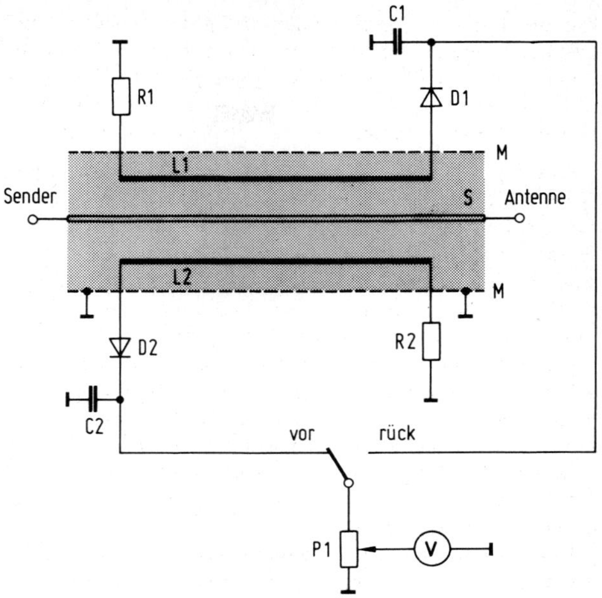

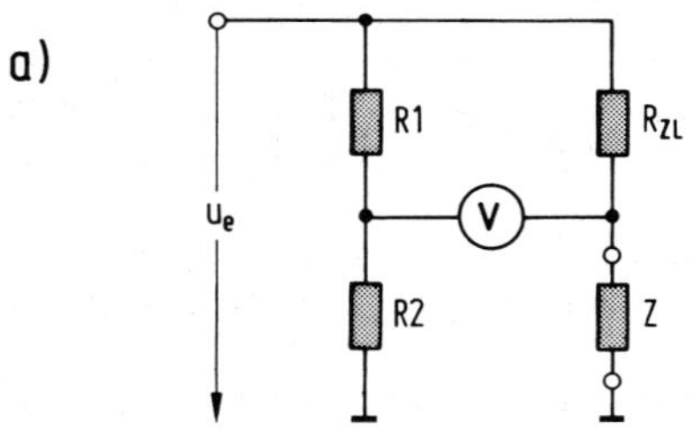

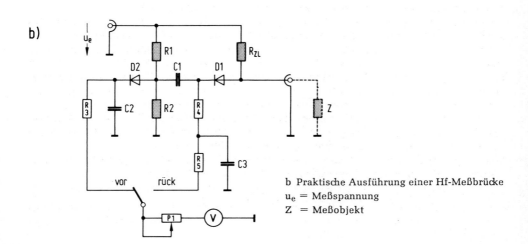

Abb. 2.5228 Hf-Meßbrücke
a Prinzip der Hf-Brückenschaltung

b Praktische Ausführung einer Hf-Meßbrücke
u_e = Meßspannung
Z = Meßobjekt

293

Man muß demnach die Dämpfung der Zuleitung schätzen, um den wahren Wert des Stehwellenverhältnisses mit dem Diagramm nach Abb. 2.5224 ermitteln zu können.

Beim Meßvorgang schaltet man das Reflektometer zunächst auf „vorwärts" und stellt die Anzeige des Spannungsmessers mit dem Empfindlichkeitspotentiometer auf Vollausschlag (meist 100 als Skaleneichung).

Anschließend wird auf „rückwärts" geschaltet, wobei der Spannungsmesser die relative reflektierte Leistung im Vergleich zum Vollausschlag der ersten Messung anzeigt. Das Instrument ist hierfür im Stehwellenverhältnis geeicht, so daß man es ohne Umrechnung direkt ablesen kann.

Besser sind Reflektometer mit zwei Instrumenten, wodurch die Umschaltung zwischen den beiden Richtkoppelschleifen wegfällt. Die Bedienung ist wesentlich einfacher, da man beide Meßwerte gleichzeitig überwachen kann.

Die Empfindlichkeit des Reflektometers hängt vom Kopplungsfaktor der Richtkoppelschleifen zur Seele und von der Betriebsfrequenz ab.

In handelsüblichen Geräten für den Amateurfunk-Gebrauch besteht die koaxiale Meßstrecke aus einem etwa 10 bis 12 cm langen U-Blech mit einer Kantenlänge von rund 20 mm als Mantel. Hierin verlaufen die Seele und parallel dazu die beiden Richtkoppelschleifen durch Plastikscheiben gehaltert und voneinander isoliert.

Reflektometer dieser Art benötigen im 80-m-Band rund 10 W und im 10-m-Band nur noch 1 W zur Vollaussteuerung in der Vorwärtsstellung. Sie sind demnach nicht für Messungen mit Kleinsignalen geeignet. Für den üblichen Amateurfunkbetrieb sind diese Geräte allerdings völlig ausreichend, zumal im allgemeinen mit Leistungen über 50 W gearbeitet wird.

Steht nur ein Signal geringer Leistung zur Messung des SWV zur Verfügung, kann man eine Schaltung nach dem Meßbrücken-Prinzip (1.14) anwenden. Sie ist in Abb. 2.5228 a grundlegend gezeigt.

R1 und R2 bilden als gleiche Widerstände den einen Brückenzweig, während der Normalwiderstand R_{ZL} und die zu messende Leitung (durch Z ersetzt) den anderen Zweig darstellen.

R_{ZL} muß den Betrag des Leitungswellenwiderstands Z_L besitzen. Ist das zu messende Kabel mit dem Betrag des Wellenwiderstands abgeschlossen, bildet diese Anordnung den Wellenwiderstand Z_L nach. Für diesen Fall befindet sich die Brücke in Balance, so daß die Anzeige am Brückenspannungsmesser (-strommesser) Null wird. Das Stehwellenverhältnis ist dann 1.

Ist der Abschlußwiderstand der zu messenden Leitung (z. B. der Antenneneingangswiderstand) nicht gleich Z_L bzw. R_{ZL}, wird bei dieser Fehlanpassung auch der Gesamtwiderstand Z ungleich Z_L, so daß die Brücke außer Balance gerät und am Meßinstrument ein Ausschlag abzulesen ist, wodurch man auf ein Stehwellenverhältnis von größer als 1 schließen kann.

Eine praktische Schaltung einer solchen Hf-Meßbrücke ist in Abb. 2.5228 b gezeigt.

Zur Messung des Stehwellenverhältnisses wird der Betriebsschalter auch hierbei zunächst auf „vorwärts" gesetzt und das Empfindlichkeitspotentiometer P1 so eingestellt, daß das Meßgerät Vollausschlag anzeigt (z. B. Eichung = 100).

Schaltet man auf „rückwärts", erhält man mit zunehmendem Stehwellenverhältnis (Fehlanpassung) einen größeren Ausschlag des Instruments.

Zur Bestimmung des absoluten Wertes des Stehwellenverhältnisses geht man vom Reflexionsfaktor p aus, der bereits in (321) eingeführt wurde:

$$p = \frac{U_r}{U_v} = \frac{I_r}{I_v} \tag{327}$$

2.5 Die Antennenanlage

(v = Vorwärts, r = Rückwärts)

Hiermit läßt sich nach Umformung von (321) die Beziehung für das SWV aufstellen:

$$\text{SWV} = \frac{U_v + U_r}{U_v - U_r} \tag{328}$$

$$= \frac{I_v + I_r}{I_v - I_r}$$

Ist die Skala z. B. linear bis zum relativen Wert 100 geeicht, und wird bei der Rückwärtsmessung ein Wert von 50 angezeigt, während man vorwärts mit P_1 den Ausschlag auf 100 gestellt hatte, beträgt das SWV nach (328):

$$\text{SWV} = \frac{100 + 50}{100 - 50}$$

$$= 3$$

Zweckmäßigerweise eicht man das Instrument in SWV-Werten. Für eine lineare Eichung bis 100 gilt für die entsprechenden Werte zwischen 0 und 100 bei Rückwärtsmessung:

Lineare Eichung	0	10	20	30	40	50	60	70	80	90	100
SWV	1	1,22	1,5	1,86	2,33	3	4	5,67	9	19	∞

Da der Normalwiderstand R_{ZL} der Brücke direkt vor dem Meßobjekt liegt, ist diese Schaltung nicht zur ständigen Überwachung des SWV bei hoher Sendeleistung geeignet.

Die Belastbarkeit wird durch die maximale Verlustleistung der Brückenwiderstände bestimmt, wobei die Grenze bei 1 W liegt, wenn man kleine induktionsarme Schichtwiderstände verwendet.

Macht man R_{ZL} variabel, läßt sich die Brücke auch für Kabel mit unterschiedlichen Wellenwiderständen anwenden.

Selbstverständlich ist die Schaltung auch zur Messung anderer Widerstände in der Hf-Technik geeignet, soweit man R_{ZL} in den entsprechenden Bereich legt.

2.53 Antennenanpassung, Symmetrierglieder

Bei Antennen mit abgestimmter Speiseleitung übernimmt die Leitung die notwendige Widerstandstransformation zur Anpassung der Antenne, so daß zwischen beiden keine Anpassungsglieder notwendig werden

Zur Anpassung der Antenne an eine nichtabgestimmte Speiseleitung muß der Antennenfußpunktwiderstand nach 2.522 gleich dem Wellenwiderstand Z_L der Speiseleitung sein, um so ein möglichst geringes Stehwellenverhältnis zu erreichen.

Der Fußpunktwiderstand eines in der (offenen) Mitte eingespeisten Halbwellendipols bewegt sich je nach Höhe über Grund und Umgebung zwischen 50 und 65 Ω.

Zur Vermeidung von Anpassungsgliedern zwischen dieser üblichen Antennenform und ihrer (nichtabgestimmten) Zuleitung hat man spezielle Kabel entwickelt und in zahlreichen Varianten auf den Markt gebracht, deren Wellenwiderstand sich im Bereich des Fußpunktwiderstands des Dipols befindet (vergl. Tabelle 2.5221), wodurch man neben dem zusätzlichen Aufwand die mit Anpassungsgliedern immer verbundenen Leistungsverluste ausschließt.

Anpassungsglieder sind für spezielle Antennenkonstruktionen erforderlich, deren Fußpunktwiderstand von dem des üblichen Kabelwellenwiderstands abweicht.

Aus mechanischen Gründen möchte man z. B. oft bei Richtstrahlern für Frequenzen oberhalb 14 MHz (ab 20-m-Band) auf die Trennung des Halbwellendipols in seiner Mitte verzichten, um so eine größere Stabilität des Strahlerrohrs und seiner Halterung zu erreichen.

Zur Einspeisung eines solchen in der Mitte geschlossenen Dipols verwendet man die „T"-Anpassung nach Abb. 2.531 a zur symmetrischen Einspeisung und die „Gamma"-Anpassung nach Abb. 2.531 b zur unsymmetrischen Einspeisung (Koax).

Bei beiden Anpaßgliedern geht man davon aus, daß der Halbwellendipol in Resonanz nach Abb. 2.532 einem Parallelschwingkreis entspricht und somit rein ohmschen Charakter besitzt.

In den Abb. 2.533 a und 2.533 b sind die beiden Analogien gezeigt. Der Resonanzwiderstand eines Parallelschwingkreises läßt sich durch entsprechende Anzapfungen an der Spule auf einen beliebigen Wert transformieren. Mit abnehmender Windungszahl der Anzapfung wird der Widerstand geringer.

Entsprechendes gilt auch für den Halbwellendipol. Der Antennendraht (bzw. das Rohr) stellt die Induktivität dar, während die Kapazität stetig zwischen den symmetrischen $\lambda/4$-Hälften verteilt ist. In der Abb. 2.532 ist dies angedeutet.

Da der Halbwellendipol eine symmetrische Antenne ist, kann man seine Mitte direkt auf Masse legen, ohne sein elektrisches Verhalten zu verändern. Dies ist besonders zur mechanischen Befestigung des Dipols in seiner Mitte auf einem Träger von Vorteil.

Die unterschiedlichen Eingangsimpedanzen des Halbwellendipols findet man in ihrem Betrag zunehmend von der „kalten" Mitte her.

Bei der symmetrischen Einspeisung liegen die Einspeisepunkte ebenfalls symmetrisch zur Antennenmitte, während bei der unsymmetrischen Gamma-Anpassung der geerdete Mantel direkt mit der Antennenmitte verbunden wird und die Seele an dem dem Wellenwiderstand des Koaxialkabels entsprechenden Einspeisepunkt auf der Antenne befestigt wird.

Die unsymmetrische Gamma-Anpassung findet man neben ihrer Anwendung beim Halbwellendipol vor allem bei $\lambda/4$-Strahlern (z. B. Ground-Plane), die an ihrem Fußpunkt geerdet sind. Auch hierbei wird der Mantel direkt mit dem geerdeten Fußpunkt verbunden, während die Seele den Impedanzpunkt am Strahler abgreift, der dem Kabelwellenwiderstand entspricht.

Der Abstand des Einspeisepunkts von der Antennenmitte beim Halbwellendipol bzw. vom Ende des Viertelwellenstrahlers und der Abstand des zum Strahler parallellaufenden Anpaßleitungsstücks sind für die unterschiedlichen Leiterstärken und Arbeitsfrequenzen verschieden. Daten hierfür kann man Baubeschreibungen entnehmen, die in der speziellen Amateurfunk-Antennenliteratur zahlreich zu finden sind.

Eine weitere Anpaßmöglichkeit der Antenne findet man mit den bereits erwähnten $\lambda/4$-Leitungstransformatoren, die im Abschnitt 2.51 und in den Abb. 2.517 sowie 2.518 erläutert wurden.

Anpaßleitungen dieser Art sind allerdings nur für höhere Frequenzen praktikabel, da sie für die niederfrequenteren Kurzwellenbänder (80 m und 40 m) meist zu lang werden.

Die beschriebenen Anpaßleitungen besitzen durchweg den Nachteil, daß sie frequenzabhängig sind, da ihre Länge den möglichen Arbeitsfrequenzbereich bestimmt, der sich jeweils nur auf ein Band beschränkt.

Man hat in den letzten Jahren spezielle Hochfrequenzeisen entwickelt, die sich in Ringkernform hervorragend als Hochfrequenztransformatorkerne eignen und speziell im Kurzwellenbereich zunehmend für Anpassungs- und Symmetrieraufgaben eingesetzt werden.

Sie besitzen den erheblichen Vorteil, daß sie geometrisch klein sind und als Breitbandtransformatoren über den gesamten Kurzwellenbereich arbeiten, ohne nennenswerte

2.5 Die Antennenanlage

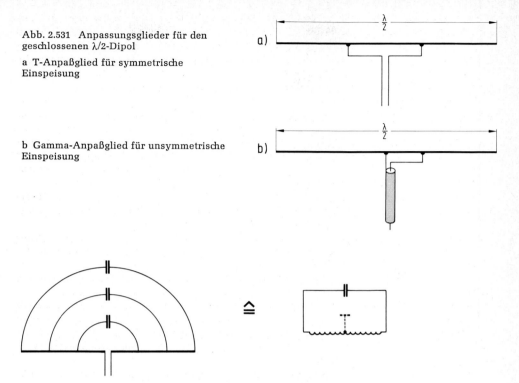

Abb. 2.531 Anpassungsglieder für den geschlossenen λ/2-Dipol

a T-Anpaßglied für symmetrische Einspeisung

b Gamma-Anpaßglied für unsymmetrische Einspeisung

Abb. 2.532 Parallelschwingkreis als Analogon für einen λ/2-Dipol

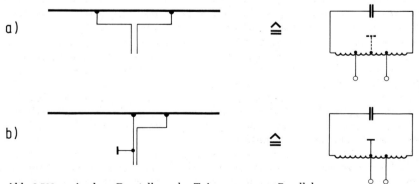

Abb. 2.533 a Analoge Darstellung der T-Anpassung am Parallelschwingkreis

b) Analoge Darstellung der Gamma-Anpassung am Parallelschwingkreis

Verluste zu verursachen. Handelsübliche Ausführungen sind für eine Hf-Leistungsübertragung bis 1 kW geeignet.

Die Möglichkeit der Widerstandstransformation durch induktive Übertrager wurde bereits in 1.25 abgeleitet, so daß der theoretische Hintergrund dieser sogenannten Ringkern-Baluns an dieser Stelle übergangen werden kann. Nach (48) ist das Widerstandsübersetzungsverhältnis eines Übertragers gleich dem Quadrat seines Windungsübersetzungsverhältnisses.

Neben der Widerstandstransformation zur Anpassung unterschiedlicher Impedanzen zwischen Zuleitung und Antenne erfüllt der Ringkerntransformator die für Halbwellendipole anzustrebende Symmetrierung der Einspeisung auf elegante Weise.

Der Halbwellendipol ist (im Gegensatz zur $\lambda/4$-Antenne) ein symmetrisches Antennengebilde, bei dem beide Strahlerhälften nach Möglichkeit aus einer symmetrischen Zuleitung mit 180° Phasendifferenz gespeist werden sollen. Nur wenn dies gewährleistet ist, entspricht die Funktion des Halbwellendipols (Richtcharakteristisk, Symmetrie der Abstrahlung, Gewinn usw.) näherungsweise den theoretischen Angaben, die noch beschrieben werden.

Man kann den Halbwellendipol allerdings auch direkt mit dem unsymmetrischen Koaxialkabel speisen, wobei die eine Strahlerhälfte mit dem Mantel und die andere mit der Seele verbunden werden.

Dies hat allerdings zur Folge, daß der Mantel nicht bis zum Antenneneinspeisepunkt hochfrequenzmäßig kalt bleibt und als Abschirmung für die Hf-Energie führende Seele wirkt. Es bilden sich sogenannte Mantelströme, die z. T. zur Strahlung der Zuleitung selber führen. Da die Speiseleitung aber keine auf die Arbeitsfrequenz abgestimmte Antenne darstellt, begünstigt ihr Strahlen eine Ausbreitung von Neben- und Oberwellen, die in jedem Frequenzspektrum eines Senders zu finden sind und andere Nachrichtendienste stören können.

In Abb. 2.534 sind typische Wickelformen für Ringkerntransformatoren gezeigt.

Die Ausführung nach Abb. 2.534 a besitzt ein Übersetzungsverhältnis von 1:1 und dient lediglich zur Symmetrierung der unsymmetrischen Speiseleitung am Fußpunkt der Antenne.

Die drei Wicklungsteile besitzen die gleiche Windungszahl, wobei man die Symmetrierung durch das Aufstocken mit der Wicklung C erreicht.

Transformatoren dieser Form sind zur Mitteneinspeisung eines Halbwellendipols üblich, der ein Koaxialkabel als Speiseleitung besitzt.

In Abb. 2.534 b erhält man durch das Aufstocken der Wicklung A am symmetrischen Ausgang die doppelte Windungszahl. Dadurch erreicht man zusätzlich eine Aufwärtstransformation der Kabelimpedanz um den Faktor 4.

Dieser Transformator wäre für die Einspeisung eines Faltdipols denkbar, wo der 60 Ω-Wellenwiderstand der Koaxialleitung auf den Fußpunktwiderstand von rund 250 Ω des Faltdipols herauftransformiert werden muß.

Andererseits kann man mit diesem Transformator Multibanddipole (Windom) speisen, die einen Fußpunktwiderstand in diesem Impedanzbereich besitzen, da der Einspeisepunkt solcher Antennenformen außerhalb der Mitte liegt.

Der Name „Balun", der für Antennenübertrager der beschriebenen Art üblich ist, erklärt sich aus den englischen Begriffen balanced (symmetrisch) und unbalanced (unsymmetrisch), die zu einem Wort vereinigt wurden und so die Funktion des Übertragers illustrieren sollen.

Wickelt man das koaxiale Speisekabel direkt am Einspeisepunkt der Antenne zu einer zylindrischen Spule von etwa 10 Windungen mit einem Durchmesser von 15 bis 20 cm auf,

2.5 Die Antennenanlage

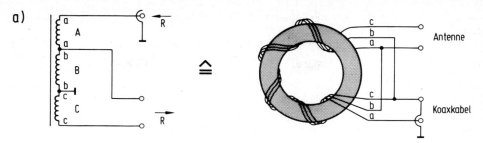

Abb. 2.534 a Balun- (Ringkern-) Transformator mit einem Widerstandsübersetzungsverhältnis von 1 : 1 zur symmetrischen Antennenspeisung

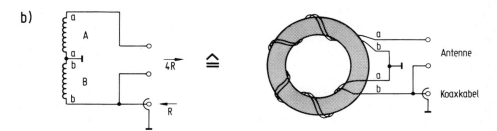

Abb. 2.534 b Balun- (Ringkern-) Transformator mit einem Widerstandsübersetzungsverhältnis von 1 : 4 zur symmetrischen Antennenspeisung

bildet diese Induktivität eine Hf-Drossel. Sie verhindert das Abfließen von Mantelströmen, da sie einen hohen Wechselstromwiderstand darstellt.

Man erhält auf diese Weise die einfachste Form der Symmetrierung einer koaxialen Speiseleitung.

Die Wirkungsweise dieser Drossel ist allerdings nicht so ideal wie die des Ringkern-Transformators. Vor allem bei Frequenzen oberhalb 14 MHz machen sich die hohen (parallelen) Windungskapazitäten der Spule bemerkbar, durch die sich ein kapazitiver Nebenschluß bildet.

In der AFU-Literatur sind eine ganze Reihe weiterer breitbandiger Balun-Transformatoren beschrieben worden, die aber im Zuge der Verbreitung der beschriebenen Ringkern-Baluns ihre Bedeutung verloren haben.

Neben den Breitband-Symmetriergliedern findet man bei höheren Frequenzen (speziell im UKW-Bereich) selektive Leitungssymmetrierschaltungen.

Die bekannteste ist die Sperrtopf-Symmetrierung nach *Abb. 2.535*.

Über die koaxiale Zuleitung wird am Ende ein zylindrischer „Topf" gestülpt. Er ist an der Einspeiseseite des Antennenfußpunkts offen, während die andere Seite gegen den Mantel mit einer metallischen Scheibe elektrisch kurzgeschlossen wird. Die gesamte Anordnung ist $\lambda/4$ lang, so daß sie vom Einspeisepunkt der Antenne her gesehen eine kurzgeschlossene $\lambda/4$-Leitung darstellt.

Nach *Abb. 2.516* bildet die kurzgeschlossene $\lambda/4$-Leitung einen Parallelresonanzkreis für die Arbeitsfrequenz nach, der bekanntlich einen sehr hohen (selektiven) Widerstand besitzt.

2 Die Kurzwellen-Amateurfunkstation

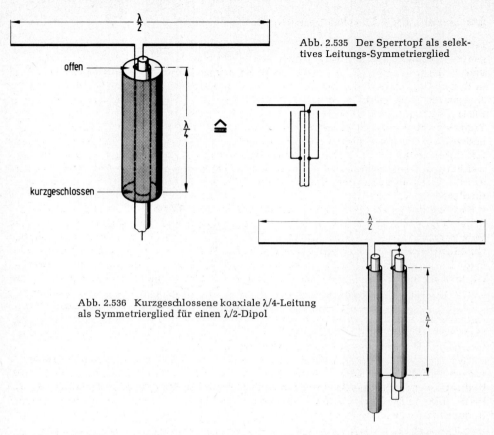

Abb. 2.535 Der Sperrtopf als selektives Leitungs-Symmetrierglied

Abb. 2.536 Kurzgeschlossene koaxiale $\lambda/4$-Leitung als Symmetrierglied für einen $\lambda/2$-Dipol

Der Sperrtopf hat somit dieselbe Aufgabe wie die beschriebene Hf-Drossel aus dem aufgewickelten koaxialen Speiseleitungsende. Er soll durch seinen hohen Resonanzwiderstand am Antenneneinspeisepunkt die Bildung von Mantelströmen verhindern und so zur Symmetrierung der Zuleitung führen.

Der Begriff „Sperrtopf-Antenne" wird übrigens sehr oft fälschlich für die im UKW-Relaisfunk verwendete Koaxial-Antenne benutzt. Diese Antenne hat mit dem Sperrtopf-Symmetrierglied nichts zu tun. Die falsche Bezeichnung der Koaxial-Antenne ist irgendwann von einem Hersteller publiziert worden und hat sich merkwürdigerweise im Vokabular der Amateure festgesetzt.

Eine vereinfachte Abart des Sperrtopfs ist die $\lambda/4$-Symmetrierleitung nach *Abb. 2.536*.

Hierbei wird eine $\lambda/4$-Leitung, deren Durchmesser dem Mantel der Speiseleitung entsprechen soll, in etwa 2 cm Abstand parallel zur Speiseleitung unterhalb des Antennenfußpunkts geführt. Als Leitung kann man hierfür das Koaxialkabel nehmen, das als Speiseleitung verwendet wird, wobei an beiden Seiten Mantel und Seele kurzgeschlossen werden. Das untere Ende verlötet man mit dem Mantel des Speisekabels, während das obere mit der Strahlerhälfte verbunden wird, die der Seele der Speiseleitung zugeordnet ist.

Wie der Sperrtopf bildet auch diese Anordnung eine kurzgeschlossene $\lambda/4$-Leitung, wenn man sie vom Einspeisepunkt der Antenne her betrachtet.

2.5 Die Antennenanlage

2.54 Anpassung zwischen Sender und Speiseleitung

Bei üblichen Antennenanlagen von KW-Amateurfunkstationen kann man davon ausgehen, daß nichtabgestimmte koaxiale Speiseleitungen mit einer Impedanz zwischen 50 und 75 Ω verwendet werden, zumal handelsübliche KW-Sender eine Ausgangsimpedanz in diesem Bereich besitzen. Senderendstufen mit Röhren sind meist mit einem π-Filter im Ausgangskreis ausgerüstet, das eine Variation der Ausgangsimpedanz zwischen 30 und 100 Ω gestattet.

Transistorendstufen besitzen dagegen Breitbandübertrager fester Impedanz mit einem nachgeschalteten festabgestimmten Bandpaßfilter zur Oberwellenunterdrückung. Sie sind fast durchweg für einen nachgeschalteten Verbraucher von 50 Ω dimensioniert. Jegliche Abweichung des Verbrauchers von diesem Wert führt zwangsläufig zur Fehlanpassung und damit zu Leistungsverlusten, die durch ein schlechtes Stehwellenverhältnis dokumentiert werden.

Es wäre müßig, an dieser Stelle Anpaßschaltungen zwischen Sender und Speiseleitung in detaillierter Form zu beschreiben, zumal sie für die gängigen Impedanzen von koaxialen Kabeln bereits im Rahmen der Senderendstufen beschrieben worden sind. Um unnötige Leistungsverluste zu vermeiden, sollte man sich zudem auf nur eine Widerstandstransformation innerhalb der Antennenanlage beschränken, die (soweit sie überhaupt notwendig ist) man am einfachsten direkt am Antennenfußpunkt vornimmt, da dort gleichzeitig die eventuell notwendige Symmetrierung der Antenneneinspeisung realisiert werden kann.

Es gibt in der modernen KW-Amateurfunktechnik kaum eine praktisch bedeutsame Antennenform, die nicht mit einer unabgestimmten koaxialen Leitung gespeist werden kann, so daß man im allgemeinen auf spezielle Antennenanpaßgeräte (besser: Speiseleitungsanpaßgeräte) am Speiseleitungsanfang verzichten kann.

Diese im Amateursprachgebrauch als „Matchbox" (= Anpaßkasten) bezeichneten Schaltungen sind in den meisten Fällen π-Filter, die einen höheren Impedanzvariationsbereich besitzen als die üblichen Senderendstufen. Sie bieten die Möglichkeit, fast jeden (Lang-)Draht durch elektrische Verlängerung oder Verkürzung auf der gewünschten Arbeitsfrequenz in Resonanz zu bringen.

Der oft in einschlägigen Werbeschriften propagierte Einsatz der Matchbox zur Verbesserung des Stehwellenverhältnisses ist nicht immer richtig, da eine Fehlanpassung zwischen Speiseleitung und Antenne nicht vom Leitungsanfang her manipulierbar ist. Die Matchbox findet nur dann ihre Berechtigung, wenn Speiseleitungsimpedanzen zur Leistungsanpassung erreicht werden müssen, die nicht im Variationsbereich des Netzwerkes vom Senderausgang liegen.

Dies ist bei modernen Transistorendstufen durchaus möglich, zumal dort keine Impedanzvariation vorgesehen ist.

Spätestens an dieser Stelle erkennt man auch den schaltungstechnischen Nachteil der vielgepriesenen „abstimmungsfreien Endstufe", deren konstante Ausgangsimpedanz durch ein extra nachzuschaltendes abzustimmendes Gerät variabel gemacht werden muß, um an den Wellenwiderstand der Speiseleitung angepaßt werden zu können.

Beim Bau einer Antennenanlage muß man als Besitzer eines solchen Gerätes den Wellenwiderstand des Speisekabels gleich dem Widerstand des Senderausgangs wählen, während eine notwendige Transformation an der Antenne vorgenommen wird. Nur so kann man den betriebstechnischen Vorteil der Breitbandendstufe mit fester Abstimmung ausnutzen.

Im allgemeinen stellt die Speiseleitung mit der nachgeschalteten Antenne keinen völlig reellen Widerstand dar, wie er in den theoretischen Betrachtungen bisher immer angenommen wurde, sondern besitzt in der Praxis einen mehr oder weniger großen Blindanteil kapazitiver oder induktiver Natur.

Diesen sogenannten komplexen Widerstand der Antennenanlage kann man in den meisten Fällen durch das π-Netzwerk im Senderausgang kompensieren, so daß die Endröhre oder der Endtransistor ihre Leistung an einen reellen Widerstand abgeben.

Es ist aber möglich, daß der Blindanteil der Antennenanlage so groß ist, daß er nicht mehr mit den Komponenten des Sender-π-Filters kompensiert werden kann, so daß eine ohmsche Anpassung des Verstärkers mit den Abstimmelementen des Senderausgangs nicht mehr realisierbar ist.

In diesem Falle kann eine nachgeschaltete Matchbox die Aufgabe zur ausreichenden Blindstromkompensation übernehmen, um auf diese Weise dem Senderendverstärker eine rein ohmsche Last anzubieten.

Wichtig ist aber zu wissen, daß hierdurch nicht der Blindanteil der Antennenanlage selber verschwindet.

Da die Blindkomponente der Antenne als Ursache für den Blindstrom und das Netzwerk der Matchbox als Kompensationsglied nicht direkt, sondern über die Länge der Speiseleitung miteinander verbunden sind, findet man auf dieser Leitung auch nach wie vor einen Blindstrom, der der Fehlanpassung entspricht.

Bei nahezu dämpfungsfreier Speiseleitung kann man den Blindstrom ungeachtet lassen, weil er zu keinem Wirkleistungsverlust führt.

Eine verlustbehaftete Speiseleitung stellt dagegen einen reellen Widerstand dar, so daß auf ihr auch durch den Blindstrom zwischen Matchbox und Antenne zusätzliche Wirkleistungsverluste entstehen.

Im allgemeinen sind diese zusätzlichen Verluste im Kurzwellenbereich bei Speiseleitungen üblicher Länge (< 50 m) relativ gering, so daß die Kompensation der Antennenblindkomponente durchaus am Speiseleitungsanfang vorgenommen werden kann. Bei höheren (nicht zu vermeidenden) Dämpfungswerten der Speiseleitung, die nach Abb. 2.5226 und 2.5227 zu zusätzlichen Leitungsverlusten von mehr als 1 dB führen, sollte man die Anpassung der komplexen Antennenimpedanz am Fußpunkt der Antenne durchführen. Auf diese Weise vermeidet man die zusätzlichen Verluste, die durch den Blindstrom auf der Speiseleitung entstehen.

In Abb. 2.541 ist die Schaltung einer Matchbox gezeigt, die die beschriebenen Aufgaben im Frequenzbereich zwischen 3 und 30 MHz erfüllt.

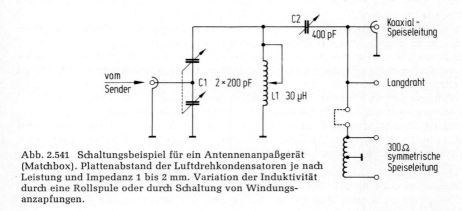

Abb. 2.541 Schaltungsbeispiel für ein Antennenanpaßgerät (Matchbox). Plattenabstand der Luftdrehkondensatoren je nach Leistung und Impedanz 1 bis 2 mm. Variation der Induktivität durch eine Rollspule oder durch Schaltung von Windungsanzapfungen.

2.5 Die Antennenanlage

Die Buchse Bu 1 ist für den Anschluß einer koaxialen Speiseleitung vorgesehen. An Bu 2 kann man eine endgespeiste Langdrahtantenne anschließen, während Bu 3 und Bu 4 die Ankopplung einer symmetrischen 300 Ω-Speiseleitung gestatten.

Die Symmetrierung und die Aufwärtstransformation des Widerstands erreicht man mit einem Ringkerntransformator, wie er bereits in 2.53 beschrieben wurde (vergl. Abb. 2.534 b).

2.55 Die Antenne

Die Antenne hat die Aufgabe, die ihr vom Sender über die Speiseleitung zugeführte Hf-Energie in Form von elektromagnetischen Wellen in den freien Raum abzustrahlen oder aber im Empfangsfalle Hf-Energie aufzunehmen, die dem Empfängereingang zugeleitet wird.

In der Amateurfunktechnik verwendet man meist die gleiche Antenne zum Senden und zum Empfang. Man nutzt hierbei die sogenannte reziproke Eigenschaft der Antenne aus, die dadurch gekennzeichnet ist, daß Richtcharakteristik, Antennengewinn, wirksame Antennenlänge und Antennenimpedanz sowohl beim Empfang als auch beim Senden gleiche Werte besitzen.

Dieser theoretische Grundsatz bestätigt sich in der Praxis zwar nicht unbedingt, da eine gute Sendeantenne nicht immer entsprechend gute Empfangsergebnisse liefert (oder umgekehrt), doch liegt dies an verschiedenen externen Parametern, die die Funktion der Antenne beeinflussen können.

Eine optimal gewählte Antenne kann beim Sendebetrieb eine zusätzliche Senderendstufe ersetzen.

Hierbei bleibt natürlich die Frage nach den Kriterien einer optimalen Antennenform offen, die aber seit langem mit „so frei wie möglich, so hoch wie möglich und lang genug" charakterisiert werden.

Man geht davon aus, daß Hindernisse, die mehr als 5 bis 10 Wellenlängen von der Antenne entfernt sind, deren Höhe zudem kleiner als $\lambda/2$ ist, keinen spürbaren Einfluß mehr auf die Abstrahlungseigenschaften der Antenne besitzen.

Hindernisse, die sich in unmittelbarer Nähe der Antenne befinden, zudem noch teilweise aus leitendem Material hergestellt sind (Stahlbetonbauten, Leitungen, Maste usw.) und deren Ausdehnung in der Größenordnung von $\lambda/2$ oder mehr liegt, absorbieren oder reflektieren zum Teil die abgestrahlten elektromagnetischen Wellen der Antenne, so daß sie nicht mehr ihre ursprünglichen (theoretischen) Eigenschaften besitzt.

Die erstrebenswerte Höhe einer Antenne ist mehrere Betriebswellenlängen, zumal sie dadurch auch gleichzeitig über die Hindernisse der Umgebung hinausragt.

Für den Kurzwellenamateur ist dieses Ziel natürlich kaum erreichbar (höchstens im 10-m-Band). Er muß sich im allgemeinen mit Abspannhöhen begnügen, die nur 10 bis 20 m über Grund sind.

Bei solchen Antennenhöhen muß man in dichtbesiedelten Gebieten beim Empfang mit einem Störnebel rechnen, der von den unterschiedlichsten Quellen herrührt.

Elektrische Haushaltsgeräte, Kraftfahrzeuge, Industrieanlagen usw. tragen zu diesen Störungen bei, die sich beim Empfang durch einen geringeren Störabstand der Nutzsignale gegenüber sehr hohen Antennen äußern.

Die klassische Kurzwellenantenne besitzt eine Länge von $\lambda/2$. Zwar erhöht sich der Antennengewinn mit zunehmender Länge, doch bilden sich bei Langdrähten von mehreren Wellenlängen erhebliche Maxima und Minima im Richtdiagramm, die für fest instal-

2 Die Kurzwellen-Amateurfunkstation

lierte, nicht drehbare Antennengebilde selten erwünscht sind. Zudem sind derartige Antennenlängen kaum unterzubringen.

Für den Funkamateur ist eine Antennenspannweite von 40 m wünschenswert, um einen $\lambda/2$-Dipol für das 80-m-Band aufhängen zu können.

Bei den Planungen moderner Wohnsilos und Reihenhauskolonien bleibt dieser Wunsch für viele Amateure nur eine Vision, so daß sie in die Verlegenheit kommen, ein „maßgeschneidertes" Antennengebilde verwenden zu müssen, das einen Kompromiß zwischen geometrischer Länge und elektrischem Wirkungsgrad darstellt.

Dieser Kompromiß führte in der Amateurfunkliteratur zu einer Unzahl spezieller Antennenformen, die allerdings in ihrer elektrischen Funktion fast alle auf den $\lambda/2$-Dipol zurückzuführen sind.

Nichtabgestimmte Breitbandantennen sind im Amateurfunk relativ selten zu finden, da sie beim effektiven Einsatz (mit Gewinn gegenüber dem $\lambda/2$-Dipol) erheblichen Platz benötigen, der nur wenigen Amateuren zur Verfügung steht.

2.551 Der Halbwellendipol

Der Halbwellendipol stellt die Grundform von Resonanzantennen dar, auf der die meisten in der Amateurfunktechnik verwendeten Antennengebilde basieren.

Man hat ihn in der Hf-Technik auch als Normalantenne gewählt, worauf man kennzeichnende Daten anderer Antennenformen bezieht (z. B. Gewinn).

Wie der Name bereits ausdrückt, beträgt die Ausdehnung der Antenne etwa eine halbe Betriebswellenlänge. Man spricht zudem vom Dipol, weil in der aufgetrennten Mitte des Halbwellenelements eingespeist wird, wodurch sich zwei Pole bilden.

Bei der Berechnung der mechanischen Antennenlänge muß man einen Verkürzungsfaktor einsetzen, weil die Fortpflanzungsgeschwindigkeit der Hf-Energie im Antennenleiter geringer als im freien Raum ist.

Dieser Verkürzungsfaktor steht in Abhängigkeit zum sogenannten Schlankheitsgrad des Antennenleiters, der als Quotient aus Betriebswellenlänge λ und Leiterquerschnitt d angegeben wird.

Für den Kurzwellenbereich kann man den Verkürzungsfaktor bei üblichen Drahtkonstruktionen oder dünnen Rohren etwa mit 0,97 einsetzen, obwohl Antennenhöhe und umgebende Hindernisse noch einen zusätzlichen Einfluß auf die mechanische Länge der Antenne ausüben.

Bleibt man bei 0,97, ergibt sich zur Berechnung der Länge eines Halbwellendipols nach (165) die Beziehung.

$$l_{A\,\lambda/2} = \frac{c \cdot 0{,}97}{2 \cdot f} \quad \text{in m} \tag{329}$$

worin c die Lichtgeschwindigkeit ($3 \cdot 10^8$ m · s^{-1}) und f die Betriebsfrequenz sind. Vereinfacht man (329) zu einer Zahlenwertgleichung wird

$$l_{A\,\lambda/2} = \frac{145{,}5}{f} \tag{330}$$

Setzt man hierin die Betriebsfrequenz in MHz ein, erhält man die mechanische Länge des $\lambda/2$-Dipols in m.

In *Abb. 2.5511* ist die Strom- und Spannungsverteilung auf der $\lambda/2$-Antenne gezeigt. Beide sind um 90° gegeneinander phasenverschoben.

2.5 Die Antennenanlage

Abb. 2.5511 Strom- und Spannungsverteilung auf dem Halbwellendipol

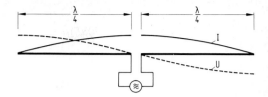

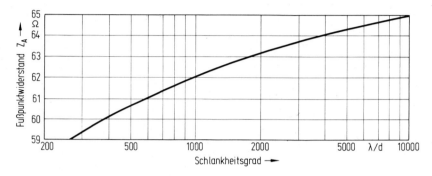

Abb. 2.5512 Der Fußpunktwiderstand Z_A des Halbwellendipols als Abhängige vom Schlankheitsgrad

Der Strom erreicht in der Mitte des Dipols seinen maximalen Wert (Strombauch), während er an den Enden jeweils auf ein Minimum absinkt (Stromknoten).
Dagegen besitzt der Spannungsverlauf an den Enden Maxima (Spannungsbäuche) und zeigt in der Antennenmitte ein Minimum (Spannungsknoten).
Aus der Strom- und Spannungsverteilung über den Halbwellendipol läßt sich sein Impedanzverlauf längs des Leiters erklären.
Wird die Antenne in Resonanz betrieben, ist ihr Eingangswiderstand im Idealfall reell (Wirkwiderstand).
Den niedrigsten Widerstandswert findet man logischerweise in der Mitte, wo der Strom sein Maximum und die Spannung ihr Minimum besitzen.
Dieser sogenannte Fußpunktwiderstand in der Dipolmitte läßt sich theoretisch bestimmen. Sein Wert beträgt 73,2 Ω. Allerdings gilt er nur für die ideale Antennenform, die mit einem extrem dünnen Leiter und sehr großer Höhe über der Erde lediglich näherungsweise erreicht werden kann.
Der Fußpunktwiderstand eines realen Halbwellendipols ist geringer als der Idealwert. Wie bei der Berechnung der mechanischen Länge der Antenne besitzen Umgebungsstruktur, Antennenhöhe und Schlankheitsgrad der Antenne Einfluß auf ihre Impedanz.
In *Abb. 2.5512* ist die Abhängigkeit des Fußpunktwiderstands eines Halbwellendipols von Schlankheitsgrad dargestellt. Dabei muß man allerdings davon ausgehen, daß die Werte nur für den frei hängenden Dipol gelten.
Im allgemeinen kann man bei Halbwellendipolen für den Kurzwellenbereich, die aus Draht oder dünnem Rohr bestehen, mit einem Fußpunktwiderstand um 60 Ω rechnen.
Der Halbwellendipol kann als aufgespreizte, abgestimmte und offene $\lambda/4$-Leitung angesehen werden. In *Abb. 2.5513* ist dies in drei Schritten gezeigt.

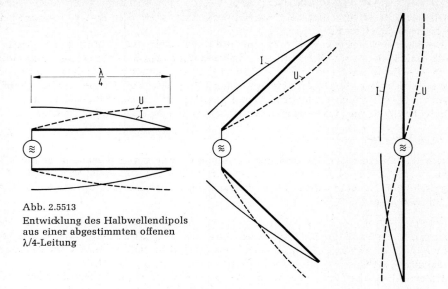

Abb. 2.5513
Entwicklung des Halbwellendipols aus einer abgestimmten offenen λ/4-Leitung

Abb. 2.5514
Ersatzschaltung eines Halbwellendipols

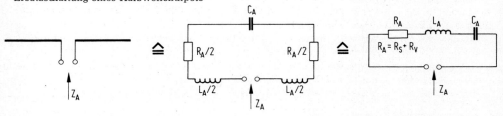

Vergleicht man hierzu die *Abb. 2.515 b* (vom niederohmigen, kurzgeschlossenen Ende her betrachtet) und *2.516 d*, kann man feststellen, daß sich der λ/2-Dipol durch einen Serienschwingkreis ersetzen läßt, soweit er in Resonanz betrieben wird. Hiermit läßt sich natürlich auch der niederohmige Fußpunktwiderstand erklären. (Vergl. im Gegensatz hierzu die Aussagen zu den *Abb. 2.531* bis *2.533*, die ebenfalls gelten).

In *Abb. 2.5514* ist das Ersatzschaltbild für den Halbwellendipol gezeigt, worin die auf dem Antennenleiter verteilten Kapazitäten und Induktivitäten innerhalb eines Serienschwingkreises konzentriert worden sind.

Beim idealen Serienschwingkreis heben sich die Blindkomponenten im Resonanzfall nach 1.45 auf, so daß er einen Resonanzwiderstand von Null Ω besitzt.

Zwar kompensieren sich beim idealen Halbwellendipol ebenfalls die Blindkomponenten X_{LA} und X_{CA}, wenn er exakt in Resonanz betrieben wird, doch muß man im Ersatzschaltbild einen zusätzlichen Antennen-Wirkwiderstand R_A einsetzen, obwohl der Antennenleiter selber zunächst als verlustfrei angenommen wird.

Dieser angenommene Widerstand erklärt sich aus der Tatsache, daß natürlich auch die ideale Antenne eine Wirkleistung aufnimmt, die in Form elektromagnetischer Wellen abgestrahlt wird.

2.5 Die Antennenanlage

Er wird als Strahlungswiderstand R_s bezeichnet und stellt den Ersatzverbraucher der abgestrahlten Leistung dar.

Bei der idealen Antenne ist $R_s = R_A$. Er besitzt den Wert des Fußpunktwiderstands.

Jede reale Antenne ist allerdings mit ohmschen Verlusten behaftet (Leiter, Isolatoren), die in der Ersatzschaltung in einem konzentrierten Verlustwiderstand R_v verbraucht werden. Demzufolge setzt sich der Antennen-Wirkwiderstand R_A bei realen Verhältnissen aus dem Strahlungswiderstand R_s und dem Verlustwiderstand R_v zusammen.

Mit beiden Widerständen kann man den Wirkungsgrad der Antenne bestimmen:

$$\eta_A = \frac{R_s}{R_s + R_v} \tag{331}$$

Da sich die Antenne nur für eine ganz bestimmte Frequenz in Resonanz befindet, im allgemeinen aber innerhalb einer vorgegebenen Bandbreite verwendet wird, ist ihr Eingangswiderstand in den meisten Fällen komplex, d. h. eine Zusammensetzung aus Wirk- und Blindanteilen:

$$Z_A = \sqrt{R_A^2 + X_A^2} \tag{332}$$

Bleibt man beim Vergleich des Halbwellendipols mit einer $\lambda/4$-Leitung, kann man daraus ableiten, welcher Natur der Blindanteil X_A aus (332) ober- und unterhalb der Antennenresonanzfrequenz ist.

Ist die mechanische Länge der Antenne zu kurz und somit die Betriebsfrequenz niedriger als die Resonanzfrequenz der Antenne, besitzt die Antenne nach *Abb. 2.516 b* kapazitiven Charakter. Bei zu langer Antenne ist X_A dagegen induktiv.

Weicht die mechanische Länge einer Antenne stark von der elektrischen Resonanzlänge für die Betriebsfrequenz ab, läßt sie sich durch das Einschalten entsprechender konzentrierter Blindwiderstände korrigieren.

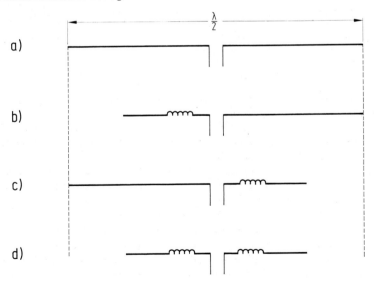

Abb. 2.5515 Beispiele zur elektrischen Verlängerung eines Dipols durch eine Induktivität

a gestreckter Dipol; b und c elektrische Verlängerung eines Zweigs; d elektrische Verlängerung beider Zweige

Bei zu kurzer Antenne wirkt eine Induktivität, die mit dem Leiter in Serie geschaltet wird, als sogenannte Verlängerungsspule. In *Abb.* 2.5515 sind Schaltungsvarianten für den Halbwellendipol angedeutet, die bereits manchem Amateur aus der Not geholfen haben, eine Antenne innerhalb einer zu geringen Spannweite unterzubringen.

Man muß sich allerdings darüber im Klaren sein, daß die mechanische Verkürzung des normalerweise gestreckten Antennenleiters durch eine konzentrierte Induktivität mit einem geringeren Wirkungsgrad der Antenne verbunden ist.

Den Extremfall findet man bei Mobilantennen oder bei sogenannten Wendelantennen, die durch Verlängerungsspulen bis auf 1/10 ihrer gestreckten Länge verkürzt werden.

Konstruktiv interessant sind in diesem Zusammenhang reine Spulendipole, die für jeden Zweig eine elastische Spirale besitzen, so daß die Antenne im wahrsten Sinne des Wortes auf Resonanz gezogen werden kann. Bei einer mechanischen Länge um 1/10 λ ist auch hiermit nur ein relativ geringer Wirkungsgrad gegenüber einem gestreckten Dipol zu erreichen.

Man wird kaum in die Verlegenheit kommen, eine mechanisch zu lange Antenne durch eine serielle Kapazität elektrisch verkürzen zu müssen, zumal die recht einfache Möglichkeit besteht, den Leiter auf die gewünschte Länge zu kappen.

Diese Serienkapazität zur elektrischen Verkürzung auf die Resonanzlänge ist nicht mit der sogenannten Dachkapazität von Antennen zu verwechseln, die als Parallelkondensator gegen Erde wirkt. Man findet sie als Teller oder verspannten Ring an der Spitze von KW-Mobilantennen und auch von Vertikalantennen für den Mittel- und Langwellenbereich.

Neben ihrer Wirkung als elektrische Verlängerung, soll die Dachkapazität vor allem das sehr hohe LC-Verhältnis einer induktiv verlängerten Antenne absenken, das eine Einengung der Bandbreite zur Folge hat. Wer mit Spulenantennen bereits praktische Erfahrungen besitzt, weiß um dieses Problem, das man nur durch Veränderung der Strahlerlänge beheben kann.

Diese Schmalbandigkeit geht übrigens bei Längstwellenantennen soweit, daß man ihnen nur noch ein Morsetelegrafiesignal anbieten kann, um sie innerhalb der für die Abstimmung des Senders zulässigen Bandbreite betreiben zu können.

Wie bereits erwähnt, ist die Antennenbandbreite eine Funktion des Verhältnisses aus L_A und C_A.

Grundsätzlich erhöht sich die Bandbreite eines jeden Resonanzkreises, wenn der Quotient aus der Induktivität (Zähler) und der Kapazität (Nenner) für gewählte Einheiten (z. B. µH und pF) zunimmt, so daß die Aussage auch für Resonanzantennen gilt.

Geht man von einem gestreckten Dipol aus, sind L_A und C_A durch Länge und Leiterquerschnitt vorgegeben, so daß man eine konstruktiv bedingte Bandbreite erhält.

Eine Bandbreitenveränderung kann man am einfachsten durch einen anderen Leiterquerschnitt erreichen, da der Leiter mit seiner Oberfläche jeweils einer Kondensator-„Platte" entspricht. Macht man den Schlankheitsgrad (λ/d) des Strahlers geringer, indem man den Leiterquerschnitt vergrößert, wird die Antenne breitbandiger.

Mit einem dünneren Draht oder Rohr wird die Kapazität C_A kleiner, so daß man die Bandbreite auf diesem Wege einengen kann.

Bei speziellen Breitbandantennen führt man die Strahler sogar als Leiterbündel aus, um eine möglichst große Oberfläche nachzubilden und so mit großer Kapazität C_A eine große Bandbreite zu erreichen.

Die größere Kapazität C_A, die ein geringerer Schlankheitsgrad zur Folge hat, bedingt auch einen kleineren Verkürzungsfaktor der mechanischen Antennenlänge, so daß man

2.5 Die Antennenanlage

die Dipolzweige beim Wechsel von dünnen auf dickere Leiter kürzen muß, um auf die gleiche Resonanzfrequenz zu gelangen.

Bei den bisherigen Betrachtungen wurden die Strahlungseigenschaften der Antenne außer acht gelassen, die zu ihren wesentlichen Merkmalen gehören.

Jede Antenne besitzt ein durch ihre Form und Umgebung bestimmtes Strahlrichtungsverhalten, das in Vorzugsrichtungen Maxima zeigt, während es zu anderen Seiten deutliche Minima aufweisen kann.

Da eine Antenne (wie eine Lichtquelle) räumlich abstrahlt, bereitet es grafische Schwierigkeiten, die dreidimensionale Richtcharakteristik in nur einer Darstellung zu zeichnen. Man unterscheidet aus diesem Grunde zwei Ansichten, die zweidimensional in Polarkoordinaten gezeichnet werden. Dabei spricht man vom vertikalen und vom horizontalen Strahlungsdiagramm gegenüber der Erdoberfläche.

In Abb. 2.5516 sind typische Beispiele für einen Dipol ($\leq \lambda/2$) gegeben, der sich hoch über der Erde befindet, so daß seine Richtstrahleigenschaften nicht durch Erdreflexionen beeinflußt werden.

Abb. 2.5516 a zeigt das räumliche Strahlungsdiagramm, worin die Oberfläche der Ringwulst durch eine bestimmte Feldstärke begrenzt wird.

In Abb. 2.5516 b ist der räumliche Strahlungsring quer geschnitten worden, wodurch die horizontale Richtcharakteristik zum Ausdruck kommt. Der Längsschnitt nach Abb. 2.5516 c zeigt die Rundstrahleigenschaft der Antenne um ihre Achse.

Zur Aufnahme des Richtdiagramms einer Antenne nimmt man (bei der Sendeantenne)

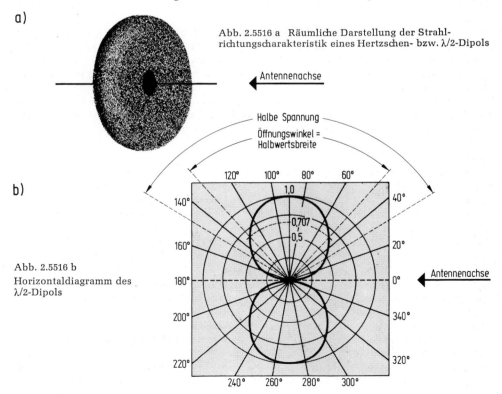

Abb. 2.5516 a Räumliche Darstellung der Strahlrichtungscharakteristik eines Hertzschen- bzw. $\lambda/2$-Dipols

Abb. 2.5516 b
Horizontaldiagramm des $\lambda/2$-Dipols

c)

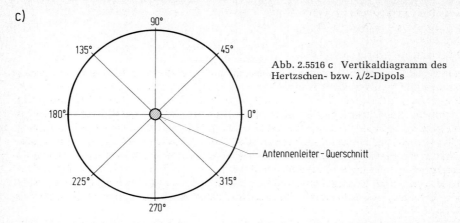

Abb. 2.5516 c Vertikaldiagramm des Hertzschen- bzw. λ/2-Dipols

eine bestimmte Feldstärke an und trägt die jeweils zugehörige Entfernung vom Mittelpunkt der Antenne, in der sie gemessen wird, in Abhängigkeit vom Winkel im Polarkoordinatensystem ein.

Zur Kennzeichnung der Bündelung der Strahlungsintensität einer Antenne gibt man ihren sogenannten Öffnungswinkel an. Nach *Abb. 2.5516 b* schließt er den Sektor innerhalb des Diagramms ein, in dem die Feldstärke nicht unter den 0,707fachen Wert des gemessenen Maximums fällt.

Der Öffnungswinkel ist auch unter der Bezeichnung Leistungshalbwertsbreite bekannt, da die Strahlungsleistung oder aber auch die Empfangsleistung innerhalb des Sektors nicht unter die Hälfte des Maximalwerts absinkt.

Neben der Leistungshalbwertsbreite wird auch teilweise die Spannungs- oder Feldstärkehalbwertsbreite angegeben. Sie schließt den Sektor im Strahlungsdiagramm der Antenne ein, in dem die Feldstärke nicht unter die Hälfte ihres Maximums absinkt.

In den *Abb. 2.5517 a* bis *2.5517 d* sind die vertikalen Strahlungsdiagramme für den horizontalen λ/2-Dipol (parallel zur Erde) in Abhängigkeit von seiner Höhe über der Erde gezeigt.

Die Erde wird hierbei als guter Leiter angenommen, so daß sie für das elektromagnetische Feld als Reflektor wirkt.

Durch die Reflexionen der Erde hebt sich das Feld teilweise bei Gegenphasigkeit auf oder wird durch Gleichphasigkeit verstärkt. Die dadurch entstehenden Reflexionsverzerrungen des ursprünglich kreisrunden vertikalen Strahlungsdiagramms nach *Abb. 2.5516 c* sind eine Funktion der Antennenhöhe über der Erde. Während das Strahlungsdiagramm nach *Abb. 2.5516 c* für einen Dipol im freien Raum (sehr große Höhe) gilt, muß man bei realen Kurzwellenantennen (besonders für das 80-m- und das 40-m-Band) mit Erdreflexionen rechnen, da man sie nur selten höher als 30 m aufhängen kann.

Der Winkel der Hauptstrahlrichtung gegenüber der Waagerechten (Erde) wird im Vertikaldiagramm als Erhebungswinkel bezeichnet.

Erinnert man sich an die Reflexion der elektromagnetischen Wellen an der Ionosphäre (siehe 1.73), ist es leicht einsichtig, daß der Erhebungswinkel einer Antenne mit entscheidend für die Überbrückung großer Entfernungen auf dem Funkwege ist, weil er den Reflexionswinkel an der Ionosphäre bestimmt.

Man hat empirisch festgestellt, daß bestimmte Erhebungswinkelbereiche für die verschiedenen Amateurfunkbänder optimale Reichweiten erwarten lassen. Sie liegen für

2.5 Die Antennenanlage

das 40-m-Band zwischen 10 und 40°
das 20-m-Band zwischen 6 und 25°
das 15-m-Band zwischen 5 und 15°
das 10-m-Band zwischen 4 und 12°

Beim Vergleich mit den Diagrammen aus *Abb. 2.5517* sollte die Antenne zur optimalen Abstrahlung mindestens $\lambda/2$ hoch sein.
Bei Höhen unter $\lambda/2$ strahlt der horizontale Dipol mit einem sehr steilen Erhebungswinkel, der nur für Sendungen im 80-m-Band wünschenswert ist, die im allgemeinen für kürzere Entfernungen (bis 1000 km) gedacht sind (spitzer Reflexionswinkel an der Ionosphäre).
Die Antennenhöhe von $\lambda/2$ ist nach *Abb. 2.5517 b* für das 40-m-Band optimal, zumal hierdurch nahezu der gewünschte Erhebungswinkelbereich von 10 bis 40° eingeschlossen wird. Mit zunehmender Antennenhöhe bilden sich mehrere Strahlungskeulen im Vertikaldiagramm, die symmetrisch zur Senkrechten liegen. Die flachsten Keulen neigen sich zu immer kleineren Erhebungswinkeln, wenn die relative Antennenhöhe größer wird (bezogen auf die Wellenlänge λ).
Da es bei den typischen DX-Bändern (20, 15 und 10 m) keine allzu großen Schwierigkeiten bereitet, Antennen auf λ oder gar 2λ Höhe zu bringen, ergänzen sich die Forderungen nach großer Höhe und flachem Abstrahlwinkel.

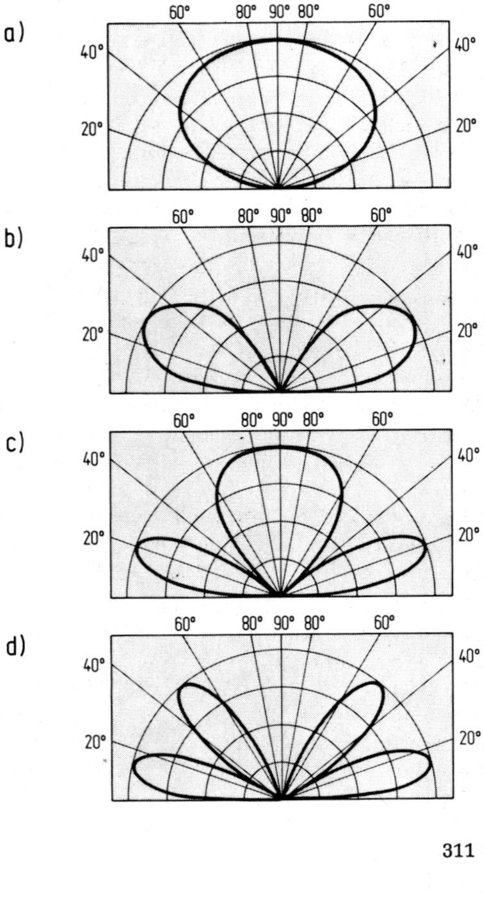

Abb. 2.5517 Vertikales Strahlungsdiagramm eines horizontalen $\lambda/2$-Dipols in Abhängigkeit von seiner Höhe über der ideal leitenden Erde (Darstellung des Erhebungswinkels)

a $\lambda/4$ über der Erde

b $\lambda/2$ über der Erde

c $3\lambda/4$ über der Erde

d λ über der Erde

2.552 Antennengewinn, Vorwärts/Rückwärts-Verhältnis

Der Antennengewinn ist ein Vergleichswert zwischen einer bestimmten Antennenform und einer Bezugsantenne. Er gibt das Leistungsverhältnis beider Antennen an, die sich im gleichstarken elektromagnetischen Feld befinden. Dabei ist P_1 die Leistung, die von der zu vergleichenden Antenne an einen angepaßten Verbraucher abgegeben wird, während P_2 die Leistung der Vergleichsantenne ist.

Meßtechnisch läßt sich der Vergleich auch anders vornehmen, indem man an einer Empfangsantenne die Leistung P_1 mißt, die eine mit der zu testenden Antenne abgestrahlte definierte Sendeleistung hervorruft.

Diese Leistung P_1 wird anschließend mit der Empfangsleistung P_2 verglichen, die eine Bezugs-Sendeantenne bei gleichen Empfangsbedingungen liefert (gleiche Empfangsantenne, gleiche Entfernung, gleiche Richtung usw.).

Man gibt den Leistungsgewinn einer bestimmten Antennenform gegenüber einer Vergleichsantenne im bereits bekannten logarithmischen Verhältnis an:

$$G = 10 \cdot \log \frac{P_1}{P_2} \quad \text{in dB} \tag{333}$$

Als Vergleichsantennen findet man in der Literatur drei unterschiedliche Formen.

Die sogenannte isotrope Antenne ist ein theoretisches Gebilde, das man sich als punktförmigen Strahler vorstellen muß.

Die Strahlungscharakteristik ist kugelförmig, wodurch man in allen Richtungen die gleiche Strahlungsintensität findet.

Das horizontale und das vertikale Strahlungsdiagramm sind demnach kreisrund.

Der Hertzsche Dipol ist eine Antenne mit einer Gesamtlänge von kleiner als $\lambda/8$. Die Strahlungscharakteristik ist der des Halbwellendipols sehr ähnlich.

Das vertikale Strahlungsdiagramm ist nach *Abb. 2.5516 c* kreisrund, während sich im horizontalen Strahlungsdiagramm senkrecht zum Strahler zwei kreisförmige Richtkeulen bilden.

Die Strahlungseigenschaften des Halbwellendipols unterscheiden sich hierzu nur dadurch, daß die Keulen im horizontalen Strahlungsdiagramm nicht mehr Kreise bilden, sondern bei kleinerem Öffnungswinkel nach *Abb. 2.5516 b* etwas in die Länge gezogen sind.

In *Abb. 2.5521* findet man die horizontalen Strahlungsdiagramme der drei Bezugsantennen im Vergleich.

Da der Halbwellendipol und auch der Hertzsche Dipol bereits zwei bevorzugte Strahlungsrichtungen im horizontalen Diagramm besitzen, ist die Strahlungsintensität in diesen Hauptstrahlrichtungen ausgeprägter als beim isotropen Strahler.

Der Gewinn G_0 gegenüber dem isotropen Strahler beträgt beim Hertzschen Dipol 1,76 dB, während man beim Halbwellendipol durch die etwas längere Strahlungskeule bei kleinerem Öffnungswinkel mit $G_0 = 2{,}15$ dB rechnet.

Üblicherweise wird im Amateurfunk der Halbwellendipol als Bezugsantenne verwendet, wenn man Gewinne von speziellen Antennenformen angibt.

Wird der Gewinn auf den isotropen Strahler bezogen, muß man 2,15 dB abziehen, um einen Vergleich zum $\lambda/2$-Dipol zu bekommen.

Die beiden Strahlungskeulen des Halbwellendipols sind bei gleichem Gewinn um 180° versetzt, so daß die Antenne sowohl „vorwärts" als auch „rückwärts" mit der gleichen Richtwirkung arbeitet.

Das Vorwärts/Rückwärts-Verhältnis ist gleich der Differenz des Gewinns in der Hauptstrahlrichtung und des Gewinns in der gegenüberliegenden (um 180° versetzten) Richtung:

2.5 Die Antennenanlage

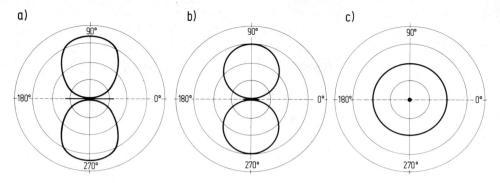

Abb. 2.5521 Vergleich der horizontalen Strahlungsdiagramme der Bezugsantennen
a Halbwellendipol $G_0 = 2{,}15$ dB
b Hertzscher Dipol $G_0 = 1{,}76$ dB
c Isotroper Strahler $G_0 = 0$ dB

Vorwärts/Rückwärts-Verhältnis = Vorwärtsgewinn − Rückwärtsgewinn

$$\text{VRV} = G_v - G_r \text{ in dB} \tag{334}$$

Demnach ist das VRV eines Halbwellendipols 0 dB.
Hat dagegen z. B. eine Antenne einen Vorwärtsgewinn von 10 dB und rückwärts einen Gewinn von −12 dB gegenüber einem Dipol, dann ist das VRV = 22 dB.

Bei Richtantennen ist neben dem hohen Gewinn in der Hauptstrahlrichtung und dem richtigen Erhebungswinkel auch ein hohes VRV erwünscht, um auf diese Weise einen hohen Störabstand gegenüber den von „hinten" einstrahlenden Sendern zu erhalten.

2.553 Antennen-Polarisation

Das von einer Antenne abgestrahlte elektromagnetische Feld breitet sich kugelförmig mit Lichtgeschwindigkeit aus.
Mit zunehmender Entfernung nimmt die Wölbung der als Kugelschale geformten Wellenfront ab, wodurch ein betrachteter Ausschnitt praktisch zur ebenen Fläche wird.

Diese ebene Wellenfront, die in Ausbreitungsrichtung wandert, wird sowohl von magnetischen als auch von elektrischen Feldlinien durchzogen, die das elektromagnetische Feld bilden. In Abb. 2.5531 ist es symbolisch dargestellt. Elektrische und magnetische Feldlinien stehen senkrecht aufeinander. Die Richtung der Feldlinien wechselt in jeder halben Schwingungsperiode um 180°, so daß sich die Pfeilrichtungen jeweils umkehren.

Die relative Lage der senkrecht aufeinander stehenden elektrischen und magnetischen Feldlinien zur Erdoberfläche bezeichnet man als Polarisation. Sie ist von der Antenne abhängig, durch die das elektromagnetische Feld abgestrahlt wird.

Bei der Angabe der Polarisation des Feldes bezieht man sich immer auf den Verlauf der elektrischen Feldlinien zur Erdoberfläche.

Das von einem waagerecht aufgehängten Dipol (Abb. 2.5532 a) abgestrahlte Feld besitzt die Polarisation nach Abb. 2.5531. Da die elektrischen Feldlinien parallel zur Erdoberfläche verlaufen, spricht man von horizontaler Polarisation und auch von einer horizontal polarisierten Antenne.

2 Die Kurzwellen-Amateurfunkstation

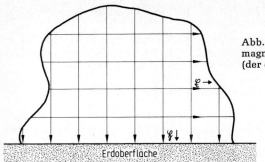

Abb. 2.5531 Ebene Wellenfront des elektromagnetischen Feldes mit horizontaler Polarisation (der elektrischen Feldlinien) zur Erdoberfläche

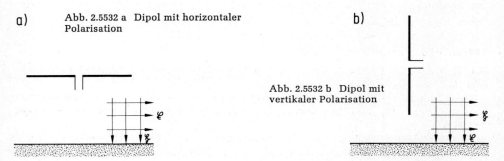

a) Abb. 2.5532 a Dipol mit horizontaler Polarisation

b) Abb. 2.5532 b Dipol mit vertikaler Polarisation

Dreht man die Antenne nach *Abb. 2.5532 b* um 90°, so daß sie zur Erdoberfläche senkrecht steht, wird die Polarisation des Feldes vertikal.

Allgemein spricht man in all diesen Fällen von linearer Polarisation des elektromagnetischen Feldes (auch wenn die Antenne schräg gespannt ist) im Gegensatz zur zirkularen Polarisation, bei der sich das Feld rechts oder links um die Achse der Ausbreitungsrichtung dreht. Sie spielt aber im KW-Amateurfunk keine Rolle und ist mehr in der Satelliten-Funktechnik zu finden.

Sendet und empfängt man mit Antennen, die in ihrer Polarisation um 90° versetzt sind, ist die theoretische Empfangsleistung bei direkter Übertragung (ohne Verformung des elektromagnetischen Feldes) Null, da in der Empfangsantenne durch die Lage des Leiters zur Wellenfront keine Spannung induziert werden kann.

Diese Erscheinung macht sich bei UKW-Verbindungen mit einer Dämpfung bis zu 40 dB bei unterschiedlicher Polarisation der Antennen bemerkbar.

Im KW-Bereich ist die unterschiedliche Polarisation zwischen Sende- und Empfangsantennen allerdings völlig unkritisch, da das von der Antenne abgestrahlte Feld in seiner Form durch Reflexionen an Umgebungshindernissen und vor allen Dingen an der nicht ebenen Ionosphäre „verbogen" wird, so daß man in fast jedem Fall eine Nutzkomponente an der Empfangsantenne erhält, gleich welche Polarisation sie besitzt.

Bei der ständigen Verschiebung zwischen der konstanten Polarisationsebene der Antenne und der durch Reflexion wechselnden Polarisation des empfangenen magnetischen Feldes tritt allerdings auch der spezielle Fall ein, daß beide um 90° gegeneinander verdreht sind. In diesem Fall erhält man den bereits in 1.74 erwähnten Polarisationsschwund, bei dem das Empfangssignal kurzzeitig ausbleibt.

2.5 Die Antennenanlage

Soweit es sich um gestreckte Strahler handelt, ist die Polarisation der Antenne gleich ihrer Lage zur Erdoberfläche.
Bei einigen Antennenformen ist sie allerdings nicht direkt ersichtlich (z. B. Quad, vergl. 2.566), so daß man sich in der einschlägigen Literatur informieren muß, wenn die Polarisation wichtig ist (für UKW), um optimale Übertragungsverhältnisse zu schaffen.

2.56 Antennenpraxis

Während bisher mehr auf die theoretischen Belange der Antenne eingegangen wurde, sollen in diesem Abschnitt die im Amateurfunk gebräuchlichsten KW-Antennen in ihrer praktischen Form beschrieben werden.
Dabei kann im Rahmen dieses Buches nur ein relativ kurzer Überblick gegeben werden. Es liegt aber zu diesem Thema bereits umfangreiches Literaturmaterial mit den notwendigen Erfahrungswerten und -maßen vor, so daß man sich dort detaillierter informieren kann.

2.561 Gebräuchliche Halbwellendipole

Für das 80- und das 40-m-Band sind mit Antennenlitze gespannte Halbwellendipole üblich, die über Koaxialkabel gespeist werden.
  Als Antennenleiter wird Kupferlitze verwendet, die zum Schutz gegen Verwitterung mit einer Kunststoffschicht überzogen ist. Man erhält sie im Fachhandel in Ringen von 40 und 50 m Länge.
  Als Abspannseil zwischen den Antennenenden und den Abspannpunkten verwendet man geflochtenes Perlonseil, das in Fachgeschäften für Boots- und Segelzubehör am preisgünstigsten zu finden ist. Sehr unauffällig, aber nicht ganz so reißfest ist Anglerschnur, die aus einem einadrigen Perlon-„Draht" besteht.
Kunststoff-Wäscheleine ist nicht zu empfehlen, da die billigeren Qualitäten sich dehnen und sehr bald stark verwittern und brüchig werden.
  Bei der Antennenabspannung mit Kunststoffseilen kann man grundsätzlich auf Endisolatoren verzichten. Sie haben allerdings dann einen Vorteil, wenn die Antenne feucht oder verschneit ist, zumal in diesen Fällen ein scharfkantiger Teller zu einer besseren Isolation führt.
  Die Antennenlänge wird nach (330) unter Berücksichtigung des Verkürzungsfaktors bemessen. Man tut aber gut daran, wenn man den Draht etwas länger läßt, um ihn dann von beiden Dipolenden her auf die exakte Resonanzlänge zu kürzen.
Dies geschieht mit Hilfe eines Stehwellenmeßgeräts, das bei optimaler mechanischer Antennenlänge ein Minimum des Stehwellenverhältnisses anzeigt.
  Man kann die gleiche Zuleitung zur Speisung zweier oder mehrerer Dipole für die unterschiedlichen KW-Amateurfunkbänder verwenden, wie es in *Abb. 2.5611* gezeigt ist. Die nicht in Resonanz befindlichen Dipole wirken jeweils als parallelgeschaltete hochohmige Impedanzen, so daß durch sie kein nennenswerter Leistungsverlust entsteht.
Die Antenne erfordert allerdings mehrere Abspannpunkte, die oft nicht zu realisieren sind. Zudem geht die typische Oberwellenunterdrückung einer Resonanzantenne zum Teil verloren, wenn einer der parallelgeschalteten Dipole auf einer Oberschwingung in Resonanz ist.
  Neben dem gestreckten, horizontal zur Erde aufgehängten Dipol findet man bei Funkamateuren oft die „Umgekehrte V-Antenne" oder „Inverted-V", die nach *Abb. 2.5612* einen

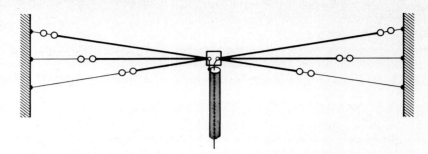

Abb. 2.5611 Speisung mehrerer Dipole über eine Zuleitung

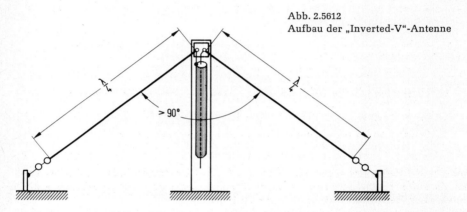

Abb. 2.5612
Aufbau der „Inverted-V"-Antenne

in der Mitte hoch aufgehängten $\lambda/2$-Dipol darstellt, dessen Enden zur Erde hin abgewinkelt sind.

Diese Antenne hat den erheblichen Vorteil, daß sie weniger Spannweite als ein herkömmlicher gestreckter Halbwellendipol benötigt. Zudem ist nur ein hoher Aufhängepunkt in der Antennenmitte erforderlich.

Die seitlichen Abspannungen können mit den Dipolenden bis auf 1 m zur Erde herunterreichen, wobei der Winkel zwischen den beiden Dipolhälften allerdings nicht kleiner als 90° werden sollte. Die minimale Spannweite beträgt demnach für das 80-m-Band rund 28 m, wenn ein Aufhängepunkt mit einer Höhe von 15 m zur Verfügung steht.

Die größeren Kapazitäten zwischen den angewinkelten Antennenleitern gegenüber einem gestreckten Dipol haben zur Folge, daß die Resonanzfrequenz der Antenne bezogen auf die mechanische Länge absinkt. Man muß also mit einem etwas kleineren Verkürzungsfaktor rechnen.

Weiterhin wird die Eingangsimpedanz der Antenne mit kleinerem Winkel zwischen den Dipolästen geringer. Sie reicht in die Nähe von 50 Ω, so daß man ein Koaxialkabel mit entsprechender Impedanz zur Speisung einer Inverted-V verwenden sollte.

Der Antenne wird ein Gewinn gegenüber dem gestreckten Halbwellendipol für Frequenzen unterhalb von 7 MHz nachgesagt (beim DX-Verkehr im 80-m-Band z. B.). Dies ist auf die Veränderung des Strahlungsdiagramms zu einem günstigeren Erhebungswinkel durch die abgeknickten Dipolhälften zurückzuführen.

2.5 Die Antennenanlage

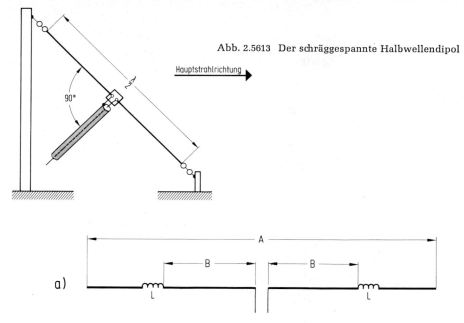

Abb. 2.5613 Der schräggespannte Halbwellendipol

Abb. 2.5614 a Verkürzter Halbwellendipol mit Verlängerungsspulen

Man kann den Halbwellendipol nach Abb. 2.5613 auch schräg von einem hohen Befestigungspunkt zur Erde hin spannen, wodurch man eine bevorzugte Strahlrichtung erhält, da der Erhebungswinkel dort hin relativ flach wird.

Für einen Spannwinkel von 45°, bei dem die Antenne zwischen horizontaler und vertikaler Polarisation liegt, benötigt man für einen 80-m-Halbwellendipol einen Abspannpunkt in der beachtlichen Höhe von rund 30 m.

Hat man zudem die Möglichkeit, den unteren Verankerungspunkt in verschiedenen Himmelsrichtungen anzubringen (z. B. um einen Mast oder um einen Baum), kann die bevorzugte Strahlrichtung entsprechend geändert werden.

Wie bereits in Abb. 2.5515 gezeigt wurde, kann man die mechanische Länge des Halbwellendipols durch das Zwischenschalten von Verlängerungsspulen verkürzen.

Zur Bestimmung der notwendigen Induktivität der Verlängerungsspulen müssen nach Abb. 2.5614 a das Längenverhältnis des mechanisch verkürzten Dipols zur halben Betriebswellenlänge (A zu $\lambda/2$) und die Lage der Spule auf dem Dipolzweig als Verhältnis von B zu A/2 bekannt sein.

Mit diesen Werten kann man den induktiven Widerstand der Verlängerungsspulen aus dem Diagramm Abb. 2.5614 b entnehmen.

Ist die mechanische Länge des Halbwellendipols z. B. auf das 0,6fache gekürzt worden (2 A/λ = 0,6) und liegen die Verlängerungsspulen jeweils in der Mitte der Dipolzweige (2 B/A = 0,5), muß der induktive Widerstand nach Abb. 2.5614 b 700 Ω betragen. Die Induktivität läßt sich dann nach (74) für das jeweilige Band berechnen.

Bei gegebener Länge A des verkürzten Dipols ist sein Wirkungsgrad um so größer, je weiter die Spulen zu den Strahlerenden hin liegen. Mit der Länge B nimmt aber auch die

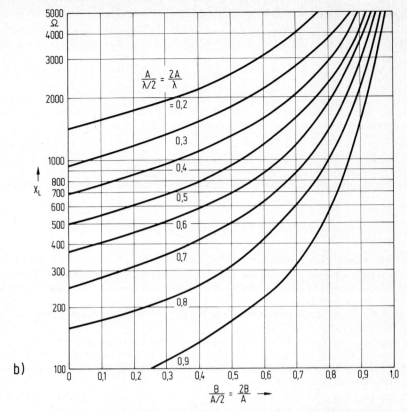

b)

Abb. 2.5614 b Der induktive Widerstand der Antennenverlängerungsspule als Funktion ihrer Lage im Dipolzweig und der mechanischen Verkürzung des Halbwellendipols

notwendige Induktivität der Verlängerungsspulen zu, um die Antenne in Resonanz zu bringen. Am Strahlerende muß sie theoretisch unendlich groß sein, weil dort kein Strom mehr fließt, um die Gegeninduktionsspannung zu erzeugen.

Die Kapazität der Strahlerenden und zusätzliche Dachkapazitäten, die man am Strahlerende anbringen kann (aufgespreizte Drahtlitze oder Metallteller), reduzieren die notwendige Induktivität allerdings auf ein reales Maß.

Die Bandbreite von induktiv verlängerten Antennen nimmt, wie bereits in 2.551 erwähnt, mit der Verkürzung ab. Man kann sie aber durch Dachkapazitäten an den Strahlerenden erhöhen, wobei dann die Induktivität der Verlängerungsspulen entsprechend verkleinert werden muß.

Besondere Beachtung muß man dem mechanischen Aufbau der Verlängerungsspulen schenken. Liegen sie mehr zur Antennenmitte hin, müssen sie einen erheblichen Resonanzstrom „vertragen" können, an den Strahlerenden ist eine gute Isolation zwischen den Spulenwindungen erforderlich.

Für Hochfrequenzleistungen über 200 W nimmt man kunststoffüberzogene Antennenlitze mit einem Mindestdurchmesser von 2 mm als Spulendraht.

2.5 Die Antennenanlage

Als Wickelkörper hat sich Kunststoffwasserrohr bewährt, das es mit den unterschiedlichsten Durchmessern im Fach- oder auch Heimwerkerhandel gibt. Für Leistungen bis 500 W reicht ein Durchmesser von 5 cm (2 Zoll), während man bei 1 kW den Rohrdurchmesser nicht unter 7 cm wählen sollte.

Nach dem Wickeln werden die Spulen zunächst in der Antenne getestet und durch windungsweises Kappen auf die erforderliche endgültige Induktivität abgestimmt.

Anschließend werden sie mit einer Kunststoffschicht gegen Verwitterung und zur mechanischen Festlegung der Windungen überzogen. Man streicht sie hierzu am einfachsten mit Chromschutzlack ein, den man im Autozubehörhandel erhält.

Steht keine Meßbrücke zur Bestimmung der Spuleninduktivität zur Verfügung, schaltet man zur gewickelten Spule einen festen Kondensator (z. B. 100 pF) parallel und rechnet sich die Resonanzfrequenz aus, die mit der gewünschten Induktivität erreicht werden muß. Mit einem Dip-Meter kann man dann die Spule als Bestandteil eines Schwingkreises abstimmen.

2.562 Der Faltdipol

In Abb. 2.5621 ist der offene Halbwellendipol um $\lambda/2$ zur einen Seite verlängert worden. Durch den periodischen Strom- und Spannungsverlauf pro Wellenlänge auf dem Antennenleiter sind Strom und Spannung an den Punkten A und B nach Betrag und Phase gleich groß.

Aus diesem Grunde kann man die beiden $\lambda/2$-Stücke übereinanderklappen und die Enden A und B direkt miteinander verbinden.

Die neu entstandene Antennenform wird Falt- oder Schleifendipol genannt.

Bei gegebener Leistung ist der Antennenstrom in den beiden $\lambda/2$ Stücken des Faltdipols nur halb so groß wie beim offenen Halbwellendipol, so daß auch der Strom auf der Speiseleitung nur den halben Wert besitzt.

Da von der gleichen Hf-Leistung ausgegangen wird, muß die Spannung am Einspeisepunkt des Faltdipols doppelt so groß wie beim offenen Dipol sein.

Halber Strom und doppelte Spannung ergeben den vierfachen Wert des Eingangswiderstands eines offenen Dipols, so daß man beim Faltdipol mit Z_A um 250 Ω rechnen muß.

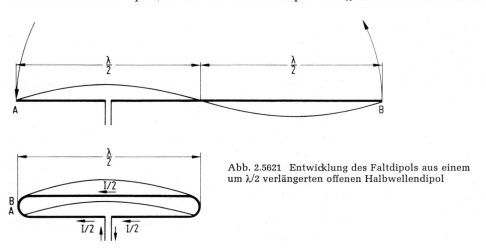

Abb. 2.5621 Entwicklung des Faltdipols aus einem um $\lambda/2$ verlängerten offenen Halbwellendipol

2 Die Kurzwellen-Amateurfunkstation

Zur Speisung des Faltdipols nimmt man entweder symmetrisches Flachbandkabel oder Schlauchkabel mit $Z_L = 240\,\Omega$, oder man verwendet einen Symmetriertransformator nach Abb. 2.534 b, der (neben der Symmetrierung) die Impedanz des üblichen Koaxialkabels um den Faktor 4 erhöht.

Neben einem Gewinn von etwa 1,5 dB gegenüber dem offenen Dipol durch die größere effektive Strahlerlänge, hat der Faltdipol eine größere Bandbreite als der offene $\lambda/2$-Dipol. Man erklärt dies mit der Parallelschaltung der Antennenleiterinduktivitäten der beiden $\lambda/2$-Stücke. Hierdurch sinkt die Gesamtinduktivität des Faltdipols auf die Hälfte der des offenen Dipols, während sich die parallelgeschalteten Leiterkapazitäten addieren. Das auf diese Weise erreichte kleinere LC-Verhältnis sorgt für die erhöhte Bandbreite.

Eine Abart des einfachen Faltdipols ist der Doppelfalt- oder Doppelschleifendipol, der aus drei parallelgeschalteten $\lambda/2$-Stücken besteht. Sein Eingangswiderstand ist nach den vorstehenden Betrachtungen etwa neunmal so groß, wie der des offenen $\lambda/2$-Dipols, und seine Bandbreite liegt noch über der des einfachen Faltdipols.

Der Doppelfaltdipol ist allerdings kaum gebräuchlich, da er konstruktive Schwierigkeiten bereitet.

Beim Aufbau des einfachen Faltdipols muß man auf den gleichbleibenden Abstand zwischen den Antennenleitern achten. Der Abstand soll kleiner als $\lambda/20$ sein.

Die parallele Führung erreicht man bei Drahtantennen durch entsprechende Isolierspreizen, die genügend dicht gestaffelt werden müssen.

Man kann aber auch das bereits erwähnte symmetrische 240 Ω-Kabel als Antennenleiter verwenden, bei dem die Kunststoffisolierung für den notwendigen Leiterabstand sorgt. Die Enden eines $\lambda/2$-Stücks werden miteinander verlötet, während man in der Mitte einen der Leiter zur Einspeisung aufschneidet.

Die Antenne ist in dieser einfachen Form natürlich nur für eine begrenzte Leistung zu verwenden (250 W).

Werden die Leiter des Faltdipols ungleich stark gemacht, dann verändert sich der Eingangswiderstand in Abhängigkeit vom Verhältnis der Durchmesser. Dies ist allerdings nur für Rohrkonstruktionen im UKW-Bereich von Interesse.

Während man den Faltdipol trotz seiner Vorteile als Kurzwellenantenne nur relativ selten sieht, weil der Aufbau und die Anpassung einige konstruktive Schwierigkeiten bieten, gehört er zu den Standardantennen der UKW-Technik.

Die Schwierigkeiten sind im Kurzwellenbereich bisher durch das Speisekabel gekennzeichnet gewesen. Mit den inzwischen handelsüblichen Ringkernsymmetriertransformatoren kann man aber jedes Koaxialkabel bei nur geringen Übertragungsverlusten verwenden.

Die Antenne ist natürlich auffälliger als der offene Dipol und kann eventuell aus diesem Grunde das Bild der Umgebung stören.

Die Strahlungscharakteristik des Faltdipols entspricht neben dem geringen Gewinn der des offenen Halbwellendipols, so daß auf entsprechende Diagramme verzichtet werden kann.

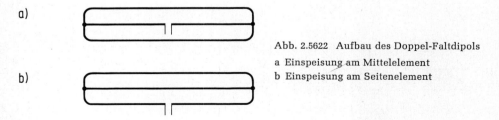

Abb. 2.5622 Aufbau des Doppel-Faltdipols
a Einspeisung am Mittelelement
b Einspeisung am Seitenelement

2.5 Die Antennenanlage

2.563 Die Langdrahtantenne

Der Langdraht ist als endgespeiste Antenne die einfachste KW-Antennenform.

Nach der offiziellen Terminologie der Nachrichtentechnik besitzen nur Antennen mit einer Ausdehnung von mehr als einer Wellenlänge zurecht die Bezeichnung „Langdraht". Dies hat sich aber im Sprachgebrauch der AFU-Technik verwaschen, in dem auch kürzere, direkt endgespeiste Drähte Langdraht genannt werden.

Ist seine Länge nach *Abb. 2.5631a* $\lambda/4$, entspricht der Langdraht der Hälfte des Halbwellendipols. Der Eingangswiderstand ist entsprechend niederohmig, weil im Strombauch eingekoppelt wird. Man kann daher das eine Antennenende direkt mit dem niederohmigen Ausgang des Senders verbinden.

Diese Einspeisemöglichkeit gilt auch für alle ungeraden Vielfachen von $\lambda/4$, weil sich dort der Strombauch auf dem Antennenleiter periodisch wiederholt.

Im Gegensatz hierzu findet man an den Enden eines $\lambda/2$ langen Antennenleiters und aller ganzzahligen Vielfachen davon Stromknoten, so daß der Eingangswiderstand eines Langdrahts dieser Länge nach *Abb. 2.5631b* hochohmig ist.

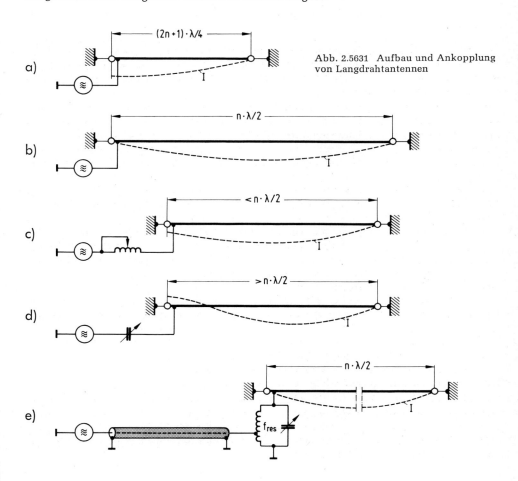

Abb. 2.5631 Aufbau und Ankopplung von Langdrahtantennen

2 Die Kurzwellen-Amateurfunkstation

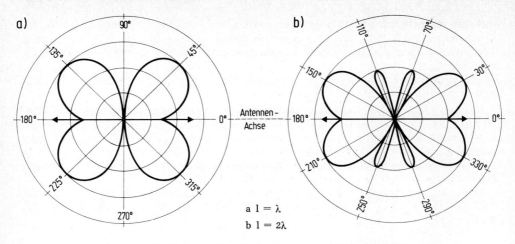

a $l = \lambda$
b $l = 2\lambda$

Abb. 2.5632 Horizontales Strahlungsdiagramm von Langdrahtantennen

Zur Impedanzwandlung des meist niederohmigen Senderausgangs verwendet man entweder ein π-Filter, oder aber auch einen Resonanzkreis (Fuchskreis) nach Abb. 2.5631e, der an einer niederohmigen Anzapfung eingespeist wird. Sein heißes, hochohmiges Ende wird mit der Antenne verbunden.

In den meisten Fällen wird der Langdraht als Provisorium eingesetzt, um schnell und ohne großen Aufwand auf Reisen eine halbwegs brauchbare Antenne zur Verfügung zu haben. Dabei läßt sich die Antennenlänge nicht immer genau festlegen, um exakt mit der Betriebswellenlänge auf Resonanz zu kommen. Zur Anpassung solcher „Wurfantennen", die, mit einem Stein beschwert, über dem nächsten Baum oder Zaun hängen, dient ein Anpaßgerät, wie es in Abb. 2.541 bereits prinzipiell gezeigt wurde. Grundsätzlich wird auch hierbei eine Spule zur elektrischen Verlängerung des zu kurzen Drahts verwendet (Abb. 2.5631c) und ein Kondensator zur elektrischen Kürzung des zu langen Drahts (Abb. 2.5631d).

Vielfach kann man keinen mittengespeisten Dipol aufhängen, weil das frei über Grund hängende Koaxialkabel den Hauswirt oder auch andere stört. Eine Ausweichlösung bietet der Langdraht nach Abb. 2.5631e. Am Einspeisepunkt der Antenne ist ein Impedanzwandler angebracht, der den Wellenwiderstand Z_L des Koaxialkabels auf den hochohmigen Eingangswiderstand Z_A des endgespeisten λ/2-Strahlers transformiert.

Verzichtet man auf eine Hälfte des Halbwellendipols, und hängt nur einen Draht von λ/4 auf, wie es bereits in Abb. 2.5631 a angedeutet wurde, kann man den Impedanzwandler weglassen und mit der Seele des Koaxialkabels direkt an das Ende des λ/4-Strahlers gehen. Der Mantel wird nach Möglichkeit mit einer Erdleitung verbunden, die sich in der Nähe des Einspeisepunkts befindet (Dachrinne, Blitzableiter usw.).

Da die effektive Länge des Viertelwellendrahts gegenüber dem Halbwellendipol geringer ist, muß man mit einem Feldstärkeverlust von 2 bis 3 dB rechnen.

Langdrahtantennen müssen nicht unbedingt gestreckt aufgehängt sein, um auf Resonanz abgestimmt werden zu können, zumal der Einspeisepunkt oft nicht ständig zugänglich ist, so daß der Impedanzwandler nicht nachgestimmt werden kann.

Man zieht dann ein Stück des Langdrahts einfach senkrecht am Haus hoch und spannt den möglichst langen Rest frei über Grund.

Solche geknickten Langdrähte findet man in dicht besiedelten Wohngegenden, wo man den Antrag auf eine Antennengenehmigung am besten erst gar nicht stellt. Die notwendige „Tarnantenne" kann man mit dünnem Kupferlackdraht spannen, so daß sie praktisch unsichtbar ist.

Mit dem Einzug des Winters muß man allerdings etwas früher aufstehen, um den Reif oder den Schnee rechtzeitig abzuschütteln.

Hat man die Möglichkeit, einen Langdraht über eine oder mehrere Betriebswellenlängen zu spannen, kann man mit einem solchen sehr langen Antennengebilde bevorzugte Strahlungsrichtungen erreichen. Während die Hauptkeulen des horizontalen Strahlungsdiagramms bei einer Antennenlänge von λ nach Abb. 2.5632a um 90° gegeneinander versetzt zu einer angenäherten Rundstrahlcharakteristik führen, neigen sie sich mit zunehmender Länge in Richtung der Antennenachse (Abb. 2.5632b).

Einen deutlich meßbaren Gewinn erreicht man allerdings erst ab 4 Wellenlängen mit 3 dB gegenüber dem offenen Dipol. Bei 10λ sind es rund 8 dB, wobei die Höhe größer als λ sein soll.

2.564 Multibandantennen

Obwohl jeder Amateur bestimmte AFU-Bänder bevorzugt und dort die Mehrzahl seiner Funkverbindungen abwickelt, besteht doch der Ehrgeiz, die Station für alle genehmigten Amateurfunkfrequenzen betriebsbereit zu wissen.

Bei den modernen KW-Amateurfunkgeräten ist es inzwischen zu einer Selbstverständlichkeit geworden, daß sie für alle Bänder brauchbar sind, doch gehören zum Funkbetrieb mit diesen Geräten auch die entsprechenden Antennen.

Es ist praktisch kaum durchführbar, für jedes der fünf üblichen KW-Bänder und sogar noch für das 160-m-Band eine separate Antenne vorzusehen, da dies erheblichen Platz und Aufwand bedeutet.

Man hat aus diesem Grunde Antennensysteme entwickelt, die, teilweise mit gewissen Kompromissen gegenüber Einbandantennen, für mehrere Bänder gleichzeitig einzusetzen sind. Solche mehrfach genutzten Antennenformen werden Multibandantennen genannt.

In *Abb. 2.5611* wurde bereits eine solche Antenne gezeigt, bei der zwar für jedes gewünschte Band ein getrennter Dipol gespannt werden muß, doch wird die Speiseleitung gemeinsam benutzt, was den Aufwand bereits weitgehend reduziert.

Geht man auf den vorhergehenden Abschnitt 2.563 zurück, ist die einfachste Multibandantenne in einem simplen Langdraht von 41 m zu finden, der für alle KW-Bänder ganzzahlige Vielfache von λ/2 bildet:

$1 \times \lambda/2$ für das 80-m-Band
$2 \times \lambda/2$ für das 40-m-Band
$4 \times \lambda/2$ für das 20-m-Band
$6 \times \lambda/2$ für das 15-m-Band
$8 \times \lambda/2$ für das 10-m-Band

Zur Transformation auf den hochohmigen Antenneneingangswiderstand benötigt man einen für die Bänder umschaltbaren Parallelschwingkreis nach *Abb. 2.5631e*, den man direkt vom Senderausgang oder über ein Koaxialkabel niederohmig an einer Spulenanzapfung einspeisen kann.

Besteht nur die Möglichkeit, eine Drahtlänge von 20,5 m zu spannen, muß man diesen Multiband-„Kurzdraht" für den Betrieb im 80-m-Band niederohmig einspeisen (was analog für das 160-m-Band bei einer Drahtlänge von 41 m gilt), während die Antenne für die

2 Die Kurzwellen-Amateurfunkstation

restlichen Bänder wiederum hochohmig über einen entsprechend abgestimmten Parallelschwingkreis angekoppelt wird. Der Drahtlänge von 20,5 m entsprechen

$1 \times \lambda/4$ für das 80-m-Band
$1 \times \lambda/2$ für das 40-m-Band
$2 \times \lambda/2$ für das 20-m-Band
$3 \times \lambda/2$ für das 15-m-Band
$4 \times \lambda/2$ für das 10-m-Band

Die sogenannte Zeppelin-Antenne ist eine Variante des endgespeisten Langdrahts. Die Strahlerlänge soll ebenfalls mindestens der halben Wellenlänge des niederfrequentesten Bandes entsprechen, für das die Antenne verwendet werden soll.

Im Gegensatz zum direkt gespeisten Langdraht besitzt die Zeppelin-Antenne nach *Abb. 2.5641* eine abgestimmte symmetrische Speiseleitung, deren Wellenwiderstand rund 300 Ω betragen soll. Sie ist mit einem Leiter am Antennenende verbunden, während der andere blind ausläuft (vergl. auch die *Abb. 2.5211 b* und *Abb. 2.5212 b*).

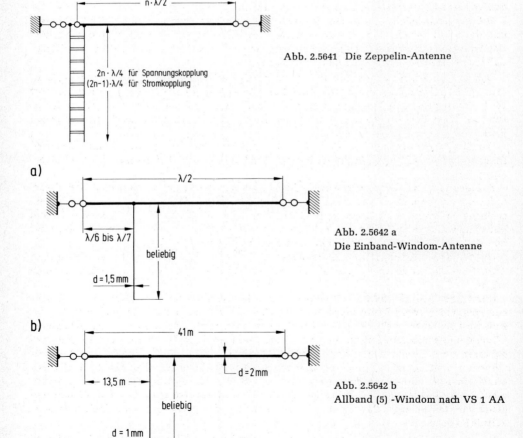

Abb. 2.5641 Die Zeppelin-Antenne

Abb. 2.5642 a
Die Einband-Windom-Antenne

Abb. 2.5642 b
Allband (5) -Windom nach VS 1 AA

2.5 Die Antennenanlage

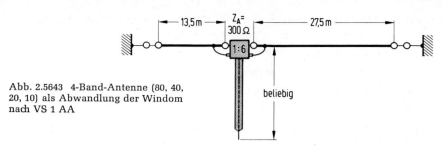

Abb. 2.5643 4-Band-Antenne (80, 40, 20, 10) als Abwandlung der Windom nach VS 1 AA

Ist die Zuleitung λ/2 oder deren Vielfache lang, muß sie am Sender hochohmig angekoppelt werden (Spannungskopplung). Demzufolge ist für den Betrieb einschließlich dem 80-m-Band eine Speiseleitung von 40 m Länge notwendig.

Reduziert man sie auf 20 m, muß die Speiseleitung für den Betrieb im 80-m-Band niederohmig (Stromkopplung) eingekoppelt werden, während für die übrigen Bänder nach wie vor eine hochohmige Anpassung notwendig ist.

Die vorgeschriebene Länge der Speiseleitung, ihr komplizerter Aufbau (Hühnerleiter) und der relativ große Aufwand der symmetrischen Ankopplung an den unsymmetrischen Senderausgang haben die früher sehr verbreitete Zeppelin-Antenne soweit verdrängt, daß sie nur noch wenig praktische Bedeutung besitzt.

Das gleiche Schicksal teilt mit ihr die Windom-Antenne, die ihren Namen dem Amateur verdankt, der sie zuerst beschrieben hat. Sie ist nach *Abb. 2.5642 a* ein außerhalb der Mitte eingespeister Halbwellenstrahler, der über eine beliebig lange Eindrahtspeiseleitung mit dem Sender verbunden wird. Die Rückleitung übernimmt die Kapazität gegen Erde.

Der Einspeisepunkt soll bei λ/6 bis λ/7 vom Antennenende liegen, wo die Antenne einen Eingangswiderstand von rund 600 Ω besitzt. Der Speisedrahtdurchmesser wird mit 1,5 mm angegeben.

Zur Bestimmung des richtigen Einspeisepunkts auf der Antenne muß man den Strom (oder die Spannung) an verschiedenen Stellen der Speiseleitung messen. Er soll für ein geringes Stehwellenverhältnis nach Möglichkeit überall gleich sein. Am Sender ist ein Impedanzwandler in Form eines π-Filters notwendig, um den niederohmigen Ausgang auf den Wellenwiderstand von 600 Ω der Speiseleitung zu transformieren.

Die Windomantenne ist eine Einbandantenne. VS 1 AA hat aber eine Konstruktion nach *Abb. 2.5642 b* beschrieben, die sie mit Anpassungskompromissen zur Allbandantenne macht.

Der Vierband-Dipol nach *Abb. 2.5643* ist mit der Windom-Antenne nach VS 1 AA sehr eng verwandt. Ursprünglich wurde er über eine symmetrische 300 Ω-Leitung gespeist. Inzwischen nimmt man aber meist einen Ringkern-Symmetriertransformator, der mit einem Widerstandsübersetzungsverhältnis von 1 : 6 direkt am Einspeisepunkt der Antenne angebracht wird. Hierdurch kann man übliches Koaxialkabel als Zuleitung bis zur Antenne verwenden, und gleichzeitig vermeidet man ein Anpaßgerät am Senderausgang. Auch diese Multibandantenne ist wie die „VS 1 AA" eine Kompromißlösung, die mit unvermeidlichen Fehlanpassungen verbunden ist, da der Einspeisepunkt nicht für alle Bänder die gleiche Impedanz zeigt. Man muß mit einem mehr oder weniger großen Stehwellenverhältnis rechnen.

Die „W 3 DZZ" ist wohl die gegenwärtig bekannteste Multibandantenne. Sie wird in *Abb. 2.5644* gezeigt.

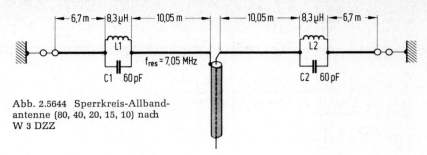

Abb. 2.5644 Sperrkreis-Allbandantenne (80, 40, 20, 15, 10) nach W 3 DZZ

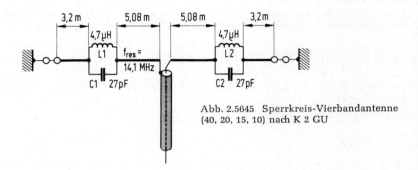

Abb. 2.5645 Sperrkreis-Vierbandantenne (40, 20, 15, 10) nach K 2 GU

In jedem Dipolzweig liegt ein Parallelschwingkreis mit einer Resonanzfrequenz von 7,05 MHz. Beide wirken für den Betrieb im 40-m-Band als Sperrkreise (engl. trap), so daß die Antenne dort als echter Halbwellendipol anzusehen ist (mechanische Länge ≙ elektrischer Länge.).

Im 80-m-Band arbeitet die Antenne ebenfalls als Halbwellendipol, obwohl ihre mechanische Länge über alles nur 33,5 m beträgt. Die notwendige Verlängerung übernimmt die induktive Charakteristik der traps (nicht die Induktivität der Spulen allein, wie oft zu lesen ist) unterhalb ihrer Resonanzfrequenz.

Oberhalb ihrer Resonanzfrequenz von 7,05 MHz stellen die traps einen kapazitiven Blindwiderstand dar, der auch hier nicht allein durch die Kondensatoren gebildet wird, sondern durch die Parallelschaltung aus L und C.

Die traps wirken demnach oberhalb des 40-m-Bands als elektrische Verkürzung.

Auf den drei höherfrequenten Bändern ist die Antenne nicht optimal angepaßt. Verwendet man Speisekabel mit 75 Ω Wellenwiderstand, kann man aber ein Stehwellenverhältnis von unter 2,5 auf allen Amateur-KW-Frequenzen erreichen.

Wie bei allen symmetrischen Antennen ist ein Symmetrierglied zu empfehlen (Ringkernbalun mit einem Widerstandsübersetzungsverhältnis von 1 : 1).

Verzichtet man auf das 80-m-Band und behält das Sperrkreisverfahren bei, dann kann man für 40 m, 20 m, 15 m und 10 m ein analoges Antennengebilde verwenden, das nach Abb. 2.5645 von K 2 GU dimensioniert wurde.

Die Sperrkreise sind für 14,1 MHz in Resonanz, wodurch die Antenne im 20-m-Band als Halbwellendipol betrieben wird. Für das 40-m-Band bildet der induktive Widerstand der traps die notwendige elektrische Verlängerung, um auch dort auf die elektrische Länge von $\lambda/2$ zu kommen.

2.5 Die Antennenanlage

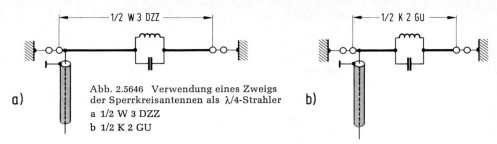

Abb. 2.5646 Verwendung eines Zweigs der Sperrkreisantennen als $\lambda/4$-Strahler
a 1/2 W 3 DZZ
b 1/2 K 2 GU

Oberhalb von 14,1 MHz bilden die traps kapazitive Blindwiderstände und tragen beim Betrieb auf 15 m und 10 m zur elektrischen Verkürzung des Antennenleiters bei.

Die Speisung erfolgt wie bei der W 3 DZZ über ein 75 Ω-Koaxialkabel.

Sowohl die W 3 DZZ als auch die Antenne nach K 2 GU lassen sich wie alle symmetrischen Antennen „einbeinig" betreiben, wie es in *Abb. 2.5646* gezeigt wird (vergl. auch *Abb. 2.5655*), wenn der Platz für die volle Länge nicht ausreicht. In diesem Fall wird wie beim Viertelwellenstrahler der Mantel des Koaxialkabels mit einem Gegengewicht (Blitzableiter usw.) verbunden, während die Seele am Strahler liegt.

2.565 Vertikal-Antennen

Bei den bisher betrachteten Antennenformen handelte es sich fast durchweg um horizontal zur Erde verlaufende Halbwellenstrahler oder Vielfache davon.

Der klassische Vertikalstrahler besitzt eine Länge von $\lambda/4$ (Marconi-Antenne), wobei die Erde das Gegengewicht (Rückleiter) bildet.

Den Strom- und Spannungsverlauf auf der Antenne stellt man sich nach *Abb. 2.5651* spiegelbildlich in der Erde fortgesetzt vor, um das Verhalten des Viertelwellenstrahlers als halber vertikaler Dipol erklären zu können.

Der Antennenfußpunkt liegt im Strombauch, so daß die Antenne niederohmig über Koaxialkabel gespeist werden kann.

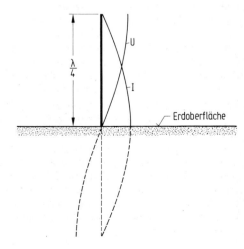

Abb. 2.5651 Strom- und Spannungsverlauf auf einem vertikalen $\lambda/4$-Strahler (Die Erde wirkt als Symmetrieebene)

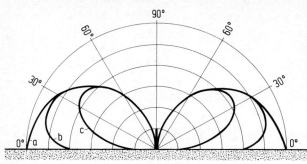

Abb. 2.5652 Vertikales Strahlungsdiagramm eines vertikalen $\lambda/4$-Strahlers
a über ideal leitender Erde
b und c über Erde mit abnehmender Leitfähigkeit

Betreibt man eine Vertikal-Antenne mit der Erde als Gegengewicht, muß die Erdleitfähigkeit möglichst gut sein. Um dies zu erreichen, wird am besten ein radiales Erdnetz (von der Antenne her strahlenförmig nach außen verlaufend) aus blankem Draht ausgelegt, so daß die Erdströme (Konvektionsströme) der Antenne einen möglichst geringen Widerstand finden.

Bei ideal leitender Erdoberfläche würde das vertikale Strahlungsdiagramm des senkrecht über der Erde aufgestellten Viertelwellenstrahlers nach Abb. 2.5652 zu beiden Seiten hin halbkreisförmig sein. Da die Erde aber einen bestimmten Widerstand besitzt, bilden sich je nach ihrer Leitfähigkeit von der Erdoberfläche abgehobene Strahlungskeulen.

Das horizontale Strahlungsdiagramm ist analog zum vertikalen des horizontal verlaufenden Dipols kreisförmig, wodurch eine Vertikal-Antenne Rundstrahlcharakteristik besitzt.

Mit dem flachen Erhebungswinkel im vertikalen Strahlungsdiagramm sind die relativ guten DX-Eigenschaften der Antenne zu begründen, wobei allerdings vorausgesetzt werden muß, daß die Umgebung frei von Hindernissen ist, die zu richtungsverfälschenden Absorptionen und Reflexionen der Antennenstrahlung führen.

Diese Forderung ist natürlich sehr oft nicht zu erfüllen, zumal den wenigsten Funkamateuren ein so großes Grundstück zur Verfügung steht, auf dem für einen Radius von mehreren Betriebswellenlängen kein Haus, Baum oder Strauch steht.

Aus diesem Grund hebt man die Erdungsebene der Vertikal-Antenne künstlich auf die Höhe, in der keine bedeutsamen Hindernisse mehr im Wege sind. Hierzu spannt man vom Fußpunkt der Antenne radial Drähte ab, die zentral mit einem guten Erdleiter verbunden werden. Diese künstliche Erdungsebene (engl.: ground-plane) bildet die Eigenschaften der leitenden Erdoberfläche nach, so daß die Antenne nahezu die gleiche Strahlungscharakteristik besitzt, als wenn sie direkt über der Erde aufgebaut wird.

Diese sogenannte Ground-Plane-Antenne ist die gebräuchlichste Vertikal-Antennenform für den Kurzwellenbereich.

Für einen Winkel von 90° zwischen dem Strahler und den Radials (Drähte der künstlichen Erdungsebene), die eine Länge von $\lambda/4$ besitzen, beträgt der Fußpunktwiderstand rund 30 Ω. Da es hierfür kein handelsübliches Koaxialkabel gibt, sind spezielle Anpassungsverfahren entwickelt worden.

Man kann den Fußpunktwiderstand auf rund 50 Ω erhöhen, wenn der Winkel zwischen dem Strahler und den Radials (meist 4 Stück) von 90° auf 135° vergrößert wird. Allerdings ist bei den so abgesenkten Drähten der Erdungsebene mit einem teilweisen Verlust der vorteilhaften flachen Abstrahlung zu rechnen. Erhöht man den Winkel auf 180°, wird die Ground-Plane zum vertikal polarisierten Halbwellendipol, dessen Eingangswiderstand sich bekanntlich um 60 Ω bewegt.

2.5 Die Antennenanlage

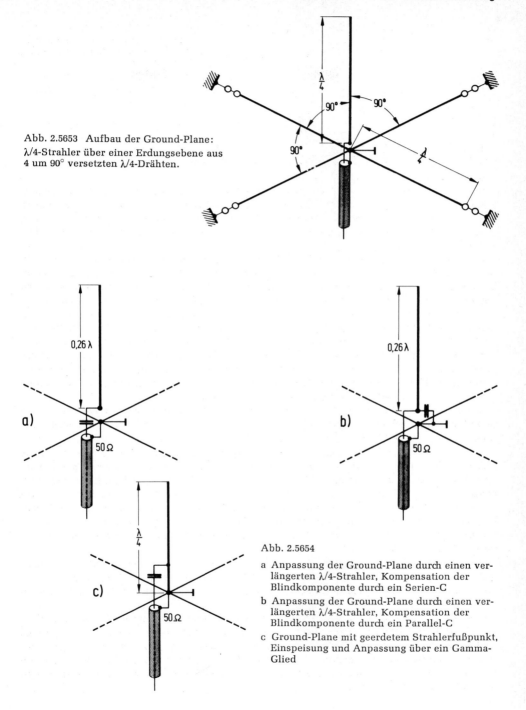

Abb. 2.5653 Aufbau der Ground-Plane:
λ/4-Strahler über einer Erdungsebene aus 4 um 90° versetzten λ/4-Drähten.

Abb. 2.5654

a Anpassung der Ground-Plane durch einen verlängerten λ/4-Strahler, Kompensation der Blindkomponente durch ein Serien-C

b Anpassung der Ground-Plane durch einen verlängerten λ/4-Strahler, Kompensation der Blindkomponente durch ein Parallel-C

c Ground-Plane mit geerdetem Strahlerfußpunkt, Einspeisung und Anpassung über ein Gamma-Glied

Eine andere Lösung zur Erhöhung des Fußpunktwiderstands ist die Verlängerung des Strahlers auf etwas mehr als $\lambda/4$. Hierdurch gerät die Antenne allerdings auch außer Resonanz, so daß zwangsläufig eine Blindkomponente auftritt, die bei Verlängerung induktiven Charakter besitzt.

Um einen reellen Eingangswiderstand zu bekommen, schaltet man nach Abb. 2.5654 a zwischen die Seele des Speisekabels und das Strahlerende einen Kondensator, der den induktiven Anteil von Z_A kompensiert.

Man kann den Kondensator nach Abb. 2.5654 b aber auch parallel zum Einspeisepunkt gegen die geerdeten Radials legen. Dies hat den konstruktiven Vorteil, daß nur eine Seite des Kondensators isoliert sein muß.

Für eine Länge von $0,26 \lambda$ soll der kapazitive Blindwiderstand des Kondensators 78 Ω betragen, wenn mit 52 Ω-Koaxialkabel gespeist wird.

Schließlich besteht nach Abb. 2.5654 c die Möglichkeit, den Strahler direkt an seinem Fußpunkt mit den geerdeten Radials zu verbinden. Die Einspeisung erfolgt über einen Abgriff am Strahler, was einer Gamma-Anpassung nach Abb. 2.531 entspricht.

Diese Antennenform scheint vom Standpunkt der Blitzschutzerdung gesehen die beste Lösung zu sein, da der Strahler gleichstrommäßig geerdet ist. Zudem erhält man eine hohe mechanische Stabilität, weil Isolierstücke geringer Festigkeit völlig fehlen.

Der Einspeisepunkt der geerdeten Ground-Plane muß mit Hilfe eines Stehwellenmeßgeräts experimentell gesucht werden, das möglichst dicht am Antennenfußpunkt in die Speiseleitung geschaltet wird. $\lambda/20$ ist ein Anhalt für die Entfernung der Einspeisung vom Antennenfußpunkt.

Man verschiebt den Einspeisepunkt auf dem Strahler, bis das Stehwellenmeßgerät ein Minimum zeigt. Mit dem Kondensator, der auch parallel gegen Masse gelegt werden kann, kompensiert man den Blindanteil.

Kann man die volle Länge des Viertelwellenstrahlers nicht unterbringen, oder muß die Antenne aus anderen Gründen mechanisch kürzer als $\lambda/4$ gemacht werden, schaltet man auch hier eine Induktivität zur elektrischen Verlängerung in den Strahler.

Es gelten hierbei die gleichen Aussagen, wie sie bereits zum verkürzten Dipol in 2.561 gemacht wurden. Die notwendige Induktivität erhält man aus Abb. 2.5614, wobei nur eine Strahlerhälfte ausgenutzt wird.

Als vertikale Multiband-Antennen haben sich inzwischen kommerziell gefertigte Trap-Ground-Planes bewährt. Sie besitzen wie der W 3 DZZ- und der K 2 GU-Dipol Sperrkreise im Strahler. In Abb. 2.5655 ist eine Hälfte der K 2 GU (vergl. Abb. 2.5645) als Strahler verwendet worden, wodurch diese Ground-Plane von 40 m bis zu 10 m einzusetzen ist.

Obwohl man bei kommerziellen Multiband-Ground-Planes meist für jedes Band ein $\lambda/4$ Radial verwendet, kann man mit Vorteilen auch 4 Radials mit den Abmessungen für das niederfrequenteste Band vorsehen. Sie sind in diesem Falle 10,35 m lang und müssen in einem Winkel von 110 bis 140° gegen den Strahler gespannt werden, um auf einen Fußpunktwiderstand von rund 50 Ω zu gelangen.

Mehrband-Ground-Planes dieser Art gibt es sogar für alle fünf KW-Bänder. Diese Antenne muß dann aber zumindest für das 80-m-Band als Notlösung aus Platzmangel angesehen werden, da ihre effektive Strahlerlänge relativ kurz ist. Zudem wird die Bandbreite durch die notwendige Verlängerungsinduktivität im 80-m-Band erheblich eingeschränkt.

Verfügt man über die notwendige Bauhöhe, kann man mit Vorteilen einen vertikalen $\lambda/2$-Dipol aufhängen, der wie der $\lambda/4$-Strahler einen sehr flachen Erhebungswinkel bei Rundstrahleigenschaften besitzt.

Dabei ist allerdings zu beachten, daß der Mast, an dem die Antenne befestigt wird, aus nichtleitendem Material bestehen muß (Holz, Kunststoff), da er sonst die Strahlungs-

2.5 Die Antennenanlage

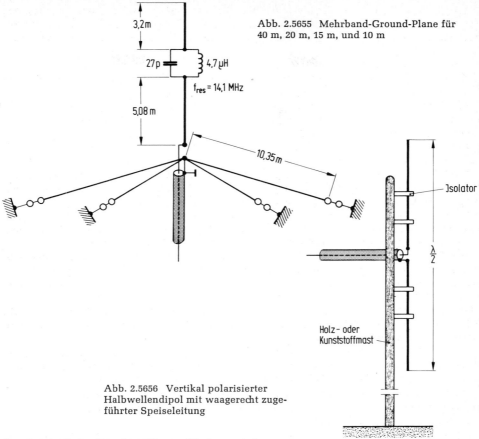

Abb. 2.5655 Mehrband-Ground-Plane für
40 m, 20 m, 15 m, und 10 m

Abb. 2.5656 Vertikal polarisierter
Halbwellendipol mit waagerecht zuge-
führter Speiseleitung

charakteristik des Dipols völlig verfälschen würde.

Nach Abb. 2.5656 muß man zudem darauf achten, daß die Speiseleitung nach Möglichkeit über eine Länge von λ/4 waagerecht vom Einspeisepunkt weggeführt wird, da auch sie mit ihrem geerdeten Außenleiter zu Feldverzerrungen beiträgt.

Eine elegante Lösung dieses Problems der störenden Zuleitung findet man nach Abb. 2.5657, wenn sie durch den unteren Dipolzweig geführt wird, der aus Rohr besteht.

Der Mantel des Speisekabels wird am Einspeisepunkt mit der unteren Dipolhälfte verbunden, während die Seele an den oberen angeschlossen wird.

Bei höheren Sendeleistungen muß man auf eine gute Isolation zwischen Dipolrohr und Speiseleitung achten, da am Strahlerende (Spannungsbauch) erhebliche Spannungen auftreten.

Diese Antennenform wird übrigens sehr viel im UKW-Bereich verwendet und dort oft falsch „Sperrtopf"-Antenne genannt (vergl. 2.53 und Abb. 2.535). Ihre richtige Bezeichnung ist „Koaxial"- Antenne.

Im Gegensatz zur Ground-Plane muß der vertikale λ/2-Dipol möglichst höher als eine Wellenlänge über Grund aufgebaut werden, da nur dann mit dem flachen Erhebungswinkel zu rechnen ist.

2 Die Kurzwellen-Amateurfunkstation

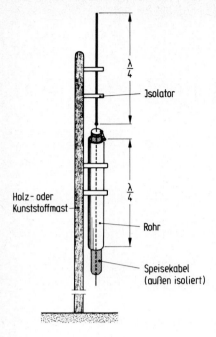

Abb. 2.5657 Koaxial-Antenne: Vertikal polarisierter Halbwellendipol mit koaxialer Speiseleitungszuführung durch das Rohr der unteren Dipolhälfte

2.566 Dreh-Richtantennen

Für den DX-Verkehr verwendet man auf den drei hochfrequenten KW-Bändern (20 m, 15 m und 10 m) nach Möglichkeit Dreh-Richtstrahler, um den Gewinn spezieller Antennenformen in alle Himmelsrichtungen ausnutzen zu können.

Der Aufwand ist verhältnismäßig groß, da die gesamte Antenne gedreht werden muß. Zudem treten erhebliche Windlasten auf, so daß stabile Mastkonstruktionen und schwere Rotoren notwendig werden, wenn man Richtantennen mit gutem Gewinn (> 6 dB) einsetzen will.

Aufwendige Antennengebilde dieser Art lassen zwar das Herz eines jeden Funkamateurs höher schlagen, doch haben die „Außenstehenden" oft wenig Verständnis dafür. So bleibt der Einsatz von „hochkarätigen" Dreh-Richtstrahlern meist nur den Amateuren vorbehalten, die über ein eigenes Grundstück verfügen.

Den einfachsten Richtstrahler findet man bereits im Halbwellendipol, der im Horizontaldiagramm nach *Abb. 2.5516 b* zwei um 180° versetzt bevorzugte Strahlungsrichtungen besitzt. Diese bidirektionale Charakteristik erfordert nur einen Drehwinkel von 180°, um alle Himmelsrichtungen mit gleicher Strahlungsintensität belegen zu können.

Man bevorzugt allerdings unidirektionale Richtantennen (nur in eine Richtung strahlend), da sie einerseits einen Gewinn gegenüber dem Halbwellendipol bringen und andererseits ein Vorwärts/Rückwärts-Verhältnis von größer als 0 dB besitzen, wodurch Störungen von der rückwärtigen Seite der Antenne unterdrückt werden.

Eine unidirektionale Richtwirkung der Antenne erhält man, wenn man vor oder hinter dem gespeisten Dipol weitere Halbwellenelemente anbringt, die teils mitgespeist werden oder bei anderen Antennenarten als nichtgespeiste, sogenannte parasitäre Elemente arbeiten.

2.5 Die Antennenanlage

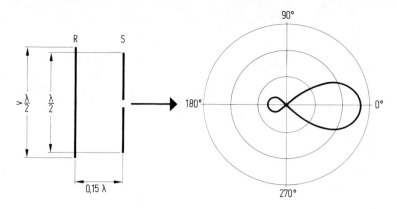

Abb. 2.5661 2-Element-Yagi mit Strahler (S) und Reflektor (R)

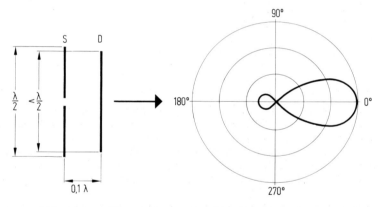

Abb. 2.5662 2-Element-Yagi mit Strahler (S) und Direktor (D)

Die bekannteste und gebräuchlichste Antennenform dieser Art ist die „Yagi-Uda"-Antenne oder kurz Yagi-Antenne genannt. Sie wurde zuerst vom japanischen Wissenschaftler Uda in japanischer Sprache beschrieben, während sie sein Kollege Yagi in Englisch publizierte, wodurch sein Name in diesem Zusammenhang bekannter geworden ist.

Die Yagi-Antenne arbeitet mit parasitären (nichtgespeisten) Halbwellenelementen, die Reflektoren und Direktoren genannt werden.

Ordnet man parallel zum gespeisten Halbwellendipol im Abstand von etwa $0,15\,\lambda$ ein zusätzliches Element an, das rund 5 % länger als der Strahler ist, wirkt es als Reflektor. Der ursprünglich bidirektionale Dipol erhält in die gegenüberliegende Richtung des Reflektors eine ausgeprägte Strahlungskeule. Der theoretisch mögliche Gewinn dieses 2-Element-Yagis beträgt in der Hauptstrahlrichtung gegenüber dem Halbwellendipol etwas über 5 dB. Unter Berücksichtigung der üblichen Antennenverluste rechnet man in der Praxis allerdings nur mit einem Gewinn von rund 4 dB.

Macht man das parasitäre Element kürzer als den gespeisten Halbwellenstrahler, wirkt es als Direktor, wodurch nach Abb. 2.5662 die Strahlungsintensität in Richtung des zusätzlichen Elements verstärkt wird.

Theoretisch erhält man mit dem Direktor einen Leistungsgewinn von knapp 6 dB gegenüber dem Halbwellendipol bei einem Abstand von 0,1 λ vom Strahler. In der Praxis erreicht man in diesem Fall unter Berücksichtigung der Verluste 4,5 dB.

2-Element-Yagis sind sowohl in der Kombination Reflektor-Strahler als auch Direktor-Strahler üblich, wobei die letztere neben dem etwas höheren Gewinn die geringeren Abmessungen besitzt (Abstand vom Strahler und Elementlänge).

Gewinn, Eingangswiderstand, Bandbreite und Vorwärts/Rückwärts-Verhältnis sind Funktionen in Abhängigkeit vom Abstand zwischen den parasitären Elementen und dem gespeisten Strahler.

In Abb. 2.5663 ist die Abhängigkeit des Leistungsgewinns gegenüber einem Halbwellendipol vom Abstand des parasitären Elements zum Strahler angegeben, wonach die Kombination Direktor-Strahler bereits bei kleinerem Abstand ihren maximalen Gewinn erreicht (0,11 λ).

In Abb. 2.5664 ist die Abhängigkeit des Strahler-Eingangswiderstands vom Abstand der parasitären Elemente zum Strahler gezeigt. Danach muß man bei Elementabständen von 0,1 bzw. 0,15 λ mit Werten von 15 bis 25 Ω rechnen.

Dies führt zu erheblichen Antennenströmen, die hohe ohmsche Verluste zur Folge haben. Elementabstände um 0,25 λ (λ/4) ergeben dagegen einen Antennenwiderstand von 50 bis 60 Ω, der mit üblichem Koaxialkabel ohne zusätzliche Transformationsglieder anzupassen ist.

Die Abstimmung der Elementlänge ist mit größerem Abstand vom Strahler einfacher, da der Längenunterschied zum Strahler mit dem Abstand zunimmt. Der Reflektor wird länger, während man den Direktor kürzen muß.

Da die Antennengüte mit zunehmendem Elementabstand abnimmt, wird die Bandbreite größer. Allerdings hat dies ein schlechteres Vorwärts/Rückwärts-Verhältnis zur Folge, das bei 2-Element-Yagis bis zu 15 dB getrieben werden kann.

Bei der Wahl der Elementabstände ist demnach ein Kompromiß zwischen Gewinn, Bandbreite, Vorwärts/Rückwärts-Verhältnis und Eingangswiderstand zu treffen, zumal die Abhängigkeiten teils gegenläufig sind.

Die klassische Yagi-Antenne für den KW-Bereich besteht aus 3 Elementen. Man erhält optimale Ergebnisse, wenn nach Abb. 2.5665 ein Reflektor und ein Direktor vorgesehen werden.

Die Wahl der Elementabstände wird mit zunehmender Elementzahl unbestimmter, da sich jeweils nur eine Größe (Gewinn usw.) optimieren läßt, während die übrigen gleichzeitig schlechter werden.

Der maximale Leistungsgewinn von 3-Element-Yagis wird mit etwas mehr als 7 dB angegeben.

Experimentell hat man festgestellt, daß ein Abstand von 0,2 λ beider Elemente zum Strahler am günstigsten ist. Allerdings macht diese Länge bei freitragenden Rohren im 20-m-Band erhebliche konstruktive Schwierigkeiten, so daß man zumindest für 14 MHz unter „Qualitäts"-Abstrichen eine Antennengesamtlänge von 0,25 bis 0,3 λ vorzieht.

Yagis mit mehr als 3 Elementen sind bei optimaler Auslegung der Abmessungen für die Amateur KW-Bänder kaum realisierbar, da sie sehr unförmig werden. Zwar findet man 4- und 5-Element Antennen auf dem Amateurmarkt, doch sind diese „gestauchten" Gebilde oft schlechter als ein optimierter 3-Element-Yagi. In diesem Zusammenhang angegebene Leistungsgewinne in Werbepublikationen sind mit äußerster Vorsicht zu werten, zumal

2.5 Die Antennenanlage

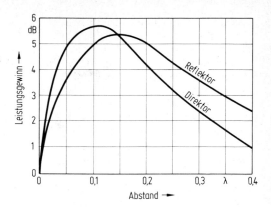

Abb. 2.5663 Abhängigkeit des Gewinns einer 2-Element-Yagi-Antenne vom Abstand der parasitären Elemente zum Strahler

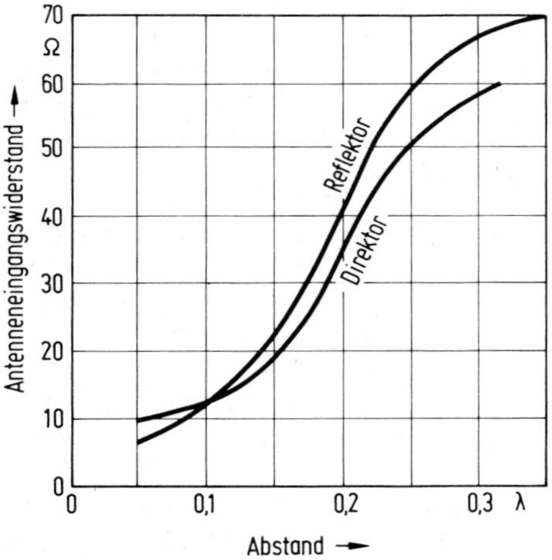

Abb. 2.5664 Abhängigkeit des Antenneneingangswiderstands einer 2-Element Yagi-Antenne vom Abstand der parasitären Elemente zum Strahler

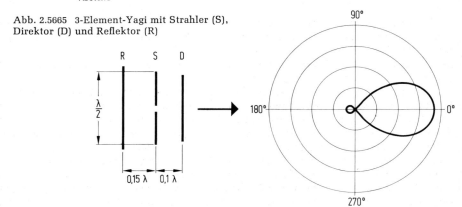

Abb. 2.5665 3-Element-Yagi mit Strahler (S), Direktor (D) und Reflektor (R)

2 Die Kurzwellen-Amateurfunkstation

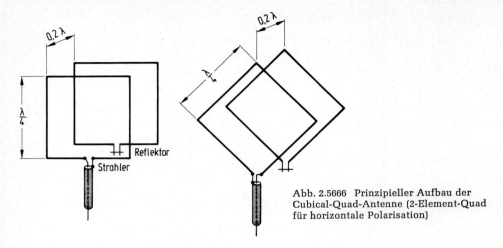

Abb. 2.5666 Prinzipieller Aufbau der Cubical-Quad-Antenne (2-Element-Quad für horizontale Polarisation)

die Hersteller Messungen nach eigenen Normen durchführen, und kein Amateur die angegebenen Daten nachprüfen kann, da sie von verschiedenen Variablen abhängig sind, die nur schwierig reproduzierbar sind (Höhe über Grund, Grundwasserpegel, Erdleitfähigkeit usw.).

Auf dem Markt der kommerziellen Hersteller für Amateurfunk-Antennen findet man eine Reihe von 3-Band-Yagis, die gleichzeitig für 20 m, 15 m und 10 m zu verwenden sind. Bei den meisten dieser Konstruktionen werden Strahler und parasitäre Elemente nach dem Sperrkreisprinzip aufgebaut, so daß sie natürlich einen Kompromiß darstellen, und im Vergleich zu Einbandausführungen mit Verlusten zu rechnen ist. Der Leistungsgewinn gegenüber dem Halbwellendipol liegt bei Multiband-Yagis dieser Art um 5 dB.

Beim Einsatz solcher Antennen muß man auf die Belastbarkeit der Sperrkreise bzw. Verlängerungsspulen achten, die im Normalfall mit etwa 500 W für Dauerbetrieb (RTTY, SSTV) und mit 1000 W für Impulsbetrieb (SSB, CW) begrenzt ist.

Für höhere Leistungen lassen sich die parasitären Elemente in der Sperrkreisausführung beibehalten, während man als Strahler analog zum Vielfachdipol (vergl. *Abb. 2. 5611*) für alle drei Bänder getrennte Halbwellenelemente voller Länge in kurzem Abstand hintereinander vorsieht. Sie werden parallel durch eine Zuleitung gespeist.

Neben der Yagi-Uda-Antenne ist die „Cubical-Quad" die im Amateurfunk populärste Antenenform für den DX-Betrieb im Kurzwellenbereich. Sie wurde Ende der 40er Jahre von W 9 LZX entwickelt und 1948 in der QST publiziert.

Nach *Abb. 2.5666* besteht sie in ihrer Grundform aus einer Ganzwellenschleife, die als Quadrat mit der Seitenlänge von $\lambda/4$ aufgebaut wird.

Man kann dieses Quadrat entweder auf die Spitze stellen oder auf die Seite legen, wodurch sich keine nennenswerten elektrischen Unterschiede ergeben.

Zudem ist es möglich, die Ganzwellenschleife als gleichseitiges Dreieck mit der Seitenlänge $\lambda/3$ auszubilden. Diese Konstruktion ist unter dem Namen „Delta-Loop"-Antenne bekannt. Subjektive Beurteilungen sprechen ihr einen etwas höheren Gewinn als der quadratischen Form zu, obwohl dies nicht zu begründen ist.

Speist man die Quad-Antenne von unten (oder oben), erhält man eine horizontale Polarisation (des elektrischen Feldes) gegenüber Erde, bei seitlicher Einspeisung wird sie vertikal.

2.5 Die Antennenanlage

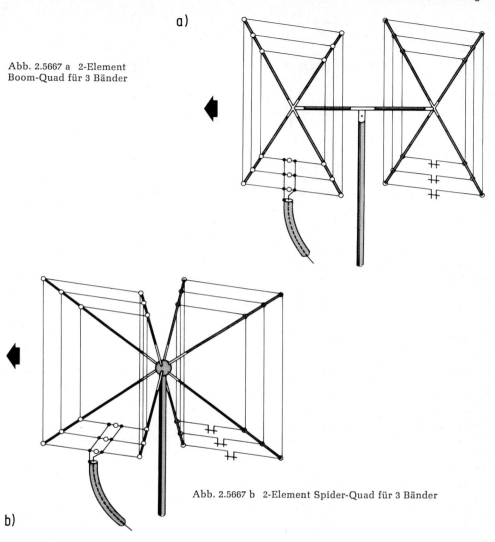

Abb. 2.5667 a 2-Element Boom-Quad für 3 Bänder

Abb. 2.5667 b 2-Element Spider-Quad für 3 Bänder

Im Abstand von 0,1 bis 0,2 λ ist eine zweite, gleichgroße nichtgespeiste Schleife als parasitäres Element angebracht, das durch die Abstimmung mit einer Stichleitung (stub) als Reflektor oder Direktor wirken kann.

Bei 2-Element-Quads ist die Kombination Strahler-Reflektor üblich. Für 3-Element-Antennen dieser Art verwendet man wie beim Yagi neben dem Strahler jeweils einen Reflektor und einen Direktor.

Die Entstehung der Cubical-Quad kann man vom Faltdipol nach *Abb. 2.5621* ableiten, der nach oben und unten zu einem Quadrat auseinandergezogen wird.

Hierdurch wird der Antenneneingangswiderstand geringer, der bei der einfachen λ-Schleife auf rund 100 Ω absinkt.

Durch Hinzufügen des Reflektors bekommt die Antenne eine unidirektionale Richtwirkung, die für eine 2-Element-Quad einen realen Leistungsgewinn von gut 7 dB bringen soll. Gleichzeitig sinkt der Eingangswiderstand weiter ab, wobei eine Abhängigkeit vom Abstand zwischen Strahler und Reflektor besteht. Für einen Abstand zwischen 0,15 und 0,2 λ wird er 40 bis 60 Ω, so daß man die Antenne mit normalem Koaxialkabel speisen kann.

Es gibt unterschiedliche Konstruktionen von 3-Band-Quads für 20 m, 15 m und 10 m. Die einen besitzen nach *Abb. 2.5667 a* ein Trägerrohr (Boom), an dessen Enden bei der 2-Element-Antenne gekreuzte Spreizen für drei ineinander gespannte Schleifen angebracht sind, wodurch der Abstand zwischen Strahler und parasitärem Element bezogen auf die Wellenlänge variiert.

Andere Konstruktionen verwenden nach *Abb. 2.5667 b* vier Spreizen, die sich in einem zentralen Halterungspunkt kreuzen. Im Gegensatz zur Boom-Quad spricht man hierbei von der Spider- oder Spinnen-Quad. Man kann den Neigungswinkel der Spreizen so einstellen, daß die Abstände der nacheinander gespannten Schleifen für die einzelnen Bänder etwa im gleichen Verhältnis zur Betriebswellenlänge stehen.

Wie bei der Yagi-Antenne muß auch der Quad-Reflektor auf einer etwas niedrigeren Frequenz als der Strahler in Resonanz sein, während die Resonanzfrequenz des Direktors höher liegt. Anhaltswerte für die Schleifenlänge erhält man aus den Zahlenwert-Beziehungen (335) bis (337):

$$l_{Strahler} = \frac{306}{f \, (MHz)} \quad \text{in m} \tag{335}$$

$$l_{Reflektor} = \frac{314}{f \, (MHz)} \quad \text{in m} \tag{336}$$

$$l_{Direktor} = \frac{297}{f \, (MHz)} \quad \text{in m} \tag{337}$$

Die optimale Abstimmung der Antenne erreicht man durch das Verstellen der Stichleitungslänge an den parasitären Elementen. Hierzu muß man mit der Quad ein möglichst konstantes Hf-Signal aufnehmen, dessen Feldstärke am Empfänger mit dem S-Meter kontrolliert wird. Durch Variation des Kurzschlußbügels an der Stichleitung wird die Antenne auf maximalen Vorwärts-Gewinn und auf maximales Vorwärts/Rückwärts-Verhältnis eingestellt.

Es hat eine Reihe von Untersuchungen gegeben, bei denen Vergleiche zwischen Quad- und Yagi-Antennen angestellt wurden, um festzustellen, welche der beiden Antennenformen die bessere für den DX-Betrieb im KW-Bereich sei.

Hiernach kann man davon ausgehen, daß die 2-Element Cubical-Quad-Antenne bei gleicher Länge wie der 3-Element Yagi einen um etwa 2 dB höheren Leistungsgewinn bringt.

Unterschiedliche Öffnungswinkel im Strahlungsdiagramm und charakteristische Eigenschaften der Antennen bezogen auf ihre Höhe über Grund und die geografischen Gegebenheiten des Standorts können solche Aussagen subjektiv widerlegen.

Dem Amateurfunker bleibt nur das Experiment übrig, wobei er beide oder weitere Antennenformen für seinen Standort ausprobieren muß, um die beste herauszufinden.

2.567 Die künstliche Antenne

Unter einer künstlichen Antenne (engl.: dummy antenna oder dummy load) versteht man einen rein ohmschen Widerstand mit dem Wert von Z_L (Wellenwiderstand des Speisekabels), der zu Test- oder Meßzwecken die Antenne ersetzt.

2.5 Die Antennenanlage

Diese künstliche Antenne hat den meßtechnischen Vorteil, daß man die Antennenzuleitung oder den Sender exakt abschließen kann und bei Versuchen mit dem Sender keine Hochfrequenzleistung abstrahlt, die andere stören könnte.

Grundsätzlich gehört zu jeder KW-Amateurfunkstation eine solche künstliche Antenne, die für die maximale Ausgangsleistung des Senders bemessen sein soll.

Beim Funkbetrieb wird sie nach jeder Bandumschaltung zur Neuanpassung des Senders eingeschaltet. Erst nach diesem Vorabgleich wird auf die Außenantenne umgeschaltet und der Senderausgang oder das Anpaßgerät, falls notwendig, nachgestimmt.

Im einfachsten Fall besteht die künstliche Antenne aus einem handelsüblichen Widerstand mit dem Wert von Z_L. Er soll möglichst induktivitätsarm sein, so daß Drahtwiderstände und gewendelte Kohleschicht- oder Metallschichtwiderstände unbrauchbar sind.

Für höhere Leistungen verwendet man Parallelschaltungen, wobei die Gesamtbelastbarkeit bei gleichen Widerständen gleich der Belastbarkeit eines Widerstands mal der parallelgeschalteten Anzahl ist.

Es dürfen allerdings auch nicht zu viele Widerstände parallelgeschaltet werden, da sich die Anschlußkapazitäten addieren.

Eine zusätzliche Belastbarkeit erhält man, wenn die Widerstände in ein Ölbad getaucht werden (Transformatoren-Öl), da hierdurch die Verlustwärme besser abgeleitet wird.

Für Leistungen über 100 W ist eine künstliche Antenne kommerzieller Fertigung zu empfehlen, da die notwendigen Widerstände nicht handelsüblich sind. Es werden für den Amateurfunk preisgünstige Bausätze angeboten, die kurzzeitig bis zu 1 kW belastbar sind.

Glühlampen sind als künstliche Antennen für Meßzwecke ungeeignet. Sie dienen höchstens als Notbehelf, um festzustellen ob überhaupt „etwas" aus dem Sender herauskommt.

3 Sonderbetriebsarten

Unter Sonderbetriebsarten versteht man die Sendearten im Amateurfunk, für die eine besondere Genehmigung der Lizenzbehörde notwendig ist.

Im Kurzwellen-Amateurfunk sind die Sonderbetriebsarten RTTY (Funkfernschreiben), SSTV (Schmalbandfernsehen) und FAX (Faksimile-Bildfunk) möglich.

RTTY ist hiervon die „populärste" Betriebsart, zumal sich etwa 10 % der (deutschen) Funkamateure hiermit beschäftigen. Die Aktivität in SSTV und FAX ist dagegen weit geringer.

In den Anfängen der SSTV-Technik in Deutschland (1972 − 1974) war zunächst eine ganze Reihe von Amateuren mit entsprechenden Geräten ausgerüstet, doch stagnierte die Anzahl der Interessenten, da die Bildqualität auf die Dauer nicht befriedigte. Inzwischen hat man aber elektronisch sehr komplexe Sichtgeräte mit wesentlich besserer Bildqualität entwickelt, die bei dem anhaltenden Preissturz elektronischer Bauteile eine wieder zunehmende SSTV-Aktivität erwarten lassen.

Die Verbreitung der Betriebsart FAX ist proportional zum Angebot von FAX-Maschinen auf dem surplus-Markt. Dies ist leider verschwindend gering geworden, so daß diese technisch hochinteressante Bildübertragungsform nur einen relativ geringen Zulauf findet.

Alle drei Sonderbetriebsarten können über die übliche Kurzwellen-SSB-Station abgewickelt werden, da ihre Signal-Bandbreite geringer als 3 kHz ist.

Die Auf- und Abbereitung des Modulationsinhalts geschieht im Nf-Bereich, so daß die speziellen Zusatzgeräte für die jeweilige Sonderbetriebsart ohne jeglichen Eingriff in die KW-Station am Lautsprecherausgang bzw. am Mikrofoneingang angeschlossen werden können.

Die Modulationsform der Sonderbetriebsarten RTTY, SSTV und FAX ist prinzipiell gleich. Man erzeugt FM-modulierte Nf-Signale (subcarrier-Modulation), die im nachgeschalteten Sender als fertig aufbereitete Information auf einen Hf-Träger moduliert werden.

Im Empfangsfall erhält man am Nf-Ausgang des Empfängers das frequenzmodulierte Nf-Signal, dessen Modulationsinhalt in einer nachgeschalteten Elektronik zurückgewonnen und teils mit mechanischen Geräten wiedergegeben wird.

3.1 Grundschaltungen der Analog-Elektronik für die Sonderbetriebsarten

Die Sonderbetriebsarten bieten ein breites Feld der angewandten Elektronik im Amateurfunk. Hierauf beruht besonders der geradezu sprunghafte Zuwachs von Fernschreibamateuren in den Jahren nach 1970.

Da die Aufbereitung der Signale zum Großteil im Nf-Bereich geschieht, lassen sich die notwendigen Zusatzgeräte für RTTY, SSTV und FAX mit relativ einfachen Meßmitteln nachbauen.

Zum Einstieg in die Schaltungstechnik der Sonderbetriebsarten benötigt man zunächst nur einige Grundbausteine der Analog-Elektronik, die sich in praktisch allen Schaltungsvariationen wiederholen.

3.1 Grundschaltungen der Analog-Elektronik für die Sonderbetriebsarten

Im folgenden Abschnitt sind die Grundschaltungen beschrieben, wobei die aktiven Filter eine besondere Beachtung finden, da sie die wichtigsten Bausteine in der analogen Sonderbetriebsarten-Elektronik geworden sind (vergl. 2.292).

3.11 Operationsverstärker

Die Bezeichnung Operationsverstärker stammt aus der analogen Rechentechnik (Operation = Rechenvorgang), in der mit ihm durch Hinzuschalten externer Bauelemente mathematische Funktionen auf elektrischem Wege nachgebildet werden.

Beim Eingeben bestimmter Variabler erscheint am Verstärkerausgang das gewünschte Ergebnis in elektrischer Form als Strom- oder Spannungsverlauf.

Operationsverstärker sind Gleichstromverstärker mit hohem Verstärkungsfaktor, deren Übertragungsfunktion sich durch die Wahl der externen Bauelemente in weiten Grenzen variieren läßt. Ihr Aufbau besteht im Prinzip aus einem eingangsseitigen Differenzverstärker, einem nachgeschalteten Gleichstromverstärker mit hoher Verstärkung und einem komplementären Emitterfolger als Leistungsverstärker am Ausgang.
Die Stromversorgung ist im allgemeinen nullsymmetrisch mit den Normspannungen + 15 V und − 15 V. Dies gestattet ein- und ausgangsseitige Signalaufbereitungen, die sowohl positiv als auch negativ gegenüber dem Bezugspotential liegen können.

Nach dem Schaltsymbol der *Abb. 3.111* besitzt der OP (Kurzform für Operationsverstärker) zwei Signaleingänge und einen Ausgang. Während zwischen dem nichtinvertierenden Eingang (Plus-Eingang) und dem Ausgang Phasengleichheit besteht, erscheint das Signal am Ausgang um 180° phasengedreht, wenn man den invertierenden Eingang (Minus-Ein-Eingang) verwendet.

Für die Anforderungen der Amateurfunk-Elektronik kann man den OP mit der Gewißheit in vorgegebene (erprobte) Schaltungen einbauen, daß die angegebenen Daten in weiten Grenzen reproduzierbar sind.

Der Grund liegt in den technischen Eigenschaften des OPs, die meist weit höherwertiger als die in der jeweiligen Schaltung geforderten sind. Durch sehr starke Gegenkopplung fallen Datenstreuungen des Verstärkers näherungsweise heraus, so daß die Funktion der Schaltung lediglich von den extern zugeschalteten Bauteilen abhängig wird.

Diese technischen Voraussetzungen und Vorgaben geben einerseits dem Entwickler die Möglichkeit, definitive technische Daten seiner Schaltungen zu publizieren, die jeder Zeit ohne den typischen Trimmaufwand der Analog-Elektronik nachvollzogen werden können. Andererseits kann der Amateur die Schaltungen mit einfachsten Meßmitteln nachbauen, da keine spezielle Bauelementeselektion notwendig ist.

Man muß allerdings als Amateur den „Mut zum Operationsverstärker" finden, um ihn als Bauelement wie jeden Widerstand oder Transistor zu betrachten, ohne unnötige Gedanken darüber zu verlieren, wie es im Inneren der Integrierten Schaltung aussieht.

Auf dem Halbleitermarkt gibt es eine Unzahl unterschiedlicher Operationsverstärker, die jeweils für spezielle Anwendungen in der Elektronik entwickelt worden sind.

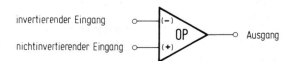

Abb. 3.111 Schaltsymbol des Operationsverstärkers

3 Sonderbetriebsarten

Bei diesen Entwicklungen sind zumeist bestimmte Daten an die eines idealen OPs (unendlich hoher Eingangswiderstand, unendlich hohe Verstärkung, Ausgangswiderstand von Null Ω, keine Temperaturdrift, unendlich hohe Bandbreite usw.) angenähert worden, während andere Parameter zwangsläufig unter Kompromissen „vernachlässigt" werden mußten.

Gegenüber diesen vielen Spezialausführungen ist (neben einigen anderen) der Typ 741, der von einer ganzen Reihe Firmen hergestellt wird, ein sogenannter Universal-Operationsverstärker, bei dem die technischen Daten nicht für eine bestimmte Anwendung speziell „gezüchtet" worden sind.

Ursprünglich für die militärische Anwendung entwickelt, wird der 741 heute auf allen Gebieten der Elektronik eingesetzt und daher auch in riesigen Stückzahlen gefertigt.

Durch die vielseitige Anwendung ist sein Preis seit dem Erscheinen auf dem allgemeinen Markt auf 1 % abgesunken, so daß er inzwischen in der Größenordnung eines üblichen Transistors liegt.

Die Leerlaufverstärkung des 741 wird mit 10^5 (100 dB) angegeben. Allerdings fällt dieser Wert von 10 Hz auf 1 MHz in Abhängigkeit von der Frequenz bis auf 1 ab.

Wesentlich aufschlußreicher ist für die Praxis das Verstärkungs-Bandbreite-Produkt (gain bandwidth product) f_B, das in den meisten Datenblättern für OPs zu finden ist. Für den 741 beträgt f_B 1 MHz und gilt ab 10 Hz aufwärts.

Mit f_B läßt sich die Übertragungsverstärkung $v_ü$ des OPs für eine bestimmte Arbeitsfrequenz f_A errechnen:

$$v_ü = \frac{f_B}{f_A} \tag{338}$$

Da die Bandbreite üblicher SSB-Geräte für den Amateurfunk geringer als 3 kHz ist, wird bei den Sonderbetriebsarten mit maximal 2,5 kHz gearbeitet, so daß man bei dieser maximalen Betriebsfrequenz noch mit einem Verstärkungsfaktor von 400 rechnen kann, soweit man den 741 einsetzt.

Der Hintergrund des Verstärkungsabfalls mit zunehmender Frequenz ist in der internen Phasenkompensation des OPs zu finden. Jede Verstärkerschaltung ist mit einer bestimmten Laufzeit und Phasendrehung behaftet. Erhöht man die Arbeitsfrequenz, dann ist irgendwann der Wert erreicht, bei dem die Rückkopplungsbedingungen (vergl. 2.31) durch die interne (unerwünschte) Phasendrehung erfüllt sind, so daß die Schaltung schwingt. Durch eine Phasen-Kompensation der Schaltung kann man dies verhindern. Da diese Kompensation aber eine frequenzabhängige Gegenkopplung darstellt, geht die Verstärkung mit zunehmender Arbeitsfrequenz zurück. Im 741 ist die Phasenkompensation bereits vorgesehen, so daß nicht mit der typischen Schwingneigung von OPs zu rechnen ist.

Durch Streuungen der integrierten Bauelemente des OPs, die technologisch bedingt sind, und unsymmetrische Versorgungsspannungen liegt die Ausgangsspannung meist nicht auf 0 V, wenn die Eingänge gleiches Potential (z. B. Masse) besitzen. Hierzu ist der Nullabgleich notwendig. Beim 741 hat man hierfür zwei zusätzliche Anschlüsse aus der Schaltung herausgeführt, mit denen man über ein externes Potentiometer den Ausgang bei gleicher Spannung an den Eingängen auf 0 V stellen kann.

Die Versorgungsspannung des 741 ist nullsymmetrisch und kann zwischen ± 3 V und ± 15 V variiert werden. Allerdings sollte man nach Möglichkeit die höchste Spannung verwenden, da sie die höchste unverzerrte Ausgangsamplitude zuläßt. Zudem sinkt f_B mit abfallender Versorgungsspannung.

Es gibt auch eine Reihe von OPs, die mit einer unipolaren Stromversorgung auskommen. Sie werden primär für Wechselspannungsverstärkung eingesetzt, wo keine galvanische (direkte) Kopplung zwischen den einzelnen Stufen notwendig ist.

3.1 Grundschaltungen der Analog-Elektronik für die Sonderbetriebsarten

a)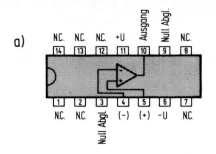

b)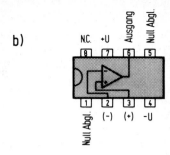

c)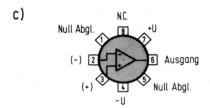

Abb. 3.112 Anschlußbelegung der IC-Normgehäuse für den Operationsverstärker 741 (Belegung von oben betrachtet)

a Dual in line 14 pol.
b Minidip 8 pol.
c rundes Metallgehäuse 8 pol.

Der 741 kann bis etwa 300 mW belastet werden. Bei höherer Leistungsentnahme bricht die Ausgangsspannung zusammen, da der ausgangsseitige Komplementär-Emitterfolger Kurzschluß-geschützt ist. Dies hat den Vorteil, daß man mit dem Baustein nicht allzu vorsichtig umgehen muß.

Die Eingänge eines OPs dürfen nur mit einer maximalen Spannungsamplitude angesteuert werden. Beim 741 liegen die Grenzen zwischen + 13 V und − 13 V.

Für den Eingangs- und Ausgangswiderstand des OPs können keine absoluten Werte angegeben werden, da sie von der externen Beschaltung abhängig sind.

Liegt das Eingangssignal am invertierenden Eingang, ist der Eingangswiderstand der Schaltung gleich dem Wert des Widerstands, der vor den invertierenden Eingang geschaltet ist. Wird dagegen der nichtinvertierende Eingang angesteuert (Elektrometerverstärker), ist der Eingangswiderstand durch die andere Art der Gegenkopplung des OPs weit höher.

Der Ausgangswiderstand R_a des OPs ist sein Ausgangswiderstand bei Leerlaufverstärkung R_{al} dividiert durch die Schleifenverstärkung v_s der Schaltung:

$$R_a = \frac{R_{al}}{v_s} \qquad (339)$$

Die Schleifenverstärkung v_s ist hierbei der Quotient aus Leerlaufverstärkung v_l und der eingestellten Übertragungsverstärkung $v_ü$ des OPs:

$$v_s = \frac{v_l}{v_ü} \qquad (340)$$

Der 741 besitzt z. B. im Leerlauf einen Ausgangswiderstand R_{al} von 1 kΩ.

Für eine reale Leerlaufverstärkung v_l von 400 bei 2,5 kHz und eine durch Gegenkopplung eingestellte Übertragungsverstärkung $v_ü$ von 4 wird die Schleifenverstärkung v_s nach (340) 125. Hieraus ergibt sich für dieses Zahlenbeispiel nach (339) ein Ausgangswiderstand R_a von 8 Ω.

Allgemein gilt, daß der Ausgangswiderstand des Operationsverstärkers mit zunehmender Gegenkopplung geringer wird.

3 Sonderbetriebsarten

3.12 Der Begrenzer

Der Begrenzer hat in der Schaltungstechnik der Sonderbetriebsarten die Aufgabe, das mit Amplitudenschwankungen behaftete frequenzmodulierte Nf-Signal des Empfängerausgangs in eines mit konstanter Amplitude zu wandeln, wobei der Frequenzmodulationsinhalt erhalten bleibt.

In Abb. 3.121 ist die Grundschaltung eines Begrenzers mit einem Operationsverstärker gezeigt.

Der OP wird in diesem Falle ohne Gegenkopplung betrieben, so daß mit der vollen Leerlaufverstärkung gearbeitet wird. Bei nullsymmetrischen Betriebsspannungen von + 15 V und − 15 V beträgt die maximale Ausgangsamplitude etwa ± 14 V, so daß bei einem angenommenen Verstärkungsfaktor von 1000 (beim 741 gilt dies für eine Arbeitsfrequenz f_A von 1000 Hz) bereits eine Eingangssignalamplitude von 30 mV_{ss} ausreicht, um den Ausgang des Verstärkers voll durchzusteuern.

Da die Eingangsamplitude aber meist höher liegt, wird der OP am Ausgang total in die Begrenzung gesteuert, so daß nach Abb. 3.122 zwar die Amplitudenschwankungen des Eingangssignals verloren gehen, was beabsichtigt ist, aber die Folge der Nulldurchgänge und damit der Frequenzmodulationsinhalt erhalten bleiben.

Durch die erhebliche Übersteuerung des OPs werden die internen Transistoren des Verstärkers in völlige Sättigung geschaltet, so daß die erneute Umschaltung zur anderen Polarität nach dem Nulldurchlauf des Eingangssignals verzögert wird, da zunächst die Basis-Emitter Kapazitäten entladen werden müssen. Den Übersteuerungsgrad kann man dadurch einschränken, daß man zwischen die beiden Eingänge zwei Dioden antiparallel schaltet (Abb. 3.123), so daß bereits die Eingangsamplitude auf die doppelte Diodenschwellspannung begrenzt wird.

Um hierbei die Steuerspannungsquelle nicht zu überlasten, wird vor die Dioden ein Widerstand gelegt.

Mit dem Potentiometer P wird der Nullabgleich des Ausgangs für eine Eingangsspannung von 0 V (Eingang an Masse) vorgenommen, wobei dem nichtinvertierenden Eingang der zum Abgleich notwendige Strom über einen hochohmigen Widerstand eingeprägt wird. Da beim Begrenzer mit der vollen Verstärkung gearbeitet wird, ist die Einstellung auf diese Weise sehr kritisch, weil der Ausgang bei der kleinsten Spannungsdifferenz zwischen den beiden Eingängen in die positive oder negative Sättigung schaltet. Bei Begrenzerschaltungen wird daher am besten zum Nullabgleich des Ausgangs ein Eingangssignal der erwarteten Arbeitsfrequenz vorgegeben, dessen Amplitude nur so groß sein soll, daß der OP-Ausgang gerade in die Begrenzung gesteuert wird. Mit P wird dann der Ausgangsspannungsverlauf (mit Hilfe eines Oszillografen) so eingestellt, daß die gekappten positiven und negativen Amplitudenspitzen gleiche Breite haben.

Diese Symmetrierung ist notwendig, da nur dann der maximale Amplitudenanteil der Grundfrequenz aus der durch die Begrenzung erzeugten Rechteckspannung selekiert werden kann.

Die Bandbreite des Begrenzers ist durch die Flankensteilheit (slew rate) des Ausgangssignals eingeengt. Der 741 besitzt eine Schaltflankensteilheit von 0,5 V/µs, woraus sich für eine Ausgangsamplitude von ± 14 V eine maximale Arbeitsfrequenz von etwa 9 kHz ergibt, bei der der OP gerade noch in die Begrenzung geschaltet wird.

Sollen Signale höherer Frequenz begrenzt werden, oder benötigt man steilere Schaltflanken (z. B. zur Differenzierung) muß man einen OP mit einem höheren Verstärkungs-Bandbreite-Produkt einsetzen.

3.1 Grundschaltungen der Analog-Elektronik für die Sonderbetriebsarten

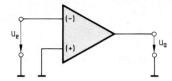

Abb. 3.121 Grundschaltung des Begrenzers

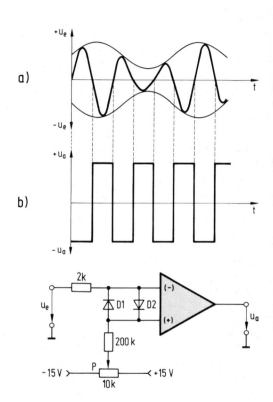

Abb. 3.122 Übertragungscharakteristik des Begrenzers

a Eingangssignal der Frequenz f_x mit Amplitudenschwankungen

b Begrenztes Ausgangssignal mit der Grundfrequenz f_x 180° Phasendrehung durch Invertierung des OP

Abb. 3.123 Begrenzerschaltung für 741 oder 709

Für AFU-Zwecke ist hierfür der Typ 709 sehr gut geeignet, der als Vorläufer des 741 keine interne Phasenkompensation besitzt. Als Begrenzer benötigt er keine externen Phasenkompensationselemente, wodurch die maximale Begrenzungsfrequenz durch die wesentlich höhere Flankensteilheit bei mehr als 100 kHz liegt.

In Begrenzerschaltungen sind die OPs 741 und 709 direkt austauschbar. Man sollte den 709 aber nur dann einsetzen, wenn es notwendig ist, da er durch die hohe Flankensteilheit des Ausgangssignals ein höheres Störspektrum erzeugen kann.

3.13 Der Analogaddierer

Man kann meßtechnisch zeigen, daß in der OP-Schaltung nach Abb. 3.131 nur ein vernachlässigbar kleiner Strom I_{ei} gegenüber den Werten I_{e1}, I_{e2} und I_r in den invertierenden Eingang fließt, so daß dessen Potential scheinbar an Masse liegt.

3 Sonderbetriebsarten

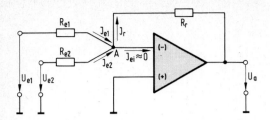

Abb. 3.131 Der Analogaddierer mit einem Operationsverstärker

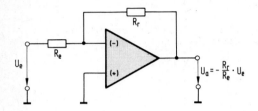

Abb. 3.132 Invertierender Verstärker mit einem OP

Nach dem 1. Kirchhoffschen Gesetz ist die Summe aller zufließenden und aller abfließenden Ströme in einem Stromverzweigungspunkt Null (vergl. 1.13).
Hiernach wird für den Verzweigungspunkt A:

$$I_{e1} + I_{e2} + I_r = 0 \tag{341}$$

oder

$$I_{e1} + I_{e2} = -I_r \tag{342}$$

Setzt man in (342) nach dem Ohmschen Gesetz jeweils den Spannungs-Widerstands-Quotienten ein, wird:

$$\frac{U_{e1}}{R_{e1}} + \frac{U_{e2}}{R_{e2}} = -\frac{U_a}{R_r} \tag{343}$$

Gibt man allen drei Widerständen den gleichen Wert R, erhält man:

$$\frac{U_{e1}}{R} + \frac{U_{e2}}{R} = -\frac{U_a}{R} \tag{344}$$

Teilt man (344) durch R, wird:

$$U_{e1} + U_{e2} = -U_a \tag{345}$$

Das bedeutet aber, daß der Operationsverstärker in der gegebenen Schaltung mit $R_{e1} = R_{e2} = R_r = R$ am Ausgang die negative Summe der Eingangsspannungen liefert. Er wirkt als analoger Addierer.

Erhöht man den Gegenkopplungswiderstand R_r auf $n \cdot R$, erhält man nach dem Einsetzen in (344):

$$-U_a = n \cdot (U_{e1} + U_{e2}) \tag{346}$$

Das Verhältnis von R_r zu den Eingangswiderständen R_e bestimmt somit die Übertragungsverstärkung der Schaltung.

Sind in einem Zahlenbeispiel $R_{e1} = 10$ kΩ, $R_{e2} = 10$ kΩ, $R_r = 20$ kΩ, $U_{e1} = +3$ V, $U_{e2} = +2$ V wird die Ausgangsspannung -10 V.

Läßt man in der Schaltung nach *Abb. 3.131* R_{e2} und U_{e2} weg, wird aus (343):

3.1 Grundschaltungen der Analog-Elektronik für die Sonderbetriebsarten

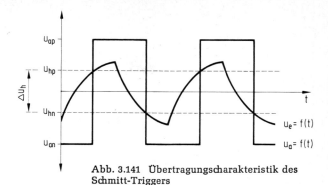

Abb. 3.141 Übertragungscharakteristik des Schmitt-Triggers

$$\frac{U_{e1}}{R_{e1}} = -\frac{U_a}{R_r}$$

oder einfacher

$$\frac{U_e}{R_e} = -\frac{U_a}{R_r} \tag{347}$$

Löst man (347) nach der Spannungsverstärkung $v_ü$ auf, wird mit:

$$v_ü = \frac{U_a}{U_e}$$

$$v_ü = -\frac{R_r}{R_e} \tag{348}$$

Der Spannungsverstärkungsfaktor $v_ü$ läßt sich hiernach durch die Widerstände R_r und R_e bestimmen, wobei er gleich dem Quotienten aus R_r und R_e ist.

Für die Schaltung nach *Abb. 3.132* gilt demnach:

$$U_a = -U_e \cdot \frac{R_r}{R_e} \tag{349}$$

Die Ausgangsspannung ist gegenüber der Eingangsspannung negativ, da der invertierende Eingang angesteuert wird.

3.14 Der Schmitt-Trigger

Schmitt-Trigger haben die Aufgabe, verformte Flanken von ursprünglichen Rechtecksignalen zu regenerieren.

Dies könnte man im Grunde auch mit einem Begrenzer machen, doch besitzt er im Gegensatz zum Schmitt-Trigger keine Hysterese-Charakteristik, die verhindert, daß Störsignale auf den Nutzsignalflanken die eigentliche Information verfälschen.

In der *Abb. 3.141* ist die Funktion des Schmitt-Triggers am Beispiel eines Signalverlaufs gezeigt. Das Eingangssignal $u_e = f(t)$ stellt die Form einer Rechteckfolge nach dem Durchlaufen eines Tiefpasses dar, wie man sie z.B. in einem RTTY-Nf-Konverter findet.

Erreicht die positive Flanke von u_e die positive Umschaltschwelle U_{hp}, schaltet der Ausgang des Triggers in die positive Begrenzung U_{ap}. Er wird erst wieder in die negative Begrenzung U_{an} zurückgesetzt, wenn die negative Umschaltschwelle U_{hn} vom Eingangssignal u_e unterschritten wird.

Die Schalthysterese ist hierbei der Spannungswert, den Störsignale auf der Nutzsignalflanke besitzen dürfen, ohne den eigentlichen Informationsinhalt zu verfälschen, da erst größere Amplituden den Trigger in seine andere Begrenzungslage umschalten können.

3 Sonderbetriebsarten

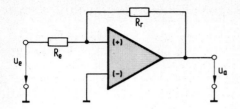

Abb. 3.142 Schaltung des Schmitt-Triggers mit einem Operationsverstärker zur nullsymmetrischen Ansteuerung

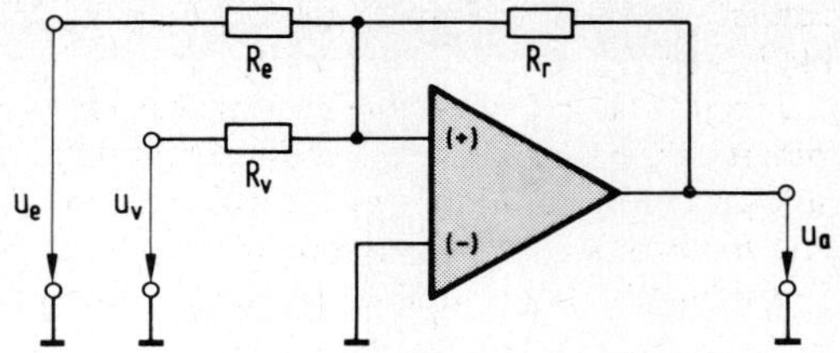

Abb. 3.143 Schaltung des Schmitt-Triggers mit der Möglichkeit zur Potentialverschiebung der Schalthysterese durch U_v (Additions-Schmitt-Trigger)

Abb. 3.142 zeigt die Schaltung des Schmitt-Triggers mit einem Operationsverstärker, der bei Gleichstromkopplung nullsymmetrisch anzusteuern ist.

Die Schaltungsdimensionierung ist nach folgenden Beziehungen zu berechnen:

Positive Schaltschwelle $\quad U_{hp} = - \dfrac{R_e}{R_r} \cdot U_{an}$ \hfill (350)

Negative Schaltschwelle $\quad U_{hn} = - \dfrac{R_e}{R_r} \cdot U_{ap}$ \hfill (351)

Schalthysterese $\quad \Delta U_h = \dfrac{R_e}{R_r} \cdot (U_{ap} - U_{an})$ \hfill (352)

U_{ap} und U_{an} sind die Begrenzungsspannungen des OP, die beim 741 mit $+14$ V und -14 V eingesetzt werden können, wenn man mit einer nullsymmetrischen Betriebsspannung von ± 15 V arbeitet.

Liegt das zu regenerierende Eingangssignal $u_e = f(t)$ nicht nullsymmetrisch, oder will man die Umschaltschwellen bei gleichbleibender Hysteresespannung ΔU_h auf der Nullsymmetrie verschieben, muß man dem nichtinvertierenden Eingang des OP über R_v eine zusätzliche Spannung U_v zuführen.

Die Schaltung wird dann zum sogenannten Additions-Schmitt-Trigger nach Abb. 3.143.

Hierfür gelten die folgenden Dimensionierungsbeziehungen:

Positive Schaltschwelle $\quad U_{hp} = - \dfrac{R_e}{R_r} \cdot U_{an} - \dfrac{R_e}{R_v} \cdot U_v$ \hfill (353)

Negative Schaltschwelle $\quad U_{hn} = - \dfrac{R_e}{R_r} \cdot U_{ap} - \dfrac{R_e}{R_v} \cdot U_v$ \hfill (354)

Die Berechnung der Hysteresespannung ΔU_h bleibt auch hierbei nach (352) erhalten.

3.15 Aktive Filter

Die empfangsseitige Aufbereitung frequenzmodulierter Nf-Signale stellt bei den Sonderbetriebsarten spezielle Selektionsprobleme für den Nf-Bereich.

Selektive Filter und Paßfilter höherer Ordnung lassen sich nicht durch RC-Netzwerke allein nachbilden, da die zugehörigen Frequenzgänge konjugiert komplexe Pole besitzen. Sie lassen sich nur durch Zuschalten von Induktivitäten (oder deren Nachbildung) realisie-

3.1 Grundschaltungen der Analog-Elektronik für die Sonderbetriebsarten

ren, die aber im Nf-Bereich als Spulen unhandlich groß werden und daher schwierig herzustellen sind.

Lange Zeit hat man für diesen Zweck in der AFU-Technik speziell bei RTTY sogenannte Pupin-Spulen verwendet (Pupinleitung = Leitungsart in der Nachrichtentechnik mit geringer Dämpfung bei eingeschränkter Übertragungsbandbreite). Schaltungen dieser Art findet man allerdings nur noch selten, weil die relativ großen Spulen (meist 88 mH-Toroide) mit fester Induktivität die Variation erheblich einschränken.

Inzwischen haben sich aktive Filter durchgesetzt, bei denen die gewünschten Frequenzgänge durch RC-Rückkopplungsnetzwerke am Operationsverstärker simuliert werden.

Dies hat die großen Vorteile, daß die Filter geometrisch klein sind, keine Induktivitäten besitzen und durch die Verwendung der errechneten oder vorgegebenen Widerstände und Kondensatoren in ihrem Frequenzgang sehr gut reproduzierbar sind.

Die Theorie der aktiven Filter reicht weit in die Wechselstromtechnik und in die höhere Mathematik hinein, so daß der Amateur bei einer allgemeinen Betrachtung der Schaltungen überfordert wäre.

Hier sollen nur Beispiele für die speziellen Anwendungen in den Sonderbetriebsarten gegeben werden, die in ihren theoretischen Ableitungen soweit reduziert worden sind, daß sie direkt in die Schaltungspraxis übernommen werden können.

Eine ausführliche Untersuchung der aktiven Filter findet man in den angegebenen Literaturstellen.

3.151 Tiefpaßfilter

Die Abb. 3.1511 zeigt ein passives Tiefpaßfilter (passiv = kein Verstärkerelement enthalten) 1. Ordnung, das auch als RC-Integrationsglied bekannt ist.

Es besteht aus einem Wechselspannungsteiler, bei dem die Teilerspannung am Kondensator mit zunehmender Frequenz der Eingangswechselspannung abnimmt, weil sein Wechselstromwiderstand X_C in hyperbolischer Abhängigkeit zur Frequenz steht (vergl. Abb. 1.432).

Die obere Grenzfrequenz dieses Tiefpasses ist dort, wo die Ausgangsspannung u_a um 3 dB (auf das $1/\sqrt{2}$fache) gegenüber ihrem Maximalwert bei $f = 0$ Hz abgesunken ist. Für sinusförmige Wechselspannungen erhält man die obere Grenzfrequenz f_{og} bei:

$$f_{og} = \frac{a11}{2\pi \cdot R1 \cdot C1} \tag{355}$$

Hierin ist f_{og} in Hz, R in Ohm und C in Farad einzusetzen. Für die Konstante a 11 gilt, wie noch gezeigt wird, an dieser Stelle der Wert 1.

Die Schaltung hat wie alle passiven Spannungsteiler den Nachteil, daß sie belastungsabhängig ist (hochohmiger Innenwiderstand), so daß man einen Impedanzwandler nachschalten muß, dessen Eingangswiderstand weit größer als der Ausgangswiderstand des Teilers sein soll, um den gewünschten Frequenzgang zu erhalten.

In der Schaltungstechnik der aktiven Filter setzt man das nach Abb. 3.1512 für einen Tiefpaß 1. Ordnung ein. Durch die einbezogene Verstärkung des OP besitzt das Filter einen sehr geringen Innenwiderstand.

Für die Bestimmung der oberen Grenzfrequenz f_{og} gilt analog zu (355):

$$f_{og} = \frac{a11}{2\pi \cdot R2 \cdot C1} \tag{356}$$

3 Sonderbetriebsarten

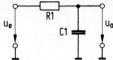

Abb. 3.1511 Passiver Tiefpaß 1. Ordnung
(RC-Wechselspannungsteiler)

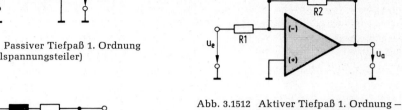

Abb. 3.1512 Aktiver Tiefpaß 1. Ordnung –
Die RC-Kombination liegt im Gegenkopplungszweig

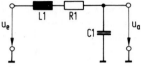

Abb. 3.1513 Passiver Tiefpaß 2. Ordnung –
Eine Induktivität ist notwendig.
(LRC-Wechselspannungsteiler)

Das Filter hat zudem den Vorteil, daß man die Übertragungsverstärkung durch die Wahl der Werte von R 1 und R 2 variieren kann. Nach (348) wird:

$$v_{\ddot{u}} = \frac{R\,2}{R\,1} \tag{357}$$

Die Dämpfungsflanke der Filter 1. Ordnung verläuft oberhalb der Grenzfrequenz mit einer Steilheit von 6 dB pro Oktave bzw. 20 dB pro Dekade.

Ist hiernach in einem Zahlenbeispiel die obere Grenzfrequenz 100 Hz und beträgt die Ausgangsspannung 10 V, sinkt sie bis 1 kHz (1 Dekade) auf 1 V (– 20 dB) ab.

Benötigt man eine größere Dämpfungsflankensteilheit, muß man Filter höherer Ordnung einsetzen.

Nach *Abb. 3.1513* erfordert ein passives Tiefpaßfilter 2. Ordnung bereits eine Induktivität. Es läßt sich nach den folgenden Beziehungen dimensionieren:

$$R\,1 = \frac{a\,12}{2\pi \cdot f_{og} \cdot C\,1} \tag{358}$$

$$L_1 = \frac{b\,12}{4\pi^2 \cdot f_{og}^2 \cdot C\,1} \tag{359}$$

Auffällig sind hierbei die beiden Koeffizienten a 12 und b 12, die zunächst einer besonderen Erläuterung bedürfen:

Filter höherer Ordnung (≥ 2) zeigen je nach Dimensionierung ihrer Komponenten in ihrem Frequenzgang eine bestimmte Welligkeit. Je steiler man die Dämpfungsflanke vorgibt, umso höher wird die Welligkeit im Durchlaßbereich unterhalb der oberen Grenzfrequenz (Abb. 3.1514 a). In gleicher Form steigt auch am Ausgang das Überschwingen eines Rechtecksignals an, das man über ein solches Filter geleitet hat (Sprungantwort nach Abb. 3.1514 b).

Die verschiedenen Übertragungscharakteristiken, die den unterschiedlichen Welligkeiten im Durchlaßbereich, den Flankensteilheiten und den Sprungantworten zugeordnet sind,

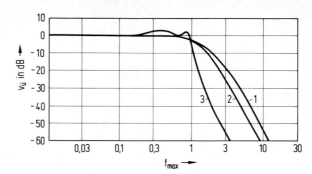

Abb. 3.1514 a Frequenzgang Filter 4. Ordnung $v_{ü} = 1$

1 Kritische Dämpfung
2 Bessel-Filter
3 Tschebyscheff-Filter

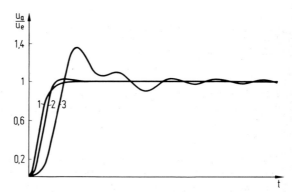

Abb. 3.1514 b Sprungantwort Filter 4. Ordnung (Übertragung von Rechtecksignalen)

1 Kritische Dämpfung
2 Bessel-Filter
3 Tschebyscheff-Filter

hat man klassifiziert und nach Wissenschaftlern benannt, die sie in mathematischer Form beschrieben haben (Bessel, Butterworth, Tschebyscheff).

Die Filterschaltungen dieser verschiedenen Typen sind gleich. Sie unterscheiden sich lediglich in der Dimensionierung ihrer Bauelemente. Der Filtertyp wird bei der Dimensionierung durch die Koeffizienten a und b festgelegt, deren Variation somit für den Frequenzgang des Filters entscheidend ist.

In der *Tabelle 3.1511* sind die Werte für a und b für Filter mit kritischer Dämpfung, Bessel-Filter und Tschebyscheff-Filter aufgeführt.

Wie man aus der Tabelle erkennnt, ist a für alle Filtertypen 1. Ordnung 1, so daß zwischen ihnen kein Unterschied besteht. Bei Filtern 2. Ordnung sind a und b bereits verschieden. Zudem ist bei Filtern ungerader Ordnung einer der b-Koeffizienten immer 0.

Filter höherer Ordnung als 2 werden aus solchen 1. und 2. Ordnung zusammengeschaltet, wobei sich die Ordnungszahl bei der Reihenschaltung addiert.

Da sich die Filter in Reihenschaltung gegenseitig beeinflussen, müssen die Koeffizienten a und b für jedes Filter bestimmter Ordnung neu eingesetzt werden. Man kann also nicht Filter gleicher Dimensionierung zur Erlangung einer höheren Ordnung einfach in Reihe schalten.

So gelten z.B. für ein Besselfilter 3. Ordnung, das aus einem 1. Ordnung und aus einem 2. Ordnung zusammengeschaltet wird, für die erste Stufe 1. Ordnung a 13 = 0,76 und für die 2. Stufe 2. Ordnung a 23 = 0,77 und b 23 = 0,39. Der Koeffizient b 13 ist 0.

3 Sonderbetriebsarten

Tabelle 3.1511 Koeffizienten zur Filterdimensionierung

Ordnung	Stufe	a (nm)	b (nm)
	Kritische Dämpfung		

Ordnung	Stufe	a (nm)	b (nm)
1	1	1 (11)	0 (11)
2	1	1,29 (12)	0,41 (12)
3	1	0,51 (13)	0 (13)
	2	1 (23)	0,26 (23)
4	1	0,87 (14)	0,19 (14)
	2	0,87 (24)	0,19 (24)
5	1	0,39 (15)	0 (15)
	2	0,77 (25)	0,15 (25)
	3	0,77 (35)	0,15 (35)
6	1	0,7 (16)	0,12 (16)
	2	0,7 (26)	0,12 (26)
	3	0,7 (36)	0,12 (36)
	Bessel		
1	1	1 (11)	0 (11)
2	1	1,36 (12)	0,62 (12)
3	1	0,76 (13)	0 (13)
	2	1 (23)	0,48 (23)
4	1	1,34 (14)	0,49 (14)
	2	0,77 (24)	0,39 (24)
5	1	0,67 (15)	0 (15)
	2	1,14 (25)	0,41 (25)
	3	0,62 (35)	0,32 (35)
6	1	1,22 (16)	0,39 (16)
	2	0,97 (26)	0,35 (26)
	3	0,51 (36)	0,28 (36)
	Tschebyscheff 3 dB Welligkeit		
1	1	1 (11)	0 (11)
2	1	1,07 (12)	1,93 (12)
3	1	3,35 (13)	0 (13)
	2	0,36 (23)	1,19 (23)
4	1	2,19 (14)	5,53 (14)
	2	0,2 (24)	1,2 (24)
5	1	5,63 (15)	0 (15)
	2	0,76 (25)	2,65 (25)
	3	0,12 (35)	1,07 (35)
6	1	3,27 (16)	11,7 (16)
	2	0,41 (26)	1,99 (26)
	3	0,08 (36)	1,09 (36)

a_{nm} = Koeffizient a eines Filters m-ter Ordnung in der n-ten Filterstufe
b_{nm} = Koeffizient b eines Filters m-ter Ordnung in der n-ten Filterstufe

3.1 Grundschaltungen der Analog-Elektronik für die Sonderbetriebsarten

Eine Ausnahme bilden allerdings Filter mit kritischer Dämpfung bei geraden Ordnungszahlen. Wie man aus der Koeffizienten-Tabelle sieht, lassen sich hierfür alle Filter 2. Ordnung bei gleicher Dimensionierung in Reihe schalten.

Filter mit kritischer Dämpfung besitzen die geringste Dämpfungsflankensteilheit. Allerdings rufen sie kein Überschwingen am Ausgang hervor, und zudem beträgt ihre Durchlaßbereichswelligkeit 0 dB.

Etwas steiler verläuft die Flanke von Bessel-Filtern, wenn man von der gleichen Ordnung ausgeht. Sie zeigen kaum ein Überschwingen, und die Welligkeit ist zu vernachlässigen. Man setzt sie vor allem zur Übertragung von Rechtecksignalen ein, da die sogenannte Gruppenlaufzeit über einen relativ großen Frequenzbereich konstant ist.

Steilflankiger sind Butterworth-Filter (hier nicht näher beschrieben). Ihre Durchlaßwelligkeit ist zwar kleiner als 1 dB, doch zeigen sie bereits ein starkes Überschwingen, das mit der Filterordnung zunimmt. Bei Filtern 4. Ordnung ist es 10 % von der mittleren Ausgangsspannung und bei Filtern 10. Ordnung 18 %.

Tschebyscheff-Filter sind die steilsten. Ihre Dimensionierung wird mit zunehmender Flankensteilheit kritischer (Schwingneigung). Gleichzeitig nimmt auch die Welligkeit erheblich zu. Die Sprungantwort (Überschwingen) ist extrem hoch. Bei 3 dB Welligkeit im Durchlaßbereich beträgt sie 36 % vom Ausgangssignal für Filter 4. Ordnung und 42 % für Filter 10. Ordnung.

Dimensioniert man nach diesen Erläuterungen als Zahlenbeispiel einen passiven Tiefpaß 2. Ordnung nach *Abb. 3.1513* für eine Grenzfrequenz f_{og} von 80 Hz (max. Modulationsinhaltsfrequenz eines 50 Baud Fernschreibsignals), muß man einen Wert für C1 vorgeben.

Er wird mit 10 µF eingesetzt. Die Übertragungsverstärkung ist bei passiven Filtern grundsätzlich kleiner als 1. Die Koeffizienten für ein Bessel-Filter werden der *Tabelle 3.1511* entnommen und sind für a 12 = 1,36 und für b 12 = 0,62. Mit diesen Randbedingungen ergeben sich nach (358) und (359) die Werte

$$R_1 = \frac{1,36}{2\pi \cdot 80 \cdot 10^{-5}} \Omega$$

$$R_1 = 271 \ \Omega$$

und

$$L_1 = \frac{0,62}{4\pi^2 \cdot 80^2 \cdot 10^{-5}} H$$

$$L_1 = 0,25 \ H$$

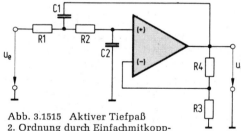

Abb. 3.1515 Aktiver Tiefpaß 2. Ordnung durch Einfachmitkopplung am Operationsverstärker

Mit 0,25 H wird die Induktivität des Filters sehr groß, zudem ist die Schaltung sehr niederohmig, wodurch der Innenwiderstand der Eingangsspannungsquelle entsprechend klein gehalten werden muß.

Wesentlich einfacher lassen sich aktive Filter 2. Ordnung aufbauen.

Man kann den notwendigen Operationsverstärker hierzu in Einfachgegenkopplung, in Mehrfachgegenkopplung und in Einfachmitkopplung schalten.

Filter in Einfachmitkopplung erfordern die wenigsten externen Bauelemente und lassen sich zudem am einfachsten dimensionieren, so daß dieser Filtertyp hier näher beschrieben werden soll.

Abb. 3.1515 zeigt die Schaltung eines Tiefpasses 2. Ordnung mit einem Operationsverstärker in Einfachmitkopplung. Spezialisiert man diese Schaltung auf die zusätzlichen Be-

3 Sonderbetriebsarten

dingungen $R1 = R2 = R$ und $C1 = C2 = C$, erhält man folgende Dimensionierungsbeziehungen:

$$R = \frac{\sqrt{b\,12}}{2\,\pi \cdot f_{og} \cdot C} \qquad (360)$$

$$v_{ü} = 3 - \frac{a\,12}{\sqrt{b\,12}} \qquad (361)$$

Nach (361) wird die Übertragungsverstärkung $v_{ü}$ der Schaltung durch die Koeffizienten vorgegeben, so daß sie bei dieser Spezialisierung nicht frei wählbar ist. Sie wird mit $R3$ und $R4$ auf den vorgegebenen Wert eingestellt. Hierfür gilt:

$$R4 = (v_{ü} - 1) \cdot R3 \qquad (362)$$

Wiederholt man auch hier das Zahlenbeispiel für ein Bessel-Filter 2. Ordnung mit $f_{og} = 80$ Hz und einer Kapazität von 0,1 μF für $C1 = C2 = C$, dann kommt man zu folgenden Ergebnissen:

$$R = \frac{\sqrt{0{,}62}}{2\,\pi \cdot 80 \cdot 10^{-7}}\,\Omega$$

$$R = 15{,}7\ \text{k}\Omega$$

$$v_{ü} = 3 - \frac{1{,}36}{\sqrt{0{,}62}}$$

$$v_{ü} = 1{,}27$$

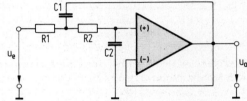

Abb. 3.1516 Aktiver Tiefpaß 2. Ordnung – OP in Einfachmitkopplung – Übertragungsverstärkung = 1

Wählt man für $R3 = 10$ kΩ, dann ergibt sich für $R4$ nach (362) der Normwert 2,7 kΩ.

Für $R1$ und $R2$ kann man jeweils den Normwert 15 kΩ einsetzen. Zwar wird die Grenzfrequenz dadurch etwas höher, doch ist diese Toleranz in der Praxis meist zulässig.

Die Spezialisierung auf gleiche Bauelemente hat in dieser Schaltung zudem den Vorteil, daß man die Grenzfrequenz mit einem Doppelpotentiometer für $R1$ und $R2$ stetig verändern kann, da diese Widerstände nicht in die Übertragungsverstärkung eingehen.

Zu einer weiteren Spezialisierung kommt man, wenn man das Filter mit den Koeffizienten der kritischen Dämpfung berechnet. Durch Überprüfung in der *Tabelle 3.1511* erkennt man, daß $v_{ü}$ in jeder Stufe jeder Filterordnung als Filter 2. Ordnung den Wert 1 annimmt, wenn man die jeweiligen Koeffizienten in (361) einsetzt.

Mit $v_{ü} = 1$ fallen aber die Widerstände $R3$ und $R4$ weg, so daß die Schaltung nach *Abb. 3.1516* lediglich direkt gegengekoppelt werden muß.

Da zudem die Koeffizienten in den Filtern geradzahliger Ordnung in jeder Stufe gleiche Werte behalten, kann man Filter 2. Ordnung kritischer Dämpfung in gleicher Dimensionierung in Reihe schalten, was bei anderen Typen nicht möglich ist.

Als Zahlenbeispiel sei ein Filter 6. Ordnung mit kritischer Dämpfung für eine f_{og} von 900 Hz (max. SSTV-Modulationsinhaltsfrequenz) dimensioniert:

Es gelten für alle drei notwendigen Stufen 2. Ordnung die Koeffizienten $a\,16 = a\,26 = a\,36 = 0{,}7$ und $b\,16 = b\,26 = b\,36 = 0{,}12$. Für C wird der Wert 33 nF vorgegeben.

Mit diesen Randbedingungen erhält man für R:

$$R = \frac{\sqrt{0{,}12}}{2\,\pi \cdot 9 \cdot 10^2 \cdot 3{,}3 \cdot 10^{-8}}\,\Omega$$

$$R = 1{,}86\ \text{k}\Omega$$

3.1 Grundschaltungen der Analog-Elektronik für die Sonderbetriebsarten

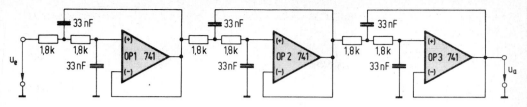

Abb. 3.1517 Aktives Tiefpaßfilter 6. Ordnung

Filtertyp = Kritische Dämpfung
Grenzfrequenz = 900 Hz
Übertragungsverstärkung = 1

Und zur Kontrolle der Übertragungsverstärkung nach (361):

$$v_ü = 3 - \frac{0,7}{\sqrt{0,12}}$$

$$v_ü = 1$$

Abb. 3.1517 zeigt die fertige, sehr einfache Schaltung.

Allgemein geht man bei der Filterdimensionierung für eine vorgegebene Grenzfrequenz in folgender Reihenfolge vor:

a) Bestimmung des Filtertyps

b) Bestimmung der Filterordnung

c) Bestimmung der daraus folgenden Stufenzahl des Filters, das bei ungerader Ordnung immer eine Stufe 1. Ordnung besitzt.

d) Entnahme der Koeffizienten a und b für die einzelnen Filterstufen aus der *Tabelle 3.1511*.

e) Vorgabe des Kondensators oder Widerstands und Berechnung der einzelnen Filterstufen.

Für Stufen 1. Ordnung nach (356) und (357)
Für Stufen 2. Ordnung nach (360) und (361)
Bestimmung der jeweiligen Widerstandskombination nach (362) für Filter 2. Ordnung zur Erfüllung von (361) (Ausnahme: Filter mit kritischer Dämpfung)

3.152 Hochpaßfilter

Beim Hochpaß werden die Signale der Frequenzen unterhalb der unteren Grenzfrequenz f_{ug} bedämpft. Die Grenzfrequenz ist auch hier als diejenige Frequenz definiert, bei der das Ausgangssignal des Filters um 3 dB unter den Wert im Durchlaßbereich abgesunken ist.

Zur Berechnung von aktiven Hochpässen gelten die gleichen Koeffizienten wie die der bereits untersuchten Tiefpässe. Sie werden auch in gleicher Form bei mehrstufigen Filtern eingesetzt. Daher sind an dieser Stelle lediglich die Schaltungen der aktiven Hochpässe und ihre Dimensionierungsbeziehungen notwendig, um gewünschte Frequenzgänge berechnen zu können.

Abb. 3.1521 zeigt das analoge Hochpaßfilter 1. Ordnung zum Tiefpaß nach Abb. 3.1512. Es gilt:

$$R1 = \frac{1}{2\pi \cdot f_{ug} \cdot a_{nm} \cdot C1} \tag{363}$$

3 Sonderbetriebsarten

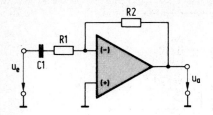

Abb. 3.1521 Aktiver Hochpaß 1. Ordnung

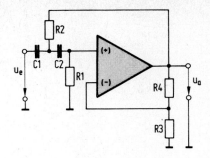

Abb. 3.1522 Aktiver Hochpaß 2. Ordnung durch Einfachmitkopplung am Operationsverstärker

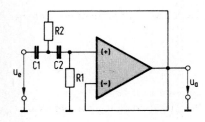

Abb. 3.1523 Aktiver Hochpaß 2. Ordnung – OP in Einfachmitkopplung – Übertragungsverstärkung = 1

und für die Übertragungsverstärkung:

$$v_{ü} = \frac{R2}{R1} \qquad (364)$$

Für a_{nm} wird der zugehörige Wert der *Tabelle 3.1511* entnommen, wobei m die Ordnung des Gesamtfilters angibt.

Filter 1. Ordnung sind nach der Tabelle immer als 1. Stufe zu schalten, so daß n immer den Index 1 trägt.

Das aktive Hochpaßfilter 2. Ordnung analog zum Tiefpaß nach *Abb. 3.1515* ist in *Abb. 3.1522* gezeigt. Auffällig ist dabei, daß lediglich die Plätze der frequenzbestimmenden Kondensatoren und Widerstände vertauscht worden sind.

Zur Filterdimensionierung sind folgende Beziehungen notwendig:

$$R = \frac{1}{2\pi \cdot f_{ug} \cdot C \cdot \sqrt{b_{nm}}} \qquad (365)$$

und

$$v_{ü} = 3 - \frac{a_{nm}}{\sqrt{b_{nm}}} \qquad (366)$$

Für (365) und (366) gilt ebenfalls die Spezialisierung $R1 = R2 = R$ und $C1 = C2 = C$ wie bereits beim Tiefpaß 2. Ordnung. Die Widerstände R3 und R4 werden nach (362) bestimmt, worin $v_{ü}$ nach (366) eingesetzt werden muß.

Eine weitere Vereinfachung des Filters erhält man auch hier, wenn es mit den Koeffizienten der kritischen Dämpfung berechnet wird, wodurch $v_{ü}$ den Wert 1 erhält. Die Schaltung findet man in *Abb. 3.1523*.

Abschließend soll ein Bessel-Hochpaß 3. Ordnung für eine Grenzfrequenz f_{ug} von 1200 Hz dimensioniert werden. Das Filter ist nach den Tiefpaß-Erläuterungen zweistufig aufzubauen, wobei ein Filter 1. Ordnung und eines 2. Ordnung in Reihe zu schalten sind.

3.1 Grundschaltungen der Analog-Elektronik für die Sonderbetriebsarten

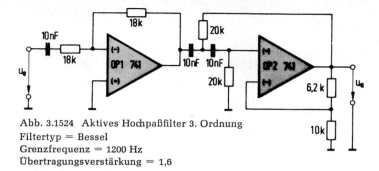

Abb. 3.1524 Aktives Hochpaßfilter 3. Ordnung
Filtertyp = Bessel
Grenzfrequenz = 1200 Hz
Übertragungsverstärkung = 1,6

Für die erste Stufe wird $C_1 = 10$ nF vorgegeben. $v_ü$ soll 1 sein. a 13 ist nach der *Tabelle 3.1511* 0,76, so daß sich für R 1 folgender Betrag ergibt:

$$R\,1 = \frac{1}{2\,\pi \cdot 1{,}2 \cdot 10^3 \cdot 0{,}76 \cdot 10^{-8}}\;\Omega$$

$$R\,1 = 17{,}5 \text{ k}\Omega$$

Gewählt wird der Normwert 18 kΩ.
Da die Verstärkung der Stufe 1 betragen soll, ist für R 2 nach (364) ebenfalls ein Widerstand von 18 kΩ einzusetzen.

Für die zweite Stufe 2. Ordnung gelten die Koeffizienten a 23 = 1 und b 23 = 0,48. Für $C\,1 = C\,2 = C$ wird ebenfalls 10 nF eingesetzt. Nach (365) erhält man hiermit:

$$R = \frac{1}{2\,\pi \cdot 1{,}2 \cdot 10^3 \cdot \sqrt{0{,}48} \cdot 10^{-8}}\;\Omega$$

$$R = 19{,}14 \text{ k}\Omega$$

Gewählt wird der Normwert 20 kΩ.

Die Übertragungsverstärkung wird durch (366) bestimmt:

$$v_ü = 3 - \frac{1}{\sqrt{0{,}48}}$$

$$v_ü = 1{,}6$$

Setzt man für R 3 = 10 kΩ ein, ergibt sich für R 4 nach (362) der Normwert 6,2 kΩ *(Abb. 3.1524)*.

3.153 *Selektivfilter*

Zur Selektion von Signalen einer bestimmten Frequenz sind Selektivfilter erforderlich, wofür nach 1.47 Parallelresonanzkreise notwendig sind.

Innerhalb der Sonderbetriebsarten müssen bei RTTY die Kennfrequenzen für Mark und Space aus dem Nf-Spektrum des Empfängers herausgefiltert werden, während bei SSTV und FAX die Synchronsignale zu selektieren sind, damit sich die einzelnen Bildzeilen zu einem Gesamtbild ergänzen.

Die notwendigen Filter hat man zunächst ebenfalls mit Spulen hoher Induktivität aufgebaut, doch haben sich auch hierfür inzwischen die erheblichen Vorteile aktiver Filter durchgesetzt.

Wie bei den Paßfiltern gibt es eine Reihe unterschiedlicher Selektivfilter-Typen, von denen sich für die Sonderbetriebsarten der KW-AFU-Technik das Filter mit Mehrfachgegenkopplung nach *Abb. 3.1531* am besten eignet.

3 Sonderbetriebsarten

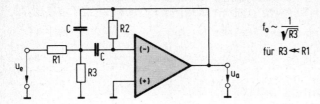

$f_0 \sim \dfrac{1}{\sqrt{R3}}$

für $R3 \ll R1$

Abb. 3.1531 Aktives Selektivfilter mit einem Operationsverstärker in Mehrfachgegenkopplung

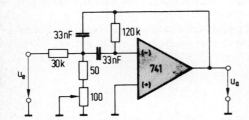

Abb. 3.1532 Aktives Selektivfilter mit einem OP in Mehrfachgegenkopplung
f_0 = 1275 Hz (nach Eichung)
B = 80 Hz
$v_{\ddot{u}o}$ = 2

Für das Filter gelten die Dimensionierungsbeziehungen:

Resonanzfrequenz $\qquad f_0 = \dfrac{1}{2\pi \cdot C} \cdot \sqrt{\dfrac{1}{R2} \cdot \left(\dfrac{1}{R3} + \dfrac{1}{R1} \right)}$ \hfill (367)

Güte $\qquad Q = R2 \cdot \pi \cdot C \cdot f_0$ \hfill (368)

Bandbreite $\qquad B = \dfrac{1}{\pi \cdot R2 \cdot C}$ \hfill (369)

$v_{\ddot{u}}$ bei f_0 $\qquad v_{\ddot{u}o} = \dfrac{R2}{2 \cdot R1}$ \hfill (370)

Nach diesen Bestimmungsgleichungen geht R 3 lediglich in die Resonanzfrequenz und damit in die Güte des aktiven Resonanzkreises ein. Die Übertragungsverstärkung und die Bandbreite bleiben von R 3 unberührt.

Sorgt man bei der Dimensionierung der Schaltung dafür, daß R 1 wesentlich größer als R 3 wird, kann man folgende Näherungsformel für die Resonanzfrequenz des Filters einführen:

$$f_0 = \dfrac{1}{2\pi \cdot C} \cdot \sqrt{\dfrac{1}{R2} \cdot \dfrac{1}{R3}} \hfill (371)$$

Für konstante Werte C und R 2 kann die Resonanzfrequenz als

$$f_0 = K_1 \cdot \dfrac{1}{\sqrt{R3}}$$

ausgedrückt werden.

Sie ist demnach proportional zur Wurzel aus dem Kehrwert von R 3. Vervierfacht man z. B. R 3, dann halbiert sich die Resonanzfrequenz des aktiven Filters.

Von sehr großer Bedeutung ist zudem bei diesem Filter-Typ, daß die Güte Q im linearen Verhältnis zur Resonanzfrequenz steht. Nach (368) ist

$$Q = K_2 \cdot f_0 \hfill (372)$$

3.1 Grundschaltungen der Analog-Elektronik für die Sonderbetriebsarten

da sowohl C als auch R2 bei einer Frequenzvariation nicht verändert werden. Eine einmal dimensionierte Bandbreite des Filters wird daher nicht durch eine Variation der Resonanzfrequenz verändert.

Diese schaltungsspezifische Eigenschaft stellt das Filter besonders für die Anwendung in der RTTY-Technik heraus, da es sich einerseits durch Änderung nur eines Widerstands in der Resonanzfrequenz verstimmen läßt, andererseits aber bei einer Verstimmung die Bandbreite beibehält, weil die Güte mit zunehmender Resonanzfrequenz nach (372) linear steigt.

In einem Dimensionierungsbeispiel soll das Filter für eine Resonanzfrequenz f_0 von 1275 Hz (RTTY-Kennfrequenz) aufgebaut werden.

Als Randbedingungen werden Bandbreite, Übertragungsverstärkung und der Wert der Kondensatoren vorgegeben.

Für die Bandbreite wird 80 Hz gewählt (Modulationsinhaltsfrequenz eines Fernschreibsignals bei 50 Baud). Die Kondensatoren sollen die Kapazität 33 nF besitzen und die Übertragungsverstärkung wird mit 2 bemessen.

Mit (369) erhält man:

$$R2 = \frac{1}{\pi \cdot C \cdot B}$$

$$= \frac{1}{\pi \cdot 3{,}3 \cdot 10^{-8} \cdot 80} \, \Omega$$

$$R2 = 121 \text{ k}\Omega$$

Man setzt für R2 den Normwert 120 kΩ ein.

Um R3 berechnen zu können, muß man (371) algebraisch auflösen:

$$R3 = \frac{1}{(2\pi \cdot C \cdot f_0)^2 \cdot R2}$$

$$= \frac{1}{(2\pi \cdot 3{,}3 \cdot 10^{-8} \cdot 1275)^2 \cdot 1{,}2 \cdot 10^5} \, \Omega$$

$$R3 = 120 \, \Omega$$

Für R3 legt man ein Potentiometer von 100 Ω und einen Widerstand von 50 Ω in Reihe, um das Filter exakt abstimmen zu können.

R1 läßt sich nach Umstellung von (370) errechnen, worin die Übertragungsverstärkung mit 2 eingesetzt werden muß:

$$R1 = \frac{R2}{2 \cdot v_{\ddot{u}o}}$$

$$= \frac{120}{2 \cdot 2} \text{ k}\Omega$$

$$R1 = 30 \text{ k}\Omega$$

Mit diesem Wert von R1 ist gleichzeitig die Forderung nach (371) erfüllt, wonach R1 wesentlich größer als R3 sein soll.

(Vergleiche auch Abschnitt 2.292 mit den *Abb.* 2.2921 und 2.2922)

3 Sonderbetriebsarten

3.154 Universalfilter

Ein aktives Filter völlig anderer Art zeigt die *Abb. 3.1541*. Mit dieser Schaltung ist eine Schwingungsdifferentialgleichung 2. Ordnung programmiert worden, wozu die beiden Integratoren aus OP 3 und OP 4 sowie der Inverter aus OP 2 dienen.

OP 1 ist zur Schwingungsdämpfung und als Eingangsverstärker hinzugeschaltet.

Diese Schaltungsanordnung ist je nach Wahl der vier Operationsverstärkerausgänge gleichzeitig als Selektivfilter, Notchfilter (Sperrfilter), Tiefpaß 2. Ordnung und Hochpaß 2. Ordnung zu verwenden.

Da sich aber Tief- und Hochpässe einfacher realisieren lassen, soll lediglich die Doppelfunktion der Schaltung als Selektiv- und Notchfilter näher beschrieben werden.

Für beide Funktionen gelten die gleichen Dimensionierungsbeziehungen:

$$\text{Resonanzfrequenz} \qquad f_o = \frac{1}{2\pi \cdot R \cdot C} \tag{373}$$

$$\text{Güte} \qquad Q = \frac{R_q}{R\,2} \tag{374}$$

$$\text{Übertragungsverstärkung} \quad v_{\ddot{u}} = \frac{R_v}{R\,1} \tag{375}$$

Für den Selektivfilter-Betrieb wird der Ausgang des OP 3 verwendet.

Wie man den Bestimmungsgleichungen (373) bis (375) entnehmen kann, lassen sich Resonanzfrequenz, Güte und Übertragungsverstärkung unabhängig voneinander einstellen. Zur Resonanzfrequenzvariation ist ein Doppelpotentiometer notwendig, das handelsüblich als Tandem- oder Stereopotentiometer bekannt ist.

Die Übertragungsverstärkung $v_{\ddot{u}}$ gilt beim Selektivfilter-Betrieb für die Spannungsamplituden im Resonanzfall. Alle Signale anderer Frequenzen werden entsprechend der Güte des Filters bedämpft.

Auf der abgestimmten Resonanzfrequenz f_o arbeitet das Filter gleichzeitig als Notchfilter, wenn man OP 1 als Ausgang benutzt. Zudem bleibt auch die vorgewählte Güte erhalten, die auf den 3 dB-Absenkpunkt bezogen ist.

Im Gegensatz zum Selektivfilter-Betrieb gilt die Übertragungsverstärkung $v_{\ddot{u}}$ nach (375) beim Notchfilter-Betrieb für die Signale der Frequenzen außerhalb der abgesenkten Bandbreite.

Mit dem CW-Notch-Filter wurde bereits in 2.292 eine Anwendung des Universalfilters für den Amateurfunkbetrieb beschrieben. Das Filter nach *Abb. 2.2923* ist eine Variation der Grundschaltung nach *Abb. 3.1541*.

In *Abb. 3.1542* ist das Universalfilter in einem weiteren Anwendungsbeispiel für den RTTY-Betrieb dimensioniert worden und läßt sich in dieser Form vorteilhaft zwischen den Nf-Ausgang des Empfängers und den RTTY-Konverter-Eingang schalten (z. B. für DJ 6 HP 025).

Das Filter besitzt eine Bandbreite von 330 Hz, so daß es für die auf den Kurzwellenbändern übliche Fernschreibnorm (170 Hz Shift und 45,45 Baud) brauchbar ist.

Die Resonanzfrequenz wird in der Stellung „Selektiv" mit den 1 kΩ Stellwiderständen einmalig auf 1360 Hz abgestimmt, so daß die Kennfrequenzen 1275 Hz und 1445 Hz mit ihrem Modulationsinhalt das Filter passieren können.

Durch die Umschaltung von S 1 (4 × Um) arbeitet das Filter im Notch-Betrieb. In diesem Falle gestattet es eine Durchstimmung von 400 bis 2400 Hz zur Unterdrückung unerwünschter Tonfrequenzen bei einer Gütevariation von 7 bis 27.

Die Absenkung der unerwünschten Signale ist höher als 40 dB.

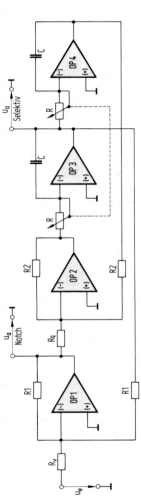

Abb. 3.1541 Aktives Universalfilter als programmierte Schwingungsdifferentialgleichung 2. Ordnung
Ausgang OP 1 für Notchfilter (Sperrfilter) -Betrieb
Ausgang OP 3 für Selektivfilter-Betrieb

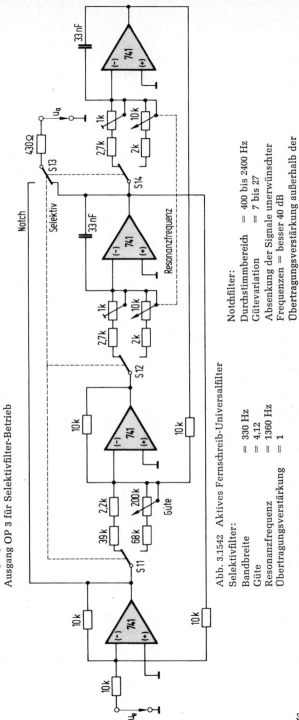

Abb. 3.1542 Aktives Fernschreib-Universalfilter

Selektivfilter:
Bandbreite = 330 Hz
Güte = 4,12
Resonanzfrequenz = 1360 Hz
Übertragungsverstärkung = 1

Notchfilter:
Durchstimmbereich = 400 bis 2400 Hz
Gütevariation = 7 bis 27
Absenkung der Signale unerwünschter
Frequenzen = besser 40 dB
Übertragungsverstärkung außerhalb der
Absenkung = 1

361

3 Sonderbetriebsarten

3.2 Amateur-Funkfernschreiben RTTY

Amateur-Funkfernschreiben wird von deutschen Amateuren seit etwa 1960 betrieben.

Zu diesem Zeitpunkt wurden die ersten noch brauchbaren Maschinen von den kommerziellen Diensten ausgemustert und konnten praktisch zum Schrottpreis von den Amateuren erworben werden.

Zunächst konnte man eine nahezu kontinuierliche Entwicklung des Amateur-Funkfernschreibens beobachten, die direkt vom „Nachschub" preisgünstiger Maschinen abhängig war.

Eine sprunghafte Zunahme der RTTY-Aktivität (radio-teletype) setzte um 1970 ein, als sich die Fernschreibamateure organisierten und mit der Fachzeitschrift „RTTY" die Informationswege zwischen den Interessenten an dieser Betriebsart wesentlich verkürzten.

RTTY wurde von den Funkamateuren als ideales Betätigungsfeld für angewandte Elektronik entdeckt, wodurch sich nicht nur Betriebstechniker dem Fernschreiben zuwandten, sondern auch viele Bastler unter den Amateuren, die in dieser Sonderbetriebsart ein neues Interessenfeld fanden.

Die zunehmende Elektronifizierung hat inzwischen auch den Amateuren den Weg zu RTTY eröffnet, die wegen des Maschinengeräusches ursprünglich auf diese Betriebsart verzichten mußten. Vollelektronische Fernschreibanlagen, die für den Amateurfunk entwickelt wurden, gestatten einen völlig lautlosen Fernschreibbetrieb.

Doch sind natürlich auch nach wie vor mechanische Fernschreibmaschinen im Gebrauch der Funkamateure, deren charakteristisches Geklapper für viele OMs das Salz in der „RTTY-Suppe" ist.

3.21 Grundlagen der Fernschreibtechnik

3.211 Der Fernschreibcode

Nach den Bestimmungen der deutschen Lizenzbehörde ist das AFU-Fernschreiben sowohl nach dem System „Hell" als auch nach dem CCITT-Code Nr. 2 zulässig.

Obwohl das „Hell"-Schreiben einige übertragungstechnische Vorteile besitzt, die vor allem im militärischen Bereich ausgenutzt werden, fand es in der AFU-Technik keine praktische Bedeutung. Aus diesem Grunde wird in diesem Rahmen auf eine nähere Erläuterung des „Hell"-Systems verzichtet.

Im internationalen Amateur-Fernschreibverkehr ist der CCITT-Code Nr. 2 üblich. Dieses sogenannte internationale Telegrafenalphabet Nr. 2 wurde bereits 1924 vom CCITT (comité consultatif international télégraphique et téléfonique) vereinbart, nachdem während der Entwicklungsphase der Fernschreibtechnik unterschiedliche Codes und Übertragungssysteme einen internationalen Nachrichtenaustausch unmöglich machten.

Der CCITT-Code Nr. 2 erhielt den Beinamen „Baudot-Code" nach dem frz. Telegrafentechniker Maurice-Emile Baudot (1845 – 1903), der sich um die Entwicklung des Fernschreibens verdient gemacht hat.

Das Prinzip des ursprünglichen Typendruckers ist bei den mechanischen Fernschreibmaschinen bis heute erhalten geblieben. Danach wird ein zweiwertiger fünfstelliger Code mit einer Tastatur in die Sendemechanik eingegeben. Die so eingeschriebene parallele Information, die dem vereinbarten Zeichen zugeordnet ist, wird durch eine rundlaufende Kontaktleiste seriell abgefragt und auf den Übertragungsweg geleitet.

3.2 Amateur-Funkfernschreiben RTTY

Am Empfangsort wird dieser Vorgang umgekehrt, wobei eine mit dem Sender synchronisierte Kontaktwelle die serielle Information in eine parallele zurückwandelt und das Druckwerk so setzt, daß das im Code vereinbarte Zeichen ausgeschrieben wird.

Dieses Übertragungssystem der parallelen Eingabe, seriellen Weitergabe und parallelen Ausgabe stellt folgende Forderungen an den zu verwendenden Code:
Die Länge des Code-Wortes und die Länge der Code-Elemente müssen konstant sein, damit eine Synchronisierung zwischen Sender und Empfänger ohne größere Schwierigkeiten möglich ist. Die Wertigkeit des Codes muß so gewählt werden, daß sie für die elektrische Übertragung eindeutig ist.
Und schließlich muß die Anzahl der Signalelemente für ein Code-Wort so hoch sein, daß der gewünschte Zeichenvorrat bei gegebener Wertigkeit eindeutig dargestellt werden kann.

Beim CCITT-Code Nr. 2 findet man die in der Nachrichtentechnik übliche Zweiwertigkeit, die durch „Strom" und „kein Strom" oder in der Digitaltechnik durch „logisch 1" und „logisch 0" gekennzeichnet ist.

Der Code besteht zudem aus 5 Signalelementen, die jeweils beide Wertigkeiten annehmen können. Ist hierbei a die Anzahl der Werte und n die Zahl der Signalelemente eines Wortes, dann ergeben sich aus (376) maximal N Kombinationen einer eindeutigen Codierung:

$$N = a^n \qquad (376)$$

Bei der Zweiwertigkeit und nur 5 Signalelementen erhält man einen Zeichenvorrat von 32 eindeutigen Kombinationen, die bei weitem nicht alle alphanumerischen Zeichen abdecken, die zur üblichen Nachrichtenübertragung notwendig sind, da bereits allein das Alphabet 26 Codeworte für sich beansprucht.

Die Lösung des Problems fand man mit der Schaffung von zwei Code-Ebenen, wobei man der größeren Anzahl der maximal möglichen 32 Kombinationen zwei Bedeutungen zuordnet.

Diese Bedeutungen sind für die eine Ebene in Buchstaben und für die andere in Ziffern und Zeichen aufgeteilt. Zwei Umschaltbefehle (BU und ZI), die in den laufenden Übertragungstext eingeschoben werden, geben an, ob den folgenden 5-stelligen Code-Worten Buchstaben oder Ziffern bzw. Zeichen zugeordnet sind.

Bezeichnet man die Ebenenzahl mit m, dann läßt sich die Anzahl der eindeutigen Kombinationen N nach (377) erweitern:

$$N = a^n \cdot m - 2m \qquad (377)$$

Daraus ergeben sich bei zwei Ebenen 64 unterschiedliche Kombinationen, von denen allerdings 4 für die beiden Umschaltbefehle abgezogen werden müssen, da BU und ZI in beiden Ebenen die gleiche Bedeutung besitzen müssen.

Beim Baudot-Code ist weiterhin festgelegt worden, daß die Maschinensteuerbefehle Wagenrücklauf (WR) und Zeilenvorschub (ZV), die für den Blattschreiber notwendig sind, und der Zwischenraum (ZW = Leertaste) in beiden Code-Ebenen gleiche Bedeutung besitzen. Zudem wird die Kombination, bei der alle 5 Signalelemente auf logisch 0 liegen, nicht verwendet und ignoriert. Hierdurch bleiben letztlich 26 Code-Worte übrig, die in beiden Ebenen unterschiedliche Bedeutung haben.

In der *Tabelle 3.2111* ist die Zuordnung der Code-Kombinationen zu den Informationen gezeigt. Dabei gibt es Unterschiede bei den Normen zwischen CCITT und den USA.

Während die europäische Buchstabenebene mit der in den USA identisch ist, findet man einige Abweichungen in der Zeichenebene. Abgesehen von dieser US-Norm kann die Zuordnung einiger Sonderzeichen bei verschiedenen Geräten abweichen, da sie teilweise

3 Sonderbetriebsarten

Tabelle 3.2111 Zweiwertiger fünfstelliger Code nach CCITT Nr. 2 / US-Militär

Stellenzahl					Buchstaben	Ziffern / Zeichen	
1	2	3	4	5		CCITT	USA
1	1	0	0	0	A	–	–
1	0	0	1	1	B	?	?
0	1	1	1	0	C	:	:
1	0	0	1	0	D	wer da?	$
1	0	0	0	0	E	3	3
1	0	1	1	0	F	n. f.	!
0	1	0	1	1	G	n. f.	&
0	0	1	0	1	H	n. f.	stop
0	1	1	0	0	I	8	8
1	1	0	1	0	J	Klingel	'
1	1	1	1	0	K	(	(
0	1	0	0	1	L	)	)
0	0	1	1	1	M	.	.
0	0	1	1	0	N	,	,
0	0	0	1	1	O	9	9
0	1	1	0	1	P	0	0
1	1	1	0	1	Q	1	1
0	1	0	1	0	R	4	4
1	0	1	0	0	S	'	Klingel
0	0	0	0	1	T	5	5
1	1	1	0	0	U	7	7
0	1	1	1	1	V	=	;
1	1	0	0	1	W	2	2
1	0	1	1	1	X	/	/
1	0	1	0	1	Y	6	6
1	0	0	0	1	Z	+	"
0	0	0	1	0		Wagenrücklauf	
0	1	0	0	0		Zeilenvorschub	
1	1	1	1	1		Buchstaben	
1	1	0	1	1		Ziffern / Zeichen	
0	0	1	0	0		Zwischenraum	
0	0	0	0	0		ignoriere	

n. f. = nicht festgelegt

3.2 Amateur-Funkfernschreiben RTTY

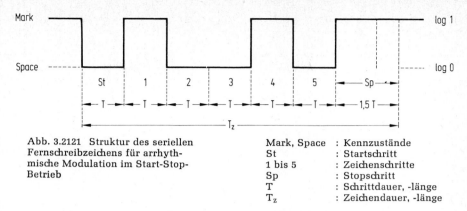

Abb. 3.2121 Struktur des seriellen Fernschreibzeichens für arrhythmische Modulation im Start-Stop-Betrieb

Mark, Space : Kennzustände
St : Startschritt
1 bis 5 : Zeichenschritte
Sp : Stopschritt
T : Schrittdauer, -länge
T_z : Zeichendauer, -länge

für spezielle Nachrichtendienste eingesetzt werden (z. B. Wetterfunk). Oft gelangen gerade solche Maschinen in die Hände von Amateuren, da sie anderweitig nicht mehr einzusetzen sind.

Man kann aber grundsätzlich davon ausgehen, daß alle Maschinen für die Buchstaben des lateinischen Alphabets und die Ziffern von 0 bis 9 die gleiche Code-Belegung besitzen, egal welche spezielle Verwendung sie vorher hatten.

Dies gilt auch für den Fernschreibverkehr mit Ländern, in denen für die Landessprache nicht das lateinische Alphabet verwendet wird. Hier wird in einer zusätzlichen dritten Ebene gearbeitet, die das Alphabet der jeweiligen Nationalsprache freischaltet (z. B. das kyrillische).

Die Bestrebungen einiger Amateure, die sich vor allem mit der Datentechnik (Mikrocomputer) befassen, gehen in der jüngsten Zeit dahin, auch den ASCII-Code (American Standard Code for Information Interchange) für den RTTY-Verkehr einzusetzen. Dieser Code bietet bei der elektronischen Aufbereitung der Signale erhebliche Vorteile, da er im Gegensatz zum Baudot-Code systematisch aufgebaut ist und als 8-stelliger Code einen größeren Zeichenvorrat sowie Fehlerkorrekturmöglichkeiten besitzt. Für die Übertragung von üblichem Amateurfunk-Klartext hat er allerdings den Nachteil, daß die Informationsübertragungsgeschwindigkeit geringer ist, weil jedes Zeichen statt bisher 5 (CCITT Nr. 2) bei diesem Code 8 Signalelemente besitzt.

3.212 Modulation der Fernschreibsignale

Bei der seriellen Übertragung mehrstelliger Code-Wörter muß dem Empfänger vom Sender mitgeteilt werden (Synchronisation), wann ein neues Zeichen beginnt und wann es beendet ist.

Beim Fernschreiben ist die sogenannte arrhythmische Modulation im Start-Stop Betrieb üblich. Hierbei werden Sende- und Empfangsmaschine nahezu auf gleiche (Motor-) Geschwindigkeit eingestellt, allerdings ohne über einen Regel- oder Steuerkreis in direktem Bezug zu stehen.

Die mechanischen Maschinen werden hierzu stroboskopisch auf eine Normgeschwindigkeit des Motors eingestellt, während man den Gleichlauf bei elektronischen durch Eichung der Taktgeneratoren erreicht.

Die Abb. 3.2121 zeigt die Struktur eines seriellen Fernschreibzeichens nach CCITT Nr. 2 für den Start-Stop Betrieb. Es besteht aus 7 1/2 Schritten. Der erste, der als Start- oder Anlaufschritt bezeichnet wird, liegt grundsätzlich auf log. 0. Ihm folgen 5 Zeichenschritte

3 Sonderbetriebsarten

Tabelle 3.2121   Gebräuchliche Bezeichnungen für die Fernschreib-Kennzustände

Allgemeine Bezeichnung	Arbeitszustand	Ruhezustand
Alte deutsche Bezeichnung	Zeichenzustand Z	Trennzustand T
Nach CCITT	Startpolarität	Stoppolarität
Amateure	Space	Mark
Digitaltechnik	log. 0	log. 1

gleicher Länge, die seriell die Information des fünfstelligen Codes enthalten. Den Zeichenschritten folgt der Stop- oder Sperrschritt, der das Ende des Zeichens angibt. Er besitzt die 1 1/2-fache Länge eines Zeichenschritts.

Der Startschritt stellt die feste Phasenbeziehung zwischen Sender und Empfänger her, die durch die log. 0 zu Beginn eines jeden Zeichens neu gesetzt wird.

Die fünf Zeichenschritte werden im Anschluß daran vom Empfänger abgefragt, wobei der näherungsweise Gleichlauf mit dem Sender für die Dauer des Zeichens ausreicht.

Der Stopschritt, der grundsätzlich auf log. 1 liegt, schaltet die Empfangsmechanik bzw. -elektronik ab und setzt sie in erneute Bereitschaft, um mit dem nächsten Startschritt, der zu einer beliebigen Zeit eintreffen kann, Sender und Empfänger wieder in Phase zu bringen.

Der Start-Stop Betrieb gestattet demnach das unregelmäßige (arrhythmische) Eintreffen von Fernschreibzeichen an der Empfangsmaschine (-elektronik).

Beim Fernschreiben ist diese arrhythmische Modulationsart üblich, zumal hierbei dem unregelmäßigen Schreiben von Hand entsprochen wird.

Die Bezeichnung der Kennzustände des seriellen Fernschreibzeichens ist sowohl in der Literatur als auch bei den Bedienungsanweisungen für kommerzielle Meßgeräte (z. B. Verzerrungsmesser) nicht einheitlich, so daß für den Amateur oft Begriffsunsicherheiten auftreten. In der *Tabelle 3.2121* sind die unterschiedlichen Bezeichnungen zusammengestellt worden.

Die Übertragungsgeschwindigkeit von seriellen Fernschreibzeichen nach *Abb. 3.2121* wird durch ihre Signalform, die Bandbreite des Übertragungskanals und gegenwärtig vor allem noch durch die Trägheit der Maschinenmechanik bestimmt (bei älteren Maschinen).

Die Einheit der seriellen Übertragungsgeschwindigkeit von Fernschreibsignalen, die man Schrittgeschwindigkeit nennt, wird zu Ehren von Baudot mit Baud bezeichnet. Man gibt dabei den Reziprokwert (Kehrwert) der Schrittdauer an.

Ist T die Schrittdauer, dann wird die Schrittgeschwindigkeit v:

$$v = \frac{1}{T} \text{ in Baud} \tag{378}$$

Da sich ein Fernschreibzeichen bei der arrhythmischen Modulation aus 7 1/2 Schritten zusammensetzt, läßt sich nach (379) die maximal mögliche Zeichengeschwindigkeit pro Minute bestimmen:

$$v_m = \frac{60 \cdot v}{7,5} \text{ in min}^{-1} \tag{379}$$

Die Schrittgeschwindigkeit bezieht sich allein auf die Form der Zeichen. Sie sagt bei der arrhythmischen Modulation nichts über die Folgegeschwindigkeit der Zeichen aus. Nur

3.2 Amateur-Funkfernschreiben RTTY

die maximale Zeichengeschwindigkeit wird durch die Schrittgeschwindigkeit begrenzt, weil dabei ein Zeichen direkt dem anderen folgt.

Im europäischen Teilnehmer-Fernschreibnetz (Telex-Netz) beträgt die Schrittgeschwindigkeit 50 Baud (400 Zeichen pro Minute). Die ursprüngliche Festlegung dieser Geschwindigkeit war ein Kompromiß zwischen einer funktionssicheren Maschinenmechanik und der Anschlagzahl eines guten Maschinenschreibers.

Inzwischen arbeiten verschiedene Nachrichtendineste im Fernschreibcode bis zu 200 Baud.

Die den Amateuren zugänglichen Maschinen stammen aber zumeist aus dem Telex-Netz und sind daher für 50 Baud eingerichtet. Bei den US-Amateuren ist dagegen seit langem eine Schrittgeschwindigkeit von 45,45 Baud in Gebrauch. Da sich dort die ersten Funkamateure aktiv mit der Fernschreibtechnik befaßten, ist diese Geschwindigkeit aus der historischen Entwicklung zur internationalen Norm der Amateure geworden.

Soweit man demnach mit einer Maschine europäischer Norm arbeiten will, ist es notwendig, diese auf die Schrittgeschwindigkeit von 45,45 Baud umzustellen.

Da die Abweichung zu 50 Baud nicht sehr groß ist, kann man dies in den meisten Fällen relativ einfach vornehmen.

Bei elektronischen Fernschreibgeräten bereitet die Einstellung der Schrittgeschwindigkeit keinerlei Probleme, da sich die Taktgeneratoren auf jede Impulsfolge eichen lassen.

In der angelsächsischen Literatur findet man oft statt der Angabe der Schrittgeschwindigkeit in Baud die Geschwindigkeitseinheit wpm (words per minute). Die notwendige

Tabelle 3.2122   Zusammenhang zwischen Schrittlänge, Zeichenlänge, maximaler Zeichenfolge pro Minute und Worten pro Minute

v	T	T_z	v_m	w
\multicolumn{5}{c}{1,5-facher Stopschritt}				
45,45	22	165	364	60
50	20	150	400	66
75	13,33	100	600	100
100	10	75	800	133
150	6,66	50	1200	200
200	5	37,5	1600	266
\multicolumn{5}{c}{2-facher Stopschritt}				
45,45	22	176	341	60
50	20	160	375	66
75	13,33	106,66	562,5	100
100	10	80	750	133
150	6,66	53,33	1125	200
200	5	40	1500	266

v: Schrittgeschwindigkeit in Baud
T: Schrittlänge in ms
T_z: Zeichenlänge in ms
v_m: Zeichen pro Minute in min^{-1}
w: words per minute in min^{-1}

3 Sonderbetriebsarten

Umrechnung erfolgt nach

$$v = \frac{3 \cdot w}{4} \text{ Baud} \tag{380}$$

Hierin ist w in wpm einzusetzen.

Die *Tabelle 3.2122* zeigt den Zusammenhang zwischen Schrittlänge, Zeichenlänge, maximaler Zeichenfolge pro Minute und Worten pro Minute bezogen auf 45,45 Baud und die üblichen europäischen Schrittgeschwindigkeiten. Dabei sind einerseits die Verhältnisse für den 1,5-fachen Stopschritt dargestellt, andererseits aber auch für den doppelten Stopschritt, der oft bei elektronischen Tastaturen von Amateuren verwendet wird, weil er eine einfachere Aufbereitung innerhalb der Digital-Elektronik erlaubt. Hierdurch verringert sich zwar die maximale Übertragungsgeschwindigkeit um rund 6 %, doch fällt dies beim Amateurfunk nicht ins Gewicht, da ohnehin die wenigsten Schreiber über 250 Anschläge pro Minute kommen.

Die Schrittgeschwindigkeit bestimmt die Bandbreite des Fernschreibsignals, das aus einer Rechteckimpulsfolge besteht. Die Erfahrung der kommerziellen Technik hat ergeben, daß man einen optimalen Kompromiß zwischen notwendiger Übertragungsbandbreite und Impulsverzerrungen durch Bandbreiteneinengung dann erhält, wenn man die Schrittgeschwindigkeit mit 1,6 multipliziert und das Produkt als Bandbreite annimmt:

$$B = 1{,}6 \cdot v \text{ in Hz} \tag{381}$$

3.213 Drahtlose Übertragung von Fernschreibsignalen

Für den Funkfernschreibverkehr wird praktisch durchweg die Frequenzmodulation verwendet, wobei der Nachrichteninhalt durch die Frequenzumtastung der Sendefrequenz ausgedrückt wird.

Diese Frequenzumtastung erfolgt im Rhythmus der Kennzustandsänderung der Fernschreibsignalschritte.

Den beiden Kennzuständen sind dabei zwei Frequenzen zugeordnet, die auf der Empfangsseite selektiert werden und in ihre ursprüngliche Form von umgeschalteten Gleichstromsignalen zurückgewandelt werden.

Dabei ist es gleichgültig, welcher Amplitude die Signale der beiden Kennfrequenzen am Empfängereingang sind, da auch bei Amplitudenschwankungen auf dem Übertragungsweg der Frequenzinhalt der Sendung erhalten bleibt.

Die Frequenzmodulation durch einfache Umtastung zweier Frequenzen besitzt in der Nachrichtentechnik die Kurzbezeichnung F1. Da diese Modulationsart auf allen Amateurbändern zugelassen ist, wird sie wie in der kommerziellen Technik auch für das Amateur-Funkfernschreiben verwendet.

Wie bei der Morse-Telegrafie hatte man auch Fernschreibsignale in den Anfängen der Funkfernschreibtechnik in A1 (getasteter Träger) moduliert. Dies hat allerdings den Nachteil, daß die Sendung sehr stark durch Amplitudenschwankungen gestört werden kann. Bei F1 kann man das Empfangssignal begrenzen, da lediglich der Frequenzinhalt der Sendung von Interesse ist, wodurch Störungen durch Amplitudenänderungen weitgehend ausgeschlossen werden.

Abb. 3.2131 zeigt das prinzipielle Übertragungssystem beim Amateur-Funkfernschreiben.

Die Fernschreibmaschine oder die elektronische Tastatur liefern das serielle Fernschreibgleichstromsignal. Mit dieser Impulsfolge wird ein Zweiton-Generator, der AFSK (audio frequency shift keyer = Niederfrequenz-Umtaster), gesteuert, der im Rhythmus der Kenn-

3.2 Amateur-Funkfernschreiben RTTY

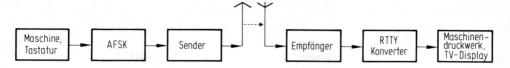

Abb. 3.2131 Prinzipielles Übertragungssystem beim Amateur-Funkfernschreiben

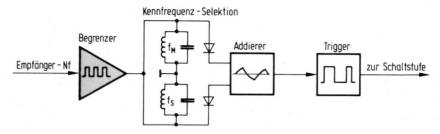

Abb. 3.2132 Funktionsprinzip des selektiven RTTY-Nf-Konverters

zustandsänderung der seriellen Fernschreibzeichen zwischen zwei Nf-Tönen umschaltet. Die beiden Töne werden wie die zugehörigen Kennzustände mit Markton f_M und Spaceton f_S bezeichnet.

Dieses bereits frequenzmodulierte Nf-Signal wird auf den Mikrofoneingang des SSB-Senders gegeben, wodurch dieser mit einem Unterträger-modulierten (Nf-FM-) Signal (subcarrier-Signal) moduliert wird.

Bei SSB wird nach 1.52 nur ein Seitenband abgestrahlt, das beim Funkfernschreiben lediglich die beiden den Kennzuständen zugeordneten Frequenzen des AFSKs enthält.

Diese für Mark und Space abgestrahlten Frequenzen befinden sich jeweils um ihre Nf-Beträge neben der unterdrückten Trägerfrequenz und werden dort nach wie vor im Rhythmus der Kennzustandsänderungen umgeschaltet.

Obwohl das Hf-Signal in einem SSB-Sender aufbereitet wurde, hat es durch die Nf-seitige FM-Unterträgermodulation am Senderausgang F1-Form.

Neben dieser AFSK-Methode kann man auch den Trägeroszillator des Senders in der Frequenz umtasten. Hierzu ist allerdings ein Eingriff in den Sender notwendig, bei dem parallel zum Trägerquarz eine Kapazitätsdiode gelegt wird, deren Vorspannung man mit dem Kennzustandswechsel der Fernschreibzeichen umschaltet. Man spricht hierbei von der FSK-Methode (frequency shift keying). Das abgestrahlte Hf-Signal ist von dem in AFSK-Aufbereitung nicht zu unterscheiden.

Da verständlicherweise die meisten Amateure einen Eingriff in den Oszillator ihres Senders scheuen, ziehen sie den etwas aufwendigeren AFSK der FSK-Steuerung vor.

Am Nf-Ausgang des Empfängers der Gegenstation erhält man die umgetasteten Töne, denen Mark und Space zugeordnet ist. Die Aufgabe des Nf-Fernschreibkonverters ist es, die seriellen tonmodulierten Fernschreibzeichen in getastete Gleichstromsignale zurückzuwandeln.

Am Ausgang des Begrenzers erhält man ein Nf-Signal konstanter Amplitude, das an zwei parallelgeschaltete Resonanzkreise gelangt, die auf f_M und f_S abgestimmt sind (Abb.

3 Sonderbetriebsarten

3.2132). Die in den Schwingkreisen selektierten Tonsignale werden anschließend gegensinnig gleichgerichtet und addiert, wodurch das ursprüngliche senderseitige Fernschreibgleichstromsignal zurückgebildet wird.

Die durch die Filter verwaschenen Schaltflanken werden im nachgeschalteten Trigger zur Rechteckform regeneriert. Mit dem Ausgangssignal steuert man die Maschine oder das elektronische Empfangsgerät.

3.214 Kennfrequenzen, Shift, Bandbreite und Störabstand

Die Aufbereitung der Fernschreibsignale bewegt sich im Amateurfunk sowohl sende- als auch empfangsseitig zumeist im Nf-Bereich, wodurch Eingriffe in die vorhandene SSB-Station vermieden werden.

Es gibt zwar eine Reihe von Amateuren, die mit FSK-Steuerung arbeiten und einige, die zum Empfang ZF-Demodulatoren verwenden, sie bilden aber Ausnahmen.

Beim üblichen subcarrier-Verfahren werden den Kennzuständen des seriellen Fernschreibzeichens zwei Nf-Töne zugeordnet (Mark- und Spaceton). Innerhalb der Region 1 der IARU (international amateur radio union) hat man 1975 die Töne 1275 Hz, 1445 Hz und 2125 Hz als Norm-Kennfrequenzen vereinbart. Hiervon werden das Paar 1275 Hz und 1445 Hz für eine Frequenzumtastung von 170 Hz und das Paar 1275 Hz und 2125 Hz für eine Umtastung um 850 Hz verwendet.

Während man nach 1.53 bei der Frequenzmodulation im allgemeinen vom Hub Δf_T als beiderseitige Frequenzauslenkung spricht (für das frequenzmodulierte RTTY-Nf-Signal entspricht dies: 1360 Hz $\pm$ 85 Hz bzw. 1700 Hz $\pm$ 425 Hz), gibt man in der Amateur-Funkfernschreibtechnik meist die Differenz beider Umtasttöne an, die man „Shift" nennt.

Demnach ist die Shift Si gleich dem doppelten Hub Δf_T:

$$Si = 2 \cdot \Delta f_T \tag{382}$$

Im Kurzwellenbereich arbeitet man meist mit einer Shift von 170 Hz (85 Hz Hub), während man auf UKW eine Shift von 850 Hz (425 Hz Hub) vorzieht.

Die Zuordnung der Töne zu den Kennzuständen des Fernschreibgleichstromsignals ist nur in ihrer Hf-Lage definiert (am Senderausgang).

Danach ist immer die höhere der beiden (wechselseitig) abgestrahlten Frequenzen als Mark zu betrachten und die um die Shift niedrigere ist als Space festgelegt.

Arbeitet man mit einem SSB-Sender im unteren Seitenband, ist nach dieser Definition zu beachten, daß die niedrigere AFSK-Frequenz die höhere Hf-Lage besitzt und daher dem Kennzustand Mark zugeordnet werden muß. Der zugehörige Space-Ton ist dann 1445 Hz für 170 Hz Shift und 2125 Hz für 850 Hz Shift. Wird das obere Seitenband abgestrahlt, ist die relative Lage der Kennfrequenz sowohl im Hf- als auch im Nf-Bereich gleich, so daß 1275 Hz Space zugeordnet werden muß, während 1445 Hz bzw. 2125 Hz für Mark gesetzt werden.

In Abb. 3.2141 ist die Änderung der Tonzuordnung durch den Seitenbandwechsel grafisch dargestellt.

Zur näherungsweisen Berechnung der Hf-Bandbreite B_{FM} des frequenzmodulierten Fernschreibsignals verwendet man die Beziehung (105). Hierin ist Δf_T für 170 Hz Shift mit 85 Hz einzusetzen, während man für die maximale Modulationsinhaltsfrequenz $f_{M\,max}$ die Bandbreite des seriellen Fernschreibgleichstromsignals nach (381) vorgeben muß. Für 45,45 Baud beträgt $f_{M\,max}$ 73 Hz.

3.2 Amateur-Funkfernschreiben RTTY

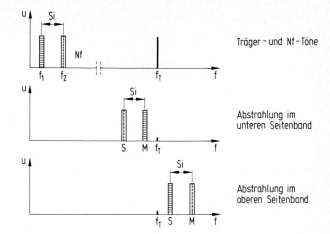

Abb. 3.2141 Änderung des Kennzustands der AFSK-Frequenzen bei Seitenbandumschaltung

f_1 und f_2 : Kennfrequenzen im Nf-Bereich
f_T : Trägerfrequenz
S   : Spacefrequenz
M   : Markfrequenz
Si   : Shift

Setzt man beide Werte in (105) ein, erhält man als Bandbreite für das RTTY-Signal:

$B_{FM} = 2 \cdot (85 + 73)$ Hz

$= 316$ Hz

Für 850 Hz Shift und eine Schrittgeschwindigkeit von 45,45 Baud wird die Bandbreite

$B_{FM} = 2 \cdot (425 + 73)$ Hz

$= 996$ Hz

Auf den unteren Kurzwellenbändern (80 und 40 m) ist für eine hohe Störsicherheit eine möglichst geringe Bandbreite des Fernschreibsignals anzustreben, weil dort in der Hauptsache Sinusstörer (Störträger) die Übertragungsqualität beeinträchtigen. Bei schmalbandigen Signalen lassen sich empfangsseitig entsprechende Filter einsetzen, mit denen die Wahrscheinlichkeit eingeengt wird, daß ein Störer in den notwendigen Nutzkanal fällt.

Kommerziell verwendet man bereits Shifts von 85 Hz. Bei gleicher Schrittgeschwindigkeit kann man dadurch die Bandbreite um fast die Hälfte reduzieren.

Andererseits bestünde für die Amateure zudem die Möglichkeit, die Schrittgeschwindigkeit zu verkleinern, um die Bandbreite einzuengen. Mit elektronischen Geräten wurden Versuche mit 25 Baud durchgeführt. Herkömmliche Maschinen sind hierfür allerdings kaum geeignet, weil man keine entsprechenden Getriebesätze erhält.

Auf den DX-Bändern (20, 15 und 10 m) und auf UKW findet man vor allem das Rauschen als Störung, das im Gegensatz zu Sinusstörern nicht frequenzselektiv ist.

Zur Verbesserung des „Rauschstörabstands" muß man den Modulationsindex m_F des FM-Signals erhöhen. Er ist für das Fernschreibsignal nach (102) zu bestimmen:

$$m_F = \frac{2 \cdot f_{M\,max}}{Si} \qquad (383)$$

Hält man $f_{M\,max}$ und damit die Schrittgeschwindigkeit konstant, muß man nach (383) die Shift erhöhen, um beim Rauschen einen höheren Störabstand des Fernschreibsignals zu erhalten (vergl. hierzu auch den UKW-Rundfunk, wo aus diesem Grunde mit einem Modulationsindex von 5 gearbeitet wird).

Obwohl man im UKW-Bereich eine Shift von 850 Hz verwendet, wird dieser Vorteil der größeren Shift für die höheren KW-Bänder kaum ausgenutzt, weil er nicht bekannt ist.

3 Sonderbetriebsarten

Zu Zeiten geringer Feldstärken auf den DX-Bändern hat man bekanntlich nicht mit Sinusstörern, sondern mit dem Rauschen zu kämpfen, durch das die schwachen Signale überdeckt werden. In diesem Falle muß man die Shift auf 850 Hz umschalten, wodurch man den „Störabstand" um mehr als 6 dB verbessern kann. Die Shift kann man allerdings nicht beliebig erhöhen, da die Empfängerempfindlichkeit mit zunehmender Bandbreite abnimmt. Dies ist besonders auf UKW zu berücksichtigen.

3.22 Schaltungen zum Senden und zum Empfang von RTTY

3.221 *Empfangsschaltungen für RTTY*

Im Kurzwellenbetrieb werden für das Amateur-Funkfernschreiben praktisch durchweg sogenannte Nf-Filterkonverter verwendet. Charakteristisch für diese Schaltungen ist die Selektion der beiden Kennfrequenzen für Mark und Space, wodurch man einen relativ hohen Störabstand erhält.

Die *Abb. 3.2211* zeigt einen selektiven Nf-Konverter, in dem die im Abschnitt 3.1 beschriebenen Analogschaltungen zur Anwendung kommen.

Das Nf-Signal des Empfängers gelangt auf die beiden aktiven Selektivfilter aus OP 6 und OP 7. Sie arbeiten als Vorselektionsstufe für die Kennfrequenzen Mark und Space, wodurch Störsignale des breitbandigen Empfänger-Nf-Spektrums bereits vor dem Begrenzer abgeschwächt werden, während das Nutzsignal angehoben wird.

Am Ausgang des nachgeschalteten Begrenzers aus OP 1 erhält man die Signale für Mark und Space mit konstanter Amplitude. Beide Kennfrequenzen werden mit den aktiven Selektivfiltern aus OP 2 und OP 3 ein weiteres Mal selektiert und anschließend mit D 3 und D 4 gleichgerichtet.

Diese gleichgerichteten Signale faßt man im Additionstiefpaß aus OP 4 zusammen, der mit einer Grenzfrequenz f_{og} von etwa 100 Hz arbeitet. Hierdurch kann nur der Modulationsinhalt der seriellen Fernschreibsignale (max. 80 Hz) passieren, während die Kennfrequenzen, die weit höher liegen, unterdrückt werden.

Die abgeflachten Flanken der zurückgewonnenen Fernschreibgleichstromsignale werden im nachfolgenden Schmitt-Trigger aus OP 5 regeneriert, so daß man mit dessen Ausgang entweder ein TV-Display oder die Schaltstufe aus T 1 und T 2 für den Linienstromkreis einer Fernschreibmaschine steuern kann.

Zum Abgleich dieses Konverters benötigt man einen Tongenerator und einen Oszillografen. Der Abgleich geschieht in der Reihenfolge:

1. 1275 Hz, 0,5 V_{ss} an RX-Nf. Mit P 10 Signal an MP 1 auf Maximum stellen (Resonanz).
2. Signal an MP 3 ($\approx$ 25 V_{ss}) mit P8 auf symmetrische Begrenzung einstellen.
3. Signal an Y mit P 3 auf Maximum stellen (Resonanz). Danach mit P 1 Pegel an Y auf 8 V_{ss} stellen.
4. Schalter S 1 I auf a–b und S 1 II auf e–f, S 4 auf „fest". 1445 Hz, 0,5 V_{ss} an RX-Nf. Mit P 11 Signal an MP 2 auf Maximum stellen. Anschließend an X Signal gleicher Frequenz mit P 5 auf Maximum stellen, danach mit P 2 auf 8 V_{ss}.
5. Abgleich wie 4. für 1700 Hz (425 Hz Shift) mit den Schalterbrücken a–c und e–g sowie den Potentiometern P 12 und P 6. P 2 wird nicht mehr nachgestellt.
6. Abgleich wie 4. für 2125 Hz (850 Hz Shift) mit den Schalterbrücken a–d und e–h sowie den Potentiometern P 13 und P 7. P 2 wird nicht mehr nachgestellt.

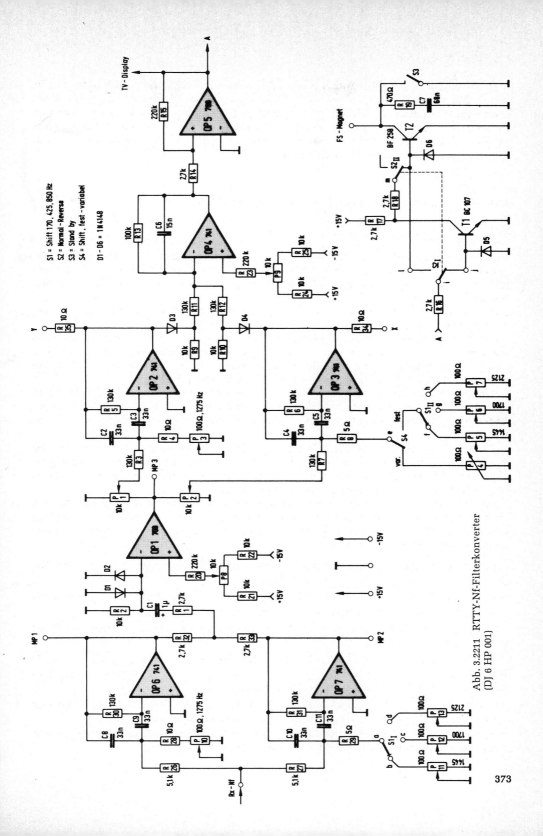

Abb. 3.2211 RTTY-Nf-Filterkonverter (DJ 6 HP 001)

3 Sonderbetriebsarten

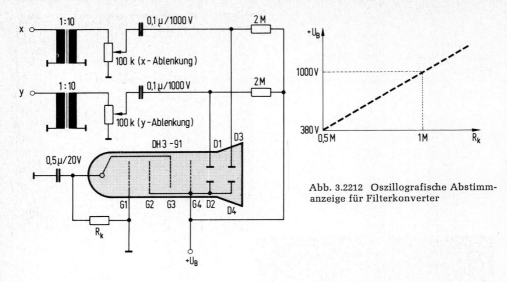

Abb. 3.2212 Oszillografische Abstimmanzeige für Filterkonverter

7. Eingang RX-Nf an Masse. Ausgang von OP 4 mit P 9 auf 0 V einstellen.
8. Bei Variation der Frequenz des Eingangssignals zwischen den Kennfrequenzen schaltet der Ausgang von OP 5 zwischen seinem positiven und seinem negativen Spannungsmaximum um.

Technische Daten:

Stromversorgung:	$\pm$ 15 V, 30 mA
Minimale Eingangsspannung:	50 mV$_{ss}$
Eingangswiderstand:	2,5 kΩ
Shifts:	170 Hz, 425 Hz und 850 Hz schaltbar, 0 bis 1000 Hz variabel
Schrittgeschwindigkeit:	45,45 und 50 Baud in der gegebenen Filterdimensionierung

Etwas problematisch ist die Abstimmung des Filterkonverters auf ein empfangenes RTTY-Signal. Sie ist dann exakt, wenn beide Filterzweige in Resonanz mit den empfangenen Kennfrequenzen liegen.

Man kann diese Resonanzanzeige im einfachen Fall mit Spannungsmessern oder auch Leuchtdioden vornehmen. Es hat sich aber im praktischen Fernschreibbetrieb erwiesen, daß die relativ aufwendige oszillografische Abstimmanzeige die optimale ist. Ein Schaltungsbeispiel ist in *Abb. 3.2212* gezeigt, das für den beschriebenen Filterkonverter zu verwenden ist.

Die *Abb. 3.2213* bis *3.2216* sind typische Oszillogramme der Abstimmanzeige. Bei exakter Abstimmung erscheinen zwei Ellipsen im Rhythmus des Kennzustandswechsels (der Töne) auf dem Schirm, die um 90° gegeneinander verdreht sind. Die Ellipsenbildung ist durch das Übersprechen zwischen beiden Selektivfiltern endlicher Bandbreite begründet. Bei größerer Shift werden die Ellipsen schmaler, da die Weitabselektion der Filter größer ist.

3.2 Amateur-Funkfernschreiben RTTY

Abb. 3.2213 Oszillografische Abstimmanzeige beim Filterkonverter: Exakte Abstimmung — Ellipsen senkrecht aufeinander.
Ellipsenbildung durch Übersprechen

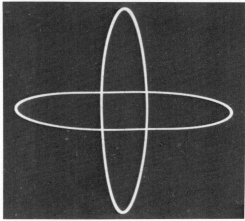

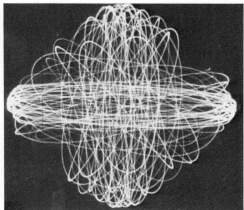

Abb. 3.2214 Oszillografische Abstimmanzeige beim Fiterkonverter: Nebenellipsen durch hohe Oberwellenbildung beim schnellen Wechsel der Kennzustände (hier: ryry...)

Abb. 3.2215 Oszillografische Abstimmanzeige beim Filterkonverter — die eingestellte Shift ist zu klein — größeres Übersprechen im Y-Kanal

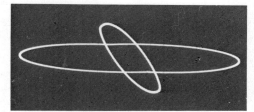

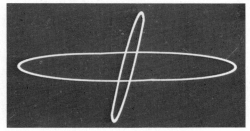

Abb. 3.2216 Oszillografische Abstimmanzeige beim Filterkonverter — die eingestellte Shift ist zu groß — kleineres Übersprechen im Y-Kanal

3 Sonderbetriebsarten

Filterkonverter sind für den störungsreichen Kurzwellenfunkbetrieb gedacht. Ihre hohe Störunempfindlichkeit wird mit einem relativ großen Schaltungs- und Abstimmaufwand erreicht.

Für den UKW-Betrieb und den Empfang starker Kurzwellen-Stationen, die über dem Störpegel liegen, ist die Störfestigkeit des Konverters von sekundärer Bedeutung. Unter dieser Voraussetzung lassen sich sehr einfache RTTY-Demodulatorschaltungen aufbauen, die keinerlei Abstimmung oder Abgleich benötigen.

Der Automatik-Nf-Konverter nach *Abb. 3.2217* verarbeitet Shifts zwischen 50 und 2000 Hz, ohne daß eine entsprechende Umschaltung notwendig ist. Dabei können die Kennfrequenzen für Mark und Space im Bereich zwischen 0 und 4 kHz variieren, so daß die beim Filterkonverter übliche Abstimmanzeige völlig entfällt. Zwei Leuchtdioden dienen lediglich zur Gerätekontrolle.

Das gesamte Nf-Spektrum von 4 kHz kann innerhalb von 2 Sekunden durchlaufen werden, wodurch auch instabile Signale oder stetige Frequenzabweichungen bei längerem Betrieb keinen fehlerhaften Einfluß auf den auszuschreibenden Text besitzen. Eine Rauschsperre verhindert das Anlaufen der Maschine, wenn das empfangene Fernschreibsignal im Rauschpegel liegt oder ganz ausfällt.

Die Maschine wird bei Störsignalen und Dauerträgern grundsätzlich in die Ruhelage geschaltet.

Schließlich ist mit dem Konverter sogenannter Space-Only-Betrieb möglich, bei dem nur eine Kennfrequenz des Fernschreibsignals abgestrahlt wird (A1).

Prinzipbedingt ist die Störfestigkeit solcher Breitbandschaltungen, die teils auch mit PLL-Bausteinen zu finden sind, schlechter als bei Filterkonvertern, da das Nutzsignal immer über dem Störpegel liegen muß, weil sonst die Eingangsstufe von den Störern zugestopft wird.

Der Eingangsverstärker OP 1 ist als Schmitt-Trigger geschaltet, wodurch Signale kleiner als 150 mV_{ss} unterdrückt werden. Das konstante Ausgangssignal hoher Flankensteilheit des Triggers wird im Zähldiskriminator aus dem Differenzierglied C 2, R 4, den Dioden D 1 oder D 2 und dem Tiefpaß 3. Ordnung mit der Grenzfrequenz f_{og} = 80 Hz aus OP 2 und OP 3 demoduliert.

An MP 3 erhält man bereits die seriellen Fernschreibgleichstromsignale als Überlagerung auf einer Gleichspannung, die von der Tonhöhe der empfangenen Kennfrequenzen abhängt. OP 4 arbeitet als schwimmender Komparator (Vergleicher), der ähnlich dem Schmitt-Trigger die durch die Filter verwaschenen Flanken regeneriert.

OP 5 ist als Additions-Schmitt-Trigger geschaltet, bei dem die Triggerschwelle durch die gleichgerichteten Stör- und Rauschsignale aus dem Umschaltbereich geschoben wird. Schließlich dient T 1 als Inverter zur phasengerechten Ansteuerung der Schaltstufe T 2 für den Linienstromkreis der Fernschreibmaschine.

Der Automatikkonverter benötigt keinen Abgleich. P 1 wird für die ersten Tests der Schaltung an Masse gedreht.

Technische Daten:

Stromversorgung:	± 15 V, 20 mA (ohne LEDs)
Minimale Eingangsspannung:	200 mV_{ss}
Eingangswiderstand:	1 kΩ
Shift:	50 bis 2000 Hz
Frequenzbereich:	0 bis 4 kHz
Maximale Nachziehgeschwindigkeit:	2 kHz s^{-1}

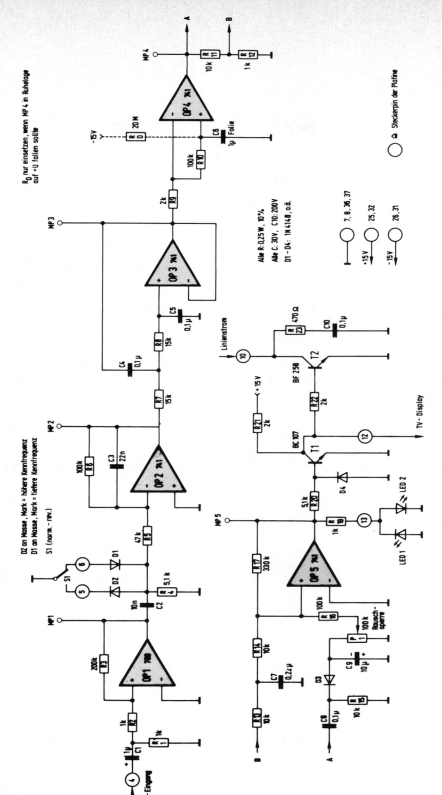

Abb. 3.2217 RTTY-Nf-Automatik-Konverter (DJ 6 HP 025)

3 Sonderbetriebsarten

Min. Spacefrequenz
bei Space-Only: 300 Hz

Max. Amplitude in den
Pausen bei Space-Only: 150 mV$_{ss}$

Schrittgeschwindigkeit: 20 – 100 Baud

Bei 75 Baud werden die Kapazitäten der Kondensatoren C 3, C 4, C 5, C 7 und C 8 mit 0,7 multipliziert, bei 100 Baud mit 0,5, um optimale Filterbandbreiten zu erhalten.

In der einschlägigen Fachliteratur sind natürlich weitere Fernschreib-Demodulatorschaltungen zu finden, die zum Teil weit aufwendiger sind als die hier beschriebenen Entwicklungen des Autors.

3.222 Sendeschaltungen für RTTY

Zur Modulation des Senders mit Fernschreibsignalen ist eine Frequenzumtastung im Rhythmus der Kennzustandsänderung notwendig.

Man kann dies durch eine Frequenzverschiebung des Senderoszillators erreichen (FSK), oder auch durch das Umschalten zweier Nf-Töne, die am Mikrofoneingang des SSB-Senders eingespeist werden (AFSK).

Für den Tongenerator des AFSKs lassen sich quarzgesteuerte oder auch freilaufende Oszillatoren verwenden. Der Quarzoszillator besitzt den Vorteil, daß für die Schaltung kein Frequenzabgleich notwendig ist. Allerdings ist der Aufwand relativ hoch.

Abb. 3.2221 a zeigt die Schaltung eines Quarz-AFSKs, bei dem alle drei Kennfrequenzen (für 170 und 850 Hz Shift) aus einem Quarz mit der Frequenz 1,08375 MHz gewonnen werden. In der Blockschaltung Abb. 3.2221 b ist die Frequenzaufbereitung der Schaltung dargestellt.

Mit der Weiche aus den Nand-Toren N 1 bis N 3 werden die Frequenzen f_1 und f_2 der beiden Teilerzweige umgeschaltet. Die Steuerung geschieht über den Inverter N 4 durch die Fernschreibgleichstromsignale der Maschine oder einer elektronischen Tastatur. Dem Weichenausgang ist ein Teiler durch 10 nachgeschaltet, an dessen Ausgang MP 2 die Kennfrequenzen als digitale Signale zur Verfügung stehen.

Der Teilerkette folgt ein aktives Tiefpaßfilter 4. Ordnung, wodurch das digital aufbereitete Signal am AFSK-Ausgang in fast reiner Sinusform erscheint.

Der wesentlich einfachere AFSK nach Abb. 3.2222 ist mit einem integrierten Funktionsgenerator aufgebaut, dessen Eingang Pin 9 für die Frequenzumtastung bereits vorgesehen ist. Die Kennfrequenzen werden mit den Potentiometern P 1, P 2 und P 3 eingestellt. Hierzu ist ein Zähler oder ein guter Oszillograf notwendig. Die Schaltung sollte nach dem Abgleich nicht allzu großen Erschütterungen ausgesetzt werden. Nach einem Transport kann eine Nacheichung der Frequenzen notwendig werden. Die Frequenzgenauigkeit hängt primär von der Qualität der Potentiometer und des Kondensators C 5 ab. Sie ist bei Verwendung guter Bauelemente für den Fernschreibbetrieb völlig ausreichend.

3.23 Fernschreibgeräte

3.231 Die elektromechanische Fernschreibmaschine

Viele Funkamateure finden zur Sonderbetriebsart RTTY, weil sie auf irgend einem Wege in den Besitz einer Fernschreibmaschine gelangt sind.

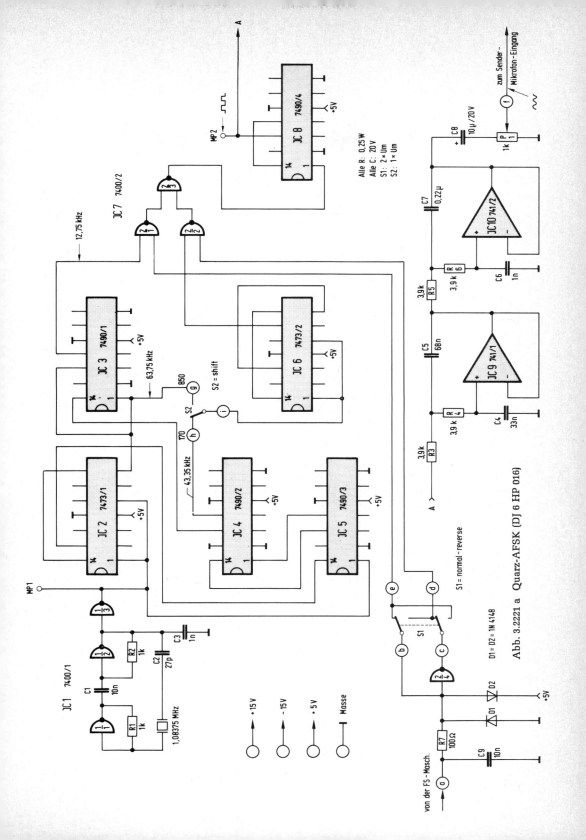

Abb. 3.2221 a Quarz-AFSK (DJ 6 HP 016)

3 Sonderbetriebsarten

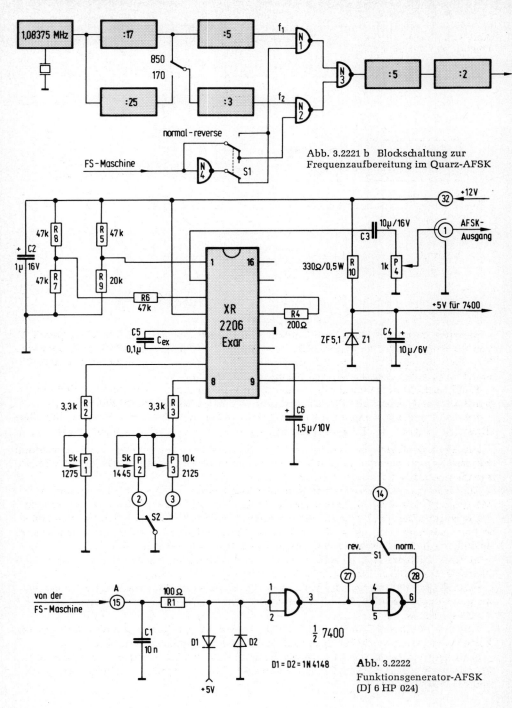

Abb. 3.2221 b Blockschaltung zur Frequenzaufbereitung im Quarz-AFSK

Abb. 3.2222
Funktionsgenerator-AFSK
(DJ 6 HP 024)

3.2 Amateur-Funkfernschreiben RTTY

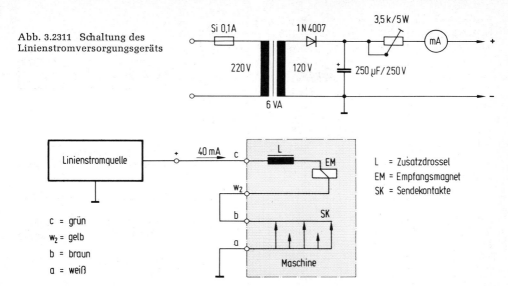

Abb. 3.2311 Schaltung des Linienstromversorgungsgeräts

Abb. 3.2312 Prüfschaltung für die Fernschreibmaschine

Bei ausgemusterten Maschinen handelt es sich meist um die Blattschreibertypen T 37 von Siemens oder LO 15 von Lorenz. Gelegentlich findet man auch Streifenschreiber vom Typ T 68, die meist aus dem Telegrammdienst stammen. Die Geräte werden je nach Zustand und Gewinnspanne zwischen 100 und 300 DM gehandelt.

Rund 1000 DM muß man für die moderneren Maschinen ausgeben. Bekannt sind die Typen T 100 von Siemens und LO 133 von Lorenz. Sie schreiben bis zu 100 Baud.

Vereinzelt gelangt man an die halbelektronische Maschine T 150 von Siemens, die allerdings als Vorläufer der T 1000 nur in einer relativ geringen Stückzahl gebaut wurde.

Die Fernschreibmaschine besitzt zwei Anschlußschnüre. Diese sind der Netzanschluß für die Motorstromversorgung und ein vieradriges Kabel mit den Zuführungen der Sendekontakte und des Empfangsmagneten.

Zum Test des Motors wird der Netzstecker mit einer 220 V-Steckdose verbunden. Die Maschine muß dann im Rhythmus der maximalen Fernschreibzeichenfolge leer durchlaufen.

Um anschließend mit der Maschine schreiben zu können, ist eine sogenannte Linienstromversorgung notwendig, die nach Abb. 3.2311 aufgebaut werden kann. Die Gleichspannung soll 120 V betragen. Die notwendige Stromstärke ist 40 bis 60 mA.

In einer Prüfschaltung nach Abb. 3.2312 werden der Empfangsmagnet und die Sendekontakte, die mit dem Tastenfeld verbunden sind, in Reihe geschaltet.

Beim Einschalten des Linienstroms geht die Maschine in Ruhestellung. Die aufgenommene Stromstärke wird mit dem Vorwiderstand im Linienstromversorgungsgerät auf 40 mA eingestellt.

Auf dem Tastenfeld wird zunächst BU eingeschrieben. Anschließend testet man die Buchstaben des Alphabets durch, die auf dem Papier abgebildet werden müssen.

Nach dem Eintasten von ZI wechselt die Ebene, wodurch die eingetasteten Ziffern und Zeichen ausgedruckt werden. Bei einer 4-reihigen Tastatur bleiben die Tasten der jeweils anderen Ebene blockiert.

3 Sonderbetriebsarten

Anschließend werden die Funktionstasten Wagenrücklauf, Zeilenvorschub und Dauerdruck (Wiederholung des gleichen Zeichens) geprüft.

Beim Streifenschreiber T 68 ist eine zusätzliche Erkennung des Zeilenendes eingebaut. Zehn Anschläge vor dem Zeilenende (bezogen auf einen Blattschreiber) leuchtet eine rote Lampe auf, während die Tastatur nach 68 Zeichen (Zeilenlänge eines Blattschreibers) blokkiert. Sie läßt sich erst nach dem Eintasten von Wagenrücklauf freischalten. Diese Zeilenenderkennung ist abschaltbar.

Zur Einstellung der Maschine auf die Amateur-Norm von 45,45 Baud wird der Empfangssteller zunächst auf seine Mittenstellung von 60 Teilereinheiten gestellt.

Nach dem Öffnen des Gehäusedeckels erkennt man an einer Seite der Motorachse die Stroboskopscheibe mit dem angebauten Fliehkraftregler. Eventuell muß der Deckel der Motorkapselung abgeschraubt werden, um Scheibe und Fliehkraftregler zugänglich zu machen.

Die für Amateure zugänglichen Maschinen sind fast alle für 50 Baud vorgesehen, da sie meist aus dem Telex-Netz stammen. Man kann dies sehr einfach kontrollieren, indem man die Maschine 10 Sekunden im Dauerdruck laufen läßt. Man erhält dann etwa 67 ausgedruckte Anschläge.

Auf der Stroboskopscheibe findet man ein Loch, in dem eine Schlitzschraube zugänglich ist. Hiermit läßt sich die Federspannung des Fliehkraftreglers und damit die Motordrehzahl verändern. Bei Linksdrehung wird die Federspannung schwächer, wodurch der Motor langsamer läuft.

Zur Einstellung der Geschwindigkeit von 45,45 Baud läßt man die Maschine wiederum 10 Sekunden im Dauerdruck laufen. Die Anschlagzahl muß 61 betragen. Als grobe Voreinstellung reichen zunächst 4 bis 5 Linksdrehungen der Fliehkraftreglerschraube, soweit die Maschine vorher exakt auf 50 Baud lief.

Ist die Maschine im Originalzustand für 75 Baud oder gar 100 Baud vorgesehen (nicht bei älteren Maschinen), bleibt nur ein Zahnradwechsel am Motor übrig, um auf die Schrittgeschwindigkeit von 45 Baud zu kommen. Dies gilt auch für Maschinen mit Synchronmotoren, deren Geschwindigkeit direkt von der Netzfrequenz abhängig ist.

Im kommerziellen Dienst wird die Schrittgeschwindigkeit mit einer Stimmgabel geeicht, die für 50 Baud eine Resonanzfrequenz von 125 Hz besitzt. An den Enden der Gabel befinden sich zwei sich überlappende Fahnen mit Sehschlitzen, durch die man nach dem Anzupfen der Gabel auf die beleuchtete Stroboskopscheibe schaut.

Durch den Stroboskopeffekt bleiben die Markierungsstriche der rotierenden Scheibe bei richtiger Einstellung der Motor- bzw. Schrittgeschwindigkeit scheinbar stehen. Um eine 50 Baud-Maschine mit einer Stimmgabel auf 45,45 Baud zu eichen, muß deren Resonanzfrequenz 113,625 Hz sein. Es besteht allerdings nur selten die Gelegenheit, sich eine solche Stimmgabel leihen zu können.

Bei der halbelektronischen T 150 von Siemens muß man entweder den Quarz des Taktgenerators auswechseln oder aber einen freilaufenden Oszillator einbauen, um auf 45,45 Baud zu gelangen.

Sind alle Maschinenfunktionen überprüft und die Schrittgeschwindigkeit auf 45,45 Baud eingestellt, kann man den Fernschreibkonverter an die Maschine anschließen.

Hierzu wird nach *Abb. 3.2313* die Schaltstufe des Konverters mit dem Empfangsmagneten der Maschine in Reihe geschaltet, wodurch der Linienstrom im Rhythmus der empfangenen Fernschreibgleichstromzeichen fließt und den Anker des Empfangsmagneten in gleicher Folge anziehen läßt.

Der Schalter parallel zur Schaltstufe hält die Maschine solange in Ruhestellung, bis man ein brauchbares RTTY-Signal gefunden hat.

3.2 Amateur-Funkfernschreiben RTTY

Erfahrungsgemäß bereitet der Empfang der ersten Fernschreibsignale große Schwierigkeiten, da die Einstellung von Empfänger, Maschine und Konverter von unterschiedlichen Variablen abhängig ist.

Saubere AFU-Fernschreibsignale mit 45,45 Baud findet man im 80-m-Band zwischen 3,58 und 3,60 MHz und im 20-m-Band zwischen 14,08 und 14,10 MHz.

Grundsätzlich sollte man bei den ersten Empfangsversuchen auf den Kurzwellenbändern von folgenden Voraussetzungen ausgehen:
Der SSB-Empfänger wird auf das untere Seitenband eingestellt. Hierdurch ist Mark (Ruhestellung der Maschine) der tiefere Ton am Empfängerausgang.

Es wird praktisch durchweg mit 170 Hz Shift gearbeitet, so daß man einen Filterkonverter für diesen Frequenzabstand zwischen den Kennfrequenzen einstellen muß. Anschließend wird der Empfänger so abgestimmt, daß die beiden Ellipsen der oszillografischen Anzeige mit maximaler Amplitude senkrecht aufeinanderstehen, wenn die Töne des empfangenen Fernschreibsignals wechseln.

Liegt das Nutzsignal deutlich über dem Störpegel, muß die Maschine im Rhythmus der einlaufenden Nf-Signale schreiben. Amateurfunksendungen werden grundsätzlich im Klartext gegeben, so daß man auf dem Papier einen sinnvollen Zusammenhang erkennen sollte.

Schreibt die Maschine völligen Unsinn, obwohl die Abstimmanzeige richtig eingestellt ist, wird der „normal-reverse"-Schalter probeweise in die andere Stellung gebracht, da die Kennzustände vertauscht sein können.

Es ist aber auch möglich, daß man eine kommerzielle Station empfängt, die mit anderer Schrittgeschwindigkeit und verschlüsselt arbeitet, so daß man den erfolglosen Test sicherheitshalber mit einem frequenzbenachbarten Signal wiederholen sollte. Amateurfunksendungen erkennt man übrigens am einfachsten daran, daß in den meisten Fällen nicht ständig mit maximaler Zeichenfolge, sondern arrhythmisch geschrieben wird. In den Tastpausen hört man den konstanten Markton.

Schreibt die Maschine einen Klartext, der aber mehr Fehlschriften enthält, als man von den Empfangsbedingungen erwarten sollte, kann die ungenau eingestellte Schrittgeschwindigkeit der Grund sein. Dies läßt sich durch typische Fehlschriften analysieren:
Erscheint im Text oft „h" statt „Leertaste", „1" statt „Zeilenvorschub", „z" statt „e" oder auch „gygy" statt „ryry" (Prüftext), dann dreht der Motor zu langsam. Wird dagegen „a" statt „e", „v" statt „BU" oder „lyly" statt „ryry" geschrieben, läuft der Motor der Maschine zu schnell.

Bei exakt eingestellter Maschine sollte man den einlaufenden Text im Bereich zwischen 20 und 100 des Empfangsstellers fehlerfrei mitschreiben können. Bei älteren Maschinen muß man allerdings von diesem sogenannten Empfangsspielraum einige Abstriche machen.

Für den Sendebetrieb werden die Sendekontakte der Maschine nach *Abb. 3.2313* in den Linienstromkreis geschaltet. Am Widerstand R baut sich eine Spannung von etwa 4 V auf, wenn der Linienstromkreis durch die Sendekontakte geschlossen wird. Bei offenen Kontakten ist die Spannung 0 V.

Mit diesem wechselnden Potential im Rhythmus der Fernschreibgleichstromsignale, das den Pegeln log. 0 und log. 1 der TTL-Technik entspricht, wird der AFSK gesteuert, dessen Ausgang wiederum mit dem Sender verbunden ist.

Bei der Ansteuerung des Senders ist darauf zu achten, daß die Anodenverlustleistung der Senderendstufe nicht überschritten wird, wodurch die PA-Röhren zerstört werden können. Gleiches gilt für eine Senderendstufe mit Transistoren.

Im Gegensatz zu SSB wird der Sender bei Ansteuerung mit einem RTTY-Signal ständig im Oberstrich betrieben. Bei Senderendstufen, die für den SSB-Impulsbetrieb ausgelegt sind, ist dies zu berücksichtigen und die Ansteuerung entsprechend zurückzunehmen.

3 Sonderbetriebsarten

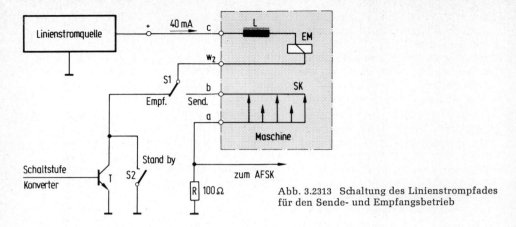

Abb. 3.2313 Schaltung des Linienstrompfades für den Sende- und Empfangsbetrieb

Fernschreibsendungen werden im Gleichwellenbetrieb ausgestrahlt. Man stimmt dabei den Sender und den Empfänger auf die gleichen Frequenzen ab. Die Filterfrequenzen des Konverters und die Kennfrequenzen des AFSKs müssen bei Transceivern übereinstimmen, um nicht ständig beim Wechsel vom Senden auf Empfang die Frequenz ändern zu müssen.

Für den Fernschreibbetrieb gibt es eine Reihe automatischer Betriebshilfen (Lochstreifen, Autostart-Antispace, KOX usw.). Technische Beschreibungen und Betriebshinweise für diese speziellen Geräte der Fernschreibtechnik findet man in der RTTY-Fachliteratur.

3.232 Elektronische Fernschreibanlagen

Die elektronische Fernschreibanlage ersetzt die herkömmliche Fernschreibmaschine.

Sie besteht einerseits aus dem Wandler, der die seriellen Fernschreibgleichstromsignale des RTTY-Konverters in ein Videosignal umformt, wodurch der Fernschreibtext auf dem Bildschirm eines handelsüblichen Fernsehempfängers abgebildet werden kann.

Andererseits ist eine elektronische Tastatur notwendig, an deren Ausgang der eingeschriebene Text in Form von seriellen Fernschreibgleichstromsignalen zur Verfügung steht, womit der AFSK gesteuert werden kann.

Die erste elektronische Fernschreibanlage für Amateure erschien 1972 auf dem Markt. Schrittmacher für diese Entwicklung waren Terminals von Datenverarbeitungsanlagen, bei denen alphanumerische Zeichen auf einem Bildschirm dargestellt werden.

Die zugehörige Tastatur war bereits so konzipiert worden, daß die beim Fernschreiben typische Umschaltung zwischen Buchstaben und Ziffern wegfiel.

Inzwischen gibt es mehrere Konzepte solcher elektronischer Fernschreibanlagen für Funkamateure, die sich aber letztlich nur in Details voneinander unterscheiden.

Die Zeichenkapazität des Bildschirms bewegt sich bei den verschiedenen Entwicklungen zwischen 500 und 1000 Zeichen, wobei sich 500 Zeichen auf dem Schirm als völlig ausreichend für den AFU-Betrieb erwiesen haben.

Zudem gibt es Unterschiede bei dem Durchlauf des Textes auf dem Schirm. Bei einigen Konzeptionen wird der gesamte Text jeweils nach Beendigung der letzten Zeile des Schirms zum oberen Bildrand hinausgeschoben, während andere nach dem vollgeschriebenen Schirm wieder von oben links her neu beginnen.

3.2 Amateur-Funkfernschreiben RTTY

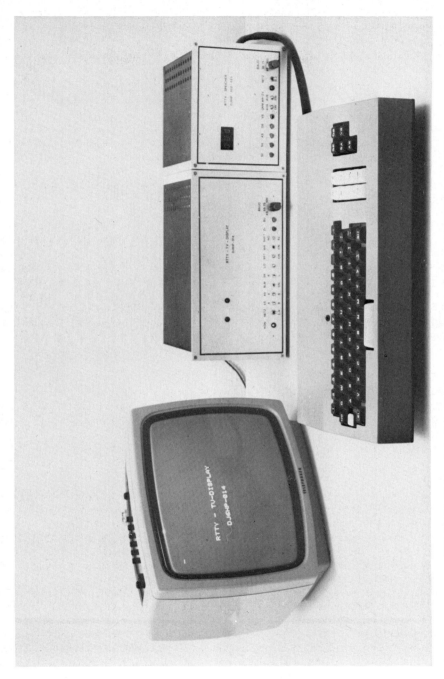

Abb. 3.2321 Elektronische Fernschreibanlage für den Amateurfunk (DJ 6 HP 014 und 022/23)

3 Sonderbetriebsarten

Die Tastaturen sind mit Pufferspeichern, Festwertspeichern, Speicherkapazitätsanzeige, automatischem Wagenrücklauf und Zeilenwechsel, automatischer Umschaltung zwischen BU und ZI und vielen anderen Funktionen ausgerüstet, so daß es für den Amateur oft sehr schwierig ist, alle Möglichkeiten der elektronischen Anlage zu übersehen, geschweige denn anwenden zu können.

Der Einsatz von Mikrocomputern eröffnet speziell im Fernschreiben die Möglichkeit der automatischen Betriebsabwicklung. Die zugehörige Software (die Programme) ist durchaus noch übersichtlich und mit Amateurmitteln machbar.

Daß Amateure ihr eigenes Hobby mit dieser modernen Technologie „wegelektronifizieren" können, liegt also bereits im Realen. So ist es heute für RTTY-Contests schon entscheidend, welche elektronischen Hilfsmittel zur Verfügung stehen, um einen der ersten Plätze im Wettbewerb zu erringen.

Fernschreibelektronik ist eine spezielle Sparte innerhalb der Sonderbetriebsart Fernschreiben, die sich in der Hauptsache mit der modernen Digitalelektronik beschäftigt und deren Transfer in die Amateurfunktechnik.

Das Gebiet ist allerdings sehr umfangreich, so daß man in diesem Rahmen lediglich auf Literatur hinweisen kann, die zu diesem Thema bisher im Amateurfunk veröffentlicht wurde.

Es werden bereits Versuche mit der Funkübertragung von ASCII-codierten Signalen in arrhythmischer Modulation im Start-Stop Betrieb gemacht, die den drahtlosen Datenaustausch zwischen Mikrocomputersystemen von Funkamateuren gestatten. Hier wird man sicherlich in Zukunft eine Verbindung zwischen der ursprünglichen Fernschreibtechnik und der Mikroprozessortechnik innerhalb des Amateurfunks finden. Dies hat dann allerdings mit dem Amateurfunk selber nichts mehr zu tun, sondern ist als Hobby im Hobby anzusehen.

3.3 Schmalbandfernsehen SSTV

SSTV (slow scan television) wurde mit der Arbeit „A new narrowband image transmission system" von Copthorne Macdonald (WA 2 BCW, WA ϕ NLQ, W ϕ ORX) in den Heften 8 und 9/1958 der QST als neue KW-Amateurfunkbetriebsart beschrieben. Zwar wurden bis zur endgültigen Festlegung der Norm noch einige Systemänderungen eingeführt, doch blieb die Konzeption der Bildübertragung in einem Telefoniekanal von 3 kHz Bandbreite erhalten.

Macdonald ist übrigens einer der wenigen Amateure, die in den letzten 25 Jahren eine völlig eigenständige Entwicklung durchgeführt haben, ohne daß die kommerzielle Industrie bereits Pate stand.

Die Pionierarbeit von Macdonald ist weiterhin daran zu erkennen, daß SSTV erst 10 Jahre nach seinem inzwischen in der AFU-Literatur historischen Aufsatz von der FCC (US-Lizenzbehörde) in den USA auf den KW-Bändern zugelassen wurde. In Deutschland sind die ersten Sondergenehmigungen erst 1972 beantragt worden.

Schließlich mutet es nach der heutigen Situation als makaber an, daß die ersten drahtlosen SSTV-Übertragungen von Macdonald ausgerechnet im 11-m-Band durchgeführt wurden (wie übrigens um 1947 auch in RTTY), weil die FCC entsprechende Tests auf den AFU-Bändern nicht zuließ.

Mit einer zeitlich begrenzten Sondergenehmigung wurden 1960 Test-Sendungen im 10-m-Band vorgenommen, bei denen G 3 AST die ersten „drahtlosen Bilder" über den Atlantik empfangen hat.

3.3 Schmalbandfernsehen SSTV

Ein weiterer markanter Schritt dieser Entwicklung war 1966 die SSTV-Sondergenehmigung amerikanischer Amateure der Mc Murdo-Station in der Antarktis, die ausgezeichnete Bilder mit den USA austauschten.

Analog zu RTTY und FAX ist SSTV eine Betriebsart, die dem Funkamateur ein Experimentierfeld für die Elektronik innerhalb seines Hobbys bietet.

3.31 Die SSTV-Norm

Die Bandbreite des Videosignals der Rundfunk-Fernsehnorm ist etwa 6 MHz. Sie resultiert aus der Bildauflösung und der Bildfolgefrequenz, die flimmerfreie bewegte Bilder garantieren soll.

Beim Schmalbandfernsehen, dessen Videosignalbandbreite in einem Kanal von 3 kHz untergebracht werden soll, muß man erhebliche Abstriche an Auflösung und Bildfolgefrequenz machen, zumal beide Faktoren proportional zur Signalbandbreite sind.

Will man unter diesen Voraussetzungen eine noch sinnvolle Bildauflösung erhalten, muß man die Bildfolgefrequenz sehr weit herabsetzen und damit auf bewegte Bilder verzichten.

Da herkömmliche Nachleuchtröhren etwa 10 Sekunden lang ihre Helligkeit soweit erhalten, daß man auf ihnen projizierte Bilder im abgedunkelten Raum noch gut erkennen kann, entschied man sich für eine Bildfolgefrequenz von 1/8 Hz für 60 Hz-Netze und 1/7,2 Hz für 50 Hz-Netze. Beide Frequenzen werden durch die Normenwandlung von der üblichen Fernsehnorm (FSTV = fast scan television) auf SSTV vorgegeben, da man die Fernsehbilder zunächst mit einer normalen Fernsehkamera aufnimmt und dann in die SSTV-Norm umsetzt.

Das SSTV-Bildformat ist quadratisch, da man in den Anfängen der SSTV-Technik surplus-Radarröhren mit rundem Schirm im Sichtgerät verwendet hat (heute noch die einfachste und billigste Form). Diese Röhren lassen sich mit quadratischen Bildern optimal ausschreiben.

Die Zeilenzahl ergibt sich aus der Bildfolgefrequenz und der vorgegebenen Bandbreite. Sie wurde mit 120 festgelegt. Bei einer Bilddauer von 7,2 Sekunden (50 Hz-Netz) erhält man bei 120 Zeilen eine Zeilendauer von 60 ms. Hiervon müssen allerdings jeweils 5 ms für das Zeilensynchronsignal zu Beginn jeder Zeile abgezogen werden.

Da das Bild im Auflösungsraster von 1:1 aufgebaut wird, können neben der vertikalen Auflösung von 120 Zeilen auch horizontal pro Zeile 120 Helligkeitsinformationswechsel übertragen werden. Dies entspricht 60 Perioden pro 55 ms. Hieraus kann man die maximale Frequenz der Helligkeitsmodulation $f_{M\ max}$ bestimmen:

$$f_{M\ max} = \frac{\text{Anzahl der Helligkeitsperioden}}{\text{effektive Zeilendauer}} \qquad (384)$$

$$= \frac{60}{55\ \text{ms}}$$

$$f_{M\ max} = 1090\ \text{Hz}$$

Für die Bilddauer von 8 Sekunden (60 Hz-Netz) wird die Zeilendauer 66,7 ms, wodurch $f_{M\ max}$ auf 970 Hz absinkt.

Wie beim subcarrier-Verfahren der Amateur-Fernschreibtechnik wird auch der SSTV-Helligkeitsmodulationsinhalt innerhalb des Nf-Bands frequenzmoduliert. Dabei begrenzt man den Modulationsinhalt in der Praxis im allgemeinen bei Frequenzen oberhalb 900 Hz.

3 Sonderbetriebsarten

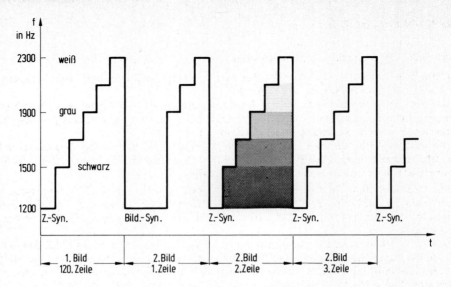

Abb. 3.311 Prinzipielle Darstellung des demodulierten SSTV-Videosignals
Bildinhalt: Grautreppe mit 5 Helligkeitswerten

Dem FM-Unterträger f_T ist bei SSTV 1900 Hz zugeordnet. Er wird mit einem maximalen Hub Δf_T von 400 Hz moduliert. Dabei gilt für 2300 Hz der Helligkeitswert „Weiß", während 1500 Hz als „Schwarz" definiert ist.

Mit einer maximalen Modulationsinhaltsfrequenz von etwa 900 Hz läßt sich die Signalbandbreite von SSTV nach (105) errechnen:

$$B_{FM} = 2 \ (400 + 900) \ Hz$$
$$= 2600 \ Hz$$

Zu jedem Bildanfang wird als Bildsynchronsignal ein 30 ms langer 1200 Hz Ton eingeblendet, der „schwärzer als schwarz" ist und im Bild nicht erscheint.

Zu Beginn jeder Zeile ist er 5 ms lang. Hierdurch wird die Bandbreite des SSTV-Signals allerdings nicht wesentlich erhöht, weil die Wiederholfrequenz der Synchronsignale weit unter der des Modulationsinhalts liegt.

Die Synchronsignale haben übrigens die Aufgabe, der Empfangsanlage mitzuteilen, wann ein neues Bild beginnt (Bildsynchronsignal) und wie es Zeile für Zeile untereinander geordnet aufgebaut wird (Zeilensynchronsignal). Dabei muß der Zeilenanfang jeweils festgelegt werden, damit das gesamte „Zeilen-Puzzle" exakt untereinandergesetzt zu einem verzerrungsfreien Bild zusammengefügt werden kann.

In Abb. 3.311 ist das Prinzip der Frequenzzuordnung beim subcarrier-FM-Signal für SSTV gezeigt.

3.3 Schmalbandfernsehen SSTV

3.32 SSTV-Empfangstechnik

3.321 SSTV-Empfang mit Nachleuchtröhren

Die Blockschaltung Abb. 3.3211 zeigt das Prinzip eines herkömmlichen SSTV-Empfangsgeräts mit einer Nachleuchtröhre im Monitor.

Zunächst wird das niederfrequente frequenzmodulierte SSTV-Signal vom Empfängerausgang auf einen Begrenzer geführt, der auch bei Amplitudenschwankungen des Empfangssignals für eine konstante Ausgangsamplitude sorgt.

Die weitere Aufbereitung teilt sich in zwei Zweige. Einerseits in den Demodulator für den frequenzmodulierten Helligkeitsinhalt des SSTV-Bildes und andererseits in den Synchronsignalteil, der die Ablenkgeneratoren des Sichtgeräts steuert.

Zur Demodulation des Helligkeitsinhalts verwendet man sowohl Flankendiskriminatoren als auch Zähldiskriminatoren, wobei die Zähldiskriminatoren aus einer Impulsformerstufe bestehen, der ein Tiefpaß nachgeschaltet wird (vergl. Automatik-RTTY-Konverter 3.221).

Der Diskriminator arbeitet in einem Frequenzbereich von 1200 bis 2400 Hz. Ihm folgt ein steilflankiger Tiefpaß mit einer Grenzfrequenz f_{og} von etwa 900 Hz, um den Helligkeitsmodulationsinhalt von den noch überlagerten Trägerfrequenzanteilen zu trennen.

Im anschließenden Videoverstärker wird das demodulierte SSTV-Helligkeitssignal soweit verstärkt, daß es zur Aussteuerung einer Nachleuchtröhre ausreicht.

Die eingeblendeten Synchronsignale mit den Längen von 5 und 30 ms bei einer Frequenz von 1200 Hz werden zunächst in einem dem Begrenzer nachgeschalteten Resonanzfilter selektiert. Die Filterbandbreite darf nicht zu schmal gewählt werden, da sonst die Impulse durch Laufzeiten innerhalb des Filters verzögert werden. Eine Bandbreite um 200 Hz hat sich als optimal erwiesen.

Die selektierten 1200 Hz-Synchronsignale werden gleichgerichtet und über zwei parallelgeschaltete Tiefpaßfilter geführt. Mit deren unterschiedlicher Grenzfrequenz trennt man Zeilen- und Bildimpulse voneinander.

Den beiden Filtern folgen Schmitt-Trigger zur Regenerierung der Synchronimpulsflanken.

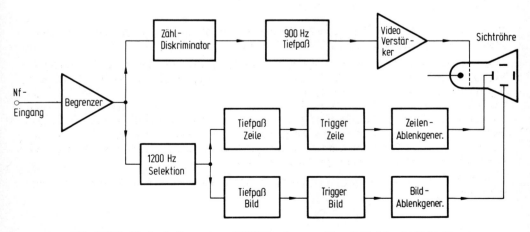

Abb. 3.3211 Blockschaltung eines SSTV-Empfangsgeräts mit Nachleucht-Sichtröhre

3 Sonderbetriebsarten

Zur Steuerung der Ablenkspannungen der Sichtröhre verwendet man freilaufende Sägezahngeneratoren. Die Periodendauer der Sägezahnspannungen ist jeweils etwas länger als die vom SSTV-Signal zu erwartende Synchronimpulsfolge.

Beide Sägezahngeneratoren (für Bild und Zeile) müssen synchronisierbar sein, so daß sie durch die vom empfangenen SSTV-Signal gewonnenen Bild- und Zeilensynchronimpulse triggerbar sind.

Die Ausgangssignale der Sägezahngeneratoren steuern die Ablenkverstärker der Sichtröhre. Die erforderlichen Ströme und Spannungen werden durch den jeweils verwendeten Röhrentyp bestimmt.

Die Bildaufbauzeit von 8 Sekunden erfordert eine Sicht- oder Bildröhre mit langer Nachleuchtdauer. Neben den surplus-Radarröhren, die teilweise noch zu finden sind, bietet die Industrie hierfür ein umfangreiches Programm an.

Für die SSTV-Bilddarstellung verwendet man Katodenstrahlröhren mit einem sogenannten GM-Schirm, deren Phosphorschicht mit P 7 bezeichnet wird.

Dieser Schirm hat eine ausreichende Nachleuchtdauer, allerdings muß man das Bild im abgedunkelten Raum betrachten.

Beim GM-Schirm handelt es sich um einen Zweikomponentenschirm. Die sehr starke Anfangshelligkeit wird durch den Blauanteil der Fluoreszenz hervorgerufen, während das gelblich-grüne Nachleuchten auf die Phosphoreszenz zurückzuführen ist. Ein Orangefilter, das man vor den Schirm setzt, hebt die Phosphoreszenz hervor, so daß das Nachleuchten gut zum Ausdruck kommt.

Die Schirmgröße sollte nicht unter 10 cm im Durchmesser sein, da man sonst Auflösungsschwierigkeiten bekommen kann, wenn der Strahl nicht scharf genug fokussiert ist.

Der Aufbau des Sichtgerätes bereitet die meisten Schwierigkeiten, da Hochspannungsprobleme zu bewältigen sind. Zudem muß man relativ viel mechanische Arbeit aufwenden. Man kann diese Arbeit umgehen, wenn man einen vorhandenen Oszillografen verwendet, bei dem lediglich die Katodenstrahlröhre gegen einen Nachleuchttyp ausgewechselt wird. Fast alle gängigen Röhrentypen werden auch mit GM-Schirm geliefert.

In der AFU-Literatur sind eine ganze Anzahl von SSTV-Empfangsschaltungen beschrieben worden. Als Beispiel sei hier die nach den *Abb. 3.3212 a* und *3.3212 b* aufgeführt.

Im Helligkeitsdemodulator arbeiten OP 1 als Vorverstärker und OP 2 als Begrenzer, an dessen Ausgang MP 1 das SSTV-Signal mit konstanter Amplitude erscheint.

Mit den positiven Halbwellen des Begrenzersignals werden die beiden Monoflops MF 1 und MF 2 angesteuert. Man erhält eine Impulsverdopplung, weil MF 1 mit der positiven und MF 2 mit der negativen Flanke gesteuert werden.

Am Ausgang MP 3 des Zähldiskriminators OP 3 erhält man bereits das demodulierte SSTV-Helligkeitssignal, das allerdings noch erheblich mit Trägerfrequenzanteilen überlagert ist. Mit dem Tiefpaß 4. Ordnung aus OP 4 und OP 5 werden diese Anteile ab einer Grenzfrequenz f_{og} von 900 Hz bedämpft.

OP 6 dient als Vorverstärker, mit dem das Gitter 1 der Sichtröhre helligkeitsmoduliert werden kann.

Zur Selektion der Synchronsignale sind OP 7 und OP 8 als Resonanzfilter für 1200 Hz geschaltet.

Die selektierten Impulse werden gleichgerichtet und den Tiefpässen aus OP 9 und OP 10 zugeführt, die zur Impulstrennung unterschiedliche Grenzfrequenzen besitzen.

Am Ausgang MP 10 des nachgeschalteten Triggers aus N 11 und N 12 erscheinen die Zeilensynchronimpulse, während an MP 11 die Bildsynchronimpulse zurückgewonnen werden.

OP 11, MF 3 und T 1 bilden mit den zugehörigen passiven Bauteilen den Sägezahngenerator für die Zeilenablenkung, der über G durch die empfangenen Zeilenimpulse synchroni-

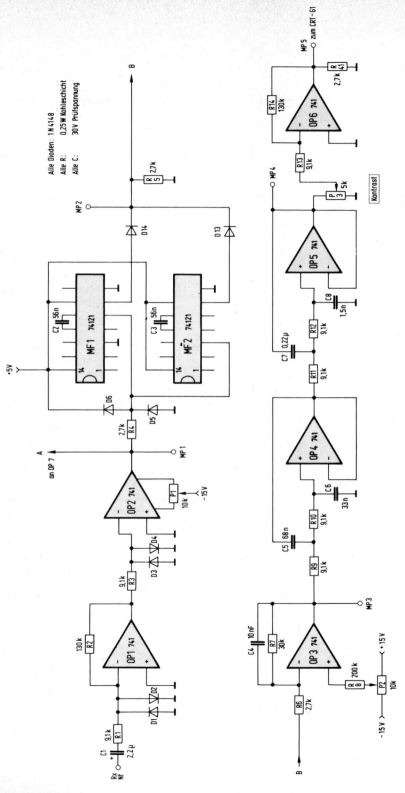

Abb. 3.3212 a   SSTV-Helligkeitssignal-Demodulator (DJ 6 HP 009 H)

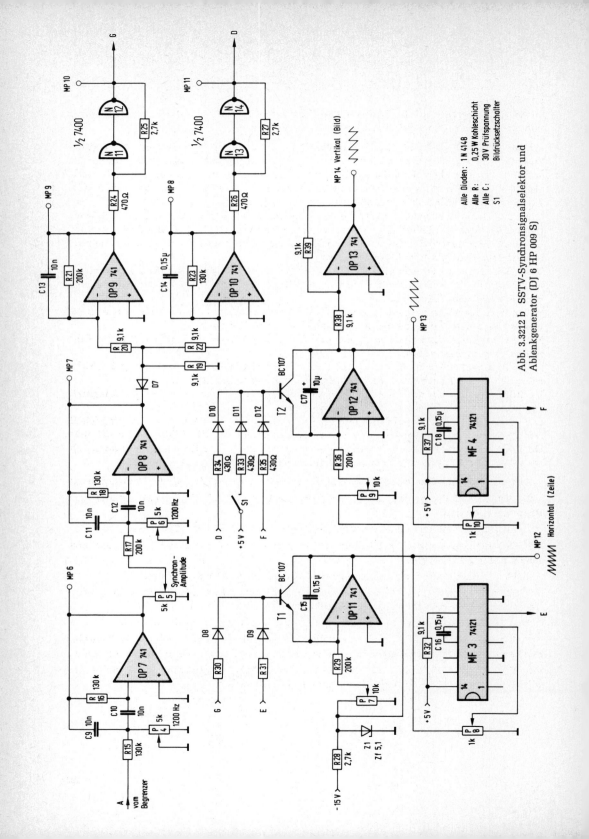

Abb. 3.3212 b SSTV-Synchronsignalselektor und Ablenkgenerator (DJ 6 HP 009 S)

3.3 Schmalbandfernsehen SSTV

siert wird. Der Bildablenkgenerator besteht aus der analogen Schaltung mit OP 12, MF 4 und T 2.
OP 13 dient lediglich als Inverter für den Bildsägezahn, damit das Bild auf dem Schirm von oben nach unten geschrieben wird.

Diese Schaltung (bekannt als DJ 6 HP 009) wurde primär zur Ansteuerung eines Oszillografen entwickelt. Mit den notwendigen Ablenkverstärkern nach den Abb. 3.3213 a und 3.3213 b läßt sich aber ebenfalls ein Sichtgerät aufbauen, wenn man eine passende Nachleuchtröhre findet. Reicht die Helligkeitssteuerspannung nicht aus, kann man den Videoverstärker nach Abb. 3.3214 zwischenschalten.

T 1 und T 2 bilden in Abb. 3.3213 a einen Differenzverstärker. T 3 ist als Konstantstromquelle für 2 mA geschaltet. Die Sägezahnspannungen des SSTV-Empfangsgeräts werden jeweils an P 1 eingespeist. Sie erscheinen an den Kollektoren von T 1 und T 2 symmetrisch und sind um den Faktor 30 bis 40 verstärkt.
Von dort werden die Ablenkplatten der Sichtröhre direkt gesteuert. Mit P 1 wird die Amplitude der Ablenkspannungen eingestellt (Bildbreite bzw. Bildhöhe) und mit P 2 die Bildmitte auf dem Schirm zentriert.
Der Verstärker für magnetisch abgelenkte Röhren nach Abb. 3.3213 b bildet mit dem 741 und der Komplementärendstufe einen Leistungsoperationsverstärker.
Mit P 1 wird ebenfalls die Amplitude der Ablenkung eingestellt und mit P 2 die Bildzentrierung vorgenommen.

Mit dem Verstärker nach Abb. 3.3214 läßt sich die Helligkeitssteuerspannung der Sichtröhre erhöhen, soweit sie zur Durchsteuerung der Röhre nicht ausreicht.
Im Prinzip entspricht die Schaltung der nach Abb. 3.3123 a. Bei einem Verstärkungsfaktor von 5 ist sie allerdings niederohmiger ausgelegt.
Die Spannung an den Kollektoren wird ohne Ansteuerung mit P 2 auf + 50 V eingestellt. Mit P 1 wird die Helligkeitsspannung dann so bemessen, daß der Bildkontrast ausreicht. Der Kollektor von T 1 läßt sich zur Helligkeitssteuerung an der Katode verwenden, während der von T 2 zur Steuerung des G 1 geeignet ist.

Abgleich des beschriebenen SSTV-Empfangsgeräts mit Oszillograf und Tongenerator:

1. 1900 Hz, 0,2 V_{ss} an den Eingang. Signal an MP 1 (28 Vss) mit P 1 auf symmetrische Begrenzung stellen.

2. Eingangssignal beibehalten. Spannung an MP 4 mit P 2 auf 0 V stellen.

3. Eingangssignal zwischen 1500 und 2300 Hz variieren. Spannung an MP 4 wandert zwischen + 1,5 und − 1,5 V.

4. P 3 auf Maximum. Eingang auf 1900 Hz. MP 5 mit P 2 auf 0 V nachziehen.

5. Eingangssignal auf 1200 Hz. Spannung an MP 6 mit P 4 auf Maximum stellen (Resonanz). Schleifer aber nicht an Masse, da OP 7 sonst schwingt.

6. P 5 auf Mittenstellung. Spannung an MP 7 mit P 6 auf Maximum (Resonanz).

7. Eingang an Masse. P 7 auf Mittenstellung. P 8 verdrehen, bis an MP 12 der Sägezahn erscheint. Amplitude mit P 8 auf 10 V stellen. Mit P 7 die Periodendauer auf 70 ms stellen.

8. P 9 auf Mittenstellung. P 10 verdrehen, bis der Sägezahn erscheint. Mit P 10 die Amplitude auf 10 V stellen. Periodendauer mit P 9 auf 8,5 s stellen.

3 Sonderbetriebsarten

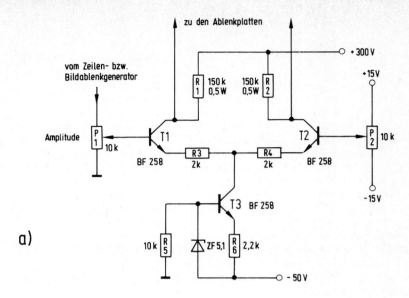

Abb. 3.3213 a Ablenkverstärker für Sichtröhren mit statischer Ablenkung
Je ein Verstärker für Bild- und Zeilenablenkung notwendig

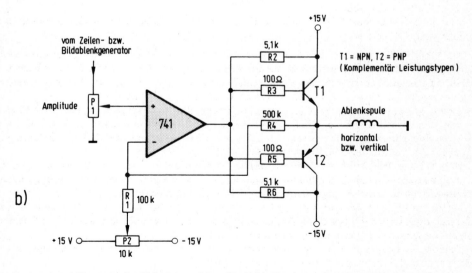

Abb. 3.3213 b Ablenkverstärker für Sichtröhren magnetischer Ablenkung
Je ein Verstärker für Bild- und Zeilenablenkung notwendig

3.3 Schmalbandfernsehen SSTV

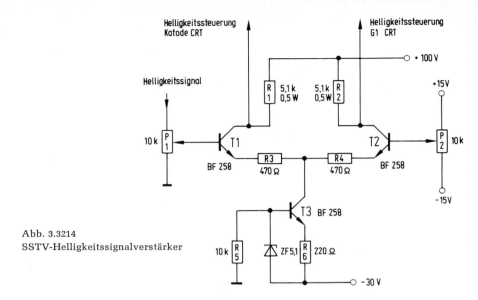

Abb. 3.3214
SSTV-Helligkeitssignalverstärker

3.322 SSTV-Empfang mit Bildspeichern

Die herkömmliche Darstellung von SSTV-Bildern auf dem Schirm einer nachleuchtenden Katodenstrahlröhre hat eine Reihe von Nachteilen, weshalb sich viele Amateure nach den ersten Versuchen von der Betriebsart SSTV wieder abgewandt haben. So müssen die Bilder in einem abgedunkelten Raum auf dem Schirm projiziert werden. Dabei nimmt die Helligkeit nach dem oberen Bildrand hin ab, so daß das Bild nach dem Aufbau eine unterschiedliche Helligkeit besitzt.

Zudem hält sich das Bild nur maximal 20 Sekunden, da sich die Nachleuchthelligkeit relativ schnell verliert.

DL 2 RZ, Volker Wraase, hat als erster Anfang 1975 ein SSTV-Empfangsgerät mit einem Halbleiter-Bildspeicher beschrieben, womit SSTV-Bilder auf dem Bildschirm eines handelsüblichen Fernsehgeräts mit gleichbleibendem Kontrast und konstanter Helligkeit dargestellt werden können, ohne daß der Raum abgedunkelt werden muß.

Dieser Normenumsetzer wandelt das niederfrequente SSTV-Signal europäischer 50 Hz-Norm oder amerikanischer 60 Hz-Norm in ein fast-scan Videosignal nach CCIR um.

Nach dem Einschalten des Geräts erscheint auf dem Bildschirm zunächst ein Zeilenraster quadratischer Form, das von einem schwarzen Rand umfaßt wird.

Wie bei der Projektion auf dem Schirm der Nachleuchtröhre wird das Bild auch auf dem Fernsehschirm von oben beginnend zeilenweise ausgeschrieben. Mit dem Bildsynchronimpuls fängt der Schreibvorgang am oberen Bildrand von neuem an.

Ist der Bildinhalt der gleiche, wird zwar die gesamte Information zeilenweise ausgetauscht, doch geschieht dies nicht für das Auge sichtbar, wie man es mit dem hellen Schreibstrahl der Nachleuchtröhre unangenehm gewohnt ist.

Ändert man dagegen den Bildinhalt, wird das alte Bild von oben her zeilenweise innerhalb von 7,2 Sekunden gegen das neue ausgetauscht.

Beendet die Gegenstation die SSTV-Sendung und schaltet auf Telefonie oder Empfang um, bleibt das letzte gesendete Bild im Speicher eingeschrieben und damit auf dem Fern-

3 Sonderbetriebsarten

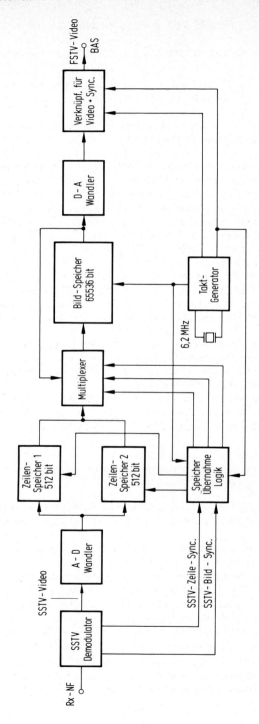

Abb. 3.3221 Aufbereitungsprinzip des SSTV-FSTV Wandlers nach DL 2 RZ (SFC-1404) zur Darstellung von SSTV-Bildern auf dem Bildschirm eines handelsüblichen Fernsehgeräts

sehschirm erhalten, bis ein neues Bild empfangen oder das Gerät abgeschaltet wird. Andererseits läßt sich der Speichereingang auch blockieren und jedes gerade empfangene Bild festhalten, wodurch es beliebig lang auf dem Fernsehschirm ohne Qualitätsverlust wiedergegeben werden kann.

Die Blockschaltung Abb. 3.3221 zeigt das Aufbereitungsprinzip des SSTV-FSTV-Wandlers nach DL 2 RZ. Das subcarrier-modulierte SSTV-Signal wird zunächst in einer üblichen Eingangsschaltung demoduliert.

Sie liefert einerseits die SSTV-Videospannung (Helligkeit) an den Analog-Digital-Wandler und andererseits die selektierten Synchronimpulse für Bild und Zeile an die Steuerlogik.

Als Zwischen- und Hauptspeicher werden dynamische Schieberegister eingesetzt. Da hierin nur mit der üblichen Zweiwertigkeit der Digitalelektronik gearbeitet werden kann, aber eine Vielzahl von Grauwerten für jeden Bildpunkt unterschieden werden soll, müssen mehrere Register parallelgeschaltet werden. Mit vier parallelen Speicherplätzen für jeden Bildpunkt lassen sich $2^4 = 16$ Grauwerte unterscheiden. Diese Helligkeitsdifferenzierung hat sich als völlig ausreichend und optimal erwiesen.

Die Zwischenspeicher speichern jeweils zwei SSTV-Zeilen mit je 128 Bildpunkten (2^7). Sie bestehen aus vier Schieberegistern mit je 256 bit ($2 \times 4 \times 128$), die parallel getaktet werden. Die Register werden abwechselnd mit je zwei Zeilen der eintreffenden Bildinformation aufgefüllt. Während in den einen eingeschrieben wird, gibt der andere seinen Inhalt in den Hauptspeicher weiter. Bei der Speicherübernahme wird der Zwischenspeicher auf den schnelleren Takt des Hauptspeichers geschaltet, wodurch die neue Zeile sofort auf dem Bildschirm erscheint.

Der Hauptspeicher ist ein Schieberegister mit 4×16384 bit Kapazität, womit 128 Zeilen mit je 128 Bildpunkten bei 16 Grauwerten gespeichert werden können.

Das Register zirkuliert 50 mal in der Sekunde, so daß auf dem Fernsehschirm mit 50 Bildwechseln pro Sekunde ein stehendes Bild erscheint.

Diese Zirkulation wird nur für jeweils 2 Zeilen zur Eingabe neuer Informationen aus dem Zwischenspeicher unterbrochen. Eine sehr komplexe Steuerlogik sorgt für den reibungslosen Ablauf der Speicherung und der Speicherübernahme.

3.33 SSTV-Aufnahmetechnik

3.331 Flying Spot Scanner (FSS)

Beim Flying Spot Scanner (FSS) oder Bildpunktabtaster wird auf dem Schirm einer Katodenstrahlröhre ein quadratisches Zeilenraster konstanter Helligkeit geschrieben, das der SSTV-Norm entspricht.

Vor den Bildschirm der Röhre setzt man ein Diapositiv (oder auch -negativ) des Motivs, das in ein SSTV-Signal umgewandelt werden soll.

Über eine Optik wird der durch die transparente Bildvorlage scheinende, auf dem Schirm im SSTV-Raster wandernde Leuchtpunkt auf einen optoelektronischen Wandler projiziert. Am Ausgang des Wandlers erhält man die von der Struktur des Motivs abhängige Helligkeitsinformation als analoges elektrisches Signal.

Dieses SSTV-Videosignal wird anschließend auf einen praktikablen Pegel verstärkt und zur subcarrier-Modulation dem Spannungsfrequenzwandler zugeführt.

In einem anderen Verfahren bildet man den auf dem Raster wandernden Leuchtpunkt über eine Optik auf einer nichttransparenten Bildvorlage ab, um dann das reflektierte Licht optoelektronisch in ein analoges Helligkeitssignal umzuwandeln.

3 Sonderbetriebsarten

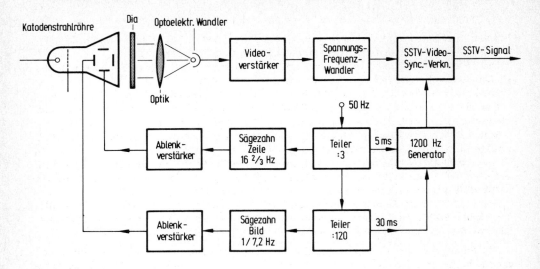

Abb. 3.3311 Blockschaltung zum Aufbereitungssystem des Flying Spot Scanners

Hierzu benötigt man keine durchscheinenden Bildvorlagen, doch muß man die geringe Helligkeitsintensität des reflektierten Lichts mit einem Fotomultiplier verstärken (vergl. zu diesem Prinzip auch die FAX-Aufbereitung in 3.4).

Der nachgeschaltete Spannungsfrequenzwandler soll eine möglichst lineare Übertragungsfunktion $u = f(f)$ für den Frequenzbereich von 1500 bis 2300 Hz besitzen.

Die Zeilen- und Bildsynchronsignale werden von den Ablenkgeneratoren abgeleitet, wobei jeweils zu Beginn der Sägezahnfunktion ein 1200 Hz-Tongenerator getriggert und für 5 bzw. 30 ms aufgetastet wird.

Die Synchronimpulse werden in die subcarrier-modulierte Helligkeitsinformation eingeblendet, so daß man am Ausgang der Schaltung das normgerechte SSTV-Signal erhält.

Die Bildqualität von FSS-Geräten ist hervorragend und bei präzis aufgebauter Mechanik und Optik besser als über die Normwandlung eines FSTV-Signals, das mit einer normalen Fernsehkamera aufgenommen wird.

Da der mechanische Aufwand aber relativ groß ist, findet man FSS-Geräte nur selten. Zudem haben sie den Nachteil, daß man keine „Life-Bilder" aufnehmen kann, sondern grundsätzlich auf zweidimensionale Bildvorlagen beschränkt ist.

In Abb. 3.3311 ist das Aufbereitungsprinzip des Flying Spot Scanners als Blockschaltung gezeigt.

Beide Sägezahngeneratoren werden durch die Netzfrequenz von 50 Hz synchronisiert, wozu sie für den Zeilenoszillator durch 3 und für den Bildoszillator durch 360 geteilt werden muß. Als Bildablenkverstärker kann man die nach Abb. 3.3213 einsetzen. Die Katodenstrahlröhre ist in diesem Falle kein Nachleuchttyp, da die momentane Helligkeit in ein elektrisches Signal umgewandelt werden soll. Aus diesem Grunde kann man auch jeden extern ablenkbaren Oszillografen zur Erzeugung des Lichtpunktrasters verwenden.

3.3 Schmalbandfernsehen SSTV

3.332 Analoges Austastverfahren mit einer Fernsehkamera

Bei dem bekanntesten Aufnahmeverfahren wird das SSTV-Bild aus dem FSTV-Bild einer üblichen Fernsehkamera ausgetastet (analoges Sampling-Verfahren).

Die FSTV-Norm arbeitet mit einer Bildfolgefrequenz von 50 Hz, wobei 50 Halbbilder im Zeilensprungverfahren auf dem Fernsehschirm erscheinen.

Die Zeilenfrequenz ist 15,625 kHz. Jedes Bild besteht aus 625 Zeilen.

Um die Fernsehkamera für den SSTV-Gebrauch zu modifizieren, muß man die Bildablenkfrequenz durch 3 teilen, wodurch sie auf 16 $^2/_3$ Hz absinkt.

Man entnimmt aus jeder FSTV-Zeile einen Bildpunkt für das SSTV-Bild. Diese Bildpunkte werden nach Abb. 3.3321 stetig nacheinander abgetastet.

Aus einem FSTV-Bild mit der herabgesetzten Bildfrequenz von 16 $^2/_3$ Hz gewinnt man auf diese Weise eine SSTV-Zeile und aus der Folge von 120 FSTV-Bildern setzt sich ein SSTV-Bild zusammen. Dies entspricht einer Bildaufbauzeit von 7,2 Sekunden.

Bei 60 Hz Bildfolgefrequenz teilt man sie durch 4 und erhält 15 Hz als reduzierte Bildfolgefrequenz für die Kamera. Daraus resultiert die Dauer von 8 Sekunden von SSTV-Bildern, die aus Ländern mit einem 60 Hz-Netz (z. B. USA) gesendet werden.

Die Erzeugung der Bildaustastimpulse für das SSTV-Bild geschieht in der Form, daß man zunächst mit den Zeilensynchronimpulsen des FSTV-Signals einen Sägezahngenerator von 16,625 kHz (FSTV-Zeilenfrequenz) triggert.

Dieses Signal, von dem jeder „Zahn" einer FSTV-Zeile entspricht, wird mit einem anderen Sägezahn addiert, der die SSTV-Bildperiodendauer von 7,2 Sekunden besitzt.

Beide Sägezahnspannungen werden einem Analogaddierer zugeführt, dessen Summenspannung nach Abb. 3.3322 an eine konstante Triggerschwelle gelegt wird.

Durch die stetig ansteigende Flanke des langen Sägezahns wird der Austastpuls zu Beginn der Periode von 7,2 Sekunden zunächst am FSTV-Zeilenanfang erzeugt. Er wandert stetig über die FSTV-Zeile, so daß am Ende des SSTV-Bildsägezahns der letzte Austastimpuls am FSTV-Zeilenende gewonnen wird.

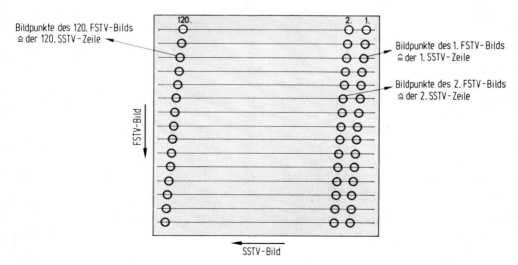

Abb. 3.3321 Austastung der Bildpunkte aus dem FSTV-Signal zum Aufbau des SSTV-Bildes

3 Sonderbetriebsarten

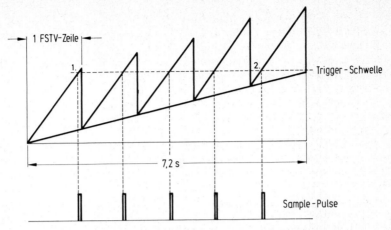

Abb. 3.3322 Erzeugung der Austastpulse durch Addition zweier Sägezähne bei konstanter Triggerschwelle

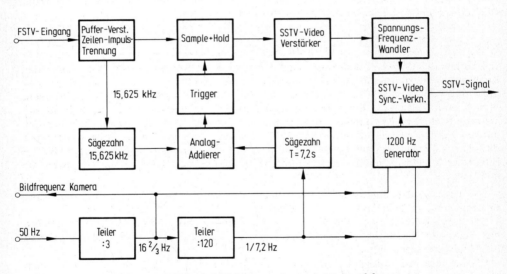

Abb. 3.3323 Blockschaltbild zum analogen Austastverfahren von SSTV-Bildern mit einer Fernsehkamera

Mit den so erzeugten Austastimpulsen wird über die Zeit von 7,2 Sekunden aus 120 FSTV-Bildern ein SSTV-Bild aufgebaut.

In *Abb. 3.3323* ist die Blockschaltung zum analogen Sampling-Verfahren gezeigt.

Hiernach werden die Austast- oder Sampleimpulse der „Sample and Hold"-Stufe zugeleitet, in der die SSTV-Bildpunkte aus dem FSTV-Videosignal entnommen werden.

Es folgt der Video-Verstärker für das gewonnene SSTV-Helligkeitssignal, dem der Spannungsfrequenzwandler zur subcarrier-Modulation nachgeschaltet ist.

3.3 Schmalbandfernsehen SSTV

Schließlich wird das frequenzmodulierte SSTV-Helligkeitssignal mit den 1200 Hz-Synchronimpulsen verknüpft, deren Abstand über eine Teilerkette von der Netzfrequenz (50 Hz) abgeleitet wird.

Für das analoge Sampling-Verfahren benötigt man eine Fernsehkamera, bei der sich die Bildfolgefrequenz von 50 Hz auf 16 $^2/_3$ Hz absenken läßt. Dies ist bei fast allen Kameratypen mit mehr oder weniger großem Aufwand möglich.

Allerdings scheuen viele Amateure den Eingriff in die Kamera, zumal sie in diesem Falle mit einer Technik konfrontiert werden, die nicht zum üblichen Inhalt des Amateurfunks gezählt werden kann.

Zudem ist der Aufbau und vor allem der Abgleich des Normwandlers umfangreich und kritisch, da eine ganze Reihe Stufen analoger Elektronik einzustellen sind. Dies erfordert gute Meßgeräte und ein bestimmtes Maß an Erfahrung im Umgang mit elektronischen Schaltungen.

Bei der Bildaufnahme-Betriebstechnik hat sich ein parallellaufender FSTV-Monitor bewährt, mit dessen Hilfe die zunächst mit 50 Hz Bildfolgefrequenz laufende Kamera eingestellt werden kann (Schärfe, Kontrast, Helligkeit). Anschließend wird die Kamera auf 16 $^2/_3$ Hz umgeschaltet. Dabei ist allerdings zu beachten, daß das SSTV-Bild gegenüber dem FSTV-Bild um 90° verdreht wird, weil es nach *Abb. 3.3321* seitlich abgetastet wird. Die Kamera muß sich daher um 90° seitlich kippen lassen.

3.333 Digitale Normwandlung von FSTV auf SSTV

Die beim beschriebenen analogen Sampling-Verfahren notwendigen Modifikationen der Kamera lassen sich beim digitalen Normwandler vermeiden.

Die Kamera wird mit ihrem üblichen Videoausgang an den Wandler angeschlossen, ohne daß irgendwelche Eingriffe vorgenommen werden müssen oder daß sie um 90° gedreht werden muß. Andererseits kann man an den Wandler auch einen Videorecorder anschließen und dessen Bildinhalt in SSTV umsetzen. Linearitätsfehler durch die Teilung der Bildfolgefrequenz und schwarze Balken durch Brummeinstreuung auf dem SSTV-Bild, wie sie beim Sampling-Verfahren oft auftreten, fallen beim digitalen Normwandler völlig weg.

Die Vorzüge des digitalen Normwandlers müssen allerdings mit einem erheblichen Mehraufwand an Elektronik erkauft werden, der aber durchaus gerechtfertigt ist.

Die zentrale Einheit des Normwandlers bildet ein digitaler Speicher mit 4 × 256 bit, mit dessen Hilfe sich der Unterschied der Abtastgeschwindigkeiten zwischen FSTV und SSTV komprimieren läßt.

Hierbei wird die Helligkeitsinformation von bestimmten FSTV-Zeilen, die nach einem Verteilungssystem aus der FSTV-Bildfolge ausgewählt werden, im schnellen Takt in den Speicher eingeschrieben und anschließend im langsamen SSTV-Takt wieder ausgelesen. Der Eingabetakt besitzt 5 MHz, während der Auslesetakt nur mit 4 kHz läuft.

Um es in den digitalen Speicher einschreiben zu können, muß daß analoge Helligkeitssignal der FSTV-Kamera oder des Videorecorders vor der Speicherung in eine digitale Information umgewandelt werden.

Wie beim Normwandler von SSTV auf FSTV (3.322) wird das analoge Signal auch hier in 16 Grauwerte klassifiziert, denen jeweils ein 4-stelliger Binärwert zugeordnet wird. Ein mit 16 Grauwerten digital aufbereitetes SSTV-Bild ist nicht mehr von einem analogen zu unterscheiden. In den *Abb. 3.3331 a* und *3.3331 b* ist dies am Beispiel zweier SSTV-Bilder mit unterschiedlicher Graustufenzahl (Helligkeitsauflösung) gezeigt.

3 Sonderbetriebsarten

Abb. 3.3331 a SSTV-Bild des digitalen Normwandlers mit 6 Grauwerten
Foto: DL 2 RZ

Abb. 3.3331 b SSTV-Bild des digitalen Normwandlers mit 16 Grauwerten
Foto: DL 2 RZ

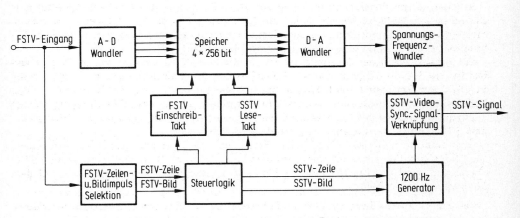

Abb. 3.3332 Blockschaltung des digitalen Normwandlers von FSTV auf SSTV nach DL 2 RZ

3.3 Schmalbandfernsehen SSTV

Abb. 3.3332 zeigt das Blockschaltbild des digitalen Normwandlers nach DL 2 RZ.

Am Eingang der Schaltung wird das FSTV-Signal in Helligkeits- und Synchronsignalanteile getrennt, wobei die Synchronsignale zur Steuerung des Speichertakts verwendet werden. Im Analog-Digital-Wandler wird die analoge Helligkeitsinformation des FSTV-Bildes in eine digitale umgewandelt. Von jedem dritten FSTV-Bild wird eine Zeile in den Specher als digitale Information übernommen (16 $^2/_3$ Hz), wobei jeweils eine Zeile übersprungen wird.

Auf diese Weise entnimmt man vom 1. FSTV-Bild die 2. Zeile, vom 4. Bild die 4. Zeile, vom 7. Bild die 6. Zeile, bis man schließlich vom 382. Bild die 256. Zeile übernimmt. Die SSTV-Bilddauer beträgt nach diesem Verfahren 7,68 Sekunden und die Zeilenzahl ist 128. Diese Abweichung von der üblichen Norm ist für die Wiedergabe des SSTV-Bilds am Empfangsort unbedeutend.

Der Speicher besitzt eine Kapazität von 4 × 256 bit, so daß aus jeder übernommenen FSTV-Zeile 256 Bildpunkte mit 16 Helligkeitswerten gespeichert werden können.

Die im schnellen Takt eingeschriebene FSTV-Zeile wird während der Zeit der folgenden drei FSTV-Bilddurchläufe im SSTV-Takt aus dem Speicher ausgelesen, im Digital-Analog-Wandler in ein analoges Helligkeitssignal zurückgewandelt und schließlich im Spannungsfrequenzwandler in üblicher Form frequenzmoduliert.

Nach 128 schnell eingeschriebenen und langsam ausgelesenen Zeilen ist das SSTV-Bild vollständig zusammengestellt. Anschließend beginnt der SSTV-Bildzyklus mit der 2. Zeile des 1. FSTV-Bildes wieder von neuem.

Am Ausgang wird das subcarrier-modulierte SSTV-Helligkeitssignal mit den 1200 Hz-Synchronimpulsen verknüpft.

3.334 Bidirektionaler Normwandler für SSTV und FSTV

Kombiniert man die Schaltungen nach 3.322 und 3.333 erhält man einen bidirektionalen Normwandler, bei dem in der einen Richtung SSTV in FSTV und in der anderen FSTV in SSTV umgesetzt wird.

Man kann das kombinierte Gerät etwas vereinfachen, da sich jeweils ein Digital-Analog-Wandler und ein Analog-Digital-Wandler einsparen lassen.

In einer entsprechenden Entwicklung von DL 2 RZ besitzt der FSTV-Bildspeicher eine Kapazität von 65536 bit für 128 Zeilen mit 128 Bildpunkten bei 16 Grauwerten. Der Speicher wird 50 mal in der Sekunde ausgelesen, wodurch auf einem angeschlossenen FSTV-Monitor bei 50 Hz Bildfolge ein flimmerfreies Bild entsteht.

Mit dem Ausgang des Bildspeichers ist ein digitaler Normwandler auf SSTV fest verbunden, so daß die Bildinformation, die auf dem FSTV-Monitor zu sehen ist, gleichzeitig in SSTV zur Verfügung steht. Eine Kennungsmarke (Cursor) zeigt in Form einer hellen Zeile auf dem FSTV-Monitor, welche Bildinformation gerade am SSTV-Ausgang anliegt.

Durch die Anzeige des Cursors weiß man beim Ausschreiben stets, welcher Bildteil auf dem SSTV-Schirm der Gegenstation gerade geschrieben wird.

Übernimmt man ein SSTV-Bild in den Bildspeicher, wird es zeilenweise eingeschrieben. Die Bildinformation erscheint sofort auf dem FSTV-Monitor. Setzt das empfangene SSTV-Signal aus, wird der Speichereingang blockiert, wodurch das letzte SSTV-Bild auf dem Bildschirm erhalten bleibt.

Bei der Normwandlung von FSTV und SSTV lassen sich zwei Betriebsarten wählen. Bei der einen wird das FSTV-Videosignal nicht gespeichert, sondern direkt dem digitalen Normwandler zugeleitet und dort in beschriebener Form (3.333) abgetastet.

3 Sonderbetriebsarten

Man kann auf diese Weise die Schärfe, den Kontrast und die Helligkeit der Kamera justieren, da auf dem Monitor das digital verarbeitete, bewegte, auf SSTV-Format gebrachte FSTV-Bild erscheint.

Das SSTV-Signal, das in dieser Betriebsart ausgestrahlt wird, verwischt, wenn das Kameramotiv sich während des SSTV-Bildaufbaus bewegt.

In der anderen Betriebsart greift man ein vollständiges FSTV-Bild der Kamera oder einer anderen Videoquelle heraus und schreibt es in den Bildspeicher ein, wodurch man mit einer Bildaufzeichnungszeit von $1/50$ Sekunde arbeitet.

Die im Speicher festgehaltene Bildinformation wird anschließend innerhalb der SSTV-Bilddauer ausgelesen.

Man erhält in diesem Falle keine verwischten SSTV-Bilder, da bei der Aufnahme eine „Belichtungszeit" von $1/50$ Sekunde verwendet wird.

Die Übernahme eines FSTV-Bilds in den Speicher kann man von Hand auslösen oder automatisch vor jedem neuen SSTV-Bildanfang.

Ein interessanter Zusatz ist der sogenannte Lichtgriffel, ein Stift mit einem fotoempfindlichen Tastkopf. Fährt man mit ihm auf dem Monitorschirm entlang, wird die Helligkeitsinformation in den Speicherstellen auf schwarz oder weiß gesetzt, deren zugeordneten Platz man auf dem Bildschirm überstrichen hat.

Die Funktion des Lichtgriffels läßt sich am einfachsten dadurch erklären, daß der Elektronenstrahl auf dem Bildröhrenschirm die gerade abgefragten Speicherplätze des Bildspeichers mit den zugehörigen Helligkeitswerten ausschreibt. Der fotoempfindliche Tastkopf ist gleichzeitig mit dem Speichereingang verbunden. Trifft der Monitorschreibstrahl an einer bestimmten Bildschirmstelle auf den Tastkopf, wird im zugehörigen Speicherplatz der Helligkeitswert auf schwarz oder weiß gesetzt, während der alte Inhalt gelöscht wird.

Auf diese Weise kann auf das von der Kamera in den Bildspeicher übernommene und digitalisierte FSTV-Bild nach *Abb. 3.3341* ein zusätzlicher Kommentar „geschrieben" werden. Man kann aber auch ganz auf die Kamera verzichten und nach *Abb. 3.3342* lediglich einen Text über ein digital aufbereitetes Bildraster schreiben.

Abb. 3.3341   Mit dem Lichtgriffel nach DL 2 RZ überschriebenes SSTV-Bild
Foto: DL 2 RZ

Abb. 3.3342   Mit dem Lichtgriffel nach DL 2 RZ überschriebenes digital aufbereitetes SSTV-Bildraster
Foto: DL 2 RZ

3.34 Farb-SSTV

Das Gesamtspektrum der Farben ist durch Mischungen aus Rot, Grün und Blau darzustellen.

Aus diesem physikalischen Grunde läßt sich ein Farbbild immer in die drei Grundfarbkomponenten aufteilen, wenn man bei der Aufnahme jeweils ein Rot-, Grün- und Blaufilter vor das Objektiv der Kamera setzt. Man erhält dann drei farbselektive Bilder, wie sie vom Farbfernsehen oder vom Farbdruck her bekannt sind.

Setzt man diese drei Bilder der einzelnen Grundfarben wieder zusammen, indem sie z. B. als Diapositive in einem Projektor hintereinandergelegt werden, erhält man das ursprüngliche Farboriginal durch die optische Farbmischung wieder zurück.

Zur Übertragung eines Farbbildes in SSTV muß man vom gewählten Motiv zunächst drei Grundfarbaufnahmen machen, die nacheinander zum Empfänger übertragen werden.

Dort werden die drei Bilder, die jeweils dem Anteil der selektierten Farbe entsprechen, vom Bildschirm auf einen Farbfilm fotografiert. Dabei wird der Film mit den drei SSTV-Schwarzweiß-Bildern unterschiedlicher Helligkeitsverteilung nacheinander belichtet, wobei man das korrespondierende Farbfilter vor das Kameraobjektiv setzen muß.

Die aus den drei überlagerten Belichtungen gewonnene Gesamtaufnahme stellt schließlich das farbige Motiv dar, das sendeseitig zunächst in die Grundfarben zerlegt werden mußte.

Aufbereitung, Übertragung und Rückgewinnung von Farb-SSTV-Bildern bereiten sehr viel Aufwand, da sich die farbigen Bilder im Gegensatz zu üblichen SSTV-Sendungen nicht direkt auf dem empfangsseitigen Sichtgerät reproduzieren lassen. Die spezielle Übertragungstechnik des Farb-SSTV bietet aber den Funkamateuren eine Variation in ihrem Hobby, die sich neben der Nachrichtentechnik auch für das Fotografieren interessieren.

3.4 Faksimile-Funk FAX

Der Begriff „Faksimile" ist dem Lateinischen entlehnt und bedeutet „mach ähnlich". Für den Faksimile- oder Bildfunk heißt dies, daß man vom sendeseitigen Original eines Bildes oder Textes über Funk auf der Empfangsseite eine Kopie anfertigt.

Im Gegensatz zum Fernsehen erhält man beim Faksimilefunk kein flüchtiges Bild, das auf dem Schirm einer Katodenstrahlröhre projiziert wird, sondern eine Abbildung, die auf einem Papier als sogenannte „Hard Copy" dokumentiert wird.

Zur Übertragung von FAX-Bildern ist ein Kanal mit der Bandbreite von 3 kHz notwendig. Wie bei SSTV werden die Helligkeitswerte der zu übertragenden Abbildung in ein analoges subcarrier-frequenzmoduliertes Signal umgewandelt, mit dem man den Mikrofoneingang des SSB-Senders ansteuert.

Während SSTV eine eigenständige AFU-Betriebsart ist, kann man FAX (wie auch RTTY) als „Leihgabe" der kommerziellen Nachrichtentechnik ansehen.

Dem Schotten Alexander Bain wird die erste FAX-Übertragung im Jahre 1842 zugeschrieben, obwohl seine technische Lösung noch keine breite Anwendung fand.

1926 wurden von der RCA erste Funkbilder über den Atlantik gesendet.

Inzwischen gehören Funkbilder zu einer Selbstverständlichkeit, durch die die aktuellen Ereignisse in aller Welt von den Pressediensten illustriert werden.

Ein weites Anwendungsfeld findet FAX bei den Meteorologen, da ihnen die Fernkopiertechnik ermöglicht, in kürzester Zeit eindeutige Wetterinformationen in Form von Wetter-

3 Sonderbetriebsarten

karten zusammenzustellen und sie in gleicher Art an die interessierten Dienststellen (Schiffahrt, Luftverkehr) weiterzuleiten.

Innerhalb des Amateurfunks läßt sich FAX zur Übertragung aller Arten von Abbildungen verwenden.

So kann man auch Schaltzeichnungen mit sehr hoher Auflösung schreiben, wie sie in SSTV nicht möglich ist. Allerdings muß der Übertragungskanal relativ frei von Störungen sein, um am Empfangsort eine saubere Kopie des sendeseitigen Originals zu erhalten.

Speziell im Amateurfunk ist es reizvoll, die QSL-Karte direkt per FAX auszustellen. Sie besitzt heute noch Seltenheitswert.

3.41 Arbeitsweise von FAX-Geräten

3.411 FAX-Bildaufzeichnungsverfahren

Die Aufzeichnung von FAX-Bildern ist mit der von Fernsehbildern zu vergleichen, allerdings mit dem Unterschied, daß die Abbildungen auf Papier geschrieben werden, wodurch sie als Kopien erhalten bleiben (Hard Copy). Aus diesem Grunde ist neben der Elektronik in den FAX-Geräten ein erheblicher Anteil an Elektromechanik zu finden.

Wie das Fernsehbild wird auch das FAX-Bild zeilenweise aufgezeichnet, wobei zum Bildanfang eine Synchronisation zwischen Sender und Empfänger notwendig ist.

Das zu beschriftende Papier wird unter dem Schreibstift zeilenweise fortbewegt, dabei wird die Helligkeitsintensität durch den unterschiedlichen Kontakt des Schreibstifts mit der Papieroberfläche bestimmt.

Einige FAX-Verfahren gestatten bei der Aufzeichnung nur die Darstellung des Helligkeitsunterschieds zwischen schwarz und weiß.

Der Papiervorschub geschieht nach zwei grob zu unterscheidenden Verfahren:

Bei dem einen wird ein Blatt nach *Abb. 3.4111* mit bestimmtem Format um eine Trommel gelegt, die mit einer vorgegebenen konstanten Drehzahl rotiert. Jede Umdrehung entspricht einer Zeile. Die Trommel wird mit einer Spindel langsam seitlich unter dem Schreibstift weggezogen, wobei Bildoberseite und Bildunterseite an den Trommelrändern liegen.

Andere Geräte arbeiten mit fester rotierender Trommel und ziehen den Stift während der Bildaufzeichnung Zeile für Zeile ebenfalls als Schraubenbewegung über die Breite der Trommel.

Bei dem zweiten Verfahren läuft das Papier nach *Abb. 3.4112* langsam von einer Vorratsrolle ab und wird von einem seitlich schnellaufenden Stift zeilenweise beschriftet. Auf diese Weise lassen sich Endlosbilder herstellen. Zudem muß man das Papier nicht für jedes Bild neu einlegen, wodurch solche Maschinen für den automatischen Empfang geeignet sind.

Die Papierbeschriftung geschieht ebenfalls nach einer Reihe von unterschiedlichen Verfahren:

Bei der direkten Aufzeichnung mit Tinte werden das Schreibrädchen oder der Schreibstift gegen das Papier gedrückt. Bei der indirekten Aufzeichnung wird der Farbstoff auf ein umlaufendes Plastikband geschrieben, mit dem er anschließend zeilenweise auf das Papier übertragen wird.

Mit beiden Systemen sind keine Grauwerte darstellbar. Der Vorteil besteht allerdings darin, daß man normales Papier verwenden kann.

Bei der elektrolytischen Beschriftung ist ein feuchtes Spezialpapier notwendig. Über den Aufzeichnungsstift fließt ein dem Helligkeitswert entsprechender Strom auf den ab-

3.4 Faksimile-Funk FAX

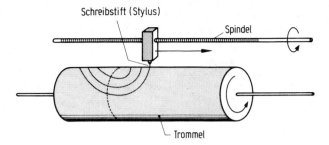

Abb. 3.4111 FAX-Bildaufzeichnung auf einer Trommel. Eine Trommelumdrehung entspricht einer Zeile. Bei einer Trommelumdrehung wird der Schreibstift mit der Spindel um den Zeilenabstand transportiert. Das FAX-Bild wird als Schraube um die Trommel gezeichnet.

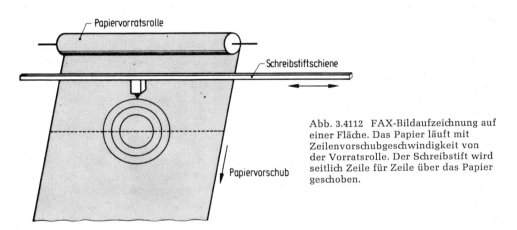

Abb. 3.4112 FAX-Bildaufzeichnung auf einer Fläche. Das Papier läuft mit Zeilenvorschubgeschwindigkeit von der Vorratsrolle. Der Schreibstift wird seitlich Zeile für Zeile über das Papier geschoben.

getasteten Papierpunkt, wodurch sich dort eine mehr oder weniger große Einfärbung ergibt, so daß sich auch unterschiedliche Grauwerte abbilden lassen.

Bei einem weiteren Aufzeichnungsverfahren mit elektrosensitivem Papier ist der Papiergrund mit einer schwarzen Kohleschicht überdeckt, auf die eine weitere helle Papierschicht (oft metallisiert) gebracht ist.

Der Schreibstift berührt auch hierbei galvanisch leitend die Papieroberfläche, von der die deckende helle Schicht je nach Stromstärke abgebrannt wird, so daß der dunkle Kohlehintergrund sichtbar wird.

Bei den Funkamateuren hat diese Beschriftungsart den Namen „Stink-FAX" erhalten, weil beim Einbrennen der Bildpunkte ein eigenartiger Geruch entsteht. In beschränktem Maße lassen sich hiermit Graustufen darstellen.

Auch bei der elektrografischen Methode, bei der das spezielle Papier an den Abtastzeilen zunächst elektrisch aufgeladen wird, um dann in einer folgenden Tonerstation mit flüssigem oder staubförmigem Toner sichtbar gemacht zu werden, ist eine Graustufung möglich.

Die beste Grauwertdifferenzierung erhält man bei der Aufzeichnung des empfangenen FAX-Bildes auf lichtempfindliches Papier, wozu die elektrischen Signale in Licht umgewandelt werden müssen.

Dieses Verfahren wird vor allem dort angewandt, wo es auf hohe Auflösung bei großer Grauwertskala ankommt.

Farb-Fernkopiersysteme sind wegen ihres hohen Aufwands für die AFU-Technik uninteressant.

3.412 FAX-Bildaufnahmetechnik

Zur Aufbereitung des FAX-Signals muß das zu übertragende Bild in ein elektrisches Signal umgewandelt werden. Die gebräuchlichste Methode ist die fotoelektrische Abtastung, wie sie bereits von der Lichtpunktabtastung bei der SSTV-Aufnahmetechnik bekannt ist.

Die Abbildung, die als FAX-Bild übertragen werden soll, wird hierzu nach Abb. 3.4121 um eine Trommel gelegt, die sich wie bei der Bildaufzeichnung um ihre Längsachse dreht.

Über eine Optik wird ein Lichtpunkt auf die Abbildung projiziert. Mit jeder Umdrehung wird die Trommel relativ zum Lichtpunkt um Zeilenbreite in ihrer Längsrichtung verschoben, wodurch der Lichtpunkt wie der Schreibstift bei der Bildaufzeichnung eine Schraube mit der Steigung eines Zeilenabstands über die gesamte Trommelbreite beschreibt.

Auf den Lichtpunkt ist eine weitere Optik gerichtet, die das reflektierte Licht auf einen fotoelektrischen Wandler leitet, der ein zur Helligkeit analoges elektrisches Signal erzeugt.

Bei vollelektronischen Abtastsystemen verwendet man den Flying Spot Scanner, der in 3.331 für die SSTV-Bildaufbereitung näher beschrieben wurde.

Hiermit umgeht man die recht aufwendige Mechanik, da das Zeilenraster durch die Ablenkung des Katodenstrahls einer Oszillografenröhre geschrieben wird.

Es ist neben diesen herkömmlichen Aufnahmeverfahren durchaus denkbar, FAX-Bilder mit einer Fernsehkamera nach CCIR-Norm aufzunehmen.

Bei etwa 850 Bildpunkten pro Zeile eines FSTV-Bilds ist hier ein Speicher mit einer Kapazität von 4×1024 bit notwendig, um die Bildpunkte in 16 Graustufen darstellen zu können. Nach dem SSTV-Vorbild von 3.333 können nach diesem Konzept nur bewegungsfreie Bilder zeilenweise von der Kamera im schnellen FSTV-Takt in den Speicher eingeschrieben und anschließend im langsamen FAX-Takt ausgelesen werden.

Für Momentaufnahmen ist bei maximal möglicher Auflösung des Fernsehbilds ein Bildspeicher mit einer Kapazität von $2 \cdot 10^6$ bit notwendig, wenn man 16 Grauwerte in den

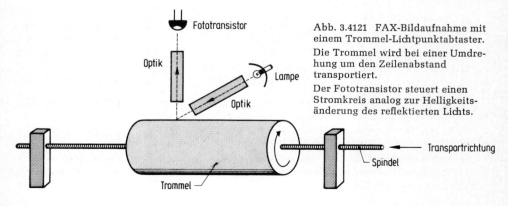

Abb. 3.4121 FAX-Bildaufnahme mit einem Trommel-Lichtpunktabtaster.
Die Trommel wird bei einer Umdrehung um den Zeilenabstand transportiert.
Der Fototransistor steuert einen Stromkreis analog zur Helligkeitsänderung des reflektierten Lichts.

$5 \cdot 10^5$ Bildpunkten eines FSTV Bilds darstellen will. Dieser Aufwand ist gegenwärtig für die AFU-Technik noch unrealistisch hoch.

Die Aufbereitung von FAX-Bildern mit der Fernsehkamera besitzt die Vorteile, daß man einerseits „Life-Bilder" aufnehmen kann, die nicht erst in zweidimensionale Form (Fläche) zur Abtastung gebracht werden müssen. Zudem ist man im Format unabhängig, wodurch man Bilder jeder Größe übertragen kann.

Man hat allerdings auch den Nachteil einer begrenzten Auflösung, die mit $5{,}2 \cdot 10^5$ Bildpunkten pro Bild gegeben ist. Herkömmliche Aufnahmeverfahren gestatten FAX-Bildauflösungen bis zu mehreren Millionen Bildpunkten.

3.42 FAX-Übertragungstechnik

3.421 Modulationsart für FAX-Sendungen

Bildsendungen werden in den Modulationsarten A 4 (Amplitudenmodulation) oder F 4 (Frequenzmodulation) übertragen.

Bei A 4 wird die Amplitude des Trägers entsprechend der Bildhelligkeit verändert, wobei der volle Träger (Oberstrichleistung) dem Helligkeitswert schwarz entspricht.

Wird die Sendung in F 4 abgestrahlt, verändert man die Sendefrequenz in Abhängigkeit von der Bildhelligkeit, während die Signalamplitude konstant bleibt.

Für die drahtlose Übertragung von FAX-Bildern hat sich F 4 als die bessere Modulationsart erwiesen, da man Amplitudenstörungen durch eine Begrenzung im Empfänger weitgehend unterdrücken kann (vergl. SSTV und RTTY).

Wie bei der Modulation des SSTV-Videosignals ist auch in der AFU-FAX-Technik weiß der höheren und schwarz der tieferen Eckfrequenz zugeordnet, wobei man auch hier nach dem subcarrier-Verfahren arbeitet und bereits im Nf-Bereich einen Unterträger frequenzmoduliert.

In einer Normempfehlung an die IARU seitens der deutschen Funkamateure wird der Unterträger für FAX mit 1900 Hz angegeben, der jeweils um den Hub von 400 Hz auf- und abwärts moduliert wird. Hiernach ist 2300 Hz die Weißfrequenz, während 1500 Hz als Schwarzfrequenz gilt.

Zwischen diesen beiden Eckfrequenzen liegen die Grauwertfrequenzen linear angeordnet.

Wird das subcarrier-modulierte FAX-Signal in einem SSB-Sender aufbereitet, besitzt es am Senderausgang F 4-Charakteristik, da der Träger und ein Seitenband unterdrückt werden. Beim SSB-Empfang wird der Träger wieder hinzugesetzt, wodurch man am Nf-Ausgang das subcarrier-modulierte FAX-Videosignal zurückgewinnt, das in einem Nf-Diskriminator demoduliert wird, um den Schreibstift der FAX-Maschine zu steuern.

Im Gegensatz zu SSTV und FSTV wird nicht jeder Zeile des FAX-Bildes ein Synchronsignal vorausgeschickt.

Zur Zeilen-Synchronisation dient bei den den Funkamateuren zugänglichen FAX-Geräten (fast durchweg Western Union Desk-Fax) allein die Netzfrequenz, die bekanntlich im gesamten westeuropäischen Verbundnetz phasenstarr ist. Dies bedeutet, daß die Phasendifferenz zwischen zwei Stationen konstant bleibt, die in diesem Bereich mit Netzstromversorgung arbeiten.

3 Sonderbetriebsarten

Bei der FAX-Bildübertragung muß man lediglich den Bildanfang synchronisieren. Hierzu wird vom Sender vor der Videosignalübertragung das sogenannte Einphassignal abgestrahlt.
Dabei wird von der sendenden Maschine bei jeder Trommelumdrehung, gesteuert vom Synchronkontakt auf der Trommelwelle, ein 35 ms langer 1500 Hz-Impuls erzeugt (z. Zt. deutsche Einphasnorm). Wenn beide Maschinen sychron laufen, was nach etwa 10 Sekunden erreicht wird, startet man die Bildabtastung, der man einen 2300 Hz-Startton vorausschickt.

Der Synchronisationsvorgang zu Beginn der Bildübertragung hat lediglich die Aufgabe, die empfangsseitige Trommel so einzustellen (einzuphasen), daß der sende- und der empfangsseitige Bildanfang zusammenfallen.

Die Empfangsmaschine hält hierzu solange bei jedem Synchronimpuls ihren Trommelmotor kurz an, bis der Synchronimpuls genau in dem Moment empfangen wird, zu dem auch ihr eigener Synchronkontakt geschaltet wird.

In der AFU-Praxis hat es sich beim Betrieb mit der Desk-Fax-Maschine als einfachste Methode herausgestellt, gar nicht einzuphasen, und stattdessen das fertige Bild an der Trennstelle zwischen rechtem und linkem Bildrand (oder oberem und unterem) zu zerschneiden und richtig wieder zusammenzukleben.

Bei den FAX-Sendungen der Wetterdienste wird meist für die Dauer des Einphaspulses von der Schwarz- auf die Weißfrequenz umgeschaltet.

3.422 Technische Daten von Bildfunkgeräten (FAX-Normen)

Beim Betrieb von FAX-Geräten sind einige weitere technische Daten zu beachten, die zwischen der Sende- und der Empfangsmaschine korrespondieren müssen, damit eine Bildübertragung möglich wird.

a) Trommeldrehzahl

Die Trommeldrehzahl wird in Umdrehungen pro Minute (Upm oder rpm) angegeben.

Gebräuchliche Drehzahlen sind:

Wetterdienste: 60, 90, 120, 240 Upm
Presse: 60, 120 Upm
Satelliten: 48, 120, 240 Upm
Amateure: 120 (mit KF 108 von Siemens) Upm
150 (Desk-Fax an 50 Hz Netzfrequenz) Upm
180 (Desk-Fax an 60 Hz Netzfrequenz) Upm

Die Trommeldrehzahl muß auf $5 \cdot 10^{-6}$ eingehalten werden, da sonst Parallelogramm-Bildverzerrungen auftreten.

b) Modul (Index of Cooperation, IOC)

Das Modul ist ein Maß für die Auflösung (Zeilenzahl pro mm) bei gegebenem Bildformat. Es errechnet sich aus dem Trommeldurchmesser multipliziert mit der Zeilenzahl pro mm.

Für die Desk-Fax-Maschine gilt als Beispiel:

$$\begin{aligned} \text{FAX-Modul} &= \text{Trommeldurchmesser} \times \text{Zeilenzahl pro mm} \\ &= 51 \text{ mm} \cdot 5{,}6 \text{ mm}^{-1} \\ &= 286 \end{aligned} \qquad (385)$$

Wetterdienste verwenden Moduli von 288 und 576.

3.4 Faksimile-Funk FAX

Das Modul der empfangenden Maschine darf von dem der sendenden Maschine abweichen. Die Bilder werden dabei allerdings zusammengeschoben oder auseinandergezogen. Die Erkennbarkeit leidet aber nicht. Selbst ein um den Faktor 2 abweichendes Modul der Empfangsmaschine ergibt noch erkennbare Bilder.

Wetterdienste senden zur Erkennung des Moduls vor jedem Bild ein mit 300 Hz bei Modul 576 bzw. 675 Hz bei Modul 288 zwischen schwarz und weiß umgetastetes Signal von 5 Sekunden Dauer. Für den Amateurfunk sind diese Signale ohne Bedeutung, da sie lediglich zur Umschaltung beim automatischen Wetterkartenempfang dienen.

c) Bildlaufzeit

Die Bildlaufzeit beträgt bei Wetterkarten mit sehr hoher Auflösung bis zu 30 Minuten. Bei der Desk-Fax-Maschine im Originalzustand ist sie nur 3 Minuten.

d) Bildformat

Aus Modul, Drehzahl und Bildlaufzeit ergibt sich das Bildformat. Es ist das Verhältnis von Bildhöhe zu Bildbreite. Das Format der Desk-Fax-Bilder ist etwa 0,5 (näherungsweise DIN A 6). Bei Wetterkarten arbeitet man mit Formaten von 0,8 bis 1,1.

Hiernach müßte die Trommel der Desk-Fax etwa die doppelte Länge oder den halben Durchmesser besitzen, um ein ganzes Wetterbild auf ein Blatt Papier zu bekommen. Man kann dieses Problem allerdings mit etwas Geschick umgehen, indem man Teilbilder zusammenklebt.

e) Trommeldrehsinn

Je nach Drehrichtung der Trommel und relativer Vorschubrichtung zwischen Trommel und Schreibstift wird auf der Trommel eine Rechts- oder Linksschraube geschrieben.

Bei den Wetterdiensten und auch bei der Desk-Fax arbeitet man mit einer Linksschraube, wobei die Bilder von links oben in horizontalen Linien bis rechts unten übertragen werden.

Werden die Bilder von der sendenden Station rechtsschraubend abgetastet (bei Pressesendern beobachtet), zeichnet die linksdrehende Maschine ein Spiegelbild der gesendeten Vorlage.

f) Modulationsart

Die Modulationsarten A 4 und F 4 wurden bereits in 3.421 näher erläutert, wobei die Norm für die AFU-Technik angegeben worden ist. In Ergänzung sollen hier noch die Modulationsverfahren der wichtigsten Bildfunkdienste angegeben werden.

Wetterdienste arbeiten mit direkter Frequenzumtastung des Hf-Trägers (F 4). Diese Sendungen lassen sich mit dem SSB-Empfänger ohne Schwierigkeiten demodulieren. Der Hub beträgt bei Trägerfrequenzen unter 300 kHz 150 Hz. Über 300 kHz ist er 400 Hz.

Wettersatelliten senden einen Hf-Träger aus, der von einem 2400 Hz-Unterträger (subcarrier) mit maximal 10 kHz Hub frequenzmoduliert wird. Der Unterträger wird vom Bildinhalt amplitudenmoduliert.

g) Einphasimpulse

Siehe 3.421

h) Startsignal

Es gibt unterschiedliche Normen. Bei den Wetterdiensten wird im allgemeinen gar kein Startsignal übertragen. Stattdessen werden die kommerziellen Aufzeichnungsgeräte von den Einphas- oder Modulumschaltsignalen gestartet.

i) Bildendsignal

Hierfür gibt es ebenfalls eine Reihe unterschiedlicher Normen. Bei Wetterdiensten wird meist für 5 Sekunden mit 450 Hz zwischen schwarz und weiß umgetastet und anschließend 10 Sekunden schwarz gesendet.

3.43 FAX als AFU-Sonderbetriebsart

FAX wird erst seit 1971 von deutschen Funkamateuren betrieben. Der „Mann der ersten Stunde" war DJ 1 KF, Manfred May, der mit Veröffentlichungen in der Zeitschrift „RTTY" und als FAX-Referent der DAFG entscheidend zur Popularisierung dieser Betriebsart beigetragen hat. Seiner Initiative ist es sicherlich auch primär zu verdanken, daß seit 1974 AFU-Sondergenehmigungen für FAX in Deutschland erteilt werden.

Erste Versuche wurden vor allem mit Siemens-Maschinen vom Typ KF 108 durchgeführt, von denen einige Exemplare in die Hände von Funkamateuren gelangt waren.

Die KF 108 ist ein Trommelgerät mit 120 Upm für ein Papierformat, das etwa DIN A 5 entspricht.

Ihr Vorteil besteht darin, daß sie normales Papier mit Tinte beschriftet. Er ist allerdings mit dem Nachteil verbunden, daß man keine Grauwerte aufzeichnen kann.

Zur Übertragung von Strichzeichnungen (Schaltpläne u. ä.) und Schrift ist die Maschine sehr gut geeignet.

1974 regte DJ 1 KF den Import von Desk-Fax-Maschinen an, die auf dem US-Markt als surplus-Angebot erscheinen. Erste Geräte wurden von DJ 9 DW, Peter Vogt, und DF 1 FO, Nick Roethe, erstanden. Beide OMs haben sich seither intensiv mit der FAX-Technik und ihren Anwendungsmöglichkeiten im Amateurfunk befaßt und eine Reihe von Fachaufsätzen zu diesem Thema veröffentlicht.

Hierzu gehört vor allem die detailliert ausgearbeitete Umbauanleitung für die Desk-Fax, die inzwischen auch bei den deutschen Amateuren zur Standard-Maschine geworden ist.

Die Desk-Fax stammt aus dem US-Telegrammdienst und wird auch von den US-Amateuren bevorzugt verwendet, da sie gegenüber anderen FAX-Geräten mit den Ausmaßen einer Schreibmaschine relativ klein ist.

Zur Aufzeichnung von Bildern benötigt man für die Desk-Fax ein Spezialpapier, das nach dem elektrischen Brennverfahren beschriftet wird.

Die Aufnahme von Bildvorlagen geschieht nach dem Lichtpunktabtastsystem, das bereits in 3.412 näher beschrieben worden ist.

Im Originalzustand arbeitet die Desk-Fax in der Modulationsart A 4, wobei ein elektromechanisch erzeugter Unterträger von 2500 Hz mit dem in einer Fotozelle gewonnenen Helligkeitssignal amplitudenmoduliert wird.

In der Umbauanleitung nach DF 1 FO wird die ursprünglich mit Röhren bestückte Sende- und Empfangsschaltung fast vollständig gegen eine nach dem Stand der Technik konzipierte Elektronik ausgetauscht, in der die Signalaufbereitung mit integrierten Schaltungen realisiert wird. Als neue Modulationsart wird F 4 verwendet, deren Norm für den Amateurfunk in 3.421 angegeben wurde.

Eine zusätzliche Entwicklung, der sogenannte Umrichter, gestattet zudem, Signale mit Trommeldrehzahlen zu empfangen, die sich bei der gegebenen Antriebsmechanik der Maschine nicht von der Netzfrequenz ableiten lassen. Durch diesen Zusatz lassen sich Sendungen mit den Drehzahlen 60, 90, 120, 150, 180 und 240 Upm aufzeichnen.

Der Umrichter ist im Prinzip ein in der Frequenz umschaltbarer, quarzgesteuerter Nf-Leistungsgenerator für 20, 30, 40, 50, 60 und 80 Hz, mit dem der Synchronmotor der Trommel angetrieben wird.

Mit einem zweiten Generator geringerer Leistung wird der Trommelvorschub gesteuert. Er ist allerdings durchstimmbar im Bereich zwischen 20 und 50 Hz, da die Vorschubgeschwindigkeit nicht quarzgenau eingehalten werden muß und bis zu 20 % schwanken darf, ohne daß es besonders störend wirkt.

3.4 Faksimile-Funk FAX

Abb. 3.431 FAX-Kopie mit Western-Union Desk-FAX Maschinen aufgenommen
Aufnahme: DF 1 FO

Abb. 3.432 Der Western-Union Desk-FAX Sendeempfänger 6500 nach dem Umbau für den AFU-Gebrauch

3 Sonderbetriebsarten

Neben Schaltbildern und QSL-Karten lassen sich natürlich auch andere Motive übertragen. Einen Eindruck von der FAX-Bildqualität erhält man durch die *Abb. 3.431*. Sie stellt einen Stich der Stadt Oberursel dar, der mit Desk-Fax-Maschinen kopiert wurde.

Die Aktivität der FAX-Technik innerhalb des Amateurfunks wurde bisher im wesentlichen durch die Anzahl der ausgemusterten kommerziellen Geräte bestimmt, die gegenwärtig noch relativ klein ist.

Eine größere Verbreitung von FAX wird wohl dann erst möglich sein, wenn entsprechende Geräte für den AFU-Markt gefertigt werden, oder wenn, worauf man langfristig hoffen kann, es der Industrie gelingt, Fernkopierer in großem Stil zu verkaufen, die nach einigen Jahren in die Hände der Amateure gelangen.

4 Störungen und störende Beeinflussungen

Die Bestückung der Geräte der Unterhaltungselektronik mit Halbleitern hat in der Zeit nach 1965 zu einem Interessenkonflikt zwischen den Hörfunk- und Fernsehteilnehmern sowie den Geräteherstellern einerseits und den Funkamateuren andererseits geführt.

Im Vergleich zu Röhrenschaltungen sind Halbleiterstufen weit empfindlicher gegenüber hohen Fremdsignalamplituden, wodurch man im verstärkten Maße mit störenden Beeinflussungen durch Amateurfunksendungen rechnen muß, die in unmittelbarer Nachbarschaft von Hörfunk- und Fernsehanlagen abgestrahlt werden.

In den letzten Jahren wird aus diesen Gründen mit Nachdruck versucht, durch Publikationen in Fachzeitschriften zumindest den Fachhandel und die Service-Techniker über diese Problematik aufzuklären, die vor allem durch die Produktion von nicht einstrahlungsfesten Fernsehgeräten entsteht.

In diesem Zusammenhang ist die publizistische Aktivität von Egon Koch, DL 1 HM, hervorzuheben, der vor allem die Zusammenarbeit mit den Herstellerfirmen anstrebt, um „das Übel an der Wurzel zu packen".

Durch die Lawine des CB-Funks sind die bereits sichtbaren Erfolge allerdings in Frage gestellt, die sich die Funkamateure zunächst von diesen Bemühungen versprachen. Leider ist die Allgemeinheit nicht über den Unterschied zwischen dem CB-Funk und dem Amateurfunkdienst genügend aufgeklärt, wodurch der Amateurfunk in den letzten Jahren einen erheblichen Imageverlust erlitten hat.

Hinzu kommt das oft verzerrte Bild, das fachfremde Journalisten zum Aufriß ihrer „Story" über den Amateurfunk geben.

Man sollte sich daher als Funkamateur wappnen, um bei Störungen mit den notwendigen Fachkenntnissen auftreten zu können und auch über seine Rechte und Pflichten informiert sein, die durch das Gesetz über den Amateurfunk und die zugehörige Durchführungsverordnung festgelegt sind.

4.1 Gesetzliche Bestimmungen

Die gesetzlichen Bestimmungen für den Störungsfall anderer Funkdienste durch eine Amateurfunkstation sind im § 16 der Verordnung zur Durchführung des Gesetzes über den Amateurfunk (DV-AFuG) festgelegt:

„
§ 16
Störungen und Maßnahmen bei Störungen

(1) Durch den Betrieb einer Amateurfunkstelle dürfen keine schädlichen Störungen im Sinne der Vorschriften in Anhang 3 des Internationalen Fernmeldevertrages, Genf 1959 (Gesetz zu dem Internationalen Fernmeldevertrag vom 21. Dezember 1959 vom 3. Dezember 1962 — Bundesgesetzbl. II S. 2173) bei anderen Funkanlagen verursacht werden. Der Betrieb von anderen Fernmeldeanlagen, die öffentlichen Zwecken dienen, darf nicht gestört werden.

4 Störungen und störende Beeinflussungen

(2) Im Störungsfall hat der Funkamateur seine Amateurfunkstelle technisch so einzurichten, wie es zur Beseitigung der Störungen erforderlich ist. Dabei wird vorausgesetzt, daß der Besitzer der gestörten Empfangsfunkanlage sämtliche Möglichkeiten zur Verbesserung der Störfestigkeit seiner Anlage in technisch und wirtschaftlich vertretbarem Rahmen ausgeschöpft hat, zum Beispiel durch zusätzliche Verwendung von Sperrgliedern, Siebmitteln, Abblockungen, Schirmungen sowie günstigere Wahl der Art und des Standorts der Empfangsantennen.

(3) Können die Störungen durch Maßnahmen nach Absatz 2 nicht beseitigt werden, so hat der Funkamateur seinen Betrieb so einzurichten, daß der Empfang nicht mehr gestört wird.

(4) Bei anhaltenden Störungen des Funkempfangs kann die Deutsche Bundespost bis zur Beseitigung der Störungen gegenüber dem Inhaber der störenden Amateurfunkstelle Sperrzeiten, die Sperrung bestimmter Frequenzbereiche oder zusätzliche einschränkende Auflagen hinsichtlich der Sendeleistung anordnen."

In den Absätzen (3) und (4) des § 12 (Technik) ist eine Quantifizierung für die unerwünschten Ausstrahlungen gegeben:

„(3) Die unerwünschten Ausstrahlungen sind auf das geringstmögliche Maß zu beschränken. Als Richtwerte gelten die folgenden Werte für die Dämpfung der unerwünschten Ausstrahlungen in Bezug auf die Leistung der Betriebsfrequenz:

1. Bei Sendern mit Betriebsfrequenzen unter 30 MHz mit einer mittleren Leistung über 25 Watt: um 40 dB. Mit einer mittleren Leistung bis zu 25 Watt darf die unerwünschte Ausstrahlung nicht mehr als $2,5 \times 10^{-3}$ Watt betragen.

2. Bei Sendern mit Betriebsfrequenzen über 30 MHz mit einer mittleren Leistung über 25 Watt: um 60 dB. Mit einer mittleren Leistung bis zu 25 Watt darf die unerwünschte Ausstrahlung nicht mehr als 25×10^{-6} Watt betragen.

3. Bei Sendern mit Betriebsfrequenzen über 235 MHz müssen die unerwünschten Ausstrahlungen so weit gedämpft werden, wie es durchführbar ist.

(4) Die Störstrahlungsleistung der Empfänger der Amateurfunkstelle darf in den Ton- und Fernseh-Rundfunkbereichen nicht größer als 4×10^{-9} Watt sein."

In der Verwaltungsanweisung zur Verordnung zur Durchführung des Gesetzes über den Amateurfunk (VwAnw DV-AFuG) sind im Teil IX Störungsarten definiert und Maßnahmen zur Beseitigung der Störungen angegeben:

„ IX. Störungen und Maßnahmen bei Störungen
(§ 16 DV)

1. Störungsarten

Wird durch eine Amateurfunkstelle ein anderer Funkempfang beeinträchtigt, dann ist zwischen „Störungen" und „störenden Beeinflussungen" zu unterscheiden.

1.1. Eine „Störung" liegt dann vor, wenn eine Nebenaussendung (DIN 45010 Nr. 5.5) den Funkempfang beeinträchtigt und diese Nebenaussendung einen Grenzwert überschreitet.

Im Falle einer Störung wird vorausgesetzt, daß am Standort der gestörten Empfangsfunkanlage die auf einen störungsfreien Empfang bezogene Nutzfeldstärke ausreicht und die Antennenanlage nach VDE 0855 an einem störungsarmen Standort errichtet ist.

Als Grenzwerte für die Nebenaussendungen von Amateurfunkstellen gelten im Störungsfall folgende, auch für andere elektrische Betriebsmittel in Wohngebieten anzuwendenden Werte:

1.1.1. Für die Funkstörspannung und Störleistung auf Leitungen außerhalb des Raumes, in dem die Amateurfunkstelle betrieben wird, der in VDE 0875 festgelegte Funkstörgrad N (bei sinusförmigen Schwingungen N − 12 dB).
1.1.2. Für die Störstrahlungsleistung die gleichen Werte, die die Oszillatoroberschwingungen der ebenfalls in Wohnungen betriebenen Ton- und Fernsehrundfunkempfänger nicht überschreiten dürfen, und zwar
im Frequenzbereich 30 bis 300 MHz 31 dB [pW],
im Frequenzbereich oberhalb 300 MHz 33 dB [pW].
1.2. Eine „störende Beeinflussung" liegt vor, wenn
1.2.1. von der Amateurfunkstelle die technischen Genehmigungsauflagen (§ 12 und Anlage 1 der DV) eingehalten werden und die Beeinträchtigung auf ungenügende Feldstärke des Nutzsignals zurückzuführen ist oder auf Unzulänglichkeiten bei der gestörten Empfangsanlage oder
1.2.2. sowohl die Sendefunkanlage der Amateurfunkstelle den oben genannten Bestimmungen als auch die beeinträchtigte Empfangsfunkanlage den „technischen Vorschriften" und Empfehlungen der DBP entsprechen, aber beide Anlagen unzureichend entkoppelt sind.
2. Maßnahmen zur Beseitigung der Störungen
2.1. Im Falle einer Störung nach Absatz 1.1 ist der Genehmigungsinhaber der störenden Amateurfunkstelle von dem mit der Bearbeitung des Störungsfalles Beauftragten der DBP aufzufordern, für die Beseitigung der Störung zu sorgen und den störenden Betrieb bis dahin einzustellen. Ihm ist ferner aufzugeben, die zur Störungsbeseitigung getroffenen Maßnahmen der Funkstörungsmeßstelle mitzuteilen, damit seine Amateurfunkstelle überprüft und die Stillegung ggf. aufgehoben werden kann.
2.2. Bei einer störenden Beeinflussung im Sinne des Absatzes 1.2.1 ist der Besitzer der beeinträchtigten Empfangsfunkanlage auf die Unzulänglichkeiten seiner Empfangsfunkanlage hinzuweisen. Hierbei sind ihm die für eine Beseitigung der störenden Beeinflussung geeigneten Maßnahmen vorzuschlagen. In der Regel ist er an die Herstellerfirma seiner Empfangsfunkanlage oder der Anlagenteile zu verweisen. Die Firma wird vom Funkstörungsmeßdienst über den Beeinträchtigungsfall unterrichtet.
2.3. Bei einer störenden Beeinflussung im Sinne des Absatzes 1.2.2 ist der Genehmigungsinhaber der beeinflussenden Amateurfunkstelle aufzufordern, für die notwendige Entkopplung seiner Sendefunkanlage zu der beeinflußten Empfangsanlage zu sorgen. Eine ausreichende Entkopplung ist gegeben, wenn eine Vergleichsempfangsanlage nach den Richtlinien der DBP keine störende Beeinflussung zeigt. Ist eine ausreichende Entkopplung nicht möglich oder zu aufwendig, so sind der Amateurfunkstelle je nach Lage des Falles angemessene technische und/oder betriebliche Einschränkungen im Sinne des § 16 Abs. 4 der DV aufzuerlegen."

4.2 TVI und BCI durch Amateurfunkstellen

Im Sprachgebrauch der Funkamateure werden die Störungen von Fernseh- und Hörrundfunkempfängern TVI (television interference) und BCI (broadcasting interference) genannt.
Hinzu kommen noch Störungen, die in reinen Nf-Anlagen (Plattenspieler, Tonbandgerät, Haustelefon usw.) auftreten können.
Fast alle Störungen, die durch Amateurfunkstellen verursacht werden, fallen unter die Kategorie „störende Beeinflussung" (vergl. 4.1). In nur ganz wenigen Fällen werden echte

4 Störungen und störende Beeinflussungen

Störungen produziert, da die heute üblichen AFU-Sender so konzipiert sind, daß unerwünschte Nebenausstrahlungen im genügenden Maß unterdrückt werden.

Störend wirkt demnach meist nur die hohe Feldstärke des Nutzsignals der Amateurfunksendung, das auf den verschiedensten Wegen in den Empfänger des Nachbarn gelangt.

Meist dauert es eine ganze Weile, bis der gestörte Rundfunkteilnehmer merkt, wo die Ursache für seine sporadisch auftretenden Empfangsstörungen herrührt. Umso größer ist sein Zorn auf den nichtsahnenden Funkamateur. Für ihn ist die Tatsache, daß seine Sendeanlage stört, eine unangenehme Überraschung, zumal das Nachbarschaftsverhältnis durch die ungeklärte Schuldfrage ernstlich getrübt werden kann.

Man sollte auf jeden Fall den Funkstörungsmeßdienst zu Rate ziehen, um die Störungsart „von Amts wegen" feststellen zu lassen.

In den meisten Fällen ist das gestörte Gerät nicht einstrahlungsfest genug, wodurch sich jede weitere Diskussion um die Schuldfrage erübrigt.

Zudem blockt man damit den Zulauf aus der restlichen Nachbarschaft ab. Hat sich nämlich einmal herumgesprochen, daß Störungen durch den Amateurfunk auftreten, besitzt man den „Schwarzen Peter", egal welcher Art die Störungen sind und wo sie herkommen.

Die Vielfalt der Störungsformen und ihre Ursachen, die teils gerätespezifisch sind, lassen sich nur schwer systematisieren, weshalb die Veröffentlichungen zu diesem Thema fast durchweg spezielle Erfahrungsberichte sind.

Das Angebot von Entstörmitteln seitens der Industrie ist inzwischen so umfangreich, daß hier auf entsprechende Bauanleitungen von Filtern, Drosseln usw. verzichtet werden kann, zumal der Funkamateur ohnehin nur selten die Meßmittel besitzt, um die Übertragungsfunktion solcher Selbstbau-Dämpfungsglieder zu kontrollieren.

Die anschließende Klassifizierung der Störungsformen soll lediglich eine Wegrichtung bei der Einkreisung des Fehlers innerhalb der Empfangsanlage weisen, um so zielgerichtet Abhilfe schaffen zu können.

4.21 Übersteuerung der Hf-Eingangsstufe

Die primäre Ursache für die von den Funkamateuren gefürchteten TVI- und BCI-Störungen ist die Übersteuerung der Hf-Eingangsstufe des gestörten Empfangsgeräts.

Dies geschieht einerseits durch die unmittelbare Nachbarschaft zwischen der Sendeantenne und der Rundfunkantennenanlage und andererseits durch die oft mangelnde Weitabselektion der Eingangsstufe im Tuner.

An der Steuerelektrode des Eingangsverstärkers erscheint dadurch eine übermäßig hohe Amplitude des Fremdsignals (der AFU-Sendung), so daß es mit dem Nutzsignal zu Kreuzmodulationsstörungen kommt (vergl. 2.23).

Beim Fernsehempfang kann dies zu den unterschiedlichsten Störerscheinungen führen, die sich im Ton, in der Farbe und in der Synchronisation (Ausfall) bemerkbar machen können.

Seitens einiger Hersteller von Fernsehgeräten hat man inzwischen versucht, das Großsignalverhalten der Tuner-Eingangsschaltungen zu verbessern, indem man die störempfindlicheren bipolaren Transistoren gegen FETs ausgetauscht hat und für eine Abschwächung des Eingangssignals durch geeignete Regelschaltungen sorgt.

Diese vorsorglichen Maßnahmen findet man leider nicht bei allen Fabrikaten und schon gar nicht bei älteren Geräten, die besonders störanfällig sind, da man erst in jüngster Zeit auf die Einstrahlungsfestigkeit achtet.

Zur Beseitigung der beschriebenen Störungsart muß man vor den Tuner ein Hochpaßfilter schalten, dessen Dämpfungsbereich unter 40 MHz beginnt. Hierdurch wird das Fremd-

4.2 TVI und BCI durch Amateurfunkstellen

signal aus dem KW-Bereich entsprechend der Filterdämpfung vom Tuner-Eingang ferngehalten, wodurch die Übersteuerung und die Kreuzmodulationsstörungen ausbleiben. Filter dieser Art werden von allen führenden TV-Produzenten geliefert.

Führt das Hochpaßfilter nicht zum gewünschten Erfolg, können Mantelströme die Ursache der Störung sein, die bei ungenügender Erdung des Koaxialkabel-Mantels der Empfangsantennenzuleitung auftreten.

Für diesen Fall hat die Industrie Hf-Trenntransformatoren entwickelt, die einen Übertragungsbereich von 40 bis 800 MHz besitzen, so daß Fremdsignale aus dem KW-Bereich unterdrückt werden.

Ist dem Empfänger eine Gemeinschaftsantennenanlage vorgeschaltet, gelten die Aussagen für die Eingangsstufe des Antennenverstärkers, so daß dort das Tiefpaßfilter oder der Trenntransformator vorgeschaltet werden müssen.

Eine gestörte Gemeinschaftsantennenanlage erkennt man oft daran, daß alle angeschlossenen Geräte in gleicher Form gestört werden. Dies ist allerdings nicht zwingend.

Breitbandantennenverstärker stellen ganz besondere Probleme bei der Entstörung, da sie keinerlei Selektionsmittel für die Frequenzbereiche des Nutzsignals besitzen. Sie sind demnach auch für das Amateurfunksignal „offen wie ein Scheunentor". Zwar sind diese Verstärker nicht mehr zulässig, doch findet man sie noch in älteren Anlagen.

Zur Entstörung muß man Sperrfilter für die AFU-Bänder vorschalten. Allerdings gibt es hartnäckige Fälle, bei denen nur der Austausch gegen einen selektiven Verstärker hilft.

Den Nachweis, daß die Störungen über die Antennenzuleitung in das Empfangsgerät gelangen, kann man bei genügend hoher Nutzfeldstärke mit einer Zimmerantenne führen. Bleiben die Störungen beim Anschluß der Zimmerantenne aus, ist das Übel in jedem Fall innerhalb der Außenantennenanlage zu suchen.

4.22 Einstrahlungen über Leitungen

Kann man die Störungen weder mit einem Hochpaßfilter noch mit einem Hf-Trenntransformator beseitigen, muß man daraus schließen, daß sie nicht auf dem Antennenweg in das Gerät geraten.

Diese Annahme wird noch dadurch unterstützt, wenn auch mit der Zimmerantenne die Störungen in gleicher Form erscheinen.

Es besteht zunächst die Wahrscheinlichkeit, daß die Störungen über die am Gerät angeschlossenen Leitungen verursacht werden, die als Antenne für das unerwünschte Fremdsignal wirken. Man löst deshalb alle Verbindungsleitungen vom gestörten Gerät, so daß lediglich die Antennenzuleitung und die Stromversorgungsleitung übrigbleiben.

Bleibt die Störung aus, sucht man das Kabel heraus (Fernbedienkabel, Lautsprecherleitung, Tonabnehmerleitung usw.), durch das die Störung hervorgerufen wurde. Es wird sorgfältig verblockt, und falls notwendig, werden Hf-Ferritdrosseln in Serie geschaltet.

Sind die Störungen auf eine relativ lange Außenlautsprecherleitung zurückzuführen, muß man bei der Verblockung und Verdrosselung darauf achten, daß man den Frequenzgang der Anlage nicht „verbiegt". Für diesen Fall werden spezielle Lautsprecherdrosseln angeboten, die direkt vor den Lautsprecherausgang des betroffenen Gerätes geschaltet werden. Ihre Dämpfungswirkung beginnt erst weit oberhalb des Nf-Bereichs.

Bleiben die Störungen erhalten, obwohl alle übrigen Leitungen vom Gerät entfernt worden sind, kann die Netzzuleitung die Ursache sein.

Zur Hf-Trennung gibt es industriell gefertigte Netzverdrosselungen, die unmittelbar vor den Netzanschluß innerhalb des gestörten Gerätes (z. B. an den Netzschalter) gelötet werden. Auf diese Weise wird die von der Netzleitung aufgenommene Fremdspannung vom Gerät ferngehalten.

4 Störungen und störende Beeinflussungen

4.23 Direkteinstrahlung

Die unangenehmste Form der störenden Beeinflussung ist die Direkteinstrahlung in die Schaltung des gestörten Gerätes.

Man muß auf Direkteinstrahlung schließen, wenn trotz der Verdrosselung aller externer Leitungen weiterhin Störungen zu beobachten sind und direkte Störsignale auf der Nutzfrequenz des gestörten Gerätes ausgeschlossen werden können.

Die komplexe Schaltung bietet eine Unzahl von möglichen Störungsursachen. Zu lange Leitungsführung, schlechte Kontaktierung von Steckkarten, ungünstig gewählte Erdungspunkte, unzureichende Abblockung bestimmter Schaltungsdetails und nichtabgeschirmte hochohmige Verstärkereingänge sind die üblichen Fehlerquellen. Allerdings gehört zur Analyse der Einstrahlstelle innerhalb der Schaltung ein gehöriges Maß an Erfahrung, so daß man als Funkamateur auf keinen Fall im Gerät des Nachbarn auf Verdacht herumlöten sollte.

Direkteinstrahlungsprobleme sind Sache des Herstellers, der in der Regel über einen Katalog von Fehlerursachen der einzelnen Gerätetypen verfügt, so daß die Einstrahlungsfestigkeit relativ schnell nachgerüstet werden kann.

Der Hersteller wird in diesem Störungsfall nach der VwAnw DV-AFuG (vergl. 4.1) vom Funkstörungsmeßdienst auf das fehlerhafte Gerät aufmerksam gemacht. Zur Störungsbeseitigung muß das Gerät u. U. an die Herstellerfirma gesandt werden. Geräteeigentümer reagieren auf solche Aktionen oft sehr verständnislos, zumal doch der Funkamateur der Schuldige sei, durch dessen Sender das Gerät gestört werde.

Will man sein Hobby nicht für die Zeit aufgeben, bis der Nachbar ein neues (und hoffentlich einstrahlungsfestes) Gerät kauft, muß man auf seinem Recht bestehen.

4.24 Störungen durch Harmonische, Nebenwellen und parasitäre Schwingungen

Liegen die unerwünschten Nebenausstrahlungen des Amateurfunksenders über dem Limit, das im § 12 der DV-AFuG (vergl. 4.1) angegeben ist und fallen diese Nebenausstrahlungen in den Fernseh- und Hörfunkbereich, dann sind dies „echte" Störungen seitens der Amateurfunkstelle, die auf jeden Fall beseitigt werden müssen.

Man unterscheidet im allgemeinen zwischen Harmonischen und Nebenwellen. Harmonische sind ganzzahlige Vielfache der Nutzfrequenz des AFU-Senders (wobei die 1. Harmonische der Nutzfrequenz selber entspricht), während Nebenwellen Verzerrungsprodukte des Senders sind, die nicht im direkten Verhältnis zur Nutzfrequenz stehen.

Harmonische lassen sich demnach relativ einfach bestimmen, zumal die Störfrequenz lediglich durch die Nutzfrequenz zu teilen ist. Läßt sich das Störsignal nicht durch ganzzahliges Dividieren auf die Nutzfrequenz zurückführen, handelt es sich um Nebenwellen.

Die Bestimmung solcher unerwünschten Nebenausstrahlungen und deren absolute Leistung läßt sich natürlich nicht mit üblichen Amateurfunkmitteln durchführen. Hierfür ist der Funkstörungsmeßdienst zuständig, der über die notwendigen selektiven Meßempfänger bzw. Panorama-Empfänger verfügt.

Zur Unterdrückung von Nebenausstrahlungen eines KW-Senders liefern praktisch alle bekannten AFU-Gerätehersteller Tiefpaßfilter mit einer Grenzfrequenz von etwa 40 MHz, die dem Senderausgang direkt nachgeschaltet werden. Bei der Einschaltung eines solchen Filters ist auf die zulässige Durchgangsleistung zu achten, die bei üblichen Typen allerdings 1 kW beträgt, wobei die Ein- und Ausgangsimpedanzen zwischen 50 und 60 Ohm liegen.

4.2 TVI und BCI durch Amateurfunkstellen

Parasitäre Schwingungen (Selbsterregung der Endstufe) sind meist auf Huth-Kühn-Schwingungen zurückzuführen (vergl. 2.311). Sie entstehen bei mangelnder Neutralisation der Endstufe und haben nichts mit der Ausstrahlung von Harmonischen und Nebenwellen zu tun, die vom Polynomverlauf der Endstufenkennlinie herrühren.

Parasitäre Schwingungen können bis in den UKW-Bereich innerhalb der KW-Endstufe entstehen. Aus diesem Grunde schaltet man (neben der Neutralisation) an die Anodenkappe der Endröhre und teilweise auch direkt vor das Gitter sogenannte UKW-Fallen. Sie bestehen im einfachsten Fall aus einem niederohmigen Widerstand (50 bis 100 Ohm), der mit 3 bis 4 Drahtwindungen überbrückt ist.

Bei exakt neutralisierter Endstufe (und evtl. auch Treiber) und zusätzlichen UKW-Fallen dürfen keine parasitären Schwingungen auftreten.

4.25 Störeinflüsse durch Antenne und Erdung

Störende Beeinflussungen kann man u. U. dadurch vermindern, daß die effektive Entfernung zwischen der Sendeantenne und der Empfangsantennenanlage so groß wie möglich gemacht wird, da die Feldstärke des Fremdsignals in unmittelbarer Nähe mit dem Quadrat der Entfernung abnimmt (vergl. 1.71). Hierbei ist besonders darauf zu achten, daß nur die Sendeantenne selber Hf-Energie abstrahlt, während die Speiseleitung nach Möglichkeit kalt sein soll.

Viele Störungen sind lediglich darauf zurückzuführen, daß die Hf-strahlende Speiseleitung in der unmittelbaren Nähe des Empfangsgeräts oder der Empfangsantenne verlegt ist und aus diesem Grunde eine außerordendlich hohe Fremdsignalamplitude in das gestörte Gerät gelangt.

Man sollte demnach nur solche Antennen verwenden, die eine völlig strahlungsfreie Zuleitung besitzen.

Bei den üblichen mittengespeisten Halbwellendipolen erfordert dies eine Symmetrierung am Einspeisepunkt, soweit Koaxialkabel als Speiseleitung dient.

Alle diese Maßnahmen können im Störungsfall vergeblich sein, wenn die Erdung der Sendeanlage mangelhaft ist.

Besitzen der Sender und die Antennenzuleitung nicht das feste Bezugspotential Erde, werden die Störeinflüsse seitens der Sendeantennenanlage völlig unbestimmt.

Leider besteht bei vielen Amateurfunkstellen nicht die Möglichkeit, eine getrennte Erdleitung zu führen, so daß man mit restlicher Hf-Spannung an den AFU-Geräten und auf der Speiseleitung rechnen muß.

In diesem Fall kommt man nur experimentell zu einer Verminderung der Störung, indem man die Antenne in unterschiedliche Richtungen hängt und den Winkel zur Erdoberfläche variiert. Durch diese Änderung der Richtwirkung und auch der Polarisationsebene läßt sich evtl. ein Störungsminimum finden.

5 Literatur und Quellen

1.1 K. Küpfmüller, Einführung in die theoretische Elektrotechnik, 7. Auflage, Springer-Verlag, Berlin/Göttingen/Heidelberg 1962, Seiten 4 bis 56
W. Müller-Schwarz, Grundlagen der Elektrotechnik, Siemens Aktiengesellschaft, Berlin · München 1969, Seiten 12 bis 59

1.2 K. Küpfmüller, Einführung in die theoretische Elektrotechnik, vergl. 1.1, Seiten 184 bis 288
W. Müller-Schwarz, Grundlagen der Elektrotechnik, vergl. 1.1, Seiten 60 bis 98
A. Senner u. a., Fachkunde Elektrotechnik, Verlag Europa-Lehrmittel Wuppertal 1972, 9. Auflage, Seiten 86 bis 96, 117 bis 123

1.3 K. Küpfmüller, Einführung in die theoretische Elektrotechnik, vergl. 1.1, Seiten 56 bis 178
W. Müller-Schwarz, Grundlagen der Elektrotechnik, vergl. 1.1, Seiten 99 bis 116
A. Senner u. a., Fachkunde Elektrotechnik, vergl. 1.2, Seiten 138 bis 145

1.41 bis 1.47 W. Müller-Schwarz, Grundlagen der Elektrotechnik, vergl. 1.1, Seiten 128 bis 178
H. Schröder, Elektrische Nachrichtentechnik I. Band, Verlag für Radio-Foto-Kinotechnik GMBH Berlin-Borsigwalde 1965, Seiten 91 bis 144

1.48 H. Schröder, Elektrische Nachrichtentechnik I. Band, vergl. 1.41, Seiten 590 bis 604

1.49 Telefunken AG, Telefunken-Laborbuch Band 1, 7. Auflage, Franzis-Verlag München 1965, Seiten 329 bis 337
F. Hillebrand, DJ 4 ZT, Einseitenbandtechnik für den Funkamateur, RPB 117/118 2. Auflage, Franzis-Verlag München 1968, Seiten 54 bis 62
H. Niggemeyer, Schwingquarze — gestern und heute, Funkschau 24/74, Seiten 926 bis 928

1.5 H. Schröder, Elektrische Nachrichtentechnik I. Band, vergl. 1.41, Seiten 414 bis 473
H.-G. Unger, W. Schultz, Elektronische Bauelemente und Netzwerke II, 2. Auflage, Verlag Vieweg + Sohn Braunschweig 1972, Seiten 138 bis 148
H. Koch, Transistorsender, 5. Auflage, Franzis-Verlag München 1976, Seiten 104 bis 126

1.6 U. Tietze, Ch. Schenk, Halbleiter-Schaltungstechnik, 3. Auflage, Springer-Verlag Berlin/Heidelberg/New York 1974, Seiten 24 bis 28, 72 bis 135
G. Bohle, E. Hofmeister, Halbleiterbauelemente für die Elektronik, Herausgeber: Siemens AG Bereich Bauelemente-Vertrieb, München 1976, Seiten 7 bis 35

1.63 H. Koch, Transistorempfänger, 2. Auflage, Franzis-Verlag München 1975, Seiten 127 bis 134

1.7 H. Schröder, Elektrische Nachrichtentechnik I. Band, vergl. 1.41, Seiten 491 bis 505, 578 bis 589

5 Literatur und Quellen

Siemens & Halske AG, Handbuch für Kurzwellendienste, Ausgabe 1965, Abschnitt I, Seiten 9 und 23

W. Menzel, Ionosphärische Einflüsse auf die Wellenausbreitung (Grundlagen des Funkwetterdienstes), Langfristige Vorhersage der Ausbreitungsbedingungen von Kurzwellen (Zur Praxis des Funkwetterdienstes), Der Fernmelde-Ingenieur, Sonderdrucke der Hefte 11/53 und 1/54, Verlag für Wissenschaft und Leben Georg Heidecker Windsheim (MFR.) 1954

Max-Planck-Institut für Aeronomie, Institut für Ionosphärenphysik, Festschrift zum 25jährigen Bestehen des Instituts für Ionosphärenphysik in Lindau am Harz, 1972

G. Lange-Hesse, DJ 2 BC, Die Ionosphäre und ihr Einfluß auf die Ausbreitung kurzer elektrischer Wellen, DL-QTC 9 bis 12/55, 1 bis 3/56

G. Lange-Hesse, DJ 2 BC, Fernausbreitung, monatlicher Beitrag zur KW-Funkwettervorhersage des MPI-Lindau im cq-DL

W. Dieminger, DL 6 DS, Der Feldstärkeverlauf am Rande und innerhalb der Toten Zone, cq-DL 10/73, Seiten 578 bis 585

K. Rothammel, DM 2 ABK, Antennenbuch, 4. Auflage, Telekosmos-Verlag Franckh'sche Verlagshandlung Stuttgart 1973, Seiten 19 bis 34

H. Kochan, Einfluß der solar-terrestrischen Beziehungen auf die Rückstreuausbreitung im 2-m- und 10-m-Band, cq-DL 7/74, Seiten 386 bis 391

2.2 ARRL, The Radio Amateur's Handbook, 54. Ausgabe 1977, American Radio Relay League, Newington, Conn. USA 1977, Seiten 235 bis 289

G. Gerzelka, Amateurfunk-Superhets, RPB 108, Franzis-Verlag München 1977

U. L. Rohde, DJ 2 LR, K. H. Eichel, DL 6 HY, Stand der Technik bei Amateurfunkgeräten im Kurzwellengebiet, Funkschau 24/72, Seiten 885 bis 888 und 1/73, Seiten 21 bis 24

2.21 H. Koch, Transistorempfänger, vergl. 1.63, Seiten 93 bis 107
und H. Schröder, Elektrische Nachrichtentechnik I. Band, vergl. 1.41, Seiten 427 bis 443
2.22 A. Schädlich, DL 1 XJ, Hilfstafeln zur Bestimmung der unerwünschten Mischprodukte bei Frequenzumsetzern, DL-QTC 8/64, Seiten 472 bis 474

R. S. Badessa, Mixer Frequency Charts, Electronics 8/46, Seite 138

2.23 H.-J. Brandt, DJ 1 ZB, Umschaltbares Dämpfungsglied gegen Kreuzmodulationsstö-
und rungen, DL-QTC 7/71, Seiten 406 und 407
2.25 Th. Moliere, DL 7 AV, Das Großsignalverhalten von Kurzwellenempfängern, cq-DL 8/73, Seiten 450 bis 458

M. Martin, DJ 7 VY, Empfängereingangsteil mit großem Dynamikbereich und sehr geringen Intermodulationsverzerrungen, cq-DL 6/75, Seiten 326 bis 336

G. Schwarzbeck, DL 1 BU, SSB-QRM, cq-DL 7/75, Seiten 386 bis 393

J. Köppen, DF 3 GJ, Hf-Abschwächer, cq-DL 10/75, Seite 588

J. Schrader, DK 7 BF, Mischung-Amplitudenmodulation - Entstehung der Intermodulation, cq-DL 1/77, Seiten 11 und 12

W. Hayward, W 7 ZOI, Der dynamische Bereich eines Empfängers, cq-DL 3/77, Seiten 93 bis 98

2.24 H. Schröder, Elektrische Nachrichtentechnik II. Band, Verlag für Radio-Foto-Kinotechnik GMBH Berlin-Borsigwalde 1966, Seiten 290 bis 309

H. Koch, Transistorempfänger, vergl. 1.63, Seiten 67 bis 73

H. G. Unger, W. Schultz, Elektronische Bauelemente und Netzwerke I, 2. Auflage, Verlag Vieweg + Sohn Braunschweig 1971, Seiten 176 bis 193

5 Literatur und Quellen

        U. Tietze, Ch. Schenk, Halbleiter-Schaltungstechnik, vergl. 1.6, Seiten 76 bis 80, 125 und 126
        Funktechnische Arbeitsblätter, Rö 81, Franzis-Verlag München 1951
        E. Moltrecht, DJ 4 UF, Die Empfindlichkeit eines Empfängers, cq-DL 1/76, Seiten 10 und 11
        G. Schwarzbeck, DL 1 BU, Testbericht FT 221, cq-DL 6/76, Seiten 230 bis 234

2.27 G. Laufs, DL 6 HA, Amateur-SSB-Technik, Telekosmos-Verlag Franckh'sche Verlagshandlung Stuttgart 1965, Seiten 84 bis 95
        H. Koch, Transistorempfänger, vergl. 1.63, Seiten 155 bis 210
        Funktechnische Arbeitsblätter, Die Pin-Diode und ihre Anwendung, Funkschau 1/73, Seiten 37 bis 40

2.28 H. Koch, Transistorempfänger, vergl. 1.63, Seiten 170 bis 177, 186 bis 198
        H. Schröder, Elektrische Nachrichtentechnik I. Band, vergl. 1.41, Seiten 434 bis 438, 463 bis 473
        H. Logsch, Funktechnik I, R. v. Decker's Verlag Hamburg/Berlin/Bonn 1960, Seiten 224 bis 242

2.29 ARRL, The Radio Amateur's Handbook, vergl. 2.2, Seiten 253 bis 255
        G. Laufs, DL 6 HA, Amateur-SSB-Technik, vergl. 2.27, Seiten 96 bis 99
        U. Tietze, Ch. Schenk, Halbleiter-Schaltungstechnik, vergl. 1.6, Seiten 335 bis 350
        Ha.-Jo. Pietsch, DJ 6 HP, Aktives Nf-CW-Notch-Filter DJ 6 HP 010, cq-DL 2/74, Seiten 71 bis 76

2.31 H. Schröder, Elektrische Nachrichtentechnik II. Band, vergl. 2.24, Seiten 556 bis 584
        H. Koch, Transistorempfänger, vergl. 1.63, Seiten 110 bis 124
        H. Koch, Transistorsender, vergl. 1.5, Seiten 17 bis 32
        K. H. Hille, DL 1 VU, Vom Trafo zum 0V1, cq-DL 1, 2, 3/76

2.32 G. Laufs, DL 6 HA, Amateur-SSB-Technik, vergl. 2.27, Seiten 11 bis 13
        F. Hillebrand, DJ 4 ZT, Einseitenbandtechnik für den Funkamateur, vergl. 1.49, Seiten 7 bis 16, 45 bis 51
        H. Pelka, SSB- und ISB-Technik, RPB 38, Franzis-Verlag München 1975, Seiten 37 bis 56
        K. Fuhrmann, DJ 1 PL, Zur Theorie der SSB-Phasensender, DL-QTC 2/59, Seiten 50 bis 57
        G. Peltz, SSB nach der „dritten Methode", DL-QTC 2/63, Seiten 50 bis 54
        S. Hein, DK 5 JP, Entstehung der Trägerunterdrückung im Ringmodulator, cq-DL 10/75, Seiten 586 bis 587

2.341 ARRL, The Radio Amateur's Handbook, vergl. 2.2, Seiten 399 bis 402
        O. Koch, DL 7 HA, PEP-Wattmeter, cq-DL 11/74, Seiten 647 bis 654
        G. Schwarzbeck, DL 1 BU, SSB-QRM, vergl. 2.23
        K. Döll, DJ 6 BN, PEP-Wattmeter für SSB-Sender, cq-DL 4/76, Seiten 122 und 123
        D. Arends, DL 2 GK, Zweiton-Generator zur Überprüfung der Linearität von SSB-Sendern, cq-DL 3/77, Seiten 90 bis 92

2.342 ARRL, The Radio Amateur's Handbook, vergl. 2.2, Seiten 146 bis 148
        TRW-Application CT-122-71, High Performance Linear Power Amplifier 1,5 to 30 MHz, 12,5 Volts D. C., TRW-Semiconductors, 14520 Aviation Boulevard Lawndale, California 90260, USA

5 Literatur und Quellen

Th. Moliere, DL 7 AV, Transistor-Breitband-Linearverstärker, DL-QTC 10/70, Seiten 595 bis 600

H. Pelka, SSB- und ISB-Technik, vergl. 3.32, Seiten 63 bis 69

2.343 F. Hillebrand, DJ 4 ZT, Einseitenbandtechnik für den Funkamateur, vergl. 1.49, Seiten 62 bis 94

ARRL, The Radio Amateur's Handbook, vergl. 2.2, Seiten 148 bis 151, 153 bis 160, 184 bis 194

M.-W. Vogel, DL 6 AN, Zur Konstruktion von Linearverstärkern für SSB, DL-QTC 10/58, Seiten 458 bis 464

ARRL, Some Notes on the Design and Construction Techniques for Linear Amplifiers, QST 9/71, Seiten 24 bis 31

A. Weidemann, DL 9 AH, Linear-PA nach DL 9 AH, DL-QTC 10/69, 11/70, cq-DL 8/72

R. Becher, DJ 4 MV, J. Lins, DJ 5 WP, Linearendstufe, DL-QTC 10/69, Seiten 584 und 585

K. H. Scheidel, DL 8 TO, 80-m-Linearendstufe für Transistor-Exciter, DL-QTC 6/71, Seiten 339 bis 343

A. Gschwindt, HA 5 WH, Verminderte Oberwellenabstrahlung durch Einsatz von π-L-Filtern, cq-DL 6/74, Seiten 340 bis 345

F. Kirchner, DJ 2 NL, Vereinfachte Berechnung des Collins-Tankkreises (Pi-Filters), cq-DL 10/74, Seiten 590 bis 594

2.344 H. Pelka, SSB- und ISB-Technik, vergl. 3.32, Seiten 63 bis 70

ARRL, The Radio Amateur's Handbook, vergl. 2.2, Seiten 155 und 157, 160 bis 164, 195 bis 198

B. Loewe, K 4 VOW, A 15-Watt-Output Solid-State Linear Amplifier for 3,5 to 30 MHz, QST 12/71, Seiten 11 bis 14

TRW-Application CT-113-71, 100 Watt Linear Solid State Power Amplifier 1,5 to 30 MHz, 12,5 V D. C., TRW Semiconductors vergl. 2.342

U. L. Rohde, DJ 2 LR, K. H. Eichel, DC 6 HY, Stand der Technik bei Amateurgeräten im Kurzwellengebiet, Funkschau 2/73, Seiten 57 bis 59

S. Chambers, A 1000-W solid-state power amplifier ?, Electronic Design April 1 1974, Seiten 58 bis 62

2.345 H. Koch, Transistorsender, vergl. 1.5, Seiten 43 bis 56

H.-D. Zander, DJ 2 EV, Die Zuverlässigkeit von Sendeleistungstransistoren für die Lizenzklasse C, DL- QTC 10/70, Seiten 574 bis 580

Elektor-Labor, Kühlung von Halbleiterbauelementen, Elektor 3/71

2.351 ARRL, The Radio Amateur's Handbook, vergl. 2.2, Seiten 385 bis 388

E. Werner, Kondensatormikrofone mit Elektretmembran, Funkschau 8/72, Seiten 267 bis 270

W. Müller-Schwarz, Grundlagen der Elektrotechnik, vergl. 1.1, Seite 110

2.353 ARRL, The Radio Amateur's Handbook, vergl. 2.2, Seiten 391 bis 397

F. Bewert u. a., Mathematik Band I, 5. Auflage, Verlag Harri Deutsch, Frankfurt/M. und Zürich 1963, Seiten 132 bis 139

D. E. Schmitzer, DJ 4 BG, Clippen — aber richtig, UKW-Berichte 1/70, Seiten 15 bis 22

K. Döll, DJ 6 BV, Verzerrungsfreies Dynamikverdichtungssystem für Einseitenbandsender, DL QTC 4/71, Seiten 194 bis 204

5 Literatur und Quellen

  K. Döll, DJ 6 BV, Zf-Clipper für SSB-Sender und Transceiver, cq-DL 6/73, Seiten 341 bis 348
  R. Myers, W 1 FBY, A quasi-logarithmic analog amplitude limiter with frequency-domain, QST 8/74, Seiten 22 bis 25 und 40
  Ha.-Jo. Pietsch, DJ 6 HP, Nf-Dynamik-Begrenzer DJ 6 HP 019, cq-DL 10/75, Seiten 593 bis 597
  D. Arends, DL 2 GK, Hf-Clipper mit preiswerten Filtern, cq-DL 4/77, Seiten 138 bis 143

2.51 ARRL, The Radio Amateur's Handbook, vergl. 2.2, Seiten 573 bis 588
bis   ARRL, The ARRL Antenna Book, American Radio Relay League, Newington, Conn.
2.54 1976, Seiten 68 bis 129
  K. Rothammel, DM 2 ABK, Antennenbuch, vergl. 1.7, Seiten 88 bis 139
  R. Auerbach, DL 1 FK, Amateurfunk-Antennen, Franzis-Verlag München 1977, Seiten 76 bis 123
  H. Schröder, Elektrische Nachrichtentechnik I. Band, vergl. 1.41, Seiten 197 bis 298, 526 bis 537
  H. Logsch, Funktechnik I, vergl. 2.28, Seiten 111 bis 115
  G. Schneider, Funktechnik II, R. v. Decker's Verlag, G. Schenk GMBH Hamburg · Berlin · Bonn 1961, Seiten 9 bis 34
  M. W. Maxwell, W 2 DU, Eine andere Betrachtungsweise über Reflexionen auf Speiseleitungen, cq-DL 1, 2, 4, 6, 7, 8/76
  O. Koch, DL 7 HA, Eine Antennenrauschbrücke, cq-DL 4/76, Seiten 118 bis 120
  J. Teibach, DJ 4 PY, Antennenanpassung, cq-DL 9/76, Seiten 312 und 313
  G. Achilles, DJ 2 BJ, VSWR-Direktanzeige, cq-DL 2/77, Seiten 56 bis 58

2.55 ARRL, The ARRL Antenna Book, vergl. 2.51, Seiten 24 bis 67
  K. Rothammel, DM 2 ABK, Antennenbuch, vergl. 1.7, Seiten 41 bis 71
  R. Auerbach, DL 1 FK, Amateurfunk-Antennen, vergl. 2.51, Seiten 21 bis 75
  H. Schröder, Elektrische Nachrichtentechnik I. Band, vergl. 1.41, Seiten 482 bis 578

2.56 ARRL, The ARRL Antenna Book, vergl. 2.51, Seiten 130 bis 223
  K. Rothammel, DM 2 ABK, Antennenbuch, vergl. 1.7, Seiten 143 bis 322
  R. Auerbach, DL 1 FK, Amateurfunk-Antennen, vergl. 2.51, Seiten 125 bis 201
  H. Rückert, VK 2 AOU, Quad-Probleme und deren Lösung, cq-DL 1/77, Seiten 6 bis 9

3.1 U. Tietze, Ch. Schenk, Halbleiter-Schaltungstechnik, vergl. 1.6
  M. Herpy, Analoge Integrierte Schaltungen, Franzis-Verlag München 1976

3.2 ARRL, Specialized Communications Techniques for the Amateur, American Radio Relay League, Newington, Conn. 1977
  F. De Motte, W 4 RWM, Wayne Green, W 2 NSD, Ham-RTTY, 73 Magazine, Peterborough, N. H. 1964
  G. R. Sapper, DJ 4 KW, Amateur-Funkfernschreiben, Telekosmos-Verlag Franckh'sche Verlagshandlung Stuttgart 1967
  Ha.-Jo. Pietsch, DJ 6 HP, Amateur-Funkfernschreibtechnik RTTY, RPB 25, Franzis-Verlag München 1977
  Ha.-Jo. Pietsch, DJ 6 HP, Elektronische Fernschreibanlage DJ 6 HP 014-022/23, Selbstverlag, Braunschweig 1976
  U. Stolz, DJ 9 XB, Die Grundlagen von RTTY, cq-DL 2, 4, 6/74
  G. R. Sapper, DJ 4 KW, Einführung in die Fernschreib-Betriebstechnik, cq-DL 7, 8/75
  I. M. Hoff, W 6 FFC, Mainline ST-6 RTTY Demodulator, Ham Radio 1/71

Ha.-Jo. Pietsch, DJ 6 HP, Der RTTY-Konverter DJ 6 HP 001, cq-DL 2/72, Seiten 66 bis 74, cq-DL 12/75, Seiten 712 bis 719
Ha.-Jo. Pietsch, DJ 6 HP, Automatik-RTTY-Nf-Konverter DJ 6 HP 025, cq-DL 6/77, Seiten 227 und 228
Ha.-Jo. Pietsch, DJ 6 HP, Quarz-AFSK DJ 6 HP 016, cq-DL 2/75, Seiten 69 bis 73
G. M. König, DJ 8 CY, Quarzgesteuerter AFSK mit genormten Frequenzen, RTTY A/74, Seiten 13 bis 28
Ha.-Jo. Pietsch, DJ 6 HP, Funktionsgenerator-AFSK DJ 6 HP 025, cq-DL 1/77, Seite 21
R. Geissler, DF 7 GP, Neuartiger AFSK-Generator, cq-DL 1/77, Seiten 15 und 16
Ha.-Jo. Pietsch, DJ 6 HP, Datensichtgerät für Amateur-Funkfernschreiben, Funkschau 3/75, Seiten 55 bis 57
Ha.-Jo. Pietsch, DJ 6 HP, Zum Stand der Technik des Amateur-Funkfernschreibens, Funkschau 5/77, Seiten 211 und 212

3.3 C. Macdonald, WA 2 BCW, A new narrow-band image transmission system, QST 8, 9/58
C. Macdonald, WA 2 BCW, S. C. F. M. — an improved system for slow scan image transmission, QST 1, 2/61
D. C. Miller, W 9 NTB, R. Taggart, WB 8 DQT, Slow Scan Television Handbook, 73 Publication, Peterborough, N. H. 1972
ARRL, Specialized Communications Techniques for the Amateur, vergl. 3.2
Ake Backmann, SM ∅ BUO, Schmalband-Fernsehen, DL-QTC 5/71, Seiten 258 bis 270
Ha.-Jo. Pietsch, DJ 6 HP, Slow-Scan-TV-Monitor DJ 6 HP 009, cq-DL 5, 6/73
V. Wraase, DL 2 RZ, Die SSTV-Anlage von DL 2 RZ, cq-DL 7/73, Seiten 386 bis 396
Ha.-Jo. Pietsch, DJ 6 HP, SSTV-Normenwandler DJ 6 HP 013, cq-DL 4/74, Seiten 211 bis 217
Ha.-Jo. Pietsch, DJ 6 HP, SSTV-Bandpaßfilter DJ 6 HP 015, cq-DL 8/74, Seiten 465 bis 467
V. Wraase, DL 2 RZ, SSTV-Normwandlung ohne Änderung an der Kamera, QRV 4/75 Körner-Verlag Stuttgart, Seiten 187 bis 197
V. Wrasse, DL 2 RZ, Umsetzer von SSTV auf fast-scan, QRV 6/75 Körner-Verlag Stuttgart, Seiten 310 bis 315
P. Franz, DK 7 SJ, Flying-Spot-Scanner (FSS) für SSTV, cq-DL 1, 2/77

3.4 C. Schmidt-Stölting, Übertragungsverfahren für Text- und Bildvorlagen, in: Übertragungsverfahren der Nachrichtentechnik, Selbstverlag des VDE-Bezirksvereins Frankfurt/Main 1975, Seiten 19 bis 30
ARRL, Specialized Communications Techniques for the Amateur, vergl. 3.2, Seiten 78 bis 98
N. Roethe, DF 1 FO, Umbauanleitung für die Western Union Desk-Fax, Selbstverlag Königstein 1976
N. Roethe, DF 1 FO, Umrichter für den Western Union Deskfax-Transceiver, Selbstverlag Königstein 1977
King, Conversion of Telefax Transceivers to Amateur Service, QST 5/72
M. May, DC 6 EU, FAX, RTTY 2/74, Seiten 21 bis 30
R. Schmidt, DK 1 ND, Western Union Fax-Sendeempfänger Desk-Fax 6500, RTTY 5/75, Seiten 12 und 13
P. Vogt, DJ 9 DW, Desk-FAX 6500 im Amateurbetrieb, RTTY 1/76, Seiten 6 bis 8, 37 und 38
Redaktion QRV, FAX, QRV 9/77 Körner-Verlag Stuttgart, Seiten 509 bis 522

5 Literatur und Quellen

4.1 Bundesministerium für das Post- und Fernmeldewesen, Bestimmungen über den Amateurfunkdienst, Bearbeitet vom Fernmeldetechnischen Zentralamt 1976

4.2 E. Koch, DL 1 HM, Einstrahlstörungen, Sonderdruck der Funkschau, Franzis-Verlag München 1976
ARRL, The Radio Amateur's Handbook, vergl. 2.2, Seiten 484 bis 505
P. Panzer, DK 3 GK, Erdung von Antennenanlagen, DL-QTC 9/71, Seiten 530 bis 535
A. Ducros, F 5 AD, Anti-TVI-Filter, cq-DL 8/75, Seiten 450 bis 456
H.-A. Rohrbacher, DJ 2 NN, Split-Filter mit Störleistungsanzeige, cq-DL 8/76, Seiten 274 bis 276
R. Westphal, DJ 4 FF, Verbesserung der Weitabselektion bei Fernsehtunern, cq-DL 8/76, Seite 269
E. Koch, DL 1 HM, Störende Beeinflussungen von Empfangsanlagen durch Amateurfunkstellen, Funkschau 13/77, Seiten 52 bis 54, cq-DL 9/77, Seiten 344 bis 346
E. Koch, DL 1 HM, Funkstörungen in Antennenverstärkern, Funkschau 12/77, Seiten 83 bis 87, cq-DL 10/77, Seiten 390 bis 394

Sachverzeichnis

A

AB-Betrieb 232, 245
AB_1-Betrieb 232
AB_2-Betrieb 232
A-Betrieb 230, 249
abgeschlossene Leitung 273
abgestimmte Speiseleitung 281
Ablenkverstärker 394
Abschwächer 156
Absorptionsschwund 114
Abstimmanzeige 374
Addierer 345
Additions-Schmitt-Trigger 348
Additionstheorem 69, 138, 151, 170
additive Mischung 136
AFSK 368, 378
aktive Bauelemente 88, 99, 221, 230, 245
— Filter 186, 348
ALC 220, 249, 260
alphanumerische Zeichen 384
Ampere 11
— sekunde 12
Amplitude 46, 66
Amplitudenmodulation 67
Analog|addierer 345
— -Digital-Wandler 397, 403
— -Elektronik 107, 340
analytischer — Dynamikkompressor 264
Anode 80, 230, 251
Anoden|neutralisation 234
— verlustleistung 244, 250, 253, 383
Anpassung 18, 31, 221, 235, 284, 295, 301
Anstiegszeit 167, 190
Antenne 122, 303
Antennen|kopplung 281, 295
— anpaßgerät 302
— anpassung 281, 295
— ersatzschaltung 297, 306
— fußpunktwiderstand 158, 281, 295, 305
— gewinn 312, 332
— impedanz 306
— polarisation 114, 313
— rauschen 157
— speiseleitung 280
— -Strahlungswiderstand 307
— symmetrierung 295
Anti-VOX 257
Arbeit 17
— punkt 90, 103, 227, 230, 245
— — stabilisierung 246
— zustand 366
arrhythmische Modulation 365

B

ASCII-Code 365, 386
Audionempfänger 126
Aufnahmetechnik FAX 408
— SSTV 397
Ausbreitungsbedingungen 115
Ausgangs|kennlinien 93, 103
— leistung 219, 250
— widerstand 96, 106, 236, 343
Austastverfahren 399
Avalanche-Effekt 82

B

Balance-Mischer 146, 205
— -Modulator 146, 205
Balun-Transformator 299
Bandbreite 55, 59
Bandfilter 59
— kopplung 59
Bandsetz-Oszillator 133
Basis 89
— schaltung 98, 197
Baud 366, 382
Baudot 362
— -Code 362
B-Betrieb 230, 245
BCI 417
Begrenzer 344
Bessel|filter 381
— funktionen 75
Bezugsantenne 312
bidirektionaler Normwandler 403
Biegeschwinger 65
Bildauflösung 387
Bildaufnahmeverfahren FAX 408
— SSTV 397
Bild|dauer 387, 411
— endsignal 411
— folgefrequenz 387
— format 387, 411
— funk 405
— laufzeit 387, 411
— punktabtaster 397, 408
— punktzahl 408
— speicher 395, 401, 403
— synchronisation 387
bipolarer Transistor 88
Blattschreiber 381
Blind|komponente 270, 306
— leistung 48, 109
— widerstand 49, 50
Bodenwellenausbreitung 110
Bogenmaß 43
Boltzmann-Konstante 158
Boom-Quad 337
Brückenschaltung 16, 64, 293
BU 363

Buchstaben|ebene 363
— taste 363
Bürdekapazität 202
Butterworth-Filter 351

C

C-Betrieb 230
CB-Funk 116, 415
CCITT Nr. 2 362
chromosphärische Eruption 114
Clapp-Oszillator 197
Clarifier 269
clippen 260
Code 362
— ebene 363
— wertigkeit 363
Collins-Filter 235
Colpitts-Oszillator 196, 201
Coulomb 12
Cubical-Quad 336
Cursor 403
CW-Filter 174, 186
CW-Notch-Filter 186

D

Dachkapazität 308
Dämpfung 113, 156, 287
Dämpfungs|flanke 350
— glied 156
Darlingtonschaltung 98
Dauermagnet 20
Delta-Loop-Antenne 336
Demodulation AM 168
— FM 175
— SSB 169
Depletion — MOS FET 100
Deskfax-Transceiver 413
Detektor-Empfänger 123
diamagnetische Stoffe 22
Dickenschwinger 65
Dielektrizitätskonstante 36
Differenz-Diskriminator 176
Differenzierglied 183
Differenz|mischung 128, 143
— verstärker 341, 393
Digital-Analog-Wandler 397, 403
— -Elektronik 107, 386
Digitale Normwandlung 401
Dimensionierung aktiver Filter 349
Diode 80
Diodenkennlinie 81
Dipol 304
Direkteinstrahlung 420
Direktor 333
Diskriminatorkennlinie 177, 178
Display 384

429

Sachverzeichnis

Diversityempfang 115
Doppel|faltdipol 320
— seitenbandsignal 205
— superhet 133
Dotierung 79, 100
D-Schicht 111
Drain 100
— schaltung 106
— strom 102
Drehkondensator 43
Drehrichtantennen 332
Drehzahl FAX 410
— RTTY 382
Dreielement-Quad 337
— -Yagi 334
Dreifachsuperhet 134
Dreipunkt-Oszillator 196
Dritte Methode 214
Drossel 33, 243, 299
Dual-Gate MOS FET 137, 140
Dummy Load 338
Durchbruchspannung 80, 82
Durchflutung 21
Durchlaß|kurve 59, 172
— spannung 80
— welligkeit 60, 350
DX-Antenne 332
— -Bänder 115
— -Verkehr 116, 332
Dynamik-Kompression 259
Dynamikbereich des
  Empfängers 162
Dynamisches Mikrofon 255

E

Effektiv|leistung 47, 223
— spannung 47, 223
— strom 47
— wert 47
Eichkorrektur (Seitenband-
  wechsel) 172, 205
Eichung 172, 205
Eindrahtleitung 272
Einfachsuperhet 134
Einphasen 410
Eingangskennlinie FET 102
— Transistor 91
Einseitenband-Empfänger 169
— modulation 71, 169, 203
— -Sender 203
Einton|aussteuerung 220
— effektivleistung 223
Elektret 255
— -Mikrofon 255
elektrische Arbeit 17
— Leistung 17
— Feld 33
elektro|grafische Beschriftung
  407
— lytische Beschriftung 406
— lytkondensator 42

elektro|magnetische Wellen 109,
  303, 313
— magnetismus 20
— meterverstärker 343
Elektronenröhre 230
elektronische Fernschreib-
  geräte 384
elektro|sensitives Papier 407
— statisches Feld 35
Emitter 89
— folger 97
— schaltung 95
Empfänger-Dynamikbereich 162
— empfindlichkeit 157
— oszillator 164
— technik 123
Empfangs|magnet 381
— steller 582
Endstufe 230, 245
Endstufenverzerrung 220
Energie 17
Enhacement MOS FET 100
Entstörung 417
Erdung 35, 328, 421
Erhebungswinkel 112, 310
E-Schicht 111, 113, 116
E_s-Schicht 113
Exponentialverstärker 266

F

Fading 114
Faksimile-Funk 405
Faltdipol 319
Farad 37
Farb-SSTV 405
fast-scan-television 387
FAX 405
— -Aufnahmetechnik 408
— -Aufzeichnungstechnik 406
— -Modul 410
— -Normen 410
— -Übertragungstechnik 409
Feldeffekttransistor 99
Feldstärke, elektrische 35
—, elektromagnetische 109
—, magnetische 22
Fernfeld,
  elektromagnetisches 109
Fernkopiertechnik 405
Fernschreib|code 362
— konverter 372
— maschine 378
Fernseh|kamera 399
— störungen 415
ferromagnetische Stoffe 22
FET 99
— -Grundschaltungen 105
Filter|güte 55, 58, 61
— koeffizienten 352
— konverter 372
— methode 204

Filter|quarze 63
— welligkeit 60
Flächenschwinger 65
Flanken|diskriminator 176
— steilheit 60
Fliehkraftregler 382
Fluoreszenz 390
Flußdichte 22
flying spot scanner 397
FM 74, 175
— -Demodulation 175
Formfaktor 60
Franklin-Oszillator 198
Frequenz|diversity 115
— hub 74, 77
— modulation 74, 175
— stabilität 164, 196, 199
F-Schicht 111, 113
Fuchskreis 322
fünfstelliger Code 362
Funk|bilder 405
— fernschreiben 362
— störungen 415
— störungsmeßdienst 417
Funktionsgenerator — AFSK 378
Funkwettervorhersage 117
Fußpunktwiderstand 158, 281,
  295, 305
FSTV 387
FSTV-SSTV-Normwandler 399,
  401

G

gain bandwidth product 92, 342
galaktisches Rauschen 157
Gamma-Anpassung 296
Ganzwellen|schleife 336
— strahler 336
Gate 100
— schaltung 107, 197, 201
Gauß 22
gedämpfte Schwingung 194
Gegen|induktion 26
— kopplung 97, 220, 342
Gegentakt|endstufe 239, 245
— mischer 147, 205
— verdoppler 241
— verstärker 239, 245
Geradeaus-Empfänger 123
Germanium-Diode 80
Geschwindigkeitseinstellung
  (RTTY) 379
Gesetzliche Bestimmungen
  (BCI/TVI) 415
Gitter-Basis-Schaltung 220, 241
— neutralisation 234
Gleichlauf 127
Glimmer-Kondensator 41
GM-Schirm 390
Golddrahtdiode 82

Sachverzeichnis

Grau|treppe 388
— wertstufung 388, 406
Grenz|empfindlichkeit 158, 163
— frequenz 55, 92, 349
Großsignalverhalten 149, 162
grounded-grid Endstufe 241
Groundplane-Antenne 328
Grund|farben 405
— schaltung FET 105
— schaltung Transistor 95
— wellenquarz 65, 202
Güte 55, 58, 61

H

Halbleiter 78
— diode 80
Halbwellen|anpaßleitung 280, 281
— dipol 304
— Leitung 280, 281
Halbwertsbreite 310
half lattice Filter 66
Halterungskapazität 63, 202
hard copy 405
Harmonische 138, 230, 420
Hartley-Oszillator 196
Helligkeits|modulation 387
— signalverstärker 395
Henry 21
Hertzscher Dipol 312
Heuslersche Legierungen 22
Hf-Leistungsverstärker 219
— -Meßbrücke 293
— -Vorstufe 126
Hoch|frequenzleitungen 270
— paßfilter 355
Horizontaldiagramm 309
horizontale Polarisation 313
„Hühnerleiter" 283
Hüllkurven-Oszillogramme 225
Huth-Kühn-Schwingungen 200, 234
Hysterese 348

I

Impedanz|verlauf auf Leitungen 277
— wandler 31, 97, 295, 310
index of operation (FAX) 410
Induktion 24
— gesetz 24
induktiver Dreipunktoszillator 196
induktive Kopplung 25
induktiver Widerstand 49
Induktivität 25
Integrationsglied 183, 349
Integrierte Schaltung 107
interception point 153
Interferenz 71, 171
— schwund 70, 114

Intermodulation 149, 220
— abstand 149, 220
— spektrum 149, 220
inverted V-Antenne 316
invertierender Eingang 341
IOC (FAX) 410
Ionogramm 118
Ionosphäre 110
Ionosphärenforschung 117
Isotrope Antenne 312

J

Jahreszyklus (Funkwetter) 111
Joule 17

K

Kamera 399
Kaminwirkung 250
Kapazität 35, 49
Kapazitätsdiode 85
kapazitiver Dreipunktoszillator 196
— Blindwiderstand 50
Katode 80, 230, 251
Katoden|basisschaltung 234
— strahlröhre 374, 390, 397
Kehrlage 170
Kennfrequenzen 370
Kennlinien der Diode 81
— des FET 102
— der Kapazitätsdiode 85
— des MOS FET 103
— des Transistors 90
— der Röhre 231
— der Z-Diode 82
Kennzustände 366
Keramik-Kondensatoren 41
— -Mikrofon 255
KF 108 (FAX) 410, 412
Kirchhoffsches Gesetz 14
Knotenpunktgleichung 14
Koaxial|antenne 331
— kabel 272, 290
Kohlemikrofon 254
Kollektor 89
— schaltung 97
— verlustleistung 94, 253
Kompression 259
Kondensator 35
— güte 37
konjugiert komplexe Pole 348
Konstantstromquelle 393
Konvektionsströme 328
konzentrische Leitung 272
Kopplungsfaktor 25, 59
Korrelationsempfangssystem 110
Kreis|güte 55, 58
— frequenz 45
— rauschen 157

Kreuzmodulation 149
Kristallmikrofon 254
kritische Dämpfung 353
— Kopplung 59
kTo-Zahl 159
Kühlfläche 251
Kühlung 250
künstliche Antenne 338
Kunststoff-Kondensatoren 40
kurzgeschlossene $\lambda/4$-Leitung 276, 300
— $\lambda/2$-Leitung 276
Kurzwellen|ausbreitung 109
— übertragung 109
K 2 GU-Antenne 326

L

Ladung 12, 35
Ladungsträger 12, 35
Längsschwinger 65
Langdrahtantenne 321
Langwellen|antenne 110, 308
— ausbreitung 110
Lawineneffekt 82
LC-Filter 59
— -Oszillatoren 196
— -Verhältnis 107, 198, 308
Lecherleitung 276
Leerlaufverstärkung 342
Leistung 17, 219
— anpassung 18
— röhre 230
— transistor 245
— verstärker 219
Leiter 11
Leitfähigkeit 13
Leitungs|dämpfung 287
— impedanz 272
— induktivität 270
— kapazität 270
— kühlung 251
— transformator 280
— verluste 287
Leitwert 56
Licht|geschwindigkeit 109
— griffel 404
Lichtpunkt|abtastung 397
— raster 397
lineare Polarisation 313
Linearitätsmessung 223, 226
Linearverstärker 230, 245
Linien|diagramm 43
— strom 381
— stromversorgung 381
Literaturverzeichnis 422
Lochfilter 184, 186, 360
Logarithmierer 266
LO 15 (Lorenz FS) 381
— 133 (Lorenz FS) 381
LUF 113

431

Sachverzeichnis

M

Macdonald 386
magnetische Feldlinien 19, 313
— Feldstärke 22
— Flußdichte 22
— Leitfähigkeit 21
— Fluß 20
— Kreis 23
— Widerstand 21
— Feld 19
Magnetisierungskennlinien 22
Magnetismus 19
Marconi-Antenne 327
Mantelströme 298
Mark 365
— frequenz 371
— ton 370
matchbox 302
Maxwell 20
mechanisches Filter 61
Mehrband-Antennen 323
Mehrfachsuperhet 132, 174
Meißner-Oszillator 196
Mikrofone 254
Misch|produkte 136
— steilheit 140
Mischung, additive 136
—, multiplikative 136
Mittagsdämpfung 111
Modul 410
Modulations|arten 66
— grad 68
— index 74
— kennlinie 136
Mögel-Dellinger-Effekt 114
Monitor 390
Morse-Telegrafie 174, 186
MOS FET 100
Motor-Drehzahl 382, 410
MP-Kondensator 40
MUF 113
Multiband-Antennen 323
Multiplizierer 139

N

Nachleucht|dauer 390
— röhren 390
Nahfeld 109
Nebenwellen 220, 420
Neutralisation 234
Nf-Konverter 372
nichtabgestimmte Speiseleitung 283
nichtinvertierender Eingang 341
Nichtlinearität (Kennlinie) 86, 136, 220
n-Kanal-FET 100
noise blanker 190
Nordlicht 113
Norm FAX 410
— RTTY 362

Norm SSTV 387
— wandler 399, 401
Notch-Filter 184, 186, 360
npn-Transistor 89
Nullabgleich 342
n-Zone 79

O

Ober|strichleistung 383
—tonquarze 65, 202
— wellen 138, 230, 261, 420
— wellenstörungen 261, 420
Öffnungswinkel 310
offene $\lambda/4$-Leitung 276
— $\lambda/2$-Leitung 276
Ohm 13
ohmscher Widerstand 13
ohmsches Gesetz 13
open loop gain 342
Operationsverstärker 341
Orangefilter 390
Oszillatorschaltungen LC 196
— Quarz 199
Oszillator|stabilität 164, 196, 199
— temperaturgang 164
oszillografische Abstimmanzeige 374

P

PA (power amplifier) 230, 245
Parallel|drahtleitung 272, 283
— geschaltete Induktivitäten 27
— — Kondensatoren 38
— — Widerstände 14
— schwingkreis 57
paramagnetische Stoffe 22
parasitäre Schwingungen 420
parasitäres Element 332
passband-tuning 174
passiver Hochpaß 355
— Tiefpaß 349
peak envelope power 220, 259
Pentode 242
PEP-Leistung 220, 259
Permanentmagnet 20
Permeabilität 21
Phasen|diskriminator 178
— drehung 342
— hub 77
— kompensation 342
— methode 210
— modulation 77
— schieber 210
— verschiebung 48, 49, 210
— winkel 48, 49, 210
Phosphoreszenz 390
Pierce-Oszillator 20
piezoelektrischer Effekt 62, 254
Pi-Filter 235
pinch off Spannung 102
pin-Diode 167

Plattenkondensator 35
pnp-Transistor 89
pn-Übergang 79
Polarisation, horizontale 313
—, lineare 313
—, vertikale 313
Polarisations|diversity 115
— schwund 114, 314
Polarkappen-Absorption 114
Polynomverlauf (Kennlinie) 130, 136, 241
Potentialunterschied 12
Potentiometer 14
Präzisionsvollweggleichrichter 266
Preselektor 135
Produktdetektor 170
Pupin|leitung 349
— spule 349
push-pull Verstärker 239
push-push Verstärker 240
p-Zone 79

Q

Q-Multiplier 184
Quad-Antenne 336
Quarz 62, 199
— -AFSK 378
— -Bestelldaten 202
— ersatzschaltung 63
— filter 62
— frequenz 63, 202
— in Parallelresonanz 63, 202
— — Serienresonanz 63, 202
— oszillator 199
— schnitt 63
— ziehbereich 202

R

radiales Erdnetz 328
radials 328
Ratiodetektor 179
Raum|diversity 115
— welle 110
Rauschen 157
Rausch|leistung 158
— maß 160
— temperatur 161
— zahl 160
Rechtecksignale 207
Referenzelement 82
Reflektometer 292
Reflektor 333
Reflexionsfaktor 286, 294
Regel|lage 170
— umfang 115, 166
— verstärker 166, 261
Reihenresonanz 52
Reihenschaltung von Induktivitäten 27
— — Kapazitäten 38
— — Widerständen 14

432

Sachverzeichnis

Reihenschwingkreis 52
relative Dielektrizitäts-
  konstante 36
— Permeabilität 21
Resonanz|frequenz 52, 57
— kreise 52, 57
— leitung 276
— widerstand 52, 57
Richt|antenne 332
— diagramm, horizontales 309
— —, vertikales 309
— koppelschleifen 292
Ring|kern-Balun 299
— mischer 146, 205
RIT 269
Röhrenkennlinien 231
Rollspule 239, 302
RTTY 362
RTTY-Konverter 372
Rückkopplung 125, 193
Ruhezustand 366
Rundfunkstörungen 415
Rundstrahlantenne 327
RX (Empfänger) 123

S

Sägezahngenerator 390, 398
Sampling-Verfahren 399
Sättigung 24, 94
Saugkreis 54
Schalthysterese 348
Schaltschwelle 348
Scheinwiderstand 51
Schirmgröße 390
Schlankheitsgrad 305
Schleifenverstärkung 343
Schmalband-Fernsehen 386
Schmitt-Trigger 347
schräggespannter Dipol 317
Schritt|dauer 365
— geschwindigkeit 366
Schwarzfrequenz 388, 409
Schwellspannung 80
Schwingkreis, parallel 57
—, seriell 52
Schwingungsanfachung 194
Schwund 114
Seitenband 69, 169
— filter 173, 205
— umschaltung 173, 203
— unterdrückung 203
Selbst|erregung 193, 234, 420
— induktion 24
— — koeffizient 24
— — spannung 24
Selektiv-Filter 186, 357
— schwund 70, 114
Sendekontakte 381
Sender|endstufe 230, 245
— mischer 216
Sende|röhre 230
— technik 193

Serienschaltung von
  Induktivitäten 27
— — Kapazitäten 38
— — Widerständen 14
Serienschwingkreis 52
shape factor 60
Shift 370
Sichtgerät 390
SID 114
Siemens-Fernschreiber 381
Signal|elemente 363
— -Rausch-Abstand
— — -Verhältnis 160
Silizium-Diode 80
— -Transistor 88
SINAD-Verhältnis 160
sinus|förmige Wechsel-
  spannung 43
— störer 190, 371
skin-Effekt 33, 110
S-Meter 167
solare Ultrastrahlung 114
Sonderbetriebsarten 340
Sonnenflecken 111
— relativzahl 111
— zyklus 111
Source 100
— folger 106
— schaltung 105
Space 365
— frequenz 371
— ton 370
Spannung 12
Spannungs|bauch 272
— -Frequenz-Wandler 397
— knoten 272
— kopplung 281
— teiler 15
Speiseleitung, abgestimmte 281
—, angepaßte 283
—, nichtabgestimmte 283
— dämpfung 287
— verluste 287
Spektrumanalysator 152, 223
Sperr|filter 184, 186, 360, 418
— schicht 79
— — -FET 99
— schritt 366
— spannung 80
— strom 80
— topf 299
— — antenne 300, 331
Spiegelfrequenz 130
— festigkeit 130
spider quad 337
Spinnen-Quad 337
Splatter 223
sporadische E-Schicht 113
Sprach|frequenzspektrum 262
— steuerung 257
Sprungantwort 351

Spule 25, 33
Spulengüte 33, 236
SSB-Aufbereitungsmethoden
  203
— -Demodulation 169
— -Modulation 71, 203
— -Transceiver 268
S-Stufen 167
SSTV-Aufnahmetechnik 397
— -Empfangstechnik 389
— Kamera 399
— Monitor 389
— Norm 387
— Normwandler 399, 401
— Videosignal 387
Stabmagnet 19
standing wave ratio 285
Start|polarität 366
— schritt 366
— signal 411
— -Stop-Betrieb 366
stehende Wellen 285
Stehwellen|meßbrücke 292
— verhältnis 285
steilflankige Bandfilter 61
Steilheit 102, 136
Stimmgabel 382
„Stinkfax" 407
Stör|abstand 160
— austastung 190
— begrenzer 190
störende Beeinflussung 415
Störungen 415
Stop|polarität 366
— schritt 366
Strahler 303, 333
Strahlungsdiagramm,
  horizontales 309
—, vertikales 309
Strahlungs|kühlung 250
— widerstand 307
Streifenschreiber 381
Streuverluste 30
Stroboskopscheibe 382
Strom 11
— bauch 272
— dichte 11
— flußwinkel 230
— knoten 272
— verstärkung 90, 92
— kopplung 281
Struktur des Fernschreib-
  zeichens 365
Styroflex-Kondensator 40
subcarrier-Modulations-
  verfahren 362, 386, 405
Summenmischung 128, 143
Superhetempfänger 127
SWV 285
Symmetrier|glieder 295
— transformator 295

433

Sachverzeichnis

Synchronisationssignale 387, 410
Synchron|kontakt 410
— motor 382

T

T-Anpassung 296
tan δ 37, 87
Tantal-Kondensator 42
Telefoniekanal 70, 386
Telex-Netz 382
Temperatur|koeffizient 37, 64, 80, 165
— kompensation 88, 165
— spannung 91
thermal runaway 246
Tiefpaßfilter 349
T-Notch-Filter 184
Töne (RTTY) 370
Toroid 349
Tote Zone 116
Träger|frequenz 67, 71, 204
— schwund 70, 114
— unterdrückung 203
Transceiver 263
Transformator 30
Transformationsglied 280, 299
Transistor 88
— grundschaltungen 95
— kennlinien 90
—rauschen 157
Transitfrequenz 92
trap 326
Treiber 228
Trenn|schärfe 124
— zustand 366
trigonometrische Funktion 43
Triode 242
Trommel 406, 410
— drehsinn 410
— lichtpunktabtaster 408
Tschebyscheff-Filter 351
TVI 415
twin lead Kabel 272
Typendrucker 362
T 37 (Siemens FS) 381
T 68 (Siemens FS) 381
T 100 (Siemens FS) 381
T 150 (Siemens FS) 381
T 1000 (Siemens FS) 381

U

U-Boot Funk 110
Uda 332
überkritische Kopplung 59
Übersetzungsverhältnis 31
Überschwingen von Filtern 351
Übersprechen 374
Übersteuerung 220, 418
Übertrager 30, 299
UKW-Falle 420
unabgestimmte Speiseleitung 283

unerwünschte Abstrahlung 415
— Mischprodukte 141
Universalfilter 188, 360
unsymmetrische Einspeisung 295, 301
— Ausgang 235, 301
unterkritische Kopplung 59
Unterträger-Modulation 362, 386, 405

V

Vakuum-Kondensatoren 43
Variometer-Abstimmung 135
V-Dipol 316
Vergleichsantenne 304, 312
Verhältnis-Diskriminator 179
verkürzter Dipol 307, 317
Verkürzungs|faktor 283, 304
— kondensator 302, 308
Verlängerungsspule 307, 317
Verlust|faktor 37, 87
— leistung, Anode 250
— —, Kollektor 250
— winkel 37, 87
Verschiebestrom 36
Verstärkungs-Bandbreite-Produkt 92, 342
Verstärkungsfaktor 90, 92, 342
Vertikal|antennen 327
— -Dipol 331
vertikale Polarisation 313
Vertikalstrahler 327
Verzerrungen (Endstufe) 220
VFO 134, 198
Video|signal 387
— verstärker 395
Viertelwellen|leitung 276
— strahler 327
Volt 12
Vorselektion 125, 135
Vorwärts/Rückwärts-Verhältnis 312
VOX 257
VS 1 AA-Antenne 324

W

Wärme|ableitung 250
— austauschkonstante 252
— widerstand 252
Wagenrücklauf 363
Wanderwellen 273
Watt 17
Weber 20
Wechselstrom 43
— leistung 47
— technik 43
— widerstand, induktiv 49
— —, kapazitiv 50
Weißes Rauschen 157
Weißfrequenz 388, 409
Wellen|ausbreitung 109
— front 313

Wellen|länge 109, 270
— widerstand 272
Welligkeit 60
Wendelantenne 308
Wetterkartenempfang 405
Widerstand, induktiver 49
—, kapazitiver 50
—, ohmscher 13, 46
Widerstands|brücke 16
— rauschen 157
— transformation 32, 299
— übersetzungsverhältnis 32
Widerstand von Drähten 13
Windom-Antenne 324
Windungszahl 21, 32
Winkel|funktion 43
— geschwindigkeit 45
Wirkleistung 47
wirksame Antennenlänge 304
Wirkungsgrad (Endstufe) 70, 230
Wirkwiderstand 13, 46
wpm 368
„Wurfantenne" 322
W 3 DZZ-Antenne 325

Y

Yagi-Antenne 332

Z

Zähldiskriminator 183
Zahnradkombination 382
Z-Diode 82
Zeichen|ebene 363
— geschwindigkeit 366
— länge 367
— schritt 366
— vorrat 363
— zustand 367
Zeigerdiagramm 46
Zeilen|endröhren 241, 244
— frequenz 387
— raster 387
— synchronsignale 388
— vorschub 363
— zahl 387
Zeitkonstante 28, 39
Zener-Effekt 82
Zeppelin-Antenne 324
zero bias tube 244
ZF-Durchschlagsfestigkeit 130
— -Verstärker 166
ZI 363
„Zündkerzen-Endstufen" 244
Zustopfeffekt 162
Zweielement-Quad 336
— -Yagi 333
Zweikomponenten Schirm 390
Zweiton|generator 224
— -Test 226
Zwischen|frequenz 127
— speicher 397

Weitere Franzis Elektronik-Fachbücher

Amateurfunk-Antennen

Ein katalogartiger Überblick über Funktion und Wirkung der verschiedenen Antennenarten.

Von Richard Auerbach

Die alte Weisheit, daß eine gute Antenne der beste Hf-Verstärker sei, wird mit diesem Buch in die Praxis umgesetzt.

Hier hat ein Fachmann mit bewundernswerter Kleinarbeit alles das zusammengetragen, was ein modernes Antennenbuch ausmacht. Ganz gleich, ob es sich um Richtstrahler, Langdrahtantennen, Yagis oder Quads, Kabelarten, Speisung oder Drehvorrichtungen handelt, der Amateurfunker wird umfassend informiert. Er hat einen Überblick über die Funktion und Wirkung der verschiedenen Antennenarten gewonnen, kennt moderne Industrieerzeugnisse und kann in Zusammenhänge sehr tief eindringen.

„So könnte ich es machen!" wird mancher Newcomer oder OM erleichtert sagen, wenn er dieses kleine Praktikum um Rat gefragt hat.

280 Seiten mit 267 Abbildungen, 15 Tafeln und zahlreichen Tabellen.
Lwstr.-kart. DM 24.80
ISBN 3-7723-6371-7

UKW-Amateurfunk

Sender, Empfänger und Antennen.

Von Gerhard E. Gerzelka

Dieses Buch bietet optimale Lösungen: für Betriebsarten und Bänder.

Das Spektrum reicht von den verschiedenen DX-Verkehrsmöglichkeiten innerhalb des Funkhorizonts bis zum Weltraumfunk. Eigene Ideen zu verwirklichen, helfen die vorgestellten hochmodernen Industriegeräte einschließlich ihrer Schaltungen und der Antennentechnologie. Dazu für die eigene Praxis: Schaltvorschläge für Sender, Empfänger. Transceiver und Antennen zum Selbstbau.

Großartig wird mancher Leser sagen, welche Reichweiten mit UKW-Bändern zu erzielen sind. Nur mit interkontinentalen Maßstäben lassen sie sich messen.

158 Seiten,
107 Abbildungen.
Lwstr.-kart. DM 16.80
ISBN 3-7723-6471-3

Praxis mit Mikroprozessoren

Wie herkömmliche Digitalschaltungen durch Mikroprozessoren erweitert, ausgebaut oder ersetzt werden können.

Von Horst Pelka.

Wer versteht schon Mikroprozessoren richtig anzuwenden? Wer weiß sie richtig zu nutzen? Hier ist das praxisnahe Buch, das im Experiment den Mikroprozessor in seiner Alltäglichkeit zeigt.

Der Band beschreibt ein Mikrocomputersystem, das modular aufgebaut ist und das nachgebaut werden kann. Der modulare Aufbau gewährleistet eine nahezu beliebige Erweiterbarkeit und ist an keine bestimmte Type gebunden. Als Prototyp nimmt der Autor ein System aus der Familie 8080, weil dies der am häufigsten verwendete Typ ist. Es werden zunächst einfache Anwendungen beschrieben, natürlich auch Hardware, Peripherie, Zusatz-, Hilfs- und Prüfschaltungen, um bei der Software und der PRIM-Programmier-Einrichtung zu enden.

„Jetzt habe ich es verstanden!" wird zu sich selber sagen, wer diesen Band in allen Einzelheiten nachvollzogen hat.

207 Seiten mit 96 Abbildungen und 4 Tabellen.
Lwstr.-kart. DM 19.80
ISBN 3-7723-6581-7

Franzis-Verlag München

RPB electronic-taschenbücher für den Funkamateur

RPB 58
Morselehrgang. Mit Morseübungen in Stundeneinteilung, Gebevorlagen, Prüfungsaufgaben und Bauanleitungen für Morseübungsgeräte. Von Werner W. Diefenbach in Zusammenarbeit mit dem DARC. — Zweifachband. DM 7.80.
ISBN 3-7723-0580-6
Dieser Morselehrgang ist pädagogisch geschickt aufgebaut. Er ermöglicht ein rasches Erlernen des Morsens bis zu der Fertigkeit, die bei der Prüfung durch die Post verlangt wird.

RPB 107
Arbeits- und Stationspraxis im Funkfernverkehr. Ein Anleitungsbuch für erfolgreiche DX-Arbeit. Von Gerhard E. Gerzelka. - Neuerscheinung. Doppelband. DM 7.80.
ISBN 3-7723-1071-0
Wer diesen Band durchgearbeitet hat, weiß tatsächlich fast alles, was er für die Fernverkehrspraxis, für die Anschaffung und die Anwendung zweckmäßiger Geräte wissen sollte.
Auch dem funktechnisch nicht bewanderten Leser wird verständlich: Die für DX vorteilhaftesten Betriebsarten, Zeit- und Frequenzpläne, Antennen und Tips für die Geräteanschaffung.

RPB 126
Betriebstechnik des Amateurfunks. Ein Auskunftsbuch für Lizenzanwärter, Newcomer und OMs von Hans Joachim Henske DL 1 JH. — Dreifachband. DM 9.80.
ISBN 3-7723-1264-0
Der Newcomer und der OM der Amateurfunker finden hier eine Fülle von Erklärungen, Tips, Erfahrungen und Bestimmungen zum Lernen und Nachschlagen.

RPB 157
Meßgeräte und Meßverfahren für den Funkamateur. Von Dipl.-Phys. Wolfgang Link DL 8 Fl. — Zweifachband. DM 7.80.
ISBN 3-7723-1572-0
Schwierige Meßvorgänge mit einfachen Geräten und hinreichender Genauigkeit werden dem Funkamateur dargelegt. Der Autor zeigt treffend, wie viele Möglichkeiten es dafür gibt, und er beschränkt sich dabei wohltuend auf die Belange des Amateurfunks.

RPB 168
Vademekum für den Funkamateur KW und UKW. Anleitung für den Amateurfunkverkehr mit Fremdsprachtafeln und Contest-Regeln sowie Tabellen, Abkürzungen, Codebezeichnungen. Von Werner W. Diefenbach/Walter Geyrhalter. — Zweifachband. DM 7.80.
ISBN 3-7723-1686-7
Was der Funkamateur auswendig wissen sollte, aber nicht wissen kann, weil es zu viel ist, enthält der Band. Darum sollte dieser Inbegriff aller Betriebstechnik immer griffbereit auf dem Stationstisch liegen.

RPB 176
Integrierte Schaltungen für den Funkamateur. Grundkenntnisse neuer, auch digitaler integrierter Schaltungen und deren Anwendung in Amateurfunkgeräten. Von Dipl.-Ing. Reinhard Birchel. — Zweifachband. DM 7.80.
ISBN 3-7723-1762-6
Die Kosten beim Selbstbau durch integrierte Schaltungen senken, darum geht es in diesem Band.

RPB 25
Amateur-Funkfernschreibtechnik RTTY. Fernschreibelektronik — Gerätebeschreibung — Betriebstechnik. Von Hans-Joachim Pietsch. — Dreifachband. DM 9.80.
ISBN 3-7723-0251-3
Den heutigen Stand der RTTY-Technik stellt der Band geschlossen dar. Ob es sich um die theoretischen Grundlagen, die Bausteine der Fernschreibtechnik, eine ausführliche Gerätebeschreibung oder um die reibungslose Betriebstechnik handelt, das alles legt der Verfasser klar gegliedert dem zukünftigen oder dem routinierten Amateur vor.

RPB 30
UHF-Amateurfunk-Antennen Theorie, Dimensionierung und praktischer Nachbau für das 70-, 23- und 25-cm Amateurfunkband. Von Ing. Josef Reithofer. — Dreifachband. DM 9.80.
ISBN 3-7723-0301-3
Ein Funkamateur wird nur selten auch ein Feinmechaniker sein. Wozu auch? Von der Berechnung bis zur mechanischen Ausführung wird in diesem Band in Wort und Bild gesagt, wie man sich die geeignete Antenne selber baut.

RPB 44
KW- und UKW-Amateurfunk-Antennen für Sendung und Empfang. Wie in der Antennentechnik theoretische Grundlagen kombiniert mit praktischen Erfahrungen große Reichweiten ermöglichen. Von Werner W. Diefenbach. — Dreifachband. DM 9.80.
ISBN 3-7723-0441-9
Getreu dem Vorbild von elf Auflagen ist es OM Werner W. Diefenbach gelungen, ein schwieriges Gebiet leicht verständlich zu mamachen.

Franzis-Verlag München